TOR

Phillip P.
PETERSON

NANO

Jede Sekunde zählt

THRILLER

TOR

Aus Verantwortung für die Umwelt hat sich der S. Fischer Verlag zu einer nachhaltigen Buchproduktion verpflichtet. Der bewusste Umgang mit unseren Ressourcen, der Schutz unseres Klimas und der Natur gehören zu unseren obersten Unternehmenszielen.

Gemeinsam mit unseren Partnern und Lieferanten setzen wir uns für eine klimaneutrale Buchproduktion ein, die den Erwerb von Klimazertifikaten zur Kompensation des CO_2-Ausstoßes einschließt.

Weitere Informationen finden Sie unter: www.klimaneutralerverlag.de

FSC www.fsc.org
MIX
Papier aus verantwortungsvollen Quellen
FSC® C014496

Erschienen bei FISCHER Tor
Frankfurt am Main, Dezember 2022

Satz: Pinkuin Satz und Datentechnik, Berlin
Druck und Bindung: GGP Media GmbH, Pößneck
Printed in Germany
ISBN 978-3-596-70764-5

0

19. OKTOBER

Leos Herz dröhnte wie ein Presslufthammer, als er mit seinem Kleinwagen vor der Schranke des Forschungszentrums hielt. Er musste ruhig bleiben und durfte sich seine Nervosität nicht anmerken lassen. Um keinen Preis! Wenn der Wachmann Verdacht schöpfte, dann war er verloren.

Leo atmete tief ein und ließ die Scheibe herunter.

Der Wachmann trat zu ihm ans Fenster. Er trug eine blaue Uniform mit einer antiquiert wirkenden Schirmmütze, unter der einige graue Haare hervorlugten.

Leo versuchte sich an einem harmlos wirkenden Lächeln, von dem er sicher war, dass es eher wie eine Grimasse aussah, und hob den Gästeausweis in die Höhe.

Der Wachmann scannte den Strichcode. Ein Bildschirm im Pförtnerhäuschen zeigte ihm die Ergebnisse. »Kann ich mal bitte das Formular sehen?«

Leo hatte es auf dem Beifahrersitz liegen. Er griff danach und reichte es dem Mann. Dabei zitterten seine Hände wie verrückt, er konnte nichts dagegen tun.

Der Wachmann nahm das Formular, das Leos Daten aus seinem Personalausweis, den Zweck des Besuchs, den Namen und den Zielort enthielt. Leo hatte es gerade im Zentrum neben der Pforte abgeholt und ausgefüllt.

Die Daten stimmten, für seinen Besuch im Forschungszentrum hatte er einen hinreichend plausiblen Grund. Aus dem

Formular alleine konnte der Wachmann keinen Verdacht gegen ihn ableiten.

»Zum Metallurgielabor?«, fragte der Uniformierte.

Leo nickte. Er hatte von dort einen Auftrag ergattert. Genau zur rechten Zeit. »Ja, zum Metallurgielabor.«

»Wissen Sie, wo das ist?«, fragte der Wachmann.

Leo nickte wieder. »Ja, ich weiß, wo ich hinmuss.« Er hatte sich den Lageplan des Forschungszentrums, den es auf der Homepage im Internet gab, präzise eingeprägt. Er wusste, wo das Labor für Metallurgie lag, und er wusste ganz genau, wo das Labor für Nanotechnologie war.

»Gut«, sagte sein Gegenüber und gab Leo die Papiere und den Ausweis zurück.

Wieder zitterte Leos Hand.

»Ist alles in Ordnung?« Der Wachmann hob die Brauen.

Leo versuchte es mit einem Grinsen. »Zu viel Kaffee. Mal wieder.«

Der Uniformierte zuckte mit den Schultern. »Das kenne ich. Sie sollten mich mal nach einer Nachtschicht sehen.« Er trat einen Schritt zurück und betrachtete Leos Transporter. »Können Sie bitte mal aussteigen und mir die Ladefläche zeigen?«

Leo holte tief Luft. Das war unüblich, wenn Firmen in das Forschungszentrum fuhren, um Aufträge zu erfüllen oder Lieferungen abzugeben, aber er hatte damit gerechnet. »Wegen des Bundeskanzlers?«, fragte er scheinheilig. Natürlich kannte er die Antwort.

Der Wachmann seufzte. »Wegen des Bundeskanzlers.«

Leo stieg mit pochendem Herzen aus und ging um das Auto herum. Er öffnete die Tür zur Ladefläche und blickte auf das Chaos, das er absichtlich angerichtet hatte.

Überall lagen Metallteile, Werkzeuge, Winkel, Schrauben, Bolzen und Stangen herum. Leo hatte extra noch Schläuche und leere Kartons hineingeworfen. Einer oberflächlichen Betrachtung hielt der Wagen stand, aber wenn der Wachmann genauer hinsah, würde Leo sofort auffliegen.

Der Uniformierte blickte an ihm vorbei. Er brummte laut. »Und da wollen Sie noch irgendwas finden?«

Leo lachte hölzern. »Sieht zwar nicht so aus, aber hat ein ausgeklügeltes System.«

»Dass Ihr Chef Ihnen das durchgehen lässt ...«

»Oh, ich bin mein eigener Chef«, sagte Leo.

»Ein-Mann-Unternehmer?«, fragte der Wachmann.

Leo nickte. »Ja, aber wenn es so weitergeht, werde ich mir noch ein paar Hände einstellen müssen.«

»Wäre ja gut für Sie ...«

»Aber der Papierkram«, klagte Leo. »Weiß nicht, ob ich da Bock drauf habe.«

Es lief wie am Schnürchen. Der Wachmann stellte zwar Fragen, aber im Grunde genommen war der Typ handzahm und ließ sich mit Smalltalk ablenken. Leo musste nicht mal lügen, es stimmte ja alles, was er sagte.

Sein Gegenüber betrachtete ihn eingehend. »Was liefern Sie denn in das Institut für Metallurgie?«

»Ach, nur so'n Ständer.«

Der Wachmann runzelte die Stirn. »Ständer?«

Leo sprang in den Transporter hinein, schob dabei etwas von dem ganzen Zeug beiseite und schlug mit der flachen Hand auf eine verwinkelte Konstruktion aus Streben. »Für irgendein Instrument. Keine Ahnung, was die da für Experimente machen.«

Der Wachmann lachte. »Kenn ich. Meine Frau fragt mich immer, was die im Forschungszentrum so treiben, aber was soll ich ihr sagen? Ist mir alles zu hoch.«

»Ich will es auch gar nicht wissen.« Das war Leos erste Lüge. Er hatte sich sehr genau darüber informiert, was für Experimente im Forschungszentrum durchgeführt wurden – und welche bald durchgeführt werden sollten.

Der Wachmann winkte ab. »Ist okay. Ich habe genug gesehen. Der Aufwand tut mir leid, aber wegen des Besuchs des Bundeskanzlers sollen wir ganz genau hinsehen. Alles fein.«

Offenbar hatte der Wachmann nicht genau genug hingesehen.

Leos Anspannung löste sich etwas. Beinahe hätte er laut aufgeatmet. »Ist ja kein Problem.« Er wollte aus dem Transporter springen, stolperte nach hinten, ein Karton verrutschte. Leider genau der Karton, der nicht verrutschen sollte.

Der Wachmann stutzte und blickte auf den durchsichtigen Plastiksack und die braune Substanz darin. »Was ist das denn für ein Zeug?«

Leo hielt den Atem an. Das war genau das, was nicht hätte geschehen dürfen. Gleich würde der Wachmann nach seinem Funkgerät oder gleich zur Waffe greifen.

Jetzt musste es schnell gehen. Theatralisch schmiss Leo die Hände in die Luft und klatschte. »Ach, da ist er ja!«, rief er.

»Was denn?«

»Kalk«, antwortete Leo. »Und zwar Spezialkalk für meinen Rasen. Haben Sie eine Ahnung, mit wie viel Moos ich mich da rumschlagen muss? Selbst Vertikutieren hilft nicht mehr. Ich habe schon überall danach gesucht.«

Der Wachmann blickte Leo ein paar Sekunden lang schweigend an. »Spricht jetzt nicht gerade für Ihr geniales Ordnungssystem.« Er ging zu seinem Häuschen.

Leo atmete auf. Die Rotoren, die hinter dem angeblichen Kalksack lagen, waren dem Kerl nicht aufgefallen. Schnell legte Leo einen anderen Karton darüber. Dann sprang er aus dem Wagen und schloss die Tür.

Der Uniformierte tippte sich an die Schirmmütze. »Also, gute Fahrt.«

»Danke!«

Leo setzte sich wieder auf den Fahrersitz und startete den Motor. Der Wärter öffnete die Schranke, und Leo fuhr auf das Gelände des Kölner Forschungszentrums für Nanotechnologie.

Check. Die erste Hürde hatte er genommen. Wenn auch nur knapp.

Es ging zunächst hundert Meter geradeaus bis zu einer großen Kreuzung, an der das Casino mit der Mitarbeiterkantine lag. Dort bog er links ab und fuhr direkt zum Gebäude der Arbeitsgruppe für Metallurgie. Das Haus war ein zweigeschossiger Bau aus grauem Blech und sah eher wie eine heruntergekommene Werkstatt als wie ein Hightech-Labor aus. Ein großgewachsener Mann in einem blauen Overall wartete am Eingang. Leo stieg aus und ging auf ihn zu. Der Mann war einen ganzen Kopf kleiner als er, aber das war keine große Kunst. Leo war fast zwei Meter groß, und sein regelmäßiges Krafttraining verstärkte die einschüchternde Wirkung auf andere Menschen noch.

»Leonardo Dunst?«

Leo nickte. »Sie warten doch nicht etwa schon die ganze Zeit auf mich, oder?«

»Die haben mich vom Besucherzentrum angerufen, dass Sie kommen. Sie haben recht lange gebraucht. Ist alles in Ordnung?«

Leo hob entschuldigend die Hände. »Tut mir leid, die haben an der Pforte meinen Transporter durchsucht.«

Der Mann stöhnte. »Ach, sicher wegen des Bundeskanzlers. Die machen wirklich eine Show daraus.«

»Wo soll das Teil hin?«, fragte Leo. Er wollte nicht zu viel quatschen und mimte darum den geschäftigen Handwerker. Nicht, dass er doch noch irgendwie Verdacht erregte.

Der Mann deutete auf den Hof. »Fahren Sie um das Gebäude herum zur Halle. Ich mache Ihnen das Tor auf. Da können Sie es einfach abladen und wir tragen es mit dem Gabelstapler hinein.«

»Gut!«

Leo stieg wieder in den Wagen und folgte der Anweisung. Er

wendete und parkte den Transporter mit dem Heck in Richtung Halle.

Er öffnete die Ladefläche und wuchtete die verschweißte Konstruktion aus schwarz lackiertem Stahl heraus. Die Türen verschloss er sofort wieder.

Das Rolltor öffnete sich und der Mann kam wieder nach draußen. Er beugte sich über Leos Konstruktion und fuhr mit der Hand darüber. »Ist gute Arbeit. Ich denke, wir können Sie öfters mal beauftragen.«

Leo grinste. Dazu würde es niemals kommen. »Würde mich freuen, Herr Müller. Sie sind doch Müller, oder?« Er blickte auf den Auftragsschein.

Der Mann im Overall lachte. »Müller ist einer unserer Bürokraten. Aber letztlich ist es mein Auftrag. Wollschläger ist mein Name.«

Sie gaben sich die Hände. Leo ließ sich von dem Mann eine Empfangsbestätigung unterschreiben, die er nicht wirklich brauchte - aber es gehörte sich so, und alles andere würde Verdacht erregen.

Dann verabschiedeten sie sich, und Leo stieg wieder in seinen Transporter. Auch das wäre geschafft. Er startete den Motor.

»Stopp!«, brüllte Wollschläger hinter ihm.

Leo verkrampfte sich. Hatte er einen Fehler gemacht?

Wollschläger trat an das offene Fenster der Fahrerseite. »Wir haben etwas vergessen.« Er streckte die Hand aus.

Leo spürte, wie die Farbe aus seinem Gesicht wich. »Was denn?«

»Das Besucherformular. Ich muss es unterschreiben und die Zeit eintragen. Sonst denken die nachher noch, Sie wären unbefugt über das Gelände gefahren.«

Und das wäre fatal! Er hatte es ganz vergessen. Leo griff zu dem Dokument auf dem Beifahrersitz.

Er reichte Wollschläger den Schein, der ihn gegen die Karosserie drückte und unterschrieb.

Leo nahm den Wisch wieder entgegen. »Danke!«, murmelte er.

»Bis zum nächsten Mal.« Wollschläger wandte sich ab und ging in Richtung Halle davon.

Leo ließ den Transporter langsam über den Parkplatz zur Straße rollen. Seine Hände umkrampften das Lenkrad. Im Rückspiegel konnte er sehen, wie Wollschläger einen anderen Mann mit einem Gabelstapler herbeiwinkte.

Leo bog auf die Straße ein und holte tief Luft. Er hatte jetzt fünf, maximal zehn Minuten Zeit. Wenn er länger brauchte, würde der Wachmann an der Pforte misstrauisch werden, und dieses Risiko ging er besser nicht ein.

Er fuhr an und musste wieder abbremsen, damit er nicht zu schnell wurde. Kurz darauf erreichte er das Casino und bog dort in die Lieferanteneinfahrt zur Küche. Am Hintereingang parkte gerade ein Kühltransporter, mehrere Männer und Frauen luden Kisten aus und trugen sie nach drinnen.

Leo kurvte um die Ecke und erreichte schließlich einen kleinen Hof. Hier standen Abfallcontainer und Müllsäcke. Er stellte den Transporter quer vor einen Stapel leerer Pappkartons, um ein wenig Sichtschutz zu haben.

Er sprang aus dem Auto, öffnete die Heckklappe und blickte sich ein letztes Mal um. Die nächsten Minuten waren kritisch. Niemand durfte um die Ecke kommen. Es musste schnell gehen.

Er nahm den Drohnenkörper aus einer Kiste und montierte mit schnellen Bewegungen die vier Rotoren. Er hatte die ganze Prozedur so oft trainiert, dass seine Hände völlig ruhig blieben. Den kleinen Sack mit Plastiksprengstoff, den er dem Wachmann als Rasenkalk verkauft hatte, befestigte er unter der schweren Drohne, die ihn ein kleines Vermögen gekostet hatte. Er hatte extra einen Drohnenführerschein gemacht, um sich dieses Modell mit hoher Tragkraft kaufen zu können. Leo aktivierte die Steuerungseinheit, die er selber in langen Nächten zusammengelötet hatte, und verband sie mittels eines langen Kabels mit dem Sprengstoff. Die Zündkapsel steckte er einfach in den Plastiksprengstoff hinein.

Er kontrollierte, dass die Uhr die korrekte Zeit anzeigte, und legte die aktivierte Drohne in einen Pappkarton, den er zu den anderen Kisten im Hinterhof trug und ganz nach hinten stellte. Der Müll würde erst übermorgen abgeholt werden.

Als er endlich wieder losfuhr, atmete er auf. Niemand hatte ihn bemerkt. Sein Plan schien funktioniert zu haben. Zumindest der erste Teil. Der zweite würde morgen ganz ohne sein Zutun ablaufen.

Er fuhr zurück zur zentralen Kreuzung des Forschungszentrums und wollte rechts zur Hauptwache abbiegen, um das Gelände schnellstmöglich zu verlassen. Ein Stück die Straße runter lag das Labor für Nanotechnologie, das er von den Fotos her kannte.

Sein Adrenalinspiegel stieg.

Ihr Arschlöcher, damit kommt ihr nicht durch!

Er wusste genau, wie es ablaufen würde. Er konnte es in seinem Geiste sehen. Das Experiment startete, die Presse und der Bundeskanzler und die Wissenschaftler würden zuschauen und sich nach erfolgreichem Abschluss gegenseitig in die Arme fallen.

Aber dann, wenn das Experiment beendet war, und die Redakteure an ihren Artikeln schrieben, in denen sie behaupteten, dass die Nanotechnik sicher und kontrollierbar sei, dann würde seine Drohne starten.

Er hatte sie mit GPS ausgestattet und einem Programm. Sie würde abheben, selbsttätig zum Labor für Nanotechnik fliegen und dort explodieren. Es war genug Sprengstoff an Bord, um einen Riesenschaden anzurichten.

Und alle Welt würde sehen, dass die Nanotechnik sehr wohl eine Gefahr darstellte und dass schneller etwas passieren konnte, als die Wissenschaftler und Politiker mit ihrem läppischen

Geschwätz von einem ›geringen Restrisiko‹ der Bevölkerung einreden wollten.

1

An der Haltestelle Cäsarstraße stieg Ben aus der Stadtbahn. Nur wenige Menschen waren an diesem nasskalten Sonntagabend im Oktober in Köln unterwegs, und Ben ging einfach über die Straße und ignorierte die nahe Ampel. Als er die Bonner Straße hinaufschritt, blies ihm der eisige Wind direkt ins Gesicht. Die Luft trug leichte Nieseltropfen mit sich, die sofort seine Brille benetzten.

Der Herbst war bisher sehr warm und sonnig gewesen, doch nachdem das Wetter vor zwei Tagen gekippt war, bestand kein Zweifel mehr daran, dass der Winter vor der Tür stand. Ben zog sich den Kragen hoch ins Gesicht und ärgerte sich darüber, dass er keinen Schal mitgenommen hatte. Doch der Weg war zum Glück nicht mehr weit. Die Tür zu dem grauen Mehrfamilienhaus mit dem kleinen Kiosk direkt an der Straße stand nur angelehnt. Eiligen Schrittes erklomm Ben die schmale, steile Treppe und stand kurz darauf vor der Wohnung seines Gastgebers. Durch die Tür nahm er gedämpfte Stimmen wahr, also war Emma auch schon da. Ben drückte auf den Klingelknopf. Andrew öffnete und grinste ihn an. »Zu spät. Wie immer.« Er klopfte Ben auf den Rücken. »Schön, dass du da bist.« Andrew redete flüssig Deutsch, aber der Akzent kündete von seiner Herkunft aus Großbritannien.

Ben betrat die Wohnung und hängte seinen grauen Mantel an die Garderobe, dann ging er in das kleine Wohnzimmer. Mit seinen Computerbildschirmen auf zwei nebeneinanderstehenden Schreibtischen, eigenhändig bemalten Actionfiguren auf zahlreichen Regalen, herumliegenden Büchern, elektronischen Platinen auf dem Sofa, eingerahmten und schief hängenden Postern bekannter Science-Fiction-Filme an der Wand und einigen leeren Pizzaschachteln auf dem Boden neben der Heizung war es ohne jeden Zweifel das Reich eines Nerds. Für gesellige Zusammenkünfte war der Raum jedenfalls ungeeignet.

Während Andrew im Badezimmer verschwand, betrat Ben die Kombination aus Küche und Esszimmer. Es roch nach Knoblauch und Oregano. Emma stand neben dem Esstisch aus hellem Holz, der schon bessere Tage gesehen hatte, und trat ihm mit einem Lächeln entgegen, um ihn zu umarmen.

Ihr Parfüm roch nach einer Kombination aus Lavendel und Rose. Ein Hauch einer schwereren Komponente verlieh dem Duft etwas Erotisches. Der Gedanke löste einen leichten Stich in Ben aus und erinnerte ihn daran, dass er sich nach ihrem ersten Kennenlernen in sie verliebt hatte. Erst nach ihrem dritten Aufeinandertreffen im Forschungszentrum hatte er erfahren, dass die mittelgroße, athletische Frau, die sich ihre brünetten, etwas gewellten Haare immer so niedlich zur Seite strich, glücklich verheiratet war und eine kleine Tochter hatte.

Angefreundet hatten sie sich, dank Andrew, trotzdem, und von Zeit zu Zeit trafen sie sich bei einem von ihnen dreien zu einem gemeinsamen Abendessen.

»Schön, dich zu sehen«, sagte Ben.

»Dich auch.« Emma grinste. »Es ist sicher schon über zwei Wochen her.«

»Mindestens«, erwiderte Ben.

Emma lachte. »Da arbeitet man in benachbarten Gebäuden und sieht sich trotzdem so gut wie nie.«

Ben grinste zurück. »Das liegt ja an dir. Du kannst uns ruhig einmal beim Mittagessen Gesellschaft leisten.«

Emma ging nicht darauf ein. Dieses Thema besprachen sie nicht zum ersten Mal. Während Ben und Andrew sich jeden Mittag in der Kantine trafen, schlang Emma während der Arbeit nur schnell ein Brot hinunter, damit sie am Nachmittag früher gehen konnte, um ihre Tochter aus der Kindertagesstätte abzuholen. »Und?«, fragte Emma. »Schon nervös?«

Ben schüttelte den Kopf. »Nicht wirklich.« Na ja, ein bisschen schon.

Emma runzelte die Stirn. »Das glaube ich dir nicht. Ich würde vor Aufregung nicht schlafen können. Schließlich lernt man nicht jeden Tag den Bundeskanzler kennen.«

Andrew betrat das Zimmer. In der Hand trug er eine gerade erst angebrochene Flasche Kölsch. »Natürlich ist Ben nervös. Darum ist er ja überhaupt gekommen. Um sich mit meinem Wein zu vergnügen und dann gut schlafen zu können.«

Ben verzog das Gesicht. Sein Kumpel kaufte den Wein im Supermarkt. »Ich trinke höchstens ein, zwei Gläser.«

Andrew verschwand kurz im Vorratsraum. »Was ist mit dir, Emma? Bier oder Wein?« Emma schüttelte den Kopf. »Weder noch. Ich bin mit dem Auto da.«

Andrew stöhnte. »Wieso das denn?«

»Ich will zeitig im Bett sein. Ich habe morgen früh noch ein Gespräch mit Professor Rappe.«

Ben kniff die Augen zusammen. »Mit Rappe? Morgen?«

Emma nahm von Andrew eine Flasche Cola entgegen und stellte sie auf den Tisch. »Ich weiß auch nicht, was er von mir will. Ich habe ihn seit Wochen nicht gesehen.«

Andrew schloss die Tür zur Vorratskammer, eine Flasche Wein in der Hand.

Ben seufzte. »Wenn er dich morgen, an seinem großen Tag, noch zu sich zitiert, dann muss es etwas verdammt Wichtiges sein.«

»Das denke ich auch«, sagte Andrew. »Vielleicht hat es etwas mit der Finanzierung deines Projekts zu tun. Vielleicht kriegst du die Gelder für die Verlängerung.«

Emma lachte leise. »Die habe ich mir aus Drittmitteln schon längst selber organisiert. Mein Projekt ist für die nächsten zwei Jahre gesichert. Mit etwas Glück bekomme ich sogar noch einen Doktoranden.«

Ben setzte sich neben Andrew an den Tisch. Er hätte auch gerne einen Doktoranden. Aber im Management des Forschungszentrums gab es nichts zu forschen, also auch keine Doktoranden. »Werden wir ja sehen. So, ich hab gehört, es gibt hier was zu essen?«, fragte Emma.

Andrew sprang auf. »Scheiße! Der Auflauf!« Er lief zur Küchenzeile und bückte sich, um durch das Fenster in den Backofen zu schauen.

»Na, heute etwas übermäßig Knuspriges?«, fragte Emma.

»Nee, braucht noch ein paar Minuten.« Andrew kam zum Tisch zurück.

Ben nippte an dem Wein, verzog das Gesicht und betrachtete das Etikett. Es sollte ein Merlot sein, aber die typisch fruchtige Note fehlte vollkommen. Es war einfach nur bitteres Zeug, durch Zuckerzusatz genießbar gemacht. Hätte er doch selber eine Flasche mitgebracht.

»Musstest du eigentlich eine Sicherheitsüberprüfung machen?«, fragte Emma.

Ben nickte. »Ich musste einen Wisch unterschreiben. Eine Einverständniserklärung, dass ich auf meine Rechte bezüglich des Datenschutzes verzichte und dass der Geheimdienst mich unter die Lupe nehmen kann.«

Andrew runzelte die Stirn. »Und das hast du unterschrieben?«

»Ja«, sagte Ben gequält. »Was blieb mir schon anderes übrig?«

Emma lachte. »Sieh mal einer an. Wenn das Ergebnis stimmt, ist der Herr dann doch gewillt, von seinen Idealen abzuweichen. Wer hätte das gedacht.«

Emma hatte schon recht. Er war immer darauf bedacht, seine Daten zu schützen. Es wäre ihm nie in den Sinn gekommen, soziale Medien zu nutzen oder einer Weitergabe seiner Informationen für irgendetwas zuzustimmen. Er hatte sich absichtlich ein Linux-Handy zugelegt, damit er sich nicht den Datenkraken ausliefern musste. Es hatte ihn gewurmt, sich vom Geheimdienst durchleuchten lassen zu müssen, aber als Manager im Forschungszentrum hatte er keine Wahl.

»Wann geht es los morgen?«, fragte Andrew.

»Ich soll um acht bei der Flugbereitschaft im militärischen Teil des Köln-Bonner Flughafens sein. Für noch mehr Sicherheitschecks. Die Maschine des Kanzlers wird dann um neun erwartet.«

»Und du fährst wirklich mit ihm im Auto mit?«, wollte Emma wissen.

Ben nickte. »Ich werde ihn als Experte den ganzen Tag begleiten, um ihm für Fragen zur Verfügung zu stehen.«

»Als Experte.« Andrew lachte. »Als wenn du die Autorität in Sachen Nanotechnik wärst.«

»Ich habe auch meinen Doktor gemacht«, entgegnete Ben etwas zu patzig.

Andrew winkte ab. »Das war doch mehr ein Strategiepapier als eine richtige Forschungsarbeit.«

Emma verdrehte die Augen.

Ben beugte sich über den Tisch. »Ich habe zwei Jahre lang recherchiert und Interviews durchgeführt und ein Jahr an dem Text gefeilt.«

»Du hast die Studien anderer Leute zusammengefasst«, meinte Andrew.

»Dass ich eine Metastudie gemacht habe, heißt nicht, dass es nicht ein Haufen Arbeit war.« Ben bemühte sich, seine Stimme nicht allzu beleidigt klingen zu lassen.

»Jungs«, sagte Emma. »Müsst ihr schon wieder damit anfangen? Können wir nicht einmal ein Abendessen ohne diese leidige Diskussion veranstalten?«

»Aber es ist doch so.« Andrew klang nun seinerseits beleidigt. »Ich mache Forschung. Du machst Forschung. Ben macht Papierkram.«

»Na, danke schön.« Ben verschränkte die Arme vor der Brust.

Andrew hob besänftigend die Hände. »Das ist nicht gegen dich persönlich gerichtet. Es tut mir leid, wenn ich dich damit beleidigt habe. Aber das System ist schlecht.«

»Auch Forschung muss organisiert werden«, meinte Ben. »Mittel sind nicht in unbegrenzter Menge verfügbar. Darum muss man Prioritäten setzen und festlegen, welche Projekte finanziert werden und welche nicht. Es ist doch besser, wenn Wissenschaftler diese Entscheidung treffen, als wenn Politiker es tun.«

»Wissenschaftler, die nicht selber forschen, sind keine Wissenschaftler«, meinte Andrew. »Sie sind es vielleicht früher einmal gewesen, bevor sie von der dunklen Seite der Macht verführt wurden.«

Ben verdrehte die Augen. »Das ist doch albern.«

»Albern?«, brauste Andrew auf. »Ich habe es selbst erlebt. Bei meiner ersten Stelle in Deutschland im Institut für Miniaturisierung. Das Komitee, das über meine Finanzierung entschieden hat, bestand aus einem Mediziner, einem Atmosphärenforscher und einem Biologen. Das war eine rein subjektive Entscheidung von ehemaligen Wissenschaftlern, die sich daran aufgeilten, nun Macht über Budgets zu haben.«

»Wie würdest du es denn machen?«, fragte Ben. Er hatte sich auf ein ruhiges Abendessen gefreut. Aber Andrew war heute wohl besonders streitlustig.

»Ich würde die wissenschaftliche Gemeinschaft darüber abstimmen lassen«, erklärte Andrew. »Dann wäre es eine wirklich demokratische Entscheidung. So, wie es ist, ist es reine Willkür.«

Ben stöhnte. Andrew musste doch klar sein, dass das nicht funktionierte. »Wenn zwanzig Forscher aus der Nanotechnik und zehn Forscher aus der Feststoffphysik über die Zuteilung der

Budgets abstimmen, dann steht das Ergebnis bereits vorher fest. Jeder Wissenschaftler stimmt für seinen eigenen Fachbereich, das ist doch sonnenklar.«

Emma hatte sich in ihrem Stuhl zurückgelehnt und starrte die Decke an.

»Schau dich doch nur mal in unserem Institut um.« Andrew gestikulierte wild mit den Armen. »Professor Rappe trifft die Entscheidung, wie das Geld intern verteilt wird, nach eigenem Gutdünken. Wie ein kleiner König. Und das siehst du überall in der Wissenschaft. Das ist doch keine Demokratie. Das ist eine ganz komische Mischung aus Monarchie und Feudalismus.«

Ben schüttelte den Kopf. »Das kann man so auch nicht sagen.«

Andrew tippte mit dem Zeigefinger auf den Tisch. »Aber sicher doch. König Rappe hat ein paar Gruppenleiter mit finanziellen Freiheiten ausgestattet, die dann wie kleine Fürsten auftreten.«

Ben lachte. »Bist doch selber Gruppenleiter, also beklag dich nicht.«

Andrew nickte. »Ja, ich habe einige finanzielle Freiheiten und kann sogar über meine Mitarbeiter verfügen. Aber das ist doch nicht demokratisch. Viel besser wäre es, wenn wir …«

»Andrew«, unterbrach Emma.

Andrews Kopf fuhr zu ihr herum. »Was?«

»Dein Auflauf.«

Emma hatte recht. Es roch nach verbrannten Nudeln.

»Scheiße.« Andrew sprang auf und rannte zum Ofen. Er riss die Tür auf, zog sich zwei dicke Handschuhe an und holte eine Auflaufform heraus. Das Gefäß dampfte.

»Schlimm verbrannt?«, fragte Ben.

Andrew nahm einen großen, grauen Plastiklöffel und stocherte in der Auflaufform herum. »Nee, zum Glück nur oben, wo der Käse ist.« Er schöpfte die schwarze Kruste ab und warf sie in den Mülleimer. Dann stellte er die Auflaufform auf den Tisch.

Ben griff nach dem Löffel und füllte ihnen auf. Rigatoni mit einer hellen Tomatensauce. Es sah so aus, als hätte Andrew nicht wenig Sahne hineingekippt. Ben beschloss, nur eine kleine Portion zu essen, selbst wenn es wider Erwarten gut schmecken sollte. Er ging nicht regelmäßig ins Fitnessstudio und mühte sich mit den Gewichten ab, um sich die Kilos dann mit Pasta wieder anzuessen.

»Also, guten Appetit«, sagte er und spießte sich einige Rigatoni auf seine Gabel. Nach dem ersten Bissen musste er zugeben, dass der Auflauf gar nicht mal schlecht schmeckte. Auch Emma nickte anerkennend. »Hey, wollen wir nächstes Wochenende in den neuen ›Alien‹ gehen? Der läuft am Donnerstag an.«

»Gerne«, sagte Ben. Er hatte die Filmreihe um das außerirdische Weltraummonster schon immer gemocht.

Andrew zuckte mit den Schultern. »Weiß nicht.«

Ben runzelte die Stirn. »Warum denn nicht?« Eigentlich war sein Freund der Science-Fiction-Fan schlechthin.

»Seit die Alien-Reihe von Disney übernommen wurde, find ich die nicht mehr so toll. Alles so weichgespült mit einer Standardhandlung und totgeschlagen mit Spezialeffekten.«

»Also, mich hat der letzte gut unterhalten«, erklärte Emma.

Andrew ließ die Gabel auf seinen Teller sinken. »Gut unterhalten. Ja, das trifft es genau. Die ersten Filme waren wegweisend. Ridley Scott und James Cameron haben den Science-Fiction-Film auf eine neue Stufe gehoben und absolute Kultfilme gedreht. Die nächsten Teile waren zwar nicht mehr so riesig, aber man konnte zumindest erahnen, dass Fincher und Jeunet eine Vision hatten. Aber danach? Alles nur öde Kommerz-Kacke.«

Ben kicherte. Was Filme anging, war Andrew schon immer speziell gewesen. Ben ging ins Kino, um sich einfach nur zu zerstreuen. Aber er hatte seinen Spaß daran, wenn Andrew bei einigen Drinks nach der Vorführung das Drehbuch, die Spannungskurve oder das Zusammenspiel von Filmmusik und Charakterdarstellungen auseinandernahm. Und natürlich würde er mitkommen, auch wenn er sich jetzt noch zierte.

Nach dem Essen räumten sie gemeinsam den Tisch ab. Andrew deckte die Reste des Essens mit Alufolie ab und stellte sie auf die Arbeitsplatte. Emma wischte mit einem feuchten Lappen über den Tisch, und Ben räumte die Spülmaschine ein.

»Wie sieht es denn bei dir aus?«, fragte Ben. »Auch alles bereit für den großen Tag morgen?«

Andrew nickte. »Wir haben heute noch einen umfangreichen Test des Assemblers gemacht. Die Reaktionskette funktioniert tadellos. Nur auf den letzten Schritt haben wir verzichtet und den Agenten keine Interfaces eingesetzt.«

»Sicher, dass dieser Schritt morgen klappt?«, erkundigte sich Emma. »Es wäre eine ziemliche Blamage, wenn der Bundeskanzler hinter dir steht und die ganze Sache floppt.«

Andrew lachte. »Natürlich haben wir auch den letzten Schritt getestet. Aber an einem Konstrukt, das sich nicht vervielfältigen kann. Es wird funktionieren, glaube mir.«

Ben trank sein Glas leer und goss sich noch einmal ein. Wenn man erst mal ein paar Schlucke von dem Wein genommen hatte, gewöhnte man sich halbwegs an den Geschmack. »Ich hoffe, dass es klappt. Sonst darf ich dem Bundeskanzler erklären, warum die größte Investition seiner Amtszeit ein Fehlschlag war.«

»Viel Geld hat Hütter so im Allgemeinen ja nicht in die Hand genommen«, erklärte Emma. »Klar, unser Institut hätte es ohne ihn nicht gegeben, aber wenn ich mir den Rest Deutschlands anschaue, hat seine Sparsamkeit viel Elend angerichtet.«

»Irgendeiner musste mal diesen Teufelskreis durchbrechen«, meinte Andrew. »Auf jede Krise der letzten dreißig Jahre folgte eine Schuldenaufnahme, und das auf den Markt geworfene Geld hat dann die nächste Krise verursacht.«

Ben seufzte. Die letzten Jahre waren für die deutsche Gesellschaft hart gewesen, aber er war sich nicht sicher, wie viel Schuld daran die Regierung trug. »Hütter konnte nach Einsetzen der Inflation nicht noch mehr Geld in die Wirtschaft pumpen.« Der Kanzler hatte es mit einer behutsamen Förderung bestimmter Wirtschaftszweige statt mit der großen Gießkanne versucht. Doch die Hoffnung, einzelne Leuchtturmprojekte würden die totreglementierte Wirtschaft zum Investieren anregen, hatten sich nicht erfüllt. Mit riesigen Ambitionen gestartet, endeten die vergangenen Monate von Hütters Kanzlerschaft im Katzenjammer explodierender Arbeitslosenzahlen. Die Chancen auf eine Wiederwahl standen gleich null, und so hatte seine Partei den Kanzler dazu gedrängt, den Platz zu räumen, um den Weg für einen Neuanfang freizumachen.

»Ich bin jedenfalls froh, wenn Hütter weg ist«, erklärte Emma mit einer Kälte in der Stimme, die Ben von ihr nicht gewohnt war.

Andrew lachte. »Sagst ausgerechnet du, wo du in Deutschland sowieso nur zu den Kommunalwahlen gehen kannst.«

Das stimmte natürlich. Ben vergaß immer wieder, dass Emma Schweizerin war. Wie Andrew konnte sie bei der Bundestagswahl nur zuschauen. »Jedenfalls sollte es nicht in unserem Interesse sein, wenn die Opposition den Wahlkampf gewinnt.«

Andrew nickte zögernd. »Ja, in die Nanotechnik würde deutlich weniger Geld gesteckt.«

»Weniger Geld?« Emma runzelte die Stirn. »Wenn es nach den Grünen geht, würden sie unserem Institut sofort den Stecker ziehen. Sie hassen Nanotechnik.«

Ben hob beschwichtigend die Hände. »So einfach geht das nicht. Es gibt Verträge, an die sich auch eine neugewählte Bundesregierung halten muss.«

»Ja, zumindest einige Jahre werden wir noch weiterfinanziert«, sagte Andrew. »Aber wenn die mit ihrem Moratorium durchkommen, machen wir hier nur noch Risikostudien.«

»Ich würde es ihnen durchaus zutrauen, den Laden dichtzumachen, uns auf andere Institute zu verteilen und einfach die

Konventionalstrafe zu zahlen. Sie haben für morgen wieder zu Demonstrationen aufgerufen.« Emma verdrehte die Augen. »In Bonn auf dem Münsterplatz findet eine große Kundgebung statt, und vor den Toren des Forschungszentrums auch.«

Andrew zog die Stirn in Falten. »Schon wieder? Vielleicht wäre es besser, morgen früher zur Arbeit zu fahren.«

Ben hatte bereits in den Nachrichten von den Demos gehört. »Da sind sicher auch wieder welche von den NoNanos.«

»Ich habe im Internet gelesen, dass sie versucht haben, Leute in das Forschungszentrum zu schmuggeln, um den Test zu sabotieren«, sagte Andrew. »Einen haben sie geschnappt, der versucht hat, sich in der Kantine als Koch zu bewerben.«

»Meint ihr, sie wären imstande, eine Bombe in das Forschungszentrum zu schmuggeln?« Emma blickte Ben nachdenklich an. »Ich wollte eigentlich Elena morgen zur Einweihung mitbringen.«

Ben winkte ab. »Keine Sorge. Die Sicherheitsvorkehrungen sind derart hoch, dass die Spinner keine Chance haben.«

»Bist du sicher?«, fragte Emma.

Ben nickte. »Du musst dir keine Sorgen machen. Bring deine Tochter ruhig mit.«

»Morgen ist ein historischer Tag in der Geschichte der Menschheit«, pflichtete Andrew ihm bei. »Auch wenn Elena erst fünf Jahre alt ist, so kann sie später immer sagen, dass sie dabei gewesen ist.«

»Na schön«, seufzte Emma. »Ich würde sie auch ungern morgen in die Kita geben, wenn die Aktivisten dort vor der Haustür demonstrieren.«

»Wie läuft es eigentlich mit deinen Nanoben?«, fragte Andrew die Kollegin.

Emma schaute ein wenig betrübt drein. »Sehr schleppend. Wir haben einige neue Untersuchungen mit einem Röntgenspektrometer gemacht, aber die Ergebnisse waren nicht eindeutig.«

Bens Kollegin beschäftigte sich mit Nanoben, die gemeinhin als die kleinsten Mikroorganismen der Welt betrachtet wurden. Mit nur wenigen Dutzend Nanometern Durchmesser waren diese erst Ende der Neunzigerjahre entdeckten Strukturen eigentlich zu klein, um als Lebewesen zu gelten. Nach wie vor stritten sich die Wissenschaftler, ob es sich wirklich um Mikroorganismen handelte.

»Wisst ihr denn jetzt, ob sich die Dinger tatsächlich fortpflanzen können?«, fragte Andrew.

Emma hob fast entschuldigend die Arme. »Wir haben noch keine Messergebnisse, die das einwandfrei bestätigen, aber ich gehe fest davon aus, dass sie sich vermehren, wenn wir die richtige Umgebung für sie schaffen. Mit der neuen Ausrüstung sollten wir diese Frage ein für alle Mal klären können.«

Andrew kicherte. »Schielt da etwa jemand auf den Nobelpreis?«

Emma schüttelte den Kopf. »Es ist mir egal, ob ich berühmt werde, Geld oder Preise einsammele. Ich will nur wissen, was es mit diesen Nanoben auf sich hat. Wenn wir herausfinden, wie sie funktionieren, werden wir eine ganze Menge lernen können. Vor allem für die Nanotechnologie. Ich …« Sie hielt inne.

»Ja?«, hakte Ben nach.

»Es könnte sogar sein, dass sie sich auf ähnlichem Weg replizieren wie Andrews Nanomaschinen.«

Andrew lachte auf. »Ach komm, jetzt hör aber auf.«

Emma verzog das Gesicht. »Wir haben keine Spur von RNA, Ribosomen oder anderen aus der Zellbiologie geläufigen Chemikalien finden können. Ihre Replizierung muss auf einem anderen Wege stattfinden als über Zellteilung.«

Ben wusste, dass die Nanobenforschung umstritten war. Einige Wissenschaftler sahen in ihnen nichts weiter als Kristalle, die bestenfalls in einer Nährlösung wuchsen. Er verstand auch nicht, wie man ein solch langweiliges Thema für die eigene Forschung wählen konnte, aber Emma bedeutete es viel.

»Ich werde es herausfinden«, sagte sie mit Trotz in der Stimme. »Und dann wird euch das Lachen vergehen.«

»Ich habe nicht gelacht«, erklärte Ben.

Emma zwinkerte ihm zu. »Das weiß ich auch sehr zu schätzen.«

»Will noch jemand Nachtisch?«, fragte Andrew. »Ich habe Cheesecake im Angebot.«

Ben schüttelte den Kopf. »Danke. Genug Kalorien für heute.«

»Nee, lass mal«, sagte Emma. »Es wird auch allmählich Zeit, zu fahren.«

»Nimmst du mich mit?«, wollte Ben wissen. Es war zwar noch früh, aber er wollte ausgeruht sein, wenn er morgen mit dem Bundeskanzler zusammentraf.

»Klar«, sagte Emma.

Wenige Minuten später saßen sie in Emmas Kleinwagen und fuhren die Bonner Straße hinauf in Richtung Chlodwigplatz. Sie passierten eine kleine Kneipe, vor der zahlreiche Menschen mit Kölschgläsern in der Hand unter einem Wärmestrahler standen und rauchten.

»Deine alte Kiste hält sich nach wie vor tapfer«, kommentierte Ben, der auf dem unbequemen Beifahrersitz hin und her rutschte.

Emma lachte leise. »Mal sehen, wie lange noch. Ich muss nächsten Monat zum TÜV und habe meine Zweifel, dass ich da problemlos durchkomme. Alle zwei, drei Tage geht das Steuergerät in den Motorschutzmodus, und ich muss dann rechts ran fahren und ein paar Minuten warten, bevor ich wieder starten kann.«

»Vielleicht wird es doch langsam Zeit für einen neuen Wagen«, gab Ben zu bedenken. »Wie alt ist er jetzt? Zehn Jahre? Zwölf?«

»Fünfzehn«, antwortete Emma. »Meine Eltern haben ihn mir geschenkt, als ich für das Studium nach Deutschland gezogen bin. Aber er hat noch keine hunderttausend drauf.«

»Aber was nützt dir das, wenn du bei jeder Fahrt Angst haben musst, am Straßenrand zu enden?«

Emma warf ihm einen kurzen Blick zu. »Ich kann mir im Moment halt nun einmal keinen neuen Wagen leisten.«

»Soll doch Claus etwas beisteuern.«

»Hör zu.« Emmas Stimme war plötzlich hart. »Unsere finanzielle Lage ist etwas angespannt. Claus und ich arbeiten im öffentlichen Dienst und das nicht gerade auf einer hohen Stufe.«

»Ich arbeite auch im öffentlichen Dienst. Auf derselben Stufe wie du«, erwiderte Ben.

»Du bist alleine, hast keine Kinder und musst kein Haus abbezahlen.«

»Vielleicht hättet ihr noch ein paar Jahre mit dem Hauskauf warten sollen.«

Emma schnaubte. »Klar. Und mit jedem Jahr ziehen die Preise für Immobilien weiter nach oben. Außerdem war die alte Wohnung zu eng, und du weißt ja sicher selber, wie schwierig es ist, in Köln und Umgebung eine Wohnung zu bekommen.«

»Aber vielleicht …«

Emma brachte ihn mit einer Handbewegung zum Schweigen. »Entschuldige bitte, Ben, du kannst das aus deiner Perspektive nicht beurteilen. Du bist Single, und da kann man seine Ausgaben einschränken und kommt mit einer kleinen Wohnung auch mal in einem nicht so tollen Viertel hin. Wenn du aber immer darauf schauen musst, ob es in der Nähe deiner Wohnung eine Kita oder vernünftige Schulen gibt, sieht die Sache ganz schnell ganz anders aus.«

Ben blieb still. Natürlich hatte Emma recht. Sie hatte eine Familie, und ihm fehlte jede Ahnung davon, welche Probleme das mit sich brachte. In diesem Moment war er froh, Single zu sein.

Er wandte den Kopf und starrte aus dem Seitenfenster. Gerade fuhren sie über die Severinsbrücke. Es hatte wieder zu nieseln begonnen, und der Rhein versteckte sich in der Dunkelheit der

Nacht. Die Lichter eines Flusskreuzfahrtschiffes tauchten gerade unter der Brücke auf, und Ben fragte sich, wer in dieser Jahreszeit wohl eine Urlaubsreise auf dem Rhein unternahm.

Das Schweigen wurde unangenehm. »Wie geht es Claus? Ich habe ihn schon länger nicht mehr gesehen. Kommt er morgen ins Auditorium?«

Claus Juncker arbeitete bei der Betriebsfeuerwehr des Forschungszentrums. Normalerweise liefen sie sich hin und wieder über den Weg, wenn Emmas Mann seine Inspektionen der Brandsicherheitseinrichtungen machte. Claus war ein netter Mensch, und Ben mochte ihn, aber zu sagen hatten sie sich nichts. Er war ein Mann der Praxis, der sich mit Werkzeug in der Hand wohler fühlte als vor einem Computer oder in einem Besprechungsraum, und der auch in seiner Freizeit mit Vorliebe an seinem Haus herumwerkelte, während Ben sich mit einem Hammer höchstens auf die Finger schlagen würde. Wie dieser Praktiker und die verkopfte Wissenschaftlerin zueinandergefunden hatten, hatte Ben nie verstanden. Aber vielleicht zogen sich hier Gegensätze tatsächlich an. »Ja, er hat Bereitschaftsdienst. Ihr seht euch also morgen.«

Ben schüttelte den Kopf. »Wahrscheinlich nicht. Ich bleibe die ganze Zeit beim Bundeskanzler und bei Rappe. Da gibt es einen abgesperrten Teil im Auditorium, den ich nicht verlassen kann.«

»Abgesperrt?« Emma verzog das Gesicht.

»Es hat zu viele Anfeindungen gegeben«, erklärte Ben. »Und der Sicherheitsdienst hat immer noch Angst, dass sich jemand von den Aktivisten in das Forschungszentrum eingeschmuggelt hat. Die wollen wohl auf Nummer sicher gehen. Ich kann euch nur empfehlen, früh genug da zu sein. Die werden jeden ganz genau kontrollieren.«

»Im Auditorium?«, fragte Emma. »Aber die kontrollieren doch schon an der Pforte wie die Weltmeister.«

Ben erwiderte nichts darauf. Es stimmte schon, die Sicherheitsvorkehrungen waren enorm. Die Aktivistenszene wurde immer militanter, und der Bundesnachrichtendienst schloss sogar die Möglichkeit eines Anschlags nicht aus.

»Was denkst du?«, fragte Emma. »Wird es klappen? Ich meine, der Test.«

Ben grinste sie an. »Hast doch gehört, was Andrew gesagt hat. Wenn er sich sicher ist, dann wird der Versuch auch gelingen.«

Emma hielt an einer roten Ampel, die aber sofort darauf auf Grün umsprang. Als sie wieder Gas gab, drehten die Reifen kurz durch.

»Wenn er gelingt, dann bricht morgen für die Menschheit ein neues Zeitalter an.« Emmas Stimme klang merkwürdig belegt.

»Aus dir spricht aber nicht gerade große Begeisterung.«

Emma zuckte mit den Schultern. »Ich sehe die Risiken bei der ganzen Sache.«

Emma hatte sich in der Vergangenheit nicht als Nanokritikerin geoutet. Aber sie hatte auch nie großen Enthusiasmus für die neue Technik aufgebracht. Wenn Ben und Andrew sich begeistert darüber ausgetauscht hatten, war Emma meist still geblieben. »Ich bin mir sicher, dass alle Vorsichtsmaßnahmen getroffen wurden und dass es nicht zu einem Ausbruch kommt.«

»Das ist mir klar«, sagte Emma kühl. »Andrew hat oft genug über die Schutzmaßnahmen doziert. Es ist nicht der Versuch morgen, der mir Sorge bereitet.«

Ben runzelte die Stirn. »Sondern?«

Emma bog nach rechts auf die Kalker Hauptstraße, und schon passierten sie die Köln Arcaden. Noch zwei Minuten, dann war er zu Hause. »Wenn der Versuch morgen glückt und der Rest der Welt erst mal begreift, was die Technologie zu leisten vermag, wird ein Wettrennen um die Vorherrschaft in der Nanotechnologie ausbrechen. Die Chinesen sind nicht sonderlich weit zurück, die Amerikaner auch nicht, und Russland forscht sicher längst im Geheimen an seinen eigenen Synthesizern. Schon bald werden mehr Staaten über fortgeschrittene Nanomaschinen verfügen, als uns lieb sein kann. Neben der Gefahr eines Unfalls gibt es auch ein erhebliches Missbrauchspotenzial.«

Dem musste Ben widerwillig zustimmen. »Ja, sicher. Aber ich bin davon überzeugt, dass es schnell zu völkerrechtlichen Verträgen kommt. Denk daran: Es gibt nun seit fast hundert Jahren Atomwaffen, trotzdem ist es uns immer gelungen, eine nukleare Auseinandersetzung zu verhindern.«

Emma lachte. »Aber ein paarmal nur knapp, wenn man an Kuba denkt. Und im Gegensatz zur Kerntechnik braucht es bald schon keine großindustriellen Anlagen mehr, um Nanomaschinen herzustellen.«

Ben fand, dass Emma übertrieb. »Bis wir so weit sind, wird es noch mindestens zwanzig Jahre dauern.«

Emma lachte auf. »So schnell, wie die Miniaturisierung voranschreitet? Ich denke, dass wir schon in einigen Jahren so weit sind.«

»Du bist sehr optimistisch. Oder sollte ich sagen, pessimistisch?«

Sie hatten Bens Haus erreicht. Emma setzte den Blinker und hielt den Wagen auf einem Parkplatz vor dem Gebäude an. Sie schüttelte den Kopf. »Ich bin nicht pessimistisch, sondern realistisch. In Anbetracht der rasanten Fortschritte in vielen Wissensgebieten wartet auf die Menschheit eine enorme Herausforderung. Die Nanotechnik ist nicht die einzige Technologie, die unsere Erde und unsere Gesellschaft dramatisch verändern dürfte. Es wird noch dauern, bis unseren Politikern darauf eine Antwort eingefallen ist, und wenn wir Pech haben, ist bis dahin der Schaden schon angerichtet. Die Entwicklungen gehen einfach zu schnell.«

»Das sagst du, wo du doch selber an vorderster Front forschst.« Jetzt musste Ben lachen.

»Nein«, erwiderte Emma. »Ich erforsche mit den Nanoben einen Mikroorganismus, den es schon gibt. Ich will sie verstehen, das ist alles. Aber Andrew will eine neue Lebensform erschaffen. Eine technische Lebensform, die niemals von selbst auf der Erde entstanden wäre.«

Ben runzelte die Stirn. »Nanomaschinen sind keine Lebensform. Es sind miniaturisierte Roboter. Nichts weiter.«

Emma schaltete den Motor aus. Sofort ließ der warme Luftstrom aus den Schlitzen der Heizung nach, und Ben fröstelte. »Nanomaschinen sind sehr viel mehr als das. Sie können sich reproduzieren, und ihre rudimentären Berechnungseinheiten geben ihnen eine gewisse Form von Intelligenz. Wir haben ihnen sogar beigebracht, miteinander zu kommunizieren, so dass sie ein gewisses Sozialverhalten zeigen, um komplexe Aufgaben gemeinsam zu lösen. Im Grunde tun Andrews Schöpfungen nichts anderes als Zellen. Die Unterschiede zwischen Biologie und Technik verschmelzen in diesen Dimensionen. Wir nutzen sogar Biotechnologie, um die Nanomaschinen herzustellen.«

»Mag sein«, entgegnete Ben. »Aber wie du schon sagtest, wäre die Natur nicht in der Lage, Nanomaschinen mit evolutionären Methoden selber herzustellen. Vielleicht sollte man da die Grenze zwischen natürlichen und künstlichen Lebensformen ziehen.«

Emma nickte. »Möglicherweise hat es einen Grund, warum die Natur diese Form von Leben nicht herstellen kann. Das sollte uns zu denken geben, bevor wir nun mit dieser Technologie herumspielen und mikrominiaturisierte Dinger herstellen, die sich selber replizieren können.«

»Aber wir haben doch alle Vorsichtsmaßnahmen getroffen, die man sich nur ausdenken könnte«, wandte Ben ein. »Die Wahrscheinlichkeit, dass Nanomaschinen entweichen, wurde als absolut vernachlässigenswert bezeichnet, und selbst für diesen Fall sind wir vorbereitet. Die Sicherheitsvorkehrungen und Notsysteme sind viel, viel ausgefeilter als an jedem Atomkraftwerk.«

»Ja«, bestätigte Emma. »Das stimmt. Aber es gibt nun einmal keine hundertprozentige Sicherheit. Ein Restrisiko bleibt.«

Ben lachte. »Ein Restrisiko bleibt auch, dass uns heute Nacht ein Asteroid auf den Kopf fällt. Manchmal muss man gewisse Risiken eingehen, wenn man Fortschritte machen will. Außerdem ist es besser, wenn wir jetzt die ersten Schritte mit dieser neuen Technologie machen als ein anderes Land, das es mit den Sicherheitsvorkehrungen nicht ganz so genau nimmt.« Er schüttelte den Kopf. »Ich wusste gar nicht, dass du der Nanotechnologie so ablehnend gegenüberstehst.«

Emma hob abwehrend die Hände. »Ich habe ja auch nicht gesagt, dass ich die Experimente einstellen würde. Es wäre mir nur lieber, wir würden etwas weniger Enthusiasmus und stattdessen etwas mehr Vorsicht an den Tag legen.«

Ben überlegte, ob er etwas erwidern sollte, dann ließ er es. Wenn seine Kollegin trotz ihres Expertenwissens kritisch gegenüber der neuen Technologie eingestellt war, würde sie sich nicht an einem Abend vom Gegenteil überzeugen lassen. Er selbst vertrat die Meinung, dass sie im Moment einen Vorsprung vor den Amerikanern, den Chinesen und den Russen hatten, den sie nicht leichtfertig aufgeben sollten. Die Patente und die Nobelpreise würden nun einmal dem Gewinner des Wettrennens vorbehalten bleiben. Das mussten die Zweifler und die Übervorsichtigen einsehen. Er streckte die Hand nach dem Türgriff aus.

»Eine Sache noch«, sagte Emma.

Ben wandte den Kopf.

»Wenn ein Atomkraftwerk trotz aller Sicherheitsvorkehrungen hochgeht, erwischt es nur einen mehr oder weniger großen Landstrich. Wenn ein Nanosynthesizer einen Defekt hat, dann kann die Kettenreaktion unseren gesamten Planeten vernichten.«

Ben verdrehte die Augen. »Ein populistisches Katastrophenszenario, mehr nicht. Ich wünsch dir eine gute Nacht.« Er stieg aus.

2

20. OKTOBER

Emma drehte die Musik des Autoradios lauter, um das Gehupe von hinten zu dämpfen. Im Rückspiegel sah sie eine Hand, die sich aus dem Fenster des Beifahrers reckte, um ihr den Mittelfinger zu zeigen. Es mussten Demonstranten sein, die den Sticker mit dem Logo des Forschungszentrums auf dem Kofferraumdeckel bemerkt hatten. Sie hoffte, dass die Insassen nicht auf die Idee kamen, an der nächsten roten Ampel aus dem Wagen zu steigen, um sie zu bedrängen.

Emma passierte die Luftwaffenkaserne des Flughafens Köln-Wahn und fuhr auf dem Linder Mauspfad nach Süden in Richtung Lind. Auch auf den Bürgersteigen waren Demonstranten zu Fuß unterwegs. Viele trugen Parkas wie in den Siebzigern. Einige hielten Schilder und Transparente in die Höhe. Für viele der Aktivisten ging es bei dem Termin wohl mehr um das Event als um idealistische Motive, wobei beides auch Hand in Hand gehen konnte. Je näher Emma dem Forschungszentrum kam, umso mehr Demonstranten waren zu sehen. Es mussten Tausende sein!

Emma schüttelte den Kopf. Sie hätte nicht damit gerechnet, dass es um diese Uhrzeit schon so viele sein würden.

An einer roten Ampel musste sie stoppen. Argwöhnisch warf sie einen Blick in den Rückspiegel und drückte das Knöpfchen der Türverriegelung herunter, aber der Nieselregen hielt die Aktivisten wohl davon ab, den Wagen zu verlassen. Hupe und Mittelfinger reichten offenbar vorerst aus.

Emma fingerte nach ihrem Handy und schickte Claus eine kurze Nachricht. Es war besser, wenn er sich mit Elena früher auf den Weg machte, wenn sie die Pressekonferenz nicht verpassen wollten.

Endlich gab die Ampel den Weg frei, und wenige Minuten später bog Emma auf die Zufahrt des Forschungszentrums, das vor einigen Jahren auf dem verwaisten Grund einer stillgelegten belgischen Kaserne angelegt worden war. Es befand sich mitten in der Wahner Heide. Die Zufahrtsstraße teilte es sich mit dem Gelände des Europäischen Transsonischen Windkanals. Das große, graue Gebäude des Luftfahrtinstituts war in einigen hundert Metern Entfernung zu erkennen, als sie an einer Gabelung rechts abbog.

Ein Polizeibeamter am Straßenrand hob seine Hand, um Emma anzuhalten, winkte sie aber weiter, als sie hinter der Scheibe ihren Ausweis hochhielt, der sie als Angestellte des Forschungszentrums identifizierte. Die Aktivisten hinter ihr schickte der Polizist allerdings fort. Sie mussten sich woanders einen Parkplatz suchen.

Ein Stück voraus war schon die Pforte des Forschungszentrums für Nanotechnologie. Kiefern säumten die asphaltierte Zufahrtsstraße. Auch hier waren Menschenmassen mit Transparenten, Schildern und Bierflaschen in einem langsamen Strom Richtung Forschungszentrum unterwegs. Polizeiwagen standen in regelmäßigen Abständen am Rand. Beamte lehnten mit Funkgerät in der Hand an ihren Fahrzeugen, beschränkten sich aber aufs Beobachten. Immerhin sorgten sie dafür, dass die Demonstranten den Angestellten des Forschungszentrums, die sich auf dem Weg zu ihrem Arbeitsplatz befanden, nicht zu nahe kamen.

Auf der Straße stauten sich nun auch Fahrzeuge. Normalerweise gelangte man um diese Uhrzeit noch gut durch die Pforte, aber heute kontrollierten die Sicherheitsangestellten wohl besonders genau. Emma erkannte, dass einige Fahrzeuge zu einem Parkplatz herausgewunken wurden, auf dem Autos mit geöffnetem Kofferraum von weiteren Uniformierten durchsucht wurden.

Es dauerte lange Minuten, bis Emma an die Schranke kam. An normalen Tagen hielt sie lediglich ihre Magnetkarte an ein Lesegerät, aber heute prüften Angestellte die Ausweise. Vor der Baracke, an der Besucher sich anmelden und einen Tagesausweis erhalten konnten, standen etliche hundert Menschen und skandierten Parolen gegen die Nanotechnik, die man genauso auch auf den Schildern und Transparenten lesen konnte.

Nieder mit der Nanotechnik!

Nanotechnik, nein danke!

Ihr spielt mit der Zukunft der Menschheit!

Emma hatte Glück. Sie kannte den Sicherheitsangestellten, der ihr Auto unter die Lupe nahm, flüchtig. Er hieß Tom, den Nachnamen wusste sie nicht. Er hatte ein schmales Gesicht, und graue Haare schauten unter der schwarzen Schirmmütze hervor. Er lächelte, las die Magnetkarte mit einem mobilen Lesegerät und öffnete mit einem Knopfdruck die Schranke.

Emma fuhr auf das Gelände und ließ die pfeifenden Aktivisten zurück.

Hoffentlich würden Claus und Elena noch genauso gut auf das Gelände kommen. Im Zweifelsfall gab es einen Nebeneingang über das nahe gelegene Industriegebiet. Emma nahm sich vor, ihrem Mann später eine Nachricht zu schreiben und ihm diesen Weg zu empfehlen. Jetzt musste sie sich beeilen, um zum Termin mit ihrem Chef nicht zu spät zu kommen.

Am Casino, das an einem kleinen, künstlichen See stand und über eine gemütliche Außenterrasse verfügte, bog Emma links ab. Ihr eigenes Labor war in einer Baracke etwas abseits am Rand des Geländes untergebracht, aber Professor Rappe hatte sein Büro natürlich im Hauptgebäude, das direkt neben dem Auditorium lag, wo am Mittag die große Veranstaltung stattfinden würde.

Emma bog auf den Parkplatz ein, der bereits gut gefüllt war. Sie musste mehrmals wenden, da es kaum noch freie Stellflächen gab. Normalerweise füllte sich der Platz erst nach acht Uhr. In der Einrichtung waren Frühaufsteher nicht in der Mehrzahl. Es herrschte Gleitzeit und die Regeln für Ankunft und Abfahrt an der Arbeitsstätte waren so lax, dass das Forschungszentrum von bösen Zungen auch Freizeitzentrum genannt wurde.

Emma stieg aus und ging auf das Gebäude zu. Der eisige Wind war so stark, dass sie sich ihre Mütze tief ins Gesicht zog. Immerhin hatte der Nieselregen nachgelassen.

Sie ging die paar Stufen bis zum Eingang hinauf. Man erkannte direkt, dass dies der Hauptsitz der Einrichtung war. Während die anderen Gebäude aus Schnellbauelementen gebaut waren, hatte man für das Verwaltungsgebäude hellen Stein gewählt, dessen Quarzeinschlüsse an entsprechenden Tagen im Licht der Sonne funkelten. Es ging das Gerücht um, dass Rappe selbst die Steinbrüche abgeklappert hatte, um in einem Anflug von Perfektionismus das Baumaterial für seinen »Palast« auszusuchen.

Emma ließ den Fahrstuhl links liegen und lief in großen Schritten die Treppe nach oben. Ein Manager im dunklen Anzug mit grauer Krawatte kam ihr entgegen und grüßte sie, aber Emma kannte den Typen nicht, und brummte nur beiläufig.

In der dritten Etage bog sie auf den linken Gang und öffnete die Brandschutztür, auf der in goldenen Lettern das Wort »Administration« aufgeklebt war.

Der Gang war nicht sehr lang und wurde sowohl von einer breiten Fensterfront als auch von zahlreichen Neonleuchten in helles Licht getaucht.

Rappes Büro befand sich ganz am Ende, allerdings war seine Türe stets verschlossen, und alle Besucher mussten zuerst durch das Nebenbüro an seiner Sekretärin vorbei.

Ein Mann eilte aus dem Vorzimmer, großgewachsen und in dunklem Anzug. Er hielt sich ein Handy ans Ohr. Während er Emma zunickte, redete er erregt in sein Telefon. »Verdammt, ich weiß auch nicht, was da abgeht ... nein, der Oberbürgermeister ist noch nicht hier ... ja, ja, diese verdammten Demonstranten!«

Dann war der Mann verschwunden.

Emma trat auf die Schwelle und blieb stehen. Heike Baumann, die stämmige Sekretärin mit den feuerroten Haaren, blickte kurz vom Bildschirm auf und tippte dann weiter auf ihrer Tastatur. »Sie sind zu spät.«

Emma hob entschuldigend die Arme. »Tut mir leid, aber die Demonstranten ...«

»Damit war zu rechnen«, sagte Baumann mit sarkastischem Unterton. »Wären Sie wohl besser früher aufgestanden.«

Emma blieb weiter an der Tür stehen. Sie wusste, wann es sich bei Frau Baumann empfahl, nichts weiter zu sagen. Eigentlich war Rappes Sekretärin ein umgänglicher Mensch und durchaus zu Scherzen aufgelegt. Nur unter Stress wurde sie schlagartig bissig und aggressiv.

Emma wartete, während Baumann ihre Arbeit beendete. Die Tür zu Rappes Büro war verschlossen. Emma hörte aber seine Stimme. Ihr Chef schien zu telefonieren.

Vor Baumanns Tisch stand ein großer Karton mit farbigen Broschüren. Es waren wohl die Mappen, die später bei der Pressekonferenz an die Medien verteilt werden sollten. Alle und alles im Forschungszentrum waren auf diesen Tag ausgerichtet. Und Emma fragte sich wieder, warum sie ausgerechnet heute zu einem Gespräch mit Rappe gerufen wurde. Der musste doch ganz andere Dinge um die Ohren haben, zumal Emma mit dem kommenden Ereignis gar nichts zu tun hatte.

Baumann blickte immer wieder auf ihr Telefon, auf dem ein rotes Licht leuchtete. Als es erlosch, wandte sie sich an Emma. »Sie können jetzt hineingehen.«

Emma nickte nur und trat an die Tür. Sie klopfte und öffnete sofort. »Professor Rappe? Darf ich ...?«

Der Institutsleiter schaute auf, einen Kugelschreiber in der

Hand, mit dem er gerade auf einem Block Notizen machte. Rappe legte den Stift beiseite und erhob sich. »Ja, kommen Sie herein. Bitte setzen Sie sich.«

Er lächelte nicht, was schon ein schlechtes Zeichen war, da der Mann normalerweise jede Gelegenheit nutzte, um seinen Charme spielen zu lassen.

Hatte sie etwas falsch gemacht?

Emma nahm auf einem der beiden Stühle Platz, die vor dem Schreibtisch standen. Dann setzte sich auch Rappe wieder.

Der Professor war von kleiner Statur und sehr schlank, was ein Ergebnis seines asketischen Lebensstils sein mochte. Bei gemeinsamen Essen hatte er eigentlich immer nur Salat oder Gemüse auf dem Teller, lehnte stets den Sekt ab und begnügte sich mit Sprudelwasser. Aber einige Kollegen sagten, dass der Mann einen guten Whisky bei passender Gelegenheit nicht ablehnte.

Heute trug Rappe einen tadellosen schwarzen Anzug mit blendend weißem Hemd. Beides wirkte so neu, als habe er es extra für den heutigen Anlass erworben.

Aber die Garderobe war nicht der einzige Hinweis darauf, dass heute ein außergewöhnliches Ereignis stattfand. Denn sein Büro war penibel aufgeräumt.

Es war ein ständiger Lacher im Forschungszentrum. Der Institutsleiter, der so besessen auf sich und seinen Körper achtete, war dafür umso nachlässiger mit der Ordnung in seinem Büro. Bei Emmas letztem Besuch hatten sich Aktenordner, wissenschaftliche Papiere, Fachjournale und Notizblöcke nicht nur auf den Tischen, sondern auch auf dem Boden getürmt.

Nun wirkte das Büro, als sei Rappe gerade erst eingezogen.

Aber Emma hätte auch ihr Büro aufgeräumt, wenn sich der Bundeskanzler bei ihr angekündigt hätte. Sie sah zu dem runden Tisch in der Ecke hinüber, mit den vier rundherum angeordneten weißen Lederstühlen, und konnte sich kaum vorstellen, dass in drei Stunden Kanzler Hütter hier mit ihrem Chef zusammensitzen würde, um über die Zukunft des Instituts und des Forschungszentrums zu sprechen. Ein weiteres Mal dachte sie, wie verwunderlich es war, dass Rappe sie heute noch zu sich gebeten hatte.

Ihr Chef seufzte. Er senkte den Blick und hob ein Papier von seinem Schreibtisch auf. Emma kannte es. Es war ihr eigener Fortschrittsbericht, den sie Rappe vor zwei Wochen eingereicht hatte. Eigentlich eine reine Formalität.

»Was haben Sie sich eigentlich dabei gedacht, mir diesen Quatsch hier vorzulegen?« Rappe klang eher ernüchtert als aggressiv.

Emma erschrak. Sie war sich keiner Schuld bewusst. Sie hatte den Bericht nach bestem Wissen und Gewissen angefertigt. »Was meinen Sie, Herr Professor?«

Er blätterte einige Seiten um. »Das Forschungsprogramm mit Ihren Nanoben. Hier stellen Sie mehrere Möglichkeiten vor, wie diese Dinger entstanden sein können. Einiges davon ist an Unsinn kaum zu überbieten. Man könnte es fast schon als Esoterik bezeichnen.«

Emma schluckte. Daran also stieß sich Rappe.

Er las vor. »Alternative Theorien beziehen sich auf die Einbringung von Nanoben aus dem Weltall, was Exobiologen als Panspermie bezeichnen.« Er hob den Kopf. »Exobiologen?«

»Exobiologie ist die Wissenschaft, die sich mit der theoretischen Struktur außerirdischen Lebens beschäftigt.«

Rappe lachte. Er blickte sie an wie ein Kind, das behauptet hatte, es wäre in der Nacht einer Fee begegnet. »Außerirdische, Frau Hartmann.« Er schüttelte den Kopf. »Sie reden in einem offiziellen Bericht unseres Forschungszentrums von Außerirdischen?«

Emma holte tief Luft. Sie hatte beim Schreiben dieser Passagen ein schlechtes Gefühl gehabt. Sie hätte darauf hören und es lassen sollen. Dennoch war es ihr nicht angemessen erschienen,

Theorien anderer Forscher nicht anzugeben, auch wenn sie nicht dem wissenschaftlichen Mainstream entstammten.

»Und es kommt noch besser«, fuhr Rappe fort. »Im nächsten Punkt behaupten Sie sogar, dass es sich bei Nanoben um außerirdische Nanomaschinen handeln könnte.«

Emma richtete sich kerzengerade im Stuhl auf. »Ich habe lediglich die Vielzahl der möglichen Ursprünge dargestellt, die in der Fachliteratur kursieren. Ich ...«

»Fachliteratur?« Rappe hob die Augenbrauen. »Ich habe mir die Quelle zu diesem Punkt angesehen. Es handelt sich bei Dr. Weston um einen absonderlichen Physiker, der die Hälfte seiner Zeit damit verschwendet, Science-Fiction-Romane zu schreiben.«

»Aber Weston ist ordentlicher Angestellter des JPL. Das Institut hat seine Arbeit unterstützt und finanziert.«

Rappe klappte ihren Bericht zu. »Frau Hartmann, es gibt Themen, an denen man sich die Finger verbrennt, wenn man sie anfasst. Außerirdische gehören zweifelsohne dazu. Das habe ich Ihnen bereits während des Graduiertencollege deutlich mit auf den Weg gegeben.«

Emma hob entschuldigend die Hände. »Es tut mir leid, ich hätte hier präziser angeben müssen, dass es sich um eher unwahrscheinliche Möglichkeiten handelt.«

»Unwahrscheinlich?« Rappe schüttelte den Kopf. »Unmöglich trifft es wohl besser.«

Emma zeigte auf den Bericht. »Was erwarten Sie von mir? Soll ich das Papier ändern?«

Rappe lehnte sich in seinen Stuhl zurück. »Dafür ist es nun zu spät.«

Zu spät? »Wie meinen Sie das?«

»Das Papier hat längst die Runde gemacht.« Rappe verzog den Mund. »Man lacht schon über uns.«

Emma verstand das nicht. Normalerweise verschwanden die

Fortschrittsberichte schnell in Aktenordnern, die dann im Kellerarchiv versauerten. »Wer lacht denn?«

»Alle.« Frust klang in seiner Stimme mit. »Schon seit einiger Zeit macht man sich über Sie mit Ihren komischen Nanoben lustig, die mit dem Kern unserer Forschungsarbeit sehr wenig zu tun haben. Und jetzt, mit diesen abstrusen Schlussfolgerungen? Sie haben uns zum Gespött gemacht.«

Emmas Hals wurde eng. Sie hatte diese Arbeiten so durchgeführt, wie es ihr im Graduiertencollege beigebracht worden war. Also, warum ging Rappe sie nun an? Sie hatte bloß alle konkurrierenden Theorien aufgezählt.

»Es sind keine Schlussfolgerungen, sondern lediglich alternative Erklärungsmöglichkeiten, die sich aus einer Fachliteraturrecherche ergeben haben«, verteidigte sie sich. »Ich habe diese Sichtweisen weder erfunden, noch habe ich sie in dem Bericht vertreten. Ich habe sie nur angegeben, sonst nichts.«

»Es ist schon schlimm genug, dass man sich intern über Sie amüsiert. Was viel schlimmer ist, ist die Tatsache, dass diese absurden Theorien im Bildungsministerium und sogar im Bundeskanzleramt kursieren.«

Emma schüttelte den Kopf. »Im Bundeskanzleramt?« Wieso gelangten ihre Forschungsarbeiten ins Bundeskanzleramt?

Rappe holte Luft. »Wir stehen mit unserer Forschung im Fadenkreuz der Republik. Als Vorbereitung für den heutigen Termin hat man sich natürlich in den entsprechenden Fachreferaten im Kanzleramt unsere Arbeiten angesehen. Hätte ich gewusst, was in Ihrem Bericht steht, hätte ich mich geweigert, ihn weiterzuleiten, aber jetzt ist es zu spät. Ihre Arbeit ist nun ein Punkt auf einer Liste von Dingen, für die ich mich heute Nachmittag rechtfertigen muss. Es ist nicht der problematischste Punkt, aber ganz sicher der peinlichste.«

Um Himmels willen … Hätte sie doch mit der Abgabe des Berichts noch einige Wochen gewartet! Hätte sie die strittigen

Passagen einfach weggelassen! Sicher, Emma wollte diesen Möglichkeiten nachgehen, sie durch Experimente entkräften, wie es sich für gute wissenschaftliche Arbeit gehörte. Rappe hatte ohnehin ein Problem mit Kritik. Dass er sich für die Peinlichkeiten anderer zu rechtfertigen hatte, musste geradezu eine Qual für ihn sein.

»Es tut mir leid, Herr Professor«, sagte Emma, und das stimmte auch. Sie konnte nur hoffen, dass er es bei einer Standpauke beließ und ihr nicht noch mehr Steine in den Weg legte. Aber was konnte er schon tun? Ihr Labor in eine noch schäbigere Baracke zu versetzen, war wohl kaum möglich.

»Ich werde mich heute Nachmittag nicht zum Gespött der hohen Herren machen, das versichere ich Ihnen.« Rappes Stimme war nach wie vor ruhig. »Es gibt nur eine Möglichkeit. Ich werde eingestehen, dass ich einen Fehler gemacht und ihn bereits heute korrigiert habe.«

Panik stieg in Emma auf. Sie wusste genau, was ihr Chef als Nächstes sagen würde.

»Ich habe Ihr Projekt abgesetzt.« Er sagte es ohne hörbares Bedauern, aber auch ohne jede Begeisterung. »Heute ist Ihr letzter Arbeitstag.«

Emmas Hände begannen zu zittern. Das konnte er nicht tun! »Herr Professor, ich finanziere mich komplett aus Drittmitteln. Das Forschungszentrum profitiert finanziell von meiner Arbeit, da die Gelder in den Overhead des Instituts mit einflie...«

Er unterbrach sie mit einer Handbewegung. »Ja, ich weiß. Sonst hätte ich das Projekt schon längst eingestampft, weil es unserer Sache nicht dient.«

Unserer Sache ...

»Aber ich war bereit, Sie bei mir zu lassen«, fuhr der Professor fort. »Ich war bereit, Ihnen einen Platz hier im Institut zuzugestehen. Hätten Sie sich mit Ihren lächerlichen Theorien zurückgehalten und Ihre Fortschrittsberichte so aussehen lassen, als leiste Ihr Forschungsthema einen sinnvollen Beitrag zu unserer Arbeit. Aber nein, Sie müssen hier einen Kampf gegen die menschliche Vernunft austragen.«

Emma schwieg. Sie kam sich vor wie in einem Albtraum.

»Außerirdische Nanomaschinen!« Rappe redete sich langsam in Rage. »Das ist wirklich an Schwachsinn nicht mehr zu überbieten. Und das wollen Sie sogar experimentell untersuchen? Unfassbar! Wer, meinen Sie, sind Sie eigentlich? Madame Curie? Eher schon Don Quijote! Ist Ihnen klar, wie das für Außenstehende aussieht? Wir haben uns ohnehin gegen so viel Kritik zu verteidigen, ohne dass man uns noch vorwerfen muss, Esoterik zu betreiben. Was kommt als Nächstes? Untersuchen wir das Geisterreich? Weisen wir Forschungsergebnisse mittels Séancen nach?«

Der Professor sah sie durchdringend an und atmete tief durch.

Emma erwiderte seinen Blick mit einem Gefühl der Taubheit. Rappe war der König in seinem Forschungszentrum. Da hatte Andrew gestern recht gehabt. Wenn er sie unbedingt loswerden wollte, dann war es für ihn ein Leichtes. Was sollte sie tun? Den Betriebsrat einschalten? Der vermochte Rappe vielleicht ein wenig das Leben schwer zu machen, aber war am Ende kaum in der Lage, etwas am Ergebnis zu ändern. Vielleicht drückte der Betriebsrat durch, dass Emma am Forschungszentrum weiterarbeiten durfte, aber er konnte nicht verhindern, dass der Institutsleiter ein Projekt strich. Sie würde dann als Assistentin oder einfache wissenschaftliche Mitarbeiterin in eine andere Arbeitsgruppe versetzt werden. Und Rappe wusste genau, dass sie wenig an den technischen Herausforderungen der Nanotechnologie interessiert war.

Klar, sie hatte die Möglichkeit, ihre Drittmittel zu nehmen und zu versuchen, ein anderes Institut zu finden. Aber leicht würde das nicht werden. Außerdem würde sie umziehen müssen, was mit Tochter und einem berufstätigen Mann alles andere als einfach war.

Möglicherweise gelang es ihr, Rappe doch noch umzustimmen. »Herr Professor, bitte lassen Sie uns darüber noch einmal diskutieren. Ich wäre bereit, meine Forschung in meiner Freizeit zu übernehmen und teilweise an anderen …«

Rappe schnaubte. »Nein, mit so einem Unsinn fangen wir gar nicht erst an. Ich will heute Nachmittag, wenn Ihr Bericht zur Sprache kommt, sagen können, dass dieses Projekt nicht mehr in unserem Institut beheimatet ist.«

»Aber vielleicht …«

»Das ist mein letztes Wort«, unterbrach sie der Institutsleiter.

Emma blickte zu Boden. Es war vorbei.

Rappe seufzte. »Hören Sie, Frau Hartmann. So wenig Sympathie ich für Ihr Projekt übrighabe, so sehr schätze ich Sie persönlich.«

Emma hob wieder den Kopf. Rappe lächelte nun schwach, und sein Blick hatte einen wohlwollenden Ausdruck angenommen. Was sollte das denn jetzt?

»Sie haben gezeigt, dass Sie hart arbeiten können«, fuhr der Professor fort. »Sie sind fleißig und engagiert. Ich könnte mir vorstellen, dass wir nach einer kurzen Beurlaubung für Sie einen anderen Platz im Forschungszentrum finden. Möglicherweise in der Datenauswertung oder bei den Strukturchemikern.«

In der Datenauswertung? Emma war keine Programmiererin. Dort würde sie nur eine untergeordnete Rolle als Assistentin irgendeines Computernerds spielen. Strukturanalyse wäre noch am ehesten mit ihrer Arbeit vergleichbar. Kristallographien hatte sie bei ihrem Projekt regelmäßig machen müssen. Immerhin signalisierte Rappe, dass er sie nicht gleich hochkant rauszuschmeißen beabsichtigte.

Es würde eine harte Entscheidung werden, denn eigentlich wollte sie ihr Forschungsprojekt nicht aufgeben. Sie hatte schon so viel Zeit und Mühe in die Nanoben gesteckt. Hätte sie keine Familie gehabt, würde sie sich heute noch auf die Suche nach einer neuen akademischen Heimat machen. Zum Teufel, sie hätte es sogar auf sich genommen, an eine chinesische Universität zu gehen, wenn diese ihr eine Forschungsgelegenheit böte. Aber sie konnte das einfach nicht von ihrem Mann und ihrer Tochter erwarten.

Rappe erhob sich. »Es tut mir leid, Ihr Projekt ausgerechnet an diesem großen Tag zu beenden. Aber die heute Nachmittag stattfindende Diskussion lässt mir keine Wahl.«

Man hat immer eine Wahl.

Rappe hätte sich auch einfach mal hinter seine Mitarbeiterin stellen und das Projekt verteidigen können, selbst wenn er nicht viel davon hielt. Aber dafür war ihm seine eigene Reputation wohl zu wichtig.

Rappe streckte die Hand aus. »Überlegen Sie es sich. Sie verschwinden ein paar Wochen von der Bildfläche, dann setze ich Sie in einer anderen Arbeitsgruppe ein.«

Emma stand auf und erwiderte den Händedruck. »Ich muss das mit meiner Familie besprechen.«

Rappe nickte. »Natürlich. Lassen Sie sich bis Ende der Woche Zeit. Bis dahin räumen Sie bitte Ihre persönlichen Gegenstände aus dem Labor.«

Emma verließ Rappes Büro schweigend und schloss die Tür hinter sich.

»Tut mir leid«, sagte Heike Baumann. Ihre Stimme drückte aus, dass sie es auch so meinte. Die Sekretärin war, wie immer, gut informiert.

Emma erwiderte ihren Blick und verließ wortlos das Vorzimmer.

3

Andrew Collum zuckte zusammen, als das Telefon vor ihm auf dem Schreibtisch piepte. Er saß alleine im Kontrollraum. Die beiden Kollegen, die mit ihm zusammen das Experiment bedienen und analysieren würden, befanden sich auf einem Inspektionsgang.

Andrew blickte auf die Digitalanzeige der Telefonanlage. Es war Professor Rappe. Andrew stöhnte.

Nicht schon wieder!

Er nahm den Hörer ab und drückte die entsprechende Taste. »Collum hier.«

»Wie schaut es aus?«, fragte Rappe.

Andrew verspürte Ungeduld. Es war nun schon das fünfte Mal, dass der Professor mit genau dieser Frage hier anrief. Dabei konnte der Institutsleiter auf seinem Bildschirm im Büro die Statuschecks der Anlage verfolgen.

Andrew hätte am liebsten eine sarkastische Bemerkung gemacht, aber das wäre einem akademischen Selbstmord gleichgekommen. »Bei uns läuft alles plangemäß, Herr Professor. Dieber und Binz sind gerade in der Anlage und überprüfen ein letztes Mal den Bioreaktor und die Proteinverbindungen.«

»Und?«

Andrew ließ seine Stimme ruhig und sachlich klingen. »Ich habe bisher von keinen Problemen gehört.«

»Stehen Sie nicht in ständigem Funkkontakt?«

Andrew verdrehte die Augen. Seine Mitarbeiter waren hochqualifiziert und wussten ihre Checkliste alleine abzuarbeiten, ohne dass Andrew jeden Handgriff kontrollierte. »Ich frage gleich einmal nach, wie weit sie sind.« Er litt nicht unter dem gleichen Kontrollwahn wie Rappe.

»Gut, halten Sie mich auf dem Laufenden.«

»Natürlich, Herr Professor.«

Die andere Seite hatte aufgelegt. Andrew stöhnte.

In diesem Augenblick betraten seine beiden Kollegen den Kontrollraum. Wie er selber trugen sie weiße Laborkittel. Rappe hatte darauf bestanden, das Logo des Forschungszentrums nicht nur auf der Brust, sondern auch in völlig übertriebener Größe auf dem Rücken aufzudrucken.

»Checkliste abgearbeitet«, meldete Horst Dieber geschäftsmäßig, während er sich die Brille zurechtrückte.

»Was Besonderes?«, fragte Andrew.

Franka Binz schüttelte den Kopf. »Die Proteinsynthese geht etwas schleppender als sonst, aber wir sind völlig im Toleranzbereich.«

Andrew nickte. Es verlief alles nach Plan. Wie bei der Generalprobe vor ein paar Tagen waren sie dem Zeitplan sogar ein paar Minuten voraus. Bei dem Volksauflauf vor den Toren des Forschungszentrums, von dem ihm Franka nach ihrer Ankunft erzählt hatte, war es wohl eher so, dass sie auf den Bundeskanzler warten mussten, statt andersherum.

Franka und Horst unterschrieben die Checkliste und hefteten sie in dem dafür vorgesehenen Protokollordner ab. Dann setzten sie sich auf ihre Plätze. Beide waren hervorragende Nano-Ingenieure und Andrew arbeitete seit über einem Jahr sehr gut mit ihnen zusammen. Gemeinsam hatten sie die Verfahren für den heutigen Tag entworfen und das Technikerteam in der Anlage trainiert und betreut.

Horst Dieber war mit seinen fünfzig Jahren ungewöhnlich alt für einen Ingenieur der sehr jungen Nanobranche. Er war ursprünglich in der Nukleartechnik beschäftigt gewesen, hatte aber nach seinem fünfundvierzigsten Geburtstag umgesattelt, weil er sich in seinem Leben nicht nur damit beschäftigen wollte, die Hinterlassenschaften zu beseitigen, die eine ganz andere

Generation vor über fünfzig Jahren in Deutschland angesammelt hatte. Er wollte selber etwas schaffen, und auf den gelegentlichen Betriebsfeiern erfuhr man von seiner Frau, dass er bei dem Nanotechnik-Projekt regelrecht aufgeblüht war.

Wenn Horst für seinen Job ungewöhnlich alt war, dann war Franka Binz ungewöhnlich jung. Sie war gerade mal dreiundzwanzig Jahre alt, hatte aber einen Abschluss in Werkstoffkunde und arbeitete seit über einem Jahr an ihrer Doktorarbeit. Und das parallel zu der zeitraubenden technischen Arbeit im Institut. Sie hatte blonde, lange Haare, überragte Andrew um einen ganzen Kopf und verfügte trotz ihres Strebertums über etwas zutiefst Warmherziges. Sie hätte an jeder Model-Castingshow im Fernsehen teilnehmen können. Ihren festen Freund hatte sie bei einem Austauschjahr in Australien kennengelernt, und trotz der Entfernung schien diese Beziehung zu funktionieren – wie auch immer.

»Ist der Kanzler eigentlich schon da?«, fragte Horst.

Andrew wandte den Kopf. »Ich glaube, der kommt erst kurz vor dem Beginn des Experiments.«

Franka bückte sich, wühlte in einer schwarzen Ledertasche herum und zog dann eine Plastikflasche mit Mineralwasser heraus. »Ich würde ihn ja zu gerne einmal kennenlernen. Glaubt ihr, wir kriegen ihn zu Gesicht?«

»Ich auf jeden Fall«, antwortete Andrew. »Ich soll später bei der Pressekonferenz noch ein paar Worte sagen.«

Horst lachte. »Ehrlich? Da muss dir aber ganz schön die Muffe gehen.«

Ja, sein Kollege hatte recht. Andrew betrachtete sich nicht als sonderlich schüchtern, und er hatte auch kein Problem damit, auf einer Tagung zu einer Gruppe zu sprechen. Aber im Auditorium neben dem Kanzler auf einem Podium zu stehen und eine Ansprache zu halten, die im Fernsehen übertragen wurde, während ihm Dutzende Fotografen ihre Kameras ins Gesicht hielten ... das war etwas anderes. Immerhin gab es einen Trost. »Ich bin mir sicher, dass ich nicht mehr als zehn Worte sagen muss, bis Rappe wieder das Mikrophon an sich reißt.«

»Es wäre schön, wenn wir auch zur Pressekonferenz eingeladen wären und dem Kanzler vorgestellt würden.« In Frankas Stimme lag Bedauern.

Horst schien nicht ihrer Meinung. »Ich kann darauf ganz gut verzichten. Bei mir besteht kein Bedarf, Hütter kennenzulernen. Ich habe von seiner Politik nie sonderlich viel gehalten. Jetzt ist sein Programm zur Ankurbelung der Wirtschaft endgültig gescheitert, und ich kann es kaum erwarten, bis er in einem halben Jahr verschwunden ist. Ich bin heilfroh, dass er nicht mehr antritt.«

Franka nahm einen Schluck aus ihrer Flasche. »Ich finde, Hütter wird nicht fair behandelt. Die Politik hätte Erfolg haben können, wenn die Europäische Zentralbank mitgezogen hätte. Dann wären die Zinssätze vielleicht wieder zurückgegangen und die Inflationsspirale wäre gestoppt worden.«

Andrew verzog das Gesicht. »Ist gut jetzt. Konzentrieren wir uns heute auf unsere Arbeit.« An einem solchen Tag konnte er keine politischen Diskussionen gebrauchen, aber das war wohl unausweichlich, wenn sich der Kanzler angekündigt hatte. Ihm wäre es lieber gewesen, Hütter hätte die Ereignisse von Berlin aus verfolgt. Sein Besuch war nur eine riesengroße Ablenkung.

Wieder klingelte das Telefon. Andrew blickte auf das Display. Die Nummer kam zwar von innerhalb des Forschungszentrums, aber Andrew kannte sie nicht. Er hob ab. »Synthesizer. Collum.«

»Hier ist Berger von der Sicherheit.« Der Mann sprach mit einer Stimme, als hätte er einen Subwoofer mit dem Telefon verbunden.

»Was kann ich für Sie tun, Herr Berger?«

»Wir haben eben einige Aktivisten daran gehindert, auf das Gelände des Forschungszentrums vorzudringen. Es sind zwar Wachposten entlang des Außenzauns postiert, aber wir können nicht ausschließen, dass es doch einmal jemandem gelingt, die Barrieren zu überwinden.«

Andrew runzelte die Stirn. »Ja, gut. Was erwarten Sie von mir?«

»Bitte stellen Sie sicher, dass die Notausgänge der Halle geschlossen sind. Neulich standen einige Ihrer Techniker vor einem der Nebentore und haben geraucht. Ganz davon abgesehen, dass das eigentlich verboten ist, müssen die Türen anschließend wieder aktiv verriegelt werden. Da Ihr Experiment das primäre Ziel der Aktivisten ist, möchte ich Sie bitten, das zu überprüfen. Alternativ kann ich ein oder zwei Mitarbeiter schicken, die das für Sie übernehmen, falls Sie zu beschäftigt sind.«

Leute von der Sicherheit, die zwischen den Experimentiereinrichtungen hindurchliefen? Das fehlte noch! »Ich werde mich selber darum kümmern«, sagte Andrew.

»Danke.« Berger legte auf.

»Was ist denn?«, erkundigte sich Franka. »Du siehst genervt aus.«

»Das war jemand von der Sicherheit. Die haben Panik wegen der Aktivisten. Einige haben wohl versucht, auf das Gelände zu kommen. Wir sollen die Notausgänge überprüfen.«

Horst stand auf. »Ich kann das machen.« Er gehörte ganz sicher zu den Leuten, die hin und wieder draußen rauchten.

Andrew schüttelte den Kopf. »Nein. Ich gehe selber. Und in Zukunft nehmt ihr für Zigarettenpausen bitte den Hauptausgang. Die Notausgänge sind ... nun ja, für Notfälle.«

Horst stöhnte. »Dann müssen wir aber immer ausstempeln.«

Andrew hatte kein Mitleid. »Wäre doch eine gute Gelegenheit, das Rauchen aufzugeben. Kann ich sowieso nicht nachvollziehen, dass sich heute noch jemand den Dreck in die Lunge zieht.« Wie viel kostete mittlerweile eine Schachtel Zigaretten?

Andrew wandte sich an Franka. »Checke bitte noch einmal die Computerprogramme. Besonders die für die Einspeisung der Assembler-Codes in die Nanomaschinen.«

Sie nickte, ohne den Blick von ihrem Bildschirm zu nehmen.

Andrew stand auf und zog sich seine Jacke über den Laborkittel. An einigen Stellen der Experimentierhalle konnte es ganz schön kalt werden, da die Außenwände nicht isoliert waren. Er verließ den Kontrollraum, der im zweiten Stock über dem Haupteingang des Gebäudes untergebracht war, und fröstelte sofort. Er trat auf das Laufgitter mit dem hohen Geländer und blickte in die Halle hinab. Sie hatte die Ausmaße einer großen Turnhalle. Überall standen mannshohe Gefäße, die mit silbern schimmernden Rohren verbunden waren. Alle führten zum Herzstück der Anlage, dem Synthesizer. Das Gerät, in dem in einigen Stunden die ersten sich selbst replizierenden Maschinen in Nanogröße hergestellt werden würden, erinnerte an ein goldenes Silo, das bis unters Dach reichte.

Andrew nahm die Treppe auf der rechten Seite und stand einige Augenblicke später auf dem Boden der Halle.

Lukas Blaustein, einer der Techniker, lehnte an einer Konsole, die an einem dicken Rohr festgemacht war, und kontrollierte dort die Messwerte. Er sah auf und kam seinem Chef entgegen. »Probleme?« Er schielte immer etwas und man wusste nie, welches Auge man fixieren sollte.

Andrew schüttelte den Kopf. »Nein, ich mache nur einen kleinen Rundgang und schaue, ob die Notausgänge alle dicht sind.«

Blaustein zeigte mit dem Daumen über seine Schulter. »Tür Nummer drei sollten Sie noch nicht zumachen. Die Raucher stehen draußen am Aschenbecher.«

Andrew stöhnte innerlich. Er hätte diese Unsitte schon vor Monaten unterbinden sollen. Sein Weg führte ihn in den hinteren Bereich der Anlage, vorbei an Rohrleitungen und metallischen Säulen, die bis unter das Dach ragten. In denen waren mächtige Kabelkanäle untergebracht, die mit flüssigem Stickstoff geflutet waren, um die Supraleiter auf ihrer eisigen Betriebstemperatur zu halten.

Andrew stieg über einige Leitungen, die man in der letzten Woche nachträglich installiert hatte. Es roch nach einer Mischung aus Ozon, Schmieröl und Verdünnungsmittel, die für ihn fast schon heimelig wirkte. Das dumpfe, sich alle paar Sekunden wiederholende Pumpen der Kühlaggregate hörte sich wie der Puls eines lebenden Wesens an. Und tatsächlich verhielt sich die Anlage mit ihrer Vielzahl an einzelnen Systemen wie ein menschlicher Organismus. An manchen Tagen funktionierte alles perfekt, dann gab es Zeiten, da tauchten scheinbar völlig willkürlich Störungen und Probleme auf, die die Apparatur wie einen eigenständigen, gutmütigen, aber manchmal störrischen Charakter wirken ließen.

Andrew erreichte den Synthesizer, das Herzstück der Anlage, und blieb stehen. Er atmete tief durch. Kleine, runde Tanks enthielten die Grundbausteine, die später in der zentralen Kolonne von genetisch modifizierten Enzymen zu den miniaturisierten Maschinen zusammengefügt werden sollten. So zuversichtlich er zuletzt gewesen war, hoffte Andrew, dass das Experiment heute wirklich gelang. Es war seine Reputation, die auf dem Spiel stand, sobald die Welt auf diese Anlage blickte. Rappe würde es ihm nie verzeihen, wenn sich das Ganze am Ende als Flop erwies. Dann war Andrew garantiert seinen Job los und würde in Zukunft als Ingenieur zweiter Klasse in einem Kellerbüro versauern. Da kannte Rappe kein Erbarmen.

Andrew zuckte zusammen, aber widerstand dem Impuls, den Synthesizer erneut durchzuchecken. Er hatte es in den frühen Morgenstunden schon zweimal gemacht. Ein drittes Mal würde keine neuen Ergebnisse zutage bringen.

Andrew umrundete den Synthesizer und trat an die offene Tür des Notausgangs.

Draußen standen die Techniker Mike Felder, Johann Papst und Harald Franck um einen Aschenbecher herum. Franck und Papst lachten, als habe Felder gerade einen guten Witz erzählt.

Felder bemerkte ihn als Erstes. »Alles klar, Herr Collum?«

Andrew schüttelte den Kopf. Von Anspannung vor dem kritischen Experiment war bei den Herren Technikern nicht viel zu merken. Klar! Ganz gleich, wie der Tag ausging - die drei Mechaniker hatten nicht viel zu verlieren. Als Angestellte des öffentlichen Dienstes waren sie fast unkündbar. Vielleicht hatte Andrew die Zügel etwas zu sehr schleifen lassen.

»Zigaretten ausmachen und reinkommen«, sagte er mit aller Autorität, die er aufbringen konnte. »Die Notausgänge sind ab jetzt tabu.«

Felder riss die Augen auf. »Was? Wieso das denn?«

»Wir haben doch immer hier geraucht«, empörte sich Papst.

Andrew schüttelte wieder den Kopf. »Es hat Klagen gegeben. Ab jetzt halten Sie sich bitte an die Regeln.«

»Wer hat sich denn beschwert?«, wollte Felder wissen.

»Das spielt keine Rolle«, antwortete Andrew. »Wir arbeiten hier an einem Projekt, das unter strengster Beobachtung der Öffentlichkeit steht, und wenn die Medien mitbekommen, dass wir hier Sicherheitstüren für eine Zigarettenpause offen lassen, dann stehen wir am Ende alles andere als gut da.«

Endlich löschten die drei ihre Zigaretten und traten nacheinander in die Halle.

»Geht ganz schön ab da«, meinte Felder, als er sich an Andrew vorbeidrückte.

»Was geht ab?«, fragte Andrew verständnislos.

Der Techniker hob den Arm und zeigte auf die Straße, die Richtung Pforte führte.

Erst jetzt fiel Andrew das Pfeifen auf. Das mussten die Aktivisten sein. Man konnte die Pforte und den Außenzaun wegen des dichten Bewuchses nicht sehen, aber der Lärm war tatsächlich kaum zu überhören. Ein lautes Pfeifkonzert, dann skandierte die Masse dröhnend Parolen.

»Nanotechnik nein, Nanotechnik nein.«

Andrew konnte einfach nicht verstehen, wieso die Menschen so technikfeindlich waren. Gerade die Nanotechnik war seiner Meinung nach dazu imstande, die Menschheit in ein goldenes Zeitalter zu führen. Ein Paradies, in dem niemand mehr arbeiten, niemand mehr leiden musste. Er begriff nicht, dass die Ökos diesen phantastischen Fortschritt ablehnten.

Nun, letzten Endes spielte es keine Rolle. Die Politik hatte sich trotz aller Bedenkenträger entschieden, das Forschungszentrum und seine Experimente und Technologien zu fördern. Da konnten diese Menschen noch so laut ihre Parolen über den Zaun schmettern.

»Idioten«, murmelte Andrew und schloss die Tür des Notausgangs hinter sich.

4

Ben bremste seinen Kleinwagen ab, als der Luftwaffensoldat in blauer Uniform ihm ein Zeichen gab.

Der großgewachsene Mann schaute alles andere als freundlich drein. »Ausweis bitte.« Er trug eine Pistole am Gürtel. Weitere Männer und Frauen mit Gewehren standen in der Nähe.

Ben hatte Verständnis für das große Aufgebot an Bewaffneten. Auch am Köln-Bonner-Flughafen hatten sich viele Menschen eingefunden. Die Demonstranten wussten genau, dass Kanzler Hütter hier landen würde, um in einem Wagen die letzten Kilometer bis zum Forschungszentrum zurückzulegen. Wenn noch mehr Aktivisten auftauchten, würde es schwer werden, den Bundeskanzler zu seinem Ziel zu bringen.

Ben hob Pass und Sondererlaubnis auf, die er sich auf dem Beifahrersitz bereitgelegt hatte, und reichte sie dem Soldaten.

Der Mann kontrollierte beides und glich Bens Namen mit einer Liste ab, die er in der Hand trug. Mit einem Kugelschreiber hakte er eine Zeile ab. »Wie sind Sie durchgekommen?«

Ben zuckte mit den Schultern. »Geht so. Wird langsam voll. Die Polizei hat drüben in Wahn Schwierigkeiten, die Massen von der Straße fernzuhalten.«

»Sind Sie vom Forschungszentrum?«, fragte der Soldat.

Ben nickte.

»Wie ist die Lage dort?«

»Kann ich nicht sagen, ich bin direkt von zu Hause gekommen.«

»Gut. Sie wissen, wo Sie hinmüssen?«

Ben nickte wieder.

Der Soldat salutierte und öffnete mit einem Knopfdruck die Schranke.

Das Areal, das den militärischen Teil des Flughafens, die Luftwaffenkaserne und Flugbereitschaft des Verteidigungsministeriums barg, war groß. In der Tat war es so groß, dass Ben sich bei seinem ersten Besuch hier zwischen den Wohnhäusern der Soldaten und den Werkstätten und Lagern rettungslos verfahren hatte. Mehrere tausend Soldaten und Zivilangehörige lebten und arbeiteten auf dem Gelände.

Heute Morgen hatte sich Ben seinen Weg vorsichtshalber noch einmal auf einer Karte angeschaut. Er fuhr zunächst geradeaus, bog hinter den Tennisplätzen und vor dem ausgestellten Tornado-Kampfjet rechts ab und erreichte hinter einem Kreisverkehr das Gebäude der Flugbereitschaft, wo er auf das Eintreffen des Kanzlers warten sollte.

Als Ben letztes Mal hier gewesen war, hatte die Ecke eher verschlafen gewirkt. Heute konnte man das nicht sagen. Überall liefen Leute in Anzügen und Soldaten in schicken Ausgehuniformen herum. Der Parkplatz war restlos überfüllt, und ein Einweiser winkte Ben in eine Seitenstraße hinein, wo er auf einen der letzten Stellplätze fuhr.

Ben packte Pass und Papier in seinen Mantel und holte seine schwarze Ledertasche vom Rücksitz. Dann ging er durch den kühlen Wind und den nervigen Nieselregen zum Gebäude der Flugbereitschaft. Ein Blick auf seine Armbanduhr sagte ihm, dass ihm noch eine halbe Stunde bis zum Eintreffen des Bundeskanzlers blieb. Wenn alles nach Plan lief, war Hütter soeben in Berlin gestartet.

Ben ging auf die Eingangstür zu. Ein Personenschützer des Bundeskriminalamtes erwartete ihn mit grimmigem Blick. Er trug einen Knopf im Ohr, der sicher zu einem Funkgerät gehörte. Ben wollte gerade in seine Tasche greifen, um den Pass herauszuholen, als sein Handy klingelte.

Ben stoppte, trat einen Schritt zur Seite und ließ zwei grauhaarige Männer in schwarzen Anzügen passieren.

Er blickte auf das Display. Es war Ernst Rappe.

Gut! Er hätte vor dem Eintreffen des Kanzlers sowieso noch mit seinem Chef sprechen müssen.

»Hallo, Ernst. Was gibt es?«, fragte er.

»Gut, dass ich Sie erreiche, Herr Gerber«, sagte die vertraute Stimme. »Sind Sie schon eingetroffen?«

»Ich stehe vor dem Gebäude und wollte gerade hineingehen.«

»Gut, ich ...« Ernst zögerte. »Augenblick.«

Ben wartete. Es musste noch jemand bei seinem Chef mit im Zimmer sitzen, sonst hätte der Institutsleiter ihn nicht gesiezt. Erst letzte Woche hatte Rappe Ben das »Du« angeboten, nachdem sie nun schon seit zwei Jahren eng zusammenarbeiteten. Es war ein halbherziges Angebot gewesen, das wohl nur galt, wenn niemand anders mit dabei war. Darum fiel es Ben nach wie vor schwer, seinen Chef anders als mit »Herr Professor« anzureden. Auch in seinem Kopf wollte sich das »Du« nicht so recht wohlfühlen.

»Ich bin wieder hier«, sagte Rappe nach langen Sekunden. »Ich hatte noch einmal meine Sekretärin in der Leitung. Wissen Sie, ob der Bundeskanzler pünktlich eintrifft?«

»Nein, ich habe noch nichts gehört, ich bin ja auch gerade erst angekommen.«

»Gut, melden Sie sich, wenn Sie etwas Genaues erfahren. Sie können mir auch jederzeit eine Nachricht auf mein Diensthandy schicken.«

»Sicher«, sagte Ben. »Wie sieht es am Forschungszentrum aus?«

»Hier läuft alles nach Plan. Ich habe eben noch mit Herrn Collum gesprochen, der Synthesizer ist einsatzbereit. Haben Sie die überarbeiteten Prozeduren erhalten?«

Ben blickte auf die schwarze Lederaktentasche in seiner Hand. »Ja, habe ich. Ich bin noch nicht dazu gekommen, sie zu lesen.«

»Tun Sie's«, sagte Rappe. »Hütter hat sicher den einen oder anderen Spezialisten aus dem Kanzleramt dabei. Die werden sich gut in die Materie eingearbeitet haben.«

»Ja, verstanden. Bis dann.« Ben beendete das Gespräch und verstaute das Handy wieder in seiner Jackentasche. Er fand es etwas seltsam, dass der Bundeskanzler ohne seine Bildungsministerin anreisen wollte, die immerhin auch für die Forschung in Deutschland zuständig war. Aber Ministerin Raabe gehörte der Koalitionspartei an, die noch nie sonderlich begeistert von der Nanotechnologie gewesen war und sich seit Beginn des aktuellen Wahlkampfes eindeutig auf die Seite der Gegner dieser Technologie gestellt hatte. Garantiert wollte sie sich deshalb heute nicht im Forschungszentrum sehen lassen. Stattdessen hatte der Bundeskanzler wohl beschlossen, eigene Spezialisten aus dem Kanzleramt mitzubringen.

Er trat neben den Personenschützer und zeigte ihm seine Papiere. Der murmelte etwas in ein verstecktes Mikrophon. Die Antwort befriedigte ihn offenbar, und er winkte Ben hinein. »Akkreditieren Sie sich bitte am Schalter im Foyer.«

Ben nickte und trat in das Gebäude. Im Gegensatz zur draußen herrschenden Kühle empfand er den mit zwei Glasfronten begrenzten Eingangsbereich als stickig. Ben schwitzte sofort und öffnete seinen Mantel. Er fragte sich, ob die Regelung der Heizung einen Defekt hatte.

Hinter einem Tisch mit lauter Ausweisen in verschiedenfarbigen Plastikhüllen saß eine junge Frau in einem schicken, grauen Businesskostüm an einem Laptop. Ihrer Plakette nach war sie eine Zivilangestellte der Flugbereitschaft mit dem Nachnamen Reither. »Pass, bitte.«

Andrew gab ihr das Dokument. Die Frau war bildschön, hatte gelockte, braune Haare, wirkte aber etwas zu ernst. Sie musste ungefähr sein Alter haben.

»Ah, Sie sitzen im Wagen des Kanzlers.« Sie griff nach vorne und nahm eine rote Plakette auf. »Befestigen Sie die an Ihrer Brusttasche und verlieren Sie sie nicht.«

Ben grinste. »Ich werd's versuchen.«

Die Frau blickte ihn über ihre Brille hinweg an, als sei er eine siebzig Kilo schwere Fliege, die jemand schnell erschlagen möge. »Doktor Weinheim erwartet Sie bereits. Da vorne, der mit dem grauen Jackett an der Glasfront.«

Frau Reither wandte sich wieder ihrem Laptop zu.

Ben bahnte sich seinen Weg durch die Menschen in Anzügen und Uniformen, die in kleineren und größeren Gruppen herumstanden, und trat an die Glasfront, die einen Blick auf das Vorfeld des Flughafens erlaubte. Im Hintergrund schraubte sich gerade eine Lufthansa-Maschine in die Höhe.

Neben einer Palme, die sehr künstlich aussah, stand ein mittelgroßer Mann mit rötlicher Gesichtshaut und tippte eine Nachricht in sein Handy. Vermutlich dieser Weinheim. Er mochte Mitte vierzig sein, aber seine kurzen Haare waren bereits genauso grau wie sein Anzug. Das Gesicht kam Ben irgendwie bekannt vor.

»Doktor Weinheim?«

Der Mann blickte auf und nickte. »Ja. Wer sind Sie?«

»Ich bin Ben Gerber, ich soll mich bei Ihnen melden.«

»Ah ja, vom Forschungszentrum.« Weinheim streckte die Hand aus. »Sie fahren bei uns im Wagen mit.«

Mit ›uns‹ meinte der Mann wohl sich selbst und den Bundeskanzler.

Ben ergriff die Hand. »Sind Sie vom Bundeskanzleramt?«

Weinheim nickte. »Ja, ich bin Leiter des Referats für Grundsatzfragen der Digitalpolitik.«

Ben runzelte die Stirn. *Digitalpolitik*?

Der Mann verzog keine Miene. »Die Nanotechnik ist in unserem Referat mit angegliedert. Lassen Sie sich von dem Namen nicht täuschen, wir sind gut informiert.«

Jetzt fiel Ben wieder ein, wo er Weinheim schon einmal gesehen hatte. Es war bereits einige Monate her, als im Forschungszentrum eine Diskussion zwischen den Wissenschaftlern und Delegationen von Kanzleramt und Bildungsministerium stattgefunden hatte. Weinheim war bei der Gruppe vom Kanzleramt mit dabei gewesen. Ben erinnerte sich mit Unbehagen an diese Gespräche. Ihre Experimente waren wegen einiger Kostenüberschreitungen ziemlich in die Kritik geraten. Vor allem die Delegation vom Bildungsministerium hatte ihren Unmut laut kundgetan. Die Ablehnung der Nanotechnologie durch die Bildungsministerin hatte da schon auf ihre Untergebenen abgefärbt, und Ben hatte befürchtet, dass die Teuerungen als Vorwand benutzt werden würden, die Experimente abzusagen. Die Intervention des Bundeskanzlers hatte das verhindert.

»Glauben Sie, dass Ihr Test heute gelingt?«, fragte Weinheim kühl.

Ben nickte. »Ich gehe fest davon aus.«

»Wäre auch besser für Sie.«

Ben war sich sicher, dass der Referatsleiter mit seiner Bemerkung das Forschungszentrum meinte, aber es hörte sich so an, als würde er Ben persönlich in die Verantwortung nehmen.

»Sind Sie heute Morgen aus Berlin hierhergekommen?«

Weinheim schüttelte den Kopf. »Ich hatte Gespräche in Bonn. Wir müssen ja dafür sorgen, dass Ihr Laden weiter die Türen offen hält.«

Wahrscheinlich hatte Weinheim das Bildungs- und Forschungsministerium besucht, das immer noch seinen Sitz in der ehemaligen Bundeshauptstadt am Rhein hatte. Ben hatte dort zusammen mit Rappe einige Termine in dem für sie zuständigen Büro gehabt, das in den sogenannten Kreuzbauten im südlichen Teil des Bundesviertels untergebracht war. Sonderlich freundlich waren sie dort noch nie begrüßt worden.

»Sie kennen den Bundeskanzler gut?«, fragte Ben.

Weinheim nickte ernst. »Das bleibt als Referatsleiter eines Gebietes, das unter besonderer Beobachtung des Kanzlers steht, wohl nicht aus.« Lächeln schien für diesen Mann ein Fremdwort zu sein. »Sind Sie gut vorbereitet?«

»Ich denke doch«, erwiderte Ben.

»Das will ich auch hoffen. Der Kanzler stellt direkte Fragen und hat einen Sensor dafür, wenn ihm Mist erzählt wird. Wenn Sie etwas nicht genau wissen, dann sagen Sie das, ohne um den heißen Brei zu reden.«

Das kann ja heiter werden.

Ben dachte an den geänderten Ablaufplan in seiner Aktentasche. »Ich ziehe mich noch einmal für ein paar Minuten zurück.«

Weinheim schüttelte den Kopf. »Zu spät.« Er zeigte aus dem Fenster.

Hinter einem Hangar erschien ein kleiner, weißer Jet der Flugbereitschaft. Er musste gelandet sein, ohne das Ben etwas mitbekommen hatte. Ein Einweiser winkte das Flugzeug in seine Parkposition. Mehrere Offiziere der Luftwaffe gingen eilig auf die Maschine zu und positionierten sich neben der Außenluke. Zwei Mechaniker rollten eine Treppe heran.

Ben seufzte. Er hoffte, dass sich der Kanzler mit Fragen etwas zurückhielt.

»Kommen Sie mit.« Weinheim ging zur Tür. Ben folgte ihm nach draußen, wie die meisten der Anwesenden.

Der stürmische Wind und der Nieselregen hatten etwas nachgelassen, aber es war immer noch saukalt, und Ben zog sich den Kragen tief ins Gesicht.

Weinheim stapfte auf die Maschine zu, bei der gerade die Motoren abgestellt wurden. Einer der Piloten öffnete die Außenluke.

Dann erschien ein Mann, den Ben nur zu gut aus dem Fernsehen und den Newsstreams kannte. Kanzler Hütter war etwas kleiner als Ben. Das rundliche Gesicht zeugte davon, dass der Politiker sich nicht viel Zeit für Sport nahm, obwohl er gerne damit prahlte, in seiner Studentenzeit Mannschaftskapitän einer Amateurfußballmannschaft gewesen zu sein. Die zum Scheitel gekämmten Haare wechselten ihren Farbton allmählich von Grau zu Weiß.

Der Kanzler strich über seinen schwarzen Anzug, der ganz sicher nicht nur teuer aussah, sondern es auch war. Die blaue Krawatte hatte Ben schon in der einen oder anderen Nachrichtensendung gesehen.

Zwei Personenschützer nahmen am Fuß der Treppe Aufstellung. Hier, auf der Basis der Luftwaffe, sahen sie nicht sonderlich besorgt aus, was sich gewiss ändern würde, wenn sich der Kanzler den Demonstranten außerhalb des Tors näherte.

Hütter blickte in Bens Richtung, erkannte wohl Weinheim und winkte ihm knapp zu. Dann stapfte er langsam die Treppe herunter.

Bens Herzschlag beschleunigte sich, als sie sich dem Kanzler näherten. Er hatte gleich die Möglichkeit, einen positiven und bleibenden Eindruck zu hinterlassen. Oder sich unsterblich zu blamieren. Was nicht ohne Folgen für seine Karriere im Wissenschaftsmanagement bleiben würde. Hätte er bloß die neuen

Prozeduren vorab gelesen! Wieso war er nicht eine halbe Stunde früher aufgestanden? Dann hätte er die Mail rechtzeitig erhalten.

»Guten Tag, Herr Hütter, hatten Sie einen angenehmen Flug?«, fragte Weinheim.

»Geht so.« Der Kanzler verzog das Gesicht. »Über Hannover hatten wir ganz schöne Turbulenzen.« Er wandte sich Ben zu. »Sie sind der Attaché vom Forschungszentrum?«

Ben nickte. »Ja, ich bin Ben Gerber. Professor Rappe hat mich betragt ... Ich meine, beauftragt, Sie heute durch den Tag zu begleiten.« Er gab sich betont geschäftsmäßig und versuchte, locker zu bleiben, obwohl ihm das Herz bis zur Kehle schlug. Aber der Kanzler mochte das gewohnt sein.

»Schön, dass das geklappt hat. Ich denke, Sie können meine Fragen etwas besser beantworten als ein Beamter aus dem Kanzleramt. Oder, Helmut?« Hütter lachte und schlug Weinheim leicht auf den Rücken.

Der Referent kräuselte nur die Mundwinkel.

»Wo ist der Wagen?«, fragte Hütter.

Ein bulliger Personenschützer mit einer hässlichen Narbe am glatt rasierten Hinterkopf schob sich nach vorne. »Hier entlang, Herr Bundeskanzler.«

Ben, der Kanzler und Weinheim folgten dem Mann über das Vorfeld des Flughafens, das an eine Straße grenzte, wo mehrere schwarze Limousinen abgestellt waren.

Die anderen Leute blieben zurück, und Ben fragte sich, warum sie überhaupt gekommen waren. Der Personenschützer brachte den Kanzler zu einem der Fahrzeuge und öffnete die Hintertür.

Hütter wandte sich an Ben. »Sie fahren bitte mit mir.«

Ben nickte. »Natürlich.«

Der Personenschützer wartete, bis Hütter im Wagen saß, dann schloss er die Tür, brachte Ben zur anderen Seite des Fahrzeugs und ließ ihn dort einsteigen. Weinheim nickte ihm zu und ging zu einer anderen Limousine.

Ben schnallte sich an. Vom Fahrer war nur der mit blonden, kurzen Haaren bedeckte Hinterkopf zu sehen. Auch er trug einen Knopf im Ohr.

Der Kanzler drehte den Kopf in Bens Richtung. »Wie alt sind Sie, wenn ich fragen darf?«

»Achtundzwanzig.« Ben wusste, dass Hütter letzten Monat seinen fünfundsechzigsten Geburtstag gefeiert hatte.

»Wie lange arbeiten Sie im Forschungszentrum?«

»Fünf Jahre. Ich habe aber während des Studiums vorher schon im Forschungszentrum an Projekten mitgearbeitet.«

»Was haben Sie studiert?«

»Physik. Allerdings habe ich mich bereits während des Studiums dem Wissenschaftsmanagement zugewandt.«

»Folglich haben Sie nicht promoviert«, sagte der Kanzler.

»Doch, das habe ich noch gemacht. Aber dabei gemerkt, dass die Forschung nicht so ganz mein Ding ist.«

Kanzler Hütter lächelte schwach. »Ich dachte immer, das sei der eigentliche Grund, Wissenschaftler zu werden. Ich meine zu forschen.«

Der Kanzler verstand es, Smalltalk zu machen und dabei Interesse für sein Gegenüber zu zeigen. Oder es zumindest vorzugeben. Es sollte Ben wohl etwas die Scheu nehmen. »Am Anfang war das auch mein Ziel«, gab Ben zu. »Letztlich habe ich dann für mich beschlossen, dass mir die Physik zu theoretisch ist.«

»Gibt es nicht auch noch die Experimentalphysik?«

Ben nickte. »Ja, aber auch da muss man sich mit statistischen Verfahren und Papieren herumschlagen.«

Der Kanzler lachte. »Und dann sind Sie ins Wissenschaftsmanagement gegangen? Um sich dort mit noch mehr Papierkram herumzuschlagen?«

Der Personenschützer öffnete die Beifahrertür und stieg in das Auto. »Zwischen Luftwaffenkaserne und Forschungszentrum haben sich inzwischen Tausende Leute versammelt. Es ist nicht auszuschließen, dass sich unsere Ankunft um einige Minuten verzögert.«

Der Kanzler seufzte. »Ist ein bisschen wie ›höhere Gewalt‹. Hat die Polizei die Lage unter Kontrolle?«

Der Beifahrer nickte. »Ansonsten würden wir den Hubschrauber nehmen.«

Hütter lachte. »Einen Hubschrauber für eine Strecke von gerade mal einem Kilometer. Das hatten wir lange nicht mehr.« Er starrte Ben an. »Ist das ein Problem für Sie, wenn wir den Fahrplan nicht ganz einhalten?«

Ben schüttelte den Kopf. »Nein, die Anlage steht in Bereitschaft. Mit dem abschließenden Prozess können wir jederzeit beginnen. Wenn nötig, könnte der Stand-by tagelang aufrechterhalten werden.«

Hütter grinste. »So lange wird die Autofahrt ja nun hoffentlich nicht dauern.«

Das Fahrzeug vor ihnen setzte sich in Bewegung und gleich darauf fuhr auch ihr Wagen los. Ben drehte sich um. Eine ganze Kolonne folgte ihnen. Vor der Hauptwache setzten sich zwei Motorräder der Polizei vor die Autos.

Hinter der Pforte warteten die Demonstranten. Für Ben sah es aus, als wären dort zehntausend Menschen versammelt. Ein Pfeifkonzert brandete auf. Die Polizeibeamten auf den Straßen hatten Mühe, die Menge zurückzuhalten. Die Aktivisten drohten mit den Fäusten und winkten mit ihren Schildern. Ben fühlte sich an alte Aufnahmen von den landesweiten Protesten gegen die Kernkraft erinnert. Brokdorf. Oder Gorleben. Nur die Wasserwerfer und das Tränengas fehlten.

Ben wischte sich mit den Händen den Schweiß von der Stirn. Was würde wohl geschehen, wenn sich die Menge plötzlich entschloss, auf die Straße zu stürmen?

»Beängstigend«, flüsterte er.

»Man gewöhnt sich daran«, antwortete der Kanzler.

Ben hatte in den Nachrichten in den letzten Monaten häufig Proteste gesehen, wenn Hütter zu einem Termin anrückte. Allerdings waren da nie so viele Menschen wie hier und heute gewesen. Er musste einfach darauf vertrauen, dass Nachrichtendienste und BKA ihren Job machten, die Lage richtig einschätzten und die Kolonne vor den Demonstranten schützen konnten.

Ben fragte sich, wann die Meinung gegenüber dem Kanzler, der mit so viel Wohlwollen in seine Regierungsperiode gewählt worden war, gekippt war. Er erinnerte sich an das gestrige Gespräch mit seinen Freunden.

Für Ben war Hütter eine tragische Figur. Seine an für sich begrüßenswerten Ziele waren durch die Wirtschaftskrise unerreichbar geworden. Dass Hütter zu lange an seinen Wahlversprechen festgehalten hatte, war natürlich ein Fehler gewesen, aber Ben war sich nicht sicher, ob die völlig überraschend hereingebrochene Krise durch andere Maßnahmen hätte verhindert werden können. Was Ben anging, war das Fundament des Systems schon seit Jahren erodiert. Er hoffte nur, dass bei der anstehenden Wahl nicht zu viele Menschen ihr Kreuz bei einer extremistischen Partei machten.

»Sie sind in Gedanken?«, fragte Hütter.

Ben zuckte zusammen. »Nein, ich habe nur über die anstehenden Programmpunkte nachgedacht.«

»Ich habe gehört, dass es eine Änderung in den Prozessen gegeben hat. Wird das unsere Planung für den heutigen Tag beeinflussen?«

Neue Schweißtropfen bildeten sich auf Bens Stirn. »Ganz ehrlich, Herr Bundeskanzler, ich habe diese neue Prozedur erst heute Morgen erhalten. Ich bin noch nicht dazu gekommen, sie durchzugehen, aber ich denke, dass es zu keinen größeren Planänderungen kommt, sonst hätte mich Doktor Collum informiert.«

Der Kanzler blickte Ben einige Sekunden lang durchdringend

an, dann nickte er. »In Ordnung, dann lassen wir uns einfach mal überraschen. Wie es aussieht, liegt es wohl eher an uns, wenn es eine Verspätung gibt.«

Die Fahrt ging nur im Schneckentempo voran. Immer wieder versuchten Demonstranten, die Absperrungen zu überwinden und auf die Straße zu gelangen. Die halbe Polizeimannschaft Kölns musste hier im Einsatz sein, um dem Kanzler die Fahrt zum Forschungszentrum zu ermöglichen.

»Ich glaube, es wäre billiger gewesen, mit dem Hubschrauber zu fliegen«, sagte Ben vorsichtig.

Der Kanzler nickte. »Das mag sein, aber es gibt durchaus Gründe, sich dieses Spießrutenlaufen anzutun.«

»Ich verstehe«, meinte Ben. »Sie wollen zeigen, dass der Staat sich von Demonstranten nicht abschrecken lässt.«

Hütter lachte leise. »Nein, das ist nicht das Ziel. Das hätten wir auch gezeigt, wenn wir einfach mit dem Hubschrauber über die Köpfe der Aktivisten hinweggeflogen wären.« Er lachte wieder. »Ich möchte zeigen, dass ich für meine Entscheidung die Verantwortung trage, die Kritik zur Kenntnis nehme und mich vor ihr nicht fürchte.«

Ben dachte, dass der Kanzler das vor der Anreise mit seinen Beratern besprochen haben mochte. »Es ist sehr schade, dass die Nanotechnik inzwischen auf eine solch große Ablehnung stößt.«

Der Kanzler sah aus dem Fenster zu den an der Straße stehenden Massen. »Wir haben Fehler in der Kommunikation gemacht. In Wahrheit haben wir sogar den Fehler wiederholt, der vor fünfzig Jahren mit der Kerntechnik gemacht wurde. Wir haben die Kritiker nicht ernst genommen. Wir haben uns stattdessen über die Katastrophenszenarien lustig gemacht, statt die Meinungsverschiedenheiten auszudiskutieren. Wir dachten, dass wir die breite Masse der Bevölkerung auf unserer Seite hätten. Dass Innovationen und Investitionen in neue Wissensfelder gewünscht wären und die Vorteile der Technologie für unser Land und unsere Wirtschaft begrüßt werden würden. Wir dachten, dass die Kritik nur aus einem überschaubaren ökologisch-konservativen Spektrum der Gesellschaft käme. Stattdessen hat sich die Ablehnung der Nanotechnik mit einer Ablehnung meiner Person und meines Politikstils verbunden, und darum sind in den Umfragen mittlerweile die meisten Menschen dagegen.«

Ben schaute aus dem Fenster. Der Bundeskanzler war selbstkritischer, als er vermutet hatte. In öffentlichen Sendungen kam er immer als stur und unnachgiebig rüber, aber Ben gewann den Eindruck, dass das öffentliche und das persönliche Bild nicht übereinstimmten. Vor allem hatte Hütter mit seiner Betrachtung wohl recht. Selbst einige von Bens Freunden und Verwandten, die sonst neuen Technologien sehr offen gegenüberstanden, lehnten die Nanotechnik ab. Wahrscheinlich bezog sich diese Ablehnung tatsächlich eher auf die verhasste Regierung, die dieses Projekt zu ihrer Herzensangelegenheit gemacht hatte.

Hütter fuhr fort: »Ich bin aber felsenfest davon überzeugt, dass uns die Nanotechnologie voranbringen wird und wir in einigen Jahren davon profitieren. Vor allem für die Wirtschaft wird diese Technik wichtig sein und ihren Beitrag dazu leisten, dass es bald wieder bergauf geht.«

»Das hoffe ich auch«, sagte Ben. Hütter dachte wohl, dass ihm die Nachwelt gewogener sein würde, wenn sich die Nanotechnologie tatsächlich durchsetzte und irgendwann viele Arbeitsplätze in Deutschland sicherte. Das mochte natürlich durchaus sein. Er wäre nicht der erste Bundeskanzler gewesen, über den man im Nachgang anders dachte als während der Legislaturperiode.

Sie kamen weiterhin nur sehr schleppend voran. Ben schaute wiederholt auf seine Armbanduhr. Es war inzwischen klar, dass der Zeitplan nicht mehr zu halten war. Sicher, das Experiment selber konnte man problemlos nach hinten schieben, aber bei den anschließenden Veranstaltungen würde Rappe Abstriche machen müssen. Schließlich war eine große Pressekonferenz angesetzt und danach hatte man den Medienvertretern und Streamern großzügige Gesprächstermine mit Wissenschaftlern und Verantwortlichen des Forschungszentrums zugesagt.

Irgendetwas klatschte von vorne gegen die Scheibe. Ben erschrak.

Ein Ei war auf der Windschutzscheibe zerplatzt. Der Fahrer schaltete den Scheibenwischer ein, aber das Zeug verschmierte zu einer gelblichen Farbschicht, die sich nur sehr zögerlich auflöste.

Einige Meter weiter vorne durchbrach ein Aktivist in einem grünen Plüschkostüm die Polizeikette und lief auf das erste Auto zu.

Ben hoffte, dass der Mann keine Bombe dabeihatte.

Der Wagen stoppte. Sofort sprangen Personenschützer aus dem Fahrzeug und zogen ihre Waffen.

»Die sollen nicht schießen«, sagte Hütter laut und legte seine Hand auf die Schulter des Mannes auf dem Beifahrersitz. »Ich will nicht, dass jemand verletzt wird.«

Der Personenschützer sprach in den Kragen seines Jacketts, in dem ein Mikro versteckt sein musste.

Der Aktivist warf sich vor dem ersten Fahrzeug der Kolonne auf den Boden. Er wollte wohl nicht angreifen, sondern nur die Weiterfahrt behindern.

Ben reckte den Hals, um die Vorgänge beobachten zu können.

Die BKA-Bodyguards packten den Aktivisten unter den Achseln und trugen ihn unter dem Gejohle der anderen Demonstranten zu einem Polizeiauto, wo er von Beamten in Empfang genommen und auf die Rückbank verfrachtet wurde.

»Wird der jetzt verhaftet?«, fragte Ben.

Kanzler Hütter winkte ab. »Die nehmen nur die Personalien auf und warten, bis wir weitergefahren sind. Ich habe die Sicherheitskräfte angewiesen, dass nach Möglichkeit niemand verhaftet wird.« Er lächelte Ben zu. »Die Menschen wollen protestieren, also sollen sie protestieren. Das ist ihr gutes Recht.«

Ben runzelte die Stirn. Auch zu der Rechtmäßigkeit von Demonstrationen hatte sich Hütter in den Medien bereits anders geäußert und mehr Härte gefordert. Es war Ben schon bei anderen Politikern aufgefallen, dass sie sich im persönlichen Gespräch mitunter ganz anders äußerten als vor der Kamera. Anscheinend war es eine Vorbedingung für diesen Beruf, ein guter Schauspieler zu sein. Ein wenig traurig war das schon.

Bens Telefon klingelte. Es war Rappe. Ben nahm das Gespräch entgegen. »Wir sind auf dem Weg.«

»Ich weiß«, sagte der Institutsleiter. »Ich bin im Auditorium. Hier sind einige Damen und Herren vom BKA, die mit den Personenschützern in der Wagenkolonne in Verbindung stehen. Wir wissen genau, wo sie sich gerade befindet.«

»Worum geht es denn?«, wollte Ben wissen.

»Versichern Sie dem Kanzler, dass wir den Countdown für das Experiment gestoppt haben. Wir werden ihn fortsetzen, sobald Sie eingetroffen sind.«

»Wo steht der Countdown?«, fragte Ben.

»Bei minus dreißig Minuten.«

Ben nickte. »In Ordnung. Ich gebe das so weiter.«

»Gut.« Rappe zögerte. »Sind da wirklich so viele Demonstranten unterwegs?«

»Ja, die Straßen sind voll von denen. Die Polizei hat alle Mühe, die Aktivisten von der Fahrbahn fernzuhalten. Immer wieder muss der Konvoi stoppen. Aber wir biegen jetzt auf die Zufahrtsstraße.«

»Was für Idioten. An der Hauptwache ist es wohl besonders schlimm. Wir kriegen immer wieder Anrufe von dort. Die Lage wird sich vermutlich etwas beruhigen, wenn der Kanzler erst mal sicher im Forschungszentrum ist.«

Abrupt beendete Rappe das Gespräch. Ben seufzte.

»Schlechte Nachrichten?« Der Kanzler grinste gequält.

»Nicht wirklich. Der Countdown wurde vorübergehend gestoppt.«

Der Kanzler wirkte nicht überrascht. »Haben Sie mir so ähnlich ja auch schon gesagt. Wird es halt etwas später.«

Dann klingelte das Handy des Kanzlers. Ben betrachtete das Gerät, das Hütter an sein Ohr hielt. Es war ein ganz normales Handy einer amerikanischen Marke. Sicher war es von Geheimdienstlern modifiziert worden, so dass es nicht gehackt oder abgehört werden konnte.

Ben konnte nicht anders, als das Gespräch mit anzuhören. Auf der anderen Seite war anscheinend der Büroleiter des Kanzlers, und es ging um einen Termin in der Folgewoche mit dem Leiter einer großen deutschen Bank. Offenbar musste der Termin verschoben werden, und nun diskutierten die Männer über einen geeigneten Ersatztermin.

Quälend langsam setzten sie ihren Weg fort. Immerhin näherten sie sich nun dem Kontrollpunkt des Forschungszentrums. Wie Rappe bereits berichtet hatte, standen hier besonders viele Demonstranten. Das Besucherzentrum neben der Pforte war mit rotem Graffiti besprüht worden.

Plötzlich knallte es erneut an der Windschutzscheibe. Ein faustgroßer Stein war gegen das Panzerglas geprallt. Ein riesiger Kratzer zog sich durch das Glas. Wie auf Kommando drängte eine Gruppe Polizisten mit schweren Helmen und Schlagstöcken in der Hand in die Menge vor. Einer der Beamten holte aus und traf eine junge Frau an der Brust. Die Wucht des Schlags ließ sie mit schmerzverzerrtem Gesicht zu Boden gehen.

Ist denn das wirklich nötig? Auch wenn die Demonstranten Gewalt anwendeten, dann musste der Staat nicht unbedingt mit Gegengewalt antworten.

Der Kanzler senkte sein Handy. »Die sollen aufhören, auf die Leute einzuprügeln! Sie sollen sich zurückziehen«, sagte er laut.

Der Personenschützer flüsterte in sein Mikro. Tatsächlich drehte die Gruppe Uniformierter nach wenigen Sekunden wieder um und begab sich zu einem Mannschaftsbus am Rande der Straße.

Der Kanzler verabschiedete sich und beendete das Gespräch.

»Wie ich diese Gewalt verachte.« Hütter schüttelte den Kopf. »Nicht mal ein Pflasterstein kann die Glasscheiben dieses Fahrzeugs durchschlagen. Außerdem kam der Stein von irgendwo hinten und nicht von der Frau da vorne, die nur ihr Schild gehoben hat.«

Der Kanzler tippte dem Personenschützer auf die Schulter. »Finden Sie heraus, wer dafür verantwortlich ist, dass der Trupp da in die Menge gegangen ist. Ich habe extra bei der Vorbesprechung gesagt, dass ich solche Bilder hier und heute nicht sehen will. Und machen Sie diese Frau ausfindig. Ich möchte mich bei ihr entschuldigen.«

Der Kanzler lehnte sich wieder zurück. Sein Gesicht war gerötet. Er murmelte irgendetwas Unverständliches.

Im Schritttempo setzten sie ihren Weg fort. Immer wieder mussten Beamte Ketten von Demonstranten durchbrechen und zurückdrängen.

Eine überreife Tomate zerplatzte mit einem dumpfen Geräusch direkt vor dem Fenster des Kanzlers und hinterließ einen hässlichen Fleck. Hütter wischte über die Stelle, obwohl der Matsch auf der anderen Seite des Glases war.

Dann hatten sie endlich die Pforte erreicht. Die Schranke hob sich, und unter den Pfiffen der Aktivisten fuhr der Konvoi auf das Gelände.

Ben atmete innerlich auf. Er zitterte. »Dass Sie dabei so ruhig bleiben …«, murmelte er in Hütters Richtung.

Der rang sich ein Lächeln ab. »Man gewöhnt sich an alles. Aber ich gebe zu, dass es so heftig wie heute auch noch nie war.«

Die Wagen beschleunigten, und schon wenige Augenblicke später hielten sie vor dem Verwaltungsgebäude.

Rappe und einige der wichtigsten Abteilungsleiter hatten vor dem Eingang Aufstellung genommen. Die Männer trugen ausnahmslos dunkle Anzüge mit entsprechenden Krawatten, die Frauen weiße Businesskleidung. Der Institutsleiter hatte Vorgaben gemacht, damit sie ein einheitliches Bild abgaben, was nicht nur Ben mit einem Stirnrunzeln zur Kenntnis genommen hatte. In der Wissenschaft war eine solche Praxis eher unüblich, zu Rappe hingegen passte sie.

Personenschützer stiegen aus den anderen Fahrzeugen aus und umringten den Wagen des Kanzlers. Eigentlich sollte Hütter hier keine Gefahr drohen, aber die aggressiven Aktivisten mochten die BKA-Beamten zu gesteigerter Vorsicht ermutigt haben.

Der Typ vom Beifahrersitz ließ Hütter aussteigen, und Ben wartete darauf, dass ihm auch jemand die Tür öffnete, aber die Personenschützer ignorierten ihn. Sie war so schwer, dass Ben dabei stöhnte, als er sie selber aufwuchtete.

Der Kanzler eilte bereits die Treppe hinauf und begrüßte Rappe. Weinheim trat hinzu.

Ben stellte sich zu der Gruppe und wartete, bis der Institutsleiter die Führungsebene des Forschungszentrums vorgestellt hatte. Hütter gab jedem die Hand und lächelte besonders die Frauen strahlend an.

Ben schmunzelte. Als Ministerpräsident hatte Hütter noch den Ruf eines Schürzenjägers gehabt. Diese Seite bekam man in den Medien seit seiner Wahl zum Bundeskanzler allerdings nur noch selten zu sehen.

Dann wandte Hütter sich an Rappe und grinste. »Heute ist also der große Tag. Dann lassen Sie uns mal sehen, ob sich unsere Investition ausgezahlt hat.«

5

Emmas Gedanken rasten immer noch genauso schnell wie ihr Herzschlag. Allmählich setzte die Erkenntnis ein, dass ihre Karriere vorüber war. Zumindest in dem Fachgebiet, das sie sich selbst ausgesucht hatte. Eine andere akademische Heimat zu finden, war illusorisch. Sie konnte ihrer Familie nicht schon wieder einen Umzug zumuten. Sie wollte es auch nicht.

Es war vorbei.

Die ganzen Jahre der intensiven Forschung. Die vielen durchwachten Nächte, weil sie ein Experiment mit Nano-Kulturen nicht unbeaufsichtigt hatte lassen wollen. Die ganzen Mühen, eine Finanzierung zu bekommen. Sie konnte gar nicht mehr sagen, wie viele Anträge sie im Laufe der letzten Jahre ausgefüllt hatte.

Und sie war sicher gewesen, kurz vor einem Durchbruch zu stehen. Vielleicht noch eine Woche, dann hätte sie erste handfeste Ergebnisse vorweisen können. Höchstens noch einen Monat hätte sie benötigt.

Emma hatte gehofft, zumindest diese Experimentalreihe noch abschließen und ihren Fortgang ein wenig hinauszögern zu können. Aber als sie in ihr Labor gekommen war, musste sie erstaunt feststellen, dass der Stromzähler bereits abmontiert war. Rappe hatte nicht eine Minute gezögert. Der Hausmeister hatte nur mit den Schultern gezuckt, den Zähler in eine Tasche gestopft und war ohne weitere Worte wieder gegangen.

Ohne ein betriebsbereites Labor konnte Emma sofort ihre Koffer packen. Sie brauchte eigentlich gar nicht mehr zur Arbeit zu erscheinen.

Scheiße!

Sie stampfte mit dem Fuß auf, und Tränen der Enttäuschung

rannen über ihre Wangen. Emma wischte sie mit zitternden Händen ab.

Es klopfte an ihre Bürotür.

»Ja«, krächzte Emma heiser.

»Wir sind da.« Claus streckte den Kopf durch den Türspalt.

Elena drückte sich in den Raum und lief auf die Mama zu. »Mami, wir können jetzt zu der Party gehen.«

»Es ist keine Party, sondern eine Pressekonferenz«, sagte Emma.

Claus erkannte wohl an ihrer Stimme, dass etwas nicht in Ordnung war. Er schloss die Tür hinter sich, kam zu ihr und berührte sie an der Schulter. »Was ist los, Schatz?«

»Rappe hat mein Projekt abgewürgt«, flüsterte sie. »Ich habe daraufhin gekündigt.«

Claus öffnete den Mund und riss die Augen auf. Lange starrte er sie voller Unglauben an. Dann ließ er sich auf die alte, fleckige Couch mit dem beigefarbenen Polster vor dem Fenster sinken, auf der Emma regelmäßig die neuesten Forschungspapiere las.

Elena zog inzwischen ein Puppenhaus hinter einem Schrank hervor. Emma hatte es für die gelegentlichen Fälle, in denen die Kita geschlossen hatte, sie und ihr Mann aber trotzdem arbeiten mussten, in ihrem Büro platziert. Rappe war immerhin so progressiv gewesen, Kinder am Arbeitsplatz zu erlauben. Warum auch immer, es war ihm stets wichtig gewesen, das Zentrum als familienfreundlich darzustellen.

Claus starrte Emma nach wie vor betroffen an. »Das ist übel.«

Emma setzte sich neben ihren Mann und ließ sich in den Arm nehmen. Sie schluchzte leise.

Mein Lebenswerk liegt in Trümmern!

»Nichts mehr zu machen?«, fragte Claus.

Emma schüttelte den Kopf. »Nichts mehr zu machen.«

»Du sagst, du hast gekündigt.«

»Er hat mir angeboten, mich in der Datenanalyse unterzubringen.«

Claus nickte. Er wusste ganz genau, dass Emma dort nicht glücklich werden würde. »Und jetzt?«

»Jetzt werde ich mir wohl einen anderen Job suchen müssen.«

»Eine andere Universität …«, begann Claus vorsichtig.

Emma schüttelte erneut den Kopf. »Ich will uns keinen Umzug zumuten.«

Er legte die Lippen dicht an ihr Ohr. »Ich würde es für dich tun.«

Emma blickte zu ihrer Tochter hinüber, die in ihr Spiel vertieft war. »Elena …«

»Elena ist jung«, flüsterte Claus. »Kinder in dem Alter gewöhnen sich schnell an ein neues Zuhause. Auch in anderen Städten gibt es gute Kitas, und Elena hat nie Probleme damit gehabt, neue Freunde zu finden.«

Emma umarmte Claus. Er hatte sie immer unterstützt und ermutigt. Er hatte auch nie ein Problem damit gehabt, dass sie eine Karriere als Doktorin in der Wissenschaft hatte, während er selber kein Akademiker war. Ihre Freunde hatten ihr geraten, doch lieber einen anderen Wissenschaftler aus dem Forschungszentrum zu daten. Aber nun waren sie und Claus seit Jahren verheiratet und hatten eine wundervolle Tochter.

Und jetzt war Claus wieder bereit, seine Stelle zu wechseln, um der Karriere seiner Frau nicht im Wege zu stehen. Sie hätte dankbarer nicht sein können. »Ich bin mir trotzdem nicht sicher. Wir haben doch das Haus …«

Claus lächelte aufmunternd. »Das Haus kriegen wir sicher schnell verkauft. Sogar mit Gewinn, würde ich sagen, so dass wir neben dem reinen Kaufpreis auch die Renovierungskosten wieder rausbekommen. Du kannst dir alle Zeit der Welt lassen.«

Emma verzog das Gesicht. Zumindest das war eine Lüge. Mit Claus' Gehalt alleine konnten sie nicht lange überleben. Vielleicht ein oder zwei Monate, wenn sie mit der Bank sprachen, aber dann waren sie nicht mehr in der Lage, die Raten für das Haus zu bezahlen. Auch für die Küche drückten sie jeden Monat noch einen Hunderter an das Möbelhaus ab.

Es sah so aus, als hätte sie einen Fehler gemacht, gleich zu kündigen. »Vielleicht hätte ich Rappes Angebot annehmen sollen und zumindest in der Datenanalyse zu bleiben, bis ich einen anderen Job gefunden habe.«

»Du kannst sicher noch mal mit Rappe sprechen. Er hat es dir ja schließlich selber angeboten.«

Emma zuckte mit den Schultern. Sie war sich nicht sicher, ob sie dazu so bald in der Lage war.

Claus drückte sie noch einmal fest an sich. »Weißt du, was du tun solltest? Geh jetzt erst mal nach Hause und schlaf eine Nacht drüber. Das Wochenende steht vor der Tür. Wir sagen das Treffen mit den Friedrichs ab, und du kannst in Ruhe über alles nachdenken. Und dann fängst du am Montag an, dich mit anderen Universitäten in Verbindung zu setzen.«

Claus hatte recht. Emma war immer noch geschockt. So kurzfristig konnte sie keine vernünftige Entscheidung treffen. Möglicherweise fielen ihr noch andere Optionen ein. Sie brauchte Zeit, um nachzudenken. »Das ist so vielleicht das Beste.«

Claus lächelte. »Wahrscheinlich hast du nun keine Lust mehr, zu der Veranstaltung zu gehen.«

Das hatte Emma in der Tat nicht. Sie wäre am liebsten nach Hause gefahren, hätte den Rollladen im Schlafzimmer heruntergelassen und sich ins Bett gelegt, um diesen Unglückstag so schnell wie möglich zu beenden. Dennoch waren das Experiment und die anschließende Pressekonferenz etwas, auf das alle seit Monaten hin gefiebert hatten. Selbst Elena hatte sich schon seit einer Woche auf die »Party« gefreut, wobei sie damit mehr das Buffet mit den Desserts als die wissenschaftlichen Vorträge meinte.

Emma seufzte. »Jetzt sind wir hier, da können wir auch hingehen.«

6

Andrew beugte sich über Frankas Schulter und beäugte die Temperaturen in den Brutkammern. Sein Telefon klingelte. Er lief zu seiner Konsole und erkannte Rappes Nummer.

Er hob den Hörer auf. »Ja?« Vielleicht konnten sie nun endlich mit dem Countdown fortfahren.

»Ich komme gleich rüber. Alles bereit für die letzte halbe Stunde?«, fragte sein Chef.

Andrew nickte. »Ja, wir sind bereit.«

»Gut«, sagte Rappe. »Starten Sie den Countdown. Der Bundeskanzler hat darum gebeten, die Arbeiten vom Kontrollzentrum aus zu beobachten, also bringe ich ihn und eine kleine Delegation mit.«

Andrews Wangen wurden warm. »Der Kanzler kommt zu uns rüber?«

Horst und Franka drehten sich gleichzeitig herum. Aus Frankas Gesicht wich jede Farbe.

»Ja«, antwortete Rappe ungeduldig. »Haben Sie ein Problem damit?«

»Natü … Natürlich nicht«, stotterte Andrew.

Rappe legte auf.

»Hütter sollte sich das doch zusammen mit Rappe aus dem Auditorium anschauen«, klagte Horst. »Die kriegen auch dort alle Messwerte.«

Andrew räumte einige persönliche Gegenstände von seiner Konsole, darunter einen Würfel und die kleine Plastikfigur eines fiktiven Raumschiffkapitäns, und warf sie in eine Schublade. Dann blickte er sich um, ob es im Raum noch etwas anderes zum Aufräumen gab. Schließlich drückte er auf den Sprechknopf seines Mikrophons und warnte die Techniker in der Halle unten vor, dass hoher Besuch unterwegs war.

»Ausgerechnet jetzt? Muss das sein?«, fragte Franka.

»Passt mir selber nicht wirklich«, murmelte Andrew.

Er hatte nichts gegen den Bundeskanzler. Im Gegenteil, er rechnete es ihm hoch an, dass er sich für die Nanotechnologie einsetzte. Aber er wollte sich heute voll und ganz auf den anstehenden Test konzentrieren und konnte die Ablenkung nicht brauchen. Noch dazu durch einen Prominenten, der ganz sicher alle Mitarbeiter alleine durch seine Anwesenheit einschüchterte. Rappe hätte schon gereicht, für Unruhe zu sorgen.

Andrew seufzte. Er hatte keine andere Wahl. Er hoffte nur, dass der Kanzler nicht noch seine ganze Entourage anschleppte. »Horst, starte bitte wieder den Countdown.«

Der nickte und wandte sich wieder seiner Konsole zu.

Andrew blickte zur Front des Raumes, wo auf dem großen Bildschirm die fundamentalen Parameter des Experiments angezeigt wurden. Die großen, roten Ziffern des Timers, der während der letzten Stunden bei T minus dreißig Minuten verharrt hatte, setzten sich wieder in Bewegung.

Aus Richtung des Treppenhauses hörte Andrew Stimmen. Er erkannte den sonoren Bass seines Chefs.

Wenige Augenblicke später betrat Rappe zusammen mit Kanzler Hütter das Kontrollzentrum. Franka blickte zögerlich auf. Horst beugte sich hinter seine Konsole, als wolle er sich verstecken.

Andrew seufzte wieder und ging auf die beiden Männer zu. Ein einzelner, martialisch wirkender Personenschützer mit glänzender Glatze kam hinter ihnen durch die Tür und blieb neben dem Eingang stehen, wobei er etwas in ein unsichtbares Mikro in seinem Kragen murmelte.

»Das ist Andrew Collum, der leitende Ingenieur«, sagte Rappe.

Der Kanzler setzte ein Lächeln auf, das Andrew nur als gewinnend bezeichnen konnte, und streckte die Hand aus. Andrew ergriff sie. Der Kanzler hatte einen festen, leicht feuchten und warmen Händedruck. »Freut mich, Sie kennenzulernen. Ich hoffe, ich halte Sie nicht von der Arbeit ab. Lassen Sie sich durch meine Anwesenheit nicht stören.«

Als wenn das so einfach wäre.

»Ist kein Problem.«

»Der Countdown läuft ohnehin automatisch ab«, erklärte Rappe. »Die einzelnen Produktionsschritte der Nanomaschinen werden vom Computer gesteuert. Das Personal des Kontrollzentrums überwacht lediglich die Messwerte und beobachtet, ob sich diese innerhalb der Toleranzen befinden.«

Andrew verzog das Gesicht. So, wie sich der Institutsleiter anhörte, war *er* das Genie, das hinter allem steckte, und Andrew und seine Kollegen nur Hilfswissenschaftler, die den ganzen Tag auf ein paar Bildschirme starrten. So würde er es später ganz gewiss auch bei der Pressekonferenz darstellen. Dabei hatte Andrew den Prozessweg entworfen, Herrgott nochmal!

Aber vielleicht gab es doch eine Möglichkeit, sich etwas in den Vordergrund zu rücken. »Darf ich Sie in der Produktionsanlage herumführen?«

Der Kanzler runzelte die Stirn. »Bleibt dafür noch genug Zeit?«

»Wie Professor Rappe schon sagte, werden die gerade ablaufenden Schritte vom Computer überwacht.«

Rappe zuckte mit den Schultern.

»Kommen Sie mit.« Andrew ging in Richtung der Tür, die zur Halle führte.

»Warte ruhig hier«, sagte der Kanzler zu seinem Personenschützer, der sich ebenfalls in Bewegung gesetzt hatte. Der Mann öffnete den Mund, wohl um zu protestieren, stellte sich dann aber wieder an seinen Platz an der Wand.

Andrew führte Hütter und Rappe die Eisengittertreppe hinunter. Einige Techniker hatten sich hier versammelt, um ihren Bundeskanzler aus nächster Nähe zu sehen. Andrew passte das gar nicht. Die Leute sollten gefälligst an ihren Positionen stehen. Er stellte die Anwesenden kurz vor und Hütter begrüßte alle per Handschlag. Dann schickte Andrew die Techniker wieder an ihre Plätze.

»Im Grunde genommen handelt es sich weniger um eine Experimentiereinrichtung oder ein Labor, sondern um eine regelrechte Fertigungsstraße für Nanomaschinen.« Andrew zeigte zu einem der doppelt mannshohen Zylinder aus silbern glänzendem Stahl. »Das sind Bioreaktoren, die die Proteine herstellen, die wir als Fertigungshelfer benutzen.«

»Ich hatte früher immer angenommen, Nanomaschinen würden Atom für Atom zusammengesetzt«, sagte Hütter.

Andrew lachte. »Das haben alle früher gedacht, aber nanotechnische Maschinen bestehen aus zu vielen Atomen, als dass man sie mit einem Rastertunnelmikroskop zusammensetzen könnte. Der große Durchbruch in unserem Forschungszentrum war die Erkenntnis, biologische Maschinen zu nutzen, denn nichts anderes sind Proteine ja.«

»Wir haben uns Viren zum Vorbild genommen«, erläuterte Rappe. »Diese schleusen Baupläne in menschliche Zellen ein, die dann von Proteinen umgesetzt werden, um Kopien ihrer selbst herzustellen. Nur dass wir keine Viren herstellen, sondern Nanomaschinen, die sich selber replizieren können, ohne dafür dann noch biologische Zellen zu benötigen.«

Der Kanzler nickte höflich. Andrew vermutete, dass Hütter das alles schon wusste. Gewiss hatte der Mann gute Berater an seiner Seite.

»Für mich gleicht es immer noch einem Wunder«, meinte der Politiker.

»Wir sind bei den ersten Experimenten auch nicht sonderlich

weit gekommen«, berichtete Andrew. »Die Faltung von Proteinen ist äußerst komplex und wenn dann mehrere Eiweißmoleküle zusammenarbeiten sollen, um eine ultrakomplizierte Struktur zu konstruieren, wird der ganze Prozess fast eine Unmöglichkeit. Zumal wir in die Nanomaschinen schwere Atome einbauen mussten, um die Funktion zu gewährleisten. Daran scheiterten wir zunächst. Wir waren kurz davor, aufzugeben.«

»Aber wir haben natürlich einen Weg gefunden«, beeilte sich Rappe zu sagen, für den die Verwendung des Wortes ›aufgeben‹ generell tabu war.

Der Kanzler nickte. »Ich weiß, Sie haben eine künstliche Intelligenz eingesetzt.«

»Deep-Learning-Verfahren werden schon seit Jahren in der Erforschung der Proteinfaltung verwendet«, erklärte Andrew. »Das Ziel war damals, neue Medikamente zu finden. Wir haben diese Algorithmen umgebaut und dem Computer befohlen, Proteine zu finden, die wir für den Bau von Nanomaschinen benutzen können. Im Grunde genommen haben nicht wir diese Fabrik konstruiert, sondern eine künstliche Intelligenz.«

Rappe warf Andrew einen bösen Blick zu. »Die wir aber immerhin entwickelt und programmiert haben.«

Andrew verzog das Gesicht. *Er* hatte diese Software programmiert. Rappe wusste das ganz genau.

»Jedenfalls sind Sie nun dank dieser neuartigen Werkzeuge am Ziel angekommen«, sagte der Kanzler.

»Ja«, bestätigte Andrew. »Aus den Erkenntnissen, die uns der Algorithmus verschafft hat, haben wir schrittweise die Prozesse entworfen und verfeinert. Die Nanomaschinen, die wir heute zum ersten Mal in ihrer Gänze zusammenbauen, bestehen aus in den vergangenen Monaten von uns getesteten und verbesserten Einzelkomponenten. An diesem Tag machen wir nur noch den letzten Schritt.«

Andrew setzte sich in Bewegung und führte Hütter zum Herzstück der Anlage. »Das ist der Reaktor. Hier werden die Einzelkomponenten zu kompletten Nanomaschinen zusammengesetzt.«

Der Kanzler stöhnte. »Diese Wortwahl halte ich nach wie vor für sehr unglücklich. Er hat unserer Öffentlichkeitsarbeit keine guten Dienste geleistet.«

Andrew kannte die Debatte. In seinen Augen war sie lächerlich. »Es ist nun einmal ein *Reaktor*. Dieses Wort bedeutet ja nichts anderes, als dass mehrere Komponenten zusammengebracht werden und miteinander reagieren. Es gibt Bioreaktoren und chemische Reaktoren.«

»Und Kernreaktoren«, sagte Hütter. »Wenn man in der Öffentlichkeit dieses Wort benutzt, denkt jeder sofort an Kernreaktoren. Es ist negativ behaftet. Verbraucht. *Reaktionskammer* hätte sich schon nicht mehr so negativ angehört.«

Rappe räusperte sich. »Wir haben dieses Wort nur in wissenschaftlichen Publikationen benutzt.«

Hütter lachte bitter auf. »Es gibt sehr wohl Journalisten, die diese Publikationen lesen und nur nach etwas suchen, was sie für eine Schlagzeile verwenden können.« Er seufzte. »Aber nun gut. Diese Diskussion kommt um Jahre zu spät. Das Kind ist in den Brunnen gefallen, und damit müssen wir nun leben.«

Andrew hatte darüber nie wirklich nachgedacht. Ein Reaktor war nun einmal ein Reaktor, und dass die Bevölkerung dieses Wort mit einer falschen Assoziation verband, zeigte eher, wie unzureichend der Job war, den die Öffentlichkeitsarbeit bei der Aufklärung gemacht hatte. »Jedenfalls werden in diesem Moment in den umliegenden Zylindern die Einzelkomponenten hergestellt und am Ende des Countdowns in den Reaktor geleitet. Dort gibt es eine Nährlösung mit Proteinen, die jene Komponenten dann zu vollwertigen, sich selbst replizierenden Nanomaschinen zusammensetzen.«

»Das ist eine große wissenschaftliche Leistung.« Hütter nickte.

»Maschinen, die sich selber nachbauen können. Andere Länder haben schon Nanomaschinen hergestellt, aber von einer Replikation sind sie noch weit entfernt.«

Rappe lächelte. Diese Worte waren gewiss Musik in seinen Ohren.

Doch Andrew gab sich damit nicht zufrieden. »Wenn wir heute diesen Schritt gehen, wird es nicht mehr lange dauern, bis andere Länder aufschließen. Wir haben alle unsere Forschungsergebnisse in den verschiedensten Journalen veröffentlicht.«

»Viele technische Produktionsschritte sind aber durch Patente geschützt.« Rappe hatte ein Funkeln in den Augen.

Hütter widersprach. »Weder die Russen noch die Chinesen lassen sich von Patenten ausbremsen. Die werden notfalls einfach ignoriert. Insofern hat Doktor Collum recht. Wir haben uns nun einen Vorsprung verschafft, den wir durch weitere, zügige Forschungen halten müssen. Ich hoffe, dass mein Nachfolger das auch so sieht und die entsprechenden Schritte einleitet.«

Andrew schluckte. Er hatte die bevorstehenden Wahlen verdrängt. Je nach Ausgang, Wahlsieger und welche Parteien sich im Anschluss zu einer Regierungskoalition zusammenfanden, konnte es gut sein, dass ein Moratorium die Arbeit des Forschungszentrums über Nacht stoppte. »Ich hoffe, der heutige Tag zeigt, dass Nanotechnik erfolgreich und sicher eingesetzt werden kann.«

»Das hoffe ich auch, Doktor Collum.« Der Kanzler lächelte warm. »Und wo wir schon beim Thema sind: Sie haben alle notwendigen Sicherheitsmaßnahmen getroffen, damit keine Nanomaschinen aus der Apparatur entweichen können, nehme ich an?«

Rappe schnaubte. »Das Experiment ist absolut sicher.«

Andrew konnte nicht anders, er musste schmunzeln. Er wusste, dass der Institutsleiter in den vergangenen Wochen von unzähligen Gesprächspartnern aus Politik, Wirtschaft und Medien zu dem Thema der Sicherheit gelöchert worden war.

Es wurde immer nur über die Sicherheitsbedenken gesprochen und nie über die ungeheuren Chancen, die die Nanotechnik der Menschheit bringen konnte. »Wir haben einen dreifachen Sicherheitsring aus unterschiedlichen Barrieren um den Reaktor gezogen. Keine einzige Maschine wird aus dem Gefäß entkommen und nach dem Experiment wird es sofort sterilisiert, so dass auch im Nachgang keine Gefahr droht.«

Der Kanzler nickte. »Ich vertraue Ihnen.«

Andrew sah auf seine Armbanduhr. »Es sind nur noch zehn Minuten. Ich schlage vor, dass wir nun zurück in den Kontrollraum gehen.«

Horst und Franka standen dort vor einer Konsole und diskutierten leise miteinander.

»Ist alles in Ordnung?«, fragte Andrew.

Franka blickte auf. »Die Temperatur in Synthesizer Nummer neun ist vor zwei Minuten überraschend gefallen.«

Andrew biss sich auf die Lippe. Dieses Problem hatten sie bei einem Test vor einigen Wochen schon einmal gehabt. Dabei wurden in diesem Zylinder weniger Proteine hergestellt als erwartet. »Wie tief sind die Temperaturen gefallen?«

»Von zweiundsechzig auf achtundfünfzig Grad«, antwortete Horst.

Andrew trat zu den beiden und betrachtete die farbigen Kurven der Messwerte auf dem Monitor. »Ist hart an der Grenze«, murmelte er.

»Was ist los?« Rappe klang nervös. Natürlich! Er war auf einen Erfolg am heutigen Tag angewiesen. Wenn das Experiment verschoben werden müsste, würde der Kanzler bei einem neuen Termin wahrscheinlich nicht anwesend sein. Für Rappe eine persönliche Niederlage, die er ihnen allen übel nehmen würde.

Andrew wandte sich zu Institutsleiter und Kanzler um. »Der Temperatursturz impliziert, dass weniger Proteine synthetisiert werden als erhofft. Da es sich um einen biologischen Vorgang handelt, können Störfaktoren in der Nährlösung das Ergebnis beeinflussen. Es heißt, dass wir weniger von den in diesem Zylinder produzierten Teilkomponenten für die Konstruktion der Nanomaschinen zur Verfügung haben.«

»Lässt sich das kompensieren?«, fragte Rappe.

Andrew schüttelte den Kopf. »Nein.« Er sah wieder auf den Bildschirm. »Wir können nur hoffen, dass wir genug Proteine haben, um eine kritische Masse an Komponenten herzustellen.«

»Kritische Masse?« Kanzler Hütter sprach das Wort mit Abscheu aus.

Andrew konnte sich denken, warum. Es war wieder ein Wort, das auch in der Kerntechnik verwendet wurde. Er drehte sich um und blickte dem Politiker in die Augen. »Eine einzelne Nanomaschine kann sich nicht vervielfältigen. Das ist zwar ein Fernziel, aber so weit sind wir noch nicht. Darum produzieren wir Maschinen, die zusammenarbeiten und selbständig Aufgaben verteilen, um komplexere Moleküle aufzubrechen. Wir brauchen mindestens einige Millionen Nanomaschinen, um den Reproduktionsprozess in Gang zu setzen.«

»Wird es denn reichen?« Rappe holte ein Taschentuch aus der Tasche seines Jacketts und tupfte die Stirn. »Wir werden das Experiment doch hoffentlich nicht verschieben müssen.«

Andrew seufzte. »Wenn wir auf Nummer sicher gehen wollen, bleibt uns nichts anderes übrig.«

»Verdammt«, fluchte Rappe. »Die letzten Tests sind alle gut verlaufen.«

Hütter berührte den Institutsleiter an der Schulter. »Ist schon gut.« Seine Stimme klang ganz ruhig. »Ist halt alles technisches Neuland. Ich würde sagen, wir probieren es einfach aus. Vielleicht haben wir Glück.«

Rappes Augen wurden glasig, und er schien in weite Ferne zu blicken. Schließlich nickte er. »Ja, wir werden es wagen. Setzen Sie den Countdown fort.«

Andrew war erleichtert. Wenigstens hatte Rappe ihm diese Entscheidung abgenommen, so dass er am Ende nicht als alleiniger Versager dastehen würde. »Was machen die anderen Zylinder?«

»Alles nach Plan.«

»Druck und Temperatur im Reaktor?« Andrew fragte, obwohl er die Werte auf dem Monitor sehen konnte. Er wollte aus der Stimmlage seiner Kollegin heraushören, ob sie irgendetwas bedrückte.

»Alles in Ordnung. Ich denke auch, dass die Menge an Protein in Zylinder Nummer neun ausreicht, um genügend Subkomponenten zu produzieren.«

Andrew starrte auf den Countdown. Sie hatten soeben die letzte Minute erreicht. »Horst?«

»Ich sehe eine Sättigung in den Nährlösungen der Zylinder. Der pH-Wert stabilisiert sich in allen Synthesizern.«

Andrew wollte sichergehen. »Wir wagen es?« Das letzte Wort hatte der Institutsleiter.

Rappe tauschte einen kurzen Blick mit dem Kanzler. Der lächelte aufmunternd zurück.

»Okay«, sagte Rappe. »Öffnen Sie die Ventile.«

»Du hast es gehört, Horst.«

Andrews Mitarbeiter drückte eine Reihe von Schaltern um. Jeder davon öffnete die Zuleitungen von den Subzylindern zum zentralen Reaktor.

»Die einzelnen Bestandteile der Nanomaschinen werden jetzt in den Reaktionsbehälter geführt«, erklärte Andrew, der sich nicht sicher war, bis zu welchem Detail der Kanzler über die Vorgänge und Verfahren informiert war. »Ich sehe, dass der Druck steigt. Die Komponenten sind nun als Aerosole im Reaktorbehälter und sinken allmählich zu Boden in die Nährlösung mit den Konstruktionsproteinen.«

»Druck gleicht sich aus«, meldete Horst. »Ich schließe die Ventile des Reaktors.«

»Ich sehe eine vollständige Schließung der Ventile«, erklärte Franka. »Überdrucktest positiv.«

Andrew konnte nicht anders, als in die Hände zu klatschen. Bis hierher hatten sie diesen Prozess schon erprobt. Nun begann das Neuland. Er betrachtete den Schalter vor sich. Es war ein unscheinbarer schwarzer Knopf, der so auch auf einer lapidaren Sicherheitskonsole in einem Kraftwerk oder der Steuerung einer Fabrik für Zahnbürsten zu finden gewesen wäre. Nichts deutete darauf hin, dass die Betätigung dieses Schalters die Menschheit über die Schwelle hin zu einem neuen Zeitalter führen würde.

Er hob den Blick. Der Countdown war abgelaufen. Jetzt lag es an ihm, den letzten Schritt zu machen, der gleichzeitig auch ein erster Schritt war. Er schaute in die automatische Kamera an der Decke und rang sich ein Lächeln ab. Wie viele Menschen live die Ereignisse verfolgten, vermochte er nicht zu sagen, aber es war nicht ausgeschlossen, dass die PR-Abteilung des Instituts die Bilder der Presse zur Verfügung stellen und er heute Abend in den Nachrichten landen würde.

Er holte tief Luft. Dann legte er den Schalter um.

Es piepte dreimal kurz, als Spannung in den Reaktor geleitet wurde. In diesem Moment begannen die Proteine in der Nährlösung damit, die Nanomaschinen zusammenzubauen. Es würde nur Sekundenbruchteile dauern, bis der Prozess abgeschlossen war.

»Das war's«, krächzte Andrew. Neil Armstrong hatte vor über sechzig Jahren auf dem Mond einen intelligenteren Satz von sich gegeben.

Andrew drehte sich herum. Rappe sah angespannt aus, während sich im Gesicht des Kanzlers Unsicherheit zeigte.

»Woher wissen wir, ob es geklappt hat?«, fragte Hütter.

Rappe holte wieder sein Taschentuch heraus. »Wenn das Experiment erfolgreich war, beginnen die Nanomaschinen nun, die Moleküle der Nährlösung und der darin enthaltenen Proteine zu zersetzen, um aus den gewonnenen Rohstoffen weitere Nanomaschinen zu bauen.«

»Das ist mir schon klar.« Zum ersten Mal mischte sich eine gewisse Ungeduld in die Stimme des Kanzlers. »Aber woher wissen wir, ob der Prozess ein Erfolg war?«

»Die Reaktion setzt Wärme frei«, erklärte Andrew. »Wenn es zu einem Temperaturanstieg kommt, ist das Experiment gelungen.«

Er ging wieder zu Frankas Schalttafel. Seine Hände zitterten. Jetzt würde sich zeigen, ob sein Lebenswerk von Erfolg gekrönt war. Dann stand ihm die ganze Welt offen. Wegen der Auswirkungen auf die fundamentalen Naturwissenschaften rückte dann sogar ein Physik-Nobelpreis in den Bereich des Möglichen.

»Wie sieht es aus?« Seine Stimme zitterte.

»Ich sehe einen leichten Temperaturanstieg.« Franka wandte den Blick nicht von den Displays ab. »Ist aber noch innerhalb der Unsicherheit der Messsonde. Auf jeden Fall ist die Temperaturkurve unterhalb der erwarteten Werte.«

Andrews Magen kribbelte. Möglicherweise hieß das, dass es nicht funktioniert hatte. Dass die zusammengebauten Nanomaschinen darin versagten, sich zu reproduzieren. Aber noch war nicht alles verloren. »Es kann sein, dass die Wachstumskurve wegen der Störung in Zylinder neun niedriger ist als erwartet«, sagte er. »Unter Umständen sind wir mit der Anzahl der von den Proteinen gefertigten Nanomaschinen sehr dicht an der kritischen Masse. Der weitere Vorgang der Replikation erfolgt mit einem exponentiellen Wachstum. Eventuell liegen wir noch im flachen Bereich dieser Kurve.«

Hütter trat hinter ihn und Franka an die Konsole. »Wann werden wir es wissen?«

»In den nächsten Minuten.« Rappe klang düster. »Wenn in spätestens fünf Minuten kein Temperaturanstieg gemessen wurde, ist das Experiment gescheitert.«

Andrew fixierte die Temperaturkurve. Im Raum war es absolut still und er konnte seinen eigenen Herzschlag hören.

Einen Moment lang sah es so aus, als würde die Temperatur ansteigen, aber die Linie kehrte schnell wieder auf ihre Ausgangslage zurück. Andrew blickte auf seine Uhr. Schon drei Minuten waren vergangen.

»Ich glaube, das wird nichts mehr.« Frankas Stimme war kaum mehr als ein Flüstern.

Andrew presste den Kiefer zusammen, bis es schmerzte. Seine Kollegin hatte recht. Sie würden in Zylinder neun eine neue Nährlösung aufsetzen und das Experiment in einigen Tagen wiederholen müssen. Er hätte heulen können.

Außerdem musste er sich darauf einstellen, dass jeder, den er kannte, versuchen würde, ihn am Abend per Telefon zu erreichen, um ihn lautstark zu bedauern. Es war einfach entsetzlich.

»Da!«, rief Franka, und Andrew zuckte zusammen. »Die Temperatur steigt.«

Andrew riss die Augen auf und starrte auf den Bildschirm.

Tatsächlich!

War die Linie bis gerade eben noch völlig flach gewesen, so stieg sie nun schnell an.

Exponentielles Wachstum!

»Mein Gott!« Er fasste sich mit zitternden Händen an die Stirn.

»Reden Sie schon!«, forderte Rappe.

»Die Temperatur steigt an«, sagte Andrew. »Es hat funktioniert. Die Nanomaschinen replizieren sich selbständig und setzen dabei Wärme frei.«

»Das Experiment ist gelungen?«, hakte der Kanzler nach.

Andrew grinste. Gerade hatte er sich schon damit abgefunden, dass er zumindest heute zur Lachnummer des Forschungszentrums werden würde, und jetzt diese überraschende Wende.

Wieder starrte er auf die Temperatur, die inzwischen um sechs Grad gestiegen war. Das exponentielle Wachstum war nun vorbei und die Kurve pendelte sich langsam auf den neuen Wert ein. Genauso wie erwartet. »Ja.« Seine Stimme brach. »Es hat geklappt. Das Experiment war ein Erfolg.«

Franka sprang auf und stieß eine Faust in die Luft.

Andrew umarmte sie. »Gute Arbeit.«

Horst grinste ihn an und reckte einen Daumen hoch.

Rappe und Hütter gaben sich die Hand. Das Gesicht des Kanzlers war gerötet. Schweiß stand auf seiner Stirn, Triumph in seinen Augen. Es war auch ein Erfolg seiner Politik. Rappe sah einfach nur erleichtert aus.

Hütter trat zu Andrew und legte ihm die Hand auf die Schulter. »Ich gratuliere!«

Rappe nickte.

»Die Kurve geht langsam wieder runter«, sagte Franka.

Der Kanzler blickte Andrews Kollegin irritiert an. »Ist das normal?«

»Ja, das ist normal«, erklärte Andrew. »Die Nanomaschinen haben sich selber aus der Nährlösung nachgebaut und dabei Wärme freigesetzt. Nun ist die Nährlösung verbraucht und die Wachstumsrate geht auf den Nullpunkt zurück. Wir sind jetzt bereit für Phase zwei.«

Andrew ging zu Horsts Konsole. »Alles fertig?«

Der Mitarbeiter nickte nur.

»Dann los«, flüsterte Andrew.

Horst drückte den roten Knopf auf seiner Konsole. In diesem Moment wurde eine Schleuse im Inneren des Reaktors geöffnet.

»Infrarotkamera einschalten«, befahl Andrew.

Kanzler und Institutsleiter stellten sich ebenfalls hinter die Schalttafel.

Horst legte einen Schalter um, und auf dem großen Bildschirm an der Vorderwand des Kontrollraums erschien eine Aufnahme aus dem Inneren des Reaktors, das nur aus unterschiedlichen Orange- und Rottönen bestand. Gerade fiel ein annähernd quadratischer, dunkelroter Körper in eine undefinierbare, orangefarbene Masse.

»Das ist ein ganz normaler Stein?«, fragte Hütter.

Rappe lachte nervös. »Ich habe ihn selber auf dem Außengelände des Forschungszentrums aufgehoben. Normaler geht es nicht mehr.«

An den Rändern leuchtete der Stein hellrot auf. Die Färbung wurde immer heller, bis das Objekt denselben Farbton hatte wie die darunterliegende Masse.

»Das orangefarbene Zeug sind die Nanomaschinen«, schloss der Kanzler.

Rappe nickte. »Sie zerlegen in diesem Moment den Stein.«

»Nicht nur zerlegen«, ergänzte Andrew. »Sie lösen den Stein Atom für Atom auf, um neue Rohstoffe zu gewinnen, mit denen sie dann weitere Nanomaschinen bauen. Sie zerstören die Bindungen zwischen den Atomen, daher kommt die Wärme, die wir auf dem Monitor sehen.«

»Funktioniert es?«, fragte Hütter.

Der Stein leuchtete fast schon gelb. Gleichzeitig wurden die Ränder allmählich unscharf. Das Testobjekt verkleinerte sich.

»Ja, es funktioniert«, flüsterte Andrew. Sie hatten es geschafft. Sie hatten es tatsächlich geschafft! Zum ersten Mal in der Geschichte der Menschheit war es gelungen, Nanomaschinen herzustellen, die sich selber replizieren konnten. Der Weg in eine phantastische Zukunft stand offen. Die Maschinen konnten jeden beliebigen Stoff in seine Bestandteile zerlegen, den man in den Reaktor gab. Aber das Zersetzen war nur der erste Schritt. In einem weiteren Schritt würden er und sein Team die mikroskopischen Maschinen dazu programmieren, etwas aufzubauen.

Nicht nur etwas!

Sie würden aufbauen, was die Menschen am dringendsten brauchten. Ganz gleich, ob es ein Barren Gold, ein Krebsmedikament oder ein unfassbar kompliziertes Raketentriebwerk war.

Die Menschen mussten dem Verbund aus Nanomaschinen nur den Bauplan vorlegen, und wie von Zauberhand würde aus dem Rohmaterial das gewünschte Objekt erscheinen. Atom für Atom, in atemberaubender Geschwindigkeit.

Andrew hob die geballte Faust. Das Tor in eine großartige Zukunft war weit aufgestoßen. Er konnte es kaum erwarten, ein Teil davon zu werden.

7

»Das Experiment ist gelungen«, verkündete Karl Mayer, der Pressesprecher des Forschungszentrums, von der Bühne. »Es ist sogar ein voller Erfolg.«

Ben fiel ein Stein vom Herzen.

»Da habt ihr Jungs aber Glück gehabt«, kommentierte Weinheim trocken.

Lautes Klatschen brandete hinter Ben auf, und er wandte sich um.

Das Auditorium war bis zum Bersten gefüllt. Er selber saß vorne bei den VIPs, die sich aus Abteilungsleitern des Zentrums, Politikern, einigen Geschäftsführern von kooperierenden Firmen und prominenten Medienvertretern wie Ranga Yogeshwar und Harald Lesch zusammensetzten. In den Reihen dahinter saßen eher unbekannte Journalisten und Redakteure regionaler und überregionaler Blätter und Nachrichtensendungen im Fernsehen zwischen vereinzelten Social-Media-Influencern, denen man eine Akkreditierung verschafft hatte, um Interesse bei der jüngeren Bevölkerung zu wecken, die durch andere Nachrichtenkanäle nicht mehr erreichbar war.

Noch weiter hinten befanden sich die jubelnden Mitarbeiter

des Forschungszentrums, die für die Durchführung des Experiments nicht gebraucht wurden und das Glück gehabt hatten, einen Platz im Auditorium zu ergattern. In der letzten Reihe erkannte Ben Emma mit ihrer Familie. Sie klatschte, hatte aber einen merkwürdig ernsten Gesichtsausdruck.

»Der erste Schritt in ein neues Zeitalter ist nun getan«, sagte Karl Mayer, der die heutige Veranstaltung auf dem Podium kommentierte und moderierte. Neben ihm saß Mimi Robben, die blonde Physikerin aus Andrews Abteilung, die Mayer als Expertin zur Seite gestellt worden war, weil sie nicht nur über die Vorgänge des Experiments genauestens Bescheid wusste, sondern sich im Gegensatz zu den meisten ihrer Kollegen auch im Rampenlicht recht wohlfühlte. Ben hatte sie vor einigen Wochen auf einer Party kennengelernt und wusste, dass sie in ihrer Freizeit in einem Improvisationstheater in der Kölner Südstadt mitwirkte.

Auf einem großen Bildschirm über dem Podium war der Kontrollraum zu sehen. Andrew stand dort an einer Schalttafel, hinter ihm Rappe und der Bundeskanzler. Eine etwas kleinere Projektionsfläche daneben zeigte das Innere der Reaktionskammer mit dem Stein, der sich langsam auflöste.

»Die Nanomaschinen zerlegen nun den Stein, um daraus Rohstoffe zu gewinnen.« Mimi wischte sich eine blonde Haarsträhne aus dem Gesicht. »Aus denen wiederum werden weitere Nanomaschinen zusammengebaut, die ihrerseits bei der folgenden Zerlegung des Steins helfen. Wie man sieht, wächst darum die Geschwindigkeit, mit der der Stein zerlegt wird.«

Ben hörte kaum zu, er starrte nur auf den Stein, der immer kleiner wurde. Andrew hatte ihm das Experiment und die Wirkungsweise der Nanomaschinen erschöpfend erklärt. Es nach den Jahren der Vorbereitung endlich auf dem Bildschirm zu sehen, war phantastisch.

»Die Nanomaschinen sind mit einer rudimentären Rechenkapazität ausgestattet«, erklärte Mimi. »Im Verbund mit anderen wächst diese exponentiell an. Algorithmen erlauben ihnen dann eine eigenständige Arbeitsteilung bei der Zerlegung der Ressourcen und dem Bau neuer Replikanten. Das ist einer der Gründe, warum wir eine Mindestmenge an Nanomaschinen brauchen, um mit dem Zerlegungsprozess zu beginnen.«

»Wie groß ist diese Mindestmenge?«, fragte Karl Mayer.

Mimi lächelte. »Es ist Ziel des Experimentes, das herauszufinden. Eine realistische Schätzung geht von einigen Millionen aus. Aber viel Platz brauchen sie nicht. Selbst Milliarden dieser Maschinen passen auf die Spitze einer Stecknadel. Die Nanomaschinen teilen sich im Arbeitsprozess in sogenannte Disassembler auf, die das Rohmaterial zerlegen, und in Assembler, die sich auf den Zusammenbau neuer Nanomaschinen und später anderer vorgegebener Strukturen konzentrieren.«

»Was können diese Assembler denn bauen?« Mayer stellte Fragen, auf die er als Pressesprecher des Forschungszentrums die Antwort natürlich kannte. Es war eine Show für die Medien.

Mimi lachte leise. »Theoretisch können die Assembler alles bauen, was wir ihnen vorgeben, solange sie die richtigen Rohmaterialien haben. Aber Sie können es sich so vorstellen: Sie kippen alten Müll in einen der Reaktoren und die Nanomaschinen bauen daraus alles, was Sie wollen, selbst eine ultrakomplexe technische Struktur.«

»Könnten sie Medikamente bauen?«

»Selbstverständlich. Sie könnten sogar Nahrung bauen.«

»Dafür müssten wir ihnen aber den Bauplan liefern.«

Mimi schüttelte den Kopf. »Das ist nicht mal nötig. Wir könnten eine Banane in den Reaktor werfen. Die Nanomaschinen würden sie bei der Demontage analysieren und selber den Bauplan erstellen. Diese Banane könnten sie dann in unbegrenzter Stückzahl duplizieren. Ebenso mit Fleisch. Nie wieder müsste ein Tier sterben, und man würde keinen Unterschied schmecken. Die Nanomaschinen können *alles* herstellen. Atom für Atom, wie ein Kind Legosteine aneinandersteckt. Und das aus jedem erdenklichen Abfall. Es ist das ultimative Recycling.«

»Recycling.« Mayer zog das Wort wie Kaugummi in die Länge. »Das ist ein gutes Stichwort ...«

Ben verzog das Gesicht. Er hatte bei einem weinseligen Abend mit Andrew darüber diskutiert. Die Maschinen würden natürlich auch Lebewesen, sogar Menschen, zersetzen, um dann beliebig viele Kopien herzustellen, die dem Original bis auf das letzte Atom glichen. Kein Wunder, dass Mayer schnell das Thema wechseln wollte, denn die moralischen und ethischen Fragen der neuen Technologie waren alles andere als geklärt. Aber Ben war sich sicher, dass Politik und Gesellschaft einen verantwortungsvollen Umgang damit finden würden.

»Ja, die Nanomaschinen können alles zerlegen, was wir in die Reaktoren werfen. Sie brechen die molekularen Bindungen, bis man nur noch einzelne Atome hat. Mit der Nanotechnik wird es kein Müllproblem für die Menschheit mehr geben. Selbst Giftmüll kann in Sekunden unschädlich gemacht werden.«

»Radioaktive Stoffe auch?«

Mimi lachte wieder. »Es wäre schön, aber das geht leider nicht. Bei radioaktiven Substanzen sind es die Atome selber, die zerfallen und die Toxizität ausmachen. Leider bedeutet radioaktive Strahlung auch eine Gefahr für die Technologie, da diese die empfindlichen Bindungen zwischen den einzelnen Atomen der Nanomaschinen zerstören und sie dadurch vernichten kann.«

»Ich verstehe ... trotzdem klingt es ganz so, als würden wir in nicht allzu ferner Zukunft ein Paradies auf Erden schaffen, wie selbst Gott es nicht für möglich gehalten hätte.«

Ben verzog wieder das Gesicht. Mayer übertrieb derart, dass es fast schon peinlich wirkte.

»Wo habt ihr den bloß aufgetrieben?« Weinheim schüttelte den Kopf.

»Er ist ein Liebling von Rappe«, antwortete Ben. »Die beiden kennen sich noch aus Studententagen. Aber Sie müssen froh sein, dass das Experiment gelungen ist. Das gibt dem Kanzleramt doch Rückenwind.«

Weinheim lachte so laut auf, dass eine ältere Frau mit einer riesigen Hornbrille auf der Nase sich herumdrehte und sie giftig anstarrte.

Weinheim rückte dicht an Ben heran. »Ich sage Ihnen mal was. Spätestens Anfang nächsten Jahres ist Hütter abgewählt und auf dem Weg in die Privatwirtschaft. Ich bin Beamter des Kanzleramts und werde dann immer noch auf meinem Posten sitzen, während eine Kanzlerin im obersten Stockwerk haust, die von Nanotechnik nicht das Geringste hält. Wahrscheinlich darf ich dann den ganzen Scheiß, den ich in den vergangenen Jahren mit aufgebaut habe, rückabwickeln. Das ist das Elend in der Politik. Es wird ein Haufen Geld für Sachen ausgegeben, die dann in der nächsten Legislaturperiode wieder gekippt werden. Spaß macht das nicht unbedingt.«

Ben schluckte. Weinheim hatte natürlich recht. Auch im Forschungszentrum setzte sich allmählich die Erkenntnis durch, dass die Opposition bei den Wahlen definitiv das Rennen machen würde. Wenn die Partylaune nach dem geglückten Experiment in einigen Tagen vorbei war, würde es letztlich allen klar werden, dass der Triumph nur von kurzer Dauer war.

»Sie selber brauchen sich nicht allzu viele Sorgen zu machen«, sagte Weinheim mit einem ungewohnten Lächeln. »Als Projektmanager können Sie überall arbeiten. Wollen Sie einen guten Rat von mir?«

Ben nickte.

»Gehen Sie in die Privatwirtschaft, da können Sie deutlich mehr Geld verdienen. Wäre ich nicht verbeamtet, hätte ich mich schon längst aus der Bürokratiemühle verabschiedet und würde bei einer Firma arbeiten, wo es nicht drei Wochen dauert, einen gottverdammten Bleistift zu beantragen.«

Ben runzelte die Stirn. Hasste Weinheim seinen Job wirklich so sehr und blieb nur im Kanzleramt, weil er die Vorteile des Beamtentums nicht verlieren wollte? Der Mann musste Mitte vierzig sein. Vielleicht steckte er gerade in einer Midlife-Crisis. Bis zur Pensionierung hatte er sicher noch mindestens fünfzehn Jahre vor sich. Ben hätte sich niemals vorstellen können, einen verhassten Job über einen so langen Zeitraum zu machen, ganz gleich, wie gut er dafür bezahlt wurde.

»Sie können ebenfalls in die Privatwirtschaft wechseln«, sagte er. »Jemand mit Ihrer Erfahrung hätte sicher jede Menge Möglichkeiten. Lieber etwas weniger verdienen und neue Impulse ins Leben bringen.«

Weinheim lachte wieder, was ihm einen zweiten Blickpfeil der Frau mit der Hornbrille einbrachte. »Das sagt sich so einfach – wenn man keine vier Kinder und keine Frau hat, die es gewohnt sind, nur das Beste zu bekommen.«

Bei dem Zynismus in Weinheims Stimme zuckte Ben zusammen. Er überlegte gerade, was er darauf erwidern sollte, als Bewegung in die Gruppe von Personenschützern kam, die an der Seite des Auditoriums standen. Einige verteilten sich um das Podium, zwei positionierten sich an der Tür, die in den hinteren Bereich der Bühne führte.

Dann betraten Rappe und Hütter den Raum. Applaus brandete auf, besonders aus den hinteren Reihen. Kanzler und Institutsleiter stiegen auf die Bühne. Beide reckten die Faust nach oben und ließen sich feiern. Hütter grinste breit, während Rappe ein Lächeln genügte. Mayer und Mimi erhoben sich von ihren Plätzen und klatschten ebenfalls.

Schließlich betrat Andrew den Raum. Er blieb am Rand der Bühne stehen und betrachtete mit einem Ausdruck von Panik in den Augen die Menge, vor der er gleich sprechen sollte. Ben hätte nicht mit ihm tauschen wollen.

Allmählich ließ der Jubel nach. Schließlich trat Kanzler Hütter an das schwarze Pult mit dem großen Logo des Forschungszentrums.

»Ich wende mich zunächst an die hier anwesenden Wissenschaftler und Ingenieure«, begann Hütter. »Sie können stolz auf sich sein, denn Sie haben an diesem Tag einen gewaltigen Schritt in die Zukunft gemacht. In eine Zukunft, in der kein Mensch mehr unter Hunger, Armut oder Knappheit leiden muss. Sie haben heute gezeigt, dass Nanotechnologie machbar, beherrschbar und sicher ist. Schon bald werden Sie diese Technik weiterentwickeln und für uns alle eine Welt des Überflusses schaffen.«

Wieder brandete Applaus auf, diesmal eher verhalten aus den vorderen Reihen der anwesenden Politiker und Wirtschaftsführer.

»Wir haben jetzt gesehen, dass es richtig war, in eine neue innovative Technologie zu investieren. Denn nun ist Deutschland führend in diesem Bereich, und bald werden es deutsche und europäische Firmen sein, die aufgrund dieser Innovationen neue Arbeitsplätze schaffen.«

Ben krümmte sich innerlich. Es war damals eines der größten Argumente für die Subventionierung der Forschung gewesen, dass neue Arbeitsplätze geschaffen werden würden. Aber nach langen Diskussionen mit Andrew war Ben inzwischen vom Gegenteil überzeugt. Wenn man in Zukunft einfach nur noch Baupläne an Nanomaschinen weiterreichte, die jedes erdenkliche Produkt bauten, wurden andere Produktionsanlagen, Werkstätten und landwirtschaftlicher Anbau überflüssig. Am Ende würden sogar Supermärkte und Geschäfte unnötig werden. Man ging dann lediglich zum nächsten Nanoreaktor und bestellte sich sein gewünschtes Produkt. Nach einigen Sekunden öffnete sich ein Fach, und die bestellten Spaghetti, Windeln oder Computer konnten entnommen werden.

Die Leute hatten noch nicht begriffen, dass die Nanotechnik

eine nie dagewesene Revolution in der Wirtschaft hervorbringen würde. Sie würde die Menschen vielleicht langfristig in ein Paradies führen, aber es war nicht auszuschließen, dass es vorher zu erheblichen gesellschaftlichen Verwerfungen kommen würde. Intellektuelle hatten dies bereits diskutiert, aber so ganz war die Prognose nicht in das öffentliche Bewusstsein vorgedrungen. Bislang wurde eher über die Gefahren diskutiert. Wenn in einigen Wochen die Nanomaschinen zum ersten Mal tatsächlich etwas bauten, das man in die Hand nehmen konnte, würde sich das jedoch schnell ändern.

»Ich möchte den Mitarbeitern des Forschungszentrums noch einmal für ihre Arbeit und ihre Mühe danken«, schloss der Kanzler. »Ich bin stolz auf Sie.«

Anschließend trat Rappe nach vorne und lobte wenig schüchtern seine eigene Leistung und die seiner Mitarbeiter. Er erntete damit auch nur einen verhaltenen Beifall, selbst von seinen eigenen Angestellten.

Bevor er die Bühne verließ, stellte Rappe Andrew als technischen Leiter des Projekts vor. Der Ingenieur trat an das Mikro und erklärte nüchtern in so wenigen Worten wie möglich den Ablauf des Experiments. Er sprach mit ruhiger Stimme und erläuterte alles sogar noch verständlicher, als Mimi es getan hatte.

Ben war stolz auf seinen Freund, der doch eine solche Panik vor diesem Moment gehabt hatte.

Dann wurden Fragen zugelassen.

Der Reporter einer Wirtschaftszeitung erhob sich. »Wie lange läuft das Experiment noch?«

Andrew räusperte sich. »Noch etwa eine Stunde. Wir studieren das Verhalten der Nanomaschinen mit Infrarotkameras und verschiedenen kontaktlosen Sensoren. Anschließend werden wir den Reaktor mit ionisierender Strahlung fluten und somit sterilisieren.«

Der Mann von der Zeitung reichte das Mikro an eine Kollegin

vom Fernsehen weiter. »Wie verhindern Sie, dass die Nanomaschinen das Gefäß auflösen, in dem Sie sie erbaut haben?«

Andrew lächelte. »Das ist eine gute Frage. Die Nanomaschinen können jedes Material zersetzen und in seine einzelnen Atome zerlegen. Wir haben allerdings mit voller Absicht das Element Lithium ausgenommen. Und das Reaktorgefäß ist aus diesem Material gefertigt, das außerdem Wärme sehr gut ertragen kann und durchlässig für Neutronen und Röntgenstrahlung ist, die wir am Ende ins Innere des Reaktors schicken, um ihn zu sterilisieren. Auch die Ventile und Zuleitungen sind aus Lithium, so dass keine Nanomaschinen entweichen können.«

»Was passiert, wenn dennoch Nanomaschinen aus dem Reaktor entweichen?«, rief jemand von hinten im Auditorium. »Würden die anfangen, die Erde zu zersetzen und erst aufhören, wenn der ganze Planet in Kopien von Nanomaschinen verwandelt wurde?«

Andrews Lächeln gefror.

Ben drehte sich um. Es war der Reporter einer recht weit links im politischen Spektrum angesiedelten Tageszeitung. Seine Redaktion hatte schon öfter übertrieben lautstark vor den Gefahren der Nanotechnik gewarnt.

Rappe trat nach vorne an das Mikro. »Ich kann Ihnen versichern, dass wir alle nötigen Vorsichtsmaßnahmen getroffen haben, um ein solches Katastrophenszenario zu verhindern.« Er klang genervt.

»Und welche genau sind das?«, rief ein anderer Medienvertreter. Einige der Angestellten des Forschungszentrums stöhnten leise auf.

Rappe überließ Andrew wieder das Mikrophon. Kanzler Hütter stand mit einem leicht spöttischen Lächeln im Hintergrund. »Wie bereits erwähnt, ist die Reaktorwandung aus Lithium das erste Hindernis«, führte Andrew aus. »Direkt dahinter gibt es eine zweite Wand mit einer Matrix aus Samarium-146. Das Isotop ist ein starker Alphastrahler. Diese radioaktive Strahlung würde Nanomaschinen umgehend zerstören.«

»Und wenn es doch noch einigen Nanomaschinen gelingt, sämtliche Barrieren zu überwinden?«, fragte ein anderer Reporter.

Andrew lächelte weiter zuversichtlich. »Selbst für diesen äußerst unwahrscheinlichen Fall haben wir Vorkehrungen getroffen. Zum einen braucht es einen Verbund aus mehreren Millionen Nanomaschinen, die zusammenarbeiten, damit komplexe Strukturen wie beispielsweise Gestein zerlegt werden können. Eine einzelne aus dem Reaktor entwichene Nanomaschine wird also keine Gefahr darstellen und nach kurzer Zeit zugrunde gehen. Außerdem haben wir die Geschwindigkeit des Zersetzungsprozesses gedrosselt, so dass wir selbst im völlig undenkbaren Fall eines größeren Ausbruchs die Möglichkeit haben, diesen mit mobilen Einsatzteams, die radioaktive Strahlung zur Neutralisierung nutzen würden, zu stoppen.«

»Sein Wort in Gottes Ohr«, murmelte Weinheim, der offenbar nicht so überzeugt war. Ben machte sich keine großen Gedanken über eine Gefährdung durch Nanomaschinen. Natürlich musste man für die Zukunft ausschließen, dass diese Technik von anderen Regierungen oder privaten Gruppen mit eigener Agenda missbraucht wurde. Andrew hatte Ben klargemacht, dass es denkbar war, Nanomaschinen als Waffen zu konstruieren, deren Zersetzungsprozess tausendmal schneller ablief als die der eher gutmütigen, die sie heute im Labor hergestellt hatten. Dafür wird es wirksame Gegenmaßnahmen geben müssen.

Kanzler Hütter trat an das Mikro. Sein Lächeln wirkte nun nicht mehr spöttisch, sondern zuversichtlich. Der Mann hatte eine irre Gabe, seine Mimik punktgenau einzusetzen. Ben fragte sich, ob er ein Naturtalent war oder ob er es in einem Coaching gelernt hatte. »Sie sehen, dass niemand Angst vor dieser neuen Technologie haben muss«, erklärte Hütter. »Der heutige Tag hat gezeigt, dass unsere Techniker und Wissenschaftler in der Lage sind, die Technik zu kontrollieren und sicher einzusetzen. Ich bin davon überzeugt, dass die in den nächsten Wochen folgenden Experimente die Zuversicht weiter erhöhen, die Bedenken zerstreuen und der deutschen und der europäischen Bevölkerung zeigen werden, dass diese Innovationen ausschließlich für das Wohl der Menschheit eingesetzt werden.«

Am Rande von Bens Blickfeld bewegten sich plötzlich die Personenschützer des Kanzlers. Zwei sprangen auf und rannten auf die Bühne. Noch bevor Hütter reagieren konnte, wurde er von den beiden Beamten unter dem Arm gepackt und von der Bühne gezerrt.

Was soll denn das?

Rappe drehte sich mit irritiertem Gesichtsausdruck um. Andrew hatte noch nichts bemerkt und schaute auf einen Zettel, den er aus der Tasche seines Jacketts gezogen hatte.

Gemurmel ertönte.

Ein weiterer Personenschützer tauchte neben Weinheim auf. »Wir haben eine Bedrohungslage. Folgen Sie mir.«

Weinheim zog Ben mit sich. »Kommen Sie mit. Sie haben schließlich auch einen roten Ausweis.«

Bens Gedanken rasten. Waren etwa Aktivisten über den Außenzaun des Geländes geklettert? Bei dem massiven Polizeiaufgebot konnte er sich das kaum vorstellen. Andererseits waren es vielleicht mehr Demonstranten als erwartet gewesen. Aber warum jetzt, wo das Experiment fast abgeschlossen war?

Ben folgte Weinheim und den Personenschützern durch eine Tür auf die andere Seite des Auditoriums. Rappe hatte die Bühne verlassen und lief dem Kanzler hinterher. Niemand hinderte ihn daran.

Sie wurden eine schmale Treppe in den Keller hinabgeführt. Waffen hatten die Beamten keine gezogen, also rechneten sie wohl nicht mit Angreifern im Inneren des Gebäudes.

In einem kahlen Vorratsraum mit Holzkisten auf grauen Regalen stoppten sie. Der letzte Beamte schloss die schwere Feuerschutztür.

»Was ist denn passiert, Herrgott nochmal?«, fragte Hütter.

»Es wurde eine unbekannte Drohne über dem Gelände gesichtet«, sagte der Personenschützer.

»Wo ist die Drohne jetzt?«, fragte Ben mit zitternder Stimme.

Mehrere BKA-Agenten sprachen entweder in Funkgeräte oder ihren Kragen. Niemand antwortete auf Bens Frage. Entweder wollten sie nicht oder sie wussten es selber nicht.

Dann bebte der Boden. Ein lauter Knall hallte durch den Raum. Das Licht aus den Neonröhren an der Decke flackerte.

Menschen schrien in Panik.

8

Andrew stolperte über die letzte Stufe und fiel zu Boden. Einige Menschen im Publikum schrien auf. Viele waren schon vorher aufgesprungen, als der Kanzler von seinen Personenschützern aus dem Raum geführt worden war.

Andrew stand ächzend auf und wandte sich an einen der wenigen Sicherheitsbeamten, die im Auditorium verblieben waren. »Was ist denn passiert?«

»Es hat eine Explosion gegeben«, sagte der Mann mit unnatürlich gerötetem Gesicht.

Andrew lachte laut auf. »Das habe ich selber gehört, aber *wieso* hat es eine Explosion gegeben?«

»Eine Drohne mit einer Bombe.«

Andrew schüttelte den Kopf. Warum sollte jemand eine Drohne mit einer Bombe auf das Gelände schicken? Um den Kanzler zu ermorden? Offensichtlich war der Versuch fehlgeschlagen. Der Knall war zwar laut gewesen, aber die Explosion hatte ganz sicher nicht in der Nähe des Auditoriums stattgefunden. Die Beamten mussten die Drohne abgefangen haben. Dabei war sie wohl explodiert.

Andrews Handy vibrierte in der Tasche seines Jacketts.

Es war Franka. »Wir haben ein Problem«, schrie sie über das Jaulen von Alarmsignalen hinweg. »Wir haben einen Druckverlust im Reaktor. Auch einige der peripheren Systeme sind ausgefallen. Es hat einen lauten Knall gegeben. Vielleicht ist einer der Druckbehälter mit Stickstoff geborsten.«

Andrew ballte die Fäuste. Die Bombe hatte nicht dem Kanzler gegolten, sondern der Testeinrichtung!

Verdammte Scheiße! »Wie ist der Zustand des Reaktors?«

»Druckverlust. Die Temperatur ist schlagartig gesunken. Die Erdbebenwarnung hat angeschlagen und die Schnellabschaltung aktiviert. Ich sehe hier, dass die Neutronenquelle ausgelöst hat.«

Andrew nickte. »Gut, dann droht zumindest keine Gefahr, dass die Nanomaschinen freigesetzt werden. Versucht, die Apparatur zu stabilisieren. Ich komme sofort.«

Er hatte trotzdem ein ungutes Gefühl. Sie hatten den Sicherheitsbehälter niemals mit richtigen Nanomaschinen getestet.

Andrew stürmte zum Hauptausgang, aber dort staute sich das Publikum, das immer noch von Beamten zurückgehalten wurde.

Er drehte sich um und bahnte sich einen Weg vorbei an Politikern und Journalisten zum Bühnenausgang. Schließlich stand er in einem Raum, wo Mitarbeiter der Mensa damit begonnen hatten, ein großes Buffet aufzubauen. Einer der Tische war umgestürzt und Fleischbällchen lagen überall auf dem Boden verteilt. Im Hintergrund gab es einen Notausgang. Andrew lief darauf zu.

Er streckte schon seine Hand nach dem Griff aus, als ein Personenschützer sich ihm in den Weg stellte. »Die Tür bleibt zu.« Der Mann hatte stahlblaue Augen, die sehr entschlossen dreinschauten.

Andrew gestikulierte wild. »Ich bin der Leiter des Experiments. Wir haben Schäden an der Apparatur. Ich muss sofort hin.«

Der Personenschützer schüttelte den Kopf. »Bevor das Gelände nicht gesichert ist, verlässt niemand das Gebäude.«

»Sie verstehen nicht«, flehte Andrew. »Ich muss sofort zum Reaktor und sicherstellen, dass keine Nanomaschinen entwichen sind.«

Den Mann interessierte das nicht. »Die Tür bleibt zu, bis ich einen anderslautenden Befehl bekomme.«

Scheiße!

»Wo ist Rappe? Wo ist der Bundeskanzler?«

»Die sind im Untergeschoss in Sicherheit.«

Andrew drehte sich um und lief zum Treppenhaus. Aber auch hier versperrte ihm ein Personenschützer den Weg. »Sie haben keinen Zugang.«

»Ich muss mit Rappe reden. Oder mit dem Bundeskanzler.«

Der Beamte drängte ihn einfach mit seinem Körpergewicht von der Treppe weg.

Verdammt!

Andrew fischte in der Tasche nach seinem Handy. Seine Hände zitterten, als er die Kurzwahlnummer seines Chefs eintippte. Er erwischte eine falsche Zahl, fluchte laut und wiederholte die Prozedur.

Besetzt!

Andrew fluchte wieder und versuchte es einige Sekunden später erneut.

Immer noch besetzt!

Klar, im Moment versuchte jeder Abteilungsleiter, den Chef zu erreichen.

Zwei mit Maschinenpistolen bewaffnete Polizisten standen an

der hinteren Tür und spähten hinaus. Erwarteten sie etwa einen Angriff der Aktivisten?

Moment ... Vielleicht war Ben in diesem Moment beim Bundeskanzler. Andrew wählte die Nummer des Freundes.

Es dauerte einen Moment. »Andrew? Wo bist du?«

»Ich bin hinter der Bühne. Ich habe versucht, zu Rappe zu gelangen, aber die lassen mich nicht.«

Ben schnaubte. »Kein Wunder. Die haben uns hier unten eingebunkert und die Tür verriegelt. Wie ist die Lage da oben?«

»Bei uns ist alles ruhig. Ich glaube nicht, dass es einen weiteren Anschlag gibt. Die Polizei hat das Auditorium abgeriegelt und lässt niemanden hinaus.« Andrew atmete tief ein und wieder aus. »Ben, die haben mit der Bombe das Labor erwischt.«

Andrew konnte seinen Freund schlucken hören. »Wir haben es befürchtet. Ist der Reaktor beschädigt?«

»Das kann ich nicht sagen, weil die mich nicht rübergehen lassen. Auf jeden Fall haben wir einen Druckverlust und die Schnellabschaltung hat sich aktiviert. Ich muss dringend hin. Kannst du nicht Rappe oder den Bundeskanzler bitten, dass die Sicherheitskräfte mich in mein Labor lassen?«

»Moment«, sagte Ben.

Es raschelte am anderen Ende, und Andrew hörte leises Gemurmel. Dann herrschte lange Zeit Schweigen.

»Andrew? Ich habe mit Hütter gesprochen. Er redet mit dem Chef der Sicherheit.«

»Gut. Kann ich mit Rappe sprechen?«

»Mach das lieber später. Der brüllt gerade in sein Telefon.«

Klar, die Suche nach einem Verantwortlichen für das Sicherheitsversagen hatte längst begonnen, und Rappe würde sein Möglichstes tun, das jemand anderem in die Schuhe zu schieben. »Okay, danke.«

Andrew steckte das Handy in seine Tasche, als auch schon ein großgewachsener Bundespolizist in Uniform auf ihn zutrat. Eine

Maschinenpistole hing über seiner Schulter. »Sind Sie Dr. Collum?«

Andrew nickte. »Ja.«

»Ich soll Sie in Ihr Labor begleiten.«

Andrew atmete auf. »Danke.«

Sie gingen zum Hinterausgang. Einer der Posten dort öffnete die Türe und ließ sie passieren.

»Die Sicherheitslage ist immer noch ungeklärt«, informierte ihn der Polizist. »Wir müssen jederzeit mit einer weiteren Bombe rechnen. Wenn die Aktivisten eine Drohne auf dem Gelände versteckt haben, könnten da auch noch mehr sein. Ich hoffe, dass Ihr Auftrag das Risiko rechtfertigt.«

»Die Bombe ist bei meinem Labor explodiert«, erklärte Andrew. »Ich muss den Schaden feststellen und schauen, ob Nanomaschinen freigesetzt wurden.«

»Okay.«

Gemeinsam umrundeten sie das Gebäude und erreichten die Hauptstraße. Vor ihnen stieg Rauch auf. Der Ursprung konnte nur bei seinem Labor sein.

Bisher war er gegangen. Jetzt lief er los.

Zwei Polizeiwagen rasten mit jaulender Sirene an ihnen vorbei. An der nächsten Kreuzung bogen sie in Richtung der Hauptwache ab.

Andrew war nach wenigen Metern schon völlig außer Atem. Der Polizist hatte trotz seiner schweren Dienstwaffe keine Probleme, mit ihm mitzuhalten.

Endlich kam das Nanolabor hinter den Bäumen in Sicht. Im oberen Bereich war ein riesengroßes Loch in der Fassade.

»Die Drohne ist gegen die Außenwand geflogen und explodiert.« Der Polizist blieb stehen. »Sie muss einige Kilo Sprengstoff enthalten haben.«

Überall lagen Metallteile herum. Einige dicke Rohre, die Teil des Fördersystems sein mussten, waren bis auf den gegenüberliegenden Parkplatz geflogen. Brände hatte es keine gegeben. Im Inneren der Halle bestanden die ganzen Apparaturen fast nur aus Metall. Brennbare Chemikalien gab es ebenfalls keine. Aber dennoch. »Ich wundere mich, dass die Betriebsfeuerwehr noch nicht hier ist.« Andrew keuchte schwer.

»Die darf nicht ausrücken, solange das Gelände nicht sicher ist«, erklärte der Polizist.

Andrew klappte die Kinnlade herunter. »Was? Wer hat das denn verfügt?«

»Mein Chef«, sagte der Polizist trocken.

Andrew ging langsam zwischen den Trümmern auf das Laborgebäude zu. »Es gibt Vorschriften. Bei einem Störfall an der Nanoproduktionsanlage hat sofort eine Spezialeinheit der Feuerwehr auszurücken.«

Den Polizisten beeindruckte das wohl nicht. »Während des Besuchs des Bundeskanzlers gelten Sonderregelungen. Mein Chef übernimmt für diese Zeit die komplette Verantwortung und Leitung. Die Anweisung lautet, dass sich im Moment niemand außer den Sicherheitskräften im offenen Gelände aufhalten darf. Für Sie wird auch nur eine Ausnahme gemacht, weil der Bundeskanzler es ausdrücklich gewünscht hat.«

Andrew stöhnte unterdrückt. Sie hatten die Notfallprotokolle nicht ohne Grund und nach wochenlangen Konsultationen mit allen beteiligten Wissenschaftlern verabschiedet. Im Falle der Gefahr einer Freisetzung von Nanomaschinen war eine sofortige Reaktion erforderlich. Sobald er den Schaden begutachtet hatte, musste er erneut versuchen, Ben zu erreichen.

Andrew lief um das Gebäude herum und trat an den Hintereingang zur Halle, wo immer noch der übervolle Aschenbecher stand. Er zog an der Klinke, aber natürlich war die Tür nun verschlossen.

Andrew schlug mit der Faust gegen das Metall. »Felder! Papst!«

Er zog sein Handy aus der Manteltasche. Tropfen des gerade

einsetzenden Regens zerplatzten auf dem Display. Er wollte die Nummer des Kontrollraums wählen, als die Tür mit einem scheußlichen Quietschen geöffnet wurde. Sie musste sich bei der Explosion verkantet haben.

Franck erschien in der Öffnung. Er blutete aus einer hässlichen Platzwunde an der Stirn. In der linken Hand trug er ein rot verfärbtes Taschentuch.

»Franck, was ist passiert?«, fragte Andrew.

»Es hat mich von den Füßen gerissen.« Der Techniker zitterte. »Ich bin gegen einen Leitungsschacht geknallt.«

»Die anderen?«

»Mike hat nichts abbekommen. Wir wissen aber nicht, wo Johann ist. Neben dem Reaktor liegt ein Berg aus Trümmern. Johann ist sicher darunter begraben.«

Andrew folgte dem Techniker ins Innere. Es roch nach Feuerwerk und Verdünnungsmittel. Überall lagen kleine, verbogene Metallteile herum. Eine Alarmsirene jaulte.

»Was ist mit dem Reaktor?«, wollte Andrew wissen. »Habt ihr seine Außenwand überprüft?«

Franck tupfte sich die Wunde. »Wir kommen nicht dran. Das Zugangsgerüst ist weggerissen worden.«

»Die Notleiter?«, fragte Andrew.

»Da liegen überall Trümmer.«

Sie erreichten einen Berg aus Metallfragmenten. Einen der Bioreaktoren der Proteinsynthese hatte es regelrecht zerrissen. Verbogene Rohre blockierten den Weg zum Hauptgefäß. »Wo ist Felder?«

»Er ist auf der anderen Seite und versucht, Johann zu finden. Aber da ist auch alles zerstört.«

Andrew schüttelte den Kopf. Es sah aus, als sei die Bombe im Inneren des Gebäudes explodiert und nicht an der Außenhülle. Leider waren die Einzelkomponenten der Anlage nicht übermäßig stabil gebaut worden. Am wichtigsten war Flexibilität gewesen, um im Bedarfsfall die Komponenten schnell umgruppieren zu können.

Andrew ging in die Knie und zog an einem verbogenen Rohr, das so dick wie sein Unterschenkel war. Er stöhnte, aber das Ding bewegte sich nicht um einen Millimeter. »Wir brauchen die Feuerwehr.« Er wandte sich an den Polizisten, der hinter ihm stand. »Unbedingt.«

Der Mann schüttelte energisch den Kopf. »Ich kann das nicht veranlassen, bevor die Leitstelle keine Entwarnung gegeben hat.«

Hinter dem Polizisten tauchte eine leichenblasse Franka auf. Eigentlich hatte sie ihre Position im Kontrollraum nicht zu verlassen. Schon hob sie entschuldigend die Hände. »Die Sprechanlage funktioniert nicht mehr.«

Andrew nickte. Das war wohl ihr geringstes Problem. »Wie sieht es aus? Was sagt die Telemetrie?«

Franka blickte an dem Trümmerberg hoch. »Von einigen der Sensoren haben wir keine Messwerte. Die Temperatur im Synthesizer ist auf den Normalwert gefallen. Es dürfte also keine Aktivität von Nanomaschinen mehr geben. Der Druck ist nach dem starken Abfall nun stabil bei etwa zweihundert Kilopascal.«

Andrew brummte laut. Das war etwa das Doppelte des normalen Atmosphärendrucks. Es sprach gegen ein Leck im Behälter. Aber warum war der Druck dann anfänglich überhaupt gefallen? Vielleicht hatte es eine der Zuleitungen erwischt und die Druckwelle hatte eines der Ventile kurzzeitig überlastet. »Die Notabschaltung hat ausgelöst?«

Franka nickte. »Ja, sofort. Wie berechnet. Horst sichert gerade die Anlage.« Sie zögerte. »Zumindest das, was davon übrig ist und worauf wir von unseren Konsolen aus noch Zugriff haben.«

Andrew seufzte. Mit ein wenig Glück war es nicht zur Freisetzung von Nanomaschinen gekommen. Wie es aussah, hatten ihre Sicherheitsvorkehrungen funktioniert. Genau würde er es aber erst wissen, wenn er einen Zugang zum Synthesizergefäß hatte.

Und dazu mussten die verdammten Trümmer beseitigt werden. Er blickte auf sein Handy und sah Rappes Nummer. Andrew hatte weder das Klingeln gehört noch die Vibration gespürt. Schnell drückte er die Wahltaste.

»Collum, wo sind Sie? Sind Sie an der Anlage?« Sein Chef sprach mit heiserer Stimme.

»Ja, ich bin in der Anlage. Der Schaden ist groß, einige der Subsysteme des Fördersystems sind völlig zerstört. Trümmer liegen im Weg, so dass wir den Synthesizer nicht erreichen können. Wir brauchen dringend die Feuerwehr.«

Sein Chef fluchte leise. »Damit war zu rechnen. Ich habe den Sicherheitschef des Kanzlers angewiesen, die Ausgangssperre aufzuheben. Wenn bis jetzt keine weiteren Drohnen mehr auf dem Gelände aufgetaucht sind, werden es wohl auch keine mehr. Die Feuerwehr ist auf dem Weg.«

Andrew atmete auf. »Gut. Danke.«

»Ich komme ebenfalls so schnell wie möglich.« Rappe atmete laut. »Sind Nanomaschinen entwichen?«

Andrew seufzte. »Die Sicherheitssysteme haben direkt eingegriffen. Genau wissen wir es erst, wenn wir das Synthesizergefäß inspiziert haben, aber ich bin vorsichtig optimistisch.«

Rappe schwieg einen Moment. Dann beendete er das Gespräch.

Noch waren die Sirenen der Werksfeuerwehr nicht zu hören. Es würde sicher einige Minuten dauern, bis das erste Einsatzteam eintraf. Andrew musterte den Trümmerberg. Er musste wissen, ob der Sicherheitsbehälter beschädigt war.

Einem Impuls folgend, kletterte er an dem verbogenen Rohr hinauf.

»Was machen Sie da?«, fragte Harald Franck.

»Ich versuche, den Synthesizer zu erreichen.« Andrew schnitt sich an einer abgescherten Kante in den rechten Zeigefinger und stöhnte auf, ließ sich aber davon nicht abhalten, weiter emporzuklettern.

»Ich halte das für keine gute Idee«, sagte Franka. »Wir sollten auf die Feuerwehr warten.«

»Bis die Einsatztrupps die Trümmer weggeräumt haben, werden sicher noch Stunden vergehen.« Andrew zog sich an einer Stange nach oben und stöhnte wieder. »Ich muss zum Sicherheitsbehälter. Ich muss es wissen.«

»Passen Sie bloß auf«, sagte Franck.

Meter für Meter kämpfte sich Andrew über die Trümmer. An der Kante einer Halterung riss er sich den Anzug auf. Es war ihm egal.

Er stützte sich mit den Füßen auf verbogenen Metallrohren ab und hievte sich mit den Händen an einer geborstenen Rohstoffsäule weiter hinauf. Als er in rund zehn Metern Höhe über eine Kabelbrücke kletterte, hörte er die Sirenen der Werksfeuerwehr.

Endlich sah er vor sich den Zylinder des zentralen Synthesizers. Seine metallisch glatten Wände ragten bis knapp unter das Dach der Halle. Allerdings musste Andrew noch einen Abgrund von einem Meter überwinden.

Er blickte nach unten. Ein gutes Dutzend Meter unter ihm ragten die Beine von Johann Papst unter einem umgestürzten Kunststofftank hervor und endeten in einer dunkelroten Blutlache. Er konnte nicht erkennen, ob der Mann noch lebte.

»Papst«, schrie Andrew. »Papst, können Sie mich hören?«

Der Techniker bewegte sich um keinen Millimeter.

Andrew wandte sich vorsichtig um. »Franka?« Die Ingenieurin war irgendwo hinter dem Trümmerhaufen, den er überwunden hatte. Sehen konnte er sie nicht.

»Ja«, hörte er ihre helle Stimme.

»Papst ist hier. Er liegt direkt neben dem zentralen Synthesizer. Er ist eingeklemmt.«

»Lebt er?«

Andrew blickte wieder hinunter auf den leblosen Körper. »Wenn er noch lebt, ist er auf jeden Fall schwer verletzt.«

»Okay«, antwortete Franka. »Ich sag's der Feuerwehr.«

Die Sirenen waren nun sehr laut. Die Einsatzkräfte mussten unmittelbar vor dem Gebäude sein.

Andrew richtete sich auf und konzentrierte sich auf die letzten Meter. Es gab hier keine Rohre oder Kabelbrücken. Wenn er nicht weitere wertvolle Minuten beim Hinab- und Heraufklettern verlieren wollte, hatte er keine andere Wahl, als zu springen. Neben dem Synthesizergefäß war eine Halterung für Kabelstränge angebracht, die er erreichen konnte. Dort gab es Handgriffe.

Unwillkürlich blickte Andrew wieder nach unten. Wenn er den Halt verlor und abstürzte, würde er sich das Genick brechen.

Er holte tief Luft.

Scheiß drauf.

Andrew stieß sich von dem Blech ab und schoss nach vorne. Er streckte die Arme aus. Seine Füße kamen auf, rutschten ab. In Panik grapschte Andrew mit seinen schweißnassen Händen nach einem Griff. Seine Finger klammerten sich um das Metall. Verzweifelt versuchte er, mit seinen Füßen festen Halt zu bekommen. Er drehte sich und schrie auf, als seine Gelenke knackten.

Dann, endlich, stand er auf der Kabelhalterung. Sein Herz hämmerte so laut, dass man es in der ganzen Halle hören musste. In heftigen Stößen atmete er ein und aus.

Er betrachtete seine rechte Hand. Es schmerzte, als er die Finger zur Faust bog. Immerhin waren sie nicht gebrochen.

Langsam arbeitete Andrew sich noch einen Meter an dem Metallgerüst nach oben, dann hatte er den Sicherheitsbehälter des Synthesizers erreicht. Auf den ersten Blick war keine Beschädigung festzustellen. Er trat auf den Laufsteg und kletterte, Schritt für Schritt, an der Wandung des Gefäßes entlang. Es gab einige hässliche Kratzer, wo Trümmerstücke über die Außenwand gescheuert waren. Aber keines davon hatte die äußere Schicht durchschlagen.

»Mr. Collum?« Andrew drehte sich um. Es war die Stimme seines Chefs, aber sehen konnte er ihn nicht.

»Ja, ich bin am Synthesizer.«

»Ist er beschädigt?«

»Bis jetzt kann ich keine tieferen Beschädigungen an der Außenhaut entdecken, aber ich habe ihn noch nicht von jeder Seite inspiziert.«

Rappe schwieg. Andrew hörte weitere, laute Stimmen. Das konnten nur die Feuerwehrleute sein, die sich einen Überblick verschafften.

Andrew kletterte weiter. Er hatte das Gefäß beinahe umrundet. Schon wollte er aufatmen – da sah er den Kratzer. Fast einen halben Meter lang.

Vielleicht ist es nur oberflächlich.

Er betastete mit den Fingern den Riss. Er war tief und drang durch sämtliche Schichten des Materials. Spuren des Füllmaterials der ersten Lage drangen nach außen.

Scheiße!

Andrew holte seinen Schlüssel aus der Hosentasche. Mit dem Bart fuhr er vorsichtig an der Kante entlang. Auf der Seite unterhalb des Kratzers ragte die Metallhülle etwas nach vorne. Der Behälter war geborsten, nicht durch ein Trümmerstück beschädigt worden. An dem Schlüssel klebten winzige, gelbliche Flocken. Das Lithiumgel zwischen Innen- und Außenwand hatte das Leck sofort wieder verschlossen.

Andrew sah zu der Sterilisationseinrichtung hinauf. Von hier aus war nicht zu erkennen, ob das System ausgelöst hatte, aber Horst hatte es ja bestätigt. Wenn in dem kurzen Moment des Lecks Nanomaschinen entwichen waren, mussten sie von der radioaktiven Strahlung zerstört worden sein.

Andrews Herz klopfte wie wild, sein Blick schoss hin und her. Wenn Nanomaschinen freigesetzt worden wären, würden sie in diesem Moment das Material ihrer Umgebung zersetzen. Doch hier, rund um das geflickte Leck, war alles in Ordnung. Es gab keine Hinweise, dass Nanomaschinen am Werk waren und Kabel, Halterungen, Rohre oder Bleche auffraßen.

Andrew atmete auf. Die Sicherheitsmaßnahmen hatten funktioniert. Nanotechnik war sicher und beherrschbar. Wie er und sein Chef es immer gepredigt hatten.

»Andrew?« Es war die Stimme von Claus Juncker.

»Claus! Ich bin hier!«

»Komm runter. Wir können nicht anfangen, die Trümmer zu bewegen, solange du noch da oben bist.«

»In Ordnung. Ich mache mich auf den Weg zu Johann Papst.«

An der Seite des Synthesizers war eine schmale Leiter angebracht. Andrew kletterte zehn Meter in die Tiefe, bis er nur noch einige Schritte von dem leblosen Ingenieur entfernt war. »Ich bin jetzt unten. Ihr könnt die Trümmer wegräumen.«

»Moment«, hörte Andrew die Stimme seines Chefs. »Was ist mit dem Sicherheitsbehälter?«

»Er hat einen Sprung, der sich aber selber abgedichtet hat. Der Behälter ist wieder verschlossen. Die Sicherheitsmaßnahmen haben funktioniert.«

Hoffentlich auch rechtzeitig.

Als Andrew Johann Papst erreichte, kreischten Metallsägen auf. Zwischen den Trümmern flogen Funken.

Andrew ging in die Knie und wandte vorsichtig den Kopf des Mannes. Papsts Gesicht war unnatürlich blass. Die Augen waren geschlossen, aus seinem geöffneten Mund lief ein dünner Faden Blut an der Wange hinab.

»Papst?«, flüsterte Andrew. Zitternd tastete er nach dem Hals des Mannes. Die Haut war kalt. Puls war nicht feststellbar. Kein Zweifel, der Techniker war tot. Sollte er den Körper unter dem umgestürzten Behälter hervorziehen? Nein. Wahrscheinlich würde es ihm gar nicht gelingen.

Andrew setzte sich neben dem Ingenieur auf den Boden und

nahm die Hand des toten Mannes in die seine. Sie hatten gut zusammengearbeitet, aber privat hatte er Papst nicht sonderlich nahegestanden. Trotzdem musste er aufschluchzen. Er wusste, dass der Mann Familie hatte. Wie stolz er beim gemeinsamen Frühstück letzte Woche erzählt hatte, dass sein Sohn nächstes Jahr nach dem Abi bei der RWTH Aachen studieren würde und eine Ingenieurslaufbahn anstrebte, um in die Fußstapfen seines Vaters zu treten! Das musste der Junge nun ohne Johanns Unterstützung tun. Andrew nahm sich fest vor, der Familie, so gut es ging, zu helfen.

Eine knappe halbe Stunde verging, bis die Einsatzkräfte die letzten Trümmer auf dem Weg zu ihm beseitigt hatten. Andrew schaute auf und erkannte Claus' Gesicht hinter dem heruntergeklappten Visier des vorderen Feuerwehrmannes.

Andrew stand auf und gab dem Mann seiner Kollegin die Hand. »Danke.«

Claus zeigte auf Johann. »Ist er …«

»Tot«, sagte Andrew tonlos.

Dennoch schoben sich zwei Sanitäter mit einem roten Koffer an ihm vorbei und knieten sich vor dem leblosen Körper auf den Boden. Claus und zwei Kollegen hoben mit einem mechanischen Spreizer den umgestürzten Behälter an, damit die Rettungskräfte den Leichnam darunter hervorziehen konnten. Der schwere Zylinder hatte den Brustkasten des Mannes zerquetscht. Andrew verzog das Gesicht und wandte sich ab.

Er wartete, bis die Sanitäter Papsts Leiche auf die Bahre gelegt hatten, und folgte ihnen dann durch die Bresche. Weitere Feuerwehrleute kamen ihm entgegen. Einer trug eine große Infrarotkamera, die sich zum Aufspüren von freigesetzten Nanomaschinen eignete.

Andrew erreichte den Hinterausgang, wo Johann vor wenigen Stunden noch grinsend eine Zigarette geraucht hatte. Rappe wartete dort neben Franka und Harald Franck, während Feuerwehrleute und andere Einsatzkräfte Ausrüstung in die Halle schleppten.

Andrew wischte sich über die Stirn. »Schöne Scheiße.«

»Tut mir leid um Ihren Mann«, sagte Rappe. »Denken Sie immer daran, dass es die Schuld der Terroristen ist.«

Terroristen? Bisher hatte Andrew bei dem Anschlag an das Werk von aggressiven Aktivisten gedacht. Aber sicher – die Trennlinie zwischen Aktivismus und Terrorismus war haardünn. Ihm dämmerte, dass ihn die Ereignisse des heutigen Tages noch eine lange Zeit, womöglich sein ganzes Leben, begleiten würden.

Immerhin, es hätte deutlich schlimmer kommen können. »Wie es aussieht, haben sich die Sicherheitsmaßnahmen bewährt.«

»Ich habe nichts anderes erwartet.« Rappe zeigte auf den Berg an Trümmern. »Obwohl ich mit einem solchen Anschlag niemals gerechnet hätte. Es spricht für uns, dass trotzdem keine Nanomaschinen entwichen sind. Ich denke, dass der Unfall durchaus etwas Gutes haben könnte.«

Andrew wollte protestieren. Ein Kollege war gestorben. Darin konnte man absolut nichts Gutes sehen.

Rappe sprach weiter, bevor Andrew den Mund öffnen konnte: »Ab jetzt werden wir dies als Argument nutzen können, dass Nanotechnologie sicher ist.«

Andrew seufzte. Er war bisher davon ausgegangen, dass der Mensch diese neue Technologie beherrschen konnte. Doch nach den Ereignissen der letzten Stunde regten sich erstmals Zweifel.

Was wäre gewesen, wenn die Drohne eine größere Bombe getragen und den ganzen Reaktorbehälter zerfetzt hätte?

Keine wie auch immer gearteten Sicherheitsmaßnahmen hätten den Ausbruch von Nanomaschinen verhindern können.

9

Emma stand mit ihrer Tochter auf dem Platz vor dem Auditorium, als ein weiterer Gerätewagen der Betriebsfeuerwehr mit Blaulicht und jaulenden Sirenen vorbeifuhr.

Elena zeigte auf das Fahrzeug. »Ist Papa in dem Auto?«

Emma schüttelte den Kopf. »Ich glaube nicht. Papa ist als einer der Ersten von der Polizei aus dem Veranstaltungssaal gelassen worden.«

Hoffentlich geschah ihm nichts. Emma dachte an Fernsehberichte aus Afghanistan, wo oft noch eine zweite Bombe gezündet wurde, wenn die Rettungskräfte den Anschlagsort erreicht hatten.

Ein Sicherheitsbeamter des Forschungszentrums kletterte auf einen der Begrenzungssteine des Parkplatzes und hob ein Megaphon. »Bitte bleiben Sie hier nicht stehen. Wenn Sie Mitarbeiter des Forschungszentrums sind, gehen Sie bitte zu Ihrem Arbeitsplatz und warten Sie dort. Wenn Sie Gast oder Pressevertreter sind, warten Sie bitte im Inneren des Auditoriums.«

»Wir wollen nach Hause«, schrie eine junge Frau mit sehr kurzen blonden Haaren, deren grüner Ausweis an der Jackentasche zeigte, dass sie als Gast zu der Veranstaltung eingeladen worden war.

Elena griff nach Emmas Hand.

»Das Gelände des Forschungszentrums ist nun sicher, und Sie können die Sammelplätze verlassen. Beide Ausgänge werden allerdings nach wie vor von Demonstranten blockiert. Die Polizei drängt die Gruppen auseinander, aber es wird noch etwas dauern. Gehen Sie bitte wieder hinein und warten Sie im Foyer auf neue Anweisungen.« Der Sicherheitsbeamte setzte kurz das Megaphon ab, um zu husten. »Wenn Sie einen Arbeitsplatz im

Forschungszentrum haben, gehen Sie bitte dorthin. Bitte gehen Sie zu Fuß, benutzen Sie nicht das Auto.«

Emma seufzte. »Wir gehen in mein Büro. Noch habe ich es ja.«

Mit der Tochter an der Hand ging sie über den Bürgersteig der Hauptstraße.

»Hast du wirklich deine Arbeit verloren, Mama?«

Emma seufzte. Sie hatte gehofft, dass Elena die Unterhaltung nicht richtig mitbekommen hatte. »Das ist noch nicht ganz sicher, aber wahrscheinlich suche ich mir bald eine neue Arbeit, ja.«

Sie passierten die Hauptkreuzung, und Emma blickte die andere Straße hinunter. An der Pforte des Geländes erkannte sie die wogende Menschenmasse hinter dem Zaun. Vereinzelt standen Polizeiwagen mit Blaulicht daneben. Manchmal hörte sie die Pfiffe der Demonstranten.

»Räumen Sie die Pforte!«, hallte eine Lautsprecherstimme. »Gehen Sie nach Hause!«

Es würde sicher noch Stunden dauern, bis die Beamten die Demo aufgelöst hatten. Vereinzelt hörte Emma auch die Explosionen von Feuerwerkskörpern. Bei jedem Knall zuckte ihre Tochter zusammen.

»Hat dir das heute Angst gemacht?«

Elena blickte einen Moment aus großen Augen zu ihr auf und nickte. »Ja, ein bisschen.«

Emma war wütend. Demonstrieren war eine Sache. Durch eine Bombe Menschenleben zu gefährden eine andere. Wäre sie mit ihrer Tochter doch nach Hause gefahren!

»Warum sind die Menschen so zornig?«, fragte Elena plötzlich.

Emma holte tief Luft. »Einige wollen nicht, dass wir hier an dieser neuen Technologie forschen.«

»Aber Papa hat gesagt, dass uns die Nanotechnik das Leben

besser und einfacher machen kann. Warum wollen die Leute nicht, dass unser Leben besser wird?«

Emma konnte nicht anders, als zu schmunzeln. »Es ist nicht so, dass die Demonstranten nicht wollen, dass das Leben einfacher wird. Sie glauben entweder nicht daran, dass die Nanotechnik das kann, oder sie halten die Forschung für gefährlich. Es sind aber auch einige Menschen darunter, die meinen, wir bräuchten keinen weiteren technischen Fortschritt mehr, sondern wir sollten uns auf den Erhalt unserer Welt konzentrieren.«

»Und wer hat recht?«

Emma stöhnte lautlos auf. Die Fragen ihrer fünfjährigen Tochter wurden in der letzten Zeit immer komplizierter, und oft genug wusste sie nicht mehr, was sie darauf antworten sollte. »Wahrscheinlich niemand. Ob jemand recht hat oder nicht, kommt oft auf die Perspektive an, die jemand auf ein Problem hat. Manche Menschen …«

»Da ist das Feuerwehrauto von Papa.« Elena zeigte auf das rotgelb lackierte Fahrzeug, das vor ihnen auf dem Bürgersteig stand. Sie näherten sich nun Andrews Labor, das mutmaßlich von der Drohne angegriffen worden war.

»Woher weißt du, dass das Papas Wagen ist?«

»Er hat gesagt, er fährt meistens in Wagen Nummer acht, und das ist Wagen Nummer acht.«

Ihre Tochter hatte recht. Eine große schwarze Acht war über dem Kühlergrill des Wagens aufgemalt. Dahinter standen weitere Einsatzwagen. Manche hatten immer noch ihr Blaulicht eingeschaltet. In diesem Moment fuhr ein weiterer Krankenwagen vor und manövrierte sich zwischen den geparkten Fahrzeugen hindurch zur Halle.

Hoffentlich gab es keine Toten oder Schwerverletzten. Sie wollte nicht, dass ihre Tochter das mitansehen musste.

»Es ist wohl besser, wenn wir die Straßenseite wechseln«, sagte Emma.

Sie verstärkte den Griff um Elenas Hand und trat auf die Straße. Die nächsten Einsatzfahrzeuge fuhren heran, und sie beschleunigte ihren Schritt.

Einige Feuerwehrmänner standen vor einem Hinterausgang des Labors und redeten miteinander. Emma konnte wegen der schweren Uniformen nicht sagen, ob einer davon ihr Mann war. Schläuche und Kabel führten von den Einsatzfahrzeugen durch die Tür in die Halle. Hektisch wirkte dort niemand.

Elena zeigte auf das Loch. »Ist da die Bombe explodiert?«

»Ja, da ist die Bombe explodiert.«

»Ist jemand verletzt worden?«

Emma blickte auf die beiden Ambulanzen der Werksfeuerwehr. Sie standen mit leuchtendem Blaulicht auf dem Vorplatz des Gebäudes. Sanitäter waren keine zu sehen, sie waren sicher im Inneren des Labors. »Ich weiß es nicht. Vielleicht waren die Leute alle im Kontrollraum. Der ist auf der anderen Seite des Gebäudes. Wir lassen Papa und seine Kameraden weiterarbeiten und gehen zu meinem Labor«, sagte sie und zog ihre Tochter wieder mit sich. Wenn sie über den Parkplatz des Nanolabors liefen, konnten sie den Weg ein Stück abkürzen. Der Parkplatz war für das Labor eigentlich überdimensioniert. Im hinteren Bereich standen, wie immer, gar keine Autos.

Hinter einigen Bäumen konnte sie bereits die Baracke ihres Labors erkennen. Sie atmete tief ein. Schon bald würde es nicht mehr ihr Labor sein. Sie fragte sich, wen Rappe nach ihr dort einquartieren würde.

Plötzlich zog Elena sie zur Seite. »Pass auf, tritt nicht in die hässliche Pfütze.«

Tatsächlich.

Emma sprang zur Seite, konnte es gerade noch verhindern, sich die heute Morgen geputzten Stiefel zu versauen. Die Pfütze hatte einen guten Meter Durchmesser. Sie schimmerte golden in der Sonne.

Sonne?

Emma blickte auf. Der Himmel war immer noch von tiefstehenden Wolken verhangen, aus denen nach wie vor ein leichter Nieselregen herabfiel.

Und doch schimmerte die Pfütze, als würde sie von einer Lichtquelle bestrahlt.

»Emma! Elena!«

Emma drehte sich um.

Claus kam über die Straße auf sie zugelaufen, den Feuerwehrhelm in der linken Hand.

»Papa!« Elena riss sich los und lief auf ihren Vater zu. Der grinste plötzlich breit, legte den Helm auf den Boden, packte seine Tochter und hob sie in die Höhe. »Da bist du ja, mein Engel.«

Er trug Elena zu Emma und setzte sie neben ihrer Mutter auf den Boden. »Was macht ihr hier?«

Emma entging nicht der leicht verärgerte Unterton. »Wir sind auf dem Weg in mein Büro.«

»Ich dachte, ihr wolltet auf dem schnellsten Weg nach Hause fahren«, sagte Claus.

Emma seufzte. Das wäre ihr ja auch am liebsten gewesen. »Sie lassen niemanden aus dem Forschungszentrum hinaus. Es kommt wohl noch immer zu Rangeleien mit den Demonstranten.«

»Auch am Zweitausgang?«

»Jedenfalls lassen sie niemanden hinaus. Die Mitarbeiter des Forschungszentrums wurden gebeten, sich zu ihren Arbeitsstätten zu begeben.«

Claus blickte zu ihrer Baracke hinüber und nickte dann. »Ja, gut. Ist verständlich.« Er lächelte schwach. »Ich wollte nicht ausfallend werden. Tut mir leid. Ich bin etwas nervös.«

Emma winkte ab. »Ist schon gut. Wir sind wohl alle etwas nervös. Geht es Andrew und seinen Leuten gut?«

Claus blickte zu seiner Tochter hinab. »Leider haben wir einen

Toten«, sagte er heiser. »Ansonsten ist die Lage unter Kontrolle. Der Synthesizer wurde zwar beschädigt, aber die automatischen Notmaßnahmen haben ihn sterilisiert und abgedichtet.«

»Wer ist denn gestorben?«, fragte Elena.

»Ein Mann im Labor.« Claus legte seiner Tochter die Hand auf die Schulter. »Du bist ihm nie begegnet.«

»Also nicht Andrew?«, fragte Elena.

Das Kind kannte den Arbeitskollegen natürlich. »Nein«, sagte Emma. »Der war ja auch mit uns im Auditorium.«

»Hast du Angst?«, fragte Claus seine Tochter.

Die schüttelte den Kopf. »Jetzt nicht mehr. Aber ich will heim.«

Emma nahm sie wieder an die Hand. »Ich weiß. Ich auch. Sobald die Demonstranten weg sind, fahren wir nach Hause.«

»Jedenfalls ist in der Halle viel kaputtgegangen«, erklärte Claus. »Ich glaube nicht, dass es dieses Jahr noch neue Experimente gibt.«

Emma schüttelte den Kopf. »Vor allem wird nach dem Anschlag eine erneute Diskussion über die Sicherheit losbrechen. Wahrscheinlich kommt es zu weiteren Vorgaben, die Anlagen besser gegen solche Aktivisten zu schützen. Das passiert aber ganz sicher nicht mehr vor den Wahlen. Ich gehe davon aus, dass …«

Claus lachte und hob beide Hände. »Wir werden diese Diskussion zu Hause fortsetzen müssen. Ich muss wieder an die Arbeit. Wir haben noch einiges an Trümmern beiseitezuräumen. Ich glaube nicht, dass ich es bis zum Abendessen schaffe, aber vielleicht können wir dann später noch ein Glas Wein zusammen trinken.«

»Du bist heute dran, mich ins Bett zu bringen«, empörte sich Elena. »Du musst mir doch noch die Geschichte vom Sternenmann zu Ende erzählen.«

Claus hob seine Tochter wieder hoch. »Ich weiß, mein Engel. Ich kann es dir aber leider nicht versprechen. Du weißt, warum?«

»Papa muss Menschen helfen.«

Emma lächelte. Sie war stolz auf ihren Mann. Im Gegensatz zu den anderen Leuten im Forschungszentrum, die eher an ihrer Karriere interessiert waren oder wie Emma nur ihre wissenschaftliche Neugier befriedigen wollten, war es Claus immer wichtig gewesen, mit seinem täglichen Beruf Menschen zu helfen. Es war einer der Gründe gewesen, warum Emma sich damals in ihn verliebt hatte.

Claus gab seiner Tochter einen Kuss auf die Wange. »Genau. Aber spätestens morgen lesen wir die Geschichte zu Ende, okay?«

»Okay.«

Claus setzte seine Tochter wieder ab und machte einen Schritt rückwärts.

»Vorsicht, Papa, tritt nicht in die …«

Claus trat in die goldene Pfütze, die etwas größer geworden zu sein schien.

»Ach, verdammt.«

Claus schüttelte seinen Stiefel ab, aber die Tropfen blieben am Schuh haften, als wären sie aus Sekundenkleber.

Emma musste lachen. »Wirst du wohl wieder mal die Stiefel putzen müssen.« Das war am Ende eines Einsatzes und einer Übung sowieso erforderlich.

Er hob den Stiefel und wischte mit dem Handschuh darüber. »Das Zeug klebt ja wie Sau. Geht gar nicht ab.«

»Jetzt hast du es auch noch am Handschuh«, sagte Emma. Sie bekam plötzlich ein sehr ungutes Gefühl. Was war das für eine Pampe?

Claus machte eine wegwerfende Handbewegung. »Das ist nicht weiter tragisch. Ich habe ein neues Paar in meinem Spind. Wird es halt Zeit, die alten endgültig zu entsorgen.«

Emma blickte zu dem Labor hinüber. Einer der Feuerwehrleute winkte in ihre Richtung. »Ich glaube, dein Typ wird verlangt.«

Claus drehte sich um. Der Kollege zeigte auf seine Armbanduhr.

»Ich komme!«, schrie Claus und drehte sich noch einmal zu Emma um. »Schickst du mir bitte eine Nachricht, wenn ihr gut zu Hause angekommen seid?«

Emma lächelte. »Mache ich.«

Claus beugte sich vor und gab ihr einen flüchtigen Kuss auf den Mund. Dann streckte er den Arm aus, um Elena über den Kopf zu streichen.

Einem Instinkt folgend, zog Emma Claus' Arm zurück.

Dann blickte sie genauer hin.

Zwei seiner Finger sahen seltsam aus. Als hätten sie sich irgendwie verkürzt.

»Dein Handschuh!«, rief Emma.

»Hä?« Claus hob den Arm.

Tatsächlich! Es sah aus, als hätten diese Flecken aus der Pfütze ein Stück des Handschuhs aufgelöst, mitsamt den Fingern darin.

»Was zum ...« Mit einer schnellen Bewegung zog sich Claus den Handschuh aus und warf ihn auf den Boden.

»Papa, deine Hand!« Elenas Augen waren weit aufgerissen.

Emma schrie unterdrückt auf.

Bei dem Zeige- und dem Mittelfinger fehlte jeweils das komplette erste Glied. Es sah aus, als hätte ein unsichtbarer Geist sie abgehackt und die Wunde mit goldener Paste verklebt.

Claus stolperte und fiel rückwärts zu Boden.

Sein Stiefel! Oder was davon übrig war. Die gesamte vordere Hälfte des Fußes fehlte.

Oh mein Gott!

Als hätte er sich in goldenen Brei aufgelöst, der jetzt über den Boden lief.

Claus richtete sich auf und betrachtete mit aufgerissenem Mund abwechselnd seine sich auflösenden Gliedmaßen. »Aber ...«

Er schien nicht die geringsten Schmerzen zu haben.

Was geht hier nur vor?

Elena begann zu weinen.

Dann wusste Emma Bescheid.

Nanomaschinen!

Sie waren bei dem Anschlag aus dem Synthesizer entwichen und auf den Parkplatz geweht worden. Dort hatten sie angefangen, den Boden aufzulösen und aus den gewonnenen Rohstoffen weitere Kopien hergestellt.

Und jetzt lösen sie meinen Mann auf!

Emma zog Elena von Claus und der Pfütze zurück. »Hilfe!«, schrie sie in wilder Panik. »Helft uns doch!«

Einige Feuerwehrleute vor dem Laborgebäude drehten sich um.

Emma schrie erneut. »Hilfe!«

Endlich setzten sich die Kameraden ihres Mannes in Bewegung.

»Seltsam! Ich spüre überhaupt nichts.« Claus wirkte nicht sonderlich beeindruckt. Es mochte der Schock sein. Sein Fuß hatte sich inzwischen bis zum Knöchel aufgelöst.

»Papa!« Elena schluchzte laut.

Emma bückte sich und nahm Claus' gesunde Hand.

Sie blickte auf die sich langsam vergrößernde goldene Pfütze. »Helft uns!«, brüllte sie.

Drei Feuerwehrleute umringten die Familie.

»Was ist denn passiert?«, fragte ein Mann namens Jörg, den Emma flüchtig von einer Betriebsfeier kannte.

»Nanomaschinen«, schrie Emma. »Es sind Nanomaschinen entwichen. Da, die Pfütze! Claus ist reingetreten.«

»Ach du Scheiße!«, sagte einer der anderen Männer.

Jörg riss sein Funkgerät an die Wange. »Hier Leitner. Alarmfall rot. Ich brauche sofort einen Eindämmungswagen auf dem Parkplatz des Synthesizerlabors. Außerdem einen Krankenwagen und einen Notarzt.«

»Ist unterwegs«, hallte eine verrauschte Frauenstimme aus dem Lautsprecher.

»Halte durch, Claus!«, sagte Jörg laut. »Hilfe ist unterwegs.«

»Papa!«, kreischte Elena.

Emma drehte sich zu ihrer Tochter um. Sie wollte nicht, dass sie zusah, wir ihr Papa Stück für Stück aufgelöst wurde. »Ich möchte, dass du hinter das Auto dort gehst und da auf mich wartest!«

»Ich will bei Papa bleiben!«

»Jetzt!«, sagte Emma mit einer Schärfe, die sie von sich selber gar nicht kannte.

Schluchzend trottete das Kind zu dem einige Meter entfernten Kleinwagen und drehte sich immer wieder um.

Emma wandte sich ihrem Mann zu. Claus atmete stoßweise, konnte den Blick nicht von seinen sich auflösenden Gliedmaßen nehmen.

Fast die Hälfte des Unterschenkels hatte sich schon in eine goldene Pfütze verwandelt. Der Arm endete in einem immer kürzer werdenden Stumpf. Die schwarze Armbanduhr, die sich Claus im letzten Urlaub auf Sylt gekauft hatte, klimperte zu Boden. Auf ihr waren goldene Flecken, die sich ebenfalls allmählich vergrößerten.

»Wann kommt denn endlich der Einsatzwagen?«, brüllte Emma und wischte sich Tränen aus den Augen.

Claus' Arm- und Beinstümpfe sahen aus, als hätte man sie mit Metall bedampft. Goldene Tropfen fielen zu Boden. Blut war keines zu sehen.

Jörg kniete neben Claus, offensichtlich penibel bedacht, das goldene Zeug nicht zu berühren. »Wie fühlst du dich? Hast du keine Schmerzen?«

»Ich spüre nicht das Geringste«, antwortete Claus. Er wollte mit dem gesunden Arm über den infizierten wischen, doch Emma hielt ihn fest.

»Verdammt, verdammt!«, rief einer der anderen Feuerwehrmänner, der offenbar so panisch war wie Emma.

Weitere Einsatzkräfte liefen herbei.

Ein Feuerwehrauto raste mit Blaulicht, aber ohne Sirene, auf sie zu. Gleichzeitig fuhr ein Krankenwagen aus Richtung der Hauptwache über die Straße und schließlich auf den Parkplatz.

Ein Mann mit einem Kreuz wie ein Ochse verließ den Rüstwagen der Feuerwehr. Der rote Strich auf seinem Helm identifizierte ihn als Einsatzleiter. Er schubste einen der anderen Feuerwehrmänner unsanft zur Seite und kniete sich neben Claus.

Der Mann wirkte entschlossen und schien Ahnung zu haben. Er würde Claus helfen.

Er betrachtete den Untergebenen mit zusammengekniffenen Lippen und drehte sich dann zu dem Krankenwagen um, aus dem zwei Sanitäter stiegen.

»Wir müssen Arm und Bein amputieren«, sagte der Einsatzleiter mit ruhiger Stimme. »Und zwar sofort.«

Emma presste die Kiefer aufeinander. Es gab keinen anderen Weg. Hand und Fuß waren ohnehin verloren und das war wohl die einzige Möglichkeit, die Nanomaschinen daran zu hindern, ihren Mann völlig aufzufressen.

Der Blick des einen Sanitäters wanderte über Claus' Körper, dann wurde er blass. »Ich kann das nicht, Daniel. Der Notarzt ist noch unterwegs.«

»Verdammt«, fluchte der Einsatzleiter. »Wo ist der denn? Hier kommt es auf jede Sekunde an.«

»Es gab Probleme am Auditorium«, sagte der zweite Sanitäter.

Claus' Unterschenkel hatte sich nun fast völlig aufgelöst. Am Arm waren die Nanomaschinen fast schon am Ellbogen angekommen.

»Mach du es«, flüsterte Claus in Richtung des Einsatzleiters. »Nimm die Axt!«

»Scheiße!«, schrie Daniel. Er stand auf und löste den Verschluss der Handaxt, die an seinem Gürtel baumelte.

Emma schmeckte Blut, sie hatte sich anscheinend auf die Lippe gebissen.

»Ich gebe ihm eine Injektion.« Der erste Sanitäter öffnete seinen Koffer. Er holte zwei kleine Spritzen heraus, drückte die eine in Claus' Schulter, die andere in den Oberschenkel.

Sofort sank Claus' Kopf auf den Asphalt zurück. Er stöhnte benommen.

Daniel, die Axt in der Hand, kniete sich wieder neben ihn. »Haltet ihn gut fest, damit er nicht reflexhaft den Arm bewegt und die Nanomaschinen auf seinem Körper verteilt.«

Einer der Feuerwehrmänner stemmte sein Knie auf Claus' Oberarm, ein weiterer drückte die Schulter herunter.

»Gehen Sie zurück.« Daniel drängte Emma fort.

Sie stolperte nach hinten.

Daniel holte tief Luft und hob die Axt.

Oh mein Gott!

Emma wandte den Blick ab, zwang sich aber sofort, wieder hinzusehen, falls sie helfen musste.

Die Axt schnellte nach unten.

10

»Können wir jetzt endlich aus diesem verdammten Keller raus?« Der Bundeskanzler sprach so laut, dass Ben zusammenzuckte.

Hütter hatte recht. Sie verschanzten sich seit fast einer Stunde im unterirdischen Raum des Auditoriums. Ben wäre auch gerne nach oben gegangen und hätte sich selber ein Bild von der Lage gemacht.

Rappe stand etwas abseits und telefonierte.

»Herr Baarth!«, sagte Hütter laut. »Was ist denn jetzt?«

Einer der Beamten des BKA – Ben hielt ihn für den Verantwortlichen – seufzte und holte sein Handy aus der Tasche.

»Verdammt!«, fluchte der Bundeskanzler. »Wir hängen hier unten, und die Presseleute stehen sich vor dem Gebäude die Beine in den Bauch. Was gibt das für ein Bild?«

»Wollen Sie etwa mit den Medien sprechen?«, fragte Rappe, der sein Gespräch beendet hatte.

Ben trat zu den beiden.

»Nein«, antwortete der Kanzler. »Ich wüsste gar nicht, was ich im Moment zu der Lage sagen könnte. Aber sich im Keller zu verkriechen, ist sicher nicht das, was die Leute von mir erwarten.«

Ben nickte. »Wir müssen nach oben gehen, sobald die Lage es zulässt. Wir sollten uns aktiv an der Lösung der Krise beteiligen und den Hilfskräften unsere Unterstützung anbieten.« Jedenfalls würde Ben es so machen, wenn er hier irgendetwas zu sagen hätte. Es war verständlich, dass man Kanzler und Institutsleiter zur Sicherheit in den Keller gebracht hatte. Aber die beiden waren verantwortlich, zumindest in politischem Sinne, und konnten sich hier nicht die ganze Zeit verkriechen.

Ben selber wollte es auch nicht.

Hütter wandte sich wieder an seinen Sicherheitschef. »Was ist denn jetzt?«, brauste er auf.

Der Angesprochene hob die Hand, redete noch einige Sekunden in sein Telefon und ließ das Gerät dann in der Tasche seines schwarzen Jacketts verschwinden. »Verzeihen Sie, Herr Bundeskanzler.« Sein Tonfall war eher arrogant als entschuldigend. »Wir wollten erst sichergehen, dass keine weiteren Drohnen mehr zu einer Gefahr werden können. Wir haben jetzt einen Hubschrauber der Polizei, der mit einer Anti-Drohnenausrüstung über dem Gelände patrouilliert.«

»Dann los«, sagte Hütter ungeduldig.

Zwei Beamte lösten die Verriegelung der Tür und traten in den Korridor hinaus. Hütter und weitere Bodyguards folgten.

Rappe beugte sich zu Ben. »Haben Sie etwas gehört?«

Ben schüttelte den Kopf. »Mir ist nur bekannt, dass Mr. Collum jetzt zum Synthesizer unterwegs ist. Mehr weiß ich auch nicht.«

Rappe seufzte. »Ich fahre direkt zum Labor, um die Lage zu sondieren. Sie bleiben beim Bundeskanzler. Er wird sicher bald zum Ort des Anschlags gehen wollen, um sich zu profilieren. Hindern Sie ihn daran, bis ich Sie angerufen und Ihnen das Okay gegeben habe.«

Ben hatte seine Zweifel, dass er in der Lage war, den Kanzler an irgendetwas zu hindern. Er kam nicht mehr dazu, seinem Chef zu antworten, da war Rappe schon die Treppe hinaufgeeilt und verschwunden.

Der Bundeskanzler blieb hinter der Bühne des Auditoriums stehen und beriet sich mit einigen Männern, die Ben nicht kannte.

Weinheim beendete ein Gespräch auf seinem Handy und nickte Ben zu. »Ganz schöne Scheiße, was?«

»Das kann man wohl sagen.«

»Ich hoffe nur für Sie, dass da nicht irgendwelche Nanomaschinen entwichen sind.«

Ben brummte missmutig. Als ob er für den Anschlag verantwortlich wäre! Aber es wäre in der Tat schlimm, wenn der Sicherheitsbehälter versagt hätte. Allerdings wusste Ben aus den Gesprächen mit Andrew, dass die Ingenieure selbst für diesen Fall Vorkehrungen getroffen hatten. »Ich denke nicht, dass Sie sich Sorgen machen müssen.«

Weinheim lachte leise. »Ich mache mir keine Sorgen. Ich denke nur, dass *Sie* sich Sorgen machen sollten.«

Allmählich ging ihm dieser Weinheim mit seinem Zynismus auf die Nerven.

Dann sah Ben, dass der Kanzler ihn zu sich winkte.

Ben gesellte sich zusammen mit Weinheim zu der Gruppe.

»Was passiert nun?«, fragte Hütter. »Wie ist das weitere Vorgehen bei solch einer Krise?«

Ben atmete tief ein. Zum Glück hatte er in den letzten Tagen noch die Dokumente der Notfallplanungen durchgelesen. »Im Falle eines schweren Schadens, zum Beispiel durch ein Erdbeben oder einen Flugzeugabsturz, geht es im ersten Schritt um die Bergung von Verletzten. Dazu begeben sich vorab zusammengestellte Hilfskräfte zum Labor. Parallel wird der Synthesizer von Fachleuten auf Beschädigungen inspiziert. Das sollte in diesem Moment geschehen.«

»Und dann?«, fragte Weinheim anstelle des Kanzlers.

»Sind keine Beschädigungen am Synthesizer festzustellen, werden in Zusammenarbeit mit den Ingenieuren die Systeme des Labors gesichert.«

Der Kanzler sah ihn durchdringend an. »Und wenn das Ding beschädigt ist?«

Ben hatte Schwierigkeiten, dem Blick standzuhalten. »Wenn der Behälter beschädigt ist, wird untersucht, ob die automatische Sterilisation ausgelöst hat. Auf keinen Fall sollten Nanomaschinen aus dem Labor entweichen können. Der zuständige Ingenieur und seine Helfer untersuchen dann die direkte Umgebung des Synthesizers nach Aktivitäten von Nanomaschinen. Sollten welche entdeckt werden, rücken spezielle Teams der Werksfeuerwehr an und sterilisieren diese mit radioaktiven Strahlenquellen.«

»Von wo wird ein solcher Einsatz koordiniert?«, fragte Hütter.

»Das liegt im Ermessen des Einsatzleiters«, erwiderte Ben. »Normalerweise an der Unfallstelle.«

»Also im Nanolabor.«

Ben nickte. Er wusste, was als Nächstes kommen würde.

»Ich möchte dorthin«, sagte Hütter.

Ben hatte es befürchtet. »Ich schlage vor, hier erst mal den Bericht des Einsatzteams abzuwarten.«

»Ich bin auf jeden Fall dafür«, meinte Baarth. »Wir müssen zunächst ausschließen, dass Ihnen dort Gefahr droht.«

Hütter brummte unzufrieden und wandte sich wieder an Ben. »Sorgen Sie dafür, dass ich umgehend dorthin kann. Halten Sie mich über den Status auf dem Laufenden.«

Dann richtete sich der Kanzler an Weinheim. »Wir sollten so schnell wie möglich eine Presseerklärung abgeben.«

Weinheims Augen weiteten sich. »Sie wollen doch nicht vor die Reporter dort draußen treten. Die werden Sie fertigmachen!«

Hütter schüttelte den Kopf. »Nein, dafür ist es noch zu früh, obwohl wir uns davor nicht drücken können. Aber wir müssen zumindest eine schriftliche Erklärung rausgeben. Oder besser noch: Marks soll sich in Berlin mit der Presse auseinandersetzen.«

Marks war der Pressesprecher des Kanzleramts. Hütter schickte ihn in der letzten Zeit gerne ins Rampenlicht, wenn es etwas Schlechtes zu berichten gab. Ben tat der Mann inzwischen leid.

»Was soll er denn sagen?«, fragte Weinheim.

Hütter machte eine vage Geste. »Irgendwas von wegen, dass der Verursacher des feigen Anschlags für jedwede Konsequenz verantwortlich zu machen ist. Dass wir Proteste begrüßen, aber Radikalismus verurteilen. Dass wir im Moment alles Menschenmögliche tun, um den Schaden zu begrenzen, und dass für die Bevölkerung zu keinem Zeitpunkt Gefahr bestand.«

»Aber stimmt denn das?«, fragte Weinheim.

Der Kanzler wandte sich an Ben. »Kann man das so guten Gewissens sagen?«

Ben fühlte sich unbehaglich. Sicher, er war immer davon ausgegangen, dass die Gefahr, die von dem Experiment ausging, minimal war. Dennoch: Egal, wie gering das Risiko war, es existierte nun einmal keine hundertprozentige Sicherheit. Natürlich wollten die Menschen beruhigt werden, aber wenn es doch noch Spätfolgen des Anschlags gab, würde das am Ende auf ihn zurückfallen. Es wäre ihm lieber gewesen, dass Rappe diese Frage beantwortete.

Ben begann zu schwitzen. »Nun, äh ... ich denke, dass ... äh ...«

Weinheim verdrehte die Augen.

»Ist schon gut, wir sollten uns nicht zu weit aus dem Fenster lehnen«, meinte der Kanzler. »Dass keine Gefahr bestand, können wir später auf einer Pressekonferenz bekannt geben, wenn wir uns einen Überblick verschafft haben und Professor Rappe neben mir vor den Kameras steht.«

Hütter wandte sich ab, um mit einer jungen Frau zu sprechen, die ein für diese Jahreszeit eigentlich viel zu kurzes Kostüm trug.

Weinheim starrte Ben an und hob die Augenbrauen. »Haben Sie nichts zu tun?«

Hatte der Mann ihn irgendwie auf dem Kieker? »Was meinen Sie?«

Weinheim verzog den Mund zu einem übertriebenen Grinsen. »Der Kanzler sagte, Sie sollen uns auf dem Laufenden halten, also warum haben Sie nicht längst Ihr Telefon in der Hand?«

Ben lag ein sarkastischer Kommentar auf der Zunge, den er sich im letzten Moment verkneifen konnte. Stattdessen drehte er sich um und holte sein Diensthandy aus der Tasche. Er wählte Andrews Nummer. Doch der Freund ging nicht dran.

»Scheiße!«

Rappe wollte er nicht stören. Der würde sich erst melden, sobald er das Labor für die Ankunft des Kanzlers vorbereitet hatte.

Aus dem Kurzwahlspeicher suchte er die Nummer der Schaltzentrale des Nanolabors. Nach wenigen Sekunden hob jemand ab. »Binz hier«, sagte eine Frauenstimme.

Ben kannte einige von Andrews Arbeitskollegen und -kolleginnen, aber nicht alle. Diesen Namen hatte er noch nie gehört.

»Hier ist Dr. Gerber von der Administration. Ich arbeite mit Professor Rappe zusammen und hätte gerne einen Überblick über die Situation.«

»Professor Rappe ist im Labor.« Die Frauenstimme klang genervt. »Sie brauchen sich also nicht zu bemühen.«

»Warten Sie, nicht auflegen«, sagte Ben rasch. »Ich bin heute als Begleiter des Kanzlers eingeteilt und soll ihn ständig informieren.«

»Davon weiß ich nichts. Ich habe jetzt auch keine Zeit.« Die Frau legte auf.

»Scheiße!«

Sein Handy klingelte. Es war Andrew!

»Andrew, endlich.«

»Ich habe gesehen, dass du angerufen hast. Ich habe aber nicht viel Zeit.«

»Ich bin beim Kanzler. Ich soll ihn über die Lage informieren. Kannst du mir sagen ...«

»Ich muss Schluss machen. Sorry.«

Sein Freund legte auf.

»Scheiße!«, fluchte Ben leise.

Weinheim hatte es trotzdem gehört. »Scheint nicht so, als hätten Sie Ihren Laden im Griff.« Der Beamte sprach so sachlich und emotionslos, als verkünde er die aktuellen Börsenkurse. »Entweder hat Rappe uns den falschen Mann zugewiesen oder die Organisation hier lässt trotz aller Bemühungen doch sehr zu wünschen übrig.«

»Das liegt an der Ausnahmesituation.« Ben wusste, dass das ein sehr schwacher Rechtfertigungsversuch war. »Mit einem solchen Anschlag haben wir nicht im Entferntesten gerechnet.«

»Ganz offensichtlich nicht.«

Hütter trat wieder zu ihnen. »Kommen Sie, Dr. Gerber.«

»Was meinen Sie, Herr Bundeskanzler?«, fragte Ben erstaunt. »Wohin soll ich mitkommen?«

»Wir fahren jetzt zu dem Labor«, antwortete Hütter entschlossen. »Ich will mir die Lage selber ansehen.«

»Ich kann das nicht befürworten«, erklärte Sicherheitschef

Baarth. »Jedenfalls nicht, bevor sich zwei Beamte einen Überblick über die Situation dort verschafft haben.«

Der Kanzler machte eine wegwerfende Handbewegung. »Ist mir egal, was Sie befürworten. Ich werde mich nicht länger hier hinter der Bühne verstecken. Los jetzt, gehen wir zum Wagen.«

Baarth seufzte, winkte zwei Männer in dunklen Anzügen heran und gab ihnen ein Zeichen mit Daumen und Zeigefinger, das Ben nichts sagte. Die Männer verschwanden durch den Hintereingang nach draußen.

Ben seufzte und holte sein Handy wieder aus der Tasche. Er wählte die Nummer seines Chefs.

Es verging kaum eine Sekunde, bis Rappe das Gespräch entgegennahm. »Ich habe doch gesagt, ich melde mich.«

Ben fuhr sich durch die Haare. »Es tut mir leid, Herr Professor. Der Kanzler besteht darauf, zum Ort des Anschlags zu fahren.«

»Halten Sie ihn noch hin. Wir haben hier Probleme.«

»Es geht nicht. Er hat schon seine Sicherheitskräfte angewiesen, sein Auto zu holen.«

»Verdammt!«, fluchte Rappe.

»Es tut mir leid, ich ...« Ben stoppte. Rappe hatte das Gespräch beendet.

Ben hätte heulen mögen. Der Tag hatte so gut angefangen. Und jetzt geriet alles außer Kontrolle.

»Haben Sie mit Rappe gesprochen?«, fragte Hütter.

Ben nickte. »Ich habe ihm gesagt, dass Sie darauf bestehen, zum Labor zu fahren.«

»Gut. Wie ist die Lage vor Ort?«

Was sollte er antworten? Der Institutsleiter hatte von Problemen gesprochen. Und Andrew hatte derart eilig aufgelegt. Irgendetwas ging dort am Nanotechniklabor vor sich, und wenn der Kanzler in fünf Minuten ohnehin vor Ort war, brachte es auch nichts, die Lage zu beschönigen. »Es scheint Probleme zu geben.«

Weinheim kniff die Augen zusammen. »Probleme? Probleme welcher Art?«

»Ich weiß es nicht«, erwiderte Ben. »Alle, mit denen ich gesprochen habe, wirkten sehr nervös.«

»Nervös!« Hütter lachte. »Nervös sind wir hier wohl alle, seit es vor einer Stunde geknallt hat.«

Einer der Sicherheitsmänner kam durch den Hintereingang zurück. »Der Wagen wartet draußen, Herr Bundeskanzler.«

Hütter brummte befriedigt. »Kommen Sie mit«, sagte er zu Ben.

»Ich möchte auch mit«, meldete sich Weinheim zu Wort.

»Meinetwegen«, entgegnete Hütter.

Gemeinsam gingen sie zum Ausgang. Auf dem Hof dahinter parkte ein Wagen der Kölner Polizei.

Hütter blinzelte irritiert. »Wo ist meine Limousine?«

Einer der Sicherheitsmänner öffnete ihm die hintere Tür. »Wenn eine schwarze Limousine über das Gelände fährt, weiß jeder sofort, dass Sie darin sitzen. Wir halten es für sicherer, wenn Sie in einem Polizeiwagen fahren. Davon befinden sich im Moment ohnehin schon genug im Forschungszentrum, so dass ein weiterer nicht auffällt.«

Hütter rückte durch auf die andere Seite. Ben setzte sich auf den Mittelsitz, zwischen Kanzler und Weinheim. Baarth nahm auf dem Beifahrersitz Platz.

Hütter stöhnte, als sich das Fahrzeug mit einem Ruck in Bewegung setzte. Ben konnte sich kaum bewegen. Es war alles andere als bequem. Aber immerhin war es nur eine Fahrt von zwei Minuten.

Das Auto kurvte um das Auditorium herum. Vor dem Gebäude standen zahlreiche Leute, darunter einige Medienvertreter. Mehrere Journalisten hatten Mikrophone in der Hand und sprachen in Kameras.

»Keine gute Presse«, murmelte der Kanzler.

Ben hatte ein ungutes Gefühl in der Magengegend. Selbst wenn Andrew und seine Techniker und Ingenieure die Probleme lösen konnten und in absehbarer Zeit das Experiment wiederholten, brachte der heutige Tag die Nanotechnik weiter in Verruf. Vielleicht stimmte es, was Weinheim gesagt hatte, und Ben würde sich schon bald ein neues Betätigungsgebiet suchen müssen.

Ein Rettungswagen kam ihnen mit Sirene und Blaulicht entgegen. Ben fragte sich, ob es viele Verletzte gegeben hatte. Andrew ging es gut, aber wie stand es um das Personal in der Halle?

»Was ist mit den Aktivisten?« Weinheim sprach den Sicherheitschef an. »Haben Sie es denn langsam mal geschafft, die Demo aufzulösen?«

Baarth drehte sich auf seinem Sitz um. »Wir sind dabei. Die ersten Demonstranten haben sich auf den Weg nach Hause gemacht. Es wird aber noch eine ganze Zeit dauern, bis das Gelände rings um das Forschungszentrum geräumt ist.«

»Wissen Sie mittlerweile, wer die Bombe gelegt hat?«, fragte Hütter.

»Nein«, erwiderte Baarth frustriert. »Die Bombe wurde mittels der Drohne ins Ziel gebracht. Die Leitung der Ermittlungen hat inzwischen der Verfassungsschutz von Nordrhein-Westfalen übernommen und arbeitet mit dem BKA zusammen. Ich habe gehört, dass im Moment die Videodateien der Sicherheitskameras eingesammelt werden.«

»Der Attentäter ist sicher irgendwo in der Nähe«, mutmaßte Ben. »Um die Drohne ins Ziel zu bringen, muss er Sicht auf das Labor haben. Es gibt nicht viele Stellen am Außenzaun, auf die das zutrifft. Vielleicht erwischen Sie ihn mit einem Hubschrauber.«

Baarth grunzte. »Als ob wir das nicht selber wüssten. Die Hubschrauber haben allerdings sehr viele Verdächtige rings um die Außenzäune gesehen. Etliche haben versucht, im Rahmen der Demo auf das Gelände zu kommen. Welcher von denen die

Drohne gesteuert hat, wird nur sehr schwer zu ermitteln sein. Außerdem ist es wahrscheinlich, dass die Drohne mit einer Kamera ausgestattet war. Der Attentäter muss also nicht unbedingt eine gute Sicht auf das Gelände gehabt haben. Wenn die Drohne über eine Handyverbindung ferngesteuert wurde, kann der Attentäter überall sein.«

Der Kanzler machte eine wegwerfende Handbewegung. »Egal, ob wir einen Täter ermitteln oder nicht, der Schaden ist angerichtet. Man wird uns vorwerfen, die Gefahr eines Anschlags nicht ausreichend in Betracht gezogen zu haben.«

»Man kann ja auch nicht alle Eventualitäten berücksichtigen«, meinte Ben. »Eine wirklich hundertprozentige Sicherheit gibt es nicht.«

Weinheim schnaubte. »Genau das verlangen die Bürger aber von uns. Sie hätten Ihre Anlage am besten hundert Meter unter der Erde gebaut.«

Ben lachte. »Das hätte kein Mensch bezahlen können.«

Sie fuhren langsam auf das Labor zu. Schon von hier aus konnte Ben das riesengroße Loch in der Außenfassade erkennen. Vor dem Gebäude stand eine Vielzahl an Einsatzfahrzeugen. Menschen rannten herum, teilweise in schweren, silbernen Schutzanzügen. Auffallend viele von ihnen standen auf dem Parkplatz gegenüber.

»Halten Sie besser hier«, sagte Ben. »Irgendwas geht da vor sich.«

»Das sehe ich selber«, erklärte Baarth. Er wies den Fahrer an, den Polizeiwagen zu stoppen.

Hütter und Weinheim öffneten ihre Türen. Ben stieg hinter dem Kanzler aus.

»Wo ist Rappe?«, fragte Hütter in die Runde.

»Was machen die da?« Weinheim zeigte zum Parkplatz hinüber.

Feuerwehrleute montierten schwere Geräte auf gelbe Stative, die rund um eine bestimmte Stelle aufgestellt waren. Ben konnte nicht sagen, für was das gut sein sollte. Er kannte zwar die Notfallplanungen, aber bei den Übungen war er nie dabei gewesen. Weitere Einsatzkräfte kamen herübergelaufen. Als wäre der Platz außerhalb des Gebäudes plötzlich zum Mittelpunkt des Geschehens geworden. Vielleicht sollte dort eine Kommandozentrale aufgebaut werden.

»Da ist er ja endlich.« Hütter eilte auf Rappe zu, der hinter einem der Einsatzwagen gestanden hatte. Der Institutsleiter musste telefoniert haben, hatte das Handy noch in der Hand.

Weinheim und Ben gingen zu den beiden Männern. Zwei Bodyguards standen einige Meter abseits und blickten sich immer wieder um.

»Was ist passiert?« Zorn mischte sich in die Stimme des Bundeskanzlers. »Was treiben Sie auf dem Parkplatz?«

Die Lippen des Institutsleiters bebten. Er erwiderte den Blick des Kanzlers einige Sekunden und sah dann zu Boden. »Offenbar sind Nanomaschinen aus dem Sicherheitsbehälter entwichen.«

Der Kanzler riss die Augen auf. »Sagen Sie das noch mal!«

Ben verkrampfte sich.

Also doch!

Andrew hatte ihm versprochen, dass es niemals geschehen würde. Und nun war es tatsächlich passiert.

Rappe blickte wieder auf. »Es besteht kein Grund zur Panik. Teams haben damit begonnen, die Stelle zu sterilisieren und die Nanomaschinen unschädlich zu machen.«

»Sie haben zugesagt, dass so etwas nicht möglich wäre«, sagte der Bundeskanzler leise.

Weinheim drehte sich zu Ben um. »Damit ist Ihre Forschung wohl endgültig beendet.«

Rappes Kopf ruckte herum. »Das wäre nicht fair. Am Ende des Tages werden wir die Nanomaschinen vernichtet haben. So beweisen wir, dass selbst in einem solchen Fall die Kontrolle zu behalten ist.«

Wie in Zeitlupe schüttelte Hütter den Kopf. »Ich muss meinem Mitarbeiter recht geben. Nach diesem Tag wird die Öffentlichkeit uns nicht mehr erlauben, die Technologie fortzuführen.«

»Dann werden eben Russland und China die Technik weiterentwickeln.« Ben hatte seinen Chef noch nie so frustriert gesehen.

Ben blickte auf den Parkplatz hinüber, wo die Männer und Frauen schwere, silbern glänzende Geräte aufstellten und über Kabel mit einem Rüstwagen der Feuerwehr verbanden. Hoffentlich würden sie die freigesetzten Nanomaschinen wirklich besiegen können.

»Wer ist der Einsatzleiter?«, fragte der Kanzler. »Ich möchte mit ihm sprechen.«

Eigentlich war Daniel Koch der Einsatzleiter der Feuerwehrkräfte, aber von dem war nichts zu sehen.

Rappe wandte sich um. »Collum!«

Eine Gestalt löste sich aus der Gruppe auf dem Parkplatz. Andrew hatte einen schweren silbernen Schutzanzug an. Er nahm den Helm ab und stakste langsam auf sie zu. Seine Haare waren nass vom Schweiß, trotz der Kälte, und er atmete schwer. »Herr Bundeskanzler?«

»Erklären Sie uns bitte die Lage«, sagte Hütter in eisigem Tonfall.

Andrew seufzte. »Ich habe nicht viel Zeit.«

»Sie werden sich die Zeit nehmen.« Eine Drohung schwang in Rappes Worten mit.

»Offenbar sind Nanomaschinen ausgetreten, bevor der Sicherheitsbehälter sterilisiert werden konnte.« Andrew zeigte auf das Loch in der Wand des Laborgebäudes. »Der Wind oder der Druck der Explosion haben diesen Verbund aus Nanomaschinen dann auf den gegenüberliegenden Parkplatz getrieben.«

Hütter machte einen Schritt auf Andrew zu. »Und die haben nun dort angefangen, sich zu vervielfältigen«, stellte er fest.

Andrew nickte.

Hütter wandte sich an Weinheim. »Presse und Opposition werden uns lebendig auffressen.«

»Es besteht kein Grund, in Panik zu verfallen«, beschwichtigte Rappe.

»Ach, nein?« Weinheims Unterton war sarkastisch.

Andrew räusperte sich. »Wir haben bereits alle Maßnahmen ergriffen, die Ausbreitung der Nanomaschinen zu verhindern.«

»Wie?«, fragte Hütter.

»Wir bestrahlen die infizierten Stellen. Die molekularen Strukturen der mikroskopischen Maschinen zerbrechen dadurch.«

»Und Sie sind sicher, dass Sie das Problem damit in den Griff kriegen?«, bohrte Weinheim.

Andrew nickte. »Ja, ich bin mir sicher.«

Ben hätte es gemerkt, wenn sich Unsicherheit in Andrews Stimme gemischt hätte. Sein Freund war kein guter Lügner. Er ging tatsächlich davon aus, dass die Nanomaschinen auf diese Art und Weise aufzuhalten waren. Ben konnte nur hoffen, dass sein Freund recht behielt.

Und wenn nicht?

Dann wären die Folgen kaum auszudenken.

Ben erinnerte sich an das gestrige Gespräch mit Emma. Vielleicht wäre doch mehr Vorsicht angebracht gewesen. Nun konnten sie nur noch hoffen, dass es nicht zum Schlimmsten kam.

»Wie lange wird es dauern, bis Sie das Problem im Griff haben?«, wollte Hütter wissen.

Andrew zeigte auf seine Kollegen in den schweren Schutzanzügen. »Wir haben diesen Fall am Computer simuliert und zusammen mit den Einsatzkräften geprobt. Eine Stelle dieser Größe sollte nach mehreren Bestrahlungen mit Pausen binnen zwei Stunden zu hundert Prozent sterilisiert sein.«

»Bestrahlungen …«, murmelte Weinheim. »Es hört sich fast an, als wollten Sie ein Krebsgeschwür bekämpfen.«

Andrew nickte. »Der Gedanke ist gar nicht so abwegig. Wir müssen dafür sorgen, dass keine einzige Nanomaschine überlebt, um sicherzugehen, dass sie sich nicht wieder erneut ausbreiten.«

»Ich dachte, es braucht einen ganzen Verbund, um den Zersetzungsprozess zu beginnen«, wandte Hütter ein.

»Korrekt«, sagte Andrew knapp.

»Bei Krebs sind Metastasen das größte Problem«, meinte Weinheim nachdenklich. »Wie wollen Sie sichergehen, dass es keine weiteren infizierten Stellen gibt?«

Ben wischte sich über die Stirn. Weinheim stellte eine sehr berechtigte Frage. Wenn es *eine* infizierte Stelle gab, konnte es auch weitere geben.

Andrew nickte. »Das Problem haben wir schon in den Planungen berücksichtigt. Zum einen sind Teams rund um das Laborgebäude unterwegs, um nach weiteren von Nanomaschinen kontaminierten Stellen zu suchen.«

»Es ist recht windig heute«, gab Ben zu bedenken. »Könnte es Nanomaschinen nach außerhalb des Geländes geweht haben?«

Andrew nickte wieder. »Auch für diesen Fall sind wir vorbereitet. Ein Hubschrauber mit Infrarotkameras wird in den nächsten Stunden regelmäßig Patrouillenflüge rund um das Forschungszentrum unternehmen, damit uns nichts entgeht.«

»Infrarotkameras?«, fragte Hütter.

»Damit detektieren wir die von den Nanomaschinen beim Replikationsprozess freigesetzte Wärme.«

»Und Sie haben bisher keine weiteren Stellen gefunden?«, hakte Weinheim nach.

Andrew schüttelte den Kopf. »Nein.«

Hütter wandte sich an Rappe. »Hoffen wir, dass es dabei bleibt.«

»Ich gehe fest davon aus«, entgegnete der Institutsleiter. »Wenn heute Abend die Sonne untergeht, haben wir die Sache wieder im Griff.«

Hütter blieb stumm, aber seine Augen drückten Zweifel aus.

»Vielleicht können wir die Sache unter den Teppich kehren«, schob Rappe nach. »Ich weise die Einsatzkräfte an, nichts über die freigesetzten Nanomaschinen zu sagen, dann müssen sich die Leute keine Sorgen machen.«

Ben schüttelte den Kopf, wagte es aber nicht, seinem Chef offen zu widersprechen. Er war nicht der Meinung, dass man der Öffentlichkeit Probleme verschweigen sollte. Das war am Beginn des Nuklearzeitalters nach hinten losgegangen.

Der Kanzler schnaubte. »Ich habe mir zu Beginn meiner Legislaturperiode vorgenommen, immer mit offenen Karten zu spielen. Ganz davon abgesehen, würde es auch gar nicht funktionieren, den Ausbruch von Nanomaschinen zu verschweigen.« Er drehte sich langsam im Kreis und machte eine Geste, die die Vielzahl an Einsatzkräften umschloss. »Sehen Sie sich das doch an. Die werden nicht alle den Mund halten. Wenn die es nach Feierabend ihren Familien erzählen, wissen es Hunderte Leute. Irgendeiner davon wird einen Draht zur Presse haben und morgen werden Sie es in den Nachrichten lesen. Nein, es ist besser, wir gehen ehrlich mit der Situation um.«

Rappes Lippen wurden zu schmalen Strichen. Es war klar, dass er seine Karriere den Bach hinuntergehen sah.

»Darf ich jetzt wieder gehen?« Andrew blickte abwechselnd Rappe und Hütter an.

»Junger Mann«, sagte Hütter. »Kriegen Sie die Lage in den Griff!«

Ben zuckte zusammen. In der Stimme des Kanzlers lag die Autorität eines einsatzerfahrenen Vier-Sterne-Generals.

»Das werde ich.« Andrew krächzte nur noch. Dann stakste er wie ein Roboter in Richtung Parkplatz davon.

»Was machen wir jetzt?«, fragte Weinheim. »Wir könnten einen Hubschrauber anfordern und zum Flughafen und dann nach Berlin zurückkehren.«

Hütter schüttelte energisch den Kopf. »Ich werde hierbleiben, bis wir hundertprozentig wissen, dass wir die Krise in den Griff bekommen haben.«

Weinheim seufzte. »Ich halte es für klüger, nach Berlin zurückzukehren. In der Hauptstadt wird garantiert jetzt schon eine Kampagne gestartet, Ihnen aus der Sache einen weiteren Strick zu drehen. Sie können vom Kanzleramt aus besser Einfluss auf die politische Situation nehmen.«

»Ich bin in einigen Monaten sowieso Geschichte.« Der Kanzler grinste ironisch. »Sollen die doch in der Opposition ruhig die Messer wetzen.«

»Ihr Nachruf ...«, wandte Weinheim ein.

»Um den kümmere ich mich, wenn es so weit ist.« Hütters Stimme machte klar, dass er keinen Widerspruch mehr duldete. »Ich habe dieses Forschungszentrum und somit das heutige Desaster ins Leben gerufen und bin dafür verantwortlich. Ich werde mich dieser Verantwortung stellen und jetzt nicht nach Berlin fliehen.«

Weinheim verzog leicht den Mund, sagte aber nichts.

Ben hatte Respekt vor dem Kanzler. Der Mann mochte in der Vergangenheit falsche Entscheidungen getroffen haben, aber für den Anschlag heute konnte er nichts. Es wäre ihm ein Leichtes gewesen, die Schuld auf den Attentäter und die Verantwortung auf Rappe und Andrew abzuwälzen. Es sprach für ihn, dass er es nicht tat. »Sie könnten den Fortschritt der Arbeiten vom Kontrollraum des Nanolabors aus verfolgen. Bei einem Vorfall im Labor wird er normalerweise als Krisenzentrale eingesetzt.«

Der Kanzler wandte sich an Rappe. »Was meinen Sie?«

Bens Chef nickte nur. Er schien mehr mit sich selbst beschäftigt zu sein.

»Gut«, sagte Hütter. »Gehen wir.«

11

»Koch!« Andrew trat zu dem Einsatzleiter, der an einem der Feuerwehrautos stand und einen kleinen Generator aus einem Fach an der Seite nahm.

»Ja, Doktor Collum?«

»Wie weit sind wir?«

»Fast fertig. Wir müssen nur noch den zweiten Generator anschließen und die Infrarotkameras auf den Computer schalten.«

Andrew nickte und raufte sich die Haare. Es dauerte einfach zu lange.

Er ging langsam auf die goldene Pfütze zu, die sich in der letzten halben Stunde auf über zwei Meter Durchmesser vergrößert hatte. Mehrere Apparate, die entfernt an Teleskope erinnerten, waren um die Stelle herum angeordnet. Nur, dass die Instrumente nicht in den Himmel zeigten, sondern auf die Infektionsstelle zielten.

Menschen bauten weitere Geräte auf, die der Überwachung dienten, hielten aber respektvollen Abstand zu den Nanomaschinen.

Andrew trat ungeduldig von einem Bein auf das andere. Sicher, er hatte vor einigen Monaten an den Notfallübungen teilgenommen, aber er erinnerte sich nicht mehr an die Dauer des Aufbaus.

Sie konnten von Glück reden, dass sie sich bei der ersten Generation an Nanomaschinen für einen Entwurf entschieden hatten, der sich im Fall der Fälle nur langsam ausbreitete. Rappe hatte ursprünglich ein Design gewollt, das sich hundertmal schneller vervielfältigt hätte. Auf dem Computer existierten bereits Vorstudien von Nanomaschinen, deren Replikationsprozess zehntausendmal rascher ablief.

»Dr. Collum?«

Andrew wandte den Kopf. Einer der Feuerwehrleute, dessen Namen er vergessen hatte, blickte ihn an.

»Wohin soll ich die Infrarotkamera stellen?«

Andrew schnaubte. Im Notfallplan gab es diesbezüglich genaue Angaben. Es ärgerte ihn, dass einige der Einsatzkräfte, die schließlich für solche Notfälle bezahlt wurden, die Pläne nicht auswendig kannten.

Er atmete tief ein. Es nützte nichts, nun die Leute zu kritisieren. »Stellen Sie das Stativ neben den Neutronenstrahler, aber ein Stück nach hinten versetzt. Ziehen Sie das Kabel unbedingt hinter den Bestrahlungseinrichtungen zum Einsatzfahrzeug.« Wenn der Tag vorbei war, würden sie auf jeden Fall die Ausbildungs- und Übungspläne überarbeiten müssen.

Männer und Frauen in dicken Anzügen liefen um die sich ausbreitende Pfütze herum und trafen die letzten Vorbereitungen. Es würde noch einige Minuten dauern.

Andrew fuhr sich erneut durch die nassgeschwitzten Haare. Er hätte niemals gedacht, die Nanomaschinen mit seinen eigenen Augen zu sehen, außerhalb des Sicherheitsgefäßes. Es war schwierig, sich vorzustellen, dass in dieser Pfütze miniaturisierte roboterartige Mikroorganismen am Werk waren. Es mussten inzwischen Billiarden und Trillionen sein. Auf der Suche nach zerlegbaren Ressourcen, um immer weitere Kopien zu bauen. Die Masse sah wie goldenes Erdöl aus. Oder Sirup. Wenn man dicht genug heranging, konnte man die Kräuselung der Oberfläche im Wind erkennen. Wie verschüttetes Quecksilber.

Nicht ganz. Quecksilber hat eine silberne Färbung, während die Masse an Nanomaschinen golden ist.

Und harmlos war die Pfütze auch nicht. Wenn man sie nicht bekämpfte, würde sie sich immer weiter ausbreiten, bis sie schließlich die gesamte Erdoberfläche umfasste.

Andrew bekam eine Gänsehaut. Es war die Horrorvorstellung der Nanotechnikgegner. Für einen Moment hatte er Angst, dass dieses apokalyptische Szenario Realität werden könnte. Doch er riss sich schnell zusammen. Sie hatten diesen Fall in Betracht gezogen und Vorkehrungen getroffen. Die nächsten Minuten würden zeigen, dass sie auch mit entwichenen Nanomaschinen fertigwerden konnten. Andrew war sich da ganz sicher.

Er ging in die Knie und hielt die behandschuhte Hand dicht über die glänzende Oberfläche. Die Nanomaschinen strahlten Wärme ab. Er spürte sie sogar durch das Material des Handschuhs hindurch. Millimeter für Millimeter arbeiteten sich die miniaturisierten Roboter durch den Asphalt des Parkplatzes.

Einem plötzlichen Impuls folgend, tauchte Andrew seine Hand in die Masse aus Nanomaschinen. Er wusste, dass die kleinen Biester seinen Handschuh aus Lithiumfasern nicht zersetzen konnten und ihm somit keine Gefahr drohte.

Er zog die Hand wieder heraus. Die Nanomaschinen fielen in dicken, goldenen Tropfen in die Pfütze zurück.

Andrew betrachtete den Handschuh.

Idiot!

Seine Aktion war leichtsinnig gewesen. Was, wenn in dem Handschuh ein winziges Loch gewesen wäre? Dann würden sich nun Nanomaschinen in seine Hand fressen, wie es bei Claus Juncker geschehen war.

Wie es dem Mann seiner Freundin wohl ging? Andrew hatte nichts mehr gehört. Hoffentlich hatte er überlebt.

Jedenfalls schienen keine Nanomaschinen auf dem Handschuh zurückzubleiben. Aus irgendeinem Grund – Adhäsionskraft vielleicht? – pappten die Maschinen aneinander.

Andrew beschloss trotzdem, kein Risiko einzugehen. Er zog den Handschuh vorsichtig aus und warf ihn in die Pfütze.

Dann stand er auf und ging zu dem Einsatzfahrzeug zurück, an dem Daniel Koch an einer Schalttafel hantierte.

»Wir sind so weit«, sagte der Einsatzleiter. »Wir können die Bestrahlung beginnen.«

Andrew nickte nur. Er nahm sich aus einem Fach an der Außenseite des Fahrzeugs einen neuen Handschuh heraus und holte seinen Helm vom Beifahrersitz.

»Diejenigen, die keinen Strahlenschutzanzug tragen, ziehen sich nun um mindestens hundert Meter zurück«, sagte Koch so laut, dass ihn jeder hören konnte. »Am besten verlassen alle, die hier nicht gebraucht werden, den Parkplatz.«

Gut zwei Dutzend Einsatzkräfte hatten rund um die Ausbruchsstelle gearbeitet. Bis auf Andrew und drei andere Menschen begaben sich alle zügig zur Straße.

»Wie lange setzen wir die Bestrahlungszeit?«, fragte Koch.

Andrew musterte die Pfütze, die inzwischen einen Durchmesser von mehr als zwei Metern hatte. »Wir wissen nicht genau, wie tief die Maschinen in den Boden vorgedrungen sind. Wir gehen lieber auf Nummer sicher. Am besten dreimal zehn Minuten.«

Koch nickte und nahm Einstellungen an der Schalttafel vor. »Das ist zu lange für unsere Strahlenschutzanzüge. Wir werden uns ebenfalls zurückziehen müssen.«

»Ja, ja«, sagte Andrew. »Wir überprüfen nur die Dosisleistung, stellen sicher, dass die Sensoren ordentlich arbeiten, dann gehen wir auch bis zur Straße.«

»Gut.« Koch setzte seinen Helm auf und wartete, dass die anderen ebenfalls ihre Köpfe schützten.

»Achtung jetzt«, rief er laut. Dann legte er einen großen, roten Schalter um.

An den Geräten war nicht zu erkennen, dass irgendetwas geschah, und erst ein Blick auf die Anzeigen der Schalttafel zeigte Andrew, dass die Nanomaschinen nun mit Neutronen, Gamma-Strahlung und hochenergetischen Schwerionen beschossen wurden. Er stellte sich vor, wie Unmengen an submikroskopischen Teilchen in die Masse an miniaturisierten Maschinen rasten und sie zerstörten. Milliarden und Abermilliarden im Bruchteil einer Sekunde.

»Okay.« Kochs Stimme war nur dumpf unter dem Helm zu hören. »Sieht gut aus. Verschwinden wir.«

Zusammen mit den beiden anderen stakste Andrew, so schnell es sein schwerer Schutzanzug erlaubte, zur Straße, wo einige der Einsatzkräfte stumm auf den Parkplatz starrten. Viele hatten sich aus Angst vor der Strahlung noch weiter zurückgezogen.

Andrew überprüfte sein Dosimeter, das er an der Brusttasche seines Anzugs festgemacht hatte. Ein Teil der Strahlung war zwar auch hier noch festzustellen, aber gering genug, um sich nicht sorgen zu müssen. Er nahm den Helm ab, ebenso wie Koch.

»Jetzt heißt es warten«, erklärte der Einsatzleiter.

Und hoffen!

12

»Geht das nicht schneller?«, schrie Emma.

Es waren nur wenige hundert Meter bis zur Krankenstation des Forschungszentrums, aber die Fahrt mit dem Rettungswagen zog sich scheinbar endlos hin.

Emma und Elena saßen auf einer kleinen Bank neben der im Boden verankerten Krankentrage. Claus stöhnte und wand sich auf der Trage im Krankenwagen hin und her. Schweißtropfen standen auf seiner Stirn. Der Armstumpf war zwar abgebunden, aber der Verband verfärbte sich trotzdem immer stärker.

Der Sanitäter hantierte an einem Monitor herum, der die Vitalfunktionen zeigte. Sogar Emma wusste, dass der Blutdruck sehr niedrig war.

Elena starrte ihren Vater mit einem seltsamen Blick in den Augen an. Ansonsten blieb sie ganz ruhig.

»Wann sind wir denn endlich da?«, fragte Emma erneut.

Gefühlte Stunden später hielt der Wagen mit einem Ruck.

Der Sanitäter öffnete die Tür und half seinem Kollegen, die schwere Trage zu lösen und auf den Asphalt zu stellen.

»Wo ist Dr. Berg?«, fragte einer der Sanitäter, als er zusammen mit seinem Kollegen die Krankenbahre in die betriebsärztliche Station rollte.

Emma lief hinter ihnen her und zerrte ihre Tochter am Arm mit sich. Es roch beißend nach Desinfektionsmittel.

Eine junge Frau in einem Laborkittel zeigte den langen Gang hinunter. »Er ist gerade hereingekommen, in Behandlungszimmer zwei, und wartet schon auf euch.« Die Frau betätigte einen Lichtschalter. Flackernd erwachten grelle Neonröhren an der Decke und tauchten den Korridor in ein blendendes, kühles Licht.

Ohne etwas zu erwidern, schoben die beiden Sanitäter Emmas Ehemann den Gang entlang.

Claus war immer noch ohnmächtig. Es war sicher eine Folge der beiden Spritzen, die er bekommen hatte.

Es ist nichts Schlimmes! Ganz sicher nicht!

Ein Dutzend Meter weiter voraus trat ein kleiner, dicklicher Mann auf den Flur. Emma hatte bisher nur einmal mit Dr. Kai Berg, dem Betriebsarzt des Forschungszentrums, zu tun gehabt, als allen Mitarbeitern eine Auffrischungsimpfung gegen eine neue COVID-19-Mutante angeboten worden war. Sie hatte den Mediziner als freundlichen, gemütlichen Mann in Erinnerung, der wie in Zeitlupe sprach.

Von der Gemütlichkeit war nichts mehr übrig. Mit fahrigen Bewegungen winkte er die Sanitäter heran. »In das Behandlungszimmer. Schnell!«

Die Sanitäter rollten Claus hinein und betteten ihn auf eine Behandlungsliege um. Auf einem Tisch lag bereits ein Operationsbesteck bereit.

»Ich habe gehört, was passiert ist«, sagte Dr. Berg. »Wir müssen die Wunden versorgen.«

»Wir konnten nur notdürftig abbinden«, erklärte der Sanitäter.

»Warum sind Sie nicht gekommen?« Emma war immer noch zornig auf den Doktor, dass er Claus nicht schon auf dem Parkplatz geholfen hatte.

»Es tut mir leid.« Dr. Berg sah nicht auf und schloss stattdessen Claus an Überwachungsinstrumente an. Ein Bildschirm hinter dem Tisch wurde hell und füllte sich mit Zahlen. Eine Grafik zeigte die Kurve eines Elektrokardiogramms. »Ich hatte einen Herzinfarkt vor dem Auditorium. Wir hätten für diese Veranstaltung heute einen weiteren Mediziner anfordern sollen.«

Es blieb Emma nichts anderes übrig, als ihre Wut herunterzuschlucken.

Dr. Berg machte sich an dem Verband zu schaffen, der den Armstumpf verdeckte. Mit schnellen Bewegungen wickelte er ihn auf.

Emma drückte Elena an sich, damit sie das nicht mitansehen musste.

Der Arm war sauber abgetrennt worden. In der Mitte des Stumpfes sah man weißen Knochen. Blut tropfte dick und langsam aus einer Ader.

Emma wurde schwindelig. Sie fühlte sich wie in einem schlechten Traum.

Geschieht das hier gerade wirklich mit uns?

»Das war gute Arbeit«, sagte Dr. Berg. »Das haben Sie ausgezeichnet gemacht.«

»Das waren nicht wir, sondern dieser Koch von der Feuerwehr«, entgegnete der Sanitäter leise.

Dr. Berg brummte. »Vielleicht sollte ich ihn als Sanitäter einstellen.« Er sah Emma an. »Ich werde die Adern abklemmen, damit es zu keinen Blutungen mehr kommen kann. Weitere Operationen müssen dann von einem Chirurgen vorgenommen werden, um die Stümpfe fachmännisch zu versorgen. Wir werden ihn stabilisieren und ihn in eine Klinik bringen, sobald wir in der Lage sind, das Forschungszentrum wieder zu verlassen.«

»Können Sie keinen Hubschrauber anfordern?«, fragte Emma.

Berg lächelte sie mit optimistischem Gesichtsausdruck an. »Ich sehe keinen Sinn darin. Der Zustand Ihres Mannes ist stabil.«

Emma nickte. Dr. Berg wusste, was er tat.

»Am besten warten Sie mit Ihrer Tochter draußen«, meinte der Mediziner. »Es wird wieder bluten, wenn ich ihn behandle.«

Emma nahm Elena an der Hand und führte sie aus dem Raum. Draußen an der Wand des Korridors standen einige unbequem aussehende Metallstühle und sie setzten sich dorthin.

»Wird Papa wieder gesund?«, fragte Elena.

Emma atmete erleichtert auf. Elena erholte sich offenbar von ihrem Schock. Aber sie würde diese Bilder sicher nie mehr vergessen.

Emma musste stark sein. Für ihre Tochter. Sie bemühte sich, Zuversicht auszustrahlen und lächelte. »Ja, Papa wird wieder gesund.«

Die Frau, die sie bereits am Eingang getroffen hatten, kam den Korridor herunter. Sie war wirklich noch jung, höchstens Anfang zwanzig, mit einer schwarzen Hornbrille. Sie lächelte und ging vor Elena in die Knie. »Wie heißt du?«

»Elena«, erwiderte das Kind skeptisch.

»Wir haben hier nicht wirklich viele Sachen für Kinder, aber das habe ich noch gefunden.« Die junge Frau hielt Elena ein Kartenspiel in einer Hülle hin. Es war ein Quartett über wilde Tiere.

»Danke.« Elena zupfte die Karten aus der Hülle. »Guck mal, Mama, ein Tiger.« Sofort war sie in die Bilder vertieft.

Emma seufzte. Wie schnell Kinder doch manchmal abzulenken waren.

»Ich habe das mit Claus über den Funk erfahren«, sagte die Frau im Laborkittel. »Tut mir wirklich leid.«

Emma nickte. Die Einsatzkräfte nahmen gelegentlich zusammen mit dem medizinischen Personal an Übungen teil, daher kannten sie sich wohl.

»Wenn ich noch etwas tun kann, wenn Sie etwas zu essen oder zu trinken brauchen, melden Sie sich ruhig. Ich arbeite im ersten Zimmer am Ausgang.«

»Danke«, sagte Emma.

Die Frau ging davon.

Emma erlaubte sich einen Moment, die Augen zu schließen und sich zu entspannen. Sie bemerkte, wie sie sich allmählich beruhigte. Dafür kamen nun heftige Kopfschmerzen.

Diese verdammten Nanomaschinen. Dieses verdammte Experiment.

Sie schaute ihre Tochter an.

Meine Güte!

Emma hatte es nur Elena zu verdanken, dass *sie* nicht in die golden schimmernde Pfütze getreten war. *Sie* würde jetzt in diesem Raum liegen, mit amputierten Beinen.

Emma gefror innerlich. Was wäre gewesen, wenn Elena mit den Nanomaschinen in Kontakt gekommen wäre?

Mein Gott!

Stattdessen war nun ihr Mann verstümmelt und wartete darauf, dass die verdammten Demonstranten endlich verschwanden und er ins Krankenhaus gebracht werden konnte.

Die Nanomaschinen!

Emma hatte schon immer eine gewisse Skepsis gegenüber der Technologie gehabt, aber auf Andrew und Rappe vertraut, dass keine Gefahr drohte. Mit einem Anschlag hatte niemand je gerechnet, aber anscheinend hatte Murphy wieder einmal recht. Alles konnte jederzeit schiefgehen!

Und ganz gleich, ob Andrew die Ausbreitung hier und heute im Forschungszentrum in den Griff bekam, konnte man nicht mehr sagen, dass Nanomaschinen keine Gefahr für die Welt darstellten.

»Schau mal, Mama! Ein Nilpferd.«

Emma öffnete die Augen. Mehr als freundlich zu nicken vermochte sie nicht. Sie wunderte sich, dass Elena äußerlich so gefasst wirkte. Dabei hatte sie mitangesehen, wie ihrem Papa Arm und Bein abgehackt wurden. Aber womöglich verdrängte sie diese Bilder für den Moment. Gewiss würden sie wiederkommen. Es wäre besser, schon vorher das Gespräch mit einem Kinderpsychologen zu suchen.

Claus war immer mit Leib und Seele Feuerwehrmann gewesen. Diesen Job würde er in Zukunft nicht mehr ausüben können. Nicht mit Arm- und Beinprothesen. Womöglich würde man ihm eine Arbeitsstelle im Innendienst zuweisen, aber Claus hasste Büroarbeit. Er würde sich völlig neu orientieren müssen. Und das, während sie selber nach einer neuen Beschäftigung suchte.

Emma atmete tief ein. Dieser Tag hatte ihr ganzes Leben in Trümmer gelegt.

Plötzlich klammerte sich Elena an sie. Sie hatte ein verquollenes Gesicht, und Tränen rannen über ihre Wangen.

Also doch!

»Mama«, sagte das Kind.

Emma hob ihre Tochter hoch und setzte sie auf ihren Schoß. Das Kind schlang seine Arme um Emmas Schultern und schluchzte.

Emma konnte hinterher gar nicht mehr sagen, wie lange sie so dagesessen hatten, schweigend, auf diesem unbequemen Stuhl in diesem ungemütlichen Gang mit flackernden Neonlichtern und dem beißenden Geruch nach Desinfektionsmitteln, bis sich endlich die Tür des Behandlungszimmers öffnete.

Einer der Sanitäter nickte ihr freundlich zu, sah aber geschafft aus. Wortlos ging der Mann den Gang hinunter in Richtung Ausgang.

Dann trat Dr. Berg zu ihr. Er lächelte, während er sich die beigefarbenen Plastikhandschuhe auszog. Seine Ärmel waren mit roten Sprenkeln verschmutzt. »Ich habe die Wunden desinfiziert und gereinigt. Das wird reichen, bis er ins Krankenhaus kommt.«

Wenn wir nur endlich in die Klinik fahren könnten!

»Dürfen wir zu ihm?«, fragte Emma.

Dr. Berg nickte. »Ja, er wacht gerade auf. Gehen Sie ruhig.«

Emma setzte ihre Tochter ab, nahm sie an die Hand und ging hinter dem Mediziner in das Behandlungszimmer. Claus lag unter einer frischen, weißen Decke. Er hatte den Kopf zur Seite gedreht. Es sah aus, als würde er schlafen. Seine Augenlider zuckten. Claus' Gesicht war ungewöhnlich blass, was Dr. Berg jedoch nicht zu beunruhigen schien. Schweißtropfen standen auf der Stirn ihres Mannes. Er war immer noch an die Überwachungsgeräte angeschlossen. Der Monitor zeigte ein Diagramm mit seinem Puls, der sehr niedrig war. Soweit Emma das sagen konnte, war auch der Blutdruck unter dem Normalwert.

Der zweite Sanitäter stand an einem Tisch an der rückwärtigen Wand des Zimmers und räumte medizinische Werkzeuge weg.

Dr. Berg ging noch einmal auf den Flur und holte zwei Stühle, die er neben der Liege aufstellte.

»Danke«, sagte Emma und setzte sich. Elena ließ sich auf dem anderen Stuhl nieder und starrte ihren Papa aus großen Augen an.

Der stöhnte laut.

»Claus?«, flüsterte Emma.

»Ja«, antwortete ihr Mann gedehnt. »Mir ist ganz schwindlig.«

»Eine Folge der Narkose«, erklärte Dr. Berg. »Das wird in wenigen Augenblicken vergehen.« Der Mediziner ging zu einer Ablage und schlug eine Mappe mit Papieren auf.

»Claus?« Emma griff nach seinem gesunden Arm.

»Ja.« Claus blinzelte. »Ja, ich kann dich verstehen.«

»Hast du Schmerzen?«

Claus drehte sich quälend langsam auf den Rücken und starrte an die Decke. Eine Träne lief aus seinem Augenwinkel und rann ihm über die Wange. »Es geht schon. Ich habe keine Schmerzen.« Immer wieder blinzelte er. »Aber mir ist schwindelig.«

Emma nahm seine gesunde Hand. Sie war ungewöhnlich feucht.

»Was ist mit den Nanomaschinen?«, fragte Claus. »Haben die Kollegen die Ausbreitung gestoppt?«

»Keine Ahnung«, krächzte Emma. »Ich habe nichts mehr von dem Labor gehört. Aber Andrew klang ganz zuversichtlich.«

»Das soll jetzt nicht Ihr Problem sein«, sagte Dr. Berg, ohne aufzublicken. »Ihre Aufgabe ist es, gesund zu werden.«

Emma zwang sich ein Lächeln auf. »Da hat der Doktor recht.«

Claus wandte den Kopf ein wenig und erwiderte ihren Blick. Er brummte leise, nickte dann aber. »Ich fürchte, ein paar Dinge werden sich in Zukunft ändern.«

Emma biss sich auf die Lippen. Ihr Mann hatte das Schockstadium wohl übersprungen. Aber es sah ihm ähnlich. Er hatte sich schon immer schneller auf eine neue Situation eingestellt als sie.

»Wirst du nicht wieder gesund, Papa?«, wollte Elena wissen. »Kann man dir nicht die Hand und den Fuß wieder annähen?«

Emma legte den Arm um die Schulter ihrer Tochter.

»Ich fürchte nicht, mein Schatz«, antwortete Claus langsam. »Aber wir werden uns dran gewöhnen. Auch ohne wird Papa wieder gesund, und wir werden weiter die Sachen tun, die uns Spaß machen.« Es gelang ihm, Elena aufmunternd anzublicken und zu zwinkern.

In diesem Moment war Emma unendlich stolz auf ihren Mann. Sie hätte es niemals geschafft, in einer solchen Situation noch jemand anderem Mut zu machen, selbst ihrer Tochter nicht. Sie hätte eher einen Heulkrampf nach dem anderen bekommen.

Das Lächeln ihres Mannes verging. Er stöhnte auf.

»Was ist los?«, erkundigte sich Emma alarmiert.

»Alles dreht sich. Mir ist auf einmal so warm.«

Claus' Blässe war verschwunden. Stattdessen durchzog nun eine deutlich sichtbare Röte sein Gesicht. Als hätte er in wenigen Sekunden einen Sonnenbrand abbekommen.

Der Überwachungsmonitor piepte.

Der Sanitäter blickte erschrocken auf.

»Doktor?«, fragte Emma.

»Ich komme schon.« Dr. Berg ließ seine Papiere auf die Ablage fallen und stellte sich von der anderen Seite neben die Liege. Er reckte den Kopf vor und studierte den Monitor. »Seltsam.« Er legte seine Hand auf Claus' Stirn. »Die Körpertemperatur ist auf vierzig Grad gestiegen.«

Der Sanitäter trat nach vorne. »Eine Entzündung?«

Der Doktor schüttelte den Kopf. »Doch nicht innerhalb von einer Minute.«

Claus stöhnte lauter. Seine Zunge drang ungewöhnlich weit aus dem Mund.

Elena zuckte zusammen. »Was ist mit Papa?«

Ein zweiter Alarmton drang aus dem Monitor. Claus' Puls raste. Hundertachtzig.

Was geschieht denn hier?

Emma zitterte, sie drehte sich zu ihrer Tochter um. »Warte draußen!«

»Aber ich will ...«

»Jetzt gleich!«

Elena stand auf und ging rückwärts zur Tür, ohne den Blick von ihrem Vater zu nehmen, der sich im Bett plötzlich aufbäumte.

»Es könnte eine immunologische Reaktion auf eines der Medikamente sein«, sagte der Doktor. »Einen Adrenalininjektor!«

»Ist das gefährlich?« Emma begann zu zittern. Sie verstand das alles gar nicht. Claus war doch eben noch völlig ruhig gewesen.

Elena stand immer noch im Durchgang.

»Geh raus! Mach die Tür zu!« Emma wartete, bis das Kind die Tür hinter sich geschlossen hatte. Als sie wieder auf den Monitor schaute, hatte sich die Körpertemperatur auf zweiundvierzig Grad erhöht.

»Ich verbrenne!«, schrie Claus. »Ich verbrenne!«

Der Sanitäter stürzte herbei und händigte dem Doktor eine Spritze aus.

Berg riss die Plastikverpackung auf. »Bereiten Sie eine Infusion mit Glucocorticoiden vor. Nehmen Sie das Dexomethason. Etwas anderes haben wir im Moment auch gar nicht hier.« Der Doktor nahm die Spritze und drückte den Inhalt in Claus' rechten Oberarm.

Das leere Injektionsbesteck legte er in eine silberne Metallschale und drückte sie Emma in die Hand.

»Wo bleibt die Infusion?«, brüllte er.

»Moment noch«, sagte der Sanitäter, der auf Knien im Kühlschrank herumwühlte.

Dr. Berg griff an den Monitor und schaltete den Alarm aus.

Claus wand sich im Bett hin und her.

Emmas Herz pochte wie ein Presslufthammer in ihrer Brust. Sie starrte auf den Monitor. Die Körpertemperatur stieg weiter. »Doktor!«, krächzte sie.

»Ich seh's«, sagte der gequält.

Der Sanitäter hängte den Infusionsbeutel an einem Ständer auf. Dr. Berg nahm die Nadel und legte den Zugang in die Armvene. Claus beruhigte sich. Ein wenig zumindest.

Emmas Blick fiel auf die Schale in ihrer Hand.

Die Spitze der Spritze fehlte. Stattdessen waren da goldene Tropfen auf dem Gefäß, die sich langsam vergrößerten.

Emma ließ die Schale los. Mit einem metallischen Scheppern polterte sie auf den Boden.

Oh mein Gott!

Nanomaschinen.

Sie sind in Claus drin!

Ihr Mann bäumte sich wieder auf.

»Verdammte Scheiße!«, fluchte Berg. »Ich verstehe einfach nicht, was ...« Er zog die Decke über Claus' Körper weg.

»Um Himmels willen«, schrie der Sanitäter.

Claus hörte unterhalb der Brust auf. Da war nur noch eine große goldene Pfütze. Erste Tropfen liefen am Rande des Bettes herunter und zerplatzten auf dem Boden.

Emma stolperte rückwärts an die Wand.

Claus schrie. Nein, es waren keine Schreie mehr. Es war das Quieken eines Tiers, dem langsam die Kehle durchgeschnitten wurde.

»Was für ein Wahnsinn!« Dr. Berg riss die Hände über den Kopf.

Emma wollte sich abwenden oder wenigstens die Augen schließen, aber sie konnte nicht.

Goldene Flecken breiteten sich auf Claus' Brust und seiner Stirn aus. Sie wuchsen, verbanden sich miteinander. Aus seinem rechten Ohr lief goldene Flüssigkeit.

Ein Krächzen, dann verstummte er ganz. Seine Zunge verfärbte sich golden.

Seine Augen sahen jetzt aus wie pures Gold.

Er zuckte noch zweimal, dann hörte er auf, sich zu bewegen. Nur die Flecken wuchsen weiter.

Emma drückte sich die Fingerknöchel in den Mund, um nicht laut zu schreien. Sie schmeckte Blut.

Claus' Kopf zerfloss wie Kerzenwachs.

Dann war er nicht mehr da. Sein Körper – verschwunden. Nur eine goldene Pfütze, die in langen Fäden auf den Boden rann.

Der Sanitäter stolperte neben Dr. Berg. Beide starrten mit weit aufgerissenen Mündern auf die Liege.

»Nanomaschinen«, stammelte der Sanitäter heiser. »Es sieht aus wie die Nanomaschinen auf dem Parkplatz.«

Dr. Berg taumelte nach hinten, von der Pfütze weg, und zog den Sanitäter mit sich. »Sie haben sich überall in seinem Körper ausgebreitet. Trotz der Amputation. Sie haben ihn bei lebendigem Leibe in seine Atome zerlegt.«

Emma zog langsam ihre Finger aus dem Mund. Blut tropfte von ihnen herab auf den Boden.

Sie starrte auf die Liege. Was war geschehen? Sie schloss die Augen und öffnete sie wieder, in der Erwartung, dass sie gerade nur einen Albtraum gehabt hatte. Claus war unversehrt und lächelte sie aufmunternd an. Ganz sicher!

Doch Emma blickte nur auf die goldene Flüssigkeit, in die sich ihr Ehemann, ihr Geliebter, Freund und Vater ihrer Tochter verwandelt hatte.

Das kann nicht sein!

Dr. Berg schüttelte den Kopf und griff nach einem Handy. »Hier Dr. Berg in der Krankenstation. Wir haben einen weiteren Ausbruch von Nanomaschinen. Schicken Sie sofort ein Team mit voller Ausrüstung.«

Emma drehte sich um.

Elena stand in der halb geöffneten Tür und blickte aus glasigen Augen auf die goldene Pfütze.

13

»Wissen Sie schon etwas?«, fragte Rappe.

Ben schüttelte nur den Kopf. Er hatte seit einer Viertelstunde nichts mehr von draußen gehört. Auf den Bildschirmen der Überwachungskonsole konnte er sehen, dass die Bestrahlung der Nanomaschinen auf dem Parkplatz beendet war. Ein gutes Dutzend Feuerwehrleute und technisches Personal stand nun um die kritische Stelle herum. Einige hatten Infrarotbrillen aufgesetzt. Ben erkannte Daniel Koch, der vor der schimmernden

Masse kniete und mit einem Metallstab darin herumstocherte. Andrew lief im Hintergrund von Überwachungsinstrument zu Überwachungsinstrument. Zwei Feuerwehrleute nahmen gerade ihre Helme ab, um sich eine Zigarette anzuzünden. Sehr professionell sah der Haufen nicht aus. Ben konnte nur hoffen, dass die Bestrahlung die Nanomaschinen unschädlich gemacht hatte.

»Versuchen Sie, Koch ans Telefon zu bekommen!«, befahl Rappe.

Ben seufzte und holte sein Handy aus der Tasche. Der Einsatzleiter würde sich schon von sich aus melden, sobald er über Erfolg oder Misserfolg der Operation Bescheid wusste. Aber wenn Rappe etwas anordnete, war es besser, zu gehorchen.

Ben wählte die Kurzwahlnummer und wartete. Im Hintergrund lief der Bundeskanzler an der Wand des Kontrollzentrums auf und ab. Seit sie den Raum betreten hatten, telefonierte Hütter pausenlos.

Koch ging nicht dran. Auf dem Bildschirm unternahm er keine Anstalten, an sein Diensthandy zu greifen. Womöglich lag es in seinem Wagen.

Schließlich steckte Ben sein Handy wieder weg. Er blickte Rappe an und schüttelte den Kopf.

»Verdammt nochmal«, fluchte Rappe. »Der Einsatzleiter geht nicht an sein Telefon! Dabei hat er die ganze Zeit über erreichbar zu sein.«

Im selben Moment klingelte Rappes Mobiltelefon. Der Institutsleiter zog es so ungeduldig aus der Tasche, dass es ihm aus der Hand rutschte. Im letzten Moment vor dem Aufschlag konnte Rappe es auffangen.

»Was denn?« Er hörte einige Sekunden lang schweigend zu, dann wurde er bleich.

Ben hatte ein ungutes Gefühl.

»Ich habe verstanden«, krächzte Rappe. »Ich kümmere mich

darum.« Er drückte das Gespräch weg und machte einen Schritt auf Ben zu. »Es hat eine zweite Ausbruchsstelle gegeben.«

Ben hielt die Luft an. Seine schlimmste Befürchtung hatte sich bewahrheitet. Womöglich wurden nun überall um den Reaktor herum weitere Infektionsherde gefunden. Dafür würden ihre Kapazitäten nicht ausreichen.

»Wo?«, fragte er.

»In der Krankenstation«, antwortete Rappe.

Ben runzelte die Stirn. Warum sollte es in der Krankenstation einen Ausbruch geben?

Dann fiel ihm ein, dass Claus Juncker dorthin gebracht worden war.

Um Himmels willen!

Die Amputation hatte ihn nicht gerettet.

War Claus etwa tot? Er verdrängte den Gedanken an Emma und ihre Tochter mit Gewalt.

Kanzler Hütter musste die Veränderung der Situation bemerkt haben. Er beendete sein Gespräch und trat näher. »Was ist geschehen?«

Auch Franka Binz war aufmerksam geworden und blickte über den Rand ihrer Konsole in ihre Richtung.

»Wir haben eine zweite Ausbruchsstelle.« Rappe sprach so gequält, als bereite ihm dieses Geständnis körperliche Schmerzen.

»Scheiße!« Hütter sackte in sich zusammen. Er sah aus, als würde er gleich zu seiner eigenen Hinrichtung geführt.

»Gerber!« Rappe spießte Ben fast mit dem Zeigefinger auf. »Gehen Sie sofort raus zu diesem Koch. Der soll gefälligst seinen Hintern in die Einsatzzentrale schwingen und die Kräfte von hier aus koordinieren. Die haben mir am Telefon gesagt, dass sie ihn nicht erreichen konnten. Kein Wunder, wenn er versucht, alles alleine zu machen.«

Ben wollte gerade in Richtung Ausgang gehen, dann stutzte er.

Er wandte sich an die Ingenieurin. »Gibt es Lautsprecher an der Außenseite des Gebäudes?«

Die Frau schaute ihn einen Augenblick verständnislos an. Ben wollte seine Frage wiederholen, da nickte sie endlich. »An Dr. Collums Konsole ist ein Mikrophon. Kommen Sie mit.«

»Dieser Idiot von Koch wird bald nicht mehr Leiter der Rettungskräfte des Forschungszentrums sein«, sagte Rappe trocken zu Hütter. Der zuckte nur mit den Schultern.

Franka Binz führte Ben zu Andrews Arbeitsplatz und legte einen Schalter um. »Sie müssen nur noch auf die Sprechtaste drücken.« Sie schaltete einen der Bildschirme auf die Außenkameras, wo die Einsatzkräfte immer noch um die Ausbruchsstelle herumstanden.

Ben holte tief Luft und drückte auf den schwarzen Knopf. »Hier Einsatzzentrale. Daniel Koch, sofort in die Einsatzzentrale.«

Koch reagierte nicht. Doch einige der Feuerwehrleute drehten sich um, also musste die Durchsage angekommen sein.

Ben drückte noch einmal auf den Knopf. »Herr Koch, bitte kommen Sie sofort in die Einsatzzentrale. Es gibt eine weitere Ausbruchsstelle.«

Jetzt reagierte Koch endlich. Er sprang auf und starrte mit offenem Mund in Richtung Kamera. Dann lief er los, forderte einige Männer und Frauen mit Handzeichen zum Mitkommen auf.

Rappes Telefon klingelte. »Sie verdammter Narr haben gefälligst an das Handy zu gehen, wenn man Sie erreichen möchte, ich …«

Das konnte nur Koch am anderen Ende der Leitung sein.

»Es interessiert mich nicht, ob Sie das Gerät auf ›lautlos‹ gestellt haben … Ja, in der Krankenstation … Nein, das weiß ich nicht … Ja, ich bitte darum!«

Fluchend packte Rappe sein Handy wieder weg. Sofort klingelte es erneut. Rappe sah auf das Display, knurrte und drückte den Anrufer weg.

Gleichzeitig klingelte das Handy des Kanzlers. Der stöhnte. Dennoch nahm er das Gespräch an. »Guten Tag, Herr Bundespräsident. Einen Augenblick, bitte.«

Hütter trat einige Schritte zurück, bis er wieder an der Wand des Kontrollraums stand. Ben konnte nicht verstehen, was er mit Präsident von Hassloch besprach.

Daniel Koch stürmte in den Raum. Rappe öffnete schon den Mund, aber der Einsatzleiter hob abwehrend die Hände. »Ich habe bereits ein Team zur Krankenstation geschickt, um die Lage zu sondieren.«

»Ihr Platz ist hier in der Einsatzzentrale.« Rappes Stimme klang kühl. Es fiel ihm sichtlich schwer, sich zusammenzureißen. »Ich frage mich, ob ich Sie nicht von Ihrer Aufgabe abziehen soll, um das Ruder Ihrem Stellvertreter zu überlassen.«

Ben wusste nicht recht, auf wessen Seite er sich stellen sollte. Aber was nützte es, über vergossenen Wein zu klagen? »Es ist nicht ratsam, die Aufgabenverteilung mitten im Einsatz zu ändern«, sagte er vorsichtig. Er wollte sich bei seinem Chef nicht unbeliebt machen. Als Lakai im Hintergrund wollte er aber auch nicht dienen, auch wenn einige Freunde das als Arbeitsbeschreibung seines Postens ansahen.

»Da haben Sie wahrscheinlich recht, Herr Gerber.« Rappe funkelte Koch an. »Diese Sache wird noch ein Nachspiel haben.«

»Das ist mir klar.« Koch wandte sich ab und trat an die Kommunikationskonsole, die für Notfälle installiert worden war. Dies war der eigentliche Platz des Einsatzleiters, den Koch schon direkt nach dem Störfall hätte einnehmen müssen.

Kochs Handy klingelte. Er nahm das Gespräch an. »Ich bin an der Einsatzkonsole. Bitte unter der entsprechenden Nummer anrufen.«

Koch betätigte einige Schalter auf der Konsole und mehrere Lichter leuchteten auf. Monitore erhellten sich, zeigten aber nur das Logo des Forschungszentrums. Dann klingelte es auf der Schalttafel.

Der Einsatzleiter drückte auf einen schwarzen Knopf und bückte sich dann zum Hals eines Mikrophons herab. »So, jetzt. Wie ist die Lage, Chris?« Mit einem Griff regelte Koch die Stärke des Lautsprechers hinauf.

»Wir sind in der Krankenstation«, sagte eine helle Stimme, die sowohl einem Mann als auch einer Frau gehören konnte.

»Und?«

»Einer der Behandlungsräume ist kontaminiert. Wir werden mit der vollen Stärke bestrahlen müssen. Ich lasse die Geräte aufbauen.«

»Gut«, antwortete Koch. »Verletzte?«

»Es hat einen Toten gegeben. Und eine Frau und ein Mädchen stehen unter Schock.«

Ben schloss die Augen.

Also doch!

Er presste sich die Fingernägel in die Handflächen.

Die Amputationen hatten die Nanomaschinen tatsächlich nicht stoppen können. Nun war Claus Juncker tot.

Emma. Gestern erst hatten sie sich im Auto über ihren Mann unterhalten. Nun hatte sie keinen mehr. Und ihre Tochter war eine Waise. Wenn dieser grauenhafte Tag vorbei war, würde Ben sein Möglichstes tun, um seine Freundin und ihre Tochter zu unterstützen. Aber erst mussten sie die Nanomaschinen unter Kontrolle bekommen.

»Sind Sie sicher, dass Sie den zweiten Ausbruch eindämmen können?«, fragte Ben.

Koch drehte den Kopf ruckartig zu ihm herum. Er erwiderte Bens Blick mit halb zugekniffenen Augen. *Was hast du hier schon zu melden?* Dann nickte er. »Wir haben das Vorgehen geübt. Wieder und wieder. Wir verfügen über drei Teams, die sich gleichzeitig um Ausbrüche kümmern können.«

Rappe brummte leise. Er kannte die Maßnahmen natürlich, hatte die Pläne mitentwickelt. Nur hatte er wohl gehofft, dass sie niemals zum Einsatz kommen würden. Ben konnte sich an eine Unterhaltung vor zwei Jahren erinnern. Da hatte Rappe noch die Bildung einer Einsatzplanung verhindern wollen, da die bloße Diskussion eines möglichen Störfalls einen Nachteil für die Öffentlichkeitsarbeit darstellte. Doch das Kanzleramt hatte im Gegenzug für die Finanzspritze darauf bestanden.

»Wie lange wird es dauern?«, fragte der Kanzler mit düsterer Stimme.

»Wenn es nicht zu weiteren Ausbrüchen kommt, sollte das Problem in zwei Stunden gelöst sein.« Koch klang überzeugt.

»Das will ich hoffen«, sagte Hütter. »Wenn wir die Lage bis zu den Abendnachrichten in den Griff bekommen, sind wir vielleicht imstande, den Schaden noch zu begrenzen. Falls die ganze Sache morgen immer noch nicht gelöst ist, dann können wir die Nanotechnologie in Deutschland für immer abschreiben.«

Ben war hin und her gerissen. Ihre Experimente hatten bereits einen Toten gefordert.

Nein, nicht *irgendeinen* Toten!

Sie hatten Emma den Mann und Elena den Vater genommen. Die Nanotechnik war nicht so gefahrlos, wie sie es immer geglaubt hatten.

Aber galt das nicht für jede neue Technik? Unfälle konnten immer und überall passieren.

Es war ja noch nicht einmal ein Unfall gewesen, sondern ein Anschlag.

Eigentlich konnte man doch sagen, dass Claus ein Opfer des Anschlags geworden war. Und nicht der Nanomaschinen! Wenn die Bombe nicht gewesen wäre, würde Claus noch leben.

Ben wollte das glauben. Dass die Nanotechnik eine Zukunft hatte.

Die meisten Menschen würden sich erst in den Abendnachrichten zum ersten Mal über das Problem informieren. Es war wichtig, die Sache bis dahin zum Abschluss zu bringen und die Bevölkerung davon in Kenntnis zu setzen, dass der Ausbruch schnell kontrolliert worden war. Auch die Kommentatoren der Zeitungen am nächsten Tag würden ihre Artikel dann unter der Prämisse einer abgeschlossenen Problemlösung behandeln. Andernfalls würde es aussehen, als hätten sie die Kontrolle verloren. Ben konnte sich die Liveberichterstattung in diesem Fall gut vorstellen. Für die Zukunft der Nanotechnologie in Deutschland kam es auf jede Minute an.

Koch hob beschwichtigend die Hände. »Mit etwas Glück werden wir in wenigen Minuten erfahren, dass die erste Kontaktstelle auf dem Parkplatz nun frei von Nanomaschinen ist. In diesem Fall kann ich weitere Einsatzkräfte zum Hospital schicken.«

Rappe drehte sich um, hob die Hände und massierte sich die Schläfen. »Was für ein Albtraum.«

Bens Blick traf sich mit dem des Bundeskanzlers. Der nickte leicht.

Ja, was für ein Albtraum.

Ben wandte sich dem Bildschirm zu und betrachtete die Einsatzkräfte auf dem Parkplatz. Andrew, der neben einem Gerät auf einem Stativ stand und auf einen Monitor blickte.

Zum ersten Mal fragte sich Ben, was wohl geschehen würde, wenn es ihnen nicht gelang, den Ausbruch unter Kontrolle zu bringen.

Das wäre dann ein Albtraum.

Nein, kein Albtraum.

Er konnte spüren, wie die Farbe aus seinem Gesicht wich.

Es wäre die Apokalypse.

14

»Siehst du etwas auf deinem Infrarotschirm, Dirk?«, fragte Andrew.

Der korpulente Feuerwehrmann, der neben ihm auf dem Boden kniete, zog seine Metallstange aus der goldenen Masse und hielt die Spitze hoch. Er schüttelte den Kopf. »Nichts. Wie es aussieht, haben wir die Nanos erledigt.«

Ja, die Bestrahlung hatte offenbar Wirkung gezeigt.

Andrew atmete tief ein. Er war sich nicht absolut sicher. Ohne grundsätzlich pessimistisch sein zu wollen – es reichte ein kleiner Verbund von Maschinen, um ein neues exponentielles Wachstum zu erzeugen. Nach Andrews Berechnungen würde es mindestens eine Stunde dauern, bis ein solcher so weit angewachsen war, dass man ihn auf dem Infrarotschirm erkennen konnte. Sie sollten also besser bis morgen eine »Brandwache« hierlassen. Nichts war schlimmer, als wenn sie nun abrückten, und in der Nacht kam es erneut zu einer unentdeckten Ausbreitung.

Eine unentdeckte Infektionsstelle!

Das war auch Andrews größte Besorgnis. Wenn Nanomaschinen erst einmal zu tief in den Boden eingedrungen waren, nämlich einige Meter, konnte man sie auch mit Neutronen und hochenergetischer Gammastrahlung nicht mehr erreichen.

Andrew blickte nach oben und sah den Hubschrauber weiter seine Runden ziehen. Mit seinen hochempfindlichen Sensoren würde der Helikopter jede Ausbruchsstelle in der unmittelbaren Umgebung des Forschungszentrums sofort erkennen.

Andrew seufzte. »Okay, Leute«, sagte er in die Runde. »Lasst uns die Reste absaugen.«

Dirk Emmerich, der über diese Gruppe das Kommando hatte, stand auf und nickte. »Holt mir den Sauger.«

Ein Mann und eine Frau gingen gleichzeitig zum Rüstwagen und zogen einen Apparat aus dem Ausrüstungsraum, der an einen grauen, überdimensionierten Staubsauger erinnerte. Das Gerät war mit Lithium beschichtet, so dass es von Nanomaschinen nicht angegriffen werden konnte. Ein anderer Feuerwehrmann schloss einen grauen Behälter aus dem Wagen, der ebenfalls aus Lithium bestand, an das Gerät an. Zuletzt verband eine weitere Einsatzkraft das Aggregat mittels eines dicken roten Kabels mit der Stromversorgung des Rüstwagens.

Stöhnend manövrierten die Feuerwehrleute das Gerät zu der Lache aus zerstörten Nanomaschinen. Es dröhnte laut, als einer der Männer es aktivierte. Dann saugten sie das goldene Zeug aus der Pfütze in die Gasflasche.

Der ganze Prozess dauerte lange Minuten, da fortlaufend der Behälter gewechselt werden musste. Andrew dachte an Emmas Ehemann, der in der Krankenstation lag. Hoffentlich ging es ihm gut. Er verstand nicht, wie es dort zu einem weiteren Ausbruch hatte kommen können. Vielleicht waren die Instrumente der Sanitäter kontaminiert worden.

Allmählich wurde ein zwei Meter durchmessender Krater auf dem Parkplatz sichtbar, dessen Ränder golden schimmerten. Im nächsten Schritt würden sie eine dicke Schicht an Erde und Asphalt rund um den Krater abtragen. Das Zeug würde dann in den Sicherheitsbehältern zu einem Kernreaktor gefahren und dort erneut bestrahlt werden, um sicherzugehen. Diese Arbeiten nahmen gewiss noch einige Tage in Anspruch.

Immer, wenn der Behälter gewechselt wurde, trat Andrew an die Infrarotkamera und untersuchte den Kraterrand. Jedes Mal rechnete er damit, ein gelbes oder rotes Glimmen auf dem Bildschirm zu erkennen, das von erneuter Aktivität kündete.

Sein Diensthandy klingelte. Es war Peter Gundermann, den jeder nur Günni nannte. Andrew kannte ihn ganz gut von der Badmintonmannschaft, in der er einige Monate Mitglied gewesen war. Günni leitete die dritte Gruppe der Feuerwehrleute, die zur Krankenstation unterwegs waren. »Ich versuche die ganze Zeit, Koch zu erreichen. Irgendwas stimmt mit seinem Handy nicht. Kannst du ihn mir bitte ans Telefon bringen?«

»Das geht nicht«, antwortete Andrew. »Der ist jetzt in der Einsatzzentrale im Laborgebäude. Du hast ja die Nummer von dort.«

»Sein Handy müsste aber automatisch dahin umleiten.«

»Wenn es das nicht tut, stimmt halt was mit der Verbindung nicht. Soll ich dir die Nummer der Einsatzzentrale geben?«

»Die habe ich selber. Jedenfalls danke.«

»Wie geht es Claus?«, fragte Andrew.

Einen Moment lang war Schweigen in der Leitung. »Juncker ist tot«, antwortete Günni schließlich.

Andrew gefror innerlich.

Er hatte zwar mit Emmas Mann nicht allzu viel gemeinsam gehabt, aber dennoch hatten sie sich oft unterhalten und dabei gut verstanden.

Emmas Mann war tot.

Durch meine Nanomaschinen!

Er atmete in kurzen Stößen aus.

Ich bin schuld!

»Andrew?«, ertönte Günnis Stimme aus dem Handy.

Andrew versuchte, sich zusammenzureißen. Er hatte nicht schuld. Der Attentäter war schuld, der die Bombe auf das Labor gesteuert hatte. Dennoch ...

»Andrew, ich muss Schluss machen.«

»Moment noch«, stieß Andrew hervor. »Wie ist denn die Lage in der Krankenstation?«

»Sieht übel aus. Die Nanomaschinen fressen sich gerade durch den Boden des Behandlungsraumes zum Keller hindurch. Wir brauchen dringend Verstärkung.«

Scheiße!

»Rede mit Koch«, sagte Andrew. »Bei uns sieht es ganz gut aus. Er kann einige Wagen von hier abziehen.«

Günni beendete das Gespräch ohne weitere Worte.

»Freu dich nicht zu früh«, erklärte Dirk mit Grabesstimme.

Andrew ging zu dem Feuerwehrmann, der durch seine Infrarotbrille sah, während die Kollegen mit dem Sauger weiteres goldenes Material aus dem Loch entfernten. »Was meinst du?«

Dirk zeigte auf eine Stelle ein Stück unterhalb des Kraterrandes. »Hier scheint noch Aktivität zu sein.«

Andrew holte seine eigene Infrarotbrille von der Halterung am Gürtel hoch und setzte sie auf. Dann kniete er sich neben den Kollegen und beugte sich über den Rand.

Zunächst wusste er nicht, wovon der Mann gesprochen hatte, denn auf seinem Bildschirm sah er nur schwarze und blaue Flächen. Vielleicht hatte die Brille des Kollegen einen Defekt, was bei Infrarotgeräten häufiger vorkam.

Dann entdeckte er es.

Die Stelle war winzig. Höchstens ein Pixel im Bildschirm der Brille. Als sei der Bildpunkt defekt, aber er wanderte hin und her, wenn Andrew den Kopf bewegte.

Sein Mut sank. Dirk hatte recht.

Die Stelle leuchtete in einem schwachen Gelb. Dort gab es also eine Wärmequelle. Und sie breitete sich aus.

»Scheiße!«, sagte Andrew leise zu sich selber.

Es hatte nicht funktioniert. Oder zumindest hatte die Bestrahlungsdauer nicht ausgereicht.

»Wir müssen noch einmal bestrahlen.« Andrews Stimme war nur ein Krächzen.

Dirk nickte. »Ich gebe es an Daniel weiter.« Er griff an seinen Gürtel, wo das Diensthandy klemmte.

»Nein«, widersprach Andrew. »Das mache ich.« Er hatte die Nanomaschinen entwickelt. Er hatte die Sicherheitsmaßnahmen und die Notfallprozeduren mitgeplant. Und nun zeigte sich, dass es ihm weder gelungen war, die Nanomaschinen im Containment zu bewahren, noch einen Ausbruch schnell zu stoppen.

Er drückte auf die Schnellwahltaste. Daniel Koch war sofort in der Leitung.

Andrew drehte sich um und ging ein paar Schritte in Richtung Laborgebäude, während Dirk und seine Kameraden die Bestrahlungsgeräte erneut in Position brachten. »Wir haben immer noch Aktivität«, sagte er.

»Immer noch?« Daniels Stimme war voller Unglauben. »Nach der langen Bestrahlungszeit?«

Andrew schwieg. Was sollte er darauf schon antworten?

»Also gut«, erklärte Daniel nach langen Sekunden. »Bestrahlt erneut. Noch einmal mit der vollen Dauer.«

»Ja, ist gut.« Andrew legte auf. Er wusste, dass Daniel nur darauf gewartet hatte, die technischen Einheiten vom Parkplatz abzuziehen und zur Krankenstation zu schicken. Daraus würde nun nichts werden.

Andrew lief wieder zu Dirk, der einen der Gammastrahler ausrichtete. »Wieder mit der vollen Dauer.«

Der Feuerwehrmann presste die Lippen zusammen.

»Können wir nicht die Stelle mit dem Presslufthammer pulverisieren?«, fragte eine Feuerwehrfrau, die einen ganzen Kopf kleiner als Andrew war. »Dann saugen wir das Zeug in die Lithiumbehälter.«

Andrew schüttelte den Kopf. »Das haben wir schon bei der Planung diskutiert. Wir würden nur das Risiko eingehen, die Nanomaschinen mit dem schweren Gerät aufzuwirbeln und weiter zu verteilen.«

»Es wundert mich sowieso, dass der Wind sie nicht wegweht«, meinte Dirk. »Bei dem Sturm heute.«

Andrew schüttelte wieder den Kopf. »Die Nanomaschinen pappen aneinander fest. Darum erscheinen sie wie eine solch viskose Flüssigkeit. Im Gegensatz zu Wasser kann die Luft die

Masse nicht aufnehmen.« Wenn der Wind es geschafft hätte, Verbünde von Nanomaschinen von der Oberfläche fortzutreiben, hätte nichts und niemand sie noch retten können. Gott sei Dank hatten sich seine Berechnungen in diesem Falle zumindest bewahrheitet. Die Nanomaschinen auf dem Parkplatz des Forschungszentrums waren wahrscheinlich durch die Druckwelle der Explosion dorthin gelangt.

Andrews Handy klingelte wieder. »Ja?«

»Wir haben eine weitere Ausbruchsstelle«, krächzte der Einsatzleiter.

Andrew wurde gleichzeitig heiß und kalt. Seine Hände begannen zu zittern. »Zusätzlich zu denen auf dem Parkplatz und der Krankenstation?«

»Ja.«

Oh Gott, nein!

»Wo?«

Im Hintergrund des Kontrollzentrums hörte Andrew laute Stimmen. Eine davon war Rappes.

»Der Hubschrauber hat sie uns gemeldet«, sagte Daniel. »Am Außenzaun des Forschungszentrums. Etwa einen halben Kilometer südlich der Hauptwache.«

Das war fast einen Kilometer vom Reaktor entfernt. Kaum zu glauben, dass die Explosion einen Verbund von Nanomaschinen so weit getragen hatte. Wenn es die Biester bis dorthin geschafft hatten, dann konnte es sie nun überall geben. »Wir müssen den Suchradius erweitern.«

»Das habe ich schon veranlasst«, entgegnete Daniel. »Wir bekommen einen zweiten Hubschrauber mit Infrarotausrüstung von der Bundeswehr.«

Andrew hoffte nur, dass sie keine Infektionsstelle außerhalb des Geländes fanden. Dann bestand die Gefahr, wirklich die Kontrolle zu verlieren.

Er kam sich jetzt schon wie ein Versager vor. Es war seine Aufgabe gewesen, das Experiment zu planen und Vorkehrungen gegen eine Kettenreaktion zu treffen. Die Nanomaschinen hätten niemals aus dem Sicherheitsbehälter austreten dürfen. Und nun kam eine Ausbruchsstelle nach der anderen dazu. »Kann ich etwas tun?«

»Ja«, sagte Daniel. »Ich ziehe einen Teil der Einsatzkräfte aus der Krankenstation ab, um die neue Fundstelle zu sterilisieren. Ich bitte dich, dass du als Experte mitgehst, dir die Fundstelle ansiehst und mir dann ein genaues Bild der Lage gibst.«

»Okay.«

»Der Einsatzwagen kommt gleich am Labor vorbei. Erwarte ihn am besten an der Straße. Ich will keine Zeit verlieren.«

»Verstanden.«

Andrew tauschte sich kurz mit Dirk aus und rannte dann in Richtung Straße. Schon raste ein technischer Einsatzwagen in seine Richtung. Andrew lief auf ihn zu und winkte. Das Fahrzeug hielt mit quietschenden Reifen.

Als Andrew einstieg, näherte sich von hinten bereits ein Mannschaftstransportwagen.

Mit Blaulicht und Sirene fuhren sie auf den Außenzaun des Geländes zu.

»Wie ist die Lage auf dem Parkplatz?«, fragte eine Feuerwehrfrau neben ihm, die einen halben Kopf größer war als er. Rosafarbene Haarsträhnen ragten unter ihrem Feuerwehrhelm hervor. Die Rangabzeichen wiesen sie als Brandmeister aus. Sie musste die Gruppenleiterin des Fahrzeugs sein.

Andrew schwitzte trotz der Kälte und wischte sich über das Gesicht. »Wir dachten, dass die Lage unter Kontrolle ist, aber die Bestrahlung hat nicht alle Nanomaschinen erwischt. Ein neuer Herd ist aufgetaucht und wir müssen erneut bestrahlen. Ich bin übrigens Andrew Collum.« Er hielt der Frau die Hand hin.

Sie machte keine Anstalten, sie zu ergreifen. »Ich weiß, wer Sie sind. Sie haben uns diese Scheiße eingebrockt.«

Andrew wollte gerade zu einer Entschuldigung ansetzen, als die Frau sagte: »Nun gut, ich bin Marina Bellhaus.« Sie schüttelte ihm dann doch noch die Hand.

Andrew nickte. Er musste sich damit anfreunden, dass viele Menschen ihm die Schuld geben würden, ganz gleich, ob es ein Anschlag oder ein Unfall gewesen war.

»Wie ist denn die Lage im Krankenhaus? Haben Sie den Ausbruch unter Kontrolle?«

Die Frau schnaubte. »Das hatten wir noch nicht mal mit zwei Einsatzteams. Es gibt mehrere Stellen, bei denen Bestrahlung erforderlich ist, und nach dem, was Sie mir soeben über den Parkplatz erzählt haben, wird das wohl mehrmals geschehen müssen. Gundermann grübelt gerade darüber nach, ob er einen Bagger kommen lassen soll, um einen Teil des Gebäudes abzureißen, damit die Nanomaschinen sich nicht durch die Wände weiter ausbreiten.«

So weit ist es also schon gekommen.

Das Fahrzeug hielt in einem Wendehammer. Als Andrew aus dem Wagen sprang, begann es wieder zu nieseln. Der Außenzaun erstreckte sich zu beiden Seiten der Sackgasse bis in die Tiefen der Wahner Heide.

Was für eine Wirkung das Wasser wohl auf die Nanomaschinen hat?

Er konnte es nicht sagen. Diese Frage gehörte mit zu denen, deren Antworten sie in den Experimenten hatten herausfinden wollen – mit Nanomaschinen, die sicher in ihrem Containment aus Lithium gefangen waren.

Auch der Mannschaftstransportwagen hatte den Wendehammer erreicht und mehrere uniformierte Einsatzkräfte stiegen aus.

»Wo ist die Stelle?«, fragte Andrew.

Bellhaus zeigte nach Norden. »Etwa hundert Meter in dieser Richtung. Jedenfalls nach Angaben des Hubschrauberpiloten.«

»Wir müssen die Infrarotbrillen aufsetzen, damit wir nicht aus

Versehen hineintreten.« Andrew holte sein Gerät aus der Gürtelhalterung.

»Wer hat eine Infrarotbrille?«, fragte Bellhaus laut.

Einer der Feuerwehrmänner aus dem MTW trat vor. »Ich.« Der Mann setzte sie auf.

Andrew runzelte die Stirn. »Ich dachte, alle Einsatzkräfte des Forschungszentrums wären ausgestattet.«

Bellhaus lachte auf. »Sind wir auch. Aber die Dinger sind so empfindlich, dass es jeden Monat Verluste gab. Also wurde die Ausrüstung vor einigen Wochen neu aufgeteilt, und da wir nur die dritte Einsatzgruppe sind, hatten wir das Nachsehen.«

Das durfte doch nicht wahr sein. »Warum haben Sie nicht nachgeordert?«

»Das haben wir«, sagte Bellhaus mit zuckersüßer Stimme. »Aber man hat den Posten erst in die Budgetplanung des nächsten Jahres aufgenommen. Dankeschön bitte an Herrn Rappe.«

Andrew nahm den Helm ab und wischte sich die schweißgetränkten Haare aus der Stirn. Es konnte einfach nicht sein, dass bei der milliardenschweren Finanzplanung ein solcher Posten von höchstens zwanzigtausend Euro im laufenden Fiskaljahr eingespart wurde. Aber es sah Rappe ähnlich, der seine Gelder lieber in die Labors steckte als in ›unnötige Sicherheitsausrüstung‹.

»Sie gehen vor«, kommandierte Bellhaus. »Zusammen mit Graff.« Sie drehte sich zu ihren Leuten um. »Holt schon einmal einen Teil der Bestrahlungsausrüstung. Wir werden sie ohnehin brauchen und wir müssen dann nicht zehnmal gehen.« Einer jungen Feuerwehrfrau setzte sie einen Zeigefinger auf die Brust. »Schnapp dir dein Telefon und sieh zu, dass wir einen geländetüchtigen Wagen bekommen. Die infizierte Stelle ist offenbar mitten in der Pampa.«

Die junge Frau verdrehte die Augen und stapfte zum MTW zurück.

Andrew schaute in den Himmel hinauf, aus dem immer noch Nieselregen herabfiel und sein Gesicht benetzte. Die grauen Wolken standen so tief, dass er meinte, sie berühren zu können, wenn er nur die Hand ausstreckte. Sie waren so dicht geworden – es sah aus, als hätte die Dämmerung schon eingesetzt. Dabei war es noch nicht einmal vier Uhr.

Andrew seufzte und platzierte die Brille auf der Nase. Er verließ den Asphalt und trat in knöchelhohes Gras. Langsam ging er nach Norden in Richtung der Hauptwache, die nicht allzu weit entfernt war. Es war ruhig, und er hörte nur den Wind pfeifen. Wenigstens hatte der im Vergleich zum Mittag etwas nachgelassen. Die Demonstranten hatten sich wohl in der Zwischenzeit verzogen.

Die Aktivisten haben bekommen, was sie wollten.

Er hoffte, dass die Polizei den oder die Attentäter fassen würde. Neben dem beträchtlichen Schaden an seiner Anlage hatten die Terroristen – jawohl, Terroristen! – ein Menschenleben auf dem Gewissen.

Nein, zwei.

Und eine Frau zur Witwe und ein Kind zur Waise gemacht.

Wut schoss in Andrew hoch, die er aber schnell wieder unterdrückte. Er musste sich hier und jetzt auf seine Aufgabe konzentrieren.

Neben dem Feuerwehrmann stapfte er weiter durch den sandigen Boden am Außenzaun entlang, die anderen Männer und Frauen hinter sich. Niemand redete.

Etwas blitzte in Andrews Infrarotgerät auf und er blieb wie angewurzelt stehen. Doch es war nur die Wärmestrahlung des Helikopters gewesen, der über dem anderen Ende des Forschungszentrums seine Kreise zog. Langsam ging er weiter.

»Irgendwo hier muss es sein«, sagte Bellhaus.

Im selben Moment blitzten erneut einige Pixel auf. Diesmal war die Wärmequelle tiefer. Am Boden.

»Ich glaube, ich habe die Ausbruchsstelle gefunden«, sagte Andrew. Zehn Meter voraus.

»Ich sehe es auch«, erklärte der Feuerwehrmann.

Andrew ging weiter. Die gelb-rote Fläche wuchs im Monitor seiner Brille. Dann bewegte sie sich.

Andrew blieb stehen.

Wieso zum Teufel bewegte sich die Wärmequelle?

Dann sah er Umrisse. Ein Kopf mit Ohren, ein Hals, Vorderläufe.

»Es ist ein Reh«, sagte Andrew. Er atmete auf. Vielleicht hatte sich der Helikopterpilot geirrt, und die Wärmequelle war nur ein Tier.

Andrew trat einen weiteren Schritt näher und nahm die Brille ab.

Es war tatsächlich ein Reh. Es lag am Boden, hatte den Kopf erhoben und blickte ihn aus traurig wirkenden Augen an.

Andrew lachte und winkte die anderen heran. »Ich glaube, unser Held vom Himmel …«

Andrews Lächeln gefror.

Das Reh existierte nur noch zur Hälfte. Das komplette Hinterteil fehlte, als wäre das Tier in der Mitte durchgeschnitten worden. Stattdessen war da nur noch eine goldene Pfütze.

»Oh Gott!« Der Feuerwehrmann hatte ebenfalls sein Gerät abgenommen.

Andrew würgte. Das Tier schien gar nichts zu bemerken. Ungerührt kauerte es auf dem Boden, schaute Andrew an und wartete darauf, dass es von den sich ausbreitenden Mikrorobotern zersetzt wurde.

Andrew drehte sich um und erbrach sich über seine Stiefel.

»Kann nicht einer das arme Tier erlösen?«, stöhnte ein Feuerwehrmann mit brechender Stimme.

»Womit denn?«, fragte ein anderer. »Wir haben keine Pistolen.«

»Soll ich die Sicherheit rufen?«, fragte eine Feuerwehrfrau, die sich den Helm abgenommen hatte und ganz bleich war.

»Das dauert zu lange«, erwiderte Bellhaus. »Wir müssen auf jeden Fall verhindern, dass sich das Vieh noch einmal in Bewegung setzt und die Nanomaschinen weiterverteilt.« Sie näherte sich Schritt für Schritt dem Tier und löste ihre Axt vom Gürtel.

Der Blick des Rehs folgte seiner Henkerin. Andrew bildete sich ein, Verständnis darin zu lesen.

Bellhaus ging neben dem Reh in die Knie und hob die Axt.

Andrew wandte sich ab. Die Feuerwehrfrau brauchte zwei Schläge. Das Tier gab währenddessen keinen Laut von sich.

Als Andrew sich wieder umdrehte, war der Kopf gespalten, rote Flüssigkeit sickerte in den Boden, während der Torso weiter aufgelöst wurde.

»Stellt die Stative für die Bestrahlungsgeräte hier auf.« Bellhaus winkte weitere Einsatzkräfte heran.

Andrew wischte sich über den Mund. Waren die Nanomaschinen etwa genau auf dem Tier gelandet? Das war doch eher unwahrscheinlich. Er setzte die Infrarotbrille wieder auf.

Die Pfütze leuchtete auf dem Monitor in einem satten Rot. Andrew ging langsam um sie herum. Dann sah er kleinere Spuren. Sie führten von dem Reh weg tiefer in den Wald zwischen ihnen und der Hauptpforte.

Das Reh musste tatsächlich noch herumgelaufen sein und hatte dabei die Nanomaschinen verteilt.

Scheiße!

Es handelte sich also nicht nur um eine weitere isolierte Ausbruchsstelle, sondern um eine ganze Armada von kleinen Infekten, die langsam wuchsen. Das würden sie nicht in den paar Stunden bis zu den Abendnachrichten beseitigen können.

15

Emma stand vor dem Gebäude der Krankenstation und drückte ihre Tochter an sich. Ein weiteres Fahrzeug der Betriebsfeuerwehr mit Blaulicht und Sirenengeheul kam auf dem Bürgersteig zum Stehen. Einsatzkräfte sprangen heraus, rissen die Türen der Ausrüstungskammern auf, nahmen schwere, unförmige Geräte auf und rannten keuchend an ihr vorbei. Das ohrenbetäubende Geknatter eines Presslufthammers drang aus der Türe nach draußen.

Emma war wie betäubt.

Claus ist tot!

Sie merkte, dass sie zitterte. Es war, als hätte sie gerade einen besonders abscheulichen Horrorfilm gesehen.

Sie wusste, dass ihre Sinne sie nicht getäuscht hatten. Dass Claus nun tot war. Dass sie ihn nie wieder in den Arm nehmen, dass seine Tochter nie wieder auf seinem Schoß sitzen würde, während er ihr aus einem ihrer Lieblingsbücher vorlas.

Sie wusste es.

Aber sie war unfähig, es zu begreifen.

»Wie fühlst du dich?«, krächzte sie ihrer Tochter zu. Wie dumm, eine solche Frage zu stellen!

Elena blickte sie mit einem seltsamen Glanz in den Augen an. Ihr Gesicht war verzerrt und bleich, wie eine Maske.

Die Assistentin, die Elena das Kartenspiel gegeben hatte, trat aus der Tür zu ihnen heraus. Sie legte eine Decke um Emmas Schultern. »Es tut mir leid«, flüsterte sie.

Emma nickte. »Wo ist der Doktor? Ich fürchte, meine Tochter hat einen Schock.«

»Ich werde ihn holen. Am besten kommen Sie mit mir wieder herein.«

Emma ließ sich von der Frau in das Gebäude führen. Auf dem Korridor wurden sie von zwei Feuerwehrmännern überholt, die schwere Geräte in der Hand trugen.

Die Assistentin brachte sie in ein großes Zimmer mit weißen Wänden, das über eine gemütliche Sitzecke und ein Bett verfügte.

»Das ist das Bereitschaftszimmer des betriebsärztlichen Dienstes. Sie können hier warten, bis der Doktor zu Ihnen kommt. Soll ich Ihnen und Ihrer Tochter ein warmes Getränk bringen?«

Emma nickte wie in Zeitlupe.

Die Frau ging in die Knie und wandte sich an Elena. »Möchtest du eine Tasse Kakao, Kleine?«

Elena reagierte nicht. Ihr Blick ging einfach durch die Frau hindurch.

Diese wartete einige Sekunden und berührte Elena dann mit der Hand sanft an der Schulter. »Ich werde dir einfach eine Tasse bringen, dann kannst du trinken, wenn du Durst bekommst.«

»Danke«, stammelte Emma.

Die Frau lächelte schwach. »Mein Name ist Josie«, sagte sie und verließ das Zimmer.

»Möchtest du dich auf das Bett legen?«, fragte Emma.

Elena reagierte wieder nicht. Dennoch ließ sie es geschehen, dass Emma sie mit sanftem Druck zum Bett führte. Ohne zu blinzeln lag sie dort auf der Seite und starrte an die Wand, als wäre sie eine Puppe.

Sie hat einen Schock. Ganz sicher.

Dann wurde Emma klar, dass sie garantiert selber einen hatte. Ihre Hände zitterten. Sie ballte sie zu Fäusten, aber das half auch nicht.

Emma wollte sich auf die Bettkante setzen. Aber auch das ging nicht. Sie war unfähig, sich zu bewegen. Sie starrte auf das Bett und nahm nur am Rande wahr, wie die Wände unter der Kraft der Presslufthämmer erzitterten.

Sie wusste nicht mehr, wie lange sie so dagestanden hatte, als sie ein Geräusch hinter sich hörte. Der Mediziner betrat den Raum.

Er kam zu ihr und reichte ihr die Hand. Emma ergriff sie, ohne nachzudenken.

»Es tut mir leid«, flüsterte Dr. Berg. »Es tut mir unendlich leid.«

Emma biss sich auf die Lippe. Sie wollte das nicht hören. Sie wünschte sich einfach nur, dass dieser Albtraum endete. Dass sie aufwachte und alles war wieder normal. So, wie es sein sollte.

Oh Gott, sicher würde sie heute und in den nächsten Tagen noch sehr viele dieser Beileidsbekundungen hören. Sie musste ihre und vor allem seine Freunde und Verwandten benachrichtigen.

Oh, Mama, war kein guter Tag heute. Ich habe meinen Job verloren. Und, ach, Claus wurde bei lebendigem Leib von Nanomaschinen zersetzt und aufgelöst.

Claus' Mutter wohnte in Münster, eigentlich hatten sie sie übernächstes Wochenende besuchen wollen. Sie würde Erika anrufen müssen. Heute noch.

Was soll ich ihr sagen?

Claus' Zwillingsbruder! Mölle, eigentlich Bernd, arbeitete in Kaiserslautern bei der Berufsfeuerwehr. Die beiden hatten jede Gelegenheit genutzt, sich zu treffen und gemeinsam einen hinter die Binde zu kippen. Mölle würde zusammenbrechen, wenn er vom Tod seines Bruders erfuhr.

»Frau Hartmann?«

Verständnislos blickte Emma auf und schaute in das besorgte Gesicht Dr. Bergs.

Claus ist tot.

Es war, als hätte jemand einen Schalter umgelegt. Sie schluchzte auf, versuchte verzweifelt, die Tränen zurückzuhalten. Aber es ging nicht.

Emmas Knie wurden weich. Wenn Dr. Berg sie nicht aufgefangen hätte, wäre sie auf den Boden gefallen.

»Warten Sie!« Der Mediziner stöhnte und bugsierte sie auf den Sessel.

Im Laufschritt verließ er das Bereitschaftszimmer und kehrte kurz darauf mit einer Tasche zurück.

Er kniete sich neben Emma, holte eine Ampulle und eine Spritze aus der Tasche, die er aufzog, und bat Emma, den Ärmel hochzurollen.

Sie ließ es wortlos über sich ergehen. Sie wollte noch nicht einmal wissen, was er ihr spritzte. Hauptsache, der Schmerz verging.

Der Arzt legte die leere Spritze weg und tupfte die Injektionsstelle ab. »Es wird Sie ein wenig beruhigen.«

Ein dünner Vorhang schob sich zwischen sie und die Welt. Emma fühlte immer noch Trauer und Schmerz, aber die Intensität ließ nach. Sie schluchzte noch einmal und atmete dann tief durch. »Schauen Sie nach Elena, bitte.«

Der Arzt nickte und ging zu Emmas Tochter, die immer noch katatonisch auf dem Bett lag.

Krankenschwester Josie betrat mit zwei Tassen das Zimmer, die sie auf den Tisch neben Emma stellte. »Brauchen Sie noch etwas anderes? Noch eine Decke?«

Emma schüttelte den Kopf, und die Frau verließ wieder den Raum.

»Ihre Tochter hat einen leichten Schock.« Dr. Berg trat wieder zu ihr und setzte sich auf einen der Sessel. »Das ist aber auch kein Wunder bei dem, was sie mitansehen musste.«

»Vielleicht geben Sie ihr auch etwas zur Beruhigung.«

Der Mediziner machte eine abwehrende Geste. »Das Mittel ist für Kinder nicht geeignet. Es ist auch nicht nötig. Sie wird ihre Erlebnisse verarbeiten müssen. Sie sollten einen Kinderpsychiater hinzuziehen. Am besten so bald wie möglich.« Er stutzte. »Vielleicht nehmen Sie ebenfalls eine psychologische Behandlung in Anspruch.«

Emma nickte. Sie konnte sich nicht vorstellen, dass ein Psychiater ihr etwas zu sagen vermochte, was sie sich besser fühlen ließ.

Es knallte. Eine Erschütterung lief durch den Raum. Bücher auf einem der Regale kippten um und fielen zu Boden.

»Was zum Teufel war das?« Dr. Berg drehte sich um in Richtung Ausgang.

Emma interessierte es nicht.

Einige Feuerwehrleute rannten an der Tür in Richtung Behandlungszimmer vorbei.

Ein weiterer Feuerwehrmann mit hochrotem Gesicht trat kurz darauf in den Bereitschaftsraum. »Es tut mir leid, Sie müssen das Gebäude verlassen.«

»Was ist denn passiert?«, fragte Dr. Berg.

Der Mann setzte an zu reden, verschluckte sich und hustete laut. »Eine tragende Wand des Gebäudes ist umgestürzt. Die Nanomaschinen haben sie anscheinend geschwächt. Wir müssen einen Teil der Krankenstation abtragen, um wieder an den Ausbreitungsort zu gelangen.«

Dr. Berg schüttelte den Kopf. »Aber ich muss die Krankenstation betriebsbereit halten.«

»Nein«, widersprach der Feuerwehrmann. »Dieses Gebäude ist nicht mehr sicher. Es ist aber auch nicht länger nötig. Die Straßen sind wieder frei. Verletzte können sofort zum St.-Josef-Hospital in Troisdorf oder in das Krankenhaus in Porz gebracht werden.«

Dr. Berg nickte. »Ich muss noch einige persönliche Sachen aus meinem Büro holen.«

»Meinetwegen. Aber machen Sie so schnell wie möglich.« Der Uniformierte verließ das Zimmer.

Dr. Berg drehte sich zu Emma um. »Tut mir leid. Sie sollten nach Hause gehen. Kommen Sie klar?«

»Ja, natürlich.« Es war eine glatte Lüge. Sie wusste nicht, wohin mit sich und ihrer Tochter. Sie konnte den Gedanken nicht ertragen, heim nach Spich zu fahren. Zum einen war sie nach der Spritze immer noch benommen und nun in das Haus zu gehen, das sie sich mit Claus geteilt hatte, wo sie sich geliebt, gestritten und ihr Kind aufgezogen hatten, fühlte sich völlig falsch an.

»Soll ich Ihnen einen Wagen rufen?«, wollte Dr. Berg wissen.

Emma schüttelte den Kopf. Sie ging zum Bett und streichelte ihrer Tochter über die Haare. »Komm. Wir gehen.«

16

»Danke.« Ben steckte das Diensthandy wieder weg. Er ging zu Rappe und dem Bundeskanzler, die leise miteinander diskutierten.

Als Ben sich näherte, unterbrachen sie ihr Gespräch.

»Und?«, fragte Rappe.

»Gute Nachrichten«, antwortete Ben. »Ich habe gerade mit Koch gesprochen. Der Ausbruch am Parkplatz scheint gestoppt zu sein. Die Einsatzkräfte werden jetzt zu der Infektionsstelle am Außenzaun gebracht, um dort zu unterstützen.«

»Immerhin«, zischte Rappe. »Kommt Koch jetzt wieder zurück?«

Ben schüttelte den Kopf. »Er möchte sich selber einen Überblick verschaffen und fährt zur Krankenstation.«

»Es ist doch zum Haareraufen«, schimpfte Rappe. »Der Platz des Einsatzleiters ist hier in der Einsatzzentrale.«

Hütter legte eine Hand auf die Schulter des Institutsleiters. »Der Mann scheint zu wissen, was er tut.«

Rappe brummte laut. Wieder klingelte das Handy des Kanzlers, und er ging in den hinteren Bereich des Raumes, um zu telefonieren.

Ben blickte auf seine Armbanduhr. Vier Stunden waren seit dem Unfall vergangen. Die Chance darauf, den Ausbruch der Nanomaschinen bis zu den Abendnachrichten unter Kontrolle zu bringen, schwand mit jeder Minute. Außerdem setzte langsam die Dämmerung ein, was die Arbeit für die Einsatzkräfte auch nicht gerade erleichterte.

Wenn der Ausbruch auf dem Parkplatz nun endlich sterilisiert war, zeigte das immerhin den Erfolg der Maßnahmen. Nanomaschinen konnten mit massiven Dosen radioaktiver Strahlung zuverlässig vernichtet werden. Ben zweifelte nicht daran, dass sie auch die Infektionen in der Krankenstation und am Außenzaun eindämmen würden. Es würde halt nur etwas länger dauern.

Hoffnung weckte ebenso die Tatsache, dass die beiden nun im Einsatz befindlichen Überwachungshubschrauber keine weiteren Infektionsherde mehr finden konnten. Wenn es Nanomaschinen auch zu anderen Stellen geweht hätte, dann hätte sich das in der Zwischenzeit gezeigt.

Hoffte er zumindest.

»Hat sich schon irgendein Vertreter der Presse gemeldet?«, fragte Rappe. »Wissen Sie etwas von Mayer?«

Ben nickte. »Ich habe eben mit ihm gesprochen. Mayer hat die Presseleute und Fernsehteams beruhigt und nach Hause geschickt, nachdem die Straße wieder frei war. Es gab allerdings einige Journalisten, die sich weigerten.«

Rappe runzelte die Stirn. »Sich weigerten?«

Ben schnaubte. »Sie wollten von innerhalb des Zentrums berichten. Ist ja auch verständlich. Mayer hat ihnen Büroräume im Auditorium zugewiesen und ihnen verboten, sich ohne Begleitung im Forschungszentrum zu bewegen.«

»Gut. Hat er was davon gesagt, wie die Öffentlichkeit die Nachrichten aufnimmt?«

»Ja, in den Nachrichten und auf den Online-Newsstreams ist man wohl zurückhaltend, da man nicht genau weiß, wie sich die

Dinge entwickeln. Es gibt einige scharfe Kritiker, die nun das bedingungslose Verbot der Nanotechnik fordern, aber das sind nur die üblichen Verdächtigen, die das auch schon vor dem Unfall gefordert haben.«

Befriedigung zeichnete sich auf Rappes Gesicht ab.

Ben konnte sich denken, warum. Wenn die Presse sie nicht schon geschlossen verdammt hatte, hatten sie noch eine Chance. Morgen würde die Diskussion zwischen den zwei Lagern ausbrechen. Es würde diejenigen geben, denen der Ausbruch bewies, dass Nanomaschinen trotz aller Vorsichtsmaßnahmen aus dem Sicherheitsbehälter entweichen konnten. Ben wusste schon, wie die offizielle Position des Forschungszentrums und somit auch seine zu lauten hatte: Nanotechnik stellte keine Gefahr dar, da auch im schlimmsten Fall Ausbrüche mit radioaktiver Strahlung eingedämmt werden konnten.

»Wir müssen morgen eine PR-Kampagne starten, wie wir sie seit Beginn unserer Arbeit noch nicht gesehen haben«, verkündete Rappe. »Alles wird davon abhängen, ob es uns gelingt, das Bild der Nanotechnik in der Öffentlichkeit zu kontrollieren.«

Ben wiegte den Kopf. »Wir müssen aufpassen, dabei nicht über das Ziel hinauszuschießen.« Er hatte Sorge, dass Rappe es übertrieb. Vor allem Mayer neigte bei seinen Pressekonferenzen dazu, manchmal regelrechten Blödsinn zu erzählen.

»Dieser Krieg wird nicht mit Fakten gewonnen.« Rappe lachte leise. »Eigentlich ist es bei der öffentlichen Bewertung von Technologie nie um Fakten gegangen. Sie wissen ja selber, mit welch hanebüchenen Argumenten die Apokalyptiker und stellenweise auch die angeblich so sachlichen Kritiker des sogenannten Qualitätsjournalismus gegen uns vorgegangen sind.«

Da hatte der Institutsleiter natürlich recht. Die vehementesten Gegner der Technologie hatten sich nie auf Fakten berufen. Sie hatten sich darauf verlassen, am lautesten zu schreien, und dadurch weite Teile der Bevölkerung erreicht. Dennoch war Ben der

Meinung, dass der Zweck nicht immer die Mittel rechtfertigte. In der Anfangszeit waren schwere Fehler gemacht worden, indem sie die Kritiker – und auch die Bevölkerung – von oben herab behandelt hatten. Das Bild in der Öffentlichkeit verbesserte sich zuletzt wieder etwas, nachdem sie ihre Taktik auf eine geduldige Vermittlung von Fakten geändert hatten. Dabei war eines der gebetsmühlenartig vorgetragenen Hauptargumente gewesen, dass Nanomaschinen aufgrund der zahlreichen Sicherheitsmaßnahmen überhaupt nicht erst austreten konnten. Die letzten zwölf Stunden hatten gezeigt, dass sie nicht imstande gewesen waren, dieses Versprechen zu halten.

Rappe ging an der Zugangstür zum Kontrollraum auf und ab. Immer wieder blickte er auf sein Handydisplay. »Wir könnten sagen, dass wir nach dem Anschlag absichtlich eine kontrollierte Freisetzung von Nanomaschinen vorgenommen haben, um die Anlage zu schützen. Dann sieht es nicht so aus, als hätten wir die Kontrolle verloren.«

Ben starrte seinen Chef an. Meinte er das etwa ernst? Eine drastischere Verdrehung der Tatsachen gab es wohl kaum. »Damit kommen wir nicht durch.« Er sah Rappe eindringlich an. »Das ergibt von der Logik her überhaupt keinen Sinn.«

Rappe erwiderte seinen Blick. Er hatte die Augen zu Schlitzen verengt, war es wohl auch nicht gewohnt, dass ihm so vehement widersprochen wurde. »Für mich macht es absolut Sinn. In Fukushima haben sie auch radioaktives Wasser in die See gelassen, um den Druck im Reaktor zu senken.«

Ben wollte laut auflachen, konnte sich aber gerade noch zurückhalten. »Das ist doch etwas völlig anderes. Radioaktives Wasser kann sich nicht replizieren. Außerdem würde man die Wahrheit schnell herausfinden. Und dann stehen wir als Lügner da. Und ein Feuerwehrmann ist gestorben. Nicht nur ein Feuerwehrmann. Claus ist tot. Emmas Ehemann. Bei Ihrer Version wäre er ein Opfer unserer absichtlichen Freilassung.«

Rappe schnaubte verächtlich. »Machen Sie einen besseren Vorschlag«, sagte er nach einer Weile.

»Wir sollten bei der Wahrheit bleiben.« Ben legte alle Überzeugungskraft in seine Stimme, die er aufbieten konnte. »Die Qualitätsmedien und das öffentlich-rechtliche Fernsehen haben es immer dankbar aufgenommen, wenn wir ihnen die Wahrheit gesagt haben. Wir sollten unsere grundsätzliche Medienstrategie nicht ändern. Außerdem haben wir ein sehr mächtiges Argument auf unserer Seite.«

Der Kanzler trat wieder zu ihnen. »Wie lautet dieses Argument?« Hütter sah zerknautscht aus. Müde. Er hatte ganz sicher einige sehr nervenaufreibende Telefonate hinter sich.

»Der Einsatz in der Krankenstation ist fast abgeschlossen«, erklärte Ben. »Wenn sich alle Einsatzkräfte auf den Ausbruch in der Nähe des Außenzauns konzentrieren, werden wir auch dieses Problem bald in den Griff bekommen haben. Dann können wir erhobenen Hauptes sagen, eine Freisetzung ist kontrollierbar. Damit nehmen wir denen, die immer nur von der Angst vor einem Ausbruch schwadronieren, die Argumente aus der Hand. Wir zeigen, dass niemand Angst haben muss, auch wenn wir zugeben, uns bezüglich des sicheren Containments geirrt zu haben.«

»Wir sollen zugeben, dass wir einen Fehler gemacht haben?«, fragte Rappe. »Aber wir haben doch keinen Fehler gemacht, denn es war ja ein Anschlag, der die Scheiße in Gang gesetzt hat.«

Ben nickte. »Indem wir eine Schwäche zugeben, zeigen wir Demut und somit eine zutiefst menschliche Geste. Das wird man in der öffentlichen Meinung sicher würdigen.«

»Ich weiß nicht«, meinte Rappe. »In meiner Welt werden die Schwachen bei der ersten sich bietenden Gelegenheit gefressen.«

Ben legte den Kopf schief. Das mochte zwar sein, aber Rappe

lebte auch in einer anderen Welt als der Großteil der Bevölkerung.

»Für mich hört sich das gar nicht mal so schlecht an«, erklärte Hütter. »Wenn wir hingegen wieder einmal arrogant auftreten oder den Medien gar knallharte Lügen auftischen, dann verlieren wir den letzten Rest an Glaubwürdigkeit.«

»Gut, wenn Sie meinen ...«, sagte der Institutsleiter.

Ben hörte die Schritte schwerer Stiefel hinter sich und drehte sich um. Daniel Koch betrat das Kontrollzentrum. Er trug seinen Feuerwehrhelm unter dem Arm. Sein Gesicht war mit schwarzem Staub bedeckt. Schweiß stand auf seiner Stirn, und er atmete schwer.

Er blieb vor Rappe und dem Kanzler stehen und holte tief Luft. »Der Ausbruch in der Krankenstation ist gestoppt.«

Hütter klatschte in die Hände. »Das ist doch mal eine Auskunft. Ich sagte doch, der Mann ist gut.«

»Sind Sie sicher?«, wollte Rappe wissen.

Koch nickte. »Wir haben großflächig Material abgetragen und in Lithiumbehälter gefüllt. Ich bin mir sicher, dass hier keine weitere Gefahr droht. Ich habe trotzdem eine Brandwache mit Infrarotgeräten dort positioniert, aber die Einsatzkräfte zur Unterstützung an den Außenzaun geschickt.«

Ben hatte den Atem angehalten und schnappte nun nach Luft. Wenn es noch einen letzten Zweifel gegeben hatte, so war dieser nun ausgeräumt. Sie würden diese Krise hinter sich bringen und die Nanomaschinen unschädlich machen.

»Was schätzen Sie, wie lange es noch dauert?«, fragte Hütter.

Koch trat an die Konsole der Einsatzleitung und legte den Helm auf einen Tisch daneben. »Schwer zu sagen. Am Außenzaun haben wir ja nicht nur eine Ausbruchsstelle, sondern mehrere dicht nebeneinander, weil das blöde Tier die Nanomaschinen durch die Gegend geschleppt hat.« Er schnaubte. »Dabei können wir von Glück sagen. Das Reh hätte die Dinger durch das halbe Forschungszentrum tragen können. Dann hätten wir nicht mehr die geringste Chance gehabt, den Ausbruch mit unseren Mitteln zu stoppen.«

Rappe verzog das Gesicht. »Wir werden in Zukunft die Stärke des Einsatzteams verdoppeln.«

Koch stutzte und drehte sich zu ihnen zurück. »Ab einer gewissen Menge ausgetretener Nanomaschinen wird das auch nichts nutzen.«

Rappe schien unverändert zuversichtlich. »Bei der nächsten Generation wird das alles gar nicht mehr nötig sein. Die sind dann intelligent genug, dass man sie mit einem Funksignal deaktivieren kann.«

»Warum haben Sie das nicht schon gleich implementiert?« Verärgerung mischte sich in Hütters Stimme.

Rappe hob fast entschuldigend die Arme. Eine Geste, die man bei ihm nicht allzu oft sah. »Wir sind einfach noch nicht so weit.«

Ben seufzte unterdrückt. Vielleicht wäre es besser gewesen, noch ein oder zwei Jahre mit dem Experiment zu warten. Er hatte sich bei einem wein- und bierseligen Abend über dieses Thema mit Andrew unterhalten. Aber sein Freund war der Meinung gewesen, dass man selbst dann nicht jedes Risiko ausschließen konnte.

Auf der Konsole des Einsatzleiters klingelte ein Telefon. Es war so ein altes, mit einem Hörer, der an einer Schnur hing. Koch nahm das Gespräch an. Ihm schien nicht zu gefallen, was sein Gesprächspartner sagte. Eben noch hatte er sich sichtlich entspannt gehabt, und nun verzogen sich seine Gesichtsmuskeln. »Ich komme.«

»Was?«, fragte der Kanzler.

»Es gibt Probleme«, antwortete der Feuerwehrmann.

»Was für Probleme?«, hakte Ben nach.

»Die Nanomaschinen am Außenzaun breiten sich schneller aus, als wir mit den Bestrahlungsgeräten eindämmen können.«

17

»Schaff das Bestrahlungsgerät von Stelle drei hierher«, sagte Andrew zu einem Feuerwehrmann, dessen Namen er schon wieder vergessen hatte.

»Stelle drei ist aber noch nicht eingedämmt«, entgegnete der Mann, der irritierend blaue Augen hatte.

Andrew wischte den Einwand mit einer Handbewegung beiseite. »Aber fast. Wir warten nicht, bis die Stelle sterilisiert ist, sondern schaffen schon einen der Strahler zur nächsten. Das spart einige Minuten.«

Der Mann nickte und verschwand.

Ein paar Meter entfernt stand Marina Bellhaus und gab Männern weitere Befehle. Sicher drei Dutzend Menschen liefen an der Einsatzstelle herum und durcheinander. Für Andrew war es fast schon ein Wunder, dass noch niemand aus Versehen auf kontaminierten Boden getreten war.

Bellhaus blickte ihm entgegen und wischte sich über das verdreckte Gesicht. Sie hatte einen roten Kratzer an der linken Wange, der vor einigen Minuten noch nicht da gewesen war. »Läuft Scheiße.«

Andrew zuckte mit den Schultern. »Stelle drei ist fast unter Kontrolle, dafür wächst vier schneller, als wir bestrahlen. Ich habe eine Einheit von drei zu vier schaffen lassen.«

Bellhaus hustete laut und spuckte dann auf den Waldboden aus. »Eins und zwei sind gestoppt. Fünf und sechs werden bestrahlt. Sieben bis zwölf warten immer noch.«

»Zwei Geräte sind auf dem Weg von der Krankenstation hierher«, informierte Andrew sie.

»Das wird nicht reichen«, meinte Bellhaus. »Vor allem elf und zwölf wachsen schnell. Bis wir die anderen erledigt haben, sind die Nanomaschinen dort bereits bis in eine Tiefe vorgedrungen, die wir mit Bestrahlungsgeräten nicht mehr erreichen können.«

Andrew antwortete nicht und ging zur nächsten Ausbruchsstelle. Nummer fünf. Er blieb in einigen Metern Entfernung stehen.

Die goldene Pfütze auf dem Waldboden hatte beinahe schon die Ausdehnung von der auf dem Parkplatz erreicht. Dort hatten sie fast eine Stunde bestrahlen müssen, bis die Nanomaschinen zerstört waren.

Die weiteren Ausbruchsstellen waren auf einer Länge von etwa hundert Meter verteilt. Zusammen mit Bellhaus ging er zu Nummer sieben. Vorsichtig trat Andrew dicht an die Pfütze. »Wie schnell dehnt es sich aus?«

Bellhaus nahm einen Stock und rührte ein wenig darin herum. »Etwa ein Zentimeter pro Minute.«

»Wir bräuchten dringen mehr Bestrahlungsgeräte«, erklärte Andrew.

»Mehr haben wir leider nicht.«

»Können wir nicht irgendetwas improvisieren?«

Bellhaus lachte bitter. »Ist nicht gerade mein Fachgebiet. Aber wenn Sie einen Vorschlag haben, dann her damit.«

Eigentlich konnten sie alles gebrauchen, das radioaktive Strahlung aussendete. »Röntgengeräte aus Krankenhäusern«, sagte Andrew.

Bellhaus winkte ab. »Wie sollten wir die hier schon installieren? Das würde viel zu lange dauern.«

Sie brauchten Ideen. Unkonventionelle Ideen. Wie war es machbar, möglichst schnell möglichst viel Strahlung zu den Nanomaschinen zu bringen? »Wir könnten hochradioaktiven Atommüll aus einem Castorbehälter holen und mit dem goldenen Zeug vermischen.«

Die Feuerwehrfrau musterte ihn skeptisch. »Haben wir denn einen Castorbehälter?«

Andrew schüttelte den Kopf. »Nein, das war nur so eine Idee.

Wir wären dann auch nicht mehr in der Lage, hier ohne Strahlenschutzanzüge rumzulaufen, und die Umweltorganisationen würden uns die Hölle heißmachen.«

Ein Windstoß kam auf, von einem der Bäume löste sich ein Blatt und fiel an den Rand der goldenen Masse. Es dauerte nur ein paar Sekunden, dann entwickelte das braune Eichenlaub einen goldenen Rand.

Er konnte nicht anders, als an Claus zu denken. So hatte es bei ihm auch angefangen. Als er zum ersten Mal mit den Nanomaschinen in Kontakt gekommen war, war sein Schicksal besiegelt gewesen.

Andrew fröstelte. »Wenn der Wind wieder zunimmt, könnten wir erhebliche Probleme bekommen.«

»Wie meinen Sie das?«, fragte Bellhaus.

»Stellen Sie sich vor, der Wind weht kontaminierte Blätter über das Gelände.«

Bellhaus starrte ihn einen Moment an und richtete sich dann kerzengerade auf. »Das wäre ziemlich übel. Stimmt. Ich werde ein Netz holen und über die Pfützen spannen.«

»Am besten holen Sie gleich auch ein paar Scheinwerfer.«

Bellhaus starrte nach oben in den dunkelgrauen Himmel. »Ja, bald ist es dunkel. Ich werde mich darum kümmern.«

Die Feuerwehrfrau wollte gerade davonstapfen, als hinter ihnen Daniel Koch auftauchte. Der Einsatzleiter hatte Rappe und den Bundeskanzler im Schlepptau. Auch Ben trat mit der Gruppe zu ihnen.

Andrew stöhnte innerlich. So sehr er seinen Freund mochte – eine offizielle Delegation an Gaffern hatte ihm noch gefehlt.

»Wie ist die Lage?«, fragte Koch.

»Wir haben genug Probleme.« Bellhaus klang genervt. »Auch ohne eine VIP-Führung.«

Sie sagt es wenigstens laut!

Der Kanzler grinste kurz. Rappe starrte sie giftig an.

Koch hob beschwichtigend die Hände. »Ich kann mir vorstellen, dass Sie mit den Nerven runter sind. Erstatten Sie mir einfach Bericht und ignorieren Sie die Begleitung.«

»Wie ich bereits am Telefon sagte, haben wir mehr Ausbruchsstellen, als wir mit unserer Ausrüstung bewältigen können.«

»Die Bestrahlungseinheiten von der Krankenstation sind unterwegs und werden in den nächsten Minuten hier eintreffen«, entgegnete Koch.

»Es reicht trotzdem nicht«, mischte sich Andrew ein. »Wir können nur drei Stellen gleichzeitig bestrahlen. Wir haben zwar damit angefangen, kleinere Stellen abwechselnd zu bearbeiten, aber währenddessen wachsen die anderen weiter. Es dauert nicht mehr lange, bis wir eine kritische Größe erreicht haben.«

»Was können wir tun?«, fragte Koch.

Andrew runzelte die Stirn. Eigentlich war es die Aufgabe des Einsatzleiters, die Richtung vorzugeben. Andererseits sprach es für ihn, dass er zunächst um Vorschläge bat.

»Dr. Collum hat vorgeschlagen, radioaktive Substanzen über die Ausbruchsstellen zu kippen«, antwortete Bellhaus.

Ja, aber das ist ja nicht praktikabel.

»Gute Idee, haben wir nur nicht«, meinte Koch.

Andrew hatte eine Idee. »Die Sterilisationseinrichtung des Labors über dem Containmentgefäß.«

»Was ist damit?«, fragte der Einsatzleiter.

»Die könnten meine Ingenieure abmontieren. Sie strahlt Alpha-, Beta- und Gammastrahlung aus. Die Techniker würden sie auf ein Stativ schweißen. Oder besser noch an einen Kran hängen. Sie hätte genug Dosisleistung für eine Ausbruchsstelle.«

»Wie lange würde das dauern?«

Andrew kniff die Augen zusammen. »Eine halbe Stunde vielleicht.«

»Gut, rufen Sie Ihre Leute an. Ich schicke einen Tieflader, der das Ding am Labor abholt.«

Andrew trat zeitgleich mit Bellhaus zur Seite, um zu telefonieren. Hoffentlich funktionierte der große Brückenkran des Labors nach dem Anschlag noch, sonst würden sie das schwere Gerät nicht hinablassen können. Und hoffentlich passten seine Techniker auf, dass sie das Containmentgefäß nicht beschädigten.

Das Containmentgefäß ...

Andrew lief zu dem Einsatzleiter zurück. Er wartete nicht, bis der Kanzler zu Ende gesprochen hatte, sondern platzte heraus: »Die Bestrahlung alleine wird nicht ausreichen.«

»Das haben wir eben schon festgestellt«, sagte Rappe sarkastisch.

»Wir könnten große Container hier aufstellen und das kontaminierte Zeug mit den Lithiumsaugern hineinfüllen. Dann heben wir mit Schaufeln großzügig das Erdreich aus und kippen es ebenfalls in die Container.«

»Was für Container?«, fragte Koch skeptisch.

»Lithiumcontainer, die die Nanomaschinen nicht zu zerfressen in der Lage sind.«

Der Einsatzleiter schüttelte den Kopf. »Ich verstehe nicht. Wir haben keine Lithiumcontainer.«

»Doch, haben wir.« Andrew zeigte zum zerstörten Dach des Labors hinüber. »Wir haben den Lithiumbehälter des Containments. Wir heben ihn runter, schneiden ihn mit schwerem Gerät in der Mitte durch und schon verfügen wir über zwei große Behälter mit einem Volumen von Dutzenden Kubikmetern. Das sollte reichen.«

»Eine interessante Idee.« Koch rieb sich über das Kinn.

Rappe lief rot an. »Haben Sie eine Ahnung davon, wie viel die Konstruktion des Containments gekostet hat? Ich werde es Ihnen sagen. Millionen Euro! Und den wollen Sie nun einfach so zerschneiden? Sie müssen verrückt geworden sein.«

»Wie lange würde das dauern?«, fragte der Kanzler.

Andrew überlegte einen Augenblick. »Die Arbeiten könnten parallel zu dem Abbau des Sterilisators erfolgen.«

»Haben Sie im Labor alle Werkzeuge, die Sie brauchen?«

Andrew nickte. »Alles da!«

Rappe hob die Hand mit emporgestrecktem Zeigefinger. »Ich gebe nicht die Erlaubnis dazu.«

Koch ignorierte ihn. »Ich schicke trotzdem einen Trupp zur technischen Unterstützung.«

Andrew nickte.

»Das wird Konsequenzen haben«, sagte Rappe düster.

Andrew wusste, dass der Institutsleiter seinen Worten Taten folgen lassen würde, aber das war ihm im Moment egal. Er wollte, dass das Unheil, das er mit seinen Nanomaschinen mitangerichtet hatte, so schnell wie möglich unter Kontrolle gebracht wurde. Immerhin war er sich sicher, dass Rappe nicht beabsichtigte, ihn zu feuern. Der brauchte ihn noch, um die Forschungen fortzusetzen. Wenn sie denn nach diesem unheilvollen Tag überhaupt fortgesetzt wurden.

Als Andrew das zweite Gespräch mit seinen Technikern beendet hatte, war es stockdunkel. Doch die Einsatzkräfte waren endlich damit fertig geworden, die Scheinwerfer aufzustellen. Rappe und der Kanzler hatten sich etwas zurückgezogen und beobachteten das Schauspiel von einer Anhöhe.

Jemand tippte auf Andrews Schulter. Es war Ben. »Hast du das von Emmas Mann erfahren?«

Andrew nickte. Er hatte ein schlechtes Gewissen und wusste nicht, was er dazu sagen sollte.

»Übel«, sagte Ben. »Ganz übel.«

»Weißt du, wie es ihr geht?«

Ben schüttelte langsam den Kopf. »Nein, ich habe nichts gehört. Aber wie soll es jemandem schon gehen, der gerade seinen Partner verloren hat.«

»Ich fühle mich wirklich schlecht deswegen«, gab Andrew zu.

Ben legte die Hand auf seine Schulter. »Es ist nicht deine Schuld. Das alles hier ist nicht deine Schuld. Es ist alleine die Schuld des Bombenlegers.«

Das sagte sich so einfach. Doch es hätte viele Wege gegeben, einen Ausbruch trotz eines Bombenanschlags zu verhindern. Er hätte das Containment verstärken, eine zusätzliche Isolierungsschicht in den Lithiumcontainer einfügen oder die Sterilisationseinrichtung wirkungsvoller einrichten können. Immer, wenn er auch nur kurz darüber nachdachte, fielen Andrew neue Möglichkeiten ein, das heute geschehene Unheil zu verhindern.

»Du hattest die Idee mit dem Container«, sagte Ben. »Damit kriegen wir die Ausbreitung gestoppt. Dir ist es zu verdanken, dass es keine schlimmeren Konsequenzen haben wird. Das musst du dir in Zukunft immer wieder klarmachen.«

Andrew und Ben machten vier Feuerwehrleuten Platz, die eine der großen Gammabestrahlungseinrichtungen auf einem Stativ von einer infizierten Stelle zur nächsten schleppten. Zwei weitere Einsatzkräfte folgten mit einer Kabeltrommel.

Vielleicht hatte Ben recht. »Na ja, für Vorwürfe ist wohl später noch Zeit. Wir haben hier noch genügend anderes zu tun.«

Ben grinste schief. »*Du* hast genügend zu tun. Ich geh wieder zurück zum Kanzler und zu Rappe.«

Andrew rang sich ein schwaches Lächeln ab. »Ist doch auch mal schön, zu sehen, dass Rappe nur untätig in einer Ecke stehen kann.«

Ben hob die Hände. »Du irrst dich. Rappe hängt die meiste Zeit am Telefon, um mit *wichtigen* Leuten zu reden. Er stellt bereits die Weichen für das Forschungszentrum nach diesem Tag. Der Kanzler tut übrigens dasselbe.«

Andrew rieb sich die Schläfen. Ob es für sie überhaupt weiterging, würde am Ende weder Rappe noch Hütter entscheiden. Das lag schon bald in den Händen ganz anderer Politiker, abhängig vom Bild in der Öffentlichkeit.

Andrew verabschiedete sich von seinem Freund und ging zu Infektionsstelle zwölf, die inzwischen die größte von allen war. Bellhaus stand am Rand mit einem Messgerät von der Größe einer Zigarettenschachtel in der Hand. »Fünf Meter Durchmesser«, sagte sie mit bitterer Stimme.

Andrew bekam eine Gänsehaut. »Das ist an der Grenze dessen, was unsere Bestrahlungsgeräte noch eindämmen können.«

»Ich lasse zwei Geräte von den kleineren Stellen abziehen, damit wir zumindest die weitere Ausbreitung ein wenig verlangsamen.«

Das würde nichts bringen. »Wir sollten stattdessen die Nanomaschinen so bald wie möglich absaugen. Haben Sie noch eine Lithiumpumpe?«

Die Feuerwehrfrau hob entschuldigend die Hände. »Ja, Sauger haben wir noch, aber wir haben keine freien Lithiumbehälter mehr. Die wurden schon komplett für die Ausbrüche auf dem Parkplatz und in der Krankenstation aufgebraucht.«

Ein Windstoß peitschte Blätter vom Boden auf, von denen einige mitten in die goldene Masse fielen.

»Was ist denn jetzt mit den Netzen?«, rief die Gruppenleiterin.

»Sind hier«, antwortete eine Stimme hinter ihnen. Zwei Feuerwehrmänner schleppten ein großes Netz aus dünnen, engmaschigen Kunststofffäden heran. Sie fixierten es am Rand der Pfütze auf kleinen Pfosten, damit das Netz nicht die Masse aus Nanomaschinen berührte.

Immerhin eine Sorge weniger. Andrew schätzte jedoch, dass es nur höchstens eine Stunde brauchen würde, bis das Netz wegen der Ausbreitung zu klein wurde.

»Kommen Sie«, sagte Bellhaus. »Wir gehen die einzelnen Stellen ab.«

Nummer elf war ein gutes Dutzend Meter entfernt. Die Pfütze war deutlich kleiner als die von Nummer zwölf. Mit etwas Anlauf hätte man sie bequem überspringen können. Allerdings standen hier noch keine Bestrahlungsgeräte. Nur ein Feuerwehrmann behielt die Ausbruchsstelle im Auge.

»Seltsam«, sagte Bellhaus.

»Was meinen Sie?«, fragte Andrew.

»Die Nanomaschinen hier scheinen sich langsamer auszubreiten als die von der großen Pfütze.«

Andrew nickte. »Es mag mit einer leicht unterschiedlichen Zusammensetzung des Bodens zu tun haben. Oder mit der Dichte des Erdreichs. Es ist auf jeden Fall nichts Ungewöhnliches daran.«

Sie gingen weiter. An Stelle zehn stand ein einzelnes Bestrahlungsgerät. Es war noch nicht in Betrieb. Zwei Feuerwehrmänner verbanden es mit mehreren Kabeln.

»Woher ist das Gerät?«, fragte die Feuerwehrfrau.

Einer der Männer blickte kurz auf. Er hatte einen grässlichen Schnauzbart, wie frisch aus den Achtzigern. »Von der Krankenstation. Die anderen wurden auf andere Ausbruchsstellen verteilt.«

Bellhaus schaute sich um. »Wenn ihr damit fertig seid, holt bitte eine Kettensäge und fällt den Baum dort, der direkt neben der Pfütze steht. Fehlte noch, dass sich das Zeug nach oben in die Wipfel ausbreitet.«

»Geht klar«, antwortete der Mann mit dem Schnauzbart.

Bellhaus machte einen Schritt auf ihn zu. »Achtet bitte darauf, dass der Stamm nicht in die Pampe fällt, sonst spritzt das nachher noch in alle Richtungen.«

»Geht klar.«

Zwischen Stelle zehn und neun waren einige Meter nicht gut ausgeleuchteter Waldboden. Das gefiel Andrew nicht.

Der Gruppenleiterin wohl genauso wenig. Sie nahm ihr Diensthandy und wählte eine Nummer. »Daniel? Wo bist du ... aha ... ich brauche noch einen Scheinwerfer zwischen neun und zehn. Ja. Ja. Fehlte noch, dass sich da eine neue Stelle bildet und einer von uns dann rein latscht. Ja. Danke.«

Andrew betrachtete die Feuerwehrfrau verstohlen von der Seite, als sie weitergingen. Er begann, sie zu mögen. Sie war höflich und verstand offenbar ihr Handwerk, war dabei aber auch energisch, ohne ihren Untergebenen auf die Füße zu treten.

Sie erreichten Stelle acht. Einer der Feuerwehrleute dort drängte sie zurück. »Bestrahlung läuft gerade.«

Sie umrundeten die folgenden Stellen, die alle bestrahlt wurden, in großem Bogen und erreichten schließlich den Ort, an dem Andrew das infizierte Reh gefunden hatte.

Dort war nur noch eine große, goldene Pfütze. Diese Stelle war unschädlich gemacht worden, wusste Andrew. Die Bestrahlungsgeräte waren bereits abgebaut und zu anderen Einsatzstellen gebracht worden. Eine Feuerwehrfrau saß dort auf einem Klappstuhl, eine Infrarotbrille auf der Nase.

»Alles klar, Miriam?«, fragte Bellhaus.

Die Frau auf dem Stuhl wandte den Kopf in ihre Richtung und nickte. »Alles klar, Marina. Hier tut sich nichts mehr.«

Andrew brummte missmutig. Mit der Infrarotbrille vermochte die Frau nur zu sehen, was an der Oberfläche der Pfütze geschah. Man konnte nicht ausschließen, dass es am Boden der Masse zu einem erneuten Aufflammen von Aktivität kam. Um sicherzugehen, hätten sie die vernichteten Nanomaschinen absaugen müssen, aber das ging ohne weitere Lithiumbehälter nicht.

Später!

Er blickte Bellhaus an. »Es wäre besser, die Masse hin und wieder etwas umzurühren. Falls sich am Boden neue Nanomaschinen bilden, hätten wir zumindest eine Chance, es zu sehen.«

»Ich habe einen besseren Vorschlag«, meinte Bellhaus.

»Der wäre?«, fragte Andrew.

»Wir könnten die Sonde eines Thermometers in die Pfütze hinablassen. Wenn sich am Boden neue Aktivität bildet, würde die Kollegin es auf dem Display sehen.«

Andrew schaute die Feuerwehrfrau einen Moment perplex an und nickte dann. »Gute Idee.«

Warum war er da nicht selber draufgekommen? Die Frau war wirklich gut.

Schon rief die Gruppenleiterin einen jungen Feuerwehrmann herbei, einen Temperaturmesser mit einem langen Sensor aus dem Rüstwagen zu holen.

Ein starker Dieselmotor röhrte auf. Andrew drehte sich um und wurde von Scheinwerfern geblendet. Ein Tieflader bahnte sich einen Weg durch das unwegsame Gelände in ihre Richtung. Auf der Ladefläche erkannte Andrew die beiden silbern schimmernden Hälften des Containmentbehälters.

»Das ging aber schnell«, sagte Bellhaus.

Sie lief los und winkte den Fahrer in Richtung der größten Ausbruchsstelle. Andrew folgte ihr.

Seine Techniker hatten in der Tat schnell gearbeitet. Es war kaum eine halbe Stunde vergangen, seit sie die Entscheidung getroffen hatten, den Sicherheitsbehälter herzubringen.

Hinter dem Fahrerhaus verfügte der Tieflader über einen installierten Kranarm, den ein Feuerwehrmann nun dazu benutzte, die erste Hälfte des Zylinders einige Meter neben die Ausbruchsstelle zu heben. Seit Andrew und Marina Bellhaus auf ihrem Inspektionsgang hier vorbeigekommen waren, war der Durchmesser abermals gewachsen. Zwei Einsatzkräfte begannen damit, das nunmehr zu kleine Netz zu entfernen.

»Schafft mir den Sauger her«, kommandierte Bellhaus. »Wo ist eigentlich Koch?«

»Keine Ahnung«, antwortete ein Feuerwehrmann und stapfte in Richtung Rüstwagen davon.

»Vielleicht in der Einsatzzentrale im Labor?«, mutmaßte ein anderer.

Andrew war nicht sehr zufrieden mit dem Einsatzleiter. Koch versuchte, gleichzeitig überall zu sein. Und am Ende war er niemals da, wo er wirklich gebraucht wurde.

»Pumpt die Nanoscheiße direkt in den Container. Legt das Netz drüber, damit es nicht spritzt«, befahl Bellhaus zwei Feuerwehrmännern, die mit Lithiumpumpen herankamen.

Schnell sank der Spiegel in dem entstehenden Krater. Allerdings dehnten sich die Ränder weiter aus und goldene Flüssigkeit lief träge in das entstandene Loch hinein.

»Bringt Eimer her, los!«, rief Bellhaus. »So viele Eimer wie möglich. Klappert alle Gebäude ab.«

»Und Schaufeln! Wir brauchen Schaufeln!«, sagte Andrew.

Bellhaus nahm ihr Telefon und erreichte endlich Koch. »Wir brauchen dringend noch mehr Schaufeln ... Nein, ist mir egal, wo die herkommen.«

Wenige Minuten später war der Krater leergepumpt. Nun kam es darauf an, die Ränder des Lochs so schnell wie möglich abzutragen.

Nach wie vor fehlten Schaufeln, und Andrew wurde immer ungeduldiger. »Es kann doch nicht sein, dass es so lange dauert, Werkzeug zum Graben hierher zu schaffen.«

Endlich kam ein Fahrzeug und brachte ihnen die benötigten Dinge.

Andrew schnappte sich einen der ersten Spaten und schaufelte goldene Nanomaschinen zusammen mit Erdreich in einen Eimer, den er am Ende mitsamt Inhalt in den Container warf. Dann griff er sich einen neuen und die Arbeit begann von vorne. Dutzende Feuerwehrleute waren nach wenigen Minuten damit beschäftigt, die Ränder des Kraters abzutragen.

»Passt auf, wo ihr hintretet!«, mahnte Bellhaus.

Zwei Feuerwehrleute mit Infrarotbrillen liefen ständig um das Loch herum und zeigten auf Stellen, an denen sich immer noch oder schon wieder Nanomaschinen fanden.

»Stopp!«, rief einer der beiden Andrew zu.

Andrew stutzte. »Was denn?«

Der Mann zeigte auf Andrews rechten Stiefel. »Wärmequelle.«

Au, Scheiße!

Schnell zog Andrew den Stiefel aus und warf ihn in hohem Bogen in den Container.

Er zog auch die Socke aus und musterte seinen Fuß. Hatten sich die Nanomaschinen durch Stiefel und Strumpf gefressen? Würde er so enden wie Claus?

Aber es tauchten keine goldenen Flecken auf seiner Haut auf. Er hatte anscheinend Glück gehabt.

Auch andere Feuerwehrleute entledigten sich hin und wieder ihres Schuhwerks oder anderer Kleidungsstücke.

Andrew entschied sich, zu einem der Feuerwehrautos zu gehen, um sich neue Schuhe zu besorgen.

»Ich glaube, das war es«, sagte Bellhaus in diesem Moment.

Andrew blickte auf seine Uhr. Es war kurz vor neun. Seit dem Bereitstellen des Containers war etwa eine Stunde vergangen.

»Wie ist die Lage bei euch?«, rief Bellhaus rüber zu Nummer elf.

»Keine Aktivität mehr«, sagte eine Feuerwehrfrau laut.

Andrew kletterte auf die Brüstung des improvisierten Containers. Der Rand war an der Schnittkante rasiermesserscharf. Er schnitt sich daran in die Hand und schrie unterdrückt auf.

Der Behälter war etwa bis zur Hälfte mit goldener Flüssigkeit gefüllt. Der Stiel einer Schaufel ragte in der Mitte heraus. Goldener Reif stieg langsam daran herauf.

Andrew kletterte wieder nach unten.

»Das war eine gute Idee.« Bellhaus lächelte ihn an. »Mit dem Durchsägen des Sicherheitsbehälters, meine ich. Ohne hätten wir es nie geschafft.« Sie schlug ihm auf die Schulter.

Das Lob war ihm fast peinlich. Immerhin war er für den ganzen Mist hier verantwortlich. »Halb so wild, Frau Bellhaus.«

»Marina.« Bellhaus grinste.

Andrew fragte sich, ob er die Frau hier und jetzt um ein Date in den nächsten Tagen bitten sollte.

Noch bevor er sich entscheiden konnte, gesellte sich Koch zu ihnen. Wo hatte der eigentlich die ganze letzte Stunde gesteckt?

»Gute Arbeit, Marina«, sagte der Einsatzleiter. »An den anderen Stellen haben wir die Situation auch unter Kontrolle. Ich denke, wir haben es überstanden.«

Marina zeigte auf den Container hinter sich. »Erst müssen wir die Scheiße da drin und in dem anderen Behälter noch bestrahlen. Wenn alle Nanomaschinen zerstört sind, dann akzeptiere ich, dass es überstanden ist.«

Koch winkte ab. »Definitionssache. Auf jeden Fall haben wir es unter Kontrolle. Neue Ausbruchsstellen gibt es keine mehr, also dürfen wir aufatmen, und Rappe und der Kanzler können ihre Pressekonferenz noch vor den Tagesthemen abhalten.«

Einerseits hatte Andrew Verständnis, dass Institutsleiter und Politiker heute noch die Leute beruhigen wollten, aber er hätte lieber einige Stunden abgewartet, ob es nicht doch zu einem neuen Ausbruch kam.

»Schafft das Sterilisationsgerät hierher!«, rief Bellhaus.

Andrew und Bellhaus entfernten sich zusammen bis zur Absperrung. Das Klacken schwerer Relais kündigte den Beginn der Bestrahlung an.

Verstohlen musterte Andrew sie von der Seite. Er bezweifelte, dass sie Interesse an einem Mann hatte, der deutlich kleiner war als sie.

Sie musste seinen Blick bemerkt haben, wandte den Kopf und lächelte ihn an. »Lust, bei Gelegenheit mal was trinken zu gehen?«

18

Emma saß auf dem Bett und wartete, bis ihre Tochter eingeschlafen war. Sie hatte damit gerechnet, dass es lange dauern würde, aber kaum hatte sie das Mädchen zugedeckt, war es auch schon weg gewesen.

Friedlich lag Elena unter der mit Tulpenblüten bedruckten Decke in Tanja Göhrkes Gästezimmer. Das Gesicht des Kindes war völlig entspannt. Nichts deutete auf die schrecklichen Erlebnisse hin, die es heute hatte durchstehen müssen.

Doch Emma wusste, dass der Eindruck täuschte. Die sonst immer so redselige Elena hatte seit dem Tod ihres Vaters noch kein Wort gesprochen. Wie ein Zombie hatte sie auf der Rückbank von Tanjas Auto gesessen und es mit sich geschehen lassen, von Emma gleich ins Bett bugsiert worden zu sein.

Emma hatte nicht gewusst, wohin sie sollte. Nach Hause wollte sie nicht. Es hätte sich nach Claus' Tod auch nicht mehr wie ihr Zuhause angefühlt. Also hatte sie ihre alte Studienkollegin angerufen, die alleine in Köln-Ehrenfeld wohnte. Tanja hatte sich sofort auf den Weg gemacht, Emma und ihre Tochter an der Pforte des Forschungszentrums abzuholen. Emma hatte keine Viertelstunde warten müssen.

Sie stand auf, ließ - wie zu Hause - die Nachttischlampe an und zog die Tür des Gästezimmers hinter sich zu.

Sie fühlte sich elend. Gedanken rasten durch ihren Kopf, und sie konnte nur einen von ihnen festhalten.

Claus ist tot!

Nein, es war immer noch nicht gesackt. Es fühlte sich immer noch wie ein makabrer Scherz des Lebens an.

Aufgelöst von Nanomaschinen!

Gleich würde sie aus ihrem Albtraum aufwachen, oder das

Team der versteckten Kamera würde lachend zur Wohnungstür hereingestürmt kommen.

Emma ging ins Wohnzimmer und setzte sich auf die Couch neben Tanja.

»Hier, trink etwas Wein.« Ihre alte Freundin drückte ihr ein Glas in die Hand. Schon damals in der WG hatte Tanja nicht vor dem Fernseher sitzen können, ohne ein Glas Pinot Grigio oder Chardonnay neben sich stehen zu haben. Zumeist trank sie nur ein oder zwei Schlucke - manchmal auch gar keinen - und kippte den Rest dann in den Ausguss, bevor sie ins Badezimmer und ins Bett ging.

Emmas Hände zitterten, als sie das Glas zum Mund führte. Die Flüssigkeit schwappte über den Rand und auf ihre Hose. Mit Mühe schaffte sie es, das Gefäß auf den Tisch zu stellen, ohne noch mehr zu vergießen.

»Wie fühlst du dich?«

Emma lachte. Was für eine Frage! Wie sollte man sich schon fühlen, wenn gerade der Mann, mit dem man hatte zusammen alt werden und sein Kind großziehen wollen, für immer gegangen war?

»Scheiße«, sagte sie leise. Dann begann sie zu schluchzen.

»Oh Gott, Liebes! Es tut mir so leid.« Tanja nahm Emma in den Arm. Sie tat es ungelenk und steif. Die Freundin mochte eigentlich keinen Körperkontakt. Mit niemandem.

Emma beruhigte sich langsam. Ihre Hände zitterten immer noch, als sie erneut zu ihrem Weinglas griff. Tanja beendete die Umarmung und rutschte ein Stück von Emma weg.

»Ich habe nie viel von dieser Nanotechnik gehalten«, sagte Tanja. »Kaum bekommen wir eine neue Wissenschaft in die Finger, müssen wir sofort anfangen, damit herumzuspielen. Wie kleine Kinder. Dabei haben alle schon davor gewarnt.«

Emma nahm einen tiefen Schluck und stellte das Weinglas wieder auf den Tisch. »Andrew hatte eigentlich alle nötigen Sicherheitsvorkehrungen getroffen. Das Konzept war gut. Mit einem Anschlag hatte niemand gerechnet.«

Sie nahm ihren Freund in Schutz, aber es war eine Tatsache, dass nun einmal Nanomaschinen ausgetreten waren. Wie es die Kritiker prophezeit hatten. Es spielte keine Rolle, ob die Dinger bei einem Anschlag oder bei einem Unfall freigesetzt worden waren. Ohne das Experiment würde ihr Mann noch leben.

Tanja schüttelte den Kopf. »Jedenfalls muss man heute davon ausgehen, dass man nicht alle Eventualitäten kennen kann.«

Emma hatte keine Kraft, darüber weiter mit ihrer Freundin zu diskutieren. »Du hast ja recht.«

Tanja hatte im Gegensatz zu Emma nie viel Begeisterung für Physik gezeigt, und alle Freunde hatten sich gefragt, warum sie nicht das Studienfach wechselte. Tanjas Antwort war immer nur gewesen, dass sie die Semester und die bereits absolvierten Prüfungen nicht verschwenden wollte, und da ihr die Materie nicht sonderlich viel Mühe bereitete, hatte sie das Studium gleichzeitig mit Emma abgeschlossen.

Doch während die meisten Absolventen so schnell wie möglich nach einer Doktorandenstelle suchten, hatte Tanja beschlossen, ihre Zukunft nicht mit Physik zu verbringen. Sie hatte sich quer durch Europa in den verschiedensten Branchen als Quereinsteigerin versucht und war schließlich, ein Jahr nach Emma, in Köln gelandet, wo sie als Lektorin für Science-Fiction- und Fantasyromane in einem Verlag eine Stelle gefunden hatte. Das kreative Umfeld hatte ihr zunehmend zugesagt, sie genoss nun ihren Job und das gesellige Leben und war in Köln-Ehrenfeld gesellschaftlich gut integriert.

Tanja legte den Kopf schief. »Gibt es etwas, das ich für dich tun kann? Irgendjemanden anrufen? Etwas besorgen?«

Emma schloss die Augen. »Nein«, hauchte sie. Alle nötigen Anrufe hatte sie bereits auf der Rückfahrt zu Tanjas Wohnung erledigt. Zunächst ihre Mutter, um sie einerseits zu beruhigen, dass es ihr und Elena nach dem Anschlag gut ging. Andererseits hatte sie ihr sagen müssen, dass Claus sein Leben verloren hatte. Zu mehr als Schweigen war Mama nicht in der Lage gewesen.

Der Anruf bei Claus' Mutter war schlimm gewesen. Sie hatte es zunächst für einen üblen Scherz gehalten, dann minutenlang gar nicht gesprochen, während Emma am Telefon gewartet hatte. Anschließend hatte sie nacheinander einen Weinkrampf und einen Wutausbruch bekommen, bevor sie das Gespräch einfach abgebrochen hatte. Emma hatte es noch einmal probiert, aber da war nur noch der Anrufbeantworter rangegangen.

Claus' Zwillingsbruder war nach außen hin sehr gefasst gewesen, als hätte er nach den Nachrichten im Fernsehen schon mit einem solchen Anruf gerechnet. Doch am Klang seiner Stimme hatte Emma erkennen können, dass er innerlich an dieser Nachricht zerbrochen war.

Jetzt gab es niemanden mehr anzurufen. Sie wollte auch niemanden mehr informieren müssen.

Am liebsten hätte sie sich ins Bett verkrochen, neben ihre Tochter, und diesen fürchterlichsten aller Tage beendet. Doch an Schlaf war nicht zu denken. Sobald sie die Augen schloss, kamen sofort wieder die grausamen Bilder und sie sah, wie Claus von den Nanomaschinen zerfressen wurde.

Emma griff nach dem Weinglas und leerte den Rest mit einem großen Schluck.

Tanja goss sofort nach. »Ich habe noch genug davon im Keller.«

Emma nickte. Sie würde nun Wein trinken, bis der Tag sich von selbst beendete.

»Glaubst du, dass sie den Ausbruch in den Griff bekommen?« Furcht mischte sich in Tanjas Stimme. Da mochte sie in Köln nicht die Einzige sein.

Emma wischte sich die Feuchtigkeit aus den Augen. »Ja, ich glaube, dass die Nanomaschinen noch diese Nacht gestoppt werden. Aber ich möchte darüber heute nicht mehr reden.«

»Stört es dich denn, wenn ich den Fernseher anmache?«, fragte Tanja zögerlich.

Emma schüttelte den Kopf. »Mach ruhig.« Sie würde einfach ins Bett gehen, wenn sie die Bilder nicht mehr ertragen konnte.

Tanja griff nach der Fernbedienung. Im Ersten gab es eine Sondersendung. Natürlich! Ein Banner lief am unteren Bildschirmrand. Die neuesten Erkenntnisse zum Ausbruch von Nanomaschinen im Kölner Forschungszentrum.

Im Moment fand ein Interview mit einem Politiker einer ökologisch ausgerichteten Partei statt. »... schon immer der Meinung gewesen sind, dass Nanotechnik nicht beherrschbar ist und wir der Regierung bereits vor Jahren nahegelegt haben, keine weiteren Gelder in diese Forschung zu stecken und sich auf europäischer Ebene für ein Verbot von Nanotechnik starkzumachen.«

Tanja rückte sich auf dem Sofa zurecht. »Ich kann mit der Partei ja nicht sonderlich viel anfangen, aber da hat der Mann wohl recht.«

Emma zuckte mit den Schultern.

Dann wechselte das Bild, und ein Journalist erschien. Er hatte ein riesiges Mikrophon mit Puschel gegen den Wind in der Hand. Im Hintergrund war die Hauptwache des Forschungszentrums zu sehen. Polizeiwagen mit eingeschaltetem Blaulicht standen dort auf der Straße und riegelten nach wie vor das Tor ab. Allerdings winkten Einsatzkräfte gerade einen Krankenwagen durch. Von Demonstranten war jetzt gar nichts mehr zu sehen.

»Wir sind hier noch auf demselben Stand wie vor einer Stunde«, erklärte der Journalist. »Der Sprecher des Forschungszentrums hat sich nach der letzten Ansprache, als er bestätigte, dass zwei der Ausbrüche gestoppt werden konnten, nicht mehr zu Wort gemeldet. Von einem inoffiziellen Kontakt aus den Reihen der Wissenschaftler auf dem Gelände hören wir allerdings, es hätte einen großflächigen Ausbruch in der Nähe des Außenzauns gegeben, der den Einsatzkräften größte Mühen bereitet.«

Das Bild wechselte wieder, und nun kam eine Moderatorin vor blauem Hintergrund in Sicht, die neben einem mittelalten, großgewachsenen Mann saß, den Emma nur zu gut kannte. Sie stöhnte leise.

»Wir begrüßen nun im Studio den Wissenschaftsexperten Oskar Monfeld.«

»Warum stöhnst du?«, fragte Tanja.

Emma machte eine wegwerfende Handbewegung. Oskar Monfeld war Politiker einer Partei, die sich in ihrem Wahlprogramm gegen Nanotechnologie positioniert hatte.

»Man muss einfach sagen, dass Nanotechnologie nun einmal große Risiken hat, wie sich heute deutlich zeigte«, sagte der Politiker. »Einen Toten hat es bereits gegeben und dieser Feuerwehrmann könnte noch leben, wenn die Regierung im Vorfeld des Experiments auf die Experten gehört hätte.«

Emmas Wangen brannten. »Blödes Arschloch!«, zischte sie. Jetzt nutzte er auch noch den Tod ihres Mannes, um sich zu profilieren.

»Aber hat er denn nicht recht?«, fragte Tanja vorsichtig.

»Monfeld geht es lediglich um seine Partei. Um seinen Wahlkampf! Mit den *Experten* meint er im Grunde genommen nur sich selber und dadurch wertet er die Wissenschaftler im Forschungszentrum völlig ab.«

»Aber er hat immer gesagt, dass mal etwas schiefgehen könnte. Und heute ist es schiefgegangen«, gab Tanja zu bedenken.

Dennoch machte es Emma wütend, wenn Monfeld von den Medien als Experte bezeichnet wurde, statt als das, was er in Wahrheit war: ein Politiker mit einer eigenen Agenda. »Und es kotzt mich an, dass er nun Claus' Tod benutzt, um billige Stimmung zu machen.«

Emma brach wieder in Tränen aus.

Tanja zögerte einen Moment und nahm ihre Freundin abermals in den Arm.

Emma brauchte lange Minuten und ein weiteres Glas, bis sie sich wieder etwas beruhigt hatte. Allmählich zeigte der Wein Wirkung und dämpfte ihre Emotionen etwas ab. Stattdessen fühlte sie sich leer und verbraucht. Ihre Augen brannten. »Ich glaube, ich werde ins Bett gehen.« Sie wollte nur noch ihre Tochter in den Arm nehmen und die Augen schließen. Der Alkohol würde sie hoffentlich bald einschlafen lassen.

Tanja nickte. »Sicher.«

»Ich erfahre gerade aus der Redaktion, dass es eine neue offizielle Meldung von Ernst Rappe, dem Chef des Forschungszentrums gibt«, verkündete in diesem Moment die Moderatorin. »Offenbar ist es gelungen, den letzten Ausbruch der Nanomaschinen zu stoppen. In wenigen Minuten soll es dazu eine Pressekonferenz zusammen mit dem Bundeskanzler geben, der sich immer noch auf dem Gelände des Forschungszentrums aufhält. Wir schalten jetzt live zu Hermann Günz, der sich im Auditorium der Anlage befindet.«

Emma stand auf. Die Sache war vorbei. Erledigt. Ihr Mann und der Labormitarbeiter würden die einzigen Opfer bleiben.

»Willst du nicht noch die Pressekonferenz anschauen?«, fragte Tanja.

Emma schüttelte den Kopf. Sie wollte nur noch zu Elena.

19

»Da haben Sie aber verdammtes Schwein gehabt!«

Ben drehte sich um und sah in Weinheims graue Augen. Er hatte sich schon gefragt, wo der Beamte abgeblieben war. Nun stellte er sich neben Ben an die Wand des Auditoriums, während Journalisten und Reporter auf den Sitzen Platz nahmen und Kameramänner und -frauen ihre Aufzeichnungsgeräte auf das Podium richteten.

»Mit Glück hat das nichts zu tun«, erwiderte Ben voller Überzeugung. »Es war die Tüchtigkeit und die sorgfältige Planung des Einsatzteams unserer Leute.«

Ben hatte sich kurz mit Andrew unterhalten können, bevor er mit Kanzler und Institutsleiter zum Auditorium zurückgefahren war. Vor allem war es Andrews geniale Idee gewesen, den Sicherheitsbehälter als Container zu nutzen, die für den Erfolg des Einsatzes entscheidend gewesen war.

»Sie hatten reines Glück«, beharrte Weinheim. »Ich habe mich mit einigen Einsatzkräften unterhalten und weiß Bescheid. Wenn es nur eine Ausbruchsstelle mehr gewesen wäre, hätten Ihre Bestrahlungsgeräte nicht mehr ausgereicht.«

Ben schüttelte den Kopf. »Für den Notfall gibt es Pläne zur Zusammenarbeit mit dem Kölner Katastrophenschutz. Das Forschungszentrum Jülich könnte bei Bedarf weitere Bestrahlungsgeräte liefern.«

Weinheim lachte. »Wenn Sie die angefordert hätten, wäre das Ihr Untergang gewesen.«

»Was meinen Sie?«

»Hätten Sie den Katastrophenschutz hinzugezogen oder wären Nanomaschinen außerhalb des Forschungszentrums aufgetaucht, wäre es keine interne Angelegenheit mehr gewesen.« Weinheim lachte wieder. »So können der Kanzler und Ihr Institutsleiter darauf bestehen, dass der Ausbruch im Rahmen der Notfallpläne des Forschungszentrums unter Kontrolle gebracht wurde. Wenn man externe Einheiten hätte hinzuziehen müssen, wäre das Projekt endgültig tot gewesen. So haben Sie noch eine letzte Chance. Die Tatsache, dass Sie die Nanomaschinen überhaupt gestoppt haben, entkräftet eines der Hauptargumente Ihrer politischen Gegner und vieler Aktivisten.«

Ben nickte. Diese Gedanken hatte er ja auch schon gehabt.

»Ein weiterer Punkt ist der Anschlag, der auf das Konto von Gegnern der Technologie geht, die somit von den Medien als Ursache des Ausbruchs genannt werden dürften.«

Ben war sich da nicht so sicher. Die Medien würden ihnen vermutlich vorwerfen, bei den Planungen einen Anschlag nicht genügend in Betracht gezogen zu haben. Der politische Gegner würde das ganz sicher tun.

Das Licht im Publikumsraum wurde gedimmt, während die Bühnenscheinwerfer aufflammten.

Mit einem breiten Grinsen, das für den Anlass völlig deplatziert wirkte, trat Pressesprecher Karl Mayer an das Podium. »Liebe Damen und Herren, ich komme mit guten Botschaften zu Ihnen.« Er sprach im Tonfall eines theatralischen Zirkusdirektors.

Weinheim fuhr sich mit dem Handrücken über den Mund. »Wo haben Sie den bloß aufgegabelt?«

Ben antwortete nicht darauf.

»Es ist uns gelungen, die ausgebrochenen Nanomaschinen zu besiegen und wieder einzufangen.«

Ben runzelte die Stirn. Es war nicht das erste Mal, dass er zweifelte, ob Mayer auch nur die einfachsten Grundlagen ihrer Arbeit und der Nanotechnik verstand.

»Die näheren Einzelheiten wird Ihnen nun Professor Rappe erläutern, der den Einsatz zusammen mit dem Bundeskanzler geleitet hat.«

So ein Blödsinn! Rappe hatte gar nichts geleitet. Ebenso wenig wie der Bundeskanzler. Aber natürlich ... die Schlacht um die Meinung, wer Verlierer und Gewinner des heutigen Tages war, hatte bereits begonnen.

Rappe betrat mit Hütter die Bühne. Einige Meter hinter ihnen folgten Daniel Koch, eine Feuerwehrfrau namens Bellhaus und Andrew.

Kanzler und Institutsleiter gingen im Gleichschritt zum Podium, als führten sie eine sorgfältig einstudierte Choreographie auf. Beide lächelten dezent.

Das Publikum ging tatsächlich darauf ein. Tosender Beifall ertönte.

Doch Rappe konnte einen gequälten Gesichtsausdruck nicht unterdrücken, als der Kanzler als Erster an das Mikrophon trat. Ben war vollkommen klar, dass sein Chef eine andere Reihenfolge bevorzugt hätte.

»Liebe Landsleute, ich spreche zu Ihnen aus dem Auditorium des Forschungszentrums, das heute zum Schauplatz überraschend dramatischer Ereignisse wurde.« Hütter machte eine kurze Pause, wohl, um seinen Worten Gewicht zu verleihen. »Was als Höhepunkt deutscher Technologie und Wissenschaft gefeiert werden sollte, verwandelte sich durch einen feigen Anschlag fanatischer Aktivisten in eine Feuerprobe der Einsatzkräfte des Forschungszentrums, als infolge der Explosion eine geringe Menge an Nanomaschinen aus dem Sicherheitsbehälter ausgetreten ist.«

Der Kanzler sprach ruhig und sachlich, als wolle er den Eindruck erwecken, dass eigentlich niemals eine wirkliche Gefahr bestanden hatte. »Das macht er ganz ordentlich«, sagte Ben leise zu sich selber.

Weinheim hatte ihn wohl gehört. »Reden konnte er schon immer gut improvisieren.«

Hütter setzte seine Ansprache fort. »Gegen die Wucht der Bombe hatten die Sicherheitsmaßnahmen im Labor keine Chance, so dass der hinterhältige Anschlag der einzige Grund ist, warum überhaupt Nanomaschinen freigesetzt wurden.«

Er wiederholte sich, sicher nicht unbeabsichtigt.

»Leider haben wir noch keinen Verdächtigen fassen können, aber sowohl der Verfassungsschutz als auch Bundes- und Landespolizei werden alle erforderlichen Maßnahmen treffen, dass der oder die Verantwortlichen dieses niederträchtigen Anschlags bestraft werden.«

»Den erwischen sie nie«, kommentierte Weinheim trocken.

Ben hatte durchaus Hoffnung. Sicher gab es genügend Spuren an den Resten der Drohne oder man fand etwas durch die Analyse des Sprengstoffes. Wenn die Drohne wirklich im Inneren des Forschungszentrums versteckt worden war, musste sie irgendjemand dort deponiert haben, der entweder hier arbeitete oder zumindest einen Gästeausweis angefordert hatte. Ben wusste aus eigener Erfahrung, dass die Security am Eingang bei der Prüfung der Ausweise sehr gewissenhaft vorging. Andererseits konnte natürlich auch jemand einen gefälschten Perso vorgelegt haben. Normalerweise wurde zwar telefonisch beim jeweiligen Ansprechpartner innerhalb des Zentrums nachgefragt, ob jemandem Zutritt zu geben war, aber einem Transporter mit angeblichen Essenslieferungen für das Casino wurde sicher auch mal eine Gästekarte ausgestellt, wenn da niemand ans Telefon ging.

Der Kanzler räusperte sich. »Es hat sich gezeigt, dass die Sicherheitskonzepte des Forschungszentrums gegriffen haben, so dass die Einsatzkräfte den Ausbruch in wenigen Stunden unter Kontrolle hatten. Ich denke, wir können nun voller Überzeugung sagen: Die Ereignisse dieses Tages haben gezeigt, dass unsere Wissenschaftler die Nanotechnologie auch unter widrigen Umständen kontrollieren können. Ich werde also weiterhin dafür einstehen, diese neue, bedeutende Technik weiterzuentwickeln und die heute gesammelten Erfahrungen dafür zu nutzen, sie noch sicherer zu machen.«

Der Kanzler trat zurück und machte Rappe Platz, der sich vor dem Mikro aufbaute und selbstbewusst, fast schon eitel, in die Kameras blickte.

»Besser als Kanzler Hütter könnte ich es nicht ausdrücken. Wir haben gezeigt, dass wir replizierende Nanoroboter nicht nur erfolgreich produzieren, sondern sie auch im Falle einer ungewollten Freisetzung zu kontrollieren und einzudämmen in der

Lage sind. Es wäre ein schwerer Fehler, jenen feigen Anschlag nun als Ausrede zu benutzen, diese so verheißungsvolle Technologie abzulehnen. Der heutige Tag hat uns gelehrt, dass von der Nanotechnik keine Gefahr ausgeht, sondern nur Wunder auf uns warten.«

»Hoffentlich kein blaues Wunder«, murmelte Weinheim.

Ben fand, dass Kanzler und Institutsleiter souverän auftraten und das Beste aus der jetzigen Situation machten. Die nächsten Tage würden zeigen, ob die Öffentlichkeit das auch so wahrnahm.

Die Krise war gelöst, aber trotzdem hinterließ das alles bei Ben einen schalen Beigeschmack. Nach Feiern war ihm nicht zumute. Emmas Mann war gestorben, und sie waren dicht davor gewesen, die Kontrolle über den Ausbruch zu verlieren. Statt jetzt in Partylaune zu verfallen, hätte den Beteiligten etwas Demut besser gestanden.

Rappe ließ Andrew vortreten, der die Synthese der Nanomaschinen im Containment beschrieb und erklärte, warum die Druckwelle der Bombe schließlich den Behälter zerstört hatte. Er verdeutlichte auch noch einmal generell, dass Nanomaschinen durch radioaktive Strahlung unschädlich gemacht werden konnten.

Bens Freund schwitzte stark im Licht der Bühnenscheinwerfer und fühlte sich sichtlich unwohl. Die Erleichterung war ihm deutlich anzumerken, als er endlich dem Einsatzleiter weichen durfte.

Zumindest nach außen hin wirkte Koch von den Menschen und den Kameras nicht eingeschüchtert. »Wir haben das heutige Szenario wieder und wieder trainiert. Wir haben zusammen mit den Wissenschaftlern und Technikern des Labors Verfahren entworfen und Gegenmaßnahmen geplant. Natürlich war unsere Hoffnung, dass es niemals zu einer Freisetzung von Nanomaschinen kommt. Schon gar nicht am ersten Tag.«

»Das ist gut«, murmelte Weinheim.

In der Tat, das lockere Auftreten des Einsatzleiters erweckte den Eindruck, als habe der Kampf gegen die Nanomaschinen die Feuerwehrleute nicht die geringste Mühe gekostet. Als wäre es nur darum gegangen, ein paar fortgelaufene, winzig kleine Roboter wieder einzufangen und ins Gehege zurückzubringen. Die Öffentlichkeit würde diesen Mann lieben.

Aber das täuschte Ben nicht darüber hinweg, dass Koch während des Einsatzes zeitweise nicht erreichbar gewesen und aus unerfindlichen Gründen von Einsatzort zu Einsatzort geeilt war, obwohl sein Platz eindeutig in der Leitzentrale gewesen wäre. Andrew hatte sich darüber beklagt, dass Koch sich nicht wirklich gekümmert hatte und seine Untergebenen sich selber untereinander hatten absprechen müssen, wie sie die knappen Ressourcen aufteilten. Rappe hatte deutlich seinen Missmut geäußert, auch wenn ihm das im Moment nicht anzumerken war. Ben fragte sich, ob Koch morgen noch Leiter der Einsatzkräfte des Forschungszentrums sein würde.

»Mit den Bestrahlungsgeräten ist es uns nacheinander gelungen, die Ausbreitung an den verschiedenen Stellen einzudämmen. Teilweise wurden infizierte Flächen abgetragen und in speziellen Behältern zwischengelagert, bevor sie durch radioaktive Strahlung unschädlich gemacht wurden. Ein großer Anteil an der schnellen Eindämmung gebührt sicher auch meinen Gruppenleitern, die vor Ort besonnen und mutig zugleich ihrer Arbeit nachgegangen sind.« Er zeigte auf Feuerwehrfrau Bellhaus, die breit in die Kameras lächelte, für einen Wortbeitrag aber offenbar nicht vorgesehen war.

Ben verzog das Gesicht. Entweder Rappe oder der Kanzler hatten anscheinend einfach eine Frau auf der Bühne haben wollen.

Koch begab sich hinter Institutsleiter und Kanzler. Der Pressesprecher zupfte an seiner Krawatte und stellte sich an das Podium. »Es ist schon sehr spät, und wir sind nun alle sicher nach diesem langen Tag ausgelaugt und müde, aber ich denke, wir können einige Fragen aus den Reihen der Pressevertreter zulassen.«

Im Publikum schossen viele Arme nach oben. Mayer schirmte mit den Händen über den Augen das Licht der Scheinwerfer ab. »Die Dame vom Zweiten bitte.«

»Gab es bei dem Anschlag Tote oder Verletzte? Den Gerüchten nach ist jemand bei der Explosion im Labor ums Leben gekommen.«

Koch trat wieder nach vorne. »Das ist leider richtig. Wir haben zwei tote Menschen zu beklagen. Ein Techniker des Labors kam durch die Explosion ums Leben, ein Feuerwehrmann wurde in Folge eines Unfalls bei den Eindämmungsmaßnahmen tödlich verletzt.«

Unfall?

Bens Wangen brannten. Claus war von Nanomaschinen aufgelöst worden, weil er aus Versehen hineingetreten war. *Jedem* hätte das passieren können. Das hätte Koch geradeheraus so auch sagen können. Es war falsch, das zu beschönigen.

Die Dame neben der Kamera war offenbar mit der Antwort zufrieden und setzte sich wieder. Aber es gab weitere Fragen.

»Planen Sie, die Experimente mit dieser neuen Technologie fortzuführen?«, fragte ein grauhaariger Journalist mit piepsiger Stimme.

Rappe trat selbstsicher an das Mikrophon. »Selbstverständlich. Wie ich eben bereits sagte, hat sich die Nanotechnologie heute als robust und beherrschbar herausgestellt. Es gibt also nicht den geringsten Grund, auf eine Wiederholung beziehungsweise Fortsetzung der Experimente zu verzichten.«

»Was haben Sie aus der Sache gelernt?«

Rappe zögerte einen Moment und verwies dann an Andrew.

Der kam mit einem unecht wirkenden Lächeln nach vorn ans Podium. »Grundsätzlich haben sich unsere Maßnahmen als wirkungsvoll erwiesen. Allerdings müssen wir bei der Neuauslegung des Labors stärker die Möglichkeit von Attentaten miteinbeziehen und hier auch die Sicherheit des Forschungszentrums verstärken. Außerdem werde ich dem Vorstand empfehlen, eine größere Zahl von Einsatzkräften zu engagieren und mehr Geld in deren Ausrüstung zu investieren.«

Die Journalisten stellten noch eine Reihe weiterer Fragen. Im Grunde genommen lief die Pressekonferenz sachlich und leise ab. Das war ein gutes Zeichen, dass die Medien den Vorgängen heute eher wohlwollend gegenüberstanden.

Ben ging mit der Menge nach draußen und begab sich in eine Ecke des Vorraums. Er holte sein Handy aus der Tasche, um Emma anzurufen. Er hatte schon viel zu lange damit gewartet. Er wählte Emmas Nummer aus dem Schnellwahlspeicher und wollte gerade auf den Knopf drücken. Doch er zögerte, hatte keine Idee, was er denn zu ihr sagen sollte.

Wie geht es dir?

Das war eine ziemlich blöde Frage. Die Antwort konnte er sich selber denken.

Ich möchte dir mein Beileid aussprechen.

Das hörte sich genauso bescheuert an.

Es fiel ihm einfach nichts ein.

Aber möglicherweise wollte Emma in dieser Lage auch ihre Ruhe haben. Oder sich um ihre Tochter kümmern.

Vielleicht war es besser, bis morgen zu warten und sie dann anzurufen.

Er steckte das Telefon wieder in die Tasche.

Doch ihm wurde klar, dass er nur den Mut nicht aufbrachte, um mit Emma zu reden, und er fühlte sich elend.

20

Andrew atmete auf, als er endlich von dieser gottverdammten Bühne verschwinden durfte. Er ging in den Raum hinter dem Podium und wischte sich mit dem Ärmel den Schweiß von der Stirn.

»Du solltest über die Anschaffung eines Taschentuchs nachdenken.« Marina Bellhaus grinste. Ihr schien das Rampenlicht nicht viel ausgemacht zu haben, aber sie hatte sich ja auch nicht vor das Mikrophon stellen müssen.

Die Feuerwehrfrau sah ihn erwartungsvoll an, als habe Andrew nun mit einer möglichst kreativen Antwort zu kontern.

Es wollte ihm allerdings keine in den Sinn kommen. »Ja«, sagte er nur und fand sich ziemlich dämlich.

Erst dann fiel ihm auf, dass sie ihn geduzt hatte. War der Spruch eben eine Anmache gewesen? Er würde es sich wünschen, aber wie konnte er sicher sein? Und wenn ja, wie reagierte er jetzt intelligent darauf?

Koch gesellte sich zu ihnen. »Ich denke, das haben wir ganz gut hingekriegt.«

»Was meinen Sie, Chef?«, fragte Marina. »Die Pressekonferenz oder den Tag heute?«

Koch lächelte. »Ich denke, beides.«

»Werden wir noch eine Nachbesprechung haben? Mit den gesamten Einsatzkräften, meine ich.«

Koch zuckte mit den Schultern. »Mal sehen. Vielleicht nächste Woche.«

Marina runzelte die Stirn. »Mal sehen? Es ist nicht ausnahmslos alles glatt gelaufen.«

Das war wohl untertrieben.

»Was meinen Sie?« Ein aggressiver Unterton mischte sich in Kochs Stimme.

Marina wich nicht zurück. »Claus ist tot! Darüber können wir nicht einfach so hinweggehen. Und das ist ja nicht alles. Die Ausrüstung war nicht komplett einsatzbereit. Ausbruchsstellen wurden zu spät entdeckt. Und wenn Andrew hier nicht die Idee mit dem Sicherheitsbehälter gehabt hätte, hätte die Sache leicht außer Kontrolle geraten können. Außerdem gab es Probleme mit der Koordination der Einsatzleitung.«

Koch riss die Augen auf. Dass der letzte Satz eine deutliche Kritik an seiner Person oder zumindest seiner Arbeit war, musste ihm klar sein. »Es gab keine Probleme mit der Einsatzleitung.«

Andrew bewunderte Marina dafür, wie furchtlos sie mit ihrem Vorgesetzten umging, obwohl dieser ihr in Zukunft das Leben sehr schwer machen konnte.

»Wir hatten stellenweise Probleme, Sie zu erreichen, Chef. Ich musste mich oft selber mit den anderen Gruppenleitern absprechen.«

Kochs Augen verengten sich zu Schlitzen. »Es ist ja auch nicht meine Aufgabe, Ihnen jede Arbeit abzunehmen. Ich darf wohl von Ihnen erwarten, dass Sie auch selber einmal das Funkgerät in die Hand nehmen.«

Marina musterte ihn gelassen. »Ich werde auf jeden Fall eine Besprechung mit den anderen Gruppenleitern vorschlagen.«

Koch rückte dicht an sie heran. »Besprechungen zwischen Gruppen wird es nur geben, wenn *ich* sie anberaume. Ist das klar, Frau Bellhaus?«

Marina reckte ihr Kinn nach vorne. »Klar. Allerdings werde ich dann die anderen Gruppenleiter auf ein Bier in die Kneipe einladen, wo wir uns informell über die Geschehnisse des heutigen Tages unterhalten.«

Koch starrte sie einen Augenblick lang an, das Gesicht wie eine Maske. »Fallen Sie mir bloß nicht in den Rücken, Frau Bellhaus. Es könnte Sie sonst ...«

Er verstummte, als Kanzler Hütter neben Rappe zu ihnen trat. »Ich muss Ihnen allen noch einmal ein Lob aussprechen.«

»Danke, Herr Bundeskanzler.« Koch ergriff die ausgestreckte Hand. »Doch im Prinzip haben wir als Einsatzkräfte nur unsere Arbeit getan. Wir haben sie gut gemacht, weil wir sie gerne machen.«

Marina verdrehte die Augen.

Andrew schüttelte den Kopf. Dieser Koch war wirklich ein Sprücheklopfer allerererster Güte.

Hütter gab auch Marina und Andrew die Hand, bevor er sich an Rappe wandte. »Ich weiß, dass wir alle müde sind, aber ich möchte mit Ihnen und Ihren Kollegen hier eine private Nachbesprechung abhalten, bevor ich wieder in die Maschine nach Berlin steige.« Er zögerte. »Mit etwas Hochprozentigem, wenn es geht.«

Rappe nickte. »Wir gehen am besten in mein Büro. Ich habe da noch eine gute Flasche Whisky im Schrank.«

Begleitet von drei Männern und einer Frau der Security verließen sie das Auditorium durch den Hintereingang. Ein Wagen stand bereit, aber der Kanzler bestand darauf, das kurze Stück bis zum Administrationsgebäude zu Fuß zu gehen, um frische Luft zu schnappen.

Inzwischen war es eiskalt geworden. Die Temperatur musste unter den Gefrierpunkt gefallen sein, was in dieser Jahreszeit zu dieser Uhrzeit nicht ungewöhnlich war. Andrew fror in seiner dünnen Jacke. Er ging neben Marina, die immer noch ihre schwere Einsatzjacke trug, in der es ihr ganz sicher nicht zu kalt war. Der Bundeskanzler ließ sich von einem Mitarbeiter einen Mantel reichen.

Nach gut zehn Minuten Fußmarsch erreichten sie das Ziel von der Rückseite her. Rappe brachte sie um das Gebäude herum, wollte wohl den Bundeskanzler lieber durch die pompöse Eingangshalle führen als durch einen Nebeneingang, wo oft Kisten herumstanden.

Wenige Minuten später betraten sie Rappes Büro. Der Kanzler setzte sich auf einen der beiden Sessel, während sich Andrew, Marina und Koch die ausladende, braune Ledercouch teilen mussten.

Rappe holte eine Flasche und fünf Gläser aus dem Schrank und verteilte sie auf dem Tisch in der Mitte der Sitzecke. Er goss jedem von ihnen zwei Fingerbreit ein und reichte dem Bundeskanzler ein Glas.

Andrew beäugte die Flasche, aber der Name des Whiskys sagte ihm überhaupt nichts.

Der Kanzler schloss die Augen, roch an seinem Glas und nahm einen kleinen Schluck. »Sehr guter Whisky. Schön rauchig.«

»War ein Geschenk von einem ehemaligen Mitarbeiter, der jetzt eine eigene Firma leitet. Habe ihn für besondere Gelegenheiten aufbewahrt«, erklärte Rappe.

Für Andrew roch das Zeug wie Apotheke. Er nahm einen vorsichtigen Schluck. Es schmeckte, als habe er in einen uralten Schinken gebissen. Er verzog das Gesicht und stellte das Glas wieder zurück auf den Tisch.

Marina schien das Getränk zu mögen. Koch hingegen rührte es nicht an.

»Also gut.« Der Kanzler rückte sich in seinem Sessel gerade. »Ich möchte von jedem von Ihnen eine Meinung über den heutigen Tag hören. Keine offizielle Meinung, sondern Ihre persönliche. Was ist gut gelaufen? Was ist schlecht gelaufen? Was können wir verbessern? Wie denken Sie nun über die Nanotechnik?«

»Ich bin felsenfest ...«, begann Rappe sofort, aber der Kanzler unterbrach ihn mit einer Handbewegung.

»Ihre Meinung möchte ich als Letztes hören. Frau Bellhaus, bitte!«

Marina räusperte sich. Sie schien von der Anwesenheit des Kanzlers nicht sonderlich eingeschüchtert zu sein, dennoch überlegte sie lange Sekunden, als müsse sie ihre Worte sorgfältig abwägen. Koch sah sie warnend an.

»Es ist nicht alles rundgelaufen«, erklärte sie schließlich. »Wir brauchen mehr Ausrüstung und mehr Einsatzkräfte. Nicht unbedingt Vollzeit, vielleicht Freiwillige aus dem Forschungszentrum, die wir in einer Krise zusammenrufen können. Auch die Verfahren müssen überarbeitet werden. Aber das sollten wir intern unter den Einsatzkräften abklären.«

Hütter nickte. »Empfehlen Sie, die Experimente wieder aufzunehmen?«

Marina lächelte. »Ja, wir haben heute gezeigt, dass wir mit einer Freisetzung klarkommen. Aber ich würde eine unabhängige Untersuchung abwarten und bis dahin die Experimente pausieren. Wir dürfen die Gefahr nicht wieder ignorieren.«

»Danke«, sagte der Kanzler, bevor er sich an Koch wandte. »Ihre Meinung?«

Der Einsatzleiter nahm nun doch das Glas in die Hand. »Ich finde, die Einsatzkräfte haben heute gute Arbeit geleistet. Sowohl die Leistung der Männer und Frauen als auch die Koordinierung liefen nach Plan.«

Andrew meinte, Rappe kaum merklich den Kopf schütteln zu sehen. Marina verzog keine Miene.

Koch erzählte noch einige unwichtige Dinge von den zuvor stattgefundenen Übungen und schloss dann seinen kurzen Vortrag mit der Meinung, dass die Experimente mit den Nanomaschinen umgehend fortgesetzt werden könnten.

»Herr Collum?«

Andrew holte tief Luft. »Ich habe in einigen Gesprächen schon angedeutet, dass noch einiges an Arbeit auf uns wartet. Wir müssen den Schaden im Labor beseitigen. Außerdem sollten wir bei dem neuen Sicherheitsbehälter die Wandstärke vergrößern und in Zukunft auch einen Anschlag konstruktiv mit einplanen.«

»Ich stimme nicht überein«, widersprach Rappe. »Ich denke, dass ...«

Wieder schnitt ihm der Kanzler mit einer Geste das Wort ab, was Andrew ein Gefühl der Befriedigung verschaffte. »Sie sind gleich dran. Lassen Sie bitte Herrn Collum fertig reden.«

Rappe knirschte hörbar mit den Zähnen und saß kerzengerade in seinem Sessel.

»Es wird einige Wochen, wenn nicht Monate dauern, bis wir mit den Reparaturen und Umbaumaßnahmen fertig sind«, erklärte Andrew. »Dann spricht aber in meinen Augen nichts dagegen, die Experimente fortzuführen.«

Jetzt durfte endlich Rappe sprechen. »Ich denke nicht, dass wir die Konstruktion des Sicherheitsbehälters ändern sollten. Das würde Ewigkeiten brauchen, weil das dann wieder durch die Kontrollgremien muss. Wir sollten stattdessen die Sicherheitskonzepte verstärken, damit in Zukunft keine Drohnen mehr unbefugt in das Gelände eindringen oder hineingeschmuggelt werden können.« Er sah Andrew an. »Wir müssen alles daransetzen, dass es eben nicht Monate dauert, das Labor wieder in Betrieb zu nehmen. Es ist wichtig, den Schaden so schnell wie möglich zu beheben und die nächste Serie an Experimenten zu starten, bevor nach den Wahlen eine neue Regierung im Amt ist. Ich ...«

»Sie meinen also, ich werde nicht wiedergewählt?«, unterbrach Hütter ernst.

Andrew hätte beinahe laut losgelacht. Marina schmunzelte.

Rappe erwiderte irritiert Hütters Blick. »Nun ja, also ... ich denke ja nicht, dass ... also, man müsste davon ausgehen ...«, stammelte er.

Hütters Gesichtszüge entspannten sich, und er lächelte gequält. »Ist schon gut. Ich weiß, was Sie meinen. Sie müssen sehen, wo Sie bleiben. Ich unterstütze Sie, solange es geht.«

Rappe nickte eilig. »Es dürfte für die Kritiker schwerer sein, ein bereits begonnenes Experiment zu beenden, als ein geplantes abzusagen.«

Der Kanzler sah ihnen nacheinander in die Augen. »Also ist niemand von Ihnen der Meinung, dass sich Nanotechnologie nach dem heutigen Tag als zu gefährlich herausgestellt hat?«

Andrew zögerte, schüttelte aber dann den Kopf. Sie würden aus den Vorfällen lernen.

Marina hob langsam die Hand. »Wir waren dicht davor, die Kontrolle zu verlieren«, meinte sie leise.

Koch blickte sie giftig an.

»Das kann man doch so gar nicht sagen«, brauste Rappe auf. »Wie können Sie es wagen ...«

Der Kanzler bedeutete Rappe ein weiteres Mal, zu schweigen. »Lassen Sie sie bitte ausreden.«

»Hätten wir noch ein oder zwei weitere Ausbruchsstellen mehr gehabt, dann hätten wir sie nicht mehr eindämmen können«, fuhr Marina fort. »Auch wenn ich nicht sage, dass wir die Arbeit an den Nanomaschinen nicht fortsetzen sollten, müssen wir uns im Klaren darüber sein, dass die Technologie gefährlich ist.«

Andrews Respekt vor der Feuerwehrfrau wuchs weiter. Für dieses offene Wort gegenüber dem Kanzler würde sie sich ganz sicher noch vor Rappe und auch vor Koch, ihrem direkten Vorgesetzten, rechtfertigen müssen.

Kanzler Hütter musterte sie nachdenklich und nickte dann. »Ja. Ich denke, diese Lektion haben wir heute alle gelernt.« Er wandte sich an Rappe. »Also gut, Sie haben meinen Segen, die Anlage, so schnell es geht, wieder aufzubauen und eine neue Testserie zu starten.«

Rappe lächelte. »Das ist die richtige Entscheidung.«

Andrew gefiel das nicht. So sehr er eine Fortsetzung der Experimente befürwortete, so wichtig war es ihm doch, eine unabhängige Untersuchung abzuwarten. Sie mussten ihre Lehren aus dem heutigen Tag ziehen. Er überlegte, ob er seine Meinung dazu zum Ausdruck bringen sollte, aber das war hier vielleicht nicht die richtige Runde. Rappe würde ihn in der Luft zerreißen. Er nahm sich vor, mit Ben darüber zu sprechen. Der kannte sich mit diesen diplomatischen Dingen einfach besser aus.

Der Kanzler stürzte den letzten Rest des Whiskys hinunter. »Ich kann nicht mehr alles alleine entscheiden. Es wird Gegenwind in der Koalition und auch im Bundestag geben. Dadurch, dass die Mittel aus dem Kanzleramt gestellt werden, bleiben Ihnen auf jeden Fall einige Wochen, bis sich daran etwas ändert. Ich weise vorsichtshalber darauf hin, dass auch das Land Nordrhein-Westfalen an der Anlage beteiligt ist. Morsleben ist zwar ein Parteifreund, aber er hat einen schwierigen Koalitionspartner. Wenn der Druck auf ihn wächst, kann er alleine den Stecker ziehen. Sie sollten sich also besser beeilen, wenn Sie das Experiment wiederholen wollen.«

Andrew verzog das Gesicht. Rudi Morsleben war ein Feigling. Wenn es Schwierigkeiten gab, zog er sich zurück und ließ Untergebene die Dinge regeln. Oder er ignorierte sie ganz einfach. Früher hatte sich Morsleben mit dem schnellen Aufbau des Forschungszentrums gebrüstet und war während der Bauarbeiten mehrmals mit einem ganzen Pressetross angerückt. Seit die Nanotechnik bei Bevölkerung und Medien in die Kritik gerückt war, wollte der Politiker damit gar nichts mehr zu tun haben. Andrew war nach dem heutigen Tag selber ernüchtert, aber er war zutiefst davon überzeugt, dass die Nanotechnik nach Überarbeitung der Sicherheitsmaßnahmen den Menschen eine bessere Zukunft bereiten konnte.

»Also gut.« Der Kanzler stand auf. »Ich schätze, wir haben es uns nun verdient, nach Hause zu gehen. Es war ein langer Tag, und der morgige Tag könnte noch länger werden.«

»Was meinen Sie?«, wollte Koch wissen.

»Morgen müssen wir sehen, dass wir mit den Medien klarkommen und die Diskussion in die richtige Richtung lenken.«

Hütter lächelte schwach. »Das kann härter sein als der Kampf gegen die Nanomaschinen.«

21

23. OKTOBER

»Wir sind am selben Ort zur selben Zeit geboren worden. Claus war mir näher als jeder andere Mensch.« Mölle schluchzte.

Emma blickte an ihm vorbei auf die unscheinbare Urne, die auf einem kleinen, schwarzen Sockel stand. Dieses Ding hatte nicht das Geringste mit Claus zu tun. Es war ein Stück Porzellan, das in wenigen Minuten im Erdreich verschwunden sein würde, weiter nichts. Sie hatte das erstbeste Modell genommen, das der Bestatter ihr gezeigt hatte. Natürlich war die Urne leer. Es gab keine Asche, die sie hätten hineinfüllen können. Was von Claus übrig war, hatte sich in Nanomaschinen verwandelt. Und deren Reste wiederum waren nun unterwegs zu einem Atomreaktor in Süddeutschland, um dort noch einmal mit einer Höchstdosis bestrahlt zu werden.

Drei Tage waren vergangen. Emma hatte darauf bestanden, die Beerdigung – was für ein unpassender Name – so schnell wie möglich hinter sich zu bringen. Und nun standen sie in einer kleinen Kapelle auf dem Friedhof von Troisdorf, um eine Vase mit Deckel in ein Loch hineinzuwerfen, das ihr, ihrer Tochter, Claus' Verwandten und Freunden als Ort zur Kanalisierung ihrer Trauer dienen sollte.

Trauer? Sie wusste nicht, ob sie Trauer spürte. Sie fühlte sich, als wäre Claus nur vorübergehend verreist, als würde er nächste Woche oder nächsten Monat wiederkommen, wenn er seine Aufgaben erledigt hatte. Sie würde zu Hause auf ihn warten. Irgendwann würde sie seinen Schlüssel sich im Schloss drehen hören, und er würde hineinkommen. Einen großen Strauß Blumen in der Hand, ein breites Grinsen im Gesicht. Er würde seine Tochter in den Arm nehmen und zu ihr kommen, um sie zu küssen.

Das wird nicht passieren!

Sie senkte den Kopf. Elena starrte nach vorne zu ihrem Onkel, aber ihr Blick war in weite Ferne gerichtet. Sie hatte immer noch nicht gesprochen. Teilnahmslos ließ sie alles über sich ergehen, ging an der Hand überall mit hin. Ansonsten stand sie oder saß sie einfach nur da und schaute durch die Menschen hindurch.

Gestern war ein Seelsorger der Feuerwehr gekommen, aber auch der hatte nicht zu Elena durchdringen können. Emma war froh gewesen, als der Mann wieder verschwunden war. Für nächste Woche hatte sie in der Kölner Südstadt einen Termin bei einem Kinderpsychologen. Früher war nichts zu machen gewesen.

»Jetzt ist Claus nicht mehr da.« Mölle flüsterte, doch war er durch das Mikrophon und die Lautsprecher für jedermann gut verständlich. »Und ich fühle mich, als sei ein Teil von mir selbst mit Claus für immer fortgegangen.«

Seine Kiefer mahlten, als er zu seinem Platz zurückging, die Mundwinkel zuckten immer wieder. Er setzte sich neben seine Mutter, die leise vor sich hin weinte, und legte ihr seinen Arm um ihre Schultern.

Der Bestatter, ein junger, schlanker Mann, der kaum älter als Ende zwanzig sein konnte, ging zu der Musikanlage, deren Fernbedienung wohl defekt war, und schaltete eine leise, getragene Melodie ein, die Emma aus irgendeinem uralten Film kannte.

Es war nicht abgesprochen gewesen, aber der Typ hielt es anscheinend für angemessen, zwischen jeder Rede ein trauriges Lied zu spielen. Das verlängerte diese düstere und für Claus' Wesen völlig unpassende Zeremonie nur. Emma hätte am liebsten einen Stein genommen und ihn gegen den Lautsprecher geschmettert.

Sie schaute sich um. Die kleine Kapelle war voll. Neben der engsten Verwandtschaft waren es Freunde aus dem Forschungszentrum, einige Kameraden aus Claus' Fußballmannschaft und natürlich die anderen Kräfte der Betriebsfeuerwehr. In der letzten Reihe saß Andrew mit teilnahmslosem Gesicht. Von Rappe war nichts zu sehen. Aber vielleicht war das besser so. Ben war auch nicht da. Emma wusste nicht, warum. Sie hatten gestern telefoniert, und er hatte versprochen, zur Beerdigung zu kommen.

Dann war dieses bescheuerte Lied vorbei, und Daniel Koch begab sich nach vorne an das Mikrophon. Einige Zettel fielen zu Boden, er musste sich bücken und sie neu sortieren.

Claus war nicht gläubig gewesen und als junger Mann aus der Kirche ausgetreten. Darum war kein Priester anwesend. Stattdessen hatte der Bestatter Emma einen professionellen Trauerredner aufgeschwatzt, dessen Beitrag aber nur belangloser Blödsinn gewesen war, obwohl er gestern über eine Stunde mit Emma telefoniert und sie über Claus' Leben ausgequetscht hatte. Das war unerträglich gewesen. Emma hatte aufgeatmet, als der Typ mit seiner Rede zu Ende gekommen war. Er sollte eigentlich später am Grab noch einige Worte sagen, aber das würde sie zu verhindern wissen.

Endlich hatte Koch seine Zettelsammlung sortiert und räusperte sich. Er war der letzte Redner, dann würde diese fürchterliche Veranstaltung endlich ein Ende finden.

»Claus ist von uns gegangen«, begann Koch. »Er starb, als er im Einsatz für seine Freunde sein Leben gab.«

Blödsinn!

Emmas Puls beschleunigte sich. Ihr Mann war gestorben, als er aus Versehen in eine gottverdammte Pfütze aus Nanomaschinen getreten war, in die sie beinahe als Erstes ihren Fuß gesetzt hätte, wenn Elena sie nicht gewarnt hätte.

Und hätte ich ein bisschen mehr Grips im Hirn gehabt, hätte ich Claus zurückgehalten und er würde noch leben.

»Wir wissen, dass das Leben eines Feuerwehrmannes gefährlich sein kann und wir stehen jeden Morgen in dem Bewusstsein auf, dass wir an diesem Tag für die Schwachen und Hilflosen unser Leben geben könnten. Aber wir tun es gerne, weil es zu unseren Pflichten gehört.«

Emma verdrehte die Augen. Sie hatte schon immer gewusst, dass Koch ein Schwätzer war, aber dass er die Beerdigung ihres Mannes dafür ausnutzte, eine selbstgerechte Marketingshow für seinen Berufsstand zu inszenieren, hätte sie nicht für möglich gehalten.

Und genauso ging es in den nächsten Minuten weiter. Keine persönlichen Worte über Claus, keine mitfühlende Ansprache an seine Familie. Nein, es war eine unwürdige Litanei über den Heldenmut der Feuerwehr und den Einsatz des Feuerwehrchefs für seine Mitarbeiter.

Claus' Mutter schluchzte immer noch, Mölle starrte mit zusammengekniffenem Mund nach vorne. Beide waren zusammen am Morgen angereist und hatten Emma und Elena in ihrem Haus in Troisdorf abgeholt, in das sie gestern Abend erstmals nach dem Unfall zurückgekehrt waren. Christina – Claus' Mutter – hatte nicht viel gesprochen, dafür umso mehr geweint. Mölle hatte hingegen keinen Zweifel daran gelassen, dass er die Nanotechnik verantwortlich machte für den Tod seines Bruders, und er hatte auch erklärt, dass er die weitere Forschung verbieten würde, wenn er etwas zu sagen hätte.

Endlich hatte Koch seinen Monolog beendet. Eigentlich hatte sich die Trauergesellschaft nun zum Grab aufmachen sollen, aber der Bestatter startete stattdessen ein neues Instrumentalstück. So blieb Emma nichts anderes übrig, als ihre Tochter im Arm zu halten und weitere unerträglich lange Minuten die verdammte Urne anzustarren.

Dann hatte das Elend ein Ende. Der Bestatter schaltete die Anlage aus und kam zu Emma herüber. »Wir bringen Ihren Mann jetzt zu seiner letzten Ruhestätte«, flüsterte er.

Emma nickte. »Ich will keine weitere Rede mehr am Grab. Wir lassen die Urne hinab und Schluss.«

Der Bestatter bekam große Augen. »Aber der Redner ist schon bezahlt.«

»Er soll das Geld ruhig behalten. Hauptsache, er verschwindet.«

Der Bestatter ließ die Mundwinkel sinken und ging zu dem Redner, der an der Seite des Raumes stand. Der warf nach einem kurzen Gespräch Emma einen bösen Blick zu und zog von dannen.

Dann hob der Bestatter die Urne auf und ging langsam nach draußen. Emma folgte ihm mit Elena. Christina und Mölle waren direkt hinter ihr. In einigem Abstand kamen die anderen.

Draußen schien die Sonne. Es war im Laufe des Vormittags überraschend warm geworden. Eine kleine Brise wehte gelbes und braunes Laub über die Schotterwege. Ein leicht modriger Geruch nach Herbst zog über die Gräber.

Während sie die letzten paar hundert Meter zu Claus' letzter Ruhestätte gingen, schluchzte seine Mutter unaufhörlich. Auch aus der Menge hinter ihnen waren unterdrückte Klagelaute zu hören. Emma hätte viel darum gegeben, nun weinen zu können. Es war, als würde sie dem Begräbnis eines flüchtigen Bekannten beiwohnen, dessen Abgang kein Verlust für ihr Leben bedeutete.

Schließlich standen sie vor dem Grab und der Bestatter ließ die Urne in das frisch ausgehobene Loch hinab, bevor er zur Seite trat.

Emma blickte kurz in die Tiefe und zerrte Elena dann mit sich zurück auf den Weg. Sie wollte nur noch nach Hause.

Dennoch nahm sie die letzte Pflicht auf sich, stellte sich ein Stück abseits zusammen mit Claus' Mutter und Bruder auf und ließ die Beileidsbekundungen, die sie gar nicht hören wollte, über sich ergehen.

Die Leute beugten sich auch zu Elena hinab, nahmen sie in den Arm oder strichen ihr über den Kopf. Sie nahm es ebenso wie Emma einfach hin, zeigte bei niemandem eine Reaktion. Als wäre sie gar nicht da.

Nacheinander traten die Feuerwehrmänner vor sie. Einige von ihnen waren den Tränen nah, aber niemand gab sich die Blöße, offen zu weinen.

»Es tut mir so leid.« Andrew war auffallend blass und hatte tiefe Ringe unter den Augen.

Emma schüttelte den Kopf. »Nichts muss dir leidtun«, flüsterte sie in sein Ohr. »Für den Anschlag kannst du nichts.«

Ihr Freund nickte und ging dann mit gesenktem Kopf davon.

Dann tauchte plötzlich Rappe auf. Entweder hatte er sich die ganze Zeit über extrem im Hintergrund gehalten, was ihm gar nicht ähnlich sah, oder er war gerade erst durch einen anderen Eingang auf den Friedhof gekommen. Er trug einen schwarzen Mantel, der fast bis zum Boden reichte. »Frau Hartmann«, sagte er leise und drückte ihr einen Umschlag in die Hand.

»Was ist das?«, fragte Emma, obwohl sie es sich denken konnte.

»Zuerst wollte ich nur für die Feuerwehr spenden, aber es kamen immer mehr Bitten, Sie zu unterstützen, so dass wir schließlich im ganzen Forschungszentrum gesammelt haben.« Er holte tief Luft. »Ich weiß, dass Geld Ihren Schmerz nicht lindern kann, aber der Inhalt des Umschlags soll Ihnen zumindest bei den Auslagen der nächsten Zeit helfen.«

Emma nickte. »Danke.« Rappe war sie nicht dankbar, aber den ganzen Mitarbeitern des Zentrums, die an sie und Elena gedacht hatten.

»Sie sind dieser Rappe«, zischte Christina.

Der Institutsleiter fuhr herum. Vorsichtig streckte er die Hand aus. »Frau Juncker, ich möchte auch Ihnen mein ...«

»Ich will Ihr Mitleid nicht«, sagte Christina so laut, dass sich einige der Feuerwehrmänner herumdrehten. »Sie sind hier nicht willkommen.«

»Mama, bitte!« Mölle griff nach der Hand seiner Mutter, doch sie ließ sich nicht beruhigen.

»Sie und Ihre Eitelkeit haben mir meinen Sohn genommen!« Sie schluchzte laut auf.

»Mama, bitte!«, wiederholte Mölle.

Sie schüttelte ihn ab. »Nein! Sie mit Ihrer verdammten Technik. Kann es nicht mal gut sein? Sie spielen mit Sachen herum, die die ganze Welt kaputtmachen können, und irgendwann wird das auch geschehen. Ja, Sie werden die ganze Welt vernichten.« Sie hatte sich in Rage geredet. »Wenn nicht Sie, dann ein anderer Wissenschaftler, der den Hals nicht vollkriegen kann.«

Mölle zog seine Mutter mit sich in Richtung Ausgang, wo gerade ein Taxi vorfuhr. »Komm! Wir gehen, Mama!«

»Er hat mir meinen Jungen genommen. Er hat mir meinen Jungen genommen.« Christina wiederholte den Satz immer und immer wieder, während Mölle sie zum Wagen führte.

»Ich kann sie verstehen«, sagte Rappe nüchtern. Es machte nicht den Eindruck, als hätte der Angriff ihm viel ausgemacht. Er war es wohl schon zu sehr gewohnt, Kritik einfach an sich abprallen zu lassen.

Emma konnte sich immer noch nicht entscheiden, ob die Nanotechnologie oder der Attentäter schuld war am Tod ihres Mannes. Jedenfalls würde sie weder Andrew, Rappe, noch sonst einen Menschen vom Forschungszentrum dafür verantwortlich machen. Dass es beim Umgang mit Technologie immer ein Restrisiko für Leib und Leben gab, war klar. Sie war mit ihrer Tochter in Flugzeuge gestiegen, obwohl sie wusste, dass diese abstürzen konnten. Das ganze Leben war im Grunde eine Kette von kalkulierten Risiken.

»Hören Sie, Frau Hartmann«, sagte Rappe. »Sie dürfen am Forschungszentrum bleiben, solange Sie wollen.«

»Aber nicht in meiner alten Position«, schlussfolgerte Emma nüchtern.

Rappe schüttelte den Kopf. »Nein, das geht leider nicht. Das Nanobenprojekt ist beendet. Aber Sie können gerne einen Wunsch äußern, in welcher Abteilung Sie stattdessen arbeiten wollen. Es muss nicht unbedingt die Datenanalyse sein. Sie brauchen nur einen Vorschlag zu machen, und ich werde Sie dort unterbringen.«

Viel Zeit zum Nachdenken über ihren weiteren Weg hatte Emma noch nicht gehabt. Aber sie war sich sicher, dass sie nicht länger am Forschungszentrum bleiben wollte. Alles dort würde sie an Claus erinnern. Auch für Elena wäre es sicher besser, an einem anderen Ort neu anzufangen. Emma schüttelte den Kopf. »Ich danke Ihnen.« Sie sprach leise. »Ich werde aus Köln fortgehen.«

Rappe starrte sie regungslos an. »Und wohin?«

Emma zuckte mit den Schultern. »Es gibt nichts mehr, das mich hier hält. Ich denke, ich kehre in die Schweiz zurück.«

Ja, das war vielleicht die beste Idee. Sie würde zu ihren Eltern ziehen und von dort aus nach einer neuen Richtung suchen, in die sie ihr Leben wenden konnte.

»In die Schweiz?« Emma wollte gerade antworten, da nickte Rappe bereits. »Ich vergesse manchmal, dass Sie gebürtig aus dem Nachbarland kommen.« Er lächelte. »Ihr Schwyzerdütsch haben Sie längst abgelegt.«

Emma sagte nichts darauf.

»Wann?«, fragte Rappe. »Wann wollen Sie gehen?«

Sie würde noch etwas brauchen, hier alle Zelte abzubrechen. Auf der anderen Seite ... Was sollte sie schon mitnehmen? Sie konnte das Haus morgen der Bank zum Verkauf übergeben. Die konnten es möbliert anbieten. Nächste Woche der Termin beim

Psychiater für Elena, den wollte sie gerne noch mitnehmen, obwohl es natürlich auch in St. Gallen gute Psychologen gab. »Ende nächster Woche.«

Plötzlich klingelten mehrere Handys gleichzeitig. Feuerwehrleute suchten in Hosen- und Jackentaschen nach ihren Geräten.

Rappe hob die Augenbrauen. »So bald? Dann kommen Sie also nicht mehr ins Forschungszentrum?«

Emma schüttelte den Kopf. »Nur, um meine Sachen zu holen.«

Rappe seufzte. »Also gut. Passen Sie auf. Ich lasse Sie noch bis Ende des Jahres auf der Lohnliste und stelle Sie bis dahin frei.«

Emma hatte ihren Chef selten so entgegenkommend erlebt. War es möglich, dass er doch ein schlechtes Gewissen hatte? Sie war nie der Meinung gewesen, dass Rappe ein schlechter Mensch war. Seine Ambitionen waren ihm nur wichtiger als alles andere. Das musste man akzeptieren, wenn man mit ihm oder für ihn arbeitete. »Okay. Danke.«

Rappe hob die Hände. »Schon gut. Bitte melden Sie sich zwecks eines Termins, damit wir für Ihre Laborräume eine formelle Übergabe machen können. Wir brauchen den Papierkram leider für die ...« Jetzt klingelte auch Rappes Handy. Er holte das Gerät aus der Innentasche seines Jacketts und runzelte die Stirn. Dann ging er doch ran. »Erika, ich hatte gesagt, dass ich auf der Beerdigung ...« Rappe unterbrach sich mitten im Satz. Seine Augen wurden groß.

Emma folgte seinem Blick.

Ben stakste wie ein Roboter auf den Friedhof. Sein weißes Hemd unter dem schwarzen Anzug war über und über von roten Flecken bedeckt. War das getrocknetes Blut auf seiner Wange?

Was zum Teufel ...?

Er kam langsam auf sie zu, das Gesicht eine Maske. Seine Hände zitterten.

»Was ist mit Ihnen?«, fragte Rappe.

»Ben?« Andrew trat neben den Institutsleiter.

Ben blieb direkt vor Emma stehen. Abwechselnd blickte er sie und Andrew an.

»Was ist denn los?«, fragte sie.

Ben öffnete den Mund, atmete tief ein und wieder aus.

»Ben?« Emma bekam eine Gänsehaut.

»Sie sind noch da!«, flüsterte er.

22

Ben sah auf die Armbanduhr, während er den Linder Mauspfad hinunterfuhr. Es war noch viel zu früh für die Beerdigung. Wenn er jetzt schon zum Friedhof kam, würde er eine halbe Stunde vor der Kapelle herumstehen, bis die Zeremonie begann. Und dazu hatte er keine Lust.

Was sollte er tun? Er konnte ins Forschungszentrum fahren und in seinem Büro noch etwas arbeiten. Papierkram hatte er genug auf seinem Schreibtisch. Aber es lohnte sich nicht. Er würde nur auf die Uhr starren und doch nichts getan bekommen.

Eine andere Möglichkeit war, in ein Café in Spich oder Troisdorf zu gehen und ein zweites Frühstück zu sich zu nehmen. Aber in dem schwarzen Anzug würde er sich dort ziemlich dämlich vorkommen.

Ihm fiel keine Alternative ein.

Er näherte sich dem Kreisverkehr an der Belgischen Allee und hatte eine Idee. Er würde einfach Tom besuchen. Der beklagte sich eh andauernd, dass sie sich so selten sahen.

Ben fuhr in den Kreisverkehr und verließ ihn nach einer dreiviertel Umrundung wieder.

Tom Haltern kannte er von der Uni. Der drahtige Wirtschaftswissenschaftler hatte dort als Assistent von Professor Ertegün die Übungen in einem BWL-Kurs betreut, den Ben neben seinen Physikvorlesungen besucht hatte. Sie hatten sich angefreundet und einige trinkfreudige Abende im Studentenviertel an der Pontstraße miteinander verbracht. Zum selben Zeitpunkt, als Ben sein Studium abschloss und mit seiner Promotion im Forschungszentrum begann, kündigte Tom nach einem Streit mit Ertegün seine Stelle und fing als Geschäftsführer eines kleinen Maschinenbaubetriebs in Düren an. Nach zwei Jahren war er dann nach Köln gezogen, um die Geschäftsführung eines größeren Maschinenbaubetriebs zu übernehmen. Und der befand sich nur einen Steinwurf vom Forschungszentrum entfernt. Am Anfang hatten sie sich öfter gesehen. Ben war hin und wieder mal bei Tom in der Firma vorbeigefahren und hatte einen Kaffee mit ihm getrunken. Doch in der letzten Zeit, als das große Experiment immer näher gerückt war, hatte Ben einfach zu viel Stress gehabt.

Jetzt war eine gute Gelegenheit, dem alten Freund einen Überraschungsbesuch abzustatten.

Ben musste nur hundert Meter weit fahren, dann erreichte er das Gelände der Firma, das direkt an die Wahner Heide grenzte. Hier wurden hauptsächlich Maschinen für Fabriken in Fernost angefertigt. Er parkte auf einem der Gästeparkplätze und stieg aus.

Auf dem Hof, der nach einigen Metern an einem Maschendrahtzaun endete, war reges Treiben. Männer und Frauen in blauen Overalls liefen mit Werkzeugen zwischen den Hallen herum oder transportierten Kisten mit Gabelstaplern.

»Was machst du denn hier?«

Ben drehte sich um.

Tom stand mit breitem Grinsen in der Eingangstür eines flachen, weißen Bürogebäudes. »Mit dir hätte ich heute am allerwenigsten gerechnet.«

Ben ging zu ihm und sie umarmten sich. Tom trug einen grauen Businessanzug, der ihm ein wenig zu groß war. Die randlose runde Brille hätte eher zu einem Künstler als zu einem Manager gepasst.

»Ganz schön was los bei euch im Forschungszentrum.« Tom hielt Ben die Tür auf.

»Das kann man wohl sagen.« Er stutzte. »Passt es dir überhaupt?«

Tom nickte. »Ja, aber länger als eine halbe Stunde kann ich dir nicht gönnen.«

»Mehr hab ich auch nicht.«

»Dann ist es ja prima.«

Toms Büro wirkte wegen seiner großen Fenster in Südrichtung sehr hell. Der blaue Teppichboden bildete einen netten Kontrast zu den weißen Wänden, sah aber eher billig aus. Neben dem braunen Schreibtisch waren etliche Brandflecken auf dem Boden zu sehen, dabei hatte Tom das Rauchen vor einem halben Jahr aufgegeben, wie Ben wusste.

Tom machte mit einer Kapselmaschine zwei Kaffee, dann setzten sie sich in eine kleine Sitzecke mit zwei kunstlederbezogenen Sesseln, zwischen denen ein Glastisch stand.

»Mir ist richtig die Muffe gegangen, als ich das Drama im Forschungszentrum in den Nachrichten gesehen habe. Sind da wirklich Nanomaschinen entkommen?«

Ben nickte. Der Freund kannte die Gefahr, die von freigesetzten Nanomaschinen ausging. Sie hatten sich bei mehreren Treffen darüber unterhalten.

»Verdammter Terrorist«, sagte Tom. »Hat man das Arschloch in der Zwischenzeit erwischt?«

»Nein.« Ben war gestern bei einem Gespräch zwischen Rappe und dem zuständigen Beamten des BKA dabei gewesen, als er den Institutsleiter über die neuesten Erkenntnisse unterrichtet hatte. »Der Sprengstoff ist wohl aus Düngemittel hergestellt, das im Ausland produziert und über das Internet bestellt wurde. Die Sendung ging an eine Packstation, der Benutzer hat sich mit einer gestohlenen Identität angemeldet. Sie haben dann noch das untersucht, was die Bombe von der Drohne übrig gelassen hat, aber das sind nur kleine Stückchen. Eine handelsübliche Drohne, an der ordentlich herumgeschraubt worden ist. Der Attentäter muss ein Hobby-Elektroniker sein. Die Drohne flog völlig autonom und wurde mit einer Zeitschaltuhr aktiviert.«

»Na so was.«

Ben nippte an dem Kaffee, der immer noch zu heiß war. »Eigentlich war die Zeit nicht auf den Zeitpunkt des Experiments eingestellt.«

Tom hob die Augenbrauen. »Bitte?«

»Ursprünglich sollte die Bombe wohl eine Stunde nach dem Ende des Experiments explodieren. Dann wären keine Nanomaschinen freigesetzt worden. Aber wegen der Demo ist der Zeitplan durcheinandergeraten und die Bombe ist dann während der Durchführung hochgegangen. Keiner versteht es. Wenn der Attentäter ein Aktivist ist, der das Experiment verhindern will, hätte er es doch besser vorher zerstört.«

Tom seufzte. »Wer weiß schon, was so einem Psycho in der Birne rumgeht.«

Ben nippte wieder an seinem Kaffee. »Ja, wer weiß das schon.«

»Zum Glück ist ja alles gutgegangen.«

Ja, zum Glück! Aber Claus Juncker war trotzdem tot. »Ich war gerade auf dem Weg zu einer Beerdigung.«

»Der Labormitarbeiter?«

Ben schüttelte den Kopf. »Nein, der Feuerwehrmann.«

»Habe es in den Nachrichten gesehen. Hatte Familie, oder?«

Ben fixierte einen Punkt zwischen seinen Schuhen. Er dachte an Emma und an Elena.

»Schlimm!«, sagte Tom.

Ben wollte darüber nicht mehr reden. »Wie geht es dir?«

»Och, ganz gut. Langsam gewöhne ich mich wieder daran, Single zu sein.«

Toms Beziehung hatte vor einigen Monaten geendet. Dass Doro gegangen war, hatte ihn tief getroffen. Aber Tom war selber schuld gewesen. Was musste er sich auch immer auf Konferenzen durch fremde Hotelbetten vögeln. Ben verspürte da wenig Mitleid, und das hatte er ihm auch gesagt.

»Und die Firma?« Ihm war zu Ohren gekommen, dass es mehreren Maschinenbaufirmen in der Gegend nicht gut ging, aber das war vor allem der Wirtschaftskrise zu verdanken.

»Es geht«, antwortete Tom. »Einige Kunden in Thailand und Singapur sind weggefallen. Eine Zeitlang sah es schon so aus, als müssten wir die Schotten dichtmachen, aber wir haben einen neuen Auftrag aus Tschechien erhalten. Der wird uns genug Geld in die Kasse spülen, dass wir dieses Jahr überleben. Und für nächstes Jahr zeichnen sich ein paar weitere Aufträge ab.«

»Schön für euch«, erklärte Ben. »Andere Firmen hatten weniger Glück.«

Tom grinste. »Wenn wir die Krise überstehen, bedeutet das für uns aber auch, dass wir weniger Konkurrenz haben. Wenn es einen neuen Kanzler gibt und sich dann die Lage in Deutschland bessert, werden wir auch wieder Kunden auf dem heimischen Markt bekommen. Ach, übrigens, hast du den Hütter eigentlich getroffen?«

Ben grinste. »Bin sogar mit ihm im Auto mitgefahren.«

Tom schnaubte. »Dem hätte ich direkt in die Fresse geschlagen.«

»Menschlich ist er eigentlich ganz nett.« Aber Ben wusste, dass Tom eine verfestigte Meinung über die momentane Regierung hatte, die niemand mehr ändern würde. Das ging ja vielen im Land so.

Tom winkte ab. »Besser, wir wechseln das Thema, sonst bin ich den Rest des Tages wieder mies gelaunt. Weißt du, wem ich letzte Woche am Neumarkt begegnet bin?«

»Ich habe keine Ahnung.«

Es klopfte, und ein grauhaariger Mann in blauem Overall steckte seinen Kopf durch die Türe. »Chef, haben Sie einen Moment Zeit?«

Tom stand auf. »Sicher, worum geht es denn?«

»Die Druckerei hat die falschen Etiketten geliefert.«

»Die falschen Etiketten?«, fragte Tom.

»Ja, wir brauchen temperaturfeste Etiketten für die Aggregate.«

Tom seufzte. »Ich komme mit.« Er winkte Ben, ihm zu folgen.

Sie verließen das Bürogebäude und gingen zu einer kleinen Produktionshalle. Ben erkannte Drehmaschinen, Standbohrmaschinen, Blechpressen und jede Menge anderer Werkzeuge. Die Halle war fensterlos, grelles Neonlicht von der Decke sorgte für eine unangenehme Helligkeit. Es roch nach Öl und Verdünnungsmittel. Außerdem war es durch das permanente Gehämmer und Geschleife fürchterlich laut. Ben hätte in einer solchen Umgebung nicht arbeiten wollen. In einer Ecke standen in Holzkisten mehrere mannshohe, metallische Apparaturen. Wofür auch immer die gut sein mochten.

Der Arbeiter nahm einen Stapel Aufkleber von einem Tisch. »Wenn wir die da draufkleben, fallen die im Betrieb sofort ab.«

Tom nickte. »Kein Problem, Harald. Ihr schreibt die Seriennummer mit einem wasserfesten Marker auf die Maschinen, und wir lassen neue Aufkleber drucken. Wenn wir die haben, schicken wir irgendjemanden nach Prag, der die Dinger nachträglich aufklebt.«

Der Arbeiter ging davon.

Tom stöhnte. »So geht das den ganzen Tag. Alles nur nervige Miniprobleme, die die Leute eigentlich selber lösen könnten.«

Langsam gingen sie in Richtung Ausgang. »Vielleicht solltest du dir mal wieder was anderes suchen«, sagte Ben.

Tom seufzte. »Ja, irgendwann werde ich das. Aber ich kann die Firma jetzt nicht in diesem Zustand verlassen. Ich meine, kurz vor dem Bankrott. Vielleicht in zwei Jahren, wenn hier wieder alles auf die Beine gekommen ist.«

Neben einer Kreissäge blieben sie stehen.

»Manchmal frage ich mich, ob du nicht doch besser an der Uni geblieben wärst«, meinte Ben.

Tom schüttelte den Kopf. »Das war nach dem Streit mit Ertegün nicht mehr möglich.«

»Du hättest eine andere Assistentenstelle suchen können. Es ist ja nicht so, als sei Betriebswirtschaft ein superseltenes Studium.«

»Ich wollte nicht mehr der Sklave von irgendjemand sein«, flüsterte Tom.

»Mit einer Promotion hättest du selber lehren oder forschen können.«

Tom stöhnte. »Ach, komm. Ich habe doch schon ...« Er stutzte und blickte über Bens Schulter hinweg. »Alles in Ordnung, Helmut?«

Ben wandte den Kopf. Ein älterer Arbeiter im Overall kam zügig auf sie zu. Seine Augen waren unnatürlich weit aufgerissen, sein Gesicht verkniffen, und er hielt seine rechte Hand auf seltsame Art vom Körper weg.

»Helmut?« Tom ging auf den Mann zu.

Der Angesprochene ignorierte seinen Chef, stolperte an ihm vorbei und trat zu der Kreissäge. Mit der Linken aktivierte er die Maschine und klappte den Sicherungsbügel nach oben. Kreischend begann das Sägeblatt zu rotieren.

»Helmut?«, wiederholte Tom. »Was ist denn los?«

Ben stand auf der anderen Seite der Kreissäge und starrte Helmut an. Was hatte der Mann?

»Ruft einen Krankenwagen«, sagte Helmut. Dann legte er den rechten Unterarm vor das kreischende Sägeblatt und machte ruckhaft einen Schritt nach hinten.

Ben schrie auf. Blut spritzte in sein Gesicht.

»Helmut!«, brüllte Tom.

Die Hand mit dem halben Unterarm flog in hohem Bogen durch die Luft und blieb direkt vor Bens Füßen liegen.

Der Verletzte verdrehte die Augen, bis nur noch das Weiße zu sehen war, und kippte wie in Zeitlupe zu Boden. Tom gelang es, ihn aufzufangen. Blut sprudelte aus dem Stumpf. Beinahe wäre Tom darin ausgerutscht.

Andere Arbeiter rannten herbei. Einer von ihnen starrte auf die abgetrennte Hand, rannte davon und erbrach sich zwischen die Holzkisten.

Ben hatte davon gehört, dass man Hände wieder annähen konnte, wenn das abgetrennte Körperteil schnell gekühlt wurde. Irgendwo hier musste es einen Kühlschrank geben! Vielleicht mit einem Eisfach.

Er wollte sich nach der Hand bücken, dann hielt er inne.

Auf dem Handrücken war ein goldener Fleck zu sehen, der sich wie in Zeitlupe vergrößerte.

23

»Wohin fahren wir?« Andrew saß auf dem Beifahrersitz des Einsatzleitwagens, der ohne die rot-weiße Lackierung und das Blaulicht auf dem Dach eine passable Limousine abgegeben hätte. Er hatte gedacht, die neue Ausbruchsstelle wäre in Troisdorf gewesen, aber Koch raste mit eingeschalteter Sirene über die Kölner Straße in Richtung Porz.

Zwei neue Ausbruchsstellen!

Zwei!

»Nach Spich«, erklärte Koch. »Die Stelle liegt in der Nähe einer Siedlung am Waldrand.«

Rappe, der hinten neben Ben saß, fluchte. »Damit sind dann mit Troisdorf und Köln schon zwei Städte betroffen.«

Koch nickte. »Köln und der Rhein-Sieg-Kreis haben ihren Katastrophenschutz aktiviert. Einsatzkräfte sind bereits bei beiden Stellen, haben aber keine Mittel, um einen Ausbruch zu händeln. Darum schicken wir unsere Bestrahlungseinheiten los.«

Andrew wurde gegen die Tür geschleudert, als Koch ein langsam fahrendes Taxi überholte.

»Fahren Sie doch vorsichtig«, schnauzte Rappe.

Wenige Augenblicke später hatten sie Spich erreicht.

Wie, zum Teufel, konnten die Nanomaschinen an diesen Ort gelangen, der sich zwar am Rand der Wahner Heide befand, aber doch einige Kilometer vom Forschungszentrum entfernt war?

Von vorne kamen ihnen weitere Feuerwehrgerätewagen entgegen, die an einer Kreuzung nach Norden abbogen. Koch fuhr ihnen hinterher. Auf den Bürgersteigen blieben Leute mit Einkaufstaschen oder Kinder mit Schulranzen verwundert stehen und schauten ihnen nach.

Andrew hoffte nur, dass niemand zu Schaden gekommen war. Gerade hatte er aufgeatmet, dass es bis auf Claus und Papst keine Opfer gab. Aber jetzt waren seine Schöpfungen in einem Wohngebiet aufgetaucht.

Allmächtiger!

Sie hielten am Ende einer Sackgasse in einem ruhigen Wohngebiet. Ein gutes Dutzend Feuerwehr- und Polizeiwagen parkte dort schon mit leuchtendem Blaulicht.

Andrew sprang aus dem Wagen und lief mit Ben und Rappe dem Einsatzleiter hinterher.

»Wo ist es?«, fragte Koch einen Feuerwehrmann, der mit einer Zigarette vor einem weißen Einfamilienhaus neben einer Absperrung stand.

Andrew starrte den Mann giftig an, als er an ihm vorbeilief. Der

Uniformierte hatte für seinen Geschmack etwas zu sehr die Ruhe weg.

Der zeigte nach Norden in den Wald. »Hundert Meter.«

Sie gingen zwischen Eichen und Birken hindurch, die schon einen Großteil ihres Laubs verloren hatten, und sahen dann eine weitere Gruppe an Feuerwehrleuten, die neben einer kleinen, mit rot-weißem Flatterband abgesperrten Lichtung standen.

Alles an der Szenerie erinnerte Andrew an die letzte anstrengende Ausbruchsstelle im Forschungszentrum. Er bekam eine Gänsehaut.

Das kann doch einfach nicht wahr sein!

»Ah, da sind die Jungs und Mädels aus dem Forschungszentrum«, sagte ein großgewachsener Feuerwehrmann, dessen graue Haare an der Seite seines Helmes herabragten. Das war hier offenbar der Einsatzleiter.

Koch ging zu ihm und gab ihm die Hand. »Grüß dich, Herbert.«

Andrew trat neben Rappe an das Absperrband. Im Zentrum der Lichtung schimmerte es golden.

»Scheiße!«, flüsterte Rappe. Der Leiter des Forschungszentrums war weiß wie eine Wand.

Die Pfütze hatte einen Durchmesser von mehr als fünf Metern, größer als die Ausbrüche im Forschungszentrum.

Andrew schnappte nach Luft, musste sich zwingen, ruhig zu bleiben. »Wann wurden die Nanomaschinen entdeckt?«

»Vor zwei Stunden«, sagte der Troisdorfer Feuerwehrmann.

»Von einem unserer Hubschrauber?«, fragte Rappe.

Der Mann verzog das Gesicht. »Nein. Von einer Schulklasse bei einem Ausflug.«

Andrew stolperte nach vorne. »Von einer Schulklasse?«

»Ja, allerdings«, erwiderte der Feuerwehrmann. »Keine zweihundert Meter entfernt ist eine Grundschule. Der Lehrer hat mit den Kindern eine Wanderung durch den Wald gemacht, um

Blätter für den Kunstunterricht zu sammeln. Wir können von Glück sagen, dass keiner der Schüler hineingelatscht ist.«

Andrew schloss die Augen. Ihm wurde übel. Er hatte das Gefühl, sich gleich übergeben zu müssen. Eine solche Katastrophe hätte er sich niemals verziehen. »Hoffentlich sind die Bestrahlungsgeräte schnell da.«

Der Feuerwehrmann streckte die Hand aus. Rappe ergriff sie. »Herbert Meister«, stellte der Mann sich vor. Andrew kannte den Namen. Er wusste, dass Meister der Chef der Troisdorfer Feuerwehr war.

»Wir müssen uns wohl auf Ihre Hilfe verlassen und sind auf Ihre Bestrahlungsgeräte angewiesen«, sagte Meister.

Koch nickte. »Zwei Teams sind hierher unterwegs und müssten jeden Augenblick eintreffen. Ein Team habe ich nach Porz-Lind zu der anderen Stelle geschickt. Der dortige Ausbruch ist kleiner.«

Andrew blickte wieder zu der goldenen Pfütze hinüber. »Bestrahlung allein wird nicht reichen, dafür ist der Durchmesser zu groß. Wir werden die Nanomaschinen absaugen müssen. Wir brauchen dringend einen Behälter aus Lithium.«

»Wo sollen wir denn so was herkriegen?«, fragte der Feuerwehrmann.

»Darum kümmere ich mich.« Rappes Stimme zitterte. »Bent, unser Beschaffungsingenieur, nimmt Kontakt mit Firmen auf, die Lithiumtanks herstellen. Es wird aber sicher einige Stunden dauern, bis wir etwas hierhaben.«

Meister sah Rappe unfreundlich an. »Ich habe dauernd gesagt, dass die umliegenden Rettungskräfte in die Notfallpläne des Forschungszentrums hätten mit einbezogen werden müssen. Ich habe zusammen mit dem Troisdorfer Bürgermeister immer wieder darauf hingewiesen, dass wir Ausbildung und Ausrüstung brauchen, wenn wir schon riskante Anlagen in der Nachbarschaft dulden müssen. Aber man hat uns jedes Mal ignoriert.«

Koch legte ihm eine Hand auf die Schulter. »Lass gut sein, Herbert.«

Meister seufzte. »Nun ist es ohnehin zu spät, und wir müssen sehen, wie wir gemeinsam weiterkommen.«

Ben, der sich nach seinem anfänglichen Schock schnell erholt zu haben schien, machte einen Schritt auf Rappe zu. »Sollten wir die Arbeiten nicht gemeinsam koordinieren?«

Rappe starrte ihn an. »Wie meinen Sie das?«

Ben zeigte auf die goldene Pfütze. »Wir haben eine Ausbruchsstelle hier und eine in Köln hinter der Stadtgrenze. Dazu kommt noch das Forschungszentrum. Wie stellen wir sicher, dass wir diese Einsätze möglichst effektiv koordinieren und nicht ein Wettstreit um Ressourcen ausbricht?«

»Guter Punkt«, meinte Rappe. »Das Forschungszentrum sollte die Einsätze koordinieren, da wir auch die Ausrüstung zur Bekämpfung der Nanomaschinen stellen.«

»Daraus wird nichts.« Meister lächelte schief. »Das Forschungszentrum hat keine Befugnisse außerhalb seiner Einzäunung, und Koch hat einen niedrigeren Dienstgrad als der Kreisbrandmeister des Rhein-Sieg-Kreises. Der wird sich mit dem Feuerwehrchef der Stadt Köln darüber einigen müssen, wer hier das Kommando übernimmt.«

»Ich bin nicht der Meinung, dass die Feuerwehr diesen Einsatz befehligen sollte.«

Die Stimme kam aus Richtung der Straße. Andrew drehte sich um. Ein Mann in blauer Uniform und mit auffallend rundem, rotem Gesicht, der seinen Helm unter den Arm geklemmt hatte, stapfte auf sie zu. »Mein Name ist Gerd Trollinger. Vom Technischen Hilfswerk. Ich denke, meine Organisation sollte die Federführung in dieser zweifelsohne technischen Krise übernehmen.«

»Oh nein!« Koch verdrehte die Augen.

Meister schnaubte. »Sie kommen erst dann zum Zug, wenn wir

Sie im Rahmen der Amtshilfe anfordern.« Die Stimme des Feuerwehrmanns drückte tiefe Verachtung aus. Die beiden Männer kannten sich offenbar.

»Ich habe bereits mit dem Innenminister des Landes telefoniert.« Trollinger blickte den Troisdorfer Feuerwehrchef mit ebensolcher Verachtung an wie der ihn. Dass sie sich nicht mochten, beruhte anscheinend auf Gegenseitigkeit. »Er ist ebenfalls der Meinung, dass das THW hier die Leitung übernehmen sollte. Sie werden in nicht allzu ferner Zukunft von ihm hören. Bis dahin können Sie schon einmal das Feld räumen und abziehen.«

Der Mann musterte nacheinander jeden von ihnen.

Andrew seufzte. »Wir müssen bei diesem Problem zusammenarbeiten, sonst kriegen wir es nicht in den Griff.«

»Damit haben Sie recht, Herr Collum«, bestätigte Trollinger. »Ich ...«

Andrew stutzte. »Sie kennen mich?«

Trollinger lachte trocken. »Inzwischen dürfte jeder, der täglich die Nachrichten einschaltet, Ihr Gesicht kennen. Jedenfalls haben Sie recht. Wir werden alle ganz toll zusammenarbeiten, wenn wir eine gute Führung haben. Das kann hier in diesem Falle nur das THW leisten.«

Meister baute sich vor Trollinger auf. »Du hältst dich wohl wieder für besonders wichtig, Gerd. Ist doch so, oder?«

»Nicht weniger als du, Herbert.«

Andrew fasste es nicht. Was ging hier vor?

Ein Feuerwehrmann winkte von der Straße her. »Die Kollegen aus dem Forschungszentrum sind da.«

»Sollen sofort herkommen«, rief Koch.

»Da stehen zwei Wagen vom THW im Weg.«

»Räumen Sie bitte die Zufahrt, Herr Trollinger«, forderte Koch.

Der schüttelte den Kopf. »Erst, wenn die Frage der Führung geklärt ist.«

Andrew konnte einfach nicht glauben, was gerade geschah. Er

zeigte hinter die Absperrung. »Verdammt nochmal! Während Sie hier Ihre Eitelkeit zur Schau stellen, replizieren sich die Nanomaschinen weiter. Jede vergeudete Minute macht es schwerer, sie zu bekämpfen.«

Trollinger schien das nicht zu beeindrucken. »Eine falsche Leitung des Einsatzes könnte die Lage ebenfalls verschlimmern. Dann warten wir lieber noch ein paar Minuten, bis wir diesen Punkt geklärt haben.«

»Verdammt, Gerd«, fluchte Meister. »Selbst du kannst nicht so borniert sein!«

Rappe schüttelte den Kopf und machte sich in Richtung Straße auf den Weg. »Ich besorge uns schon einmal die Lithiumbehälter.«

Andrew streckte die Arme aus. »Ganz gleich, wer hier die Führung hat – es werden sowieso zunächst die Kräfte des Forschungszentrums sein, die diesen Ausbruch bekämpfen. Lassen Sie uns wenigstens unsere Arbeit tun, dann können Sie währenddessen weiterdiskutieren.«

Der kleine, rote Mann starrte ihn giftig an und schwieg.

Was ist mit dem Typen nur los?

Meister baute sich vor ihm auf. »Gerd, ich habe keinen Bock, schon wieder mit dir zu streiten. Aber bis wir vom Innenministerium eine andere Order erhalten, hat die Feuerwehr hier das Kommando. Wenn du nicht sofort den Weg für die Kollegen vom Forschungszentrum frei machst, dann werde ich die Polizei um Amtshilfe ersuchen, damit sie deine Karren von der Straße wegschafft.«

Trollinger richtete seinen Blick auf den Rivalen. »Das würdest du nicht wagen.«

»Wart's ab.« Meister griff nach seinem Telefon.

Trollinger grinste bösartig, noch bevor Meister auf eine Taste drücken konnte. »Schon gut, der Klügere gibt nach. Aber für alle Fehler, die hier begangen werden, mache ich dich verantwortlich. Und zwar persönlich.« Der Mann drehte sich um und ging in Richtung Straße davon.

»Mein Gott, was für ein Arschloch«, flüsterte Ben.

»Was hat der für ein Problem?«, fragte Andrew.

Meister seufzte. »Mich«, sagte er. »Ich bin sein Problem.« Dann ging auch der Leiter der Troisdorfer Feuerwehr zur Straße.

Koch stellte sich neben Andrew und Ben. »Die beiden hassen sich.«

Andrew lachte auf. »Das war nicht zu übersehen. Aber wieso?«

»Vor langen Jahren waren sie zusammen bei der Feuerwehr. Beide mit einem unstillbaren Ehrgeiz. Meister wurde dann statt Trollinger Leiter der Troisdorfer Wache. Am selben Tag hat Trollinger die Feuerwehr verlassen, ist in den THW eingetreten, zu dem er schon früher gute Kontakte hatte, und dort in Rekordzeit aufgestiegen. Trollinger ist nun OB des THW von Köln und dem Rhein-Sieg-Kreis, die vor kurzem zusammengelegt wurden. Seitdem versucht er auf jede erdenkliche Weise, Meister zu sabotieren.«

»Aber es sollte doch klare Regeln geben, wer in einer Krise das Sagen hat«, meinte Ben.

»Dafür gibt es auch klare Regeln.« Koch schnaubte. »Die Feuerwehr hat zunächst die Autorität. In Abstimmung mit der Polizei kann dann das THW im Rahmen von Amtshilfe hinzu gebeten werden.«

»Also, warum ...?«, begann Andrew.

Koch hob die Hand. »Letztlich unterstehen alle dem Innenministerium. Leider hat sich Trollinger beim Innenminister von NRW bei einer Tagung eingeschleimt und nutzt nun seinen ›besten Freund‹ für seine Agenda. Bei der gemeinsamen Katastrophenschutzübung letztes Jahr hat es Trollinger geschafft, sich zusätzliche Kompetenzen zu Lasten der Feuerwehr zu erstreiten. Das Ergebnis der Übung war dann ein katastrophales Kompetenzgerangel.«

»Das darf hier auf keinen Fall geschehen, wenn wir die neuen Ausbrüche stoppen wollen«, erklärte Andrew.

Ein Dieselmotor jaulte auf, und endlich schob sich das Betriebsfeuerwehr-Rüstfahrzeug des Forschungszentrums durch eine Lücke zwischen den Bäumen auf die Lichtung zu.

»Es gibt noch einen weiteren Grund, warum Trollinger das Ganze so persönlich nimmt«, raunte Koch.

Andrew sah ihn stumm an.

»Trollingers Frau hatte zwei Jahre lang eine Affäre mit Meister.«

Andrews Brustkorb wurde eng.

Das würde nicht gut ausgehen.

24

»Danke, dass Sie so schnell für ein Gespräch bereitstehen«, sagte Kanzler Hütter von dem großen Bildschirm herab. Der Politiker trug einen grauen Nadelstreifenanzug und darunter ein schwarzes Hemd ohne Krawatte. Neben ihm saß Weinheim, der in einem Stapel Papiere blätterte. Im Hintergrund lehnte die deutsche Flagge an einem dunklen Holzstab vor einer blauen Wand. Diese Szene sah man auch oft in Kanzler Hütters persönlichem VLOG, den er einmal im Monat ausstrahlte.

Ben atmete tief ein.

Was für ein Tag!

Helmut war in ein Krankenhaus gebracht worden. Der Arbeiter hatte in die Nanomaschinen gefasst, als er einen Gabelstapler reparieren wollte, neben dem irgendwie ein Cluster gelandet war. Wie auch immer der vom Forschungszentrum auf das Gelände der Firma gelangt sein mochte. Der Mann hatte wohl in den vergangenen Tagen die Nachrichten verfolgt und sofort erkannt, worum es sich handelte. Er hatte schnell genug reagiert, um sich das Leben zu retten. Anders als bei Claus hatten sich die Nanomaschinen noch nicht im Körper ausgebreitet gehabt. Er würde überleben.

Ben hatte zögernd die Hand an einem Finger hochgehoben und auf den Hof zur Ausbruchsstelle getragen, damit sie nicht noch weitere Nanomaschinen in der Halle hatten. Dann hatte er die Feuerwehr angerufen, sowohl die Kölner als auch die des Forschungszentrums. Und jetzt saß er hier mit Rappe und unterhielt sich mit dem Bundeskanzler.

Er hätte nicht gedacht, dass er so schnell erneut mit dem Mann zusammentreffen würde, selbst wenn es nur für eine Bildübertragung aus einem der kleineren Besprechungsräume im Administrationsgebäude des Forschungszentrums war. Zum Glück hatte er noch einen sauberen Anzug in seinem Büro gehabt. Außer ihm und Rappe war noch eine junge, strohblonde Sekretärin aus der Rechnungsabteilung anwesend, Erika Homburg, die gelegentlich bei Sitzungen Protokoll führte.

»Das ist wohl eine Selbstverständlichkeit.« Rappe sprach mit emotionsloser Stimme. Nachdem er auf dem Weg zurück von den Ausbruchsstellen ins Forschungszentrum die ganze Zeit geflucht hatte, trug er nun wieder seine kühle, distanzierte Maske zur Schau, die von vielen als Arroganz ausgelegt wurde.

»Wie ist die Lage?«, fragte der Bundeskanzler.

»Wir haben die Ausbruchsstellen abgesperrt«, erklärte Rappe. »Bei beiden sind bereits Teams unserer Betriebsfeuerwehr zusammen mit örtlichen Rettungskräften im Einsatz. Die Bestrahlungen müssten inzwischen begonnen haben.«

»Woher wissen Sie, dass es nicht weitere Ausbruchsstellen gibt?« Weinheim sah von seinem Papierstapel auf.

Rappe zögerte. »Wir haben bereits zusätzliche Hubschrauber mit Infrarotsuchgeräten von der Bundeswehr angefordert.«

»Ich weiß«, sagte Hütter. »Der Verteidigungsminister hat mich eben angerufen. Herr Martin ist nicht sehr glücklich, in die Sache hineingezogen zu werden.«

Das konnte Ben sich denken. Gerd Martin vom Koalitionspartner der Kanzlerpartei war erbitterter Gegner der Nanotechnik und der stattfindenden Experimente.

»Jedenfalls werden die Hubschrauber kommen«, fuhr Hütter fort. »Ich verstehe trotzdem nicht, wie die Ausbruchsstelle von *Kindern* auf einem Ausflug entdeckt werden konnte und nicht von den Hubschraubern, die ohnehin unterwegs waren.«

Rappe druckste wieder herum, was man von ihm gar nicht gewohnt war. »Es ist in dieser Jahreszeit nicht so leicht, thermische Strahlung unter dem Blätterdach wahrzunehmen.«

»Nicht auszudenken, wenn den Kindern etwas passiert wäre«, meinte Hütter.

Das wäre in der Tat fürchterlich gewesen. »Vielleicht sollte man einen größeren Bereich rund um das Forschungszentrum absperren und evakuieren«, überlegte Ben.

Rappe stöhnte auf. »Sind Sie des Wahnsinns? Wie können Sie einen solchen Vorschlag auch nur äußern?«

Der Kanzler verneinte. »Die Gegend um das Forschungszentrum ist dicht besiedelt. Da wären wir schnell bei hunderttausend Menschen. Stellen Sie sich mal die Bilder in den Nachrichten vor: Tausende Familien und gebrechliche Alte, die in Sporthallen untergebracht werden. Das würde aussehen, als hätten wir die Kontrolle verloren. Die Leute würden uns hassen.« Er schüttelte wieder den Kopf. »Nein, das kommt nicht in Frage.«

»Die Bilder wären viel hässlicher, wenn unschuldige Menschen aus Versehen mit Nanomaschinen in Kontakt kämen.« Ben konnte die Verzweiflung in seiner Stimme nicht unterdrücken. Die beiden mussten doch einsehen, dass der Schutz der Menschen an erster Stelle stand.

»Ich glaube nicht, dass es weitere Ausbruchsstellen geben wird«, meinte Rappe.

Der Kanzler kräuselte die Lippen zu einem ironischen Lächeln. »Sind Sie sich da so sicher? Genau dasselbe haben Sie vor zwei Tagen noch zu mir gesagt. Und ich habe mich darauf verlassen.«

Rappes Kiefermuskulatur trat hervor. Er schwieg.

Hütter seufzte. »Jedenfalls werde ich heute Abend live zu den Nachrichten eine Pressekonferenz geben und öffentlich anerkennen, dass ich einen Fehler gemacht habe.«

Was kommt jetzt?

»Ich werde allen Menschen sagen, dass meine Unterstützung der Nanotechnik ein Fehler war.«

Rappe wurde blass. »Das dürfen Sie nicht!« Seine Stimme war kaum mehr als ein Krächzen.

Bens Hals wurde eng. Vor einigen Tagen hatte Hütter noch seine Bereitschaft zur Unterstützung der Nanotechnik bekräftigt. Nun war der Kanzler sehr schnell anderer Meinung geworden.

Weinheim lächelte spöttisch.

»Das dürfen Sie nicht!«, wiederholte Rappe.

Hütter seufzte wieder. »Wir dachten, wir hätten diese Technik unter Kontrolle. Selbst gestern dachten wir das noch. Und jetzt haben wir sich ausbreitende Nanomaschinen außerhalb des Forschungszentrums in einem Wohngebiet.«

»Aber ...«, begann Rappe.

Der Kanzler erhob sich. »In einem Wohngebiet, Herrgott nochmal!« Er schrie fast.

»Wir werden die Sache in den Griff kriegen«, beteuerte Rappe. »Ich verspreche Ihnen, dass wir die Sache in den Griff kriegen werden.«

Ben hoffte, dass sie dazu wirklich in der Lage sein würden. Wie wollten sie verhindern, dass es zu immer mehr und mehr Ausbruchsstellen kam, wenn sie das bisher nicht hatten leisten können?

Er war hin und her gerissen. Er hatte so viel Zeit in dieses Projekt gesteckt. Natürlich hatte sich die Nanotechnik als gefährlich erwiesen. Aber es musste doch einen Weg geben, die Risiken beherrschbar zu halten und trotzdem die neue Technologie voranzubringen. Er wollte einfach daran glauben, dass es gelang, den neuen Ausbruch unter Kontrolle zu bringen.

»Das würde ich Ihnen auch raten«, sagte Hütter. »Und ich rate Ihnen ebenso, dass es besser heute als morgen geschieht.«

»Bitte lassen Sie uns nicht fallen!«, flehte Rappe.

Erika Homburg blickte ihren Chef irritiert an, überlegte offenbar, ob sie seine Worte in das Protokoll aufnehmen sollte.

Ben bekam eine Gänsehaut. Er hatte Rappe noch nie betteln hören. Aber sein Lebenswerk war auch noch niemals so bedroht gewesen wie in diesem Augenblick. Er verstand seinen Chef, hatte Mitleid mit ihm. Er hatte ja selber viel Zeit in dieses Projekt gesteckt, wenn auch nicht Jahrzehnte wie Rappe. Dennoch war es befremdlich, mitansehen zu müssen, wie der Leiter des Forschungszentrums die Kontrolle über sich verlor.

Der Kanzler setzte sich wieder auf seinen Stuhl. »Ich habe keine andere Wahl, Professor. Nach den Ereignissen der letzten Tage und heute wird es in der Öffentlichkeit keine Unterstützung für die Nanotechnik mehr geben. Nach dem Ausbruch im Forschungszentrum hatten wir das Ganze unter Kontrolle und die Öffentlichkeit zollte uns ein gewisses Wohlwollen, weil wir die Nanomaschinen innerhalb des Geländes halten konnten und in wenigen Stunden besiegt hatten. Die Lage ist jetzt eine andere.«

»Wir werden die Nanomaschinen auch diesmal stoppen, Herr Bundeskanzler«, erklärte Rappe eindringlich. »Ich versichere es Ihnen.«

»Hundert Meter weiter ist eine Grundschule, verdammt nochmal!«, brüllte Hütter.

Er atmete tief ein und hatte Mühe, sich zu beruhigen. »Haben

Sie eine Ahnung, was hier in Berlin los ist? Mein Telefon steht nicht mehr still. In zwei Monaten ist hier eine Wahl. Ich trete zwar nicht mehr an, aber ich trage eine Verantwortung für meine Partei. Wenn ich jetzt immer noch an Ihnen festhalte, kann Geering gleich einpacken. Nein, meine Entscheidung steht fest. Ich werde mich öffentlich gegen die Nanotechnik aussprechen und mich für meinen Fehler entschuldigen.«

Rappe sackte auf seinem Stuhl in sich zusammen. Ben wusste es. Sein Chef auch. Die Karriere des Institutsleiters war vorüber. Sein Name würde in Zukunft so verbrannt sein wie der Name der in Ungnade gefallenen Technologie.

Für einen scheinbar Stunden dauernden Moment herrschte Schweigen.

Ben war klar, dass auch er sich bald nach einem neuen Job umsehen musste. Doch zunächst war es erforderlich, den neuen Ausbruch zu stoppen.

»Was soll ich denn jetzt machen?«, klagte Rappe. Eine Träne lief über seine Wange.

Ben schüttelte sich. Sein Chef gab ein absolut jämmerliches Bild ab.

»Reißen Sie sich zusammen, Professor«, empfahl Hütter emotionslos. »Sie haben immer noch die Verantwortung, auch wenn der Einsatz jetzt von außerhalb des Forschungszentrums geleitet wird. Sehen Sie zu, dass Sie die Lage in den Griff kriegen.«

Rappe schaute mit glasigem Blick zum Bildschirm.

Weinheim beugte sich zum Kanzler hinüber und flüsterte in dessen Ohr.

Der Kanzler nickte. »Ja, das hätte ich fast vergessen. Ich will während dieser Krise einen Verbindungsmann des Forschungszentrums an meiner Seite haben. Hier im Bundeskanzleramt, meine ich.«

Ben runzelte die Stirn. Wofür sollte das denn gut sein?

Rappe dachte offenbar genauso. »Das lohnt sich doch gar

nicht. Wir haben die Krise bewältigt, bevor ein Mitarbeiter von mir in Berlin eingetroffen ist.«

»Ich bezweifle das«, murmelte Weinheim, der über die Lautsprecher dennoch deutlich zu verstehen war.

Der Kanzler hob die rechte Hand. »Wenn das so ist, dann ist das gut für uns alle. Aber selbst dann werden wir uns in den nächsten Tagen mit kaum etwas anderem beschäftigen als mit dieser Krise. Wir werden jetzt schon mit Anfragen anderer Parteien und der Presse überflutet.« Er zeigte auf Weinheim. »Wir haben hier zwar Leute, die kompetent sind und sich in permanentem Kontakt zu Ihren Spezialisten befinden, aber das ist etwas anderes, als einen gut vernetzten Verbindungsmann des Forschungszentrums im Kanzleramt zu haben, den ich notfalls mit zu einer Pressekonferenz nehmen kann.«

Rappe seufzte. »Ja, gut. Ich schaue mal, wen ich entbehren kann.«

»Nein!« In der Stimme des Kanzlers lag eine ungewöhnliche Härte. »Ich will Doktor Gerber.«

Ben war perplex. Damit hätte er nicht gerechnet.

Rappe musterte Ben mit zusammengekniffenen Augen. Das war ihm offensichtlich überhaupt nicht recht. »Ich brauche Herrn Gerber an meiner Seite. Ich schicke jemand anderen.«

»Ich bestehe darauf«, entgegnete Hütter kühl.

Rappes Kiefermuskulatur arbeitete. Das Kanzleramt saß am längeren Hebel. Derjenige mit den Geldern saß *immer* am längeren Hebel.

»Ich möchte, dass Sie heute noch in eine Maschine nach Berlin steigen.« Der Kanzler sprach Ben geradewegs an. »Ich lasse Sie am Flughafen abholen und direkt zu mir bringen. Geht das in Ordnung für Sie, Doktor Gerber?«

Ben holte tief Luft. Es war eine gute Chance. Er würde die Gelegenheit haben, Leute im Machtzentrum der Bundespolitik kennenzulernen. Wenn er wirklich mit dem Kanzler zusammen als

Spezialist bei einer Pressekonferenz vor der Kamera saß, konnte das seiner Karriere eine völlig neue Richtung geben. Gerade, wenn die Tage der Forschung hier im Zentrum gezählt waren, dann stellte das eine Gelegenheit dar, die er sich keinesfalls versauen durfte. »Ja, Herr Bundeskanzler. Natürlich geht das in Ordnung.«

Dennoch fühlte er sich unwohl. Die erste Priorität hatte die Eindämmung des Ausbruchs. Was das anging, wäre er lieber in Köln geblieben und hätte Rappe unterstützt, der in seiner momentanen Verfassung gewiss jemand an seiner Seite brauchen würde. Andererseits konnte er vielleicht in Berlin besser die Interessen des Forschungszentrums durchsetzen, um diese Krise zu bewältigen.

Aber die Entscheidung war gefallen, denn Hütter nickte. »Gut, geben Sie meiner Sekretärin Ihre Ankunftszeit durch. Ein Fahrer des Kanzleramts wird hinter der Sicherheit auf Sie warten. Und bringen Sie Ihren besten Anzug mit.«

Daran brauchte der Kanzler Ben nicht zu erinnern. Er checkte am Handy die nächsten Flüge, während Hütter mit Rappe noch einige Dinge über den Umgang mit der Presse besprach. In einer Stunde ging eine Lufthansa-Maschine von Köln. Das würde Ben nicht schaffen, da er sich von zu Hause Klamotten holen musste. Die nächste flog am späten Nachmittag. So hatte er die Gelegenheit, von seinem Büro aus noch einige Leute anzurufen.

Als Ben das Handy wieder in seiner Tasche verschwinden ließ, war die Telekonferenz gerade vorbei. Der Monitor wurde wieder dunkel. Die Sekretärin verließ den Raum.

»Schade, dass dir keine Ausrede eingefallen ist.« Rappe blinzelte. Es war das erste Mal heute, dass er in die vertraute Anrede wechselte.

Ben zuckte mit den Schultern. »Wir sollten das Gute daran sehen. Ich kann unserem Interesse vielleicht etwas Einfluss in Berlin verschaffen.«

»Ich hätte das lieber jemand anderem überlassen. Ich hätte Karl Mayer nach Berlin geschickt.«

Ben stutzte. »Mayer? Der Kanzler will einen Spezialisten haben, der sich mit Nanotechnik auskennt.«

Rappe machte eine wegwerfende Handbewegung. »Da muss man nicht jedes Wort auf die Goldwaage legen. So funktioniert Politik einfach nicht. Mayer hat Talent, die öffentliche Meinung in die richtige Richtung zu lenken.«

»Ich weiß nicht ...«, sagte Ben leise. Er konnte nach wie vor nicht verstehen, dass Rappe so viel von diesem Großmaul hielt.

Sein Gegenüber lächelte schwach. »Ich weiß, was Sie denken, aber Sie täuschen sich.« Der Institutsleiter hatte schon wieder die Anrede gewechselt, was dem Gespräch einen offiziellen Anstrich gab. »Wichtig ist, wie Mayer vor der Kamera wirkt. In öffentlichen Diskussionsrunden gibt er immer eine gute Figur ab.«

Da war Ben ganz anderer Meinung. »Aber er erzählt doch zumeist Blödsinn.«

Rappe lachte. »Manchmal geht es weniger darum, was man sagt, sondern wie man es sagt, besonders, wenn man auf die Meinung anderer Menschen Einfluss nehmen will. Um mir Gehör bei anderen Wissenschaftlern zu verschaffen, schicke ich einen Forscher oder Ingenieur. Politiker sind meist mehr an Emotionen interessiert als an Fakten. Journalisten wollen eine Story. Im Umgang mit beiden Berufsgruppen ist Mayer vertraut.«

Vielleicht hatte Rappe recht. Dennoch ging nun Ben nach Berlin, nicht Mayer. Und Ben war davon überzeugt, dass er einen guten Job machen würde.

»Passen Sie auf.« Rappe flüsterte fast. »Die Politiker in Berlin sind ein anderes Kaliber als die Landespolitiker aus Düsseldorf oder die Kommunalpolitiker aus Köln und dem Rhein-Sieg-Kreis. Was die öffentliche Meinung angeht, herrscht dort Krieg. In Berlin sitzen Polit-Profis, die seit Jahrzehnten nichts anderes machen, als sich selber auf Kosten anderer Menschen auf der Karriereleiter nach oben zu bringen.«

Ben empfand ein Gefühl des Unbehagens.

»Vertraue niemandem!« Rappe rückte dicht an ihn heran. »Du hast dort keine Freunde und keine Vertrauten. Du musst jederzeit aufpassen, was du sagst. In Berlin wird jedes Wort auf die Goldwaage gelegt, und man wird nur darauf warten, es gegen dich zu verwenden. Wenn jemand behauptet, dass er dich unterstützen will, dann gehst du am besten davon aus, dass er dir bei nächstbester Gelegenheit ein Messer in den Rücken rammen will. Es wird dir schwerfallen, dort wirklich positive Stimmung für die Nanotechnik zu machen.«

Ben wusste nicht, was er darauf erwidern sollte. Ob es wirklich so schlimm sein würde?

»Andererseits ...« Rappe stockte und starrte ihn mit einem leichten Lächeln an. »Andererseits kannst du jetzt wirklich mal zeigen, aus was für einem Holz du geschnitzt bist.«

25

»Was wirst du mit den ganzen Sachen von Claus machen?«, fragte Mölle.

Emma schnaubte. Sie war doch gerade erst nach Hause gekommen.

Von der Bestattung meines Mannes!

Nein, es wollte nicht sacken.

Mölle war noch mit zu ihr gefahren, während seine Mutter von einem Arbeitskollegen nach Hause gebracht wurde, der seine eigene Familie in Niedersachsen besuchen wollte.

Elena hatte sich in eine Ecke des Wohnzimmers verzogen und

saß dort vor ihrem Puppenhaus, das sie ihr zum Geburtstag geschenkt hatten. Statt damit zu spielen, starrte sie es nur an.

Erst jetzt wurde Emma klar, dass Mölle eine Frage gestellt hatte. »Bitte?«

»Claus' Sachen«, wiederholte Mölle. »Was wirst du mit ihnen machen?«

Emma hatte noch keine Ahnung. Claus' Besitztümer hatten sich immer in Grenzen gehalten. Weder war er umfangreichen Hobbys nachgegangen, noch hatte er es für erstrebenswert gehalten, nutzlosen Krempel anzuhäufen. Die Möbel und Einrichtungsgegenstände im Haus gehörten natürlich ihnen beiden, aber das, was in den Regalen stand, war meistens Emmas Kram. Sie schaute auf die beiden Bücherregale, die neben dem Tisch mit dem Fernseher standen. Obwohl Claus in seiner Freizeit immer gerne Krimis und Biographien gelesen hatte, bezweifelte sie, dass auch nur ein einziges der Bücher ihm gehörte. Er hatte seine Lektüre digital konsumiert. Meist abends im Bett auf einem E-Book-Reader mit Hintergrundbeleuchtung. Auch die CDs im Regal neben der fast schon antiken Stereoanlage in Modulbauweise mit ungenutztem Plattenspieler waren - bis auf ein paar Hörspiele von Elena - alle Emmas. Claus hatte es vorgezogen, seine Musik per Handy zu streamen und mit dem kleinen zerkratzten Bluetooth-Lautsprecher auf der Fensterbank zu hören.

Selbst der Inhalt seines Kleiderschranks war überschaubar, hatte er doch zu Hause auch meist die Shirts und Hosen getragen, die ihm von der Betriebsfeuerwehr gestellt wurden.

Am ehesten waren noch die Werkzeuge im Gartenschuppen das persönliche Eigentum ihres Mannes. Die konnte Mölle gerne haben. Aber noch nicht heute. Emma würde es nicht zulassen, dass schon am Tag der Beerdigung jemand durch Claus' Sachen wühlte wie ein Geier. »Ich mache eine Liste mit allen Dingen, die Claus hinterlassen hat, dann können wir gemeinsam durchgehen, was du davon haben kannst.«

Mölle starrte sie eine Weile stumm an, dann nickte er. »Also gut. Es ist möglich, dass er einen alten ledernen Fußball hat. Mit Unterschriften drauf. Den haben wir damals zusammen gekauft. Ich hätte ihn gerne.«

Emma kannte diesen Fußball. Eine Zeitlang hatte er auf der Kommode im Schlafzimmer gelegen. Eines Nachmittags hatte eine damals etwas jüngere Elena ihn entdeckt und damit im Flur gespielt. Es war eines der wenigen Male gewesen, dass Claus seiner Tochter gegenüber laut geworden war. Elena war daraufhin heulend in ihr Zimmer gelaufen. Erst da hatte Emma erfahren, dass Claus zusammen mit Mölle diesen Fußball von den meisten Mitspielern eines bekannten Hamburger Fußballvereins hatte signieren lassen. Wo Elena den Ball mit feuchten Händen berührt hatte, waren einige Unterschriften ein wenig verschmiert, was für Emma, die sich nicht im Geringsten für Fußball oder irgendeinen anderen Sport interessierte, kein Grund war, gegenüber der eigenen Tochter ausfällig zu werden. Claus hatte sich schnell beruhigt und sich sogar bei Elena entschuldigt. Den Fußball hatte er danach jedoch versteckt gehalten. Es war möglich, dass er ihn sogar mit auf die Arbeit genommen hatte, in der Hoffnung, dort sei er am sichersten. »Ich weiß nicht, wo der Fußball ist, aber wenn ich ihn finde, dann bekommst du ihn natürlich.« Emma wandte sich um. »Möchtest du etwas trinken?«

Mölle wischte sich über das Gesicht. Es war gerötet. Sie selber sah sicher nicht viel besser aus. »Ja.« Mölle zeigte auf eine Glasvitrine, die an der Wohnzimmerwand hing. »Einen Wodka würde ich trinken.«

»Du musst noch fahren«, sagte Emma.

Mölle zuckte nur mit den Schultern.

Emma holte ein Schnapsglas aus der Küche und brühte sich selber einen Kaffee auf. Beides trug sie zum Wohnzimmertisch und goss Mölle aus der etwa halbvollen Flasche ein. Er kippte das Zeug runter und nahm sich noch einmal nach.

Emma nippte am Kaffee und verbrannte sich die Lippe. Doch sie spürte es kaum.

»Ich habe nie darüber nachgedacht, dass Claus einmal nicht mehr sein könnte«, flüsterte Mölle.

»Ich auch nicht«, sagte Emma. Das war nur die halbe Wahrheit. Vor etwas über einem Monat war Claus in einer sehr seltsamen Stimmung von einer Feuerwehrübung nach Hause gekommen. Emma hatte nie in Erfahrung gebracht, was geschehen war, aber ihr Mann hatte den halben Abend schweigend im Wohnzimmer gesessen und aus dem Fenster gestarrt. Danach hatte er sich einen Block geholt und den Entwurf für ein Testament geschrieben. Es war nichts Besonderes und fast schon unnötig – Emma erhielt sein gesamtes Eigentum und konnte über alle Dinge frei verfügen, bis auf ein nicht sonderlich umfangreiches Wertpapierdepot, das ruhen sollte, bis seine Tochter erwachsen war.

»Du willst fortgehen?«, fragte Mölle. »Habe ich dich richtig verstanden?«

Emma nickte. »Ich weiß nicht, was ich hier noch soll. Ich gehe erst einmal zu meinen Eltern zurück. Sie werden mir mit Elena helfen.«

»Ist verständlich«, meinte Mölle. »Meiner Mutter wird das gar nicht schmecken, dass ihre Enkelin so weit weg ist.«

Emma öffnete den Mund, um einen giftigen Kommentar abzulassen, entschied sich aber dagegen. Claus' und Mölles Mutter war für ihr Alter noch sehr rüstig, hielt es aber niemals für nötig, sie hier in Troisdorf zu besuchen. Nein, zu Weihnachten, Ostern und ihrem Geburtstag hatte sie immer darauf bestanden, dass die ganze Familie gefälligst bei ihr anzurollen habe. Gerade als Elena noch kleiner gewesen war, hätte sich Emma mehr Unterstützung gewünscht. Sie hatten die Oma eingeladen, etwas Zeit mit ihrer Enkelin zu verbringen und im Gästezimmer zu schlafen, aber dafür war diese offenbar zu bequem gewesen. Andererseits hatten auch ihre eigenen Eltern es selten geschafft, sich einmal von der Schweiz auf den Weg nach Köln zu machen, obwohl es von Zürich aus eine gute Flugverbindung gab.

»Ich habe ein wenig nachgedacht«, sagte Mölle. »Ich spiele mit dem Gedanken, das Forschungszentrum zu verklagen.«

Wie bitte?

»Das Forschungszentrum zu verklagen?« Sie griff sich an den Kopf. »Wieso?«

»Wegen fahrlässiger Tötung.« Mölles Stimme klang fest, ohne jede Unsicherheit. Er hatte seine Entscheidung bereits getroffen.

Emma hätte beinahe gelacht. »Das wird keinen Erfolg haben. Ich sehe auch keinen Sinn darin.«

Mölle blickte sie durchdringend an. »Ich denke doch. Man hat völlig unzureichende Sicherheitsmaßnahmen getroffen. Ich habe mich mit den Feuerwehrmännern auf der Beerdigung unterhalten. Die waren ebenfalls gar nicht glücklich. Die Führung hat versagt, und es war zu wenig Ausrüstung da, um die Einsatzkräfte zu schützen.«

Das war doch ein ganz anderes Thema! »Claus ist in eine Pfütze aus Nanomaschinen getreten. Es hat nichts mit dem Einsatz oder der Ausrüstung zu tun. Jedem hätte das passieren können.«

Mich hätte es treffen können.

Oder Elena!

Mölle musterte sie stoisch. »Es hätten niemals Nanomaschinen austreten dürfen. Wie ich sagte: Die Sicherheitsmaßnahmen waren unzureichend.«

Was für ein Blödsinn! »Es war ein Anschlag«, widersprach Emma. »Dagegen kann man sich nicht schützen.«

»Ich denke doch«, beharrte Mölle. »Ich habe gehört, dass es ohnehin eine gerichtliche Untersuchung geben soll. Dass man die Gefahr eines Sprengstoffanschlags unterschätzt hat. Wir werden uns einfach mit einer Zivilklage an diesen Prozess dranhängen.«

»Aber was versprichst du dir davon?«

Mölle verzog das Gesicht. »Was denn wohl? Geld natürlich.«

Emma konnte es nicht fassen. »Geld? Ist das alles, worum es dir geht?« Das hätte sie von ihrem Schwager nicht erwartet.

»Denk an deine Tochter«, mahnte Mölle. »Denk an Elena. Zusätzliches Geld würde ihr sicher in der Zukunft helfen. Ihr eine gute Ausbildung ermöglichen. Und mir würde es über den psychologischen …«

Emma schnitt ihm mit einer Handbewegung das Wort ab. »Nein! Claus hatte eine gute Unfallversicherung. Was das angeht, hat das Forschungszentrum vorgesorgt. Elenas Ausbildung ist gesichert, selbst wenn sie später einmal auf die beste Universität gehen will.«

»Zusätzliches Geld hat noch niemandem geschadet. Dir auch nicht. Mir nicht, und Mutter könnte etwas mehr gebrauchen.«

»Die bekommt eine gute Rente, und auch du verdienst gut.« Mehr als das. Neben seinem Job als Feuerwehrmann sahnte Mölle noch kräftig mit seinen Vorträgen über Unfallverhütung in Großfirmen ab.

»Claus hätte gewollt, dass es uns gut geht. Er wünschte sich für seine Familie immer nur das Beste.«

Emma war immer noch fassungslos.

Nein, Mölles Vorhaben war ganz sicher nicht in Claus' Sinne. Emmas Mann hatte gewusst, dass seine Arbeit mitunter gefährlich werden konnte. Sie hatten oft genug darüber gesprochen. Es mussten keine Nanomaschinen sein. Deutschlandweit kamen jedes Jahr Feuerwehrmänner und -frauen bei ihrer Arbeit ums Leben oder wurden schwer verletzt. Sie verbrannten, erstickten, wurden überfahren oder gar Opfer von tätlichen Angriffen aus der Bevölkerung. Claus war das klar, und er hatte sich trotzdem für seinen Job entschieden. Ja, er hatte dafür gesorgt, dass seine Familie im Fall der Fälle gut abgesichert war. Und die überdurchschnittliche Absicherung war auch einer der Gründe gewesen, dass er von der Berufsfeuerwehr zur Betriebsfeuerwehr des Forschungszentrums gewechselt war. Er hatte sich ihr gegenüber auch nie über mangelndes Training oder fehlende Ausrüstung beklagt, auch wenn man natürlich immer etwas verbessern konnte.

Und jetzt Claus' Tod als Ausrede zu nutzen, sich durch eine Klage zu bereichern, ging gegen alles, woran Emmas Mann geglaubt hatte.

»In Ordnung, ich sehe an deinem Gesichtsausdruck, dass du damit nicht einverstanden bist«, meinte Mölle. »Aber denk darüber nach. Mutter und ich werden das Forschungszentrum auf jeden Fall verklagen. Entweder du bist dabei oder nicht. Falls wir gewinnen, bekommst du dann aber nichts. Ich persönlich würde es begrüßen, wenn wir die Sache zusammen durchziehen.«

Emma lachte auf. »Es ist doch wohl eher so, dass du eine höhere Chance für einen Erfolg siehst, wenn Claus' Frau die Anklage federführend einreicht.«

Mölle legte den Kopf schief. »Das ist wohl so.«

»Da brauche ich gar nicht zu überlegen.«

Claus' Zwillingsbruder lächelte. »Ich rufe in ein paar Tagen wieder an.«

Emma schwieg.

Ihr Schwager griff noch einmal nach der Schnapsflasche und schenkte sich nach. »Ich darf doch ...« Es war keine Frage.

Er kippte den Inhalt des Glases mit einem Zug runter und stand dann auf. Emma brachte ihn zur Tür und reichte ihm seinen Mantel.

»Pass auf dich auf.« Damit verließ Mölle das Haus.

Emma schloss die Tür hinter ihm und atmete auf, dass sie wieder alleine war.

Sie ging zurück ins Wohnzimmer und setzte sich neben ihre Tochter, die immer noch neben dem Plastikhaus hockte. Emma war sich sicher, dass Elena trotz ihrer abwesenden Haltung das

Gespräch mit ihrem Onkel mitbekommen hatte. Immer hatte sie allen Wortwechseln zwischen ihren Eltern zugehört, nur um dann - manchmal Stunden später - entsprechende Fragen zu stellen.

Was ist ein Gerichtsvollzieher?

Was ist eine Verbrennung zweiten Grades?

Warum ist dein Chef ein Idiot?

Man sagt nicht Arschloch!

Emma legte den Arm um ihre Tochter. »Wie fühlst du dich?«

Elena sah sie kurz aus glasigen Augen an und starrte dann wieder auf das Spielzeug. Ihr Blick machte Emma Angst. Sie brauchte dringend diesen Termin mit dem Psychiater. Vielleicht konnte sie ihn anrufen und davon überzeugen, das Gespräch vorzuziehen. Aber sie wusste, dass das ein hoffnungsloses Unterfangen sein würde.

Emma drückte ihre Tochter an sich, was das Kind teilnahmslos mit sich geschehen ließ.

»Es wird besser werden«, flüsterte Emma. »Mit der Zeit wird es besser werden.«

Doch würde es das wirklich?

26

»Ach herrje.« Daniel Koch fasste sich an die Stirn. »Das gefällt mir überhaupt nicht.«

Andrew nickte nur. Sie fuhren auf den Vorplatz der Fabrik im nahen Industriegebiet, wo es zu dem anderen Ausbruch gekommen war.

Feuerwehrwagen und Fahrzeuge des Technischen Hilfswerks standen in der Einfahrt. Männer und Frauen in Uniform debattierten mit Menschen in blauer Arbeitskluft. Anscheinend wollte man sie nicht auf das Gelände lassen.

Andrew und Daniel stiegen aus und gingen zu einem Pulk Menschen, in dem ein Mann in einem schwarzen Anzug stand. Das war sicher der Geschäftsführer der Firma. Er stritt mit einer großgewachsenen Frau, die den Rangabzeichen nach Einsatzleiterin der Feuerwehr war.

»Verdammt, wir haben hier Arbeit zu erledigen.« Der Anzugträger schrie. »Wir haben eine Lieferung vorzubereiten, die heute Nachmittag rausmuss. Am Montag müssen die Paletten in Prag sein.«

»Wir müssen mit den Einsatzfahrzeugen auf das Gelände. Gleich kommen die Kollegen vom Forschungszentrum mit ihren Bestrahlungsgeräten.«

Andrew und Koch stellten sich neben die beiden.

»Wenn Sie mit Ihren Einsatzwagen auf dem Gelände sind, haben wir mit unseren Gabelstaplern keinen Platz mehr zum Rangieren. Ich kann nicht ...«

»Hören Sie«, unterbrach Daniel Koch den Mann. »Sie haben einen Ausbruch von Nanomaschinen auf Ihrem Gelände. Sie werden sich ausbreiten, wenn wir sie nicht gleich bekämpfen.«

Der Mann fuhr herum. »Sie sind aus dem Forschungszentrum, das sehe ich an Ihrem Logo auf der Uniform. Sie haben hier nichts zu melden.« Er sah Andrew und Koch abwechselnd an.

»Aber ...«, begann Andrew.

Der Mann schnitt ihm mit einer Handbewegung das Wort ab. »Ich bin nicht blöd, ich war dabei, als mein Arbeiter sich eigenhändig die Hand abgetrennt hat. Aber für unsere Firma geht es hier um alles.«

Andrew hörte quietschende Reifen und drehte sich um. Ein Kombi der Polizei hielt auf dem Bürgersteig neben der Bäckerei. Danach kamen schon zwei Rüstwagen der Feuerwehr des Forschungszentrums.

Koch winkte sie heran und sie blieben in der Einfahrt hinter ihnen stehen. »Je länger wir mit dem Beginn des Einsatzes warten, desto länger wird es dauern.«

Der Anzugträger schnaubte. »Fahren Sie mit einem Wagen in den Hof. Mehr Platz kann ich Ihnen nicht zur Verfügung stellen.«

Ein Arbeiter in blauer Uniform tippte Koch auf die Schulter. »Diese Lieferung heute ist wichtig für uns. Sonst können wir einpacken.«

»Unsere Firma steht kurz vor dem Konkurs«, sagte der Mann im Anzug. »Wir sind froh, dass wir imstande waren, uns bis heute zu retten. Aber dieser Auftrag ist unsere letzte Chance.«

Die Einsatzleiterin der Feuerwehr schüttelte den Kopf. »Ich darf darauf keine Rücksicht nehmen. Der Ausbruch auf Ihrem Gelände bedeutet eine Gefahr für Leib und Leben und darum habe ich das Recht, den Einsatz auf Ihrem Firmengelände durchzuführen.«

Andrew hatte Verständnis für den Mann. Aber es ging hier um weit mehr als um eine kleine Firma am Rande der Wahner Heide. »Es ist wichtig, diesen Ausbruch gleich zu bekämpfen, bevor sich die Nanomaschinen weiter ausbreiten.«

Zwei Polizisten traten zu ihnen. Einer trug einen grauen Vollbart, der für seinen Status reichlich ungepflegt wirkte. Der andere war glatt rasiert.

»Gibt es Probleme?«, fragte der Beamte mit dem Bart.

»Er lässt uns nicht mit den Wagen auf das Gelände«, sagte die Feuerwehrfrau.

»Sie werden jetzt umgehend das Tor öffnen.« Die Stimme des Polizisten machte deutlich, dass er keinen Widerspruch duldete.

Die Gesichtszüge des Managers verhärteten sich. »Haben Sie einen Durchsuchungsbeschluss?«

Der Polizist machte einen kleinen Schritt auf den Mann zu, so dass sich ihre Nasen fast berührten. »Es geht hier nicht um eine Durchsuchung, sondern um einen Einsatz der Feuerwehr bei Gefahr für Leib und Leben. Sie öffnen nun das Tor oder ich werde Sie festnehmen und das Tor aufbrechen lassen. Die Entscheidung treffen Sie. Und Sie treffen sie jetzt gleich.«

Einen Augenblick lang funkelte der Anzugträger den Polizisten stumm an, dann drückte er auf einen schwarzen Schalter. Es piepte laut, während das Tor zurückfuhr.

Feuerwehrmänner und -frauen strömten auf das Gelände, die Fahrzeuge des Forschungszentrums setzten sich in Bewegung.

»Wo ist die Ausbruchsstelle?«, fragte Andrew.

»Ganz hinten am Maschendrahtzaun«, antwortete die Feuerwehrfrau. »Ich hätte nicht gedacht, dass er uns tatsächlich vom Grundstück schmeißt, als wir ihm verkündet haben, es würde ein Großeinsatz werden.« Auf dem Aufnäher auf ihrer Brust stand der Name »Holle«.

Andrew ging um einen Rüstwagen herum. Dann sah er die Pfütze. Sein Herz machte einen Sprung. »Au Mann!«

Die Ausdehnung der golden schimmernden Nanomaschinenschicht hatte einen Durchmesser von sicher vier Metern erreicht. Die Ausbruchsstelle lag in der Tat am Rande des asphaltierten Grundstücks, hatte zum Teil schon den rostigen Maschendrahtzaun aufgelöst und sich auf den von roten und braunen Blättern bedeckten Waldboden vorgearbeitet.

Ein Gabelstapler stand schief darin. Die Nanomaschinen bewegten sich langsam am Mast nach oben. Goldene Tropfen fielen hinunter. Das Gefährt neigte sich immer weiter und kippte plötzlich zur Seite. Wenigstens spritzte es dabei nicht.

»Ich glaube, die Pfütze ist schon zu groß für die Bestrahlung alleine«, sagte Koch.

Andrew nickte. »Da kommen wir nicht durch. Wir brauchen hier auch einen Lithiumbehälter.«

»Ich telefoniere mit Rappe.« Koch nahm sein Handy aus der Tasche und trat einige Schritte zur Seite.

Holle rief einen Kollegen herbei. »Rolf, wir müssen den Zaun entfernen, damit die Kameraden vom Forschungszentrum ihre Apparate aufbauen können. Aber schneide im weiten Bogen um die betroffene Stelle herum.«

Der Mann bestätigte das und lief davon.

Der Polizist ohne Bart stellte sich neben Holle. »Sollen wir evakuieren?«

Die Feuerwehrfrau wandte den Kopf in Andrews Richtung. »Sie kennen sich besser mit diesem Zeug aus. Was meinen Sie?«

Andrew schaute sich um. Der Hinterhof der Firma war recht groß. Der Abstand der Nanomaschinen bis zum nächsten Gebäude, das ein flaches Lager war, betrug mindestens zwanzig Meter. »Nein, ich denke, das ist nicht nötig«, erklärte er. »Wir haben Platz genug zum Arbeiten. Wenn wir mit der Bestrahlung anfangen, müssen wir allerdings den Hof räumen.«

»Gut«, entgegnete der Polizist.

Andrew zeigte auf den Zaun. »Wir sollten verhindern, dass irgendein Typ auf seinem Waldspaziergang hier vorbeikommt.«

»Ich verstehe«, bestätigte der Polizist. »Ich sperre einen Bereich von hundert Metern im Wald ab.«

Ein plötzlicher Windstoß ließ Andrew frösteln. Er wandte sich an die Feuerwehrfrau. »Wissen Sie, wie das Wetter wird?«

»Keine Ahnung, ob es Regen gibt«, erwiderte sie. »Soll etwas stürmischer werden.«

Andrew biss sich auf die Lippe. Aufgewirbelte Blätter konnten zu einem Problem werden. »Sind Sie in der Lage, einige Einsatzkräfte zu schicken, die rund um die Ausbruchsstelle im Wald die Blätter aufsammeln?«

Frau Holle lachte. »Sicher. Das wäre doch eine schöne Aufgabe für die Kollegen vom THW.«

»Bitte geben Sie das auch an die andere Einsatzstelle weiter.«

Die Feuerwehrfrau nickte. »Kein Problem.«

Der Polizist entfernte sich, und Daniel Koch stellte sich wieder zu ihnen. »Ich habe mit Rappe gesprochen. In Mönchengladbach gibt es eine Firma, die Metalle mit Lithium beschichtet. Sie behandeln heute noch mehrere Container und schicken sie zu uns. Es wird aber einige Stunden dauern, bis die hier sind.«

Andrew spürte beginnende Kopfschmerzen hinter den Schläfen. Er hatte schneller mit einer Lieferung gerechnet. In einigen Stunden würden sich die Nanomaschinen deutlich ausgebreitet haben. Womöglich mussten sie doch noch evakuieren.

»Da ist Andrew Collum!«, schrie plötzlich jemand von der anderen Seite des Zauns.

»Oh nein«, murmelte Koch.

Andrew drehte sich um.

Eine junge Frau, kaum zwanzig Jahre alt, stand dort drüben. Sie trug eine rote Brille mit großen Gläsern und einen grauen Stoffmantel. Sie hatte ein Mikrophon in der Hand. Hinter ihr baute sich breitbeinig ein mindestens doppelt so alter Mann mit grauen Haaren in antiquierter Jeanshose und -jacke auf und richtete eine Fernsehkamera auf sie.

»Verschwinden Sie!«, rief die Feuerwehrfrau.

»Passen Sie auf, dass Sie nicht in die Nanomaschinen treten«, schrie Andrew.

Die Frau ignorierte ihn. Sie blieb einen knappen Meter von der Ausbruchsstelle stehen, drehte sich um und sprach in die Kamera. »Hier ist Nadine Wendel von Kabel drei. Die Gerüchte haben sich bewahrheitet. Es gibt mindestens eine neue Ausbruchsstelle von Nanomaschinen. Sie befindet sich unweit des Forschungszentrums am Rande eines Industriegebietes.«

Andrew stöhnte. Journalisten hatten ihnen hier gerade noch gefehlt.

Koch nahm sein Telefon und wählte eine Nummer.

»Somit haben sich die schlimmsten Befürchtungen bestätigt. Die Männer und Frauen des Forschungszentrums haben die Kontrolle über ihre Schöpfung verloren.«

»Unsinn!«, brüllte Andrew. »Wie können Sie so etwas sagen?«

Koch packte ihn am Oberarm. »Hören Sie auf! Das ist sinnlos!« Dann wandte er sich ab und sprach ins Handy.

Die Frau drehte sich um. »Hier sehen wir Andrew Collum, den technischen Leiter des Nanomaschinenexperiments. Mr. Collum, was möchten Sie unseren Zuschauern sagen? Haben Sie ein schlechtes Gewissen, dass Sie unser Land an den Rand einer Katastrophe gebracht haben?«

Verdammt nochmal!

Maßloser Zorn stieg in Andrew auf. Er hatte sich in den letzten Jahren den Arsch aufgerissen, die Nanotechnik für Deutschland voranzubringen, nachdem er in England vergeblich um Forschungsgelder gebettelt hatte. Er hatte diese Technik entwickelt, um die Menschheit in ein neues Zeitalter zu führen. Ein goldenes Zeitalter, in dem niemand mehr hungern oder unter Ressourcenknappheit leiden musste. Nur wegen dieses verdammten Anschlags waren sie nun in dieser Lage, sich mit dem Ausbruch herumschlagen zu müssen, den sie natürlich unter Kontrolle bekommen würden. Aber den verdammten Medien ging es nur darum, Panik zu verbreiten und ihn in den Schmutz zu ziehen.

»Ich sage euch jetzt mal etwas, ihr Arschlö…«

Koch packte Andrew unsanft am Arm und zog ihn weg. Weg von der Ausbruchsstelle und weg von der Kamera. »Nein, kein Wort mehr!«

Endlich kamen Polizisten auf der anderen Seite des Außenzauns heran gelaufen und zerrten die Journalistin und ihren Kameramann mit sich.

Andrews Herz hämmerte wild, als Feuerwehrleute des Forschungszentrums sich um die Ausbruchsstelle verteilten und die ersten Bestrahlungsapparate aufbauten.

Die Einsatzleiterin der neuen Gruppe trat neben ihn. Es war Marina Bellhaus. Sie lächelte. »Zu den Medien hält man besser Abstand.«

Andrew erwiderte ihr Lächeln. »Schön, dich zu sehen.« Er hatte sie seit dem Ausbruch im Zentrum vor zwei Tagen nicht mehr gesehen. Offenbar war sie am Morgen nicht bei der Beerdigung gewesen. Vielleicht hatte sie Wache im Forschungszentrum gehabt.

»Einerseits ja«, erwiderte Marina. »Andererseits hätte ich mir ein Wiedersehen bei einem anderen Anlass gewünscht.«

»Das ist wohl wahr.« Andrews Puls beschleunigte sich. Deutlicher konnte sie gar nicht ausdrücken, dass sie an einem Date mit ihm interessiert war. Nun, das würde noch werden, aber zunächst mussten sie die Nanomaschinen ein für alle Mal loswerden.

»Wer hat das Kommando?«, fragte Marina.

»Ich.« Frau Holle trat einen Schritt näher.

»Ist eher unüblich, dass jemand von der Stadtfeuerwehr, die keine Erfahrung und keine eigenen Bestrahlungsgeräte hat, diesen Einsatz koordiniert.« Marina musterte Koch, der immerhin ihr Vorgesetzter war.

Frau Holle hob die Hände. »Ist nun einmal unser Einsatzgebiet, da wir hier nicht auf dem Gelände des Forschungszentrums sind. Aber ich kann Sie beruhigen. Wir kümmern uns um die Absperrungen und stehen für den Notfall bereit. Die Show mit den Nanomaschinen überlassen wir Ihnen.«

Andrew war zufrieden. Immerhin jemand mit Verstand und Logik. Dabei wartete er nur darauf, dass dieses Arschloch vom THW wieder aufkreuzte. Wie hieß der doch gleich?

Weitere Feuerwehrleute schleppten Bestrahlungsgeräte heran. Der Gabelstapler hatte sich inzwischen völlig aufgelöst und die goldene Pfütze verwandelte sich allmählich in einen Teich.

»Das wird nichts nützen.« Andrew zeigte auf das nächste Bestrahlungsgerät. »Wir müssen zunächst auf die Lieferung eines Lithium-Containers warten. Wenn wir den Großteil der Nanomaschinen abgepumpt haben, können wir die Reste bestrahlen. Nur so werden wir den Ausbruch unter Kontrolle kriegen.«

»Wollen wir hier etwa nur rumstehen und warten?«, fragte Koch.

Andrew grinste freudlos. »Ich wüsste nicht, was wir sonst tun könnten.«

»Warum bestrahlen wir nicht trotzdem?«, erkundigte sich Marina. »Selbst, wenn wir die Nanomaschinen nicht eindämmen können, besteht die Chance, ihre Ausbreitung zu verlangsamen.«

Andrew seufzte. Natürlich konnten sie die Ausbreitung der Nanomaschinen an der Oberfläche stoppen. Aber unter einer Tiefe von drei Metern hatten sie mit ihren Geräten keine Chance mehr. Die Nanomaschinen würden sich immer weiter in die Erde fressen und von dort aus wieder nach oben. Schlimmstenfalls brach ihnen der Boden unter den Füßen weg. Gleichzeitig konnte er verstehen, dass die Feuerwehrleute hier nicht nur herumstehen wollten. Möglicherweise war es besser, ihnen etwas zu tun zu geben.

»In Ordnung«, erklärte Andrew. »Vielleicht ist eine Bestrahlung gar nicht mal so schlecht.« Schlimmer machen konnten sie es jedenfalls nicht.

»Wie sieht es denn an der anderen Stelle aus?«, fragte Marina. »Ich habe noch nichts gehört, weiß nur, dass zwei Wagen dorthin gefahren sind.«

Koch seufzte. »Im Prinzip wie hier. Warten auf Container.«

Frau Holle zeigte auf die Feuerwehrfahrzeuge des Forschungszentrums. »Wer bestimmt eigentlich, wie die Ressourcen zwischen den Einsatzstellen verteilt werden?«

Koch lächelte schwach. »Ich.«

»Nein«, sagte eine entschlossen klingende, basslastige Stimme hinter Andrew. »*Ich* bestimme, wie die Ressourcen verteilt werden.«

Andrew drehte sich zusammen mit den anderen um.

Ein sicherlich zwei Meter großer Mann in Feuerwehruniform, aber ohne Rangabzeichen und Helm, kam aus Richtung der Straße auf sie zu. Er war braungebrannt und hatte kurze, lockige Haare über einem hageren Gesicht. Der Mann hatte zugleich etwas Asketisches und etwas Sportliches an sich. Er wirkte weniger wie ein Feuerwehrmann als wie ein Surfer auf Hawaii.

»Wer sind Sie?«, fragte Koch abfällig.

Der Mann blieb vor ihnen stehen, entblößte mit einem breiten Lächeln eine Reihe blendend weißer, makelloser Zähne und sah auf sie herab. Selbst unter der schweren Uniform zeichneten sich seine Brustmuskeln ab. Er mochte zehn Jahre älter sein als Andrew, also Mitte bis Ende vierzig. »Mein Name ist Frank Hagen. Ich komme aus Düsseldorf. Steinfeld hat mich gebeten, hier die Leitung zu übernehmen.«

»Steinfeld?« Koch hob die Augenbrauen. »Der Innenminister schickt Sie?«

»So ist es«, erwiderte Hagen.

Marina zeigte auf die Stelle an Hagens Uniform, wo bei einem regulären Feuerwehrmann die Rangabzeichen gewesen wären. »Sie sind nicht von der Feuerwehr, oder?«

»Nein«, sagte Hagen. »Ich war früher einmal bei der Feuerwehr Neuss. Jetzt bin ich im Amt für Katastrophenschutz. Ich übernehme die Koordination der unterschiedlichen Einsatzkräfte.«

Andrew nickte. Wenn der Mann vom Innenminister des Landes beauftragt war, hatte er in der Tat die Befugnisse, die Einsätze zu koordinieren. Es war jedenfalls besser, als wenn sich mehrere Betriebs- und Berufsfeuerwehren mit dem THW um die Leitung stritten. Er hoffte nur, dass der Mann etwas taugte. »Haben Sie denn Erfahrung mit so etwas?«

Hagen lachte leise. »Nun ja, ich habe Einsatzgruppen bei der Katastrophe im Ahrtal geleitet. Und ich bin seit zwanzig Jahren an allen Planungen und an allen größeren Katastrophenschutzübungen beteiligt gewesen.«

Koch musterte Hagen mürrisch. »Sie haben keine Erfahrungen mit Nanomaschinen. Sie sollten die Leitung uns überlassen.«

Hagen hob die Hände. »Keine Sorge. Sie stehen weiterhin an vorderster Front, denn immerhin sind Sie die einzigen Kollegen, die über eine wirkungsvolle Waffe im Kampf gegen die Nanomaschinen verfügen. Dennoch sind Sie eine knappe Ressource und es braucht jemand …«

Koch schnaubte. »Wir sind keine Ressource!«

Marina grinste, ebenso wie Hagen.

»Ich fürchte, jetzt schon«, sagte Hagen. »So wie die Berufsfeuerwehren der umliegenden Städte und Kreise, die Polizei und das THW. Wir werden alles von einer zentralen Stelle koordinieren.«

»Wo soll diese zentrale Stelle sein?«, fragte Koch.

»Am sinnvollsten erscheint mir das Forschungszentrum«, antwortete Hagen. »Ich habe bereits mit Ihrem Chef telefoniert.«

»Mit Rappe?« Koch wirkte entgeistert. Es war klar, dass er das Forschungszentrum als sein eigenes Revier betrachtete. Vielleicht war es gut, dass nun jemand mit Kompetenz die Führung übernahm. Schlimmer als Koch mit seinem kopflosen Agieren während der Ausbrüche im Forschungszentrum konnte es dieser Hagen wohl kaum machen.

»Wie wollen Sie vorgehen?«, fragte Andrew.

Hagen legte den Kopf schief. »Gute Frage. Ich denke, wir werden die Sache angehen wie einen Reaktorstörfall mit Freisetzung von radioaktiven Stoffen. Das haben wir schließlich oft genug mit allen Einsatzkräften geprobt.«

»Wollen Sie etwa evakuieren?«, erkundigte sich Koch.

»Nein.« Hagen zögerte. »Zumindest noch nicht. Ich müsste zwar, aber der Innenminister hat mich darum gebeten, das nur im äußersten Notfall zu tun.«

»Gute Entscheidung«, kommentierte Andrew.

Hagen blickte ihn mit großen Augen an. »Sie sind Collum, nicht wahr? Der Cheftechniker.«

»Leitender Ingenieur wäre die korrekte Bezeichnung«, erklärte Andrew.

Hagen winkte ab. »Ist mir egal, wie die korrekte Bezeichnung ist. Sie sind jedenfalls von nun an mein Experte und weichen nicht mehr von meiner Seite.«

Andrew hatte das bereits erwartet, auch wenn er lieber ins Forschungszentrum zurückgefahren wäre, um die Arbeiten von dort aus zu unterstützen.

»Ich weiß, dass Sie auf die Lithiumcontainer warten, damit Sie die Pampe aus den Pfützen abpumpen können.« Hagen wandte sich an Koch. »Sorgen Sie dafür, dass mehr davon gefertigt werden, falls es zu weiteren Ausbruchsstellen kommt.«

Koch schüttelte den Kopf. »Das kann ich nicht entscheiden. Das muss Rappe tun, weil der die Gelder ...«

Hagen baute sich vor Koch auf. »Gelder interessieren mich nicht. Wir sind hier in einer Notlage. Das Land geht bei allen Kosten in Vorleistung. Über die Abrechnung machen wir uns hinterher Gedanken. Wenn Sie die Container nicht ordern können, soll es meinetwegen Rappe erledigen. Aber verdeutlichen Sie ihm, dass er mitzuspielen hat. Wenn er sich weigert, leiten Sie ihn gerne an mich weiter.«

Koch holte sein Handy aus der Tasche und zog wie ein geprügelter Hund von dannen.

Andrew atmete auf. Dieser Hagen schien zu wissen, was getan werden musste und wie man mit den anderen Verantwortlichen umging.

Doch würde das reichen?

27

Es war schon dunkel, als Ben in Berlin ankam. Offenbar hatte es auf dem Flughafen Berlin-Brandenburg Probleme mit dem

Instrumentenlandesystem gegeben, und der Airbus musste kreisen. Nach einer Stunde hatte der Pilot angekündigt, dass die Maschine nach Leipzig umgeleitet würde, und sie waren schon abgedreht, als der Berliner Flughafen seine Probleme doch noch gelöst bekam und sie endlich in den Anflug gehen konnten.

Fast vier Stunden hatte Ben auf seinem Fensterplatz gesessen, von dem man nur Wolken sehen konnte, und die Monologe einer geschwätzigen älteren Sitznachbarin über sich ergehen lassen, die sich fortlaufend darüber beklagte, dass ihre Tochter, die in Bonn wohnte, sie nicht mehr sehen wollte. Ben hatte es nicht geschafft, der Frau sein Bedürfnis, in Ruhe nachzudenken, klarzumachen.

Noch am Gepäckband hatte die Frau ihn zugetextet. Ben hatte nur höflich genickt.

Zum Glück kam sein schwarzer Hartschalenkoffer, der ihn seinerzeit ein halbes Vermögen gekostet hatte, sehr zügig, und er konnte sich endlich von der Dame verabschieden. Auf der anderen Seite der Sicherheit hielt ein großgewachsener Mann mittleren Alters in einem schwarzen Anzug ein Schild mit Bens Namen in die Höhe und führte ihn zu einer vor dem Terminal geparkten Limousine.

Durch dichten Nieselregen fuhren sie die A113 entlang in Richtung Zentrum, wobei der Fahrer so schweigsam war wie Bens Sitznachbarin im Flugzeug geschwätzig.

Bens Handy vibrierte in seiner Tasche. Es war eine E-Mail von Rappe mit den neuesten Entwicklungen.

Ben nickte befriedigt. Die Informationen würden ihm helfen, wenn er heute noch jemandem Bericht erstatten musste.

Nach einer halben Stunde im Berliner Feierabendverkehr passierten sie das Brandenburger Tor und erreichten kurz darauf das Sicherheitsgebäude des Kanzleramts. Ben musste aussteigen und sich an der Pforte einen Besucherausweis abholen, der zunächst für eine Woche gültig war. Dann brachte der Wagen ihn auf das Gelände und fuhr über eine Rampe in eine Tiefgarage. Schweigend brachte ihn der Fahrer zu einem Lift und durch endlose Gänge zu einem Büro, dessen Tür offen stand.

Darin saß Helmut Weinheim.

Er lächelte schwach, bedankte sich beim Fahrer und bat Ben hinein. »So schnell sieht man sich wieder.« Weinheim gab ihm die Hand. »Hätte ich gut und gerne drauf verzichten können.«

Ben unterdrückte ein Grinsen. »Ich würde lügen, wenn ich sage, dass ich das anders sehe.« Er sah sich um. Dafür, dass Weinheim eine ganze Abteilung leitete, hatte er ein eher kleines Büro.

Der Raum war nüchtern eingerichtet. Einige schwarze Regale boten Platz für Bücher und Aktenordner. Der weiße Schreibtisch war aufgeräumt, und abgesehen von einem Telefon, einem gerahmten Foto und einem Schnellhefter, war er leer. Das Büro hatte zwar große Fenster, die aber nur einen Blick in einen kleinen, düsteren Innenhof erlaubten, in dem zwei Männer in braunen Anzügen neben einem Aschenbecher rauchten und miteinander debattierten.

»Nun gut«, sagte Weinheim. »Willkommen im Kanzleramt. Ich habe ein Büro für Sie einrichten lassen. Da können Sie Ihren Kram ablegen und dann müssen wir auch gleich weiter zu einer Besprechung mit dem Kanzler.«

Ben wischte sich über die Stirn. »Ich würde mich gerne etwas frisch machen und meine Klamotten wechseln.«

»Keine Zeit«, erklärte Weinheim. »Sie sind später eingetroffen als erwartet, und der Kanzler will sich heute noch an die Presse wenden.« Er stand auf. »Kommen Sie mit.«

Es war wenig los auf den Gängen, aber zu dieser vorgerückten Stunde mochten die meisten Mitarbeiter längst nach Hause gefahren sein.

Ein gutes Stück den Korridor hinunter stoppte Weinheim und öffnete eine Tür mit einem Schlüssel, den er anschließend

Ben in die Hand drückte. Auf einem kleinen quadratischen Schild neben der Tür stand nur eine Raumnummer, aber kein Name.

»Ihres.« Weinheim trat ein.

Der Raum glich Weinheims Büro, war bis auf die Möbel und ein Telefon aber völlig leer. Außerhalb des Fensters lag ein weiterer düsterer Innenhof.

Ben war ja auch nicht hier, um die Aussicht zu genießen. Er stellte seinen Koffer in eine Ecke, nahm den Rucksack jedoch mit, da er seinen Laptop und seine Unterlagen darin hatte.

»Es ist besser, wenn Sie die Tür abschließen«, empfahl Weinheim. »Wir haben in der letzten Zeit ein Problem mit Diebstählen.«

Ben runzelte die Stirn. »Hier im Kanzleramt? Im Herzen der deutschen Demokratie?«

»Das Herz der deutschen Demokratie ist nicht das Kanzleramt, sondern der Bundestag.« Weinheim zuckte mit den Schultern. »Ist halt so.«

Trotz des vielen verbauten Glases hatte das Gebäude etwas von einer Höhle an sich. Über eine Brücke, die einen weiteren Innenhof überspannte, gelangten sie in einen anderen Flügel. Ben fragte sich, ob er sich hier jemals zurechtfinden würde. Wenn Weinheim ihn an dieser Stelle verließ, hatte er keine Chance, jemals selber zu seinem Büro zurückzugelangen.

Schließlich nahmen sie einen Fahrstuhl. Dann standen sie in einer Art Vorraum, aus dem mehrere große Betontreppen nach unten führten. Ein korpulenter, großer Mann in dunklem Anzug mit einem Stapel Papiere kam ihnen entgegen. Er beachtete sie nicht, hatte seine Augen streng geradeaus gerichtet.

Erst, als er sie passiert hatte, wurde Ben klar, dass er den Mann kannte. »Das war Gebhardt, der Kanzleramtsminister.«

»Es ist nicht ganz unüblich, einen Kanzleramtsminister im Kanzleramt zu treffen.« Weinheim grinste süffisant.

Dann erreichten sie ein großes Büro. »Hier arbeitet der Bundeskanzler.«

In einer Ecke stand ein ausladender, schwarzer Schreibtisch. Auf dem Stuhl dahinter saß jedoch niemand. Hütter war nicht da. Noch nicht.

Ben sah sich weiter um.

Der Raum war so groß, dass er trotz der Möbel fast schon leer wirkte. Es gab einen großen Konferenztisch, der offenbar aber schon lange nicht mehr genutzt worden war, da sich haufenweise Akten darauf stapelten. Vor der großen Fensterfront, die eine phantastische Sicht auf den Bundestag erlaubte, stand eine Sitzecke aus hellgrauen Polstermöbeln mit einem Glastisch. Eher wie ein Lagerraum oder Festsaal. Dekorative Elemente gab es kaum. Ein großes, etwas abstraktes Gemälde, das Konrad Adenauer zeigte, hing an der rechten Wand.

Alles in allem hatte das Büro keine Ausstrahlung, keinen Charakter. Ganz anders als das Oval Office, das Ben von einer Führung in Washington kannte. Man hatte in diesem Raum nicht den Eindruck, dass hier wichtige Dinge geschahen.

»Gefällt Ihnen nicht«, stellte Weinheim fest.

Ben schüttelte den Kopf. »Nicht wirklich.«

Weinheim lachte. »Da geht es Ihnen wie dem Bundeskanzler.«

»Tatsächlich?«, fragte Ben.

Weinheim nickte. »Hütter hasst sein Büro. Darum arbeitet er meistens in einem anderen, kleineren Raum und kommt nur für Termine hierher.«

»Sie quatschen zu viel«, hörte Ben die Stimme des Kanzlers hinter sich.

Weinheim verzog das Gesicht.

Hütter lächelte gequält und streckte Ben die Hand entgegen. Ben ergriff sie.

»Schön, Sie wiederzusehen«, sagte der Kanzler. »Ich hätte mir allerdings andere Umstände gewünscht.«

»Geht mir ebenso, Herr Bundeskanzler.«

Hütter schob sich an Ben vorbei in sein Büro. »Wie man wieder einmal sieht, ist Größe nicht alles.«

»Sie mögen Ihr Büro wirklich nicht?«, fragte Ben.

Der Kanzler grinste schwach. »Um ehrlich zu sein, mag ich den ganzen Bau nicht. Das Gebäude hat einfach keinen Stil. Es könnte genauso gut ein modernes Flughafenhotel sein. Völlig unzusammenhängende geometrische Elemente, die beliebig zusammengewürfelt wurden. Gehen Sie mal um das Haus herum, wenn Sie in den nächsten Tagen eine Pause machen. Die Berliner nennen das Ding nur *Waschmaschine*. Wie man damals diesen bescheuerten Entwurf hat auswählen können, ist mir schleierhaft.«

»Sie müssen es ja vielleicht nicht mehr lange ertragen«, sagte Weinheim kühl.

Der Kanzler drehte sich zu ihm um. »Da haben Sie allerdings recht. Dieser Kasten ist das, was ich am wenigsten vermissen werde.«

Sie nahmen auf der Sitzgruppe Platz. Kurz darauf betrat ein junger Mann den Raum und blieb dicht hinter der Tür stehen. »Herr Bundeskanzler?«

»Möchten Sie etwas trinken?«, fragte Hütter. »Einen Kaffee vielleicht?«

Ben hatte im Flugzeug einen Kaffee getrunken und selbst da war es ihm eigentlich schon zu spät dafür gewesen. »Nein, danke. Ein Glas Wasser vielleicht.«

»Holen Sie uns bitte eine Kanne Kaffee und eine Flasche Mineralwasser«, sagte der Kanzler zu dem Mann. Der drehte sich daraufhin um und verschwand. Hütter breitete die Arme aus. »Also? Wie ist die Lage in Köln?«

»Ich habe seit meiner Ankunft in Berlin noch nicht mit dem neuen Einsatzleiter gesprochen. Es ist ...«

Der Kanzler unterbrach ihn. »Ach ja, der neue Einsatzleiter.

Morsleben hat von ihm gesprochen. Soll ein tüchtiger Mann sein. Wie heißt er doch gleich?«

»Hagen«, antwortete Weinheim. »Frank Hagen. Vom Katastrophenschutz.«

»Hagen, in Ordnung«, meinte der Kanzler.

»Jedenfalls sind Teams an beiden Ausbruchsorten«, erklärte Ben. »Vor einer halben Stunde sind die Lithium-Container geliefert worden, und die Einsatzkräfte dürften in der Zwischenzeit mit dem Absaugen der Nanomaschinen begonnen haben. Das sollte auch nicht allzu lange dauern, so dass heute Abend noch mit den Bestrahlungen begonnen werden kann.«

»Wie lange wird das dann dauern?«, erkundigte sich Weinheim.

»Andrew, ich meine Doktor Collum, hat vorgeschlagen, die Bestrahlungsdauer zu verlängern. Aber morgen gegen Sonnenaufgang sollte der Ausbruch sterilisiert worden sein.«

»Hoffen wir es«, brummte Weinheim.

»Wenn sich nicht noch neue Infektionsstellen finden«, sagte Hütter. »Weiß man inzwischen eigentlich, wie es nach dieser langen Zeit zu neuen Ausbrüchen kommen konnte?«

Ben verneinte. Darüber hatte er sich lange mit Rappe unterhalten, aber weder der noch Andrew konnten sich das Ganze erklären. »Leider nicht.«

»Also sollten wir uns nicht zu sicher sein«, meinte Weinheim. »Selbst wenn morgen alles unter Kontrolle ist, sind wir besser vorsichtig mit unseren Aussagen gegenüber der Presse und freuen uns lieber nicht zu früh.«

»Da stimme ich mit Ihnen ...«, begann der Kanzler.

Das Telefon auf dem Schreibtisch klingelte.

Hütter seufzte und griff nach einem Nebenanschluss auf einem kleinen Beistelltisch an der Couch. »Ja? ... Ja, stellen Sie ihn durch.« Der Kanzler beugte sich zu Weinheim herüber und flüsterte: »Morsleben.«

Der nordrhein-westfälische Ministerpräsident. Ben saß jetzt wirklich im Machtzentrum Deutschlands und redete mit den Männern und Frauen, die dieses Land führten. Es fühlte sich immer noch surreal an.

»Hallo Rudi, was kann ich für dich ...« Der Kanzler hörte einen Moment zu. »Augenblick, Rudi. Wir unterhalten uns gerade über das Thema. Ich stelle dich kurz auf den Lautsprecher, ja?«

Hütter legte den Hörer beiseite und drückte eine Taste. »Hörst du mich?«

»Ja, laut und deutlich.«

Ben erkannte die schrille Stimme des Ministerpräsidenten, die sich ziemlich besorgt anhörte.

»Du sagst also, dass es zu einem neuen Ausbruch gekommen ist?«, fragte Hütter. »Also zu einem dritten?«

Ben erstarrte.

Noch eine Ausbruchsstelle?

Das durfte nicht sein! Sie hatten nicht die Kapazitäten für eine weitere Ausbruchsstelle.

»Ja, verdammt«, antwortete der Ministerpräsident. »Ich habe hier Frank Hagen in der Leitung. Erklären Sie es dem Kanzler, Hagen!«

»Tut mir leid, Herr Bundeskanzler, dass ich Ihnen keine besseren Nachrichten bringen kann.« Der Einsatzleiter hatte eine dunkle Bassstimme, die Autorität und Ernsthaftigkeit ausstrahlte.

»Innerhalb oder außerhalb des Forschungszentrums?«, fragte Weinheim.

»Außerhalb«, erwiderte Hagen. »Am Waldrand von Lohmar an einem Parkplatz.«

»Wie weit ist das vom Forschungszentrum entfernt?«, wollte Hütter wissen.

Ben kannte Lohmar. Ein Kumpel von ihm wohnte dort, und manchmal trafen sie sich auf einem Wanderparkplatz, um in der Wahner Heide zu joggen. Es war ein gutes Stück vom Forschungszentrum entfernt.

»Etwa fünf Kilometer«, antwortete Hagen.

»Ach du Scheiße!« Weinheim stöhnte.

Ben schloss die Augen. Es war ein Albtraum. Wie, zum Teufel, hatten es die Nanomaschinen über diese weite Strecke schaffen können?

»Was unternehmen Sie nun?«, fragte Hütter.

»Ein weiterer Container ist zu dieser Stelle unterwegs, damit wir die Nanomaschinen zeitnah absaugen können«, erklärte Hagen. »Ich habe eine der Bestrahlungseinrichtungen von dem Ausbruch in Troisdorf abgezogen. Somit haben wir nun keine Reserven mehr.«

»Ich gewinne den Eindruck, dass wir allmählich die Kontrolle über das Geschehen verlieren«, knurrte Hütter.

»Nein, Herr Bundeskanzler.« Hagens Stimme klang entschieden. »So dürfen Sie nicht denken. Wir haben immer noch alle Möglichkeiten, diese Krise zu überwinden.«

»Und was ist, wenn es zu noch einem Ausbruch kommt?«, hakte Weinheim nach.

Hagen räusperte sich. »Ich habe mich mit den Betreibern von einigen kerntechnischen Einrichtungen unterhalten. Darunter den Leuten aus dem Forschungszentrum Jülich. Es wäre möglich, weitere Bestrahlungseinrichtungen zu improvisieren und nach Köln zu bringen, um bei der Bekämpfung der Nanomaschinen zu helfen. Das wäre sogar zeitnah machbar.«

»Dann tun Sie das«, sagte Hütter.

Hagen zögerte. »Die Sache ist nicht so einfach, da regulatorische Hindernisse dem im Weg stehen.«

Ben beugte sich nach vorne in Richtung Mikrophon. »Was meinen Sie damit, Herr Hagen?«

»Diese Bestrahlungsdinger sind immerhin kerntechnische Anlagen. Es gibt diesbezügliche Gesetze. Was auch immer die Ingenieure in Jülich zusammenzimmern, es darf ohne langwierige Prüfung nicht eingesetzt werden. Ich habe von Technikern des Forschungszentrums gehört, dass deren eigene Bestrahlungsgeräte anderthalb Jahre auf die Zulassung gewartet haben.«

Der Kanzler gab ein Ächzen von sich. »Es kann doch nicht sein, dass eine Bekämpfung der Nanomaschinen an regulatorischen Problemen scheitert.«

»Ich habe bereits einen Juristen des Innenministeriums damit betraut«, mischte sich Morsleben wieder ein. »Es wird aber einige Tage dauern, bis er den Vorgang geprüft hat.«

Einige Tage? Ben fasste sich an die Stirn. Sie hatten keine Tage.

»Was können wir tun?«, fragte Hütter. »Es muss doch einen Weg geben, diese Gesetze vorübergehend außer Kraft zu setzen. Oder zumindest die Nutzung von improvisierten Anlagen im Rahmen eines Notfalles zu autorisieren.«

Morsleben seufzte. »Wir sehen hier eine Möglichkeit, die Nutzung von ungeprüften kerntechnischen Anlagen vorübergehend zu genehmigen, aber dafür müssen wir etwas tun, was wir eigentlich nicht tun wollen.«

»Und was?«, fragte Hütter.

Für lange Sekunden war Schweigen in der Leitung.

»Den Notstand erklären«, antwortete Morsleben schließlich.

Hütter stöhnte. »Oh nein!«

»Ich habe mich mit den juristischen Problemen der Notstandsgesetze während der Corona-Krise vor einigen Jahren befassen müssen«, erklärte Hagen. »Wenn wir nicht zugelassene Bestrahlungsgeräte im öffentlichen Raum in Betrieb nehmen, begehen wir im Grunde genommen eine Straftat, da sie eine Gefährdung darstellen. Die Erklärung des Notstands erlaubt uns, diese Geräte im Zusammenhang mit einer Güterabwägung straffrei zu betreiben.«

»Muss das sein?« Weinheim verzog das Gesicht.

»Es geht nicht anders«, beharrte Hagen. »Jedenfalls nicht,

wenn wir uns eine zeitraubende Zertifizierung der Werkzeuge, die wir brauchen, ersparen wollen.«

»Vielleicht gibt es ja keine weiteren Ausbrüche«, raunte Weinheim in Richtung Kanzler. »Dann können die Einsatzkräfte die Nanomaschinen mit den bereits zur Verfügung stehenden Geräten vernichten.«

»Haben wir denn bei einem Feuerwehreinsatz nicht ohnehin schon einen zeitlich begrenzten Ausnahmezustand?«, fragte Ben. Er fühlte sich unwohl, hatte Angst, zwischen mehrere Fronten zu geraten.

»Das ist richtig«, erwiderte Hagen. »Man spricht hier sogar von einem feuerwehrlichen Ausnahmezustand. Das betrifft dann aber nur organisatorische Maßnahmen wie die Umsetzung von Einsatzplänen oder das Herbeirufen von überregionalen Verbänden. Das setzen wir schon um. Das bedeutet aber nicht, dass Gesetze umgangen werden können. Das geht nur bei einem richtigen Notstand.«

Der Kanzler nickte. »Können wir bei dieser Lage überhaupt einen Notstand ausrufen?«

»Das wäre überhaupt kein Problem«, meinte Hagen. »Es liegt eine Bedrohung von Rechtsgütern durch die Nanomaschinen vor, die mittels normaler Maßnahmen nicht eingedämmt werden kann.«

»Ich verstehe«, sagte Weinheim. »Ein Katastrophenfall.«

»Nein«, widersprach Hagen. »Ein Katastrophenfall greift hier nicht, da dieser über die Bundesländer ausgerufen werden muss – also in dieser Situation Nordrhein-Westfalen – und der Fall eines Ausbruchs von Nanomaschinen nicht Gegenstand des nordrhein-westfälischen Katastrophengesetzes ist. Damit wir das bekommen, was wir brauchen, bleibt uns nichts anderes als der nationale Innere Notstand.«

Hütter stöhnte wieder. »Das kommt überhaupt nicht in Frage. Haben Sie eine Ahnung, was wir damit anrichten würden? Alle werden glauben, dass wir die Kontrolle verloren haben. Es handelt sich ja auch nur um ein lokales Geschehen am Rande des Forschungszentrums. Da kann ich doch nicht einen nationalen Notstand erklären.«

Ben verstand es nicht. Warum ein Risiko eingehen? Wenn es einen Weg gab, in kurzer Zeit zusätzliche Ausrüstung herbeizuschaffen, dann sollte man das auch nutzen. »Wie ich es verstehe, ist es eine rechtliche Sache, warum der Notstand ausgerufen werden soll.«

Hütter und Weinheim sahen ihn stumm an.

»Das können wir doch auch genau so kommunizieren«, sagte Ben. »Dass dieser Notstand im Grunde keine Auswirkungen auf den Bürger hat, aber uns ein paar zusätzliche Maßnahmen in die Hand gibt, die Nanomaschinen besser zu bekämpfen.«

Hütter winkte ab. »Die Medien und die Bürger erfahren damit sofort, dass die bisher geplanten Mittel offenbar nicht ausgereicht haben. Wir würden ein erbärmliches Bild abgeben und die Kritiker der Regierung wieder einmal bestätigen.«

Es war frustrierend. »Aber es wäre doch lediglich eine kurzzeitige Maßnahme. Es kommt auch nur auf die Kommunikation an, wie wir das den Bürgern vermitteln. Ich bin mir sicher, die Leute würden es verstehen.«

Weinheim lachte laut auf.

»Die Interpretation von Ereignissen obliegt in diesem Land nicht der Regierung, sondern den Medien«, erklärte Hütter. »Von den sozialen Medien wollen wir mal gar nicht sprechen. Wenn wir wegen eines lokalen Einsatzes landesweit den Notstand ausrufen, wird man uns in der Luft zerreißen. Meine eigene Partei würde das nicht dulden, und der Bundesrat würde binnen weniger Stunden den von uns verhängten Notstand wieder aufheben. Oder man wird wegen der Nanomaschinen so in Panik geraten, dass es im Land zu einem Aufstand kommt. Vergessen Sie es!«

Ben fuhr sich durch die Haare. Wie konnte die Bürokratie sich selbst so dermaßen im Wege stehen? »Ist der Notstand die einzige Möglichkeit, die zusätzlichen Bestrahlungsgeräte zu bekommen?«

»Ich fürchte, so ist es.« Hagens Stimme klang nüchtern.

Ben wandte sich an den Kanzler. »Was ist, wenn Sie die Nutzung einfach autorisieren? Fragen werden doch eh erst gestellt werden, wenn der Einsatz vorüber ist.«

Hütter lachte schwach. »Ich darf nicht einfach irgendetwas autorisieren. Das ist sowieso Ländersache. Aber selbst Morsleben kann sich nicht über geltende Gesetze hinwegsetzen. Eine Aufhebung der Gesetzgebung, und wenn es nur für einen vorübergehenden Zeitraum ist, müsste mindestens durch das Landesparlament. Und das würde dauern.«

Ben beugte sich zum Mikrophon. »Hagen?«

»Ich höre.«

»Und wenn Sie sich über die bestehenden Gesetze hinwegsetzen und die Dinger in Jülich holen?«

»Auf die Inbetriebnahme ungenehmigter kerntechnischer Anlagen steht eine Gefängnisstrafe«, informierte ihn Hagen düster. »Ich gehe nicht ins Gefängnis, weil die Politik sich nicht auf einen Notstand zu einigen imstande ist.«

»Man kann das doch im Nachhinein noch glattbügeln«, beharrte Ben. »Hauptsache, wir besiegen die Nanomaschinen.«

»Nein«, entgegnete Hagen. »Das ist mir zu unsicher. Ich bin verpflichtet, mich an die Gesetze zu halten. Das habe ich immer getan und das werde ich bei der Ausübung meiner Arbeit auch weiterhin tun. Darauf habe ich als Beamter einen Eid geleistet. Ich lasse mich nicht zum Opferlamm machen und begrabe dann morgen meine Karriere.«

Ben verstand den Einsatzleiter. Das Risiko war einfach zu groß, dass die Politik ihn fallen ließ wie eine heiße Kartoffel, wenn später unangenehme Fragen gestellt wurden. Es war oft genug geschehen. Und dennoch mussten sie irgendwie diese Geräte beschaffen.

»Wie es aussieht, können wir nur hoffen, dass es nicht noch zu weiteren Ausbruchsstellen kommt«, sagte Weinheim.

»Es bleibt wohl nichts anderes übrig.« Der Kanzler hatte einen sehr besorgten Gesichtsausdruck.

Ben war nicht sehr optimistisch. Die Hoffnung hatte sich schon in den letzten Stunden als trügerisch erwiesen.

»Hagen?«, sagte Kanzler Hütter.

»Augenblick, Herr Bundeskanzler. Ich habe gerade einen Anruf mit Priorität auf der anderen Leitung.«

»Wir stehen ziemlich dumm da«, meinte Morsleben. »Wenn die Leute sagen, dass wir wegen eines bürokratischen Hindernisses nichts unternommen haben, lässt uns das auch nicht gut aussehen. Ich hatte gehofft, wir fänden eine Lösung.«

Das Gesicht des Kanzlers rötete sich. Er beugte sich in seinem Sessel nach vorne. »Hör zu, Rudi! Du kannst gerne in deinem Bundesland den Katastrophenfall ausrufen und die Dinger auf eigene Kappe nach Köln schaffen lassen.«

»Das ist aber doch von der Katastrophengesetzgebung nicht abgedeckt. Das hast du selber gesagt!«

»Darum sage ich ja auch, dass das dann über deine eigene Verantwortung läuft.«

»Nee, das mache ich nicht. Da vergehen doch keine fünf Stunden, bis ich von der Opposition eine Anklage am Hals habe. Ich habe schon genug Ärger in meinem Landtag, weil ich das Forschungszentrum so lange unterstützt habe.«

»Dann hör auf, dich zu beklagen.«

Morsleben schwieg.

Stattdessen war Hagen wieder in der Leitung. »Meine Herren, ich habe leider schlechte Nachrichten.«

Ben hatte plötzlich einen Kloß im Hals. Er konnte sich schon denken, was geschehen war.

»Scheiße!«, flüsterte Weinheim.

Der Kanzler wurde blass.

»Wir haben eine vierte Ausbruchsstelle.«

28

»Es tut mir leid, was geschehen ist.« Denise trat impulsiv nach vorne und umarmte Elena.

Diese ließ es einfach nur mit sich geschehen, und Emma spürte einen Stich.

Elena wurde sofort von anderen Kindern umringt. Auch Lisa, ihre beste Freundin, lief zu ihr.

Doch Elena ignorierte ihre Freunde, schob sich einfach zwischen ihnen durch und setzte sich in die Kissenecke. Sie nahm einen Plüschhasen und drückte ihn fest an sich.

»Ich werde mich um sie kümmern.« Die kleine, stämmige Erzieherin strich sich ihre blonde Mähne zurück. »Kommt Elena jetzt wieder regelmäßig?«

»Nein. Wir verlassen Köln und gehen zu meinen Eltern in die Schweiz.«

Die Frau wirkte bestürzt. »Wollen Sie sich das nicht noch einmal überlegen?«

Emma schüttelte den Kopf. Sie würde darüber auch nicht mit der Kindergärtnerin diskutieren. Ihre Entscheidung war gefallen. »Ich möchte Elena nur noch einige Tage hierlassen, bis ich die letzten Vorbereitungen getroffen habe.«

»Natürlich«, entgegnete Denise. »Nehmen Sie sich so viel Zeit, wie Sie brauchen. Der Betrag ist ja für das ganze Halbjahr bezahlt.«

Die Frau drehte sich um und betrachtete Elena, die still

den Hasen an sich drückte. »Sie hat wirklich alles mitangesehen?«

Emma nickte. Ihr Hals wurde eng. Erst letzte Nacht war sie selbst schreiend aufgewacht. Hatte von Claus geträumt, der neben ihr im Bett lag und sich langsam auflöste, während er stumm die Zimmerdecke betrachtete. Emma spürte Feuchtigkeit auf ihren Wangen.

»Ich werde mich um sie kümmern«, wiederholte Denise.

»Danke«, sagte Emma. Sie hatte überlegt, Elena gar nicht mehr in den Kindergarten zu geben. Aber ihre Tochter sollte sich noch von ihren Freunden verabschieden können. Und ihre Freunde von ihr. Außerdem brauchte Emma ein paar Stunden, um die letzten Sachen aus ihrem Büro zu räumen.

Sie verabschiedete sich von Denise, verließ das flache Gebäude und setzte sich in ihren Wagen, um die letzten hundert Meter bis zum Forschungszentrum zu fahren.

Der Wachmann an der Hauptpforte erkannte sie und winkte sie durch das Tor. Wo sich vor vier Tagen Hunderte Demonstranten gegen die Absperrungen gedrängt hatten, war nun alles ruhig. Nur vereinzelt lagen noch Papierschnipsel, Bierflaschen und Reste von Absperrungsbändern in den Büschen oder zwischen den Bäumen.

Sie fuhr bis zur Hauptkreuzung und bog dann nach rechts zu ihrem ehemaligen Labor ab. Nach einigen hundert Metern passierte sie das von dem Anschlag beschädigte Labor. Anstelle von Feuerwehr- und Einsatzwagen auf dem Platz vor dem Gebäude blockierten nun die Fahrzeuge von Handwerkern und Technikern die Einfahrt. Ein Kranwagen hatte seinen Ausleger über das Gebäude gefahren und hob schwere Trümmerstücke. Der Parkplatz gegenüber war mit Flatterband abgesperrt. Ein einzelner gelber Kleinwagen ohne Nummernschilder parkte in einer Ecke. In der Mitte klaffte der Krater, den die Nanomaschinen in den Asphalt gefressen hatten. Zwei Männer in grünen Plastikanzügen mit durchsichtigen Helmen knieten am Rand und nahmen mit einer Sonde, die an einer langen, silbernen Stange befestigt war, Messungen vor.

Emma ging davon aus, dass auch die anderen Ausbruchsstellen permanent überwacht wurden. Dennoch blieb im Forschungszentrum alles ruhig. Hier waren die Nanomaschinen offenbar endgültig besiegt worden. Wäre es anders gewesen, hätte Emma davon erfahren. Sie konnte nur hoffen, dass die weiteren Infektionen außerhalb des Geländes hatten eingedämmt werden können. Eine fünfte, von der sie in den Nachrichten am frühen Morgen erfahren hatte, befand sich gerade mal fünfhundert Meter von ihrem Haus entfernt. Sie war kurz versucht gewesen, Andrew anzurufen, um ihn nach den Fortschritten zu fragen, aber sie hatte es dann doch gelassen. Ihr Kumpel hatte mit Sicherheit genug zu tun.

Und ich auch!

Emma parkte den Wagen und betrat das Gebäude, das sie sich mit mehreren anderen Arbeitsgruppen teilte.

Auf dem Korridor war es ruhig. Sie ging in ihr Büro und zog einige Umzugskartons aus einem Spalt zwischen zwei Schränken, die sie noch von ihrem Einzug vor ein paar Jahren hier lagerte. Claus hatte mehr als einmal schmunzelnd gesagt, dass es Pech brachte, alte Umzugskartons in einem Raum zu lassen. Womöglich hatte er damit recht gehabt.

Emma klappte einen auseinander und füllte ihn mit den Büchern aus dem großen Regal. In einen anderen packte sie Ordner und Mappen, in einen dritten den ganzen Kleinkram, der auf ihrem unaufgeräumten Schreibtisch und in den Schubladen lag. Nacheinander trug sie die Kartons zu ihrem Wagen. Nur zwei passten in den Kofferraum. Den dritten stellte sie auf die Rückbank neben den Kindersitz und schnallte ihn an, damit er nicht in einer steilen Kurve durch das Auto flog und ihre Tochter verletzte.

Dann ging Emma ein letztes Mal in ihr Labor, räumte die Geräte alle nebeneinander in eine Ecke der Werkbank und strich zärtlich über die graue Oberfläche des Elektronenmikroskops, mit dem sie die Struktur der Nanoben untersucht hatte. Sie hätte heulen mögen, wenn sie daran dachte, wie viel Arbeit sie in dieses Projekt gesteckt hatte und dass sie nun niemals herausbekommen würde, was diese kleinen Dinger wirklich waren. Ein paar Wochen hätte sie noch gebraucht.

In der Ecke stand eine kastenförmige Apparatur auf einem großen, schwarzen Ständer. Das wäre ihr nächstes Experiment gewesen. Sie hätte damit elektromagnetische Wellen in verschiedenen Frequenzbereichen auf die Nanoben geschickt und die Theorie überprüft, dass diese Mikroorganismen außerirdische Nanomaschinen waren. Sie glaubte nicht an diese Theorie, und sie hätte sie damit größtenteils entkräften können. Das wäre doch auch in Rappes Sinn gewesen!

Emma schluchzte auf.

Mein gesamtes Leben ist an einem Tag zerfallen und hat sich in seine Bestandteile aufgelöst.

Alles, was ihr wichtig gewesen war, war verschwunden ... tot ... ausgelöscht.

Ihre Arbeit, ihre Karriere ... Claus!

Alles weg!

Bis auf eines: ihre Tochter.

Emma starrte auf das Elektronenmikroskop. Sie gab es ungern zu, aber in den letzten Jahren war ihr ihre Arbeit sogar wichtiger gewesen als Elena. Selbst zu Hause war Emma gedanklich doch oft bei ihrer Arbeit gewesen. Elena hatte nie die Hauptrolle in ihrem Leben gespielt. Sogar die Party zum fünften Geburtstag mit der Kindergartengruppe hatte Emma abgesagt, damit sie an einer Konferenz in Prag teilnehmen konnte. Dem Kind hatte sie dann stattdessen einfach ein teureres Geburtstagsgeschenk gekauft.

Das würde sich nun ändern. Das musste sich nun ändern!

Vielleicht hatte es auch einen Sinn, dass Emma ihre Stelle verloren hatte. Es war gut möglich, dass sie Elena von einem Betreuer zum nächsten gereicht und ihre Trauer über Claus' Tod in ihrer Arbeit vergraben hätte. Es war gut möglich, dass ...

Ein Klopfen an der Tür riss sie aus ihren Gedanken.

Emma wischte sich mit einer schnellen Bewegung die Tränen aus dem Gesicht. »Herein.«

Die Tür öffnete sich einen Spalt, und ein knochiges Gesicht mit dicker, schwarzer Hornbrille erschien. Es war Dirk Haberle, der junge Doktorand, der in dem Büro zwei Türen weiter an seinen Computersimulationen saß. »Darf ich?«

»Sicher«, antwortete Emma. Sie kannten sich ein wenig, waren sich oft in der Teeküche begegnet, wenn Emma sich einen Kaffee gemacht hatte und der Nachwuchswissenschaftler einen Kakao.

Dirk trat ein. Er trug einen zerknitterten, gestreiften Pullover, der so antiquiert aussah, als hätte ihn seine Mutter vor zehn Jahren für ihren Jungen in einem Discounter ausgesucht. Die Jeans war verblichen und an den Knien durchgescheuert. Dirks Optik passte zu seinem Job, der ihn zwölf Stunden täglich an den Computer fesselte. Emma war sich sicher, dass er den Großteil seiner Freizeit ebenfalls alleine zu Hause am Computer verbrachte.

»Was kann ich für dich tun?«, erkundigte sie sich.

Der junge Mann zeigte in Richtung seines eigenen Büros. »Rappe hat mich heute Morgen angerufen. Er hat gesagt, dass du gehst.«

»Ja, mein Projekt wurde gestrichen«, bestätigte Emma.

»Tut mir leid.« Dirks Tonfall klang unsicher. Als würde er abwägen, ob dies die richtige Reaktion auf diese Situation war. Er hatte ganz sicher nicht viele Freunde.

Er starrte sie an, als würde er auf etwas warten.

»Ja?«, fragte Emma.

»Ach so!« Dirk schrak auf. »Rappe hat mich aufgefordert, dir zu sagen, wenn ich dich sehe, dass du zu ihm kommen sollst.«

Emma war überrascht. »Wieso das denn?«

Dirk hob entschuldigend die Arme. »Das weiß ich nicht.«

Natürlich nicht!

»Ist schon gut«, sagte Emma. »Danke, Dirk.«

Der Computerwissenschaftler starrte sie weiter an.

»Ist noch etwas?«, fragte Emma.

Dirk verneinte, drehte sich um und stakste wie ein Roboter nach draußen. In der Tür blieb er stehen und wandte den Kopf in ihre Richtung. »Alles Gute, Emma.«

»Danke, Dirk.«

Der Doktorand verließ endgültig den Raum.

Emma seufzte und blickte sich ein letztes Mal um. Zwei gute Jahre hatte sie in diesem Labor verbracht. Wie gerne hätte sie ihre Arbeit abgeschlossen. Sie war kurz davor gewesen, das Geheimnis der Nanoben zu lösen. So kurz …

Emma riss sich zusammen. Es brachte nichts. Diese Zeit war vorüber. Endgültig.

Sie drehte sich auf dem Absatz um und ging zu ihrem Auto. Als sie den Zündschlüssel drehte, stotterte der Motor, weigerte sich, anzuspringen, als habe die Maschine ebenfalls Schwierigkeiten, sich von dem Parkplatz zu trennen, auf dem sie jeden Tag lange Stunden in der Sonne, im Regen, im Schnee gestanden hatte.

Schließlich war Emma unterwegs. Am liebsten hätte sie das Forschungszentrum verlassen, um ihre Tochter abzuholen. Sie hatte hier alles erledigt. Auch mit Rappe hatte sie nichts mehr zu besprechen.

Sekretärin Baumann musterte sie mitleidig, als Emma das Vorzimmer betrat. »Gehen Sie gleich rein«, sagte sie mit ungewohnt dünner Stimme.

Rappe stand hinter seinem Schreibtisch und hielt sich einen Telefonhörer ans Ohr. Er nickte ihr zu und zeigte auf einen Stuhl.

Emma schloss die Tür und setzte sich. Auf Rappes Schreibtisch lagen Zeitungen unordentlich verteilt, einige davon waren aufgeschlagen. Rappe hatte offenbar Artikel gesucht, die sich mit den Vorgängen im Forschungszentrum beschäftigten, und Abschnitte mit einem grünen Filzstift markiert.

Rappe redete weiter in den Hörer. Anscheinend telefonierte er mit einem Journalisten, der einen Artikel über das Forschungszentrum geschrieben hatte. »Bitte, Tim, das muss doch nicht sein ... nein, nein ... dazu besteht überhaupt kein Grund. Also, einen solchen Kommentar kann man doch nicht schreiben. Das entbehrt jeglicher Grundlage!« Rappes Stimme blieb weiter ruhig.

Emma schaute auf ihre Uhr. Sie hatte es zwar nicht eilig, konnte Elena theoretisch bis zum späten Nachmittag in der Kita lassen, aber sie wollte einfach schnell hier raus. Wenn ihr bisheriges Leben schon vorüber war, dann war es sinnvoll, ihren Aufenthalt im Forschungszentrum auch endlich zum Abschluss zu bringen.

Rappe beendete das Gespräch. Er setzte sich und seufzte. »Journalisten!« Er fluchte leise. »Müssen immer alles dramatisieren und gleich den Teufel an die Wand malen.«

Emma zuckte mit den Schultern. Sie hatte Verständnis dafür, dass die nach dem ersten Ausbruch noch wohlwollende Stimmung in den Medien sich gedreht hatte, nachdem es nun – entgegen den Versprechungen Rappes – zu weiteren infizierten Stellen außerhalb des Forschungszentrums gekommen war. Sie hatte allerdings wenig Lust, das mit ihrem nunmehr ehemaligen Chef zu diskutieren. »Warum wollten Sie mich sprechen?«

Rappe blickte sie einige Sekunden lang schweigend an und zog dann eine der Zeitungen – ein Boulevardblatt – von seinem Schreibtisch, faltete sie einmal und legte sie Emma vor die Nase. »Stimmt das?«

Emma beugte sich über die Zeitschrift. Rappe hatte einen Artikel mit grünem Filzstift umrandet: »Der grausame Tod eines Feuerwehrmannes«.

Emmas Herzschlag beschleunigte sich. In dem zweispaltigen Artikel ging es um Claus' Tod. Nicht nur das. Sein Martyrium wurde in allen Einzelheiten beschrieben, inklusive des durch den Türspalt zusehenden Kindes. Der Bericht schloss mit der Bemerkung, dass die Familie eine Klage gegen das Forschungszentrum eingereicht habe.

Emma konnte es nicht fassen. Woher hatte das Blatt diese Informationen? Gestern Abend war zwar ein dreister Reporter an ihrer Tür gewesen, aber Emma hatte ihn ohne große Worte von ihrem Grundstück gejagt.

Abgesehen von den bei der Tragödie Anwesenden wussten lediglich Mölle und Emmas Freundin Tanja von den Details. Tanja würde niemals mit einem Boulevardblatt reden, da war Emma sich sicher. Es blieb lediglich Mölle. Der Verweis auf die Klage konnte nur von Claus' Bruder stammen. Hatte er sein Vorhaben bereits wahrgemacht? Zuzutrauen wäre es ihm ...

»Wollen Sie wirklich eine Klage einreichen?«, fragte Rappe scharf. Von der bei der Beerdigung noch gezeigten Sanftheit war nichts mehr übrig.

Emma schüttelte zuerst den Kopf, doch dann nickte sie. »Ich selber nicht, aber Claus' Zwillingsbruder und seine Mutter erwägen das.«

Rappes Kiefer mahlten. »Sie erwägen nicht. Unser Hausjurist hat mich darüber informiert, dass bereits eine Klage gegen unser Haus anhängig ist.«

»Ich war dagegen, weil es nicht in Claus' Sinne gewesen wäre.«

Rappe tippte auf den Artikel. »Woher weiß die Presse davon? Haben Sie mit der Zeitung gesprochen?«

»Nein«, antwortete Emma. »Das muss von Mölle oder seiner Mutter stammen.«

»Mölle ist der Bruder?«, hakte Rappe nach.

Emma nickte wieder.

Rappes Augen waren kalt wie Eis. »Sie haben mit ihm über die Vorgänge gesprochen.«

Emma hob die Hände. »Natürlich. Mölle ist Claus' Zwillingsbruder, und er ist ebenfalls Feuerwehrmann. Er hat es verdient, die Details zu erfahren.«

Rappe lehnte sich in seinem Sessel zurück und presste die Lippen zu Strichen zusammen. »Sie sind dabei, sich einen Haufen Ärger einzuhandeln, Frau Hartmann.«

Wieso, zum Teufel? Sie hatte weder mit der Presse gesprochen, noch hatte sie die Klage eingereicht. »Ich verstehe nicht.«

»Sie haben Ihren Vertrag gebrochen?«

Vertrag? Welchen Vertrag?

»Sie haben sich nicht an die Verschwiegenheitsvereinbarung gehalten. Sie haben Interna des Forschungszentrums an Dritte weitergegeben. Wir erwägen ebenfalls eine Klage.«

Emma erstarrte.

Das kann nicht sein Ernst sein!

Sicher, das hatte sie unterschrieben, aber bei dieser Klausel ging es um Forschungsergebnisse und Patente. Das hatte doch mit dem Unfall nichts zu tun. »Es wird doch ohnehin eine öffentliche Untersuchung geben.«

»Sicher, eine Untersuchung wird es geben.« Rappe schnaubte. »Aber die Öffentlichkeit wird davon nur eine gekürzte Fassung erhalten.«

»Eine gekürzte Fassung?«

Rappe verdrehte die Augen. »Sind Sie wirklich so naiv? Wir sind zwar ein Forschungszentrum, aber direkt dem Kanzleramt unterstellt. Nicht unabhängig! Natürlich wird der Bericht in einer Form veröffentlicht, dass die Schlussfolgerungen und Empfehlungen im Interesse der Regierung sind.«

»Aber denken Sie nicht, dass die Familie meines Mannes ein Recht hatte, zu erfahren, was mit ihm geschehen ist?«

»Der Vertrag, den Sie unterschrieben haben – den im Übrigen auch Ihr Mann unterschrieben hat – sagt nein. Es wäre auch sicher im Interesse seiner Familie gewesen, ihr die grausamen Details zu ersparen.«

Emma bemühte sich um eine feste Stimme. »Sie wollen mich also wirklich verklagen?«

»Wie du mir, so ich dir«, erklärte Rappe.

Emma hatte eigentlich gedacht, dass sie sich klar ausgedrückt hatte. »Ich habe doch gar nichts Derartiges getan. Sein Bruder hat das Forschungszentrum verklagt. Ich beteilige mich ja noch nicht daran.«

»Familie ist Familie«, meinte Rappe achselzuckend. »Überreden Sie den Bruder, die Klage fallenzulassen. Dann ist die Sache auch für Sie erledigt.«

Emma schloss die Augen. Rappe meinte es ernst. Er benutzte sie als Hebel, um den Prozess gegen das Forschungszentrum zu verhindern. Wahrscheinlich würde Mölles Klage im Sande verlaufen, aber auf die negative Publicity wollte Rappe natürlich verzichten. War sie überhaupt in der Lage, Claus' Bruder von seinem Plan abzubringen? Wahrscheinlich nicht. Was, wenn das Forschungszentrum sie wirklich wegen der Weitergabe von Interna belangte? In Anbetracht der Ereignisse kamen sie damit wahrscheinlich nicht durch, aber die Anwaltskosten würden Emma einen Haufen Geld kosten. Geld, das weder sie noch ihre Eltern hatten. Emma wusste nicht, wen sie mehr verachten sollte. Mölle oder Rappe.

Sie erhob sich.

Rappe stand ebenfalls auf. Seine Miene entspannte sich ein wenig. »Ich will das nicht tun. Aber mir bleibt keine andere Wahl. Verstehen Sie?«

Emma erwiderte seinen Blick und hielt den Atem an.

Man hat immer eine Wahl. Aber du würdest tun, was immer nötig ist, um deine Ziele zu erreichen.

Der Chef des Forschungszentrums hatte eine Schwäche erkannt und nutzte sie, ohne zu zögern.

So war er schon immer gewesen. Seine Projekte standen wie immer über allem. Er würde sie durchsetzen, egal, ob es eine Spur aus vernichteten Existenzen hinterließ.

Emma drehte sich herum und verließ Rappes Büro ohne ein weiteres Wort.

Sie atmete erst wieder ein, als sich die Tür hinter ihr geschlossen hatte.

Sekretärin Baumann schaute von einem Stapel Papiere auf. »Tut mir leid«, flüsterte sie.

Emma ignorierte sie und verließ das Gebäude. Wut stieg in ihr auf, während sie auf den Parkplatz ging.

Ihr Mann war tot, ihre Tochter traumatisiert. Ihr Leben lag in Trümmern, und jetzt drohte ihr auch noch ein Gerichtsprozess, weil Claus' Bruder habgierig geworden und Rappe ein opportunistisches Arschloch war.

Bestand die Welt denn nur noch aus Niedertracht und Egoismus?

Ihre Wut verstärkte sich.

Sie war drauf und dran, umzudrehen, wieder in das Büro ihres ehemaligen Chefs zu gehen und ihm deutlich zu sagen, was für ein mieses Schwein er war.

Doch was würde das nützen?

Sie setzte sich in ihr Auto, um Elena aus der Kita abzuholen. Als sie den Motor startete, schluchzte sie. Sie hatte sich vorgenommen, für ihre Tochter stark zu sein, aber was ihr auch immer an Stärke nach den letzten Tagen noch geblieben war, hatte Rappe gerade zerstört.

29

»Und?«, fragte Andrew.

Der Feuerwehrmann, dessen lange blonden Haare unter dem Helm hervorlugten und von dem Andrew nur wusste, dass er Michael hieß, beugte sich über den Krater und drückte sich die Infrarotbrille ins Gesicht. »Moment.«

Andrew ließ die verspannten Schultern kreisen. Er musste sich mit Gewalt zwingen, die Augen offen zu lassen. Er war die ganze Nacht von einem Ausbruch zum nächsten gefahren, hatte Anordnungen und Empfehlungen gegeben. Zwischendurch hatte er sich mit Frank Hagen getroffen und überlegt, wie sie ihre knappen Ressourcen am besten aufteilten.

Eine Ausbruchsstelle hatten sie endgültig beseitigt, dafür war fast gleichzeitig eine neue ein Stück tiefer im Wald aufgetaucht. An einer derart ungünstigen Stelle, dass sie zunächst ein Forstunternehmen hatten beauftragen müssen, einige Bäume zu fällen, damit sie den Infektionsherd mit ihrem schweren Gerät erreichen konnten.

Michael rutschte auf den Knien am Rand des Kraters entlang.

»Was meinen Sie?«, fragte eine Stimme hinter Andrew.

Er drehte sich um und blickte in das müde Gesicht des Fabrikbesitzers, auf dessen Hinterhof sie sich befanden und der ebenfalls nicht viel geschlafen haben konnte.

Andrew zuckte mit den Schultern. »In einigen Minuten werden wir es wissen. Mit etwas Glück ist dieser Ausbruch endgültig unter Kontrolle und Sie können den Betrieb wieder aufnehmen.«

Die Einsatzkräfte hatten den ganzen Hof unter Beschlag nehmen müssen, um die Infektion zu bekämpfen, wodurch die Mitarbeiter der Firma keinen Zugang zu ihrem Lager gehabt hatten.

»Das hoffe ich. Es ist die letzte Chance für unseren Betrieb. Wenn die Maschinen nicht heute rausgehen, dann ist es aus für uns.«

Andrew machte zwei Schritte und stoppte am Rand des Kraters. Ein Stück neben dem gut fünf Meter durchmessenden Loch standen noch zwei der Lithiumkanister, die mit abgepumpten Nanomaschinen gefüllt waren. Sie würden im Laufe des Tages abgeholt und mit einem Polizeikonvoi nach München gebracht werden, um dort in einem umgerüsteten Forschungsreaktor bestrahlt zu werden, bis die Nanomaschinen ausnahmslos vernichtet waren.

Michael hob die Hand. »Ich habe hier immer noch Aktivität. Ganz klein, nicht mal einen Millimeter groß, aber die Intensitätskurve nimmt zu.«

Andrew seufzte. Es wäre auch zu schön gewesen. »Okay. Das war es leider immer noch nicht. Holt die Bestrahlungsgeräte wieder her.«

Eine Feuerwehrfrau fluchte laut und ging mit ihrer Gruppe zu den Geräten, die einige Meter entfernt standen.

Andrew drehte sich zu dem Fabrikleiter um. »Tut mir leid. Wir werden den Einsatz fortsetzen müssen. Vielleicht klappt es morgen.«

Der Mann wirkte tief resigniert. »Nein«, sagte er mit schwacher Stimme. »Das nützt uns nichts.«

Andrew schwieg.

»Da wir heute nicht liefern, wird die Konventionalstrafe fällig. Das Geld haben wir nicht, und die Bank hat bereits angekündigt, die Kreditlinie nicht weiter erhöhen zu wollen. Ich werde jetzt in mein Büro gehen, die Gesellschafter anrufen und ihnen empfehlen, Konkurs anzumelden.«

»Tut mir leid«, wiederholte Andrew.

»Was soll's. Sind ja nur sechsundsiebzig Arbeitsplätze.« Der Mann sah ihn zynisch an.

Andrew überlegte, was er darauf antworten sollte, doch der Mann drehte sich herum und schlich wie ein geprügelter Hund in Richtung Hauptgebäude der Firma davon.

Andrew sah noch einige Minuten lang zu, wie die Feuerwehrleute die Bestrahlungsgeräte erneut aufbauten, und ging dann zur Straße, um dort in den geparkten Wagen zu steigen, den man ihm vom Forschungszentrum zur Verfügung gestellt hatte.

Er überlegte einen Moment, zu der neu entdeckten Ausbruchsstelle am Telegraphenberg zu fahren, die sich unweit einer bei Ausflüglern beliebten Gaststätte befand, entschied sich aber dagegen und machte sich auf den Weg nach Spich, wo Hagen die Einsatzzentrale in der Grundschule eingerichtet hatte, nur widerwillig vom Ministerpräsidenten gebilligt.

Andrew stellte das Auto neben einem Mannschaftstransportwagen des Technischen Hilfswerks ab. Die Tür der Schule stand offen. Es herrschte ein ständiges Kommen und Gehen von Menschen in Einsatzuniformen oder Anzügen. Einige Übertragungswagen des Fernsehens hatten sich an der Straße postiert. Sicherheitsleute hinderten die Kameramänner und -frauen daran, das Grundstück zu betreten. Andrew sah, dass eine der Kameras auf ihn gerichtet wurde. Er ging etwas langsamer und bemühte sich, nicht allzu gestresst auszusehen. Eine der Journalistinnen rief ihm etwas zu, aber er ignorierte sie.

Einige Straßen weiter hörte Andrew die Sirene eines Polizeiwagens. Das mochte von der ersten Ausbruchsstelle her stammen, die nur einen kurzen Spaziergang von der Grundschule entfernt war.

Andrew ging zur Eingangstür. Der Mitarbeiter der zuständigen Sicherheitsfirma machte einen Schritt auf ihn zu, erkannte ihn aber dann und nickte nur freundlich, bevor er sich wieder neben der Tür aufstellte.

Hagen diskutierte mit einigen Kollegen zusammen in einer

Ecke der Aula, wo man Tische und Stühle zusammengerückt hatte. Vor dem Fenster standen mehrere Whiteboards, die mit Papieren behängt waren. Auf einem war eine große Karte der Umgebung angeheftet, die Ausbruchsstellen mit rotem Filzstift markiert. Improvisierte blaue und rote Schildchen mit Magnethalterung stellten die im Einsatz befindlichen Einheiten dar.

Hagen nickte Andrew zu.

»Der Ausbruch in der Belgischen Allee ist nicht beseitigt«, verkündete Andrew.

Hagen wirkte nicht überrascht. »Ich weiß. Habe eben mit dem Einsatzleiter telefoniert.«

Es war ein Elend. Sie hätten die Bestrahlungsgeräte an den anderen Ausbruchsstellen dringend gebraucht. »Haben wir Fortschritte mit der Lizenzierung der Geräte vom Forschungszentrum Jülich gemacht?«

»Nein«, erwiderte Hagen. »Unsere Juristen sind alle derselben Meinung. Wir können die Apparate aus Jülich nicht nutzen, solange das Land keinen Notstand ausruft.«

»Und der Ministerpräsident will nicht«, schloss Andrew.

»Und der Bundeskanzler auch nicht«, bestätigte Hagen. »Es würde so aussehen, als hätten wir die Kontrolle verloren.«

Andrew rang die Hände. »Wenn wir nicht bald zusätzliche Ressourcen nutzen können, dann werden wir wirklich die Kontrolle verlieren. Und dann helfen uns auch die Bestrahlungsgeräte aus Jülich nicht mehr.«

Hagen ging darauf nicht ein. Das war ihm wahrscheinlich ohnehin klar.

»Wir haben hier noch etwas anderes, das uns Kopfzerbrechen macht.« Hagen führte Andrew zu einem Whiteboard und zeigte auf eine Tabelle. Andrew kannte die Liste der Ausbruchsstellen, mit einigen Parametern und Kennzahlen. Sie wurde stündlich aktualisiert.

Andrew überflog die Zahlen und stutzte. »Was ist denn das?«

Er zeigte auf den aktuellen Durchmesser von Nummer eins. »Der war doch heute Morgen noch bei fünf Metern.« Jetzt stand da eine Acht. »Das muss ein Fehler sein.«

Doch Hagen verneinte. »Kein Fehler. Der Einsatzleiter vor Ort hat mir ein Foto aufs Handy geschickt. Der Durchmesser beträgt wirklich acht Meter.«

Andrew war für einen Moment sprachlos, dann fasste er sich wieder. »Aber dann hätte sich die Ausbreitungsgeschwindigkeit ja verdoppelt. Wie kann das sein?«

»Sagen Sie es uns!«

Andrew drehte sich um und sah in das jungenhafte Gesicht eines Mannes im Anzug, der direkt hinter ihm stand.

»Wer sind Sie?«, fragte Andrew.

»Das ist Arne Konchalowski, der Bürgermeister von Troisdorf«, sagte Hagen.

Andrew schüttelte die Hand des Mannes. Er konnte kaum älter als dreißig sein, ungewöhnlich für dieses Amt.

»Mir macht das Ganze große Sorgen«, sagte Konchalowski. »Den Bürgern geht es ebenso. Die Telefone stehen bei uns im Rathaus nicht mehr still.«

Das konnte sich Andrew gut vorstellen.

»Also, warum breitet sich diese Ausbruchsstelle auf einmal schneller aus?«, wollte Hagen wissen.

»Da bin ich überfragt«, entgegnete Andrew. »Vielleicht hat es etwas mit der Bodenbeschaffenheit zu tun. Ich meine, vielleicht ist die Erde dort weniger dicht. Oder die Zusammensetzung ist eine andere.« Er hielt es immer noch für einen Irrtum.

Hagen seufzte. »Die Beschaffenheit hat sich nicht verändert. Nur die Nanomaschinen fressen sich plötzlich doppelt so schnell durch den Boden.«

Andrew blieb nichts anderes, als seine Ratlosigkeit einzugestehen.

Aber er hatte Angst. Was für einen Grund sollte es geben, dass sich seine Nanoroboter nun schneller fortpflanzten? Es konnte einfach nur ein Irrtum sein.

»Was werden Sie tun?«, fragte Konchalowski den Einsatzleiter.

Hagen ging zu der großen Karte hinüber. Er zog die Stirn in Falten. »Ich ziehe eine Bestrahlungseinheit von der vier ab. Außerdem leite ich die Pumpe und den neuen Container von der drei zur zwei. Die Lieferung müsste in der nächsten halben Stunde eintreffen.«

Ein weiterer Feuerwehrmann mit grauen, verschwitzten Haaren trat zu ihnen. Er sah alles andere als glücklich aus. »Frank?«

»Ja.«

»Wir haben noch eine Ausbruchsstelle.«

Oh nein!

Andrews Herzschlag geriet aus dem Takt. Es konnte doch einfach nicht sein, dass jetzt eine Hiobsbotschaft auf die andere folgte. Warum hatten sie denn nicht einmal Glück?

»Toll.« Hagens Stimme triefte vor Sarkasmus. »Wo?«

»Am Rotter See. Auf einem Parkplatz gegenüber der Eissporthalle.«

Hagen sah ihn ungläubig an. »Am Rotter See? Das ist über zwei Kilometer von den anderen Ausbruchsstellen entfernt. Wie zum Teufel soll …«

»Wir wissen bereits, wie es dazu gekommen ist«, meldete sich der Feuerwehrmann zu Wort. »Auf dem Parkplatz löst sich ein Lieferwagen der Firma Sandhorst auf. Das Fahrzeug befindet sich genau im Zentrum des Ausbruchs.«

»Sandhorst?«, wiederholte Konchalowski.

»Das ist die Firma in der Belgischen Allee, von der ich eben gekommen bin«, sagte Andrew.

Er fühlte sich tief erschöpft. Der betroffene Lieferwagen musste mit den Nanomaschinen in Kontakt gekommen sein. Schon gestern, bevor sie den Ausbruch bemerkt hatten. Lange Stunden hatten sich die kleinen Roboter exponentiell vervielfältigt und nun eine Masse erreicht, dass die Auswirkungen zu sehen waren.

Der Einsatzleiter strich sich die Haare aus der Stirn. »Wenn wir Pech haben, hat dieser Lieferwagen die Nanomaschinen auf den Straßen von halb Troisdorf verteilt.«

Der Bürgermeister wurde bleich.

Andrew machte einen Schritt auf Hagen zu. »Wir müssen versuchen, den Weg des Transporters zu rekonstruieren. Dann sperren wir die Straßen, auf denen er sich bewegt hat. Falls er unterwegs Nanomaschinencluster verloren hat und andere Autos darüberfahren, könnten sich die Infektionsherde auf diese Weise über halb Deutschland verteilen.«

Noch während er sprach, begann er zu zittern. Wenn sich dieses Szenario bewahrheitete, dann waren sie endgültig verloren.

30

25. OKTOBER

»Sonst noch was?«, fragte Bundeskanzler Hütter.

Gesundheitsminister Dehting hob die Hand.

Ben reckte den Kopf nach vorne, als der Politiker über Schwierigkeiten bei der Einführung der neuen Bürgerversicherung sprach. Offenbar waren einige Probleme bei Softwareschnittstellen verschiedener Krankenkassen aufgetaucht, wodurch die abschließende Umstellung noch einmal um einen Monat verschoben werden musste. Der Kanzler war sichtbar nicht zufrieden und funkelte seinen Minister an.

Ben war gerade am Morgen seines zweiten Tages im Kanzleramt eingetroffen, als Weinheim in sein Büro geplatzt war, um ihm mitzuteilen, dass der Kanzler ihn zur morgendlichen Kabinettssitzung eingeladen hatte, falls es bezüglich der Krise zu Fragen oder Diskussionen kam.

Nun saß Ben im kleinen Kabinettssaal in der sechsten Etage, wo die Regierung ihre Vorhaben diskutierte und beschloss. Natürlich nicht an dem ovalen, großen Tisch vor dem Fenster, der den Ministern vorbehalten war, sondern neben Weinheim auf einem unbequemen Stuhl an der hinteren Wand, zusammen mit einigen Beratern. Am Anfang waren noch Reporter mit Fernsehkameras herumgeschwirrt, die aber schon nach wenigen Minuten hinauskomplimentiert worden waren.

Normalerweise wäre Ben von seiner Umgebung völlig fasziniert gewesen. Wer hatte schon die Gelegenheit, der Regierung aus nächster Nähe bei der Arbeit zuzusehen? Aber die Lage war zu ernst, und Ben wunderte sich, dass die Vorgänge in Köln nicht an erster Stelle diskutiert wurden.

Außerdem hatte er den Eindruck, dass die meisten Minister der Auflösung dieser Regierung nach der Wahl entgegensahen. Der Mimik nach zu urteilen, hatten einige, darunter der Entwicklungsminister, der nichts anderes tat, als aus dem Fenster zu starren, innerlich längst gekündigt und freuten sich wohl schon auf einen langen Urlaub und eine anschließende lukrative Anschlussverwendung in einem großen Unternehmen.

»Also müssen wir das jetzt wirklich noch einmal verschieben?«, fragte der Kanzler.

Der Gesundheitsminister bejahte. »Es wird erst nach der Wahl klappen.«

Hütter verdrehte die Augen. »Es war eines der wichtigsten Vorhaben unserer Regierung. Vor über drei Jahren hatten wir die Beschlussvorlagen auf dem Tisch und selbst die Opposition und der Bundesrat haben mitgespielt, weil wir das Ganze frühzeitig in einen Kompromiss gepackt haben. Und jetzt fällt das Ding aus dem Grund auseinander, dass wir seit drei Jahren mit der Bürokratie nicht weiterkommen?«

Der Gesundheitsminister zuckte mit den Schultern. »Bei der ganzen Vielzahl an unterschiedlichen Prozessen auf Bundes- und Länderebene war eigentlich nichts anderes zu erwarten.«

»Ich habe immer gesagt, dass wir uns zunächst auf den Bürokratieabbau konzentrieren sollten«, verkündete Innenministerin Inge Kamp, eine matronenhafte Mittfünfzigerin aus der Partei des Koalitionspartners, die zugleich auch Vizekanzlerin war.

»Das kommt jetzt leider vier Jahre zu spät«, kommentierte Kanzleramtsminister Gebhard, der neben Hütter saß und schwerfällig in seinem Sessel hin und her rutschte.

»Wer nicht hören will, muss fühlen«, entgegnete die Innenministerin in zynischem Ton.

Ben schluckte. Man musste nicht lange zuhören, um festzustellen: Diese Regierungskoalition war am Ende. Die Minister wussten, dass ihre Regierung von der Bevölkerung als die schlechteste seit langer Zeit gewertet wurde, und schoben sich nun offenbar gegenseitig die Schuld an der verfahrenen Lage zu.

»Ist schon gut.« Der Kanzler machte eine wegwerfende Geste. »Die verkorkste Gesundheitsreform ist halt eine weitere Sache, für die man mir in den Geschichtsbüchern die Schuld in die Schuhe schieben wird. Können wir die Besprechung nun beenden, oder hat jemand noch etwas?«

Außenminister Blumfeld hob die Hand. »Es gibt im Ausland eine gewisse Beunruhigung bezüglich der Krise im und am Forschungszentrum in Köln.«

Das wunderte Ben nicht. Die anderen europäischen Länder hatten immer schon mit Argwohn auf die Experimente geschaut.

Blumfeld, der von seinen Gesichtszügen und seiner Aussprache her frappierend an den einstigen Außenminister Genscher unter Helmut Kohl erinnerte, nahm ein Blatt und rückte seine Brille zurecht. »Die belgische Regierung drückt sehr diplomatisch ihre Missbilligung über die Informationspolitik bei dieser Krise aus. Ähnlich äußert sich der Außenminister der Niederlande. Weiterhin hat der Botschafter der USA Unterstützung angeboten. Der Kommissionspräsident der EU besteht darauf, eine Untersuchungskommission einzurichten und eventuell Schuldige nach europäischem Recht zu bestrafen.«

»Ist klar, wen er als Hauptschuldigen sieht.« Der Kanzler seufzte. »Der Idiot konnte mich noch nie leiden.«

Ben verkniff sich ein Stöhnen. Die Stimmung am Tisch war wirklich unterirdisch.

»Es war eigentlich ganz klar, dass man mit dieser neuen Technologie nicht ganz so schnell vorpreschen sollte.« Der Tonfall der Innenministerin war anklagend. Dabei galt die Partei des Koalitionspartners generell als eher technikfreundlich und hatte sich zu Beginn der Legislaturperiode noch ganz anders über den gigantischen potenziellen Nutzen der Nanotechnologie geäußert. Aber das war nach den ersten Monaten schnell gekippt. Und nun steckten sie in einem ungeliebten Koalitionsvertrag fest.

Der Kanzler beugte sich vor. »Können wir diese permanenten Sticheleien jetzt endlich einmal sein lassen, Frau Kamp?«

Die ignorierte den Kanzler und blätterte durch ihre Papiere.

Außenminister Blumfeld griff nach einer auf dem Tisch bereitstehenden Kaffeekanne. »Wir sollten über die Krise in Köln diskutieren.«

Der Kanzler schüttelte den Kopf. »Nordrhein-Westfalen hat die Sache im Griff. Wir überwachen die Probleme vom Kanzleramt aus.«

»Ich sehe es nicht so«, widersprach Blumfeld. »Die Krise strahlt längst in meinen Arbeitsbereich. Wir müssen zumindest eine gemeinsame Kommunikationslinie finden.«

Hütter seufzte. »Also gut. Aber nicht alle! Es bleiben die Innenministerin und der Außenminister. Die anderen können wieder an die Arbeit gehen.«

Dehting schnaubte.

»Ich bleibe auch«, sagte Gisbert Kahl, der extrem großgewachsene Minister für Umwelt, Naturschutz, Bau und Reaktorsicherheit.

»Meinetwegen«, antwortete der Kanzler.

Ebenfalls im Raum blieb der Kanzleramtsminister. Offenbar war seine Anwesenheit an der Seite des Bundeskanzlers so selbstverständlich, dass darüber nicht geredet werden musste.

Ben schaute zu Weinheim hinüber.

Der bemerkte offenbar den Blick. »Sitzen bleiben!«

Es dauerte einige Minuten, bis sich das Zimmer geleert hatte und die Türen wieder geschlossen waren, weil der Finanzminister noch einige Worte mit Hütter austauschte.

Dann wandte sich der Kanzler direkt an Ben. »Wie ist der aktuelle Stand?«

Kanzler und Minister starrten ihn an.

Ben empfand es als einschüchternd, hier in diesem Raum im Zentrum der Regierung zu sitzen und den Größen der Politik Bericht erstatten zu müssen. Zumal er nicht wirklich etwas Neues zu berichten hatte.

»Ich habe den Einsatzleiter heute Morgen noch nicht erreichen können. Ich weiß nur, dass die Kräfte wieder die ganze Nacht durchgearbeitet und eine der Ausbruchsstellen in einem Wohngebiet endgültig eingedämmt haben. Es bleiben aber noch vier Ausbruchsstellen, darunter eine, bei der sich die Ausbreitungsgeschwindigkeit der Nanomaschinen verdoppelt hat. Ich schlage vor, dass wir uns direkt mit dem Einsatzleiter verbinden lassen und mit ihm gemeinsam die Lage erörtern.«

»Scheint mir eine gute Idee zu sein«, bestätigte der Außenminister.

»Ich stelle die Verbindung her.« Weinheim griff nach einem Telefon neben dem Kanzler und hob den Hörer ab.

Kanzler Hütter stand auf und ging einen Schritt auf Weinheim zu. »Versuchen Sie, auch Morsleben in die Leitung zu bekommen. Dann können wir die Abstimmung mit NRW gleich hier hinter uns bringen und sparen später etwas Zeit.«

Weinheim nickte.

Umweltminister Kahl holte sich ein frisches Glas aus einem Schrank. Der Mann war wirklich riesig. Mindestens zwei Meter. In der Wirklichkeit sah er sogar noch größer aus als im Fernsehen. Jenseits seiner Körpergröße war seine Zeit als Minister allerdings eher unauffällig gewesen, wenn man von den Scharmützeln mit einigen Nichtregierungsorganisationen absah, mit denen Kahl sich angelegt hatte, weil er sie als Konkurrenten seiner eigenen Arbeit betrachtete.

Endlich war Frank Hagen in der Leitung.

»Augenblick bitte«, sagte Weinheim. »Ich verbinde noch mit Morsleben.«

»Ich habe nicht viel Zeit.« Die Stimme des Krisenmanagers klang heiser. Im Hintergrund waren undeutlich Stimmen zu hören. Motoren jaulten auf. Hagen musste an einer Einsatzstelle sein.

Einen Moment später war endlich auch Ministerpräsident Morsleben in der Leitung. Der Kanzler forderte Hagen zu einem Bericht auf.

»Es läuft nicht gut.« Hagen hörte sich an, als habe er die ganze Nacht durch geredet und geredet. »Die Bestrahlungsgeräte schicken wir von Ausbruch zu Ausbruch, und es zeigt sich immer deutlicher, dass wir die Krise damit nicht in den Griff bekommen. Bestenfalls verlangsamen wir die Ausbrüche, aber wir werden sie mit dieser Strategie nicht eindämmen.«

Ben wischte sich mit der Hand den Schweiß von der Stirn.

Das hört sich überhaupt nicht gut an.

Die Innenministerin rutschte auf ihrem Sitz hin und her. »Aber Sie haben doch eine der Ausbruchsstellen beseitigt, oder etwa nicht?«

»Ja«, bestätigte Hagen. »Gott sei Dank!«

»Dann haben Sie doch nun mehr Geräte zur Verfügung, die Sie auf die anderen Herde verteilen können.«

»Theoretisch schon«, erwiderte Hagen. »Das wird allerdings dadurch kompensiert, dass es jetzt eine Stelle gibt, an der sich die Ausbreitungsgeschwindigkeit verdoppelt hat. Hier müssen wir länger und intensiver bestrahlen, was die Kapazitäten wieder reduziert.«

»Warum konzentrieren Sie die Kräfte nicht auf eine Infektion, bis sie zweifelsohne eingedämmt ist, und eliminieren die Ausbrüche so einen nach dem anderen?«, erkundigte sich der Außenminister.

»Das funktioniert leider nicht.« Hagen klang genervt, musste wahrscheinlich dieselben Dinge immer und immer wieder erklären. »Wenn wir das tun, würden wir den anderen Ausbrüchen erlauben, zu weit zu wachsen. Wir würden die Kontrolle über diese Stellen verlieren. Wir haben einfach zu wenig Geräte.«

»Was schlagen Sie vor?«, fragte Innenministerin Kamp.

»Wir haben eine ganze Wagenladung zusätzlicher Bestrahlungsgeräte aus dem Forschungszentrum Jülich. Wegen der momentanen Lage kann ich sie aus lizenzrechtlichen Gründen nicht einsetzen. Es würde helfen, wenn der Bund oder das Land NRW …«

»Ich werde keinen Ausnahmezustand erklären!«, unterbrach ihn die sonore Stimme von Ministerpräsident Morsleben.

»Ich könnte ein Moratorium vorbereiten«, mischte sich Umweltminister Kahl ein. »Das müsste allerdings noch durch den Bundestag.«

»Wir haben das schon besprochen«, erklärte Hagen. »Es würde zu lange dauern.«

Der Kanzler rückte dichter an das Mikrophon auf dem Tisch heran. »Tja, Herr Hagen, es sieht so aus, als müssten Sie mit den Einsatzmitteln klarkommen, die Sie haben.«

Ben war fassungslos.

Das darf doch nicht wahr sein!

Der Kanzler schien das Interesse an der Nanotechnik und vor allem dieser Krise verloren zu haben. In Köln hatte er sich noch ganz anders verhalten, aber hier in Berlin schien der Ausbruch sehr weit weg und nichts Weiteres als eine Unannehmlichkeit im politischen Tagesgeschäft zu sein. Interessanterweise war anscheinend selbst Düsseldorf von Köln sehr weit entfernt, worauf das Verhalten von Morsleben schließen ließ.

Ben hörte Hagen durch den Lautsprecher laut atmen. »Bitte überdenken Sie das noch einmal. Wir haben hier eine letzte Chance, den Ausbruch unter Kontrolle zu bekommen, indem wir diese Geräte einsetzen. Die von den Nanomaschinen verseuchten Stellen wachsen immer weiter. Uns werden schon bald die Container ausgehen, um die Masse zu entsorgen. Ich denke, dass uns nur noch ein ganz kurzes Zeitfenster bleibt, um etwas zu unternehmen, bevor die ganze Sache aus dem Ruder läuft.«

Inge Kamp rollte mit den Augen. Es war klar, dass sie mit alledem am liebsten nichts zu tun gehabt hätte.

»Also, mir macht das schon ein bisschen Angst«, erklärte der Außenminister. »Was ist denn, wenn wir den Ausnahmefall nur kurzfristig erklären und in einer Pressekonferenz diese lizenzrechtliche Sache als Begründung losschieben?«

Kanzler Hütter schüttelte den Kopf. »Wir haben das schon gestern und vorgestern besprochen. Ein Ausnahmezustand ist nun einmal ein Ausnahmezustand, und die Presse wird eine große Sache daraus machen. Bei der Corona-Krise konnte die damalige Regierung noch externe Gründe nennen, aber hier wird man uns die Schuld in die Schuhe schieben. Ich will nicht am Ende meiner Amtszeit noch eine solche Sache auf mich nehmen.«

Ben schnaubte laut.

Weinheim wandte den Blick ihm zu.

Offenbar war keinem der im Raum anwesenden Politiker klar, worum es überhaupt ging und was auf dem Spiel stand.

Ben erhob sich.

»Nicht!« Weinheim griff nach seinem Arm.

»Sie haben einen Beitrag, Herr Gerber?« Der Kanzler starrte ihn aus eisigen Augen an.

»Ja, allerdings«, erwiderte Ben.

Hütter lächelte schwach. »Es ist zwar etwas unüblich, dass ein Berater in den hinteren Reihen des Kabinettsraumes von sich aus redet, aber bitte!«

Ben spürte, dass er errötete. Die Innenministerin beugte sich zum Außenminister und tuschelte ihm etwas ins Ohr, ohne Ben aus den Augen zu lassen.

Er räusperte sich. Hoffentlich fand er die richtigen Worte. Wenn er sich jetzt blamierte, konnte er gleich seine Koffer packen. »Nun, ich möchte nur noch einmal daran erinnern, was passieren kann, wenn wir die Nanomaschinen nicht stoppen.«

Kanzler Hütter forderte ihn mit einer Handbewegung zum Weitersprechen auf.

Ben musste sich wieder räuspern. Sein Hals war furchtbar trocken. »Wenn wir die Nanomaschinen nicht aufhalten, werden sich die von ihnen infizierten Stellen immer weiter vergrößern. Ihr Durchmesser wird wachsen. Zehn Meter, hundert Meter, schließlich Kilometer. Mit derselben Geschwindigkeit fressen sich die Maschinen in den Erdboden, während sie Ressourcen abbauen, um sich selber zu vermehren. Wenn wir die Kontrolle verlieren, gibt es nichts mehr, was wir dagegen tun können, und die Nanomaschinen werden nicht damit aufhören, Erdreich aufzufressen, bis am Ende Deutschland, Europa und die Erde zerstört sind. Darum möchte ich Sie bitten, alle Maßnahmen zu ergreifen, um die Nanomaschinen zu stoppen, solange es noch möglich ist.«

Im Kabinettssaal herrschte Stille.

Schließlich stöhnte Weinheim leise.

Ben setzte sich hin. Er hatte keine Ahnung, ob seine Worte irgendetwas ändern würden oder ob man ihn gleich aus dem Kanzleramt warf.

Kahl zog die Schultern zusammen. »Das ist doch dieses Weltuntergangsszenario, von dem man uns immer und immer wieder versichert hat, dass es niemals eintreten würde.« Er sah zwischen dem Bundeskanzler und Ben hin und her. »Oder?«

»Es war immer ein hypothetisches Szenario.« Ben tastete nach der Wasserflasche, die rechts neben seinem Stuhl stand. »Wir haben alle Schutzmaßnahmen ergriffen, um eine solche Katastrophe zu verhindern. Aber es ist leider eine Tatsache, dass die Nanomaschinen sich nun unkontrolliert vervielfältigen.«

Der Kanzler winkte ab. »Ich habe gestern Abend noch eine Mail von Rappe bekommen. Ihrem Chef. Er hat mir versichert, dass wir uns nach wie vor keine Sorgen machen müssen und dass es nur eine Frage der Zeit ist, bis die Nanomaschinen eingedämmt sind.«

Ben seufzte. Natürlich war dem Institutsleiter die öffentliche Wahrnehmung am wichtigsten. Wenn Rappe erfuhr, dass Ben den Politikern gegenüber Klartext redete, konnte er seinen Job gleich an den Nagel hängen. Aber auch der ambitionierte Wissenschaftler musste doch ein Interesse daran haben, Menschenleben zu retten.

»Ich stimme Herrn Gerber unbedingt zu«, schallte Hagens Stimme aus dem Lautsprecher. »Wir müssen jetzt handeln. Schon bald könnte es zu spät sein, und dann werden Sie sich dafür verantworten müssen, zu lange gezögert zu haben.«

Ben spürte Erleichterung. Wenigstens der Einsatzleiter war auf seiner Seite.

Er fand es ganz schön mutig von Hagen, die Regierungsspitzen auf diese Art und Weise anzugehen. Es brauchte nur einen Satz von Ministerpräsident Morsleben, und jemand anders würde

Hagens Stelle einnehmen. Andererseits sah Hagen vermutlich keinen anderen Ausweg mehr.

»Soll das etwa eine Drohung sein?« Der Ton der Innenministerin klang ebenfalls sehr bedrohlich.

»Ist es denn wirklich so schlimm?«, fragte der Umweltminister.

Der Kanzler lehnte sich in seinem Sessel zurück. Er sah plötzlich sehr unsicher aus. Anscheinend hatten ihn Ben und Hagen zum Nachdenken bewegen können. Sie durften jetzt nicht lockerlassen.

»Zeigen Sie der Bevölkerung, dass Sie die Bedrohung ernst nehmen«, drängte Ben. »Sagen Sie den Leuten offen, dass bürokratische Gründe den Ausnahmezustand erfordern und dass er nur von kurzer Dauer sein wird.«

»Wenn die zusätzlichen Geräte aus Jülich hier sind, werden wir die Krise wahrscheinlich schnell im Griff haben«, pflichtete Hagen bei.

»Aber die Medien ...«, begann der Kanzler.

Der Außenminister unterbrach ihn. »Vielleicht sollten wir uns einmal weniger um die Medien kümmern. Die schreiben doch sowieso, was sie wollen. Hauptsache, wir kriegen diese Nanomaschinen unter Kontrolle.«

Kanzler Hütter seufzte und beugte sich wieder nach vorne. »Oskar?«

»Ich nehme das nicht auf meine Kappe«, erklärte der Ministerpräsident. »Das machen wir entweder gemeinsam oder gar nicht.«

»Vielleicht kannst du eine Pressekonferenz zusammen mit Innenministerin Kamp ...«

Die schüttelte vehement den Kopf. »Oh nein! Der Grund für einen Ausnahmezustand liegt nicht in meinem Verantwortungsbereich. Ich will damit nichts zu tun haben. Ich leiste gerne Amtshilfe bei der Durchsetzung. Das gebe ich auch anschließend in einer Presseerklärung heraus, aber ich werde nicht den Ausnahmezustand erklären. Nein!«

Ben war gar nicht klar gewesen, über wie geringes Vertrauen und Respekt der Kanzler in seiner eigenen Regierung nur noch verfügte. Dabei hatten die Minister es nur Hütter zu verdanken, dass sie in ihre Ämter gelangt waren. Vor allem Innenministerin Kamp hatte Hütter gegen erheblichen Widerstand in seiner eigenen Partei durchgesetzt.

»Vielleicht kann Umweltminister Kahl einspringen«, schlug der Kanzler vor.

Kahl riss die Augen auf.

Morsleben räusperte sich. »Ich bestehe darauf, dass wir zusammen eine Pressekonferenz abhalten.«

Der Kanzler seufzte. »Na schön. Was soll's. Ich komme aber nicht nach Düsseldorf.«

»Schalte dich meinetwegen per Video zu. Hauptsache, wir verkünden das zusammen. Vielleicht können wir als Zeitraum morgen um die Mittagszeit festlegen.«

Ben stöhnte innerlich. Die Politiker hatten den Ernst der Lage immer noch nicht begriffen. Er stand auf, aber Hagen kam ihm zuvor.

»Morgen Mittag?« Entsetzen lag in der Stimme des Einsatzleiters. »Dann wird es längst zu spät dazu sein. Wir müssen heute reagieren. Am besten sofort.«

»Oskar?«, fragte der Kanzler.

»Vor achtzehn Uhr geht gar nichts«, antwortete der Ministerpräsident. »Es ist erforderlich, den Text aufzusetzen und von den Juristen prüfen zu lassen. Ich muss das auch mit den zuständigen Landesministern noch durchdiskutieren. Betroffen sind außerdem der Oberbürgermeister der Stadt Köln und der Landrat des Rhein-Sieg-Kreises. Die kann ich nicht vor vollendete Tatsachen stellen. Achtzehn Uhr.«

Das waren noch fast neun Stunden.

»Können Sie damit leben, Herr Hagen?«, erkundigte sich der Kanzler.

»Was soll ich sonst machen«, gab der Einsatzleiter gequält zurück. »Ich habe noch eine andere Bitte. Ich möchte einige Stadtteile von Troisdorf und Köln evakuieren.«

Ben hörte Ministerpräsident Morsleben nach Luft schnappen. »Das kommt überhaupt nicht in Frage. Sie können Ihre Einsatzstellen großzügig absichern, aber ich vertreibe nicht Tausende Bürger aus ihren Häusern.«

»Was versprechen Sie sich davon, Hagen?«, wollte der Kanzler wissen.

»Es würde die Suche nach neuen Ausbruchsstellen vereinfachen. Wir setzen Hubschrauber mit Infrarotkameras ein, aber wegen der vielen Menschen sehen wir zu viele Wärmequellen. Wir sind gestern mit einem Rüstwagen zu einer neuen Einsatzstelle gefahren, deren Ausbruch sich dann als Holzkohlegrill in einem Garten herausgestellt hat. Außerdem würden wir das Risiko minimieren, dass Bürger mit Nanomaschinen in Berührung kommen.«

Der Kanzler starrte Innenministerin Kamp an. Die machte eine verneinende Geste. »Ich überlasse das Morsleben.«

»Nein«, fauchte der Ministerpräsident. »Nein, nein und nochmals nein. Wenn ich jetzt anfange, Leute aus ihren Häusern zu zerren, dann kann ich meine politische Karriere gleich ans Kreuz nageln.«

Ben seufzte. In der Presse ging das Gerücht um, dass Morsleben nach einer weiteren Legislaturperiode in Düsseldorf selber ein Auge auf die Kanzlerschaft geworfen hatte. Und so vehement, wie sich der Ministerpräsident gegen die Evakuierungen wehrte, ergab es wohl keinen Sinn, ihn weiter überreden zu wollen. Sie konnten sich schon glücklich schätzen, dass sie den Ausnahmezustand erreicht hatten.

Aber ob das half, den Weltuntergang zu verhindern?

31

Es war schon lange dunkel, als der Lieferwagen mit dem blauweißen Symbol des Forschungszentrums Jülich um die Ecke auf den Parkplatz in Köln-Lind bog und von den großen Scheinwerferbatterien in grelles Licht getaucht wurde.

Endlich!

Andrew zog den Reißverschluss ganz nach oben. Es war im Laufe des Tages immer kühler geworden. Schlimmer aber war, dass der Wind weiter auffrischte. Die Meteorologen hatten sogar eine Sturmwetterlage für die Nacht vorhergesagt. Schon wehten Blätter aus dem nahen Wald um das Gebäude der Firma. Eine Bö wirbelte eine weiße Plastikplane auf und beförderte sie auf die Straße. Reifen quietschten, als der Fahrer eines Mannschaftstransportwagens der Feuerwehr ausweichen musste.

Der Sturm würde ihrem Kampf gegen die Nanomaschinen nicht helfen. Egal! Hauptsache, die Geräte waren endlich da.

Der Laster hielt. Andrew sah zu, wie die Einsatzkräfte die Ausrüstungsgegenstände ausluden und zur Ausbruchsstelle brachten, die in der Zwischenzeit auf einen Durchmesser von zehn Metern angewachsen war. Am Rande des Geländes stapelten sich die Lithiumcontainer mit den abgepumpten Nanomaschinen. Sie kamen nicht mehr mit dem Abtransportieren hinterher.

»Du hast auch nie Feierabend!«, sagte eine bekannte Frauenstimme hinter Andrew.

Marina lächelte, sah aber sehr müde aus.

»Du etwa?«, entgegnete Andrew.

Sie lachte gequält.

»Heute Morgen warst du doch noch bei Nummer fünf«, meinte Andrew.

Marina grinste. »Die Gruppenleiter werden mindestens so oft hin- und hergeschoben wie die Bestrahlungsapparate.«

Andrew zeigte auf den Laster. »Zumindest das sollte wohl nun ein Ende haben.«

»Wird Jülich noch mehr liefern?«, wollte Marina wissen.

»Ja, sie können problemlos weitere bauen. Für morgen früh sind noch mal zehn angekündigt.«

Marina atmete hörbar auf. »Dann sollten wir die Krise bald in den Griff bekommen haben.«

Andrew antwortete nicht. Heute Morgen hatte er noch genauso gedacht. Aber sein Optimismus hatte einen Dämpfer bekommen, als sich die Ausbruchsgeschwindigkeit bei Nummer drei plötzlich ebenfalls verdoppelt hatte und bei Nummer zwei nach stundenlanger Inaktivität wieder neue Nanomaschinen nachgewiesen worden waren. Er hatte Hagen vorgeschlagen, die Bestrahlungsdauer abermals zu erhöhen, und konnte nur hoffen, dass das half. Immerhin hatte es keine neuen Ausbruchsstellen mehr gegeben.

Dennoch fragte er sich erneut, warum, zum Teufel, sich die Nanomaschinen plötzlich schneller ausbreiteten. Hatte sich die Programmierung verändert? Hatte es Effekte bei der Entwicklung der Schwarmintelligenz gegeben, die von ihm nicht berücksichtigt worden waren? Er wünschte sich, er hätte Zeit, diesen Gedanken in Ruhe nachzugehen.

»Oder etwa nicht?«, hakte Marina nach.

Zeit.

Er hatte keine.

Andrew seufzte. »Wahrscheinlich schon. Ich bin müde, habe in den letzten Nächten kaum Ruhe gehabt. Da leidet schon mal der Optimismus.«

Marina nickte langsam. »Kann ich verstehen. Ich habe seit dem ersten Ausbruch meine Wohnung nicht mehr gesehen und höchstens ein paar Stunden auf einem Feldbett in der Feuerwache geschlafen. Und das auch nur mehr schlecht als recht.«

»Alle hinter die Absperrung!« Einer der Feuerwehrmänner wedelte mit den Armen.

Andrew stieg hinter Marina über das Flatterband.

»Welchen Zeitraum soll ich einstellen?«, fragte der Mann.

»Eine Stunde, dann sehen wir weiter«, antwortete die Gruppenleiterin.

»Mach anderthalb draus«, meinte Andrew.

»Meinst du, das ist nötig?«, wollte Marina wissen.

»Jetzt, wo wir mehr Geräte haben, sollten wir das auch ausnutzen«, erwiderte Andrew. »Pumpt dann die zerstörten Maschinen ab und stellt sicher, dass ihr keine Aktivität mehr seht. Anschließend bestrahlt ihr noch einmal für eine ganze Stunde. Wenn das nicht reicht, weiß ich es auch nicht.«

»Du hast es gehört?«, wandte sich Marina an ihren Kameraden an den Kontrollen. Der bejahte.

Marina streckte den Rücken durch. »Dann gönn ich mir jetzt endlich einmal eine Pause. Weiß jemand, wo die nächsten Duschen sind?«

Andrew nickte. »Ich fahre in die Einsatzzentrale. Ich soll in einer Viertelstunde bei einer Besprechung mit Hagen sein. Dort gibt es Duschen. Falls ich dich mitnehmen soll.«

Marina überlegte kurz und meinte dann: »Okay.«

Sie gingen zur Straße und stiegen in Andrews Dienstwagen. Wenige Minuten später betraten sie die Grundschule in Troisdorf-Spich, nicht ohne von einer ganzen Armada an Fernsehkameras gefilmt zu werden.

Andrew zeigte seiner Begleiterin, wo sich die Duschen befanden. Dann ging er in die Aula der Schule. Dort stand Hagen mit einigen Männern vor einer Tafel, an die eine Karte der näheren Umgebung gepinnt war. Konchalowski, der Bürgermeister von Troisdorf, war dabei, die anderen kannte Andrew nicht. Zwei trugen dunkle Anzüge, die anderen waren von Polizei, Feuerwehr und dem Technischen Hilfswerk. Doch als sich der Typ vom THW umdrehte, erkannte Andrew diesen Gerd Trollinger, der ihnen am Anfang Ärger gemacht hatte. Offensichtlich war es Hagen gelungen, ihn im Zaum zu halten.

»Da ist er ja«, sagte Hagen. Seine Stimme klang besorgt. Bei dem letzten Telefonat hatte der Einsatzleiter eher optimistisch gewirkt, da sie jetzt die zusätzlichen Bestrahlungsgeräte zur Verfügung hatten.

Andrew fühlte sich unwohl. Irgendwas musste vorgefallen sein. »Was?«, fragte er knapp.

»Wir haben zwei neue Ausbruchsstellen«, antwortete Hagen.

Nicht schon wieder!

»Wo?« Doch Andrew sah es schon auf der Karte, wo die Stellen inzwischen mit roten Fähnchen markiert waren. Eine befand sich in einem Wohngebiet, unweit eines anderen Herdes, und die zweite etwas südlich des Rotter Sees, wo der Laster sich auf dem Parkplatz aufgelöst hatte.

Hagen zeigte zur Bestätigung noch einmal auf die beiden betroffenen Orte. »Wir vermuten, dass der Sturm dafür verantwortlich war. Möglich, dass er infizierte Blätter oder Staubteilchen aufgewirbelt hat.«

Der Bürgermeister nahm seine Brille ab und wischte sich über die geröteten Augen. »Wenn das so ist, müssen wir uns auf weitere Infektionsherde gefasst machen.«

Andrew fragte sich, wie viele Hiobsbotschaften heute noch auf ihn warten mochten.

»Wir haben nun also acht Ausbruchsstellen, von denen erst zwei unter Kontrolle zu sein scheinen«, bemerkte ein älterer Polizist, dessen Schulterklappen auf einen sehr hohen Rang hindeuteten. »Und wir müssen mit weiteren rechnen.«

»Ich hoffe immer noch, dass wir mit den zusätzlichen Kapazitäten alle Ausbrüche schnell unter Kontrolle kriegen«, entgegnete Andrew. »Aber es könnte sicher nicht schaden, noch mehr Apparate aus Jülich zu ordern.«

»Ja«, bekräftigte Hagen. »Ich gehe auf Nummer sicher. Ich habe schon angeordnet, dass dort im Akkord produziert wird und alle Geräte sofort hierher transportiert werden.«

»Ich frage mich, wie lange wir noch auf eine Evakuierung verzichten können.« Der Mann vom Technischen Hilfswerk zeigte auf die Karte. »Die Infektionsherde sind über ganz Troisdorf verteilt.«

»Und Köln-Lind«, ergänzte Konchalowski. »Ich hatte eigentlich immer gedacht, dass es nicht dazu kommen muss, aber wenn ich mir die Karte so ansehe ...«

Der Polizist unterbrach ihn mit einer Handbewegung. »Es wird keine Evakuierungen geben. Der Ministerpräsident war hier eindeutig.«

Der Bürgermeister machte einen Schritt auf den Mann zu. »Ich kann da auch ganz gut drauf verzichten. Aber was ist, wenn doch jemand zu Schaden kommt?«

»Ich habe Amtshilfe bei der Bundeswehr beantragt«, erklärte Hagen. »Ich hoffe, dass die uns stündlich Aufnahmen ihrer Infrarotsatelliten zur Verfügung stellen. Das wäre zuverlässiger als die Aufnahmen der Helikopter. Ich erwarte eine Antwort noch heute Abend.«

»Was ist mit den drei Stellen mit erhöhter Ausbreitungsgeschwindigkeit?«, forschte einer der Anzugträger nach.

Andrew stutzte. »Ich weiß bisher nur von zweien.«

Hagen schüttelte den Kopf. »Leider haben wir eine weitere. Nummer fünf breitet sich plötzlich ebenfalls schneller aus. Sie wird gerade bestrahlt. Wissen Sie inzwischen, warum sich die Geschwindigkeit verdoppelt hat?«

Andrew hielt die Luft an.

Herrgott!

Die Ereignisse entglitten ihm. »Wir tappen nach wie vor im Dunkeln. Eine Erklärung wäre, dass die Nanomaschinen mutieren.«

Der Anzugträger, der die Frage gestellt hatte, riss die Augen auf. »Mutieren? Wie können Nanomaschinen denn bitteschön mutieren? Das sind doch keine Viren.«

»Es ist nur eine Theorie. Und grundsätzlich sind Nanomaschinen Bakterien nicht unähnlich. Wir bestrahlen sie, um ihre Molekülstruktur zu zerbrechen. Es mag sein, dass hier und da nur ein Atom an einen anderen Platz geschoben wird und sich dadurch die Konfiguration der molekularen Maschine verändert. In der Summe könnte das zu leicht veränderten Nanomaschinen führen, die sich dann zügiger vermehren oder das Material der Umwelt schneller verarbeiten.«

»Wohin wird das wohl noch führen?« Hagen starrte Andrew an.

Eine dunkle Vorahnung stieg in Andrew auf. Es war nur eine kuriose Idee, über die sie vor einigen Wochen einmal nach einer fehlerhaften Computersimulation, die erstaunliche Ergebnisse ausgespuckt hatte, gelacht hatten.

Andrew schluckte und erwiderte Hagens Blick. »Schlimmstenfalls zu Nanomaschinen, die durch Bestrahlung gar nicht mehr vernichtet werden können.«

32

26. OKTOBER

Emma war auf dem Weg nach Hause, als sie die Absperrung und die ganzen Feuerwehrfahrzeuge sah. Sofort war ihr klar, dass es sich um eine Ausbruchsstelle handeln musste. Diese lag keine hundert Meter vom Waldfriedhof entfernt, wo sie Claus' Grab besucht hatte, das aus kaum mehr als einem Dreckhaufen bestand, auf dem Kränze und Blumen der Beerdigung lagen. Emma hatte einige davon entsorgt, der Rest würde irgendwann vermodern. Aber darum konnte sich die Gärtnerei kümmern, die sie mit der Pflege des Grabes beauftragt hatte.

Emma hatte Elena schon früh am Morgen zu Tanja gefahren. Die Freundin hatte heute frei und angeboten, mit Emmas Tochter den Kölner Zoo zu besuchen. Elena hatte die Tiere immer geliebt, besonders die Erdmännchen. Vielleicht konnten sie ihr wieder ein Lächeln entlocken. Gesprochen hatte das Kind immer noch kein Wort.

Emma blickte durch die Frontscheibe auf das Treiben dahinter. Männer und Frauen räumten Geräte in die Rüstwagen oder unterhielten sich in kleinen Gruppen. Die Einsatzkräfte sahen nicht sonderlich gestresst aus. Vielleicht war dieser Herd über Nacht unter Kontrolle gebracht worden. In den Nachrichten hatte man noch nichts Neues verkündet. Von ihren ehemaligen Kollegen aus dem Forschungszentrum hatte Emma nichts mehr gehört. Sie war versucht gewesen, Andrew oder Ben anzurufen oder ihnen zumindest eine Nachricht zu schicken, aber die waren sicherlich mit der Bekämpfung der Nanomaschinen beschäftigt, und Emma wollte sie nicht stören.

Plötzlich kam Bewegung in die Gruppe vor ihr. Als hätten sie gerade einen neuen Einsatzbefehl erhalten, sprangen die Feuerwehrleute in zwei Fahrzeuge, einen Rüstwagen und einen Mannschaftstransportwagen, die sogleich losfuhren. Ein Polizist rückte die Absperrung zur Seite, damit sie passieren konnten.

Emma seufzte und setzte ihr Auto wieder auf die Straße zurück. Sie folgte den Einsatzwagen, die in Richtung ihres eigenen Hauses fuhren, das einen guten Kilometer entfernt im Osten Troisdorfs, unweit des Agger-Stadions, stand.

Emma bog an einigen Kreuzungen ab und beobachtete beunruhigt, dass die Einsatzfahrzeuge immer noch denselben Weg nahmen wie sie.

Sie runzelte die Stirn.

Wo wollen die denn hin?

Einige Minuten später stoppte sie an der Straße vor ihrem Haus. Die Feuerwehrautos hielten keine hundert Meter weiter vor dem Gebäude der Kastropps, eines älteren Paares, das immer höflich grüßte, wenn Mann und Frau gemeinsam ihren Dackel ausführten und dabei Emma begegneten.

Ob es ein Feuer gegeben hatte? Die Kastropps heizten oft mit Holz.

Dann sah Emma, dass die Einsatzkräfte Bestrahlungsgeräte aus dem Rüstwagen luden und hinter das Haus in den Garten schleppten, der von einem altertümlichen Jägerzaun umgeben war.

Oh nein!

Ganz offensichtlich gab es eine neue Ausbruchsstelle. Und das direkt in ihrer Nachbarschaft. Hoffentlich ging es den Kastropps gut.

Emmas Hände begannen zu zittern. Unwillkürlich stiegen die Bilder wieder in ihr auf, wie Claus von den Nanomaschinen aufgefressen wurde. Mit Gewalt drängte Emma diese Gedanken beiseite.

Einige Nachbarn, darunter das Ehepaar Wilms und die alte Frau Gärtner, standen auf der anderen Straßenseite und unterhielten sich. Emma ging hinüber. »Habt ihr etwas gehört? Wie geht es den beiden?«

»Den beiden geht es gut«, antwortete die grauhaarige Frau Wilms, die immer adrett gekleidet war. »Aber sie haben Nanomaschinen in ihrem Garten gefunden.«

»Hättet ihr in eurem Forschungszentrum doch bloß nie mit diesen Sachen herumgespielt!«, jammerte Frau Gärtner.

Emma hob abwehrend die Hände und trat einen Schritt zurück. »Ich habe mit der Entwicklung von Nanomaschinen nichts zu tun. Das war eine ganz andere Abteilung. Ich habe nur Mikroorganismen erforscht.«

Ein anderer Nachbar, der bullige Herbert Marsburg, trat zu ihnen. Auch er funkelte Emma an.

»Ihr müsst immer alles erforschen.« Die Augen von Frau Gärtner wurden feucht. »Nie könnt ihr mit dem Erreichten zufrieden sein. Immer müsst ihr noch tiefer in die Geheimnisse der Natur eindringen und begreift nicht, dass der Mensch nicht alles wissen darf. War die Bibel nicht Warnung genug? Hat es nicht gereicht, dass wir aus dem Paradies vertrieben wurden, nachdem Adam und Eva vom Baum der Erkenntnis gekostet haben? Seid ihr erst zufrieden, wenn Gott uns auch noch die Erde wegnimmt?«

Emma war betroffen. Sie hatte nicht gewusst, dass Frau Gärtner, die immer so freundlich lächelte, so gläubig war. Emma hatte zwar mit den Nanomaschinen nicht das Geringste zu tun, aber sie war immer noch eine überzeugte Wissenschaftlerin. »Wir haben es nur der Neugier der Menschen zu verdanken, dass wir heute nicht mehr in Höhlen wohnen und im Winter frieren müssen.«

Die Gesichter ihrer Nachbarn verzerrten sich. Aggressivität lag in der Luft, und Emma wurde klar, dass sie besser geschwiegen hätte.

»Atombomben, aus dem Labor entwichene Seuchen, Klimaerwärmung«, sagte Frau Gärtner. »Aus eurer Neugier kommt schon seit langem nichts Gutes mehr. Nein, ihr Wissenschaftler zerrt uns alle mit in den Abgrund, und niemand fragt den kleinen Bürger, ob er das überhaupt haben will.«

Das war natürlich Unsinn. Die Regierungen von Bund und Land hatten sich für den Aufbau des Forschungszentrums und das Nanoprojekt entschieden. Diese Regierungen waren demokratisch legitimiert und repräsentierten die Mehrheit der Bevölkerung. Wenn die Menschen gegen die Nanotechnik gewesen wären, hätten sie sich bei der letzten Wahl für eine andere Partei entscheiden können. Es hatte zwei Parteien gegeben, die deutlich mit dem Verbot der Nanotechnologie geworben hatten. Aber die saßen nun in der Opposition. Emma hätte das Frau Gärtner am liebsten ins Gesicht geschrien, aber sie wollte ihre Nachbarn nicht noch mehr gegen sich aufbringen und schwieg. Außerdem war sie müde und würde ohnehin bald weg sein.

»Frau Gärtner hat recht!« Marsburg, dessen Unterstützung für eine eher populistische Partei ein offenes Geheimnis in der Nachbarschaft war, machte einen Schritt auf Emma zu. »Ihr spielt mit dem Feuer und brennt uns die ganze Bude ab.«

Herr Wilms zeigte auf die Feuerwehrautos. »Und das ist das Ergebnis.«

Marsburg machte noch einen Schritt auf Emma zu. »Man sollte euch alle für diese Scheiße zur Verantwortung ziehen und ins Gefängnis werfen.«

Herr Wilms nickte.

»Oder direkt an den Galgen hängen«, schob Marsburg nach.

Das war genug.

Emma drehte sich um. Das musste sie sich nicht anhören. Sie setzte sich in Bewegung, um die Straße zu überqueren.

»Es geschieht Ihnen recht, was mit Ihrem Mann geschehen ist«, rief Frau Gärtner ihr hinterher.

Emma blieb wie angewurzelt stehen. Wieder flammten die Bilder in ihrem Bewusstsein auf.

»Er musste büßen für die Vermessenheit der Wissenschaftler im Forschungszentrum.« Die Stimme von Frau Gärtner klang salbungsvoll. »Er musste büßen für die Arroganz, die Sie und die …«

Emma wirbelte herum und versetzte Frau Gärtner eine schallende Ohrfeige.

Die Frau stolperte rückwärts, knickte ein und landete auf dem Bürgersteig. Die Augen geweitet, rieb sie über ihre gerötete Wange.

»Mein Mann hat sich immer für die Gemeinschaft aufgeopfert«, zischte Emma. »Wie können Sie es wagen, über ihn richten zu wollen.«

Herr Wilms half Frau Gärtner auf.

Marsburg bückte sich und hob einen faustgroßen Stein auf. »Du dumme Schlampe solltest jetzt ganz schnell verschwinden, bevor ich dir den hier an die Birne knalle.«

Emma öffnete den Mund, schloss ihn aber gleich wieder.

Ich hätte das nicht tun dürfen!

Es würde an der Meinung der Nachbarin nichts ändern und die anderen nur noch wütender machen.

Sie drehte sich auf dem Absatz um und ging über die Straße zu ihrer Haustür.

Emma zitterte. Jeden Moment würde sie ein Stein in den Rücken treffen.

Sie schloss die Tür auf und hätte dabei beinahe den Schlüssel im Schloss abgebrochen. Bevor sie hineintrat, drehte sie sich ein letztes Mal um. Ihre Nachbarn, die sie immer so nett gegrüßt hatten, funkelten sie mit blankem Hass in den Augen an und tuschelten miteinander. Einiges davon konnte Emma verstehen. Es waren keine freundlichen Worte.

Sie war nur froh, dass Elena nicht hier war.

33

27. OKTOBER

Ben kam sich nutzlos vor. Er saß in seinem neuen Büro und starrte hinunter in den kahlen Innenhof. Das Stückchen Himmel, das er sehen konnte, war grau und schickte schon den ganzen Morgen unangenehm kühlen Nieselregen herab.

Er surfte auf Nachrichtenseiten im Internet und wartete darauf, dass irgendetwas passierte. Heute gab es keine Kabinettssitzung, und was auch immer der Kanzler gerade tat, er hatte offensichtlich keinen Bedarf an einer Beratung bezüglich der Krise im fernen Köln. Weinheim telefonierte die ganze Zeit in seinem Büro.

Ben versuchte, sich über seine Kontakte im Forschungszentrum auf dem Laufenden zu halten, aber bei Rappe war die ganze Zeit besetzt, und Andrew meldete sich nicht. Seine einzige Informationsquelle waren die Medien und der erst vor wenigen Tagen entstandene YouTube-Channel eines Jugendlichen aus Köln-Porz, der mit einer qualitativ unterirdischen Kamera von Ausbruchsstelle zu Ausbruchsstelle fuhr und offenbar der Meinung war, dass optimal verwackelte Aufnahmen die Authentizität seines Materials unterstrichen.

Ben überlegte gerade, ob er sich Mantel und Schirm für einen Spaziergang an der Spree schnappen sollte, als sein Handy doch noch klingelte. Er schaute auf das Display.

Andrew! Endlich!

»Hey, schön von dir zu hören«, sagte Ben. »Wie läuft es bei euch?«

»Schlecht«, antwortete Andrew. »Wir sind hier kurz davor, die Kontrolle zu verlieren.«

Bens Hals wurde eng. Die Stimme seines Freundes klang rau und kraftlos. Der englische Akzent, den er sich immer bemühte, zu unterdrücken, stach deutlich hervor. »Was ist passiert? Ich dachte, die zusätzlichen Bestrahlungsgeräte helfen.«

Andrew seufzte. »Das habe ich auch gedacht. Aber wir finden immer neue Ausbruchsstellen rund um Troisdorf und Lind. Außerdem flammen die Ausbrüche bei Orten wieder auf, die wir längst unter Kontrolle zu haben glaubten. Das Schlimmste aber ist, dass immer mehr Fälle auftreten, wo sich die Ausbreitungsgeschwindigkeit steigert. Erinnerst du dich an die Stelle an der Belgischen Allee?«

Natürlich erinnerte sich Ben. »War die nicht eingedämmt?«

Andrew lachte. Es klang verzweifelt. »Das dachten wir. Wir haben alle Kräfte abgezogen und nach vierundzwanzig Stunden die Beobachtung eingestellt. Dann sind in dem Loch doch irgendwie wieder Nanomaschinen aufgetaucht. Und diese Stelle vergrößert sich nun mit einem Meter pro Stunde.«

»Wie bitte?« Ben musste sich verhört haben.

Andrew lachte wieder. »Ist schon richtig. Ein Meter pro Stunde. Wir kommen mit dem Bestrahlen und Abpumpen nicht mehr hinterher.«

Ben bekam eine Gänsehaut.

»Aber wie kann denn das sein?«

»Ich fürchte, wir haben das selber zu verantworten.«

Ben schwieg. Seine Gedanken wirbelten durcheinander. Er hatte gehofft, dass Andrew und die Einsatzkräfte endlich Erfolge erzielt haben würden. Und nun das!

»Dieses ständige Bestrahlen und Pausieren, Bestrahlen und Pausieren«, fuhr Andrew fort. »Wir haben die Nanomaschinen dadurch quasi gezwungen, zu mutieren. Mit jedem Bestrahlungsvorgang, mit dem wir sie nicht völlig vernichtet haben, sind die kräftigsten, resistentesten und schnellsten Nanomaschinen übrig geblieben. Ich hätte mir nicht träumen lassen, wie ähnlich diese Dinger Viren und Bakterien sind.«

»Au Mann!« Wenn Andrews Vermutung stimmte, dann hatten sie ein gewaltiges Problem. »Was können wir tun?«

»Den Politikern den Ernst der Lage klarmachen«, antwortete Andrew drängend. »Und daran scheitern wir hier. Wir brauchen eine nationale Kraftanstrengung. Wir müssen alle Ressourcen in den Kampf gegen die Nanomaschinen stecken. Wir benötigen Bestrahlungsgeräte nicht nur aus Jülich, sondern aus ganz Deutschland und Europa. Wir haben jede Hilfe nötig, die wir kriegen können. Es ist zwingend erforderlich, das gesamte gefährdete Gebiet zu evakuieren. Und dann werden wir sehr unpopuläre Maßnahmen ergreifen müssen.«

Ben wurde heiß. Gestern war er sich noch sicher gewesen, das Schlimmste sei überstanden. Und jetzt stellte sich auf einmal heraus, dass sie dabei waren, den Kampf gegen die Nanomaschinen zu verlieren?

»Ben, hörst du zu?«

»Ich höre zu.« Ben konnte nur noch krächzen.

»Ich sagte, wir müssen drastische Maßnahmen ergreifen.«

»Was denn für Maßnahmen?«

»Wir kommen mit den Bestrahlungsgeräten nicht mehr in die notwendige Tiefe und wir können nicht schnell genug abpumpen. Wir müssen hochradioaktive Stoffe in die Ausbruchsstelle leiten. Das geht aber nur, wenn wir evakuieren.«

Hochradioaktive Stoffe?

Ben verstand. Andrew wollte die Gegend um die Ausbruchsstellen absichtlich verseuchen, damit die Nanomaschinen vernichtet wurden. *Schrecklich!* Die Leute würden nie wieder in ihre Häuser zurückkehren können. »Ist das wirklich nötig? Ist es wirklich schon so schlimm?«

»Ben, es ist unsere letzte Chance.«

Ben schloss die Augen. *Grundgütiger!*

»Was kann ich tun?«, fragte er schließlich.

»Du musst zum Kanzler gehen und ihm die Dringlichkeit erklären.«

»Ich habe heute keinen Termin mehr mit dem Kanzler.«

»Du musst mit ihm sprechen!«

Ben lachte bitter auf. »Ich kann nicht einfach zu Hütters Büro gehen und da anklopfen.«

»Dann musst du dir etwas einfallen lassen.«

»Versucht doch erst mal, über den nordrhein-westfälischen Ministerpräsidenten etwas zu erreichen.«

Andrew schnaubte. »Der ist der Ansicht, er hätte mit der Ausrufung des Notstandes genug getan. Er meint, wir sollten erst mal mit den Bestrahlungsgeräten aus Jülich vorliebnehmen. Wir versuchen zwar, über einen Kanal nach Düsseldorf auf ihn einzuwirken, aber es bleibt keine Zeit mehr. Du musst mit Hütter reden. Mach ihm klar, um was es geht.«

»Hast du mit Rappe geredet?«

»Ja, er hat zuerst einen Wutanfall bekommen und dann aufgelegt. Er will die Realität nicht akzeptieren.«

Ben kam ein Gedanke. Konnte es sein, dass sein Freund übertrieb? Dass er in Panik verfallen und die Lage weniger schlimm war als geschildert?

»Ben?«

»Ich bin hier. Wäre es nicht möglich, doch noch einen Tag abzuwarten und zu sehen, ob wir mit der Hilfe von Jülich ...«

»Es ist vorbei«, unterbrach ihn Andrew. »Seit die Krise vor einer Woche begonnen hat, rennen wir den Ereignissen nur hinterher. Wenn wir es jetzt nicht schaffen, droht uns allen die große Katastrophe. Du weißt, was das bedeutet.«

Natürlich. Sie hatten sich bei einem Glas Wein in Andrews Apartment über dieses Szenario unterhalten, sich ein wenig gegruselt und darüber gelacht. Schließlich hatten sie ja alle Vorsichtsmaßnahmen getroffen.

Jetzt war Ben nicht mehr nach Lachen zumute. Stattdessen stieg eine quälende Übelkeit in ihm auf. Am liebsten hätte er sich in den kleinen, schwarzen Papierkorb neben seinem Schreibtisch übergeben.

»Ich weiß es.«

»Dann tu bitte alles, was du kannst, damit die Politik es auch begreift, bevor es zu spät ist. Rede mit jedem, der im Kanzleramt etwas zu sagen hat. Überzeuge den Bundeskanzler. Und tu es bitte schnell. Ich habe seit der letzten Nacht das Gefühl, dass sich das Zeitfenster, in dem wir noch etwas unternehmen können, schon bald schließt.«

Ben war derselben Meinung. Er wollte noch etwas sagen, aber Andrew hatte schon aufgelegt.

Lange Sekunden saß Ben still und starrte die weißen Tapeten an. Er fühlte sich wie betäubt.

Schließlich riss er sich zusammen und stand auf. Er verließ das Büro und ging zu Weinheim. Der hatte seine Türe halb geöffnet, telefonierte aber immer noch.

Ben öffnete die Tür ganz und trat in das Büro.

»Ich rufe zurück!« Weinheim beendete das Gespräch. »Was ist denn so dringend?«

»Ich brauche einen Termin beim Kanzler. Am besten sofort.« Ben sprach mit aller Überzeugung, die er in seine Stimme legen konnte.

Weinheims Lippen kräuselten sich, als habe Ben einen lustigen, aber geschmacklosen Witz erzählt. »Denken Sie etwa, der Bundeskanzler sei so etwas wie ein Friseur oder ein Hausarzt, bei dem man mal eben einen Termin bekommt?«

»Es ist wichtig«, beharrte Ben.

Weinheim lachte leise. »Was meinen Sie, wie viele Leute jeden Tag hier anrufen und einen Termin haben wollen wegen irgendetwas Wichtigem? Selbst, wenn ich der Ansicht bin, dass etwas wichtig ist, muss ich zuerst meine eigene Befehlskette hinauf zum Kanzleramtsminister, und der entscheidet dann zusammen mit der Büroleiterin, bei welcher Gelegenheit der Kanzler sich damit beschäftigen wird.«

»Es geht um die Nanomaschinen.«

»Das ist mir klar, worum sollte es sonst gehen?« Weinheim lehnte sich in seinem Sessel zurück. »Also gut, schießen Sie los.«

Ben trat näher. »Ich hatte ein Gespräch mit Andrew Collum. Er hat mir glaubhaft versichert, dass sie dabei sind, die Kontrolle zu verlieren. Wir müssen das Gebiet großflächig evakuieren.«

Weinheim lachte laut auf. »Sie sind verrückt!«

»Wie bitte?«

»Ich sagte, Sie sind verrückt.« Weinheim erhob sich, stützte sich mit beiden Händen auf dem Schreibtisch ab und beugte sich nach vorne. »Mit einem Riesenaufwand haben Sie gestern bekommen, was Sie wollen. Beziehungsweise, was der Einsatzleiter und Ihr Freund aus dem Forschungszentrum wollten. Das hat schon für erhebliche Spannungen in der Politik gesorgt. Was glauben Sie, was heute in Düsseldorf los ist? Als Morsleben gestern den Ausnahmezustand erklärt hat, hat er damit seine Wiederwahl geopfert. Und jetzt kommen Sie hier reingeschneit, erklären mir, dass das alles für die Katz war und sind der Meinung, wir bräuchten einen Notstand für das ganze Land? Und dazu noch großflächige Evakuierungen? Sie *müssen* verrückt sein!«

»Ich ...«, begann Ben, aber Weinheim unterbrach ihn mit einer Handbewegung.

»Ich bin ja an der Sache dran!« Der Beamte hatte Zorn in der Stimme. »Es ist gerade mal zwölf Stunden her, dass die ersten Geräte aus Jülich nach Köln geliefert wurden. Was mich angeht, können Sie noch gar nicht wissen, wie gut die Dinger wirken. Niemand wird hier einen nationalen Notstand erklären, während die Feuerwehren in NRW lediglich mit metergroßen Ausbruchsstellen in Hinterhöfen von Firmen und Brachflächen von Industriegebieten zu tun haben. Und ich werde den Teufel tun, dem Kanzleramtsminister oder gar dem Kanzler mit Evakuierungen zu kommen, wenn kein Mensch vorhersagen kann, wie es mit den neuen Maßnahmen weitergeht.«

»Die Zeit läuft davon«, beharrte Ben verzweifelt. »Die Ausbreitungsgeschwindigkeit ...«

Weinheim unterbrach ihn. »Ich will nichts mehr davon hören. Sie marschieren jetzt in Ihr Büro und warten, bis Sie sich beruhigt haben. Oder Sie nehmen sich heute am besten den Tag frei. Gehen Sie ein wenig an der Spree spazieren, um sich mal das Gehirn durchzulüften. Damit Sie mal wieder klar und realistisch denken können. Morgen werden wir eine Schaltung mit Hagen einrichten und weitersehen, wo wir stehen. Dann entscheide ich, ob wir mit dem Kanzler in der Lagebesprechung am nächsten Tag über die Fortsetzung der Maßnahmen diskutieren.«

Ben brach der Schweiß aus. »Zwei Tage? Das ist nicht Ihr Ernst! So lange können wir nicht warten. Ich bestehe …«

»Sie haben auf nichts zu bestehen«, brüllte Weinheim.

»Aber …«

»Raus!«, schrie Weinheim. »Ich will Sie heute nicht mehr sehen.«

Ben blieb nichts anderes, als das Büro zu verlassen. Weinheim knallte die Tür hinter ihm zu.

»Scheiße!«, fluchte Ben laut.

Und nun?

Sollte er in sein Büro zurückgehen, vielleicht ein oder zwei Stunden warten und es dann noch einmal bei Weinheim probieren?

Doch Andrew hatte ihm klargemacht, dass sie sich weiteres Hinauszögern nicht leisten konnten.

Ben gab sich einen Ruck, ging den Korridor hinab und zum Fahrstuhl. In der Kabine drückte er den Knopf für die siebte Etage.

Von der Empore aus gab es theoretisch einen direkten Durchgang in das Büro des Kanzlers, aber Ben wusste, dass dieser lediglich zu besonderen Anlässen geöffnet wurde und nun garantiert verschlossen war. Es blieb ihm nur der Weg über das Sekretariat. Während er durch die Vorhalle ging, beobachtete ihn ein Mann in dunklem Anzug mit Knopf im Ohr argwöhnisch. Sicher vom BKA.

Als Ben in das Sekretariat des Kanzlers treten wollte, kam ihm eine Frau entgegen. Es war nicht die Hauptsekretärin Hütters, die kannte er inzwischen.

»Ja?« Die Frau blockierte den Türrahmen.

»Ich muss mit dem Kanzler sprechen«, erwiderte Ben.

»Sie haben keinen Termin, darüber wäre ich informiert«, erklärte die Frau. Vielleicht war sie eine Vertretung, aber ganz sicher wusste sie, was sie zu tun hatte. Sie sah hinüber zu dem BKA-Mann und blinzelte zweimal.

Ben hörte Schritte hinter sich. Er hatte nur eine Chance, bevor man ihn wieder hinunterkomplimentierte. »Hütter«, rief er, so laut er konnte. »Ich muss mit Ihnen reden. Hier ist Ben Gerber. Es geht um die Nanomaschinen. Die Lage gerät außer Kontrolle. Weinheim wollte mich nicht mit Ihnen reden lassen.«

Schon packten ihn starke Hände unsanft am Oberarm. Ein zweiter Beamter war wie aus dem Nichts neben ihm aufgetaucht und ergriff ihn am anderen Arm.

»Hütter!«, schrie Ben. »Es ist wichtig. Die Existenz Deutschlands und der ...« Einer der Sicherheitsmänner hatte ihm die Hand auf den Mund gelegt. Ben wand sich, aber er hatte keine Chance. Die Männer waren einfach zu gut ausgebildet. Ben stöhnte, als sich der Druck auf seinen Oberarm verstärkte. Er konnte froh sein, wenn ihm der Mann nicht die Knochen brach.

»Sie werden jetzt mit uns zur Sicherheit gehen«, sagte der zweite mit einer Stimme, die keinen Widerspruch duldete. »Dort werden Sie bleiben, bis wir Ihren Fall geklärt haben.«

Die Männer drängten ihn in Richtung Fahrstuhl.

Ben wollte dem Beamten in die Finger beißen, aber der hebelte ihm mit dem Daumen den Mund zu.

Aus! Ich habe versagt.

Wenn Weinheim mitbekam, dass Ben einfach so vor dem Büro des Kanzlers aufgekreuzt war, entzog er ihm den Ausweis und schickte ihn zurück nach Köln. Ben würde den Kanzler nicht mehr zu Gesicht bekommen. Er würde niemanden mehr zu Gesicht bekommen.

»Was ist denn hier los?« Das war Hütters Stimme.

Die Männer schleiften Ben mit sich zum Fahrstuhl.

»Augenblick«, befahl der Kanzler. »Lassen Sie ihn los.«

Die Männer traten zur Seite, und Ben fuhr herum.

Hütter stand vor der Tür seines Sekretariats. Er trug einen

dunkelblauen Anzug, hatte aber die Krawatte gelockert und die obersten Knöpfe seines Hemdes geöffnet.

Ben machte einen Schritt auf ihn zu. Die BKA-Männer blieben dicht an seiner Seite.

Der Kanzler kam ihm entgegen. »Sie sagten, die Existenz Deutschlands steht auf dem Spiel. Was meinen Sie damit?«

Ben holte tief Luft. »Ich hatte ein Gespräch mit meinem Kollegen Doktor Collum, und der ist wiederum mit Hagen einer Meinung. Die Situation gerät außer Kontrolle.«

»Die zusätzlichen Geräte aus Jülich?«, fragte Hütter.

»Sind zu spät gekommen. Die Ausbruchsstellen wachsen immer schneller. Die Kollegen kommen mit der Eindämmung nicht hinterher.«

»Das hat sich heute Morgen aber noch ganz anders angehört«, ertönte eine Stimme hinter Ben. Horst Gebhard, der Kanzleramtsminister, marschierte mit einem Stapel Akten unter dem Arm in Richtung Kanzlerbüro. »Ich habe mit Rappe gesprochen und der versicherte mir, dass die Nanomaschinen schon bald eingedämmt sind.«

»Bei allem Respekt.« Ben erzwang eine ruhige Stimme. »Ernst Rappe sitzt den ganzen Tag in seinem Büro und telefoniert nur mit den Leuten, deren Meinung ihm gefällt. Er hat die Ausbruchsstellen außerhalb des Forschungszentrums höchstens ein- oder zweimal besucht. Sie sollten sich vor Ort lieber mit Frank Hagen unterhalten.«

Gebhard reichte dem Kanzler eine rote Mappe, die Hütter gleich an die Frau aus dem Sekretariat weiterreichte. »Hagen wurde von Morsleben einberufen. Wir können nicht direkt mit dem Einsatzleiter reden, ohne den Ministerpräsidenten zu übergehen. Und Morsleben war bei einem weiteren Gespräch am frühen Morgen abwartend, aber optimistisch.«

Ben schüttelte den Kopf. »Ich habe von meinen Kontakten erfahren, dass Hagen Schwierigkeiten hat, zum Ministerpräsidenten durchzudringen. Morsleben will die schlechten Nachrichten nicht hören.«

»Also schön, Herr Gerber«, meinte Hütter. »Ich höre Ihnen zu. Sie haben fünf Minuten, dann muss ich zu einer Telefonkonferenz mit Claude Lefevre.«

Das war der französische Staatspräsident.

Ben sprach, so ruhig er konnte. »Es droht ein Supergau. Sie kennen das Szenario. Collum und Hagen sind der Meinung, dass es nicht mehr zu verhindern ist, wenn wir nicht drastische Maßnahmen ergreifen.«

»Warum hat sich diese Meinung nun geändert?«, fragte Gebhard.

»Drei Punkte.« Ben konnte nur hoffen, dass er damit den Kanzler überzeugte. »Zum einen wurden sämtliche Sicherheitsbarrieren durchbrochen. Zweitens haben sich die Eindämmungsmaßnahmen als unzureichend erwiesen, da es einfach zu viele Ausbruchsstellen gibt. Dadurch haben wir das Zeitfenster für eine zügige Dekontaminierung verpasst.«

»Und drittens?«, fragte der Kanzler.

»Die Wissenschaftler haben nicht damit gerechnet, dass die Nanomaschinen mutieren.« Ben biss die Zähne zusammen.

»Sie mutieren?«, wiederholte der Kanzler. Gebhard sah ungläubig drein.

»Die Bestrahlung zerstört zwar den Großteil der Nanomaschinen, verändert bei anderen aber nur deren Struktur. Wie bei der natürlichen Selektion setzt sich die stärkere Variante durch.«

Der Kanzler blickte Ben aus zusammengekniffenen Augen an. »Verwechseln Sie das jetzt nicht mit Viren?«

»Der Mechanismus ist derselbe«, entgegnete Ben. »Das ist der Grund dafür, dass es nun Stellen gibt, die sich schneller ausbreiten.«

Gebhard verschränkte die Arme vor der Brust. »Also war die Bestrahlung als Gegenmittel von Anfang an ein Fehler?«

»Nein«, antwortete Ben. »Die Bestrahlung mit Radioaktivität ist und bleibt weiterhin das beste und auch einzige Mittel gegen die Nanomaschinen. Sie muss aber konsequent durchgeführt werden, bis auch die Mutanten zerstört sind. So, wie ich Doktor Collum verstanden habe, ist noch mehr Radioaktivität die Lösung.«

Der Kanzler lachte leise. »Na, die haben Sie ja jetzt, dank der neuen Geräte aus Jülich. Ich verstehe also nicht, was Sie von mir wollen.« Er blickte auf seine Uhr. Die fünf Minuten mussten fast um sein.

Ben war der Verzweiflung nahe. Der Kanzler hatte es immer noch nicht verstanden. »Herr Bundeskanzler, die Bestrahlung reicht auch mit den neuen Geräten nicht mehr aus, da sich die Wachstumsrate fortlaufend beschleunigt. Wir brauchen jetzt einen nationalen Kraftakt, um die Nanomaschinen schnell zu besiegen, bevor wir die Kontrolle verlieren und das Super-GAU-Szenario droht. Denn wenn sich die Nanomaschinen erst einmal tief genug in die Erde vorgearbeitet haben, können wir sie nicht mehr erreichen und haben verloren.«

Kanzler und Minister schauten sich an.

»Droht das wirklich?«, flüsterte einer der BKA-Beamten in Bens Ohr.

Ben nickte.

»Mir macht das ziemliche Angst.« Die Sekretärin stand immer noch neben der Tür.

»Na schön, Herr Gerber«, sagte Hütter. »Das hört sich in der Tat erschreckend an. Also, was fordert Hagen? Was fordert Doktor Collum?«

»Weil die ... Es ist ...« Ben suchte nach Worten. Wie sollte er dem Kanzler die schmerzliche Wahrheit verkaufen?

»Na?«, drängte Hütter.

Ben beschloss, es geradeheraus zu sagen. »Das gesamte Gebiet muss großflächig evakuiert werden. Dann müssen große Mengen hochradioaktiven Materials über den Ausbruchsstellen verteilt werden, um die Nanomaschinen zu vernichten.«

Hütter wurde blass.

»Ist Ihnen klar, was Sie da von uns verlangen?«, fragte Gebhard.

Ben nickte.

Hütter starrte ihn nur stumm an. Seine Augen waren glasig, als habe er ein starkes Medikament bekommen.

»Herr Bundeskanzler«, drängte Ben. »Es ist die letzte Chance.«

Es dauerte lange Sekunden, bis Hütter seinen Blick wieder fokussierte, auf Ben richtete und leise erklärte: »Keine Evakuierungen.«

Ben schloss die Augen. Er hatte doch ganz klargemacht, welches Schicksal dem Land und der Welt drohte, wenn sie jetzt nicht entschieden handelten. »Bitte …«, krächzte er.

Allmählich kehrte die Farbe in das Gesicht des Kanzlers zurück. »Es wird keine überhasteten Evakuierungen geben, weil ein Wissenschaftler und ein Einsatzleiter in Panik verfallen.«

»Es ist sinnvoll, in Panik zu verfallen«, sagte Ben.

Die Gesichtszüge des Kanzlers verhärteten sich. »Panik ist noch nie ein guter Ratgeber gewesen. Wir werden uns der Sache annehmen, Herr Gerber, aber wir werden nicht vorschnell Entscheidungen treffen, die auf nicht bestätigten Vermutungen basieren und die wir später bereuen.«

Ben hob verzweifelt die Hände. Was sollte er noch tun? Vor dem Kanzler auf den Knien herumrutschen? Betteln? »Herr Bundeskanzler, wir werden es ganz sicher bereuen, wenn wir nicht sofort handeln.«

Der Kanzler wandte sich an Gebhard. »Versuche, Rappe und Morsleben zu erreichen. Finde heraus, was sie von der Sache halten und bestehe darauf, dass wir eine gemeinsame Telekonferenz mit dem Einsatzleiter und dem Wissenschaftler haben. Am besten noch heute. Spätestens morgen früh bei der Lagebesprechung.«

Gebhard bestätigte das und ging in Richtung seines Büros davon.

»Morgen früh?«, stammelte Ben. »Das ist viel zu spät.«

Aber der Kanzler ließ sich nicht beirren. »Und bis dahin will ich nichts mehr hören von großflächigen Evakuierungen.«

Ben konnte es in Hütters Augen sehen. Er wollte es einfach nicht wahrhaben, dass der Zeitpunkt der Wahrheit gekommen war.

Der Kanzler drehte sich um, verschwand mit seiner Sekretärin und schloss die Tür hinter sich.

Die BKA-Beamten begleiteten Ben zum Fahrstuhl.

Versagt. Du hast versagt.

Was auch immer in der Zukunft geschah, er trug seinen Teil der Verantwortung daran.

34

»Verdammte Scheiße!«, fluchte Hagen. »Verdammte Scheiße!«

Andrew konnte die Verzweiflung des Einsatzleiters gut verstehen. Es ging ihm ja selber nicht anders.

Sie standen vor der Ausbruchsstelle unweit des Aggerstadions in Troisdorf, die sich in einem Garten befand. Die Nanomaschinen hatten sich in den letzten Stunden bis zum Zaun des Nachbargrundstücks vorgearbeitet, der gerade von Einsatzkräften entfernt wurde. Noch wenige Meter, dann hatte die Ausbruchsstelle das Haus erreicht. Bei Sonnenaufgang würde die infizierte Stelle das ganze Grundstück und die Hälfte der Nachbargrundstücke umfassen.

Feuerwehrleute rückten die Bestrahlungsgeräte ein Stück nach hinten.

»Die Strahlung dämmt sie kaum ein«, berichtete Hagen. »Warum, zum Teufel, zeigt die Radioaktivität so wenig Wirkung?«

Andrew räusperte sich. Sein Hals war trocken, und die Wasserflasche, die er eben mit wenigen Zügen geleert hatte, hatte daran überhaupt nichts geändert. Vielleicht waren schon Nanomaschinen in seine Speiseröhre gelangt und lösten dort die Schleimhäute auf.

Er schüttelte sich. Das war Unsinn! Er durfte jetzt nicht die Nerven verlieren.

»Offenbar hat sich hier eine neue Mutante gebildet. Sie scheint resistenter gegen Strahlung zu sein.«

»Scheiße«, fluchte Hagen erneut. Bisher hatte den Mann nichts aus dem Konzept gebracht. »Wie kann das sein?«

Andrew ging einen Schritt näher an die goldene Fläche heran, die sich im Wind ein wenig kräuselte. »Wir haben eine Sollbruchstelle in die Struktur der miniaturisierten Roboter eingebaut, die sie gegen Strahlung empfindlich macht. Eine einfache Molekülbrücke, die von ionisierender Strahlung leicht durchtrennt wird. Offenbar hat sich die Struktur dieser Molekülbrücke verändert und ist nun nicht mehr so leicht zu zerstören.«

»Toll«, kommentierte Hagen. »Was können wir dagegen tun?«

Für Andrew war die Lösung klar. »Noch mehr Radioaktivität.«

Sie hatten bereits darüber gesprochen. Hagen kannte Andrews Plan. »Sie meinen es wirklich ernst? Sie wollen hochgiftigen Atommüll über Troisdorf verteilen?«

Andrew nickte. »Zumindest über den Ausbruchsstellen.«

»Selbst wenn wir das Zeug nur über den infizierten Gebieten ausschütten, werden wir eine großflächige Verseuchung verursachen«, sagte Hagen mit finsterer Stimme.

»Ich sehe keine andere Möglichkeit mehr. Zumindest nicht bei den Ausbrüchen, die sich so schnell vergrößern wie die hier.«

Er wusste, dass die Folgen verheerend sein würden. Die betroffenen Stadtteile würden auf lange Zeit unbewohnbar bleiben.

Feuerwehrmänner hatten inzwischen den Gartenzaun abmontiert. Durch die Zufahrt des Nachbarn kam ein großer Rüstwagen, der sicher weitere Bestrahlungsgeräte aus Jülich geladen hatte. Er fuhr vom Pflaster direkt auf den Rasen und stürzte dabei eine Wäschespinne um, auf der noch T-Shirts und Pullover hingen. Auch die Nachbarn waren längst evakuiert worden.

»Ich werde das nicht alleine entscheiden können«, erklärte Hagen resigniert. »Es wird dauern, die Politik dazu zu bringen, Ihren Plan zu akzeptieren.«

Andrew stöhnte. »Wenn wir auf die Politik warten, werden wir die Nanomaschinen nicht in den Griff kriegen. Sie haben ja gehört, was Ben beim Kanzler erreicht hat: nichts.«

»Immerhin hat Ihr Kollege ihn zu einer neuen Besprechung überreden können.«

»Die ist erst morgen. Und von Morsleben hören wir überhaupt nichts mehr.«

Hagen nickte. Er gab einem Feuerwehrmann aus dem Rüstwagen ein Zeichen, wo sie die Bestrahlungsgeräte aufstellen sollten. »Das liegt aber auch an Ihrem Chef. Der tut sein Bestes, die Politiker zu beruhigen.«

»Dabei sind Sie der Einsatzleiter«, meinte Andrew.

»Er gilt immer noch als der große Experte in Sachen Nanomaschinen. Was nützt es, wenn wir Warnungen vorbringen, die der populärste Fachmann zu diesem Thema direkt wieder entkräftet?«

»Und er hat sich die Ausbruchsstellen kaum angesehen.« Andrew war verbittert. Sein Chef sabotierte ihre Arbeit, statt sie zu unterstützen. Aber waren ihm denn die gefährdeten Menschen völlig egal?

»Vielleicht wird es Zeit, einmal mit Rappe zu reden«, schlug Hagen vor.

Andrew zuckte mit den Schultern. Er zweifelte daran, dass sie viel erreichen würden. Wenn Rappe erst mal eine Meinung oder einen Beschluss gefasst hatte, war nichts mehr zu machen.

Dennoch setzten sie sich in Hagens Einsatzwagen und machten sich auf den Weg Richtung Forschungszentrum.

Andrew schaute aus dem Fenster. Sämtliche Feuerwehren aus Köln und dem Rhein-Sieg-Kreis waren inzwischen an den verschiedenen Infektionsherden in Köln-Lind und Troisdorf am Arbeiten.

Auf dem Weg fuhren sie an Emmas Haus vorbei. Es grenzte dicht an den Bereich, der evakuiert worden war. Sollte es erforderlich werden, die Grenzen weiterzuziehen, würde auch seine ehemalige Kollegin ihr Haus verlassen müssen. Ihr Wagen stand in der Einfahrt, und Andrew fragte sich, wie es ihr wohl ging. Er nahm sich vor, sie baldmöglichst anzurufen, aber er wusste auch, dass er dieses Vorhaben in wenigen Minuten wieder vergessen haben würde.

Auf der direkten Zufahrt zum Forschungszentrum hatten sich erneut Demonstranten eingefunden, die auf ihren Transparenten Rechenschaft für die Verantwortlichen einforderten. »Rappe ins Gefängnis« war noch einer der harmloseren Texte.

Sicherheitskräfte sorgten dafür, dass die Straße frei blieb. Gäste und Lieferdienste konnten nur in Ausnahmefällen und unter Bewachung aufs Gelände. Mit ihren Ausweisen hatten Hagen und Andrew keine Probleme. Hagen lenkte den Wagen zum Administrationsgebäude. Andrew fiel auf, dass der Parkplatz für die Angestellten noch nicht einmal zur Hälfte mit Autos gefüllt war. Offenbar hatten sich viele Mitarbeiter freigenommen oder waren von ihren Abteilungen beurlaubt worden. Das Schicksal des Forschungszentrums war besiegelt – selbst wenn sie die Nanomaschinen doch noch in den Griff bekamen.

Die Tür zu Rappes Büro war geschlossen, und Heike Baumann weigerte sich, sie hineinzulassen.

»Dr. Rappe will nicht gestört werden.«

»Aber es ist dringend«, beharrte Andrew. »Wir müssen mit ihm …«

Hagen ging zur Tür und drückte die Klinke herab.

»Sie können doch nicht einfach …«, empörte sich Frau Baumann.

Andrew folgte Hagen.

Rappe saß mit dem Rücken zu ihnen auf seinem Drehstuhl und schaute auf einen Punkt an der Wand. Auf dem Schreibtisch stand ein halbvolles Glas Whisky.

»Ich habe jetzt keine Zeit für Sie«, verkündete er.

»Sie werden sich die Zeit nehmen müssen.« Hagens Stimme klang bedrohlich.

Endlich schwang Rappe auf seinem Stuhl herum. »Ich könnte die Sicherheit rufen lassen. In meinem Forschungszentrum bestimme immer noch ich.«

Andrew erschrak. Rappe sah nicht gut aus. Seine Augen waren gerötet, tiefe Ringe lagen darunter, das Gesicht sah eingefallen aus und war unrasiert. Betrunken wirkte er nicht. Andrew bezweifelte, dass er das Zeug auf seinem Schreibtisch überhaupt angerührt hatte. Rappes Lebenswerk war dahin. Es musste für den ambitionierten Wissenschaftler kaum zu ertragen sein.

»Das könnten Sie tun«, meinte Hagen. »Aber dann komme ich mit der Polizei wieder. Davon hat niemand von uns etwas.«

Rappe presste die Lippen zusammen.

»Soll ich die Sicherheit rufen?«, fragte Heike Baumann, die in der Tür stand.

Rappe schüttelte den Kopf. »Ist gut.«

Die Sekretärin schloss die Tür hinter sich.

Hagen setzte sich ohne Rappes Erlaubnis auf einen der Stühle vor dessen Schreibtisch.

Andrew blieb stehen. Rappe war immer noch sein Chef.

»Was wollen Sie?«, fragte der.

»Die Frage ist, was wollen *Sie*?«, meinte Hagen.

Rappe rutschte auf seinem Stuhl nach vorne. »Ich verstehe nicht.«

»Wir kämpfen gegen die Nanomaschinen einen verzweifelten Kampf und brauchen alle Unterstützung der Politik, die wir kriegen können.« Hagen beugte sich dichter zu Rappe heran. »Und was tun Sie? Sie beschwichtigen, verharmlosen und leugnen die Gefahr. Gestern habe ich ein Telefoninterview mit Ihnen gehört, aus dem durchdrang, Sie hielten uns für Panikmacher.«

Rappe öffnete den Mund, schloss ihn aber wieder. Er suchte wohl nach Worten, was für ihn eher ungewöhnlich war.

»Sie haben nur eine einzige Einsatzstelle besucht«, fuhr Hagen fort. »Sie können sich gar kein richtiges Bild von der Lage machen, stellen uns aber als Lügner dar. Warum? Haben Sie Angst vor der Realität? Oder wollen Sie nur Ihre eigene schaffen? Ich garantiere Ihnen, dass das nicht funktioniert. Die Nanomaschinen fressen uns den Boden unter unseren Füßen weg und breiten sich immer schneller aus. Akzeptieren Sie es oder akzeptieren Sie es nicht. Ist mir egal. Ich könnte Ihre Unterstützung gebrauchen. Wenn Sie nicht wollen, fallen Sie uns wenigstens nicht mehr in den Rücken.«

Rappe starrte Hagen lange Zeit an, ohne auch nur einmal zu blinzeln. In seinen Augen blitzte es merkwürdig. Andrew fragte sich, ob sein Chef seinen Verstand verlor.

»Ich will nicht, dass es endet«, flüsterte Rappe schließlich. »Wir haben so viel Zeit investiert, so viel Energie. Sie können sich nicht vorstellen, was ich alles in diese Idee gesteckt habe. Mein ganzes Leben …«

Andrew schüttelte sich. Sein Chef gab hier ein absolut jämmerliches Bild des Selbstmitleids ab. Es stimmte schon, was die Leute sagten. Rappe interessierte sich für nichts außer ihm selbst. Andrew hätte am liebsten in seine Tasche gegriffen, den Dienstausweis des Forschungszentrums herausgeholt und seinem Chef auf den Tisch geknallt. Widerlich, für diesen Kerl zu arbeiten!

Ja, Andrew hatte sich selber viel vorzuwerfen. Er hatte in seiner Begeisterung für seine Arbeit die drohende Gefahr unterschätzt. Er war arrogant und hochnäsig gewesen, hatte alle Bedenken – auch von Kollegen – als Panikmache abgetan. In maßloser Selbstüberschätzung hatte er angenommen, diese Technologie, die imstande war, den Untergang der Erde und der Menschheit herbeizuführen, sicher kontrollieren zu können.

Es hatte erst eine Katastrophe gebraucht, um ihn erkennen zu lassen, dass er sich geirrt hatte. Und dieser Irrtum bedrohte nun alles Leben auf der Erde, selbst wenn sich das Unglück bisher nur in einigen Gärten und Hinterhöfen von Troisdorf und Lind abspielte. Er wollte nichts mehr mit der Nanotechnologie zu tun haben. Für ihn war es vorbei!

Aber zunächst musste er zusammen mit Hagen und den Einsatzkräften die Nanomaschinen in den Griff kriegen. Und dafür brauchten sie Rappe.

Andrew trat neben Hagen. »Sie werden den Telefonhörer nehmen und sich mit Ministerpräsident Morsleben verbinden lassen«, sagte er mit einer Härte in der Stimme, die er sich niemals zugetraut hätte. »Ich weiß, dass Sie die entsprechenden Verbindungen nach Düsseldorf haben. Sie werden ihn anrufen und ihm erklären, dass die Situation kurz davor ist, außer Kontrolle zu geraten. Sie werden ihm nahelegen, sich sofort mit uns in Verbindung zu setzen und alles zu tun, was Hagen und ich ihm raten.«

»Was haben Sie da zu mir gesagt, Herr Collum?«, flüsterte Rappe.

Andrew schluckte. War er zu weit gegangen? Warf Rappe ihn jetzt hinaus? Egal. Er würde trotzdem an Hagens Seite gegen seine eigene Schöpfung kämpfen. »Sie haben mich gehört. Die Lage ist ernst. Ich fordere Sie auf, sich mit uns in den Wagen zu setzen und sich selbst ein Bild über die Ausbreitung zu machen. Sie können mittlerweile zusehen, wie sich die Geschwindigkeit der Nanomaschinen steigert.«

»Ihr Wissenschaftler hat recht«, mischte sich Hagen ein. »Trotz der Hilfe aus Jülich breiten sich die infizierten Stellen immer weiter aus. Wenn Sie uns auf einer Fahrt zu den unterschiedlichen Einsatzorten begleiten, werden Sie erkennen, dass wir die Wahrheit sagen.«

»Sie wissen, welches Szenario droht, wenn wir die Sache nicht in den Griff kriegen«, drängte Andrew.

Rappe schüttelte vehement den Kopf. »Die Zerstörung der Erde durch die Nanomaschinen? Blödsinn. Sie haben gemeinsam mit mir über diese Gruselgeschichte gelacht.«

»Ja, wir haben darüber gelacht«, sagte Andrew. »Das war vor dieser Woche. Seither haben wir einige Dinge gelernt. Vor allem hätten wir niemals gedacht, dass Nanomaschinen mutieren. Die Beschränkungen, die wir ihnen konstruktiv auferlegt haben, verlieren sie nun durch einen darwinschen Prozess. Es ist höchste Zeit für drastische Maßnahmen. Dafür müssen wir aber bei den Entscheidungsträgern zuerst ein Bewusstsein für die Gefahr schaffen. Und das geht nur, wenn Sie uns unterstützen.«

»Ich soll freiwillig gegen mein eigenes Lebenswerk vorgehen?« Rappes Stimme klang eisig.

Andrews Wut wurde immer stärker. »Denken Sie an Ihre Kinder, verdammt nochmal! Sorgen Sie dafür, dass sie noch eine Erde haben, auf der sie aufwachsen können.«

Rappe starrte ihn stumm an.

Andrew stöhnte. »Sie haben mir einmal gesagt, dass Ihre Familie sehr große Opfer bringen musste, damit Sie die Nanotechnologie so weit bringen konnten. Die Nanomaschinen haben sich als deutlich gefährlicher erwiesen, als wir uns das jemals haben träumen lassen. Jetzt sollten *Sie* einmal ein Opfer bringen, damit Ihre Familie diese Katastrophe überleben kann!«

Rappe drehte sich auf seinem Stuhl wieder in Richtung Wand.

»Professor Rappe, ich bitte Sie! Sie sind der Einzige, der Morsleben dazu bewegen kann …«

Andrew brach ab. Rappe hörte gar nicht mehr zu. Er starrte apathisch in den grauen Himmel, der wieder angefangen hatte, Nieselregen über dem Rheinland zu verteilen.

»Wir verschwenden hier nur unsere Zeit«, meinte Hagen leise. »Kommen Sie, wir gehen. Wir müssen auf einem anderen Weg versuchen, zum Ministerpräsidenten durchzudringen.«

Andrew starrte seinen Chef fassungslos an.

Was für ein Arschloch!

Dann folgte er Hagen zur Tür.

»Warten Sie«, ächzte Rappe.

Hagen stutzte, die Hand auf der Klinke.

Andrew drehte sich um.

Rappe beugte sich über seinen Schreibtisch und nahm das Bild seiner jüngsten Tochter hoch. »Judith ist letzten Monat zwölf geworden. Ich war bei ihrer Geburtstagsfeier nicht zu Hause.« Rappe sah Andrew direkt in die Augen. »Ich war bei keiner einzigen ihrer Geburtstagsfeiern zu Hause.«

Der Professor stellte das Bild wieder auf den Tisch und griff nach einem anderen. Es zeigte ihn neben Kanzler Hütter bei der feierlichen Eröffnung des Forschungszentrums vor anderthalb Jahren. »Das war der bisher schönste Tag in meinem Leben. Ich glaubte, dass wir durch unsere Arbeit der Menschheit ein großes Geschenk machen.«

Andrew holte tief Luft. »Leider hat die Nanotechnologie nun damit begonnen, die Heimat der Menschen zu vernichten.«

»Paradies und Hölle liegen meist direkt nebeneinander«, meldete sich Hagen zu Wort. »Oft sind die Techniken, die für die Menschheit den größten Nutzen haben, auch die gefährlichsten. So war es bei der Kernkraft, so ist es mit der Nanotechnik. Und immer, wenn der Mensch voller Überzeugung war, die Technik kontrollieren zu können, ist etwas schiefgegangen. Denken Sie an Tschernobyl. Denken Sie an die Titanic, denken Sie an die Challenger. Es gibt in der Geschichte genug Warnungen, dass die hundertprozentige Sicherheit nicht existiert.«

Rappe blickte durch Hagen hindurch. »Die Challenger ...«, flüsterte er. »Ich habe vor zwanzig Jahren an der RWTH Qualitätsmanagement gelehrt. Ich habe die Challenger immer als mahnendes Beispiel angeführt. Von Politikern beeinflusste Ingenieure haben sich eine tolle Formel ausgedacht, die den Totalverlust eines Shuttles beim Start auf einmal in zehntausend Jahren berechnete.«

Andrew schwieg. Er kannte dieses Beispiel.

»Stattdessen ist die Challenger schon beim fünfundzwanzigsten Start einer Raumfähre explodiert.« Rappe war kaum noch zu verstehen. »Leider betrachtete die Formel der Ingenieure keine unentdeckten Konstruktionsfehler.«

»Unsere Annahmen waren ebenfalls fehlerhaft«, erklärte Andrew. »Und im Gegensatz zur Challenger steht bei unserem Experiment sehr viel mehr auf dem Spiel.«

Hagen ging wieder zum Schreibtisch. »Aber wir haben immer noch eine Chance, die Katastrophe zu verhindern. Sie müssen uns dabei helfen.«

Rappe starrte abwechselnd die Bilder vor sich an. Er schien einen Kampf mit sich selber auszutragen. Kleine Schweißtropfen bildeten sich auf seiner Stirn. Schließlich griff er nach dem Whiskyglas und stürzte den Inhalt in einem langen Zug hinunter. Dann griff er nach dem Telefonhörer. »Heike, bitte verbinden Sie mich mit dem Büro von Morsleben.«

Andrew war erleichtert. Sie hatten es geschafft. Sie hatten Rappe auf ihre Seite gebracht. Hoffentlich war es noch nicht zu spät.

Rappe aktivierte den Lautsprecher. Kurz darauf war Morslebens Büroleiter am Apparat. »Es tut mir leid. Morsleben ist mit dem Flugzeug unterwegs nach Brüssel. Ich habe im Moment keinen Kontakt. Er trifft sich mit dem Kommissionspräsidenten zu einem vertraulichen Gespräch. Ich habe Anweisung, ihn bis heute Abend nicht zu stören.«

Hagen verkrampfte die Hände ineinander.

»Probieren Sie bitte, jemanden in seinem Umfeld zu erreichen«, beharrte Rappe. »Es ist dringend, er soll mich so schnell wie möglich zurückrufen.«

»Ich kann nichts versprechen.« Der Büroleiter legte auf.

Danach rief Rappe im Kanzleramt an, aber dort hieß es, dass Hütter in Sitzungen und nicht verfügbar sei. Auch der Kanzleramtsminister war nicht zu erreichen. Andrew wählte Bens Nummer, aber dessen Handy war ausgeschaltet.

»Ich versuche weiterhin, jemand ans Telefon zu bekommen«, sagte Rappe.

Andrew fiel es immer noch schwer, zu glauben, dass es ihnen gelungen war, Rappe zu überzeugen. Aber womöglich war sich der Wissenschaftler der Realität schon vorher bewusst gewesen und hatte sich nur geweigert, sie zu akzeptieren. Andrew hoffte inständig, dass Rappe nicht wieder einen Rückzieher machte.

»Darauf können wir nicht mehr warten«, erklärte Hagen. »Wir müssen etwas tun, bevor es zu spät ist.«

»Was haben Sie vor?«, wollte Rappe wissen.

»Ich werde das Gebiet um die Ausbruchsstellen großflächig evakuieren.«

»Ohne Unterstützung der Politik?«, fragte Andrew. »Und das soll funktionieren?«

Hagen schaute ihn nur an. »Wir werden sehen.«

35

Emma blickte kurz auf, als ein Polizeiwagen mit Sirene und Blaulicht vor dem Fenster vorbeifuhr. Den ganzen Tag schon waren unentwegt Einsatzfahrzeuge auf dem Weg zu oder von der nahen Ausbruchsstelle an ihrem Haus vorübergekommen. Emma saß auf der Couch im Wohnzimmer, sie wusste nicht, wie die Lage dort war, weil sie weder Radio noch Fernseher angemacht hatte.

Ihr Blick fiel auf Elena, die in einer Ecke mit ihren beiden Lieblingspuppen Lili und Olli spielte. Eine Woche war seit dem Tod ihres Vaters nun vergangen, und sie hatte immer noch kein Wort gesprochen.

Emma ging zu ihrer Tochter und setzte sich neben sie auf ein kleines Kissen.

»Elena«, sagte sie ruhig.

Ihre Tochter sah nicht einmal auf.

»Elena«, wiederholte Emma, diesmal etwas lauter.

Jetzt hob die Kleine den Blick.

»Möchtest du mir verraten, wie du dich fühlst?«

Elena wandte den Kopf wieder ihren Puppen zu.

Emma seufzte. Es konnte doch so nicht weitergehen. »Elena!«, wiederholte sie und konnte nicht verhindern, dass sich ein strenger Unterton in ihre Stimme mischte.

Elena betrachtete sie abwartend.

»Ich möchte, dass du mit mir sprichst.« Emma wusste nicht, ob das der richtige Weg war. »Sag mir bitte, wie du dich fühlst.«

Elena zuckte mit den Schultern.

Ach, was soll's!

»Ist schon gut. Du musst nicht reden, wenn du nicht willst.« Emma legte den Arm um ihre Tochter und drückte sie an sich. Elena ließ es einfach mit hängenden Schultern geschehen.

Emma seufzte, stand auf und begab sich in die Küche, um sich einen Kaffee zu machen. Sie war müde, hatte in der letzten Nacht wieder nicht richtig geschlafen. Die Bilder von dem schrecklichen Tod ihres Mannes kehrten in der Dunkelheit der Nacht unweigerlich wieder in ihren Kopf zurück. Wie musste es erst für das Kind sein?

Eine Sirene jaulte auf, und Emma zuckte zusammen. Sie hörte diese Sirene normalerweise nur am letzten Samstag des Monats um halb zwölf. Ein auf- und abschwellender Ton, kein gewöhnlicher Feueralarm.

Ich sollte wohl doch einmal das Radio einschalten.

Emma schaute hinüber zu ihrer Tochter, die sich an dem Alarm offenbar nicht störte, schloss die Tür zum Wohnzimmer, schaltete das kleine Radio neben dem Toaster ein und wechselte zu einem Lokalsender.

»Achtung, Achtung. Um elf Uhr folgt eine wichtige Durchsage. Bitte bleiben Sie am Apparat«, klang eine synthetische Frauenstimme aus dem Lautsprecher. Emma regelte die Lautstärke ein wenig hinunter. Es war fünf Minuten vor elf.

Sie wusste, dass diese Durchsage etwas mit den Nanomaschinen zu tun hatte. Es würde sicher um Evakuierungen gehen. Nicht nur um eine lokal begrenzte, denn dann hätte man keine Radiodurchsage gemacht, sondern Polizisten von Tür zu Tür geschickt.

»Achtung, Achtung. Um elf Uhr folgt eine wichtige Durchsage. Bitte bleiben Sie am Apparat.«

Was war nur geschehen? Hatten die Einsatzkräfte die Kontrolle verloren? Eine andere Mutter aus der Messenger-Gruppe der Kita hatte geschrieben, dass die Feuerwehr von einer Ausbruchsstelle in Köln-Lind abgezogen worden war. Eine andere hatte erwidert, dass ein Ausbruch in Spich endgültig eingedämmt worden sei. Alles nur Gerüchte. Zu denken gab Emma jedoch, dass die Informationen, die man abends in der *Lokalen Stunde* erhielt, von Tag zu Tag spärlicher wurden.

Einem Impuls folgend griff sie zum Telefon und wählte Andrews Nummer.

Sie hatte nicht damit gerechnet, aber nach wenigen Sekunden war er tatsächlich am Apparat.

»Ja? Was kann ich für dich tun?« Seine Stimme vibrierte ungewohnt, als stehe er unter großer Anspannung.

»Hier ist Emma. Ich wollte nur mal hören, wie es dir geht. Wir haben seit …«

»Es tut mir leid, Emma. Ich warte dringend auf einen Rückruf aus Düsseldorf. Ich muss wieder auflegen. Tut mir leid. Ich melde mich.«

»Warte!«, rief Emma.

»Ja?«

»Wie ist die Lage?«

Es vergingen einige Sekunden, bis er antwortete. »Scheiße!« Dann legte er auf.

Emma wurde plötzlich kalt. Sie bekam kaum noch Luft. Sie kannte natürlich das theoretische Szenario eines endgültigen Kontrollverlusts. War es das? Drohte jetzt der Weltuntergang?

Sie wollte es nicht glauben. Sie wollte glauben, dass es noch Gegenmaßnahmen gab. Dass es noch Hoffnung gab.

Ein lautes Piepen ließ sie zusammenzucken. Das Radio!

»Hier spricht Frank Hagen, Einsatzleiter des Landes Nordrhein-Westfalen für die mit den Geschehnissen im Forschungszentrum Köln-Wahn zusammenhängenden Einsatzstellen. Im Interesse einer zügigen, weitreichenden und angemessenen Reaktion auf den Ausbruch der Nanomaschinen habe ich beschlossen, großräumige Evakuierungen anzuordnen.«

Ich hatte recht!

Eine eiskalte Hand griff nach Emmas Herz.

»Diese Evakuierungen erstrecken sich auf Gebiete der Stadt Köln und des Rhein-Sieg-Kreises. Sie liegen in einem Umkreis von etwa fünf Kilometern um das Forschungszentrum. Eine genaue Auflistung der zu evakuierenden Gebiete folgt am Ende dieser Sendung. Für alle, die nicht wissen, wo sie hingehen sollen, werden Notunterkünfte in Sporthallen und Schulen der umliegenden Gemeinden und Stadtteile bereitgestellt. Eine Liste dieser Notunterkünfte finden Sie auf den Internetseiten des Rhein-Sieg-Kreises und der Stadt Köln. Die zu evakuierenden Gebiete sollen bis spätestens fünfzehn Uhr verlassen sein.«

Panisch zuckte Emmas Blick durch die Küche. Was sollte sie alles mitnehmen? Wie lange würden die Evakuierungen dauern? Konnte sie überhaupt noch einmal zurück in ihr Haus, bevor sie nächste Woche in die Schweiz zu ihren Eltern ging?

»Nach fünfzehn Uhr gilt für die geräumten Gebiete ein Betretungsverbot und der weitere Aufenthalt stellt dann eine Ordnungswidrigkeit dar, die mit einer Geldstrafe geahndet wird. Sollten Sie beim Verlassen Ihres Hauses Hilfe benötigen, wenden Sie sich bitte an Nachbarn und Freunde. Sollte es keine andere Möglichkeit geben, kontaktieren Sie bitte die üblichen Notrufnummern.«

Draußen raste schon wieder ein Polizeiwagen mit Blaulicht vorbei. Emma rieb sich die Stirn. Sehr viel würde sie nicht mitnehmen können. Dazu war ihr Wagen zu klein. Sie konnte nur hoffen, dass sie noch einmal Gelegenheit bekam, die restlichen Sachen zu holen.

Wohin sollte sie gehen? In eine der Notunterkünfte? Mit Hunderten anderen in einer Schule oder einer Turnhalle zu liegen, wollte sie Elena nicht antun. Hatte es Sinn, ihren Kram zu packen und direkt zu ihren Eltern in die Schweiz zu fahren?

»Es folgt nun eine Auflistung der zu evakuierenden Gebiete. Die komplette Stadt Troisdorf bis auf die Ortsteile Altenrath, Bergheim und Müllekoven. Köln-Lind südlich der Nibelungenstraße. Der Kölner Flughafen wird ab fünfzehn Uhr für Zivilmaschinen stillgelegt. Weiterhin wird die A59 zwischen der Ausfahrt Flughafen und dem Dreieck Sankt Augustin-West gesperrt. Ebenfalls stillgelegt wird die ICE-Strecke zwischen Köln und Frankfurt und die Bahnstrecken zwischen Köln und Siegen und zwischen Köln und Bonn-Beuel. Straßensperren und Checkpoints werden an einigen Zufahrtsstraßen zum evakuierten Gebiet errichtet, die man nur mit Sondergenehmigung passieren kann.«

Ein lautes Piepen kündigte das Ende der Durchsage an. Dann wiederholte sich die Nachricht erneut.

Also gut. Vielleicht war ein Hotel das Beste. Sie griff sich ihren Laptop und suchte die Nummer eines Hotels in der Kölner Südstadt heraus, in dem sie und Claus manchmal ein romantisches Wochenende verbracht hatten, als Elena noch nicht auf der Welt gewesen war.

Dort war besetzt. Sie suchte die Nummer für ein anderes Hotel heraus, aber auch da hob niemand ab. Dann wollte sie die Homepage einer Hotelbuchungsseite öffnen, aber nichts tat sich. Wahrscheinlich war der Server unter der Flut von Anfragen zusammengebrochen.

Nach einer halben Stunde hatte Emma endlich das Hotel in der Südstadt in der Leitung. Eine jung, aber gestresst klingende Männerstimme erklärte ihr, dass das Haus inzwischen komplett ausgebucht sei.

Enttäuscht legte Emma das Telefon weg. Ihr war klar, dass es bei den anderen Hotels im Umkreis von Köln nicht anders sein würde. Die wenigsten Menschen hatten Lust, in einer Sammelunterkunft zu hausen.

Am Ende rief Emma Tanja an, die ihr anbot, für einige Tage mit Elena bei ihr unterzukommen, bis sie etwas anderes gefunden hatten.

Es dauerte eine weitere Stunde, bis sie das Nötigste für sich und ihre Tochter zusammengesucht und in zwei Koffer und zwei Sporttaschen verstaut hatte. Spielzeug kam in einen großen Rucksack. Zuletzt räumte sie den Kühlschrank leer. Sie füllte alle Lebensmittel in Müllsäcke und warf sie in die graue Mülltonne.

Dann schloss sie ihr Auto auf, das in der Einfahrt stand, und verstaute das Gepäck darin.

Gegenüber beluden die Wilms' gerade ihr Auto. Der Mann drohte mit der Faust zu ihr hinüber. »Das ist alles nur Ihre Schuld!«

Emma beschloss, ihn zu ignorieren. Sie schnallte ihre Tochter auf dem Kindersitz an und drückte ihr zwei Kuscheltiere, eine Katze und einen Hasen, in die Hand. Dann ging sie noch einmal zur Haustür, um sie zu verriegeln.

Gerade, als sie den Schlüssel aus dem Schloss zog, gab es einen dumpfen Knall. Ein hässlicher Kratzer zog sich direkt neben ihrem Kopf durch die Haustür. Ein faustgroßer Stein rollte vor ihre Füße.

Emma fuhr herum.

Herbert Marsburg kam langsam mit geballten Fäusten auf sie zumarschiert. »Das wirst du mir büßen, du Schlampe.«

Emma gefror. Dem stämmigen Mann, der einen Kopf größer war als sie, hatte sie nichts entgegenzusetzen. Schnell zum Auto laufen? Nein, das würde sie niemals rechtzeitig schaffen.

»Hilfe!«, schrie sie los. Irgendjemand musste doch diesen Gorilla zurückhalten können!

»Machen Sie sie fertig!«, kreischte eine Frauenstimme. Frau Gärtner stand mit einer Tasche in der Hand vor ihrem Haus auf dem Bürgersteig.

Marsburg machte noch einen Satz, griff mit seiner riesigen Hand nach Emmas Kragen und knallte sie gegen die Tür. Emma bekam keine Luft. Dennoch nahm sie den Geruch nach Bier wahr, der von Marsburg ausging. Er hatte glasige Augen.

»Ich darf jetzt aus meiner Bude raus, und das habe ich nur dir zu verdanken.«

Emma wollte etwas erwidern, aber mehr als ein Röcheln brachte sie nicht zustande. Sie spähte an dem Mann vorbei, suchte Hilfe.

Die Wilms' stellten ihr Gepäck ab und kamen über die Straße auf sie zu. »Jetzt bekommen Sie, was Sie verdienen!«, brüllte Herr Wilms. Verdammt, der Mann fing Fliegen mit einem Glas ein, um sie draußen wieder freizulassen.

Marsburg holte aus. Emma versuchte, die Hand zu heben, kam gegen den Griff des Mannes aber nicht an. Sie schloss die Augen.

Es fühlte sich an, als wäre eine Lokomotive in voller Fahrt gegen ihren Kopf gerauscht. Emma schmeckte Blut.

Sie blinzelte. Marsburgs Gesicht war vor Wut verzerrt. Sie wusste, dass er noch nicht genug hatte.

Wenn er mich umbringt, sieht Elena auch noch ihre Mutter sterben.

Verzweifelt kämpfte sie gegen Marsburgs Griff an, aber sie hatte keine Chance.

Frau Wilms weinte. »Vierzig Jahre haben wir in diesem Haus gelebt. Jetzt werden wir rausgeschmissen wie Kriminelle.«

»Und das haben wir nur der da zu verdanken«, bekräftigte ihr Mann.

Von ihren Nachbarn würde niemand ihr helfen. Die waren nur gekommen, um ihre Bestrafung mitanzusehen.

Marsburg holte mit seiner Riesenpranke wieder aus. Emma überlegte, ob er von ihr ablassen würde, wenn sie ohnmächtig war.

»Stopp!«, rief eine helle Männerstimme. »Lassen Sie sofort die Frau los.«

Es war ein Polizist. Zwei Beamte stiegen aus ihrem Einsatzwagen und liefen zu ihnen herüber. Einer zog seine Waffe und zielte auf Marsburg.

Emma blinzelte und atmete erleichtert auf. Endlich war jemand gekommen, um ihr zu helfen.

»Verpisst euch!«, rief Marsburg. Er ließ die Schlaghand sinken, drückte Emma aber weiter an die Wand.

»Sie ist aus dem Forschungszentrum.« Frau Gärtner ging auf die Polizisten zu.

»Verschwinden Sie aus der Schussbahn«, schrie einer der Polizisten.

Frau Gärtner wich zurück. Auch die Wilms' gingen zur Seite.

»Ich sage es nicht noch mal«, drohte der andere Beamte. »Lassen Sie die Frau los.«

In Marsburgs Gesicht zuckte es. Er rückte noch dichter an Emma heran. »Blöde Schlampe!« Sie spürte seinen Speichel auf ihrer Wange.

Endlich ließ Marsburg sie los, und Emma stürzte zu Boden. Sie fasste an den Hals, bekam immer noch schwer Luft.

Der eine Beamte half ihr auf. »Sie sind aus dem Forschungszentrum?«

Emma hustete und nickte.

»Sie sollten schnell aus dieser Gegend verschwinden. Ein paar Straßen weiter wohnt einer Ihrer Kollegen. Nachbarn sind bei ihm eingebrochen und haben ihn und seine Frau zusammengeschlagen.«

Emma nickte wieder. Was sollte sie auch sonst tun? Natürlich war ihr klar gewesen, dass sie bei den Nachbarn nicht mehr sonderlich beliebt war, aber dass die plötzlich gewalttätig werden würden, hätte sie niemals für möglich gehalten.

Wir leben doch hier in Deutschland, in einem zivilisierten Land!

Aber vielleicht war Zivilisation nur ein dünner Deckmantel, der beim ersten Windstoß weggeweht wurde.

»Ich war sowieso auf dem Weg«, krächzte Emma schließlich.

Der Polizist schaute sie mitleidig an und wandte sich an die Nachbarn. »Verschwinden Sie!«

Er und sein Kollege führten Marsburg zu ihrem Wagen.

Emma lief zu ihrem Auto, öffnete Elenas Türe und drückte ihre Tochter. »Es ist alles in Ordnung!«, flüsterte sie. Dann ging sie um den Wagen herum zur Fahrertür.

Der zweite Polizist kam noch einmal zu ihr herüber, ließ sich ihren Ausweis zeigen und eine aktuelle Handynummer geben. »Möchten Sie Anzeige erstatten?«

Emma schüttelte den Kopf. »Ich will hier nur noch weg.«

»Das verstehe ich«, erwiderte der Beamte. »Ich schreibe ein Protokoll. Wahrscheinlich werden Sie in den nächsten Tagen für eine Aussage zur Wache gebeten. Dann können Sie immer noch Anzeige erstatten.«

Ein Feuerwehrwagen fuhr mit Blaulicht an ihnen vorbei.

»Kann sein, dass die Einladung zur Wache auch noch etwas braucht«, meinte der andere Polizist trocken. »Am besten fahren Sie nun. Wir werden hier warten, bis Sie weg sind.«

»Danke!« Emma zwang sich ein Lächeln auf und stieg in ihren Wagen.

Elena starrte sie an, ihr Gesicht eine blasse Maske.

»Es ist alles gut, Schatz«, erklärte Emma erneut und fasste sich an das Gesicht. Der Schmerz ließ sie zurückzucken. Sie würde morgen ein ziemlich blaues Auge haben.

Sie startete den Wagen und sah aus dem Fenster auf ihr Haus. Ein dumpfes Gefühl sagte ihr, dass sie es nie wiedersehen würde.

36

Weinheim stürmte in Bens Büro. »Kommen Sie mit!«

»Wohin?«

»Zu Hütter!«

Ben schnappte sich sein Jackett und zog es an, während er hinter Weinheim den Korridor entlang stolperte.

Der Mann war völlig ausgeflippt, als er erfahren hatte, dass Ben eigenmächtig zu Hütters Büro gegangen war. Er hatte Ben angeschrien und in sein Büro geschickt wie ein unartiges Kind. Seither war Ben der festen Überzeugung gewesen, dass dies sein letzter Tag im Kanzleramt sein würde. Schon gar nicht hatte er damit gerechnet, heute noch mal mit Hütter zu sprechen.

Sie stiegen in den Fahrstuhl, fuhren in die siebte Etage und wurden von der Sekretärin gleich in das Büro des Kanzlers durchgewunken. Er stand mitten im Raum, fasste sich mit beiden Händen an den Kopf und starrte auf einen Fernsehapparat. Auf dem Bildschirm lief eine Sondersendung der Tagesschau. Sie zeigte Menschen, die Koffer in Autos luden und davonfuhren.

»Wir sind da«, sagte Weinheim.

Hütter drehte sich herum. Seine Wangen waren gerötet und sein Gesicht wutverzerrt. »Was habe ich denn bei der letzten Sitzung gesagt? Ich habe doch deutlich gemacht, dass ich keine Evakuierungen sehen will.«

Ben verstand. Offenbar hatte man in Nordrhein-Westfalen eigenmächtig Evakuierungen angeordnet. Soweit Ben sich mit den Gesetzen auskannte, war das das gute Recht eines Bundeslandes. Allerdings beunruhigte ihn, dass ihn niemand darüber informiert hatte. »Ich weiß davon leider nichts. Ich erfahre auch erst in diesem Moment davon.«

Es wurmte ihn, und er fühlte sich von seinen Kollegen in Köln abgeschnitten. Was sollte er hier in Berlin schon ausrichten, wenn man ihn nicht über die neuesten Entwicklungen in Kenntnis setzte?

»Stehen Sie nicht in ständigem Kontakt mit dem Forschungszentrum?«

»Doch«, antwortete Ben. Vor einigen Minuten erst hatte er mit einem Gruppenleiter telefoniert. »Aber dort hat niemand etwas von Evakuierungen gesagt.«

»Es ist eine Schweinerei«, ertönte eine Stimme hinter Ben. Inge Kamp, die Innenministerin, hielt ein Handy in der Hand. »Ich habe gerade mit Steinfeld gesprochen.«

Steinfeld war der Innenminister von NRW.

»Selbst der wusste nichts von Evakuierungen«, erklärte Kamp. »Sie ist offenbar nicht von der Landesregierung abgesegnet worden.«

Der Kanzler ging zu der Sitzecke und drückte einen Knopf auf dem Telefon. »Holen Sie mir Morsleben an den Apparat!« Dann wandte er sich Ben zu. »Kontaktieren Sie Ihren Chef, und versuchen Sie herauszufinden, was da vor sich geht.«

Ministerin Kamp setzte sich und tippte eine Nachricht in ihr Handy. »Vielleicht hat der Einsatzleiter das eigenmächtig entschieden.«

»Ohne Rücksprache mit der Landesregierung?«, fragte Weinheim. »Das kann ich mir nicht vorstellen.«

»Auf jeden Fall wäre es eine ziemliche Anmaßung«, meinte Hütter.

Ben war froh, dass evakuiert wurde. Es würde die Menschen schützen und Hagen und Andrew die Möglichkeit geben, mit härteren Maßnahmen gegen die Nanomaschinen vorzugehen. Der Einsatzleiter hatte die richtige Entscheidung getroffen.

Er nahm sein Handy und wählte Rappes Nummer. Ein lautes Tuten informierte ihn, dass das Gespräch umgeleitet wurde. Nach wenigen Sekunden hatte er Frau Baumann dran.

»Professor Rappe ist im Gespräch mit der Landesregierung in Düsseldorf«, informierte ihn die Sekretärin.

»Er soll mich bitte zurückrufen«, sagte Ben.

Der Kanzler hob die Hand. »Ich habe Morsleben und Rappe in der Leitung.«

»Hat sich erledigt.« Ben legte auf.

»Hast du mir irgendetwas zu sagen, Rudi?«, fragte der Kanzler.

»Ich bin davon ebenso überrascht worden wie du«, antwortete der Ministerpräsident.

»Die Evakuierungen sind notwendig«, mischte sich Rappe ein. »Ich habe sie selber empfohlen.«

»Verdammt nochmal«, brüllte Hütter los. »Sie haben mir doch gestern Abend noch geschrieben, dass wir uns keine Sorgen zu machen brauchen und der Ausbruch mit den zusätzlichen Kapazitäten aus Jülich rasch eingedämmt wird.«

Ben verstand nicht, weshalb sein Chef so schnell seine Linie geändert hatte. Wieder einmal fühlte er sich abgeschnitten.

»Ich habe mich geirrt«, erklärte Rappe.

Geirrt?

Ben hatte noch nie erlebt, dass sein Chef sich öffentlich geirrt hatte. Irgendetwas musste vorgefallen sein.

»Sie haben sich geirrt?«, schrie der Kanzler.

Die Kiefer des Kanzlers mahlten. Es war deutlich zu sehen, dass es ihm enorme Mühe bereitete, ruhig zu bleiben. »Sie irren sich in letzter Zeit sehr oft.«

»Ich habe es nicht wahrhaben wollen.« Rappe sprach so leise, dass er aus dem Lautsprecher fast nicht zu verstehen war.

»Haben Sie eine Ahnung, was eine Evakuierung dieses Ausmaßes anrichten wird?«, fragte Inge Kamp. »Wir werden das ganze Land in Unruhe versetzen.«

»Ich fürchte, dass es langsam Zeit wird, in Unruhe zu verfallen«, flüsterte Rappe.

Hütter und Kamp starrten sich an.

»Ist es denn wirklich so schlimm?«, wollte Weinheim wissen.

»Die Mutanten brechen uns das Genick«, erwiderte Rappe.

Ben hielt den Atem an. Das waren auch seine Informationen. Er hatte es dem Kanzler ja gesagt, aber er war nicht zu ihm durchgedrungen. Andrew hatte offenbar bei Rappe mehr Erfolg gehabt.

»Was sollen wir tun?«, fragte Hütter. »Man wird uns wieder vorwerfen, den Ereignissen hinterherzulaufen.«

»Eine Pressekonferenz«, schlug Kamp vor. »So schnell wie möglich.«

»Ich bin auch dafür«, stimmte Morsleben zu. »Am besten machen wir welche zeitgleich auf Bundes- und Landesebene. Ich schlage zwölf Uhr vor.«

Das war schon in einer Viertelstunde.

»Wir sollten uns absprechen, dass wir dasselbe sagen. Und diesen Hagen sollten wir am besten auch dabeihaben«, drängte Hütter. »Wir verkünden dann einfach, dass wir uns seiner Empfehlung gebeugt haben.«

»Damit übergeben wir ihm quasi das alleinige Kommando über die Handhabung der Krise«, warf Kamp ein.

»Er macht doch sowieso, was er will«, brummte Morsleben.

»Können Sie ihn nicht absetzen und jemand anderen einsetzen, der kooperativer ist?«, fragte Weinheim.

»Und dann?«, meinte Hütter. »Die Evakuierungen wieder rückgängig machen? Das würde uns ja noch blöder aussehen lassen. Dann wälzen wir die Verantwortung doch lieber auf Hagen ab.«

Kamp rutschte auf der Couch hin und her. »Und uns von ihm vor sich hertreiben lassen?« Sie schnaubte. »Gefällt mir nicht.«

»Am liebsten würde ich ihn absetzen.« Der Zorn in Morslebens Stimme war deutlich vernehmbar. »Aber das würde uns wirklich ziemlich blöde aussehen lassen. Eins kann ich auf jeden Fall versprechen: Wenn diese Krise vorüber ist, ist der Mann Geschichte.«

Ben war davon nicht so überzeugt. Wenn der Mann die richtige Entscheidung getroffen hatte und das im Nachgang auch von den Medien so dargestellt wurde, würde seine Popularität zu groß sein, um ihn loszuwerden. Ben war sich sicher, dass die Evakuierungen das richtige Mittel waren. Bekamen sie die Krise auf diese Art in den Griff, war das gut. Bekamen sie sie nicht in den Griff, hätte später sowieso evakuiert werden müssen. Dann war ohnehin alles verloren.

Ben räusperte sich. »Ich denke, wir sollten offensiv vorgehen.«

Hütter blinzelte. »Wen meinen Sie mit *wir*? Sie sind nur ein Berater. Die Entscheidungen trifft die Politik.«

Ben hätte beinahe geschmunzelt. Zumindest heute war das reines Wunschdenken. Der Einsatzleiter hatte eine Entscheidung getroffen, während der Kanzler und seine Minister auf ihren Hintern gesessen hatten. Jetzt ging es nur noch darum, diese Entscheidung nachträglich zu legitimieren, damit die Politiker nicht ganz so dumm dastanden. Ben hatte in den letzten Tagen einen Großteil seines Respekts vor den Regierenden seines Landes verloren. Dennoch hatte es keinen Sinn, sich hier mit dem Bundeskanzler anzulegen. Jetzt war seine diplomatische Ader gefragt.

»Gut. Ich meinte ›Sie‹. Sie sollten offensiv vorgehen und dem Einsatzleiter das Vertrauen aussprechen. Es hat sich ja nun gezeigt, dass die Situation kritisch ist. Dass eine ganz große Katastrophe drohen könnte, wenn wir ... ich meine, *Sie* nicht angemessen darauf eingehen. Man wird Ihnen ohnehin vorwerfen, zu zögerlich reagiert zu haben. Diesen Vorwurf können Sie entkräften, indem Sie sich nun ganz hinter den Einsatzleiter stellen und ihn proaktiv unterstützen. Immerhin ist nur er vor Ort und kann am besten einschätzen, was gegen die sich ausbreitenden Nanomaschinen nützt.«

Der Kanzler starrte ihn lange an.

Es war Inge Kamp, die als Erstes sprach. »Junger Mann, es ist offensichtlich, dass Sie in der Politik noch keine Erfahrung gemacht haben. Diese Krise hat mehrere Seiten, die Sie nur erfassen können, wenn Sie unterschiedliche Perspektiven einnehmen. Vor allem müssen Sie die Auswirkungen auf die Politik hier in Berlin betrachten. Immerhin gibt es in wenigen Wochen eine Bundestagswahl. Wenn wir uns falsch verhalten, könnte es nachher zu einer für unser Land katastrophalen Koalition kommen.« Sie musterte Ben kühl, als wäre er eine Fliege, die sich auf ihrem Kuchen breitgemacht hatte.

Ben wurde wütend. Wann wurde dieser Frau endlich der Ernst der Lage klar? Er ballte die Hände zu Fäusten. »Bei allem Respekt,

Frau Kamp, Sie reden immer noch, als würde der Ausbruch der Nanomaschinen nur ein paar Ortschaften in der Nähe von Köln bedrohen. Dem ist nicht so.« Er hatte Mühe, seine Stimme nicht zu sehr zu heben. »Wenn wir den Ausbruch nicht stoppen, werden diese Nanomaschinen in einigen Wochen Berlin erreichen. Und auf ihrem Weg hierher werden sie halb Deutschland zerfressen. Dann spielt es keine Rolle mehr, welche Parteien die nächste Regierungskoalition stellen.«

Ben griff nach einem Glas Wasser, das vor ihm auf dem Tisch stand. Seine Hände zitterten.

»Es ist so, wie Herr Gerber sagt«, schallte Rappes Stimme aus dem Lautsprecher. »Ich habe es selber nicht wahrhaben wollen, aber dieses Szenario droht uns nun. Wir müssen alles tun, was notwendig ist, um die Nanomaschinen zu vernichten. Und damit meine ich wirklich alles. Es zählt nur noch der Kampf gegen den Ausbruch. Die anderen Dinge sind im Vergleich dazu unwichtig.«

Ministerin Kamp schüttelte energisch den Kopf, schwieg aber.

Der Kanzler stand auf und ging zwei Schritte, bis er vor der großen Glasfront stand. Schweigend starrte er in den wolkenverhangenen Himmel über dem Bundestag.

Aus den Augenwinkeln bemerkte Ben, dass auch Weinheims Hände zitterten.

Nach einigen Sekunden, die Ben eher wie Stunden vorkamen, drehte sich der Kanzler wieder um. »Also gut. Das war deutlich.«

»Sie denken doch nicht etwa darüber nach …«, ächzte Kamp.

Hütter hob eine Hand. »Wir werden den bundesweiten Ausnahmezustand erklären. Ab sofort befinden wir uns im Krieg gegen die Nanomaschinen. Dem werde ich alles unterordnen, was …«

»Herr Bundeskanzler«, sagte die Innenministerin. »Als Vizekanzlerin muss ich aufs Schärfste protestieren. Dies ist immer noch eine Angelegenheit des Bundeslandes NRW.«

Der Kanzler gebot ihr, zu schweigen. »Sie haben nicht zugehört.« Seine Stimme klang abfällig. »Es ist eben nicht mehr die Sache eines Bundeslandes. Es ist eigentlich noch nicht mal mehr eine Angelegenheit Deutschlands alleine. Diese Nanomaschinen bedrohen die ganze Welt. Und nur wir können sie noch stoppen.«

Ben atmete auf. Der Kanzler hatte es begriffen. Nun würde endlich geschehen, was geschehen musste.

»Die Frage ist, wie wollen wir vorgehen?«, fragte Weinheim. »Wäre nicht ein ständiger Austausch zwischen Kanzleramt und den Ministerpräsidenten ein gutes Instrument zur Bekämpfung der Krise?«

Hütter lachte laut. »Dieses Instrument hat sich in der Vergangenheit schon einmal sehr deutlich nicht bewährt. Es wäre ein endloses Geschacher und Gefeilsche und am Ende würde doch nichts dabei herauskommen.«

Kamp hob die Augenbrauen. »Wir lassen stattdessen diesen Hagen schalten und walten, wie es ihm beliebt?«

»Wir haben wohl kaum eine andere Wahl«, antwortete Weinheim.

»Ich habe gehört, er will hochradioaktive Substanzen über den Ausbruchsstellen verteilen.« Kamp schüttelte sich. »Daran sollten wir ihn um jeden Preis hindern.«

Ben wusste, dass Andrew das als letztes Mittel sah. Also sollten sie damit nicht warten. »Das kommt nicht von Hagen, sondern von Experten aus dem Forschungszentrum. Und es gibt nur ein enges Zeitfenster, in dem dieses Mittel helfen dürfte. Wir sollten das nicht verzögern.«

Der Kanzler presste die Lippen zusammen. Sein Gesicht verzerrte sich.

Kamp stand auf und gestikulierte wild. »Die Ortschaften werden für lange Zeit unbewohnbar sein. Wir dürfen das nicht zulassen.«

Hütter hob die Hand. »In Ordnung. Ich kann das hier nicht beurteilen. Wir werden das heute Abend noch mit Experten erörtern. Am besten gehört jemand diesem Gremium an, der sich mit Umweltthemen auskennt. Ich werde Gisbert fragen, ob er jemanden empfehlen kann.«

»Ich halte das für einen Fehler«, widersprach Ben. »Wir befinden uns nur in dieser Lage, weil wir am Anfang Zeit verloren haben. Jetzt machen wir denselben Fehler schon wieder. Wir sollten Hagen grünes Licht geben, bevor sich wieder ein Zeitfenster geschlossen hat.«

»Was meinen Sie, Rappe?«

Einen Moment blieb es still.

»Hochradioaktive Substanzen zu verteilen ist schon eine sehr drastische Maßnahme«, erwiderte Rappe schließlich. Er schien davor zurückzuschrecken, sich hier ein Urteil zu erlauben, was für ihn untypisch war.

Ausgerechnet jetzt!

»Was wäre denn Ihre bevorzugte Vorgehensweise?« In Hütters Stimme schwang ein Anflug von Spott mit.

»Nun, in unseren begutachteten Szenarios haben wir niemals mit einem solch großen Ausbruch gerechnet.«

Hütter stöhnte. »Toll. Also soll *ich* das jetzt entscheiden, ob wir ganze Ortschaften radioaktiv verseuchen lassen?« Er mahlte mit dem Kiefer. »Ich weigere mich. Das mache ich nicht. Wir warten, bis die Experten zusammentreffen.«

Ben wusste, dass das falsch war.

Es konnte gut sein, dass diese Verzögerung sie ihren Heimatplaneten kostete.

37

»Es hat besser geklappt, als ich vermutet hätte.« Andrew saß in Hagens Einsatzwagen und schaute nach draußen. Die Frankfurter Straße in Troisdorf war menschenleer. Nur wenige Wagen standen in den Parkbuchten vor den Häusern. In einem Dönerladen brannte Licht, aber hinter der Theke war niemand zu sehen.

Hagen stimmte leise zu. Seine Augen waren gerötet, als habe er geweint.

Andrew glaubte, dass der Einsatzleiter emotionaler war, als er vorgab. Es mochte ihn getroffen haben, dass er so viele Menschen aus ihren Häusern und Wohnungen hatte vertreiben müssen.

An einer Tankstelle parkte ein Polizeiwagen. Beamte gingen auf der anderen Straßenseite von Haus zu Haus und klingelten. Natürlich war nicht ganz auszuschließen, dass sich vereinzelte Menschen in ihren Wohnungen eingeschlossen hatten. Bei einem solch großen Gebiet konnte die Polizei nicht mehr als Stichproben machen.

»Wohin fahren wir jetzt?«, fragte Andrew. »Zurück zur Einsatzzentrale?«

»Zur Belgischen Allee«, antwortete Hagen. »Ich möchte mir da die Ausbruchsstelle ansehen.«

Andrew nickte. Sie hatten eben den Anruf des dortigen Gruppenleiters bekommen, dass sich die Ausbreitungsgeschwindigkeit der Nanomaschinen an dieser Stelle nochmals gesteigert hatte. Und zwar deutlich.

Es dauerte nur wenige Minuten, bis sie den Einsatzort erreicht hatten.

»Was ist denn da los?«, murmelte Hagen.

Andrew runzelte die Stirn. Nacheinander fuhren die Fahrzeuge der Feuerwehr und des Technischen Hilfswerks aus der Einfahrt des Firmengeländes. Fast, als wollten sie nach Hause.

Hagen parkte den Wagen vor einer Bäckerei, die natürlich geschlossen hatte.

Als sie ausstiegen, lief ihnen ein Feuerwehrmann entgegen. Andrew kannte ihn. Merkle hieß der stämmige Mann. Er hatte immer leicht glasige Augen, als habe er einige Schnäpse intus, aber Hagen hatte ihm nach ihrer letzten Begegnung berichtet, dass der Mann unter einer Augenkrankheit litt. Sie schien immerhin keinen Hinderungsgrund für seine Arbeit bei der Berufsfeuerwehr darzustellen.

»Das Zeug breitet sich aus wie die Seuche!«, rief Merkle. »Wir mussten die Einsatzwagen in Sicherheit bringen.«

Andrew und Hagen folgten dem Gruppenleiter auf das Firmengelände.

Andrew hätte beinahe sein Handy fallen lassen.

Was bei seinem letzten Besuch gestern noch eine größere Pfütze gewesen war, hatte nun die Ausmaße eines kleinen Sees. Goldene Flüssigkeit kräuselte sich leicht im auffrischenden Wind.

»Herrgott.« Hagen fasste sich an den Kopf. »Das sind ja fast fünfzig Meter.«

Langsam traten sie an die Ausbruchsstelle heran. Andrew konnte sehen, wie sich die Nanomaschinen durch den Asphalt des Parkplatzes fraßen. Erdreich rutschte in den flachen Krater und versank in der goldenen Flüssigkeit.

Verdammte Scheiße!

Andrew erschrak über seinen eigenen Schrei.

»Das ist sicher ein Meter pro Minute!«

»Kommt hin«, sagte Merkle. Einsatzkräfte wuselten um ihn herum, rückten Bestrahlungsgeräte beiseite oder transportierten andere Ausrüstungsgegenstände.

Andrew hörte ein lautes Knirschen von rechts. Die Nanomaschinen hatten das Gebäude erreicht. Ein goldener Belag zog sich langsam an der Backsteinwand hinauf.

Es knirschte noch einmal, dann stürzte die Wand ein. Metergroße Stücke platschten in die goldene Flüssigkeit. Dicke Tropfen spritzten hoch empor.

»Mit Bestrahlung erreichen wir hier gar nichts mehr.« Hagens Stimme klang dünn. Der Einsatzleiter war blass geworden.

Andrew zwang sich zur Ruhe. Er musste konzentriert nachdenken und es nützte niemandem etwas, wenn er jetzt in Panik verfiel. Bei einem Durchmesser der Ausbruchsstelle von fünfzig Metern hatten sich die Nanomaschinen sicher schon zwanzig bis fünfundzwanzig Meter in den Boden gefressen. Diese Tiefe konnten sie auch mit den neuen Geräten aus Jülich nicht mehr erreichen. »Die einzige Möglichkeit, dem beizukommen, ist, die Stelle mit hochradioaktivem Material zu kontaminieren«, flüsterte er.

»Ich hatte gehofft, wir könnten es noch verhindern«, raunte Hagen.

»Es bleibt uns wohl nichts anderes mehr übrig«, erwiderte Andrew.

Was er vorgeschlagen hatte, war eine Ungeheuerlichkeit. Doch es stellte den letzten Ausweg dar, der ihm noch einfiel.

Es knirschte erneut, und ein Teil des Daches des Fabrikgebäudes stürzte mit einem lauten Krachen in sich zusammen.

»Vorsicht.« Hagen zog Andrew mit sich nach hinten.

Der goldene See hatte sich bis zu seinen Stiefeln ausgebreitet. Das Zeug fraß sich inzwischen teuflisch schnell durch den Untergrund.

Andrew spürte Stresskopfschmerzen hinter den Schläfen. In den letzten vierundzwanzig Stunden hatte sich die Lage dramatisch verschlechtert. Gestern Morgen noch war mit der Lieferung der neuen Geräte Hoffnung aufgekeimt. Und nun das!

»Wir müssen uns beeilen«, drängte Merkle. »Wenn sich das

Zeug weiter mit dieser Geschwindigkeit ausbreitet, dann haben wir morgen einen Krater von anderthalb Kilometern.«

Anderthalb Kilometer? Das konnte doch nicht sein!

Andrew rechnete im Kopf nach und presste die Kiefer aufeinander. Der Mann hatte recht. Ein Meter pro Minute machte anderthalb Kilometer pro Tag. Wenn sie es nicht aufhalten konnten, würden sich die Nanomaschinen in drei Monaten durch ganz Deutschland gefressen haben.

Und ich trage die Schuld daran!

»Also gut«, rief Hagen. »Wir ziehen uns zurück. Wir sammeln uns an der Einsatzzentrale neu.«

Andrew wusste, dass das sinnvoll war. Hier konnten sie nichts mehr ausrichten. Dann stutzte er. »Wäre es nicht Zeit, über eine neue Einsatzzentrale nachzudenken? Immerhin liegt sie nicht weit von einer Ausbruchsstelle entfernt. Wenn wir die ebenfalls mit radioaktivem Material besprühen ...«

Hagen nickte. »Sie haben recht. Vielleicht Siegburg. Ich ...«

»Wie wäre es mit dem Forschungszentrum?«, unterbrach ihn Andrew. »Es ist abgeschottet, von den aktuellen Ausbruchsstellen weit genug entfernt und wir haben die passenden Räumlichkeiten. Das Erdgeschoss des Administrationsgebäudes sollte sich gut eignen.«

Hagen griff nach seinem Handy. »So machen wir es.«

Schließlich saßen sie wieder im Wagen und fuhren in Richtung Wahner Heide. Hagen beendete sein Gespräch.

»Wird es lange dauern?«, fragte Andrew.

»Was?«

»Die Zentrale zu verlegen.«

Hagen schüttelte den Kopf. »Wir sind hochmobil. Keine Stunde.« Dann fluchte er. »Wie kann sich das Zeug auf einmal so schnell ausbreiten?«

»Ich habe keine Ahnung«, entgegnete Andrew resigniert. Vielleicht eine erneute Mutation.

»Ist es denkbar, dass die Ausbreitungsgeschwindigkeit noch einmal zunimmt?«

Andrew konnte nichts anderes tun, als entschuldigend die Schultern zu heben. »Auch das vermag ich nicht vorherzusehen.«

Hagen fluchte wieder.

Eine Viertelstunde später hatten sie das Forschungszentrum erreicht. Es dämmerte bereits. Eine weitere Nacht ohne Schlaf stand an. Er tröstete sich damit, dass er dann auch keine Albträume haben würde.

Als sie das Administrationsgebäude erreichten, parkten dort schon Einsatzfahrzeuge. Männer und Frauen luden Ausrüstung der Einsatzzentrale aus und trugen sie ins Gebäude.

Andrew und Hagen näherten sich dem Eingang, wo Rappe stand. »Das radioaktive Material kann innerhalb einer halben Stunde geliefert werden. Der Hubschrauber ist auch schon in Jülich vor Ort«, sagte der Institutsleiter.

»Gut, wer hat das Kommando dort?«

»Müller.«

»Okay, die Nummer habe ich«, erklärte Hagen.

»Sie wollen das wirklich durchziehen?« Rappe war blass und sprach mit schwacher Stimme. Er wirkte nur noch wie ein Schatten seines früheren Selbst.

»Ich fürchte, es ist die letzte Chance.«

»Ich habe von dem Ausbruch in der Belgischen Allee gehört. Ist es wirklich so schlimm?«, wollte Rappe wissen.

»Ein Meter pro Minute«, antwortete Andrew.

Rappe wurde noch blasser. »Oh mein Gott.« Er zog mit zitternden Händen an der Zigarette.

Andrew hätte jetzt gerne etwas Alkoholisches gehabt, um sich zu beruhigen. »Es liegt an den Mutationen. Ich will gar nicht wissen, wie weit sich die Struktur der Nanomaschinen inzwischen von unserer ursprünglichen Konstruktion entfernt hat.«

»Gehen wir hinein«, drängte Hagen. »Wir haben keine Zeit zu verlieren.«

Sie eilten durch die Eingangshalle in den rechten Flügel des Gebäudes und in einen großen Besprechungsraum. Die meisten Tische und Stühle hatten die Feuerwehrleute zur Seite geschoben. Stattdessen standen da jetzt die Whiteboards und zwei Konsolen mit Telekommunikationsausrüstung.

»Holen Sie mir Müller an den Apparat«, sagte Hagen zu einer jungen Frau, die ihm wenig später den Telefonhörer gab. Ohne große Umschweife befahl Hagen, die Ausbruchsstellen radioaktiv zu kontaminieren. Dann wählte er eine andere Nummer und kurz darauf schallte die Stimme von Morsleben durch den Besprechungsraum. Hagen klärte ihn mit wenigen Worten über die Lage und die Pläne auf.

»Sie wollen das wirklich tun?« Morslebens Stimme war kaum mehr als ein Krächzen.

»Wir sehen keinen anderen Weg mehr«, erwiderte Hagen.

»Professor Rappe?«, fragte Morsleben.

»Rappe ist draußen«, sagte Andrew. »Ich hole ihn.«

»Ich bin schon hier.« Der Institutsleiter trat an die Kommunikationskonsole. »Ich stimme Herrn Hagen zu.«

»Nun gut«, sagte Morsleben. »Es liegt in Ihrer Verantwortung.«

Hagen räusperte sich. »Ich denke doch, dass ...«

Es knackte aus dem Lautsprecher. Der Ministerpräsident hatte die Verbindung beendet.

»Herr Hagen?«

Andrew und der Einsatzleiter drehten sich zeitgleich um. Ein kleiner, grauhaariger Mann in Jeans und grauer Windjacke stand in der Tür.

»Ja?«, fragte Hagen.

Der Mann lächelte, was Andrew in Anbetracht der Lage absurd vorkam. »Mein Name ist Vollmer. Darf ich Ihnen ein paar Fragen stellen? Ich bin vom Kölner Stadtanzeiger.«

Andrew stöhnte innerlich auf. *Auch das noch!*

Ein Polizist, der zur Einsatzleitung gehörte, ging auf den Mann zu und griff ihn am Arm.

Doch Hagen winkte ab. »Ist schon gut. Lassen Sie ihn vorbei.«

Der Polizist zog sich zurück, und der Journalist kam auf Hagen, Rappe und Andrew zu.

Andrew knirschte mit den Zähnen. *Für so etwas haben wir keine Zeit!*

»Was möchten Sie wissen?«, fragte Hagen.

»Wie kommen Sie hier herein?«, erkundigte sich Rappe zeitgleich.

Der Mann lächelte wieder. »Ich hatte ein Interview mit dem Gruppenleiter der IT-Forschung. Ein genehmigtes Interview, wohlgemerkt. Als ich nach Hause fahren wollte, habe ich Ihre Ankunft hier bemerkt. Haben Sie die Einsatzzentrale verlegt?«

Hagen bejahte. »Ich werde heute Abend sowieso noch eine Pressekonferenz geben, betrachten Sie die Informationen bitte nicht als Exklusivinterview.«

»In Ordnung«, gab der Mann zurück.

»Leider dehnen sich die infizierten Stellen mit zunehmender Geschwindigkeit aus, so dass wir unsere Zentrale in das Forschungszentrum verlegt haben.«

»Dehnen sich aus?«, wiederholte der Journalist. »Besteht eine Gefahr für die Stadt Köln?«

Hagen nickte. »Es besteht die Gefahr, dass die Ausbreitung überhaupt nicht mehr zu stoppen ist, und darum werden wir nun harte Maßnahmen ergreifen und die Ausbruchsstellen mit hochradioaktiven Substanzen behandeln.«

Vollmer schnappte nach Luft. »Hochradioaktive Substanzen? Also stimmen die Gerüchte.«

»Ich fürchte, ja.« Hagen wirkte ungeduldig.

»Sie denken also, dass die Ausbreitung nicht anders gestoppt werden kann.«

»Ja«, bestätigte Hagen. »Wir brauchen stärkere Dosen, als die Bestrahlungsapparate leisten können. Wenn die radioaktive Flüssigkeit sich mit den Nanomaschinen vermischt, werden wir auch tieferliegende Stellen besser erreichen können. Wir sind zuversichtlich, dass die Krise auf diese Art und Weise bewältigt werden kann.«

Der Journalist musterte Hagen durchdringend. »Woher nehmen Sie die radioaktiven Substanzen und wie führen Sie den Plan durch?«

Hagen verwies an Andrew.

Danke, dass ich die schlechten Botschaften verkünden darf. Andrew entspannte die Muskeln. »Wir nutzen hochradioaktive Substanzen aus abgebrannten Brennelementen, die in Gorleben gelagert wurden. Sie werden nach Jülich gebracht, dort in einer speziellen Lösung verflüssigt und in Behältern per Hubschrauber über den Ausbruchsstellen abgeworfen.«

Vollmer fasste sich an den Kopf. »Sie kippen das einfach aus einem Hubschrauber?«

»Wir müssen leider großflächig verteilen«, erwiderte Andrew. »Allerdings werden wir ein Bindemittel hinzufügen, dass sich das Material mit dem Wind nicht weiter verteilen kann.«

»Was bedeutet das für die Stadt Troisdorf?«

Andrew hatte befürchtet, dass diese Frage kommen würde. »Der Großteil des Stadtgebietes wird für lange Zeit nicht bewohnbar sein.«

»Wie lange?«, fragte Vollmer.

Ein paar Millionen Jahre?

»Das weiß ich nicht«, antwortete Andrew.

»Haben Sie keine Angst, dass man Sie für den ganzen Schlamassel zur Verantwortung ziehen wird?« Der Journalist blickte abwechselnd Andrew und Rappe an.

»Wir haben alles im Interesse der Menschheit getan. Die Schuld trägt der Bombenleger«, entgegnete Rappe erstaunlich überzeugend. Er hatte ein Stück seiner alten Fassade wieder aufgebaut.

»Machen Sie es sich damit nicht ein wenig zu einfach?« Zorn mischte sich in die Stimme des Journalisten. Es war klar, dass er nun nicht mehr nur als neutraler Berichterstatter für seine Zeitung sprach.

»Wie gesagt, ich werde heute Abend noch eine Pressekonferenz geben«, erwiderte Hagen. »Ich darf Sie nun bitten, uns zu verlassen.«

Der Mann verzog das Gesicht und ging davon. Wenn der Journalist das Forschungszentrum verließ, musste er zwingend durch die evakuierte Zone fahren. Andrew fragte sich, ob Vollmer über einen Sonderausweis verfügte oder ob er sich nur nicht an die Anordnungen gehalten hatte.

An der Kommunikationskonsole piepte es. Hagen drückte auf einen Knopf. »Ja?«

»Hier Christoph sieben«, schnarrte eine helle Frauenstimme aus dem Lautsprecher. Das musste die Pilotin des Hubschraubers sein.

»Ich höre«, gab Hagen knapp zurück.

»Wir sind nun genau über der Ausbruchsstelle an der Belgischen Allee. Ich brauche Ihre Freigabe zum Ausbringen des Materials.«

»Wie viel haben Sie geladen?«, fragte Andrew.

»Anderthalb Tonnen.«

Andrew bekam Gänsehaut. Anderthalb Tonnen hochradioaktives Material aus abgebrannten Kernkraftwerkselementen! Da war dasselbe Gift drin, das damals in Tschernobyl in die Umwelt gelangt war und halb Europa verseucht hatte. Plutonium, Cäsium, Strontium, Ruthenium, radioaktive Iod-Isotope, die sich in der Schilddrüse anreichern konnten.

Damals hatten die Russen Beton und Bor über den Reaktor gekippt, um diese Stoffe zurückzuhalten. Und er und sein Team kippten das strahlende Zeug nun über Gewerbe- und Wohngebieten aus, um eine noch tödlichere Gefahr zu bekämpfen. *Was für ein Irrsinn!*

»Runter damit!«, befahl Hagen.

Lange Sekunden hörte man nur die ratternden Rotoren des Hubschraubers aus den Lautsprechern.

»Die Fracht ist abgeworfen«, meldete die Pilotin schließlich.

»Verstanden«, entgegnete Hagen. »Fliegen Sie nun zurück, um die nächste Ladung abzuholen.«

»Wo sollen wir sie abwerfen?«

Hagen drehte den Kopf zu Andrew und hob die Augenbrauen.

Andrew atmete tief ein. »Keine Ausbruchsstelle breitet sich schneller aus als die an der Belgischen Allee. Wir sollten auf Nummer sicher gehen und eine weitere Dosis dort abwerfen.«

»Ich habe verstanden.« Die Pilotin schaltete die Verbindung ab.

»Wird es reichen?« Zweifel mischte sich in Hagens Stimme.

Rappe nickte. »Ich denke schon. Die Radioaktivität ist tausendfach höher als die der Bestrahlungsgeräte. Die Flüssigkeit wird sich auch besser durchmischen. Außerdem haben wir in Gorleben genug radioaktiven Abfall, um ganz Nordrhein-Westfalen zu kontaminieren.«

Andrew wurde sich bewusst, wie bizarr diese Worte waren.

Was für ein Irrsinn!

38

2. NOVEMBER

Emma saß vor dem Fernseher. Benommen verfolgte sie, wie Hubschrauber hochradioaktiven Atommüll über ihrem Wohngebiet abwarfen.

Sie schluchzte leise. Es war der endgültige Beweis, dass sie ihr Haus niemals wieder betreten würde.

»Ich glaube das einfach nicht!« Tanja griff nach ihrem Weinglas und kippte den Rotwein in einem Schluck herunter. »Wie konntet ihr so etwas tun?« Sie redete lauter, als Emma es von ihr gewohnt war.

»Pst«, machte Emma. »Elena schläft doch nebenan.« Ihre Freundin hatte ›ihr‹ gesagt, als gebe sie Emma eine Mitschuld. »Ich habe mit den Nanomaschinen nichts zu tun. Ich habe eine ganz andere Forschung gemacht.« Tanja wusste das. Ob man inzwischen auch der Putzkolonne und dem Gärtnertrupp der Einrichtung Vorwürfe machte?

»Entschuldige.« Tanja stellte das Weinglas auf dem Tisch ab. »Das war nicht fair.«

Auf dem Bildschirm sah Emma ein weinendes Kind in einer Sporthalle in Köln-Deutz, die zur Notunterkunft umfunktioniert worden war. »Ich habe Guido zu Hause lassen müssen«, schluchzte es.

»Guido?«, fragte ein Reporter, der hinter der Kamera stehen musste.

»Meine Giraffe! Mein Lieblingskuscheltier.«

Dann wurde in das Studio umgeschaltet, wo der Moderator sich mit einem Wissenschaftler unterhielt. Der Mann sah mit seinem langen grauen Bart, ungeordneten Haaren und der kreisrunden Brille wie ein Althippie aus. Emma kannte ihn nicht. Aus dem Forschungszentrum konnte er nicht sein. Er erklärte, dass wohl Jahre vergehen würden, bis man die betroffenen Wohngebiete dekontaminiert hatte. Bis dahin wären wohl die meisten Häuser zerfallen, so dass man die Stadtteile am besten gleich aufgeben solle.

»Unfassbar«, kommentierte Tanja.

Emma schwieg. Sie hatte für ihr Haus immer noch einen Kredit über zweihunderttausend Euro abzubezahlen und beabsichtigt, das Geld aus dem Verkauf für den Kredit anrechnen zu lassen. Das konnte sie sich nun abschminken. Ob der Staat für die Kosten aufkam? Vielleicht die Versicherung? Doch die würde sich garantiert mit der Begründung aus der Affäre ziehen, dass Nanomaschinen nicht zu den abgesicherten Gefahren gehörten. Wenn Emma auf dem Kredit sitzenblieb, konnte sie gleich Privatinsolvenz anmelden. Keine schönen Aussichten.

Im Fernseher wurden weitere Bilder von Hubschraubern gezeigt, die Atommüll über einem Haus abwarfen, das bereits zur Hälfte von Nanomaschinen zersetzt war. Eine Zoomaufnahme zeigte, wie das Material über einer rötlich getigerten Katze niederging, die in einer Baumkrone saß.

»Unfassbar«, wiederholte Tanja abgehackt. »Sag du doch mal was dazu!«

Emma bemühte sich, ruhig zu klingen. »Ich hoffe nur, dass es klappt. Dass sie die Nanomaschinen dadurch endlich unschädlich machen können.«

Tanja schnaubte. »Das hätte noch gefehlt. Ich meine, stell dir vor, sie müssen die Evakuierungszone erweitern. Nachher fangen die noch an, ganz Köln zu evakuieren. Wenn ich aus meiner Wohnung rausmuss, flippe ich echt aus.«

Emma schwieg.

»Was passiert eigentlich, wenn die Maßnahmen nicht ausreichen?« Tanjas Stimme war plötzlich leise geworden.

Emma schwieg. Die möglichen Konsequenzen sollten ihrer Freundin eigentlich klar sein.

Draußen fuhr ein Polizeiwagen mit Blaulicht und Sirene vorbei. Emma stand auf und ging zum Fenster. Das Einsatzfahrzeug bog in eine Seitenstraße ab und verschwand dann aus ihrem Sichtfeld.

»Das ist schon der fünfte in der letzten Stunde.« Tanja goss sich noch mehr Rotwein in ihr Glas. »Die fahren sicher zu der Unterkunft.«

In der Nähe gab es eine für evakuierte Menschen aus Troisdorf bereitgestellte Grundschule. Es lief dort wohl nicht immer alles so glatt ab wie in den Nachrichten gezeigt. Immerhin Zehntausende Menschen mussten nun unterkommen, darunter viele aus ohnehin schon problematischen Stadtbezirken. Es war nicht auszudenken, wie sich die Lage in Köln entwickelte, wenn noch mehr Gebiete evakuiert werden mussten.

Emmas Handy klingelte. Sie schaute auf das Display. Es war ihre Mutter. Endlich rief sie zurück!

Tanja machte den Ton des Fernsehers leiser, während Emma das Gespräch entgegennahm.

»Mama, wo bist du?«

»Wir waren nebenan bei Wiesingers. Karl hatte Geburtstag und uns zu einem Gläschen eingeladen.« Sie hörte sich ein wenig beschwipst an. Sicher hatte Herr Wiesinger wieder seinen beliebten Kräuterschnaps ausgepackt. »Wir haben uns die ganze Zeit über die Lage in Köln unterhalten. Das ist ja wirklich schlimm, was die da im Fernsehen zeigen. Haben sie dich auch aus deinem Haus rausgeholt?«

Emma hatte zwar in den letzten Tagen seit Claus' Tod regelmäßig mit den Eltern telefoniert, aber nicht, seit die Evakuierungen angeordnet worden war. »Ja, unser Wohngebiet ist innerhalb der verbotenen Zone. Wir haben nur einige Sachen packen können. Wir sind jetzt bei Tanja untergekommen.« Von den Übergriffen ihrer Nachbarn erzählte Emma nichts. Ihre Mutter würde sich nur Sorgen machen.

»Wie geht es Elena? Hat sie denn heute mal wieder gesprochen?«

»Nein«, antwortete Emma. »Ich hoffe, dass der Termin beim Psychiater etwas bringt.«

»Das ist übermorgen, oder?«

»Ja, übermorgen.«

»Und kommst du dann nach Hause?«

Emma verdrehte die Augen. Sie war vor fünfzehn Jahren aus St. Gallen weggezogen. Doch für ihre Mutter war die schweizerische Stadt immer noch die Heimat ihrer Tochter. Und wie es aussah, würde es bald auch wieder ihr Zuhause werden. »Ja, dann komme ich nach Hause.«

»Hast du schon einen Flug gebucht? Papa und ich könnten dich mit dem Auto in Zürich abholen.«

»Nein, der Kölner Flughafen ist geschlossen. Ich werde mit dem Zug reisen.«

»Der Flughafen ist geschlossen?«

»Ja, der liegt ja direkt neben dem Forschungszentrum.«

Die Mutter seufzte. »Kind, was habt ihr da nur angerichtet?«

Emma biss sich auf die Lippe. Ihre Mutter also auch. »Wie berichten die Medien in der Schweiz über die Sache?«

»Das kommt drauf an, welchen Sender man einschaltet. Die meisten haben Mitleid mit den armen Leuten, die ihre Häuser verlassen mussten, aber es wird auch oft gesagt, dass Deutschland selbst Schuld hat und so eine gefährliche Technologie nie hätte entwickeln dürfen.«

Es entstand ein unangenehmes Schweigen. Unwillkürlich kamen wieder die schrecklichen Bilder von Claus auf dem Behandlungstisch auf, und Emma musste sie mit Gewalt beiseiteschieben.

»Ein Wissenschaftler hat in einem Interview gesagt, dass die

Nanomaschinen auch die Schweiz bedrohen«, fuhr ihre Mutter schließlich fort. »Hat er damit recht?«

Emma zögerte einen Moment mit der Antwort. Sie wollte ihre Mutter nicht unnötig verunsichern. »Ich würde mir keine Sorgen machen. Ich bin mir sicher, dass die Wissenschaftler und Techniker die Sache hier bald in den Griff kriegen.«

»In den Nachrichten haben sie berichtet, dass viele Schweizer aus Deutschland zurückkommen. Und nicht nur aus Köln. Es gibt Gerüchte, dass die Grenze geschlossen werden soll.«

Das konnte sich Emma beim besten Willen nicht vorstellen. Und warum auch? Sie ahnte schon, von wem dieses Gerücht den Weg zu ihrer Mutter gefunden hatte. Garantiert hatte es Herr Wiesinger verbreitet, während er von seinem Kräuterschnaps trank. Emma wusste, dass der Nachbar empfänglich für Verschwörungstheorien war und sich auf entsprechenden Seiten im Internet herumtrieb. »Glaub nicht alles, was du von anderen hörst.«

»Mag ja sein«, entgegnete ihre Mutter. »Aber vielleicht wäre es trotzdem kein Fehler, wenn du bald nach Hause kommst.«

»Ich komme, sobald wir den Termin beim Psychiater hatten.«

»In Ordnung. Kann ich irgendetwas für dich tun, Emma?«

»Du kannst mal die Augen offen halten, ob es irgendwo in der Gegend eine kleine Wohnung für mich und Emma zu mieten gibt.«

»Eine Wohnung mieten?« Unglauben lag in der Stimme ihrer Mutter. »Ihr kommt bei uns unter. Wir haben doch die Einliegerwohnung. Wir könnten sie freiräumen.«

Emma hatte darüber nicht nachgedacht. Die Einliegerwohnung! Eine Zeitlang hatten ihre Eltern sie vermietet. Doch dann hatten sie Ärger mit einem anfänglich sympathischen Mann gehabt, der sich als Mietnomade entpuppt hatte. Nach der ersten Mietzahlung war keine weitere mehr gekommen, und als ihre Eltern den Typen nach langen Monaten aus der Wohnung rausgeklagt hatten und zum ersten Mal wieder ihr Eigentum betreten konnten, hatte ihr Vater einen Herzinfarkt bekommen. Die notwendige Sanierung hatte Zehntausende Franken gekostet. Danach hatten ihre Eltern auf Mieter verzichtet und die Wohnung nur noch als Lager genutzt.

Ja, sie konnte dort einziehen, und Elena würde die Nähe zu ihren Großeltern sicher auch guttun. Aber das ging nur für eine begrenzte Zeit. Es lagen nun einige Jahre dazwischen, und Emmas Eltern mochten es vergessen haben, aber ihre letzten Monate im elterlichen Zuhause waren von Streit und Unmut geprägt gewesen. Emma war mit der gesellschaftlich konservativen Haltung von Mutter und Vater nicht mehr zurechtgekommen und hatte sich keine Mühe gemacht, das zu verschweigen. Erst in ihrem letzten Jahr auf der Uni hatte sich das Verhältnis wieder gebessert. Außerdem neigte ihre Mutter dazu, sich über das angemessene Maß hinaus in Emmas Leben einzumischen.

Nein, wenn sie in ihr Elternhaus zurückkehrte, dann nur für kurze Zeit, während sie nach einer eigenen Wohnung suchte. Aber das mussten sie hier und heute nicht am Telefon ausdiskutieren. »Wir können darüber sprechen, wenn ich in der Schweiz bin.«

»In Ordnung, Kind. Was denkst du denn, wann du bei uns sein wirst?«

Emma wollte sich nach dem Psychiatertermin noch von einigen alten Freunden verabschieden. Wenn sie am Tag darauf aufbrach, reichte es auch noch. Allerdings würden sie länger brauchen als gewohnt, da die ICE-Schnellstrecke über Frankfurt wegen der Evakuierungen gesperrt war. Sie mussten die Rheinstrecke nehmen, was mindestens zwei Stunden Umweg bedeutete. »Am Freitag. Am frühen Abend sollten wir bei euch sein.«

»Wir freuen uns auf euch.« Emmas Mutter beendete das Gespräch.

»Du willst wirklich zu deinen Eltern zurückgehen?«, fragte Tanja.

»Ja«, erwiderte Emma. »Es ist das Beste. Auch für Elena.«

»Ich könnte mir das niemals vorstellen«, meinte Tanja. »Schon der Gedanke, auf Dauer in das kleine Kaff in Franken zurückzugehen, in dem ich aufgewachsen bin, verursacht mir Albträume.«

Emma wusste, dass Tanja selbst bei obligatorischen Feiertagsbesuchen zu Weihnachten oder Ostern Wert darauf legte, noch am selben Abend wieder zurückzufahren. Für sie musste sich Emmas Heimkehr in die Schweiz wie Scheitern anhören.

Aber Emma sah es nicht so. Ihr Mann war tot, ihre Arbeit weg, die Tochter traumatisiert und ihr Leben lag in Trümmern. Es hatte nichts mit Aufgeben zu tun. Ihr war klar, dass sie Hilfe brauchte, und ihre Eltern konnten sie ihr bieten. Trotz aller Trauer wusste sie auch, dass sie noch relativ jung war und irgendwann das Leben weitergehen würde. Sie hatte keine schlechte Kindheit gehabt und betrachtete ihre alte Heimat als einen Rückzugsort, um neue Energie zu sammeln, neue Ziele zu entwickeln. Sie war nach wie vor eine Wissenschaftlerin und eines Tages würde sie sich für ein neues Forschungsobjekt begeistern können. Sie ging fest davon aus, dass ihre Rückkehr nach St. Gallen nur vorübergehend war.

Sie hatte eine Zukunft, da war sie sich sicher.

Emma sah auf dem Bildschirm, wie Hubschrauber weiteren Atommüll über einem See von goldenen Nanomaschinen auskippten.

Plötzlich stieg Panik in ihr auf.

Die Nanomaschinen müssen gestoppt werden!

Sonst würde sie keine Zukunft mehr haben.

39

3. NOVEMBER

Ben schaute sich mit großen Augen im Plenarsaal um.

Er war niemals zuvor im Bundestag gewesen und saß nun neben Weinheim auf einem der Besucherplätze, die auf mehreren Emporen über den im Halbkreis aufgestellten, blauen Sitzen der Abgeordneten angeordnet waren. Der Raum war heller, als Ben gedacht hatte. Die gläserne Kuppel und die Menge an Fenstern ließ viel Licht herein. Im Schatten liegende Winkel wurden von hellen Scheinwerfern angestrahlt.

Der Plenarsaal war gut gefüllt. Fast alle Abgeordneten waren anwesend, nur wenige Plätze nicht besetzt. Das hatte Ben bei im Fernsehen übertragenen Sitzungen schon anders gesehen.

Ein Assistent öffnete eine Tür, und die Regierung marschierte geschlossen nach vorne, um sich auf ihren Plätzen an der Seite des Sitzungsvorstandes niederzulassen. Kaiser, der Bundestagspräsident mit seiner schwarzen Hornbrille, saß längst auf seinem Platz und beäugte Kanzler und Minister mit sichtbarer Ungeduld. Die Fragestunde hätte schon vor zehn Minuten beginnen sollen, aber Hütter hatte um Aufschub gebeten, da er sich mit seinen anderen Regierungsmitgliedern noch in einen Besprechungsraum zurückgezogen hatte.

Hütter wartete, bis seine Minister saßen, und nickte dann Kaiser zu, bevor er selbst Platz nahm.

Der Bundestagspräsident blickte nach links und rechts, wollte sich wohl überzeugen, dass seine Stellvertreter bereit waren, und aktivierte sein Mikrophon. Wie man es aus den Nachrichten kannte, verzichtete er auf jegliche Einleitung und kam sofort zur Sache. »Einziger Tagesordnungspunkt heute ist die Fragestunde.

Die Liste der Fragen liegt mir vor. Sie wurden nach Ressortzugehörigkeit sortiert. Ich kann schon sagen, dass die meisten Fragen an den Bundeskanzler gehen werden. Ich rufe als Erstes Herrn Giesing auf.«

Aus den hinteren Reihen einer der Oppositionsparteien stand ein kleiner, untersetzter Abgeordneter auf und begab sich an das Pult. Ben hatte von dem Mann noch nie gehört. Auch sein Gesicht sagte ihm nichts.

»Herr Bundeskanzler«, begann der Abgeordnete. »Ich möchte direkt auf die Katastrophe von Köln zu sprechen kommen.«

Natürlich. Es gab seit den Evakuierungen in Deutschland kein anderes Thema mehr. Obwohl bisher nur ein eher kleines Gebiet von Köln betroffen war und sich der Großteil der verlassenen Orte im Rhein-Sieg-Kreis befand, hatten die Medien die Geschehnisse die ›Katastrophe von Köln‹ genannt.

Nach Bens Meinung war diese Bezeichnung sogar noch untertrieben.

Bereits früh am Tag war Ben mit dem Kanzler zusammengetroffen und hatte ihn über die neuesten Entwicklungen aus dem Forschungszentrum informiert, um ihn – so gut es ging – auf die Fragestunde vorzubereiten. Immer mehr Abgeordnete und Parteien hatten eine solche für den heutigen Tag gefordert, und so war dem Bundeskanzler auch auf Druck seiner eigenen Partei keine andere Möglichkeit geblieben, als sich darauf einzulassen. Ben hoffte, dass er nichts vergessen hatte, denn nun war Hütter auf sich allein gestellt.

»Herr Bundeskanzler. Sie haben einen Ausnahmezustand auf Bundesebene ausgerufen, obwohl die Einsätze sich auf einen kleinen Teil Nordrhein-Westfalens beschränken. Wieso verletzen Sie die Rechte von Menschen in Berlin, München und Hamburg?«

Ben verdrehte die Augen. Diese Frage war überflüssig. Die Medien hatten deutlich klargestellt, dass der Ausnahmezustand auf

Bundesebene nur eine formale Angelegenheit war, um bürokratische Hindernisse aus dem Weg zu räumen, um schnellere Hilfe zu gewährleisten. Kein Mensch wurde dadurch in seinen Grundrechten behindert. So antwortete der Kanzler auch souverän und der kleine, dicke Mann zog sich zurück.

Dann ging eine junge Frau in Jeans und schwarzer Bluse an das Mikrophon. Sie gehörte einer ökologischen Kleinpartei an, die es bei der letzten Wahl überraschend in den Bundestag geschafft hatte. »Herr Bundeskanzler. Die von Ihnen durch den Notstand ausgeschalteten Gesetze haben es Ihnen erlaubt, hochradioaktive Abfälle über deutschen Städten zu verteilen. Einerseits sagen Sie, dass es wohl die letzte Möglichkeit ist, die Nanomaschinen zurückzudrängen, andererseits haben Sie die Ausbrüche durch Ihre laxe Politik überhaupt erst ermöglicht. Geben Sie also zu, dass die Bundesregierung die Hauptschuld an der großflächigen Verseuchung, an der Vertreibung von Zehntausenden Menschen aus ihren Wohnungen und einer substanziellen Gefahr für unser Land hat? Sind Sie nicht ebenfalls der Meinung, dass die Regierung umgehend zurücktreten sollte, um den Weg für Neuwahlen freizumachen?«

Ben war überrascht. Das war keine Frage, das war eine Anklage. Er wunderte sich, dass der Bundestagspräsident diesen Beitrag zugelassen hatte.

»Das ist nicht das, was Sie eingereicht haben«, sagte Kaiser dann auch auf seine unnachahmlich mürrische Art, die gefühlt jeden Kabarettisten in Deutschland zu einer Parodie ermutigt hatte. »Es steht dem Bundeskanzler frei, sie nicht zu beantworten.«

Doch zu Bens Überraschung stand Hütter auf. »Ich werde auf diesen Vorwurf eingehen«, sagte er mit emotionsloser Stimme. »Es ist leider viel Wahres an Ihren anklagenden Worten, und ich versuche gar nicht erst, das zu beschönigen. Ich hätte mir ebenso wie Sie andere Möglichkeiten der Bekämpfung gewünscht, aber die Experten haben mir versichert, dass sanftere Methoden ausgeschöpft sind und nur noch drastische Maßnahmen helfen können.«

Er machte eine kurze rhetorische Pause, und sofort begannen mehrere Abgeordnete, miteinander zu tuscheln, was Kaiser mit mürrischen Blicken begleitete.

»Ja, die Gefahr eines Anschlags mit Drohnen wurde bei der Genehmigung des Forschungszentrums unterschätzt«, fuhr der Kanzler fort. »Das ist aber ganz sicher nicht nur ein Fehler der Regierung, sondern auch der wissenschaftlichen Mitarbeiter, die sich mit diesen Sicherheitsfragen beschäftigt haben. Heute würden wir das gewiss anders angehen und die Experimente unter höheren Sicherheitsvorkehrungen durchführen.«

Ben schnaubte innerlich. In Hütters Antwort fand sich nicht ansatzweise das wieder, was in den letzten Tagen alles schiefgelaufen war.

Vereinzelt wurden Buhrufe aus den Reihen der Abgeordneten laut. Kaiser hob griesgrämig einen Zeigefinger. Er war bekannt dafür, bei einer weiteren Eskalationsstufe Abgeordnete aus dem Saal führen zu lassen. Sofort kehrte wieder Ruhe ein.

Der nächste Politiker trat an das Mikrophon. Er stellte eine Frage nach den zu erwartenden Kosten der Evakuierungen und der schließlich folgenden Dekontaminierung der verstrahlten Stadtgebiete. Der Kanzler überließ die Beantwortung seinem Finanzminister.

Weinheim seufzte und stand auf. »Kommen Sie mit. Wir gehen einen Kaffee trinken.«

Ben hätte die Fragestunde gerne weiter beobachtet, aber Weinheim hatte im Befehlston gesprochen. Offenbar wollte der Beamte etwas von ihm.

Sie verließen die Besucherränge und gingen zu einer Tür, vor der ein Wachmann des Bundestages stand. Weinheim und Ben zeigten ihre Ausweise und sie konnten die Tür zum nicht öffentlichen Teil des Regierungsgebäudes passieren. Durch einen Tunnel gingen sie in das benachbarte Paul-Löbe-Haus, in dem sich die Kantine des Bundestages befand. Der Raum war durch die großen Fensterfronten sehr hell und von der Decke hingen auffällig bunte Lampen.

An der Selbstbedienungstheke holten sie sich etwas zu trinken. Ben nahm einen schwarzen Kaffee, Weinheim einen Tee und ein Stück Kuchen. Weinheim zahlte für sie beide mit seiner Magnetkarte.

Die Kantine war kaum besucht und sie wählten einen Platz direkt am Fenster. Die Sonne stand hoch am Himmel und spiegelte sich im ruhigen Wasser der Spree.

»Die werden ihn auseinandernehmen«, sagte Ben.

Weinheim lachte. »Nein, das werden sie nicht.«

Ben stutzte. »Nicht? Woher wollen Sie das wissen? Ich dachte, die Opposition würde sich keine Gelegenheit entgehen lassen, dem Kanzler Vorwürfe zu machen.«

Weinheim nickte. »Oh ja, Vorwürfe. Die werden sie ihm machen, aber sie werden ihn nicht auseinandernehmen. Daran hat niemand ein Interesse.«

»Nicht?«

»Man merkt, dass Sie keine Ahnung von Politik haben«, erklärte Weinheim. »Der Kanzler war schon vor dem Desaster in Köln ein geschlagener Gegner. Er tritt nicht wieder an und darum hat niemand einen Nutzen davon, ihm erneut zu schaden. Es wäre kontraproduktiv, denn man macht sich nicht beliebt, indem man auf jemanden eintritt, der schon am Boden liegt.«

Das ergab Sinn.

»Sie werden Vorwürfe äußern, aber sie werden ihn nicht demontieren. Das hat Hütter schon alleine geschafft, und die jüngste Katastrophe ist nur die letzte Bestätigung, dass seine Zeit vorüber ist. Bald sind Wahlen, da wird man eher auf den neuen Kandidaten zielen. Da der sich aber schon eindeutig von der

Nanotechnik distanziert hat, kann man ihm mit dieser Diskussion nicht schaden.«

Ben sah nach draußen. Über die Spree fuhr ein Ausflugsboot. Die Gäste waren dick in Winterklamotten eingepackt. Einige hoben ihre Handys, um die Regierungsgebäude zu fotografieren.

»Haben Sie schon mit Ihren Kollegen gesprochen?«, fragte Weinheim.

Ben bejahte. Er hatte am Morgen mit Andrew und auch mit Rappe telefoniert. »Sie haben die ganze Nacht durchgearbeitet.«

Weinheim brummte. »Das habe ich in den Morgennachrichten gesehen. Es wirkte, als hätten sie so viel Atommüll über Troisdorf und Köln verklappt, dass man nicht mehr nach einem Endlager zu suchen braucht.«

Das war noch nicht einmal übertrieben. Andrew hatte Ben gesagt, dass mehrere Tonnen hochradioaktiven Materials über den Ausbruchsstellen verteilt worden waren. Am Ende hatten sie die Hubschrauber abziehen müssen, da diese auch schon restlos verstrahlt gewesen waren. Hagen hatte weitere Helikopter von der Bundeswehr angefordert.

»Nutzt es denn was?«, fragte Weinheim.

Ben nickte. Andrew war recht zuversichtlich gewesen. »Es sieht zumindest so aus. Keine der Ausbruchsstellen hat sich weiter ausgebreitet. Die Einsatzkräfte wollen den heutigen Tag abwarten und beobachten und dann ab dem Abend die zerstörten Nanomaschinen abpumpen.«

»Haben Sie überhaupt noch genug Lithiumbehälter?« Ben hörte die Skepsis in Weinheims Stimme.

»Mehrere Fabriken in Deutschland haben ihre Produktion umgerüstet. Dank des Ausnahmezustands konnte wohl auch genug Lithium von verschiedenen Batterieherstellern requiriert werden.«

»Immerhin«, meinte Weinheim.

Ben sah wieder aus dem Fenster. Wo eben noch das Ausflugsschiff gewesen war, fuhr gerade ein Stand-up-Paddler in einem Neoprenanzug über die Spree.

Er schüttelte den Kopf.

Bei den Temperaturen!

»Ich habe mich mit zwei Nuklearingenieuren unterhalten«, berichtete Weinheim. »In die Häuser in den evakuierten Gebieten wird niemals jemand zurückkehren.«

Das hatte Ben auch schon befürchtet.

»Die Verseuchung dürfte höher sein als in der direkten Nähe von Tschernobyl. Alle Gebäude müssen von Robotern abgerissen und entsorgt werden. Wir werden Jahre brauchen, um das Erdreich abzutragen, und selbst dann werden weitere Jahrzehnte vergehen, bis dort wieder Menschen wohnen können.«

Bens Kehle war wie zugeschnürt. Sie hatten nun als Konsequenz ihrer Arbeit ein neues Tschernobyl angerichtet, auch wenn wegen der Evakuierungen weniger Menschen zu Schaden gekommen waren. Das war der Preis, den sie zu zahlen hatten, um die Nanomaschinen zu besiegen. »Meinen Job bin ich wohl los«, stellte Ben bitter fest.

Weinheim nickte langsam. »Das ist wohl so.«

Sofort bekam Ben ein schlechtes Gewissen. So viele Menschen hatten ihre Heimat eingebüßt, und er beklagte sich wegen einer verlorenen Arbeitsstelle.

»Sie müssen keine Angst haben«, meinte Weinheim. »Wissenschaftsmanager werden immer gesucht. Die meisten Projektleute kennen sich mit Finanzen und Betriebswirtschaft aus, aber jemanden, der etwas bewegen kann und sich mit Physik auskennt, hat man selten. Ich habe in meinem Referat genug Nerds gehabt, die in ihrem Fach super waren, doch in einem Besprechungsraum mit Wirtschaftsführern und Politikern nur herumgestottert haben. Wenn Sie wollen, kann ich Sie problemlos im Kanzleramt unterkriegen.«

Ben sah den Beamten überrascht an. Er war bislang der Auffassung gewesen, dass Weinheim ihn nicht sonderlich mochte. Aber vielleicht hatten die zynischen Kommentare nichts mit ihm selbst zu tun gehabt. »Das würden Sie für mich tun? Obwohl ich ohne Ihre Erlaubnis zum Kanzler gegangen bin?«

Weinheim lachte. »Sie sind nicht im Kanzleramt beschäftigt, sondern im Forschungszentrum. Also sind Sie nicht mein Untergebener und brauchen meine Erlaubnis nicht, um zu jemandem zu gehen, ganz gleich, wer es ist. Ich finde es imponierend, dass Sie eine eigene Meinung haben und diese notfalls auch vertreten.«

Ben hatte sich in Weinheim geirrt. Er hatte gedacht, dass der Beamte sich eher mit Jasagern umgeben würde. Das Kanzleramt ... das war schon etwas. Vielleicht konnte Ben sich dort nach einiger Zeit auch verbeamten lassen. Er würde für den Rest seines Lebens ausgesorgt haben. Aber wollte er das? Immerhin war das Kanzleramt ein Riesenapparat. Es war sicher leicht, dort unter die Räder zu kommen und lebenslang als Büroleiter oder Referent zu enden. Und er würde die Politik mittragen müssen, die vom jeweiligen Bundeskanzler vorgegeben wurde. Konnte er so überhaupt was bewegen? Zumal Weinheim ja bei ihrer ersten Begegnung selber zugegeben hatte, dass er mit seinem Job nicht immer ganz glücklich war.

Weinheim lachte wieder. »Ich habe Sie wohl mit meinem Angebot ein wenig aus dem Konzept gebracht.« Er winkte ab. »Sie brauchen sich ja nicht gleich zu entscheiden. Erst müssen wir mal diese Krise hinter uns bringen, und wenn die Wahlen dann gelaufen sind, gibt es ohnehin zunächst einen Einstellungsstopp. Sie haben also noch jede Menge Zeit, darüber nachzudenken. Mein Angebot steht. Melden Sie sich jederzeit, wenn Sie ein Urteil gefällt haben.«

Ben räusperte sich. »Danke.« Er würde darüber nachdenken. Er würde sogar sehr gründlich darüber nachdenken.

40

»Es wird Zeit.« Hagen warf einen Blick auf das am Armaturenbrett installierte Dosimeter und stoppte den Wagen am Troisdorfer Bahnhof.

Andrew stieg aus, ging um das Auto herum und nahm von Hagen die gelbe Strahlenschutzkleidung entgegen. Er ächzte, als er in den Anzug kletterte. Das Ding war um ein Vielfaches schwerer, als es aussah. Hagen hatte ihm erklärt, dass das an den in den Stoff eingewebten Bleischichten lag. Zum Schluss zog Andrew den Helm über den Kopf, der alleine schon mehrere Kilo wiegen musste. Das Glasvisier war gelblich getönt und ließ die Umgebung trotz des grauen Himmels heller erscheinen.

»Aktivieren Sie Ihr Dosimeter«, sagte Hagen.

Andrew schaltete das kleine weiße Kästchen an seiner Brusttasche ein. Es zeigte seine ordnungsgemäße Funktion mit einem kurzen Piepen an.

Langsam stapften sie über die Poststraße in Richtung Fußgängerzone. Andrew schwitzte schon nach wenigen Schritten, obwohl die Lufttemperatur gerade mal zehn Grad betrug. Er wollte sich gar nicht vorstellen, wie es sich in diesem unklimatisierten Anzug im Sommer anfühlen musste.

Andrew kam sich vor wie ein Astronaut. Im Grunde genommen war er das auch. Schon hundert Meter weiter würde er ein Eindringling in einer lebensfeindlichen, radioaktiven Welt sein.

Hagen trug ein kastenförmiges Strahlenmessgerät in seiner Hand. Immer wieder beugte sich Andrew hinüber, um auf das Display zu schauen. Die Radioaktivität stieg von Schritt zu Schritt. Sein Dosimeter würde am Ende des Einsatzes die Gesamtbelastung anzeigen.

Sie passierten eine Polizeiwache, vor der einige Einsatzfahrzeuge abgestellt waren. Offenbar hatte die Zeit gefehlt, sie in Sicherheit zu bringen. Die Motorhauben waren von einer feinen Staubschicht bedeckt. Andrew trat heran und wollte drüberwischen.

»Nicht!«, warnte Hagen. Er hob den Sensor des Messgerätes an die Motorhaube, und sofort verzehnfachte sich der angezeigte Wert. »Der Wind hat das ausgebrachte Material schon großflächig verteilt. Und das trotz des Bindemittels. Ich hoffe nur, dass es bald regnet.« Seine Stimme klang durch den Helm dumpf und flach.

»Und falls nicht?«, wollte Andrew wissen.

»Wenn neuer Wind aufkommt, werden wir weitere Gebiete evakuieren müssen.«

Sie gingen tiefer in die Fußgängerzone hinein. Bald schon überquerten sie einen großen Platz mit einem Eiscafé. Auf mehreren Tischen standen noch schmutzige Gläser und verkrustete Eisbecher.

Wahrscheinlich würde es niemals wieder öffnen.

Andrew blieb für einen Augenblick stehen und sah sich um. Es war geradezu gespenstisch still. Er konnte sein und Hagens Spiegelbild im Schaufenster einer Bäckerei erkennen. Andrew schüttelte sich. Das Bild hatte etwas Apokalyptisches an sich. Wie eine Szene aus einem Post-Atomkrieg-Film der Achtziger.

»Kommen Sie schon«, drängte Hagen. »Wir sollten uns hier trotz der Anzüge nicht länger als absolut nötig aufhalten.«

Der Einsatzleiter bog an einer Kreuzung nach links ab, und Andrew konnte die Ausbruchsstelle erkennen. Es war eine der letzten gewesen, die erst nach der Evakuierung aufgetreten war.

Der goldene See umfasste einen großen Platz mitten in der Fußgängerzone. Der Rand hatte ein rötliches Backsteingebäude erreicht, in dem Ladenlokale untergebracht waren. Die Nanomaschinen waren gerade dabei gewesen, die Mauern anzufressen, als sie gestoppt wurden. Niemand wusste, wie sie hierhergelangt waren. Neben der Ausbruchsstelle lagen mehrere tote Krähen.

Andrew stellte sich an den Rand der goldenen Fläche und hielt seine Hände darüber. Sie strahlte immer noch Wärme aus. Impulsiv trat er einen Schritt zurück.

»Wir werden es gleich wissen«, murmelte er. Er setzte seinen Rucksack ab und holte das improvisierte Messgerät heraus. Mit ruckartigen Bewegungen fuhr er die lange Teleskopstange aus und tauchte die Spitze in den goldenen See.

Immer weiter schob er das Instrument in den goldenen Sirup.

Verdammt, kommt irgendwann auch mal der Grund des Infektionsherds?

Endlich stieß er auf Widerstand.

An der Spitze der Teleskopstange war ein winziger elektrischer Sensor angebracht, gerade mal einige Atomdurchmesser dick. Wenn es auch nur die geringste Aktivität von Nanomaschinen gab, würde sich der Sensor auflösen und das rote Licht am Ende aufleuchten.

Doch das Lämpchen blieb dunkel. »Sieht gut aus.«

Andrew zog den Sensor aus dem Tümpel und führte ihn an einer anderen Stelle wieder ein. Auch hier war keine Aktivität von Nanomaschinen mehr vorhanden.

Schließlich holte er die Sonde heraus, schraubte sie aus dem Instrument und warf sie in den See aus zerstörten Nanomaschinen. Besser kein Risiko eingehen. Das Forschungszentrum hatte eine ganze Ladung von den Dingern produziert.

»Haben wir noch eine Ausbruchsstelle?«, fragte Andrew.

»Nein, das war die letzte«, erwiderte Hagen.

Andrew nickte. Sie hatten die Nanomaschinen endgültig besiegt. Der radioaktive Müll hatte ihnen den Garaus gemacht.

Andrew hätte sich darüber freuen müssen. Doch er spürte noch nicht einmal Erleichterung. Er war einfach nur müde. Unendlich müde.

»Wir sollten verschwinden«, meinte Hagen. »Die Dosisleistung der Strahlung ist hoch genug, dass sie uns auch in den Anzügen gefährlich werden kann.«

Langsam stapften sie durch die Fußgängerzone zurück in Richtung Bahnhof. Die Radioaktivität sank allmählich.

»Wie geht es jetzt weiter?«, fragte Andrew. Er hatte seinen Teil der Arbeit erfüllt. Die Nanomaschinen waren tot. Aber es blieb sicher noch genug zu tun.

»Wir wollen sichergehen«, erwiderte Hagen. »Wir lassen die radioaktiven Stoffe noch einen Tag lang weiter einwirken. Dann können wir mit den Aufräumarbeiten beginnen.«

»Die werden Jahre dauern«, vermutete Andrew.

Hagen stimmte ihm zu. »Einige Viertel von Troisdorf und Köln-Lind können wir vielleicht nach einiger Zeit wieder freigeben. Aber alles, was in der Nähe der Ausbruchsstellen war, ist hochgradig verseucht.« Er breitete die Arme aus. »In dieser Fußgängerzone wird nie wieder jemand ein Eis essen. Alle Gebäude werden abgerissen und in Sonderdeponien gebracht werden müssen.«

»Was soll denn nun aus Troisdorf werden?«, erkundigte sich Andrew.

»Troisdorf existiert nicht mehr.« Hagens Stimme klang hart. Offenbar hielt der Einsatzleiter nicht viel davon, sich falschen Hoffnungen hinzugeben.

Andrew konnte ihn verstehen. Selbst wenn sie hier alles niedergerissen und weggebracht hatten, war der Strahlungshintergrund immer noch höher als normal. Ein vermehrtes Krebsrisiko bestand für immer. Hier würde niemand mehr leben wollen. Vielleicht war es wirklich das Beste, die Fläche der Wahner Heide zu überlassen und zum Naturschutzgebiet zu erklären. So, wie man es in Tschernobyl gemacht hatte.

Wenige Minuten später waren sie zurück an ihrem Wagen. »Wird man wenigstens die Gleise wieder nutzen können?«, fragte Andrew.

Der Bahnhof von Troisdorf war nur ein Regionalbahnhof. Aber es passierten viele Gleise die Stadt, führten nach Siegen und über Bonn-Beuel nach Koblenz. Auch die ICE-Fernstrecke nach Frankfurt, die man erst kurz nach der Jahrtausendwende mit viel Geld aus dem Boden gestampft hatte, führte hier vorbei.

»Wird sich zeigen«, antwortete Hagen ohne viel Zuversicht.

Sie zogen sich die Anzüge wieder aus und verstauten sie im Fahrzeug. Hagen holte zwei Flaschen Wasser aus dem Kofferraum und reichte eine davon Andrew. Der trank mit gierigen Schlucken. Er spürte Schweiß unter seinem Hemd und ihn fröstelte. Wahrscheinlich würde er eine Erkältung bekommen, aber das war sein geringstes Problem. »Es wird bestimmt eine Untersuchung geben.«

»Das ist so sicher wie das Amen in der Kirche«, bekräftigte Hagen.

»Sie brauchen sich ja keine Sorgen zu machen. Sie waren nur hier, um das Unheil aufzuräumen, das wir vom Forschungszentrum angerichtet haben.«

Hagen lachte laut. »Ich habe dafür gesorgt, dass radioaktiver Müll über den Wohngebieten abgeworfen wird. Unsere Maßnahmen gegen die Nanomaschinen wird man genauso auf den Prüfstand stellen wie die Gegebenheiten, die zum Ausbruch geführt haben.«

»Wir werden sicher als Zeugen aussagen müssen«, vermutete Andrew.

Hagen lachte erneut. »Als Zeugen? Wir werden garantiert nebeneinander auf der Anklagebank sitzen.«

Andrew schüttelte sich. »Sie meinen, die wollen uns persönlich ans Leder?«

»Na klar. Erinnern Sie sich an den Einsturz des Kölner Stadtarchivs? Oder an das Unglück mit dem Transrapid? Natürlich sucht man Sündenböcke. Und das war Pillepalle gegen das, was wir hier angerichtet haben. Wir haben eine ganze Stadt unbewohnbar gemacht. Einen Prozess, wie er auf uns zurollt, hat es noch niemals in der deutschen Geschichte gegeben. So viel kann ich Ihnen versprechen.«

Andrew fragte sich: Wie viel Mitschuld konnte man ihm einräumen? Er hatte die Experimente zwar geplant und ausgeführt, aber genehmigt hatten sie andere. Hier stand Rappe im Vordergrund. Die politische Verantwortung trug der Bundeskanzler persönlich. Ja, es wurde zweifellos unangenehm, aber Andrew war sich sicher, dass man ihn nicht ins Gefängnis steckte.

Er hoffte es zumindest.

Andrew musterte Hagen, der an seiner Wasserflasche nuckelte. Eigentlich kannte er diesen Mann, mit dem er in den letzten Tagen Seite an Seite gegen die Nanomaschinen gekämpft hatte, überhaupt nicht. »Haben Sie Angehörige?«

Hagen starrte ihn an, als müsse er erst überlegen, was die Frage bedeutete, doch dann entspannten sich seine Gesichtszüge, und er lächelte. »Ja, ich habe eine Familie. Ich habe eine Frau und zwei Kinder.«

»Wie alt?«, fragte Andrew. »Ich meine die Kinder.«

»Zwölf und dreizehn. Beides Mädchen.« Sein Lächeln verschwand. »Seit die Scheiße hier losgegangen ist, habe ich sie nicht mehr gesehen. Ich hoffe, dass ich morgen wieder nach Hause kann, wenn wir uns endlich sicher sind.«

Andrew nickte. Er hatte niemanden, der in seiner kleinen Wohnung in der Kölner Südstadt auf ihn wartete. Nur seine Computer und seine Bücher. Auf jeden Fall würde er sich morgen als Allererstes ein großes Bier gönnen.

»Ich hoffe, dass die Nanomaschinen nun zu guter Letzt besiegt sind.« Hagen nahm einen weiteren Schluck aus seiner Wasserflasche.

Andrew war davon überzeugt. »Bei den Mengen an radioaktivem Material, die wir über Troisdorf ausgekippt haben, kann ich mir nicht vorstellen, dass auch nur eine einzige Nanomaschine überlebt hat. Und das Zeug strahlt ja nach wie vor. Selbst wenn da noch irgendwo minimale Aktivität ist, dann wird sie die Nacht nicht überstehen.«

»Ich hoffe nur, dass Sie recht haben.« Hagen öffnete die Autotür. »Kommen Sie. Wir fahren zur Einsatzzentrale. Die Medien warten sicher schon mit der täglichen Pressekonferenz auf uns.«

Andrew seufzte. Wenigstens hatten sie heute mal etwas Gutes zu berichten.

41

4. NOVEMBER

Am Chlodwigplatz stieg Emma mit ihrer Tochter aus der Straßenbahn. Es nieselte, und sie klappte ihren kleinen Schirm auf, den sie immer im Rucksack bei sich trug.

Auf dem Platz waren viele Menschen unterwegs. Mehr, als zu dieser Zeit am späten Vormittag zu erwarten gewesen wären. Sie trugen ihrerseits Regenschirme oder hatten die Kapuzen über ihre Köpfe gezogen und liefen eilig ihren Zielen entgegen.

Daneben gab es aber auch etliche Menschen, die bloß herumstanden, sich in Haus- oder Geschäftseingängen herumdrückten oder mit Bierflaschen in der Hand einen Kiosk umringten. Viele davon mochten aus einer der Flüchtlingsunterkünfte sein und nicht auch noch die Tage dort verbringen wollen.

Mit Elena an der Hand bahnte sich Emma einen Weg durch die Menge. Sie passierten eine Sparkasse, an der sicher ein gutes Dutzend Leute vor dem Geldautomaten anstand. Auch innen hatten sich lange Schlangen gebildet. Warum auch immer.

Die Atmosphäre war seltsam. Sonst waren in Köln immer Menschen zu finden, die lachten oder belanglos miteinander plauderten, aber hier und heute schien niemandem nach Schwatzen zumute. Sicher, die Nanomaschinen waren seit gestern allem Anschein nach besiegt, aber jedem Kölner war wohl klar, an welcher Katastrophe die Stadt vorbeigeschrammt war.

Emma ging mit Elena nach Norden die Severinstraße entlang. Vor einem kleinen Supermarkt hatte sich ebenfalls eine lange Schlange gebildet. Menschen verließen das Geschäft mit vollgepackten Einkaufstaschen. Immer wieder jaulten die Sirenen von Feuerwehr- oder Polizeiwagen auf.

Die Praxis von Dr. Paust lag in einem Altbau, in dem sich neben seiner Psychiatrie auch noch ein Zahnarzt und eine Frauenärztin befanden. Die Gynäkologin hieß komischerweise Dr. Mann.

Emma drückte die Tür auf und ging die steile Treppe nach oben in den zweiten Stock.

Eine freundliche ältere Frau mit schwarzen Haaren, die deutlich sichtbar gefärbt waren, schickte die beiden in das Wartezimmer, in dem leise Klaviermusik gespielt wurde. Die mit einem Grünton gestrichenen Wände strahlten eine beruhigende Atmosphäre aus.

Emma setzte sich, und Elena nahm den Stuhl neben ihrer Mutter. Sie strich ihrer Tochter über das Haar. »Dr. Paust wird dir helfen«, flüsterte sie. »Es wäre schön, wenn du mit ihm reden würdest.«

Elena schaute nur mit gesenktem Blick zu Boden.

»Es wird sicher nicht lange dauern«, sagte Emma.

Lange Minuten vergingen. Emma wühlte durch den Zeitschriftenstapel neben ihr auf dem Tisch, aber sie wusste, dass sie sich nicht auf irgendwelche Texte konzentrieren konnte. Stattdessen betrachtete sie die Bilder an der Wand. Es waren Schwarzweißaufnahmen von Köln vor dem Zweiten Weltkrieg. Emma erkannte die alte Hohenzollernbrücke und den Gürzenich. Auf den Bildern waren Menschen zu sehen, die nun schon längst alle tot waren. Sie konnten nicht geahnt haben, welch grausame Zeiten ihnen bevorstanden.

Elena stand schließlich auf und ging zu einem Bereich des Wartezimmers, in dem eine kleine Spielecke untergebracht war. Außer einigen Bauklötzen, für die ihre Tochter eigentlich schon zu alt war, gab es dort aber nichts.

Emma fand, dass das für einen Psychiater, der auf seiner Homepage damit angab, unter anderem auf Kinder und Jugendliche spezialisiert zu sein, reichlich wenig war. Elena stapelte die Klötze übereinander und versuchte wohl, einen möglichst hohen Turm zu bauen.

Die Zeit verging. In der Praxis war es ruhig. Der letzte Patient musste längst gegangen sein.

Schließlich stand Emma auf und verließ das Wartezimmer. An der Anmeldung war niemand.

»Hallo?«, rief sie. Erst jetzt sah Emma, dass die Lichter gelöscht waren. Es war ihr nicht direkt aufgefallen, weil genügend Helligkeit durch die großen Fenster kam.

»Hallo?« Was ging hier nur vor sich?

Schließlich öffnete sich eine Tür, und die Frau von eben trat in den Flur. Sie hatte einen dicken Mantel angezogen und eine große, gefüllte Plastiktüte eines bekannten Discounters in der Hand. Sie glotzte Emma aus großen Augen an. »Sie sind noch hier?«

Emma schüttelte den Kopf. »Ich habe doch einen Termin.«

In diesem Moment kam Elena zu ihr und nahm sie an der Hand.

Die Frau blickte abwechselnd Emma und ihre Tochter an. »Haben Sie es denn nicht mitbekommen?«

»Was mitbekommen?«, fragte Emma.

»Die Nanomaschinen«, stotterte die Frau. »Sie sind wieder aufgetaucht. Es sollen weitere Gebiete von Köln evakuiert werden.«

Emma wurde abwechselnd heiß und kalt.

Wieder neue Nanomaschinen?

Das konnte nicht sein. Nicht nach all dem radioaktiven Zeug, das man über ihnen ausgekippt hatte. »Eine neue Ausbruchsstelle? Oder eine alte?«

»Ich weiß es nicht!« Das Gesicht der Schwarzhaarigen war stark gerötet und verquollen, als habe sie eben geweint. »Das wurde in den Nachrichten nicht gesagt. Auf jeden Fall schließen wir die Praxis. Ich dachte, Sie wären längst gegangen.«

Wenn es sich nur um eine Ausbruchsstelle handelte, konnten Andrew und Hagen das aber sicherlich in den Griff bekommen. Man würde eben noch mehr radioaktives Material verteilen müssen. Emma strich ihrer Tochter über den Rücken. »Ich habe so lange auf einen Termin gewartet. Kann ich denn nicht doch noch zum Doktor?«

Die Frau verneinte. »Der Doktor ist gegangen. Er wohnt in Wahn. Der Stadtteil soll bis heute Nachmittag evakuiert werden.«

Wahn war weit von den alten Ausbruchsstellen entfernt. Wenn nun dieser Stadtteil evakuiert wurde, konnte es sich nur um neue Infektionen handeln.

»Es tut mir leid«, erklärte die Frau. »Ich möchte jetzt abschließen.«

»Und der Termin?«

»Rufen Sie morgen noch mal an. Sobald der Doktor wieder Patienten empfängt, gebe ich Ihnen einen bevorzugten Termin. Wie gesagt, es tut mir leid.«

Emma verließ mit ihrer Tochter die Praxis. Sie hätte heulen mögen. Jetzt hatte sie extra auf dieses Gespräch gewartet, damit Elena endlich geholfen werden konnte, und nun das! Sie wäre längst bei ihren Eltern in der Schweiz gewesen, wenn sie nicht den Termin gehabt hätte. Sie hätte auf ihre Mutter hören sollen. In St. Gallen gab es auch fähige Psychiater.

Am Chlodwigplatz holte sie sich in einer Bäckerei einen Kaffee und für Elena ein Rosinenbrötchen. Ihr blieb noch eine Viertelstunde, bevor der nächste Bus fuhr.

Die Schlangen vor den Supermärkten und den beiden Banken wurden immer länger. Einige Wartende beschimpften sich laut. Ein Bus hielt, der schon gut gefüllt war. Als die Türen geöffnet wurden, drängten sich weitere Menschen hinein. Flüche hallten über die Haltestelle, als klar wurde, dass nicht alle einen Platz finden würden.

Dasselbe wiederholte sich mit dem nächsten Bus. Immer mehr Menschen strömten auf den Platz. Viele hatten wegen der schlechten Nachrichten wohl vorzeitig ihren Arbeitsplatz verlassen und wollten nun nach Hause.

Emma verließ den Chlodwigplatz in Richtung Ring. Es war zwar ein Stück zu gehen, aber zu Tanjas Wohnung würden sie es auch zu Fuß schaffen. Selbst in den Nebenstraßen waren viele Menschen unterwegs. Familien quetschten Gepäck in ihre Kofferräume und fuhren Richtung Süden davon. Eine Frau, die mit zwei Plastiktüten in der Hand aus einem kleinen Lebensmittelladen kam, weinte laut.

Endlich in Tanjas Wohnung angekommen, schaltete Emma gleich den Fernseher ein. Im Ersten lief eine Sondersendung. Der Sprecher erklärte, dass es eine neue Ausbruchsstelle in der Nähe von Wahn gab und dass zwei alte wieder Aktivität zeigten. Erneut warfen Hubschrauber radioaktiven Müll über Wohngebieten ab.

Emma konnte nicht anders, als ihre Tochter in den Arm zu nehmen und bitterlich zu weinen.

42

Ben legte das Telefon beiseite. Ihm war elend zumute.

»Ich sehe es Ihnen an.« Die Stimme des Kanzlers, der neben ihm auf dem Rücksitz der Limousine saß, klang rau. »Es ist wahr.«

Ben schaute die Autobahn entlang. Auf der Gegenfahrbahn war ein Stau. »Ja, es ist wahr. Zwei alte Ausbruchsstellen, eine neue. Letztere an einer ganz anderen Position als die anderen. Hagen hat angekündigt, weitere Stadtteile von Köln evakuieren zu lassen.«

Der Kanzler schwieg. Den ganzen Weg bis in das Stadtzentrum von Brüssel schwieg er.

Ben war zum ersten Mal in Brüssel. Er hatte den Kanzler zu einer Sitzung im EU-Kommissionsgebäude begleiten sollen, um die Einzelheiten im vermeintlich erfolgreichen Kampf gegen die Nanomaschinen zu erläutern. Es hatte eine Triumphreise werden sollen. Bis zu ihrem Abflug von Berlin sah es so aus, als sei die Gefahr endgültig beseitigt. Dann war zunächst wegen eines technischen Problems der Landeanflug auf den Flughafen Brüssel-Zaventem abgebrochen worden. Stattdessen waren sie auf dem fünfzig Kilometer entfernten Flughafen Charleroi gelandet, was eine umständliche Autofahrt mit einer hastig gemieteten Limousine bedeutet hatte, was den Sicherheitskräften überhaupt nicht gefiel. Zu ihrem Gespräch mit EU-Kommissionspräsident Andrea Fermi würden sie zu spät kommen. Und kurz vor der Übernahme des Fahrzeugs hatten die ersten Gerüchte über einen erneuten Ausbruch die Runde gemacht, die aber zunächst niemand bestätigen wollte. Erst an der Stadtgrenze zu Brüssel war Ben bei seinem Chef durchgekommen, der ihn ungewohnt leise über die schlechten Nachrichten informiert hatte.

Ben sah weiter aus dem Fenster, doch er nahm seine Umgebung kaum wahr.

Die Nanomaschinen!

Nichts half. Immer, wenn sie glaubten, die Gefahr gebannt zu haben, kehrte die verdammte Seuche kurz darauf zurück. Sie hatten die Hälfte des rechtsrheinischen Köln verseucht.

Und wofür?

Er musste an Emma denken. Er hatte vor einigen Tagen zuletzt mit ihr telefoniert. Er konnte nur hoffen, dass sie längst auf dem Weg in die Schweiz war. So weit wie möglich von Köln weg.

Endlich erreichten sie das Brüsseler Europaviertel, wo sich der Europäische Rat, der Auswärtige Dienst der EU und das sogenannte Berlaymont-Gebäude mit dem Sitz der Europäischen Kommission in direkter Nachbarschaft befanden.

Menschen rannten geschäftig zwischen den Gebäuden hin und her, auffallend viele mit Anzügen und dicken Mänteln. Etliche trugen braune oder schwarze Ledertaschen. Zu dieser Jahreszeit verliefen sich wohl nur wenige Touristen in das Brüsseler Viertel.

Der Fahrer brachte sie direkt zu einem Nebeneingang. Der Ankunft des deutschen Bundeskanzlers wurde hier offenbar keine Beachtung geschenkt, und mit strammem Schritt eilten sie durch den Nieselregen zu einer schweren Glastür, die ein Sicherheitsbeamter in schwarzem Anzug für sie öffnete.

»Werden wir denn nicht abgeholt?«, wunderte sich Ben. Er hatte erwartet, dass ein Staatsoberhaupt hier entsprechend empfangen wurde.

Hütter winkte ab. »Hier sind wir nur gewöhnliche Gäste auf Besuch bei einer befreundeten Behörde.«

Ben folgte dem Kanzler, der sich in dem Gebäude offenbar auskannte, durch einen langen Korridor bis zu einem Fahrstuhl. Im Wartebereich der dreizehnten Etage stand Weinheim in einer Ecke und telefonierte. Ben wusste, dass er bereits am Vorabend nach Brüssel gereist war, um die Gespräche vorzubereiten. Als er den Kanzler sah, beendete er sein Telefonat.

Sie begrüßten sich knapp per Handschlag. »Sie wissen es bereits?«, fragte Weinheim.

»Wir wissen es.« Hütter klang resigniert. »Inzwischen weiß es wohl schon ganz Europa.«

»Zumindest weiß es die Europäische Kommission«, entgegnete Weinheim. »Die meisten Termine wurden bereits abgesagt. Vorerst bleibt es bei dem Gespräch mit Fermi.«

Hütter seufzte. »Dann hätten wir ja gleich nach Berlin zurückfliegen können.«

»Nein, Fermi will unbedingt mit Ihnen reden«, sagte Weinheim. »Mir scheint, dass er etwas ganz Bestimmtes auf dem Herzen hat und sich erst noch rückversichern muss.«

Hütter verzog das Gesicht. »Rückversichern? Bei wem denn?«

Ein grauhaariger Mann in einem schwarzen Anzug mit einer EU-Flagge als Anstecker erschien aus einem Korridor. »Kommissionspräsident Fermi steht für das Gespräch mit Ihnen bereit, Herr Bundeskanzler.« Er sprach Deutsch mit französischem Akzent.

»Das ging ja noch«, murmelte Hütter und folgte dem Mann in den mit dunklem Holz vertäfelten Korridor.

Ben folgte dem Bundeskanzler zusammen mit Weinheim. Der Mann führte sie in ein Büro, das laut Türschild dem Präsidenten der EU-Kommission gehörte. Der Raum war deutlich kleiner als der des Bundeskanzlers, wirkte für Ben aber wärmer und anziehender. Eine Hälfte des Raums war mit Holz vertäfelt. In Regalen stapelten sich Bücher übereinander, was den Raum unaufgeräumt wirken ließ. Neben dem schwarzen Schreibtisch stand die Flagge der Europäischen Union mit goldenen Sternen auf blauem Hintergrund. Eine breite Fensterfront ließ an sonnigen Tagen sicher viel Licht in den Raum. Heute sorgten in der weißen Decke installierte Neonröhren für eine kühle Beleuchtung. Ben ging mit Hütter über den grauen Teppichboden auf eine kleine Sitzgruppe aus schwarzem Leder zu. Kommissionspräsident Fermi schaute ihnen mit sorgenvollem Gesicht entgegen. Der kleine Italiener sah sogar noch ausgemergelter aus, als Ben ihn aus den Nachrichten in Erinnerung hatte. Fermi galt als absoluter Asket, was Ernährung und Lebensführung anging. Er rauchte nicht, trank nicht und nutzte jede Gelegenheit, für vegane Organisationen zu werben.

Fermi und Hütter begrüßten sich mit einem distanzierten

Handschlag. Beide Männer hatten ihre Amtszeit ungefähr zur selben Zeit begonnen, aber es war ein offenes Geheimnis, dass sie nie miteinander warm geworden waren. Der Rotwein und Zigarren liebende Bundeskanzler war auch einem ganz anderen Menschenschlag zuzuordnen.

Hütter stellte Weinheim und Ben vor. Fermi wies seine Gäste an, Platz zu nehmen, und eine blonde, ältere Dame brachte ein Tablett mit einer Kaffeekanne und Tassen.

Ben langte direkt nach vorne, um sich selber einzuschenken, was ihm einen giftigen Blick von Weinheim einbrachte. Die Sekretärin schien es nicht zu stören. Sie goss einfach den anderen ein. Offenbar hatte Ben gegen ein Protokoll verstoßen, aber er war müde und brauchte den Kaffee so dringend, dass es ihm egal war.

»Wir müssen uns über die Vorgänge in Köln unterhalten«, begann Fermi in fast akzentfreiem Deutsch. Es war weithin bekannt, dass der Präsident fast jede wichtige Sprache der Europäischen Union beherrschte, was vielen anderen Staatsmännern gehörigen Respekt abnötigte. Laut Bild-Zeitung konnte Hütter nur Englisch. Und das auch nicht sonderlich gut.

»Natürlich«, entgegnete der Kanzler. »Es tut mir leid, Sie davon unterrichten zu müssen, dass es erneut zu Ausbrüchen gekommen ist.«

Fermi nickte langsam. »Das ist mir bereits bekannt. Es erfüllt uns mit Sorge, dass Sie gegen den fortschreitenden Infektionsherd offenbar keine anderen Mittel zur Verfügung haben als die, die bereits in der Vergangenheit erfolglos eingesetzt wurden.« Fermi sprach sehr langsam und mit absolut emotionsloser Stimme, aber der Vorwurf klang dennoch deutlich heraus.

»Möchten Sie das kommentieren, Herr Gerber?«, wandte sich Hütter an Ben. Es war keine Frage, sondern ein Befehl.

Ben holte tief Luft und sah dem EU-Kommissionspräsidenten direkt in die Augen. Immerhin hatte er inzwischen seine Scheu vor den hohen Tieren weitgehend verloren. Dennoch beschleunigte sich sein Puls. In Fermis Blick lag etwas Beunruhigendes. Als könne der Mann geradewegs in Bens Kopf schauen und seine Gedanken lesen. »Es ist natürlich sehr schlecht, dass die bisherigen Maßnahmen nicht ausgereicht haben. Aber ich denke nicht, dass man sie als erfolglos ansehen kann, denn der größte Teil der Herde konnte damit eingedämmt werden. Das zeigt uns, dass die Maßnahmen sehr wohl wirkungsvoll sind, wenn wir sie in der adäquaten Dosis einsetzen.«

Der Kanzler lächelte Ben knapp zu. »Danke. Wir werden unsere Bemühungen verstärken, die Krise endgültig zu beenden.«

Fermi fixierte den Kanzler mit Eisaugen. »Sie verstehen, dass die Regierungschefs der anderen Länder Europas sehr verunsichert sind. Denn schließlich werden die Nanomaschinen an keiner Grenze haltmachen, wenn ihre Ausbreitung außer Kontrolle gerät.«

Hütter hob beschwichtigend die Hände. »Ich kann Ihnen versichern, dass es dazu nicht kommt.«

Fermi verzog das Gesicht. »Ihre Wissenschaftler haben vor dem Experiment versprochen, dass eine Freisetzung niemals stattfinden wird. Sie werden also verstehen, wenn ich und einige andere Staatsmänner nicht ganz so optimistisch sind.«

»Wir sind auf alle Eventualitäten vorbereitet.« Hütters Tonfall war fast schon patzig.

Fermi beugte sich leicht nach vorne. »Dann, Herr Bundeskanzler, informieren Sie mich doch bitte über Ihre geplante Vorgehensweise, wenn sich die jetzige Strategie als erfolglos herausstellt und immer weitere Stadtteile von Köln den sich ausbreitenden Mikrorobotern zum Opfer fallen.«

»Bitte, Herr Gerber.«

Ben hatte gehofft, sich dazu nicht äußern zu müssen. Zu schwammig waren die Informationen, die er von Rappe und Andrew erhalten hatte. »Wir wenden weiterhin eine punktuelle

Strategie an. Es werden zusätzliche Kräfte aus anderen Bundesländern zur Verfügung gestellt, die sofort abrufbar sind. Dazu gehören Bodentrupps für kleinere Ausbruchsstellen und weitere Hubschrauber zur Einbringung von radioaktivem Material. Bei Bedarf haben wir Zugriff auf Restbestände aus Kernkraftwerken mit extrem hohen Dosisleistungen.«

Der Kommissionspräsident lehnte sich wie in Zeitlupe in seinem Sessel zurück. Sein Blick war derart bohrend, dass Ben ihm nicht lange standhalten konnte. »Ich habe Sie nach einem Alternativplan gefragt, aber das ist nur eine leichte Eskalation des bisherigen Vorgehens. Ich gehe also davon aus, dass es keinen Alternativplan gibt.«

Weinheim räusperte sich. »Die intelligentesten Köpfe Deutschlands arbeiten an diesem Problem. Ich kann Ihnen versichern ...«

»Die intelligentesten Köpfe Deutschlands haben dieses Problem überhaupt erst verursacht«, unterbrach Fermi ihn mit düsterer Stimme. »Sie haben einen Geist aus der Flasche entlassen, der sich nun nicht mehr einfangen lässt.«

Hütter seufzte. »Andrea, sagen Sie doch einfach, worauf Sie hinauswollen.«

Fermi sah den Kanzler mehrere Sekunden schweigend an, bevor er sprach. »Ich hatte heute Morgen ein langes Telefonat mit Garry Mansfield.«

Ben wusste, dass der steife, verschlossene US-Präsident ein vertrauensvolles Verhältnis zu dem EU-Kommissionspräsidenten aufgebaut hatte, dessen Tiefe sowohl dem deutschen Kanzler als auch dem französischen Staatspräsidenten Lefevre missfiel. In seinem Urlaub hatte Fermi den US-Präsidenten sogar in Camp David besucht.

»Wie geht es Garry?«, fragte Hütter in einem Tonfall, der deutlich machte, dass ihn die Antwort auf diese Frage nicht im Mindesten interessierte.

So ignorierte Fermi sie denn auch. »Die Amerikaner haben ihr eigenes Nanotechnologielabor und beobachten die deutschen Aktivitäten ganz genau.«

Ben wusste das nur zu gut. Die Kollegen aus dem Westen waren ihre härtesten Konkurrenten. Bis zuletzt hatten Rappe und Andrew befürchtet, dass ihnen die amerikanischen Wissenschaftler voraus sein und das entscheidende Experiment vor ihnen durchführen könnten.

»Dessen bin ich mir bewusst«, gab Hütter zurück.

»Die Amerikaner haben ihr Forschungslabor in Nevada gebaut. Weitab der Zivilisation, damit im Falle eines Problems nicht sofort die Bevölkerung bedroht ist.«

»Auch das weiß ich«, entgegnete Hütter genervt. »Leider haben wir in Deutschland keine Wüsten, in denen kaum Menschen leben.«

Fermi hob seine rechte Hand. »Das war nicht als Vorwurf gemeint. Auch die Franzosen haben ihre Nuklearforschung in dicht besiedelten Gebieten durchgeführt. Der unbestreitbare Vorteil der Amerikaner und der Russen liegt in der Größe ihrer Länder. Zumal mir Präsident Mansfield einen weiteren Grund mitgeteilt hat, warum deren Nanolabor abseits der Städte errichtet wurde.«

Hütter musterte ihn fragend. »Nämlich?«

»Die amerikanische Einrichtung hat als letzte Sicherheitsmaßnahme eine Wasserstoffbombe, die im Falle einer unkontrollierten Freisetzung eine hundertprozentige Zerstörung der Nanomaschinen gewährleisten kann.«

Ben dachte, dass auf diese Idee auch nur die Amerikaner kommen konnten. Andererseits war Nevada groß und menschenleer genug, um diesen Plan umzusetzen. Bereits im Kalten Krieg waren in Nevada Atomtests durchgeführt worden.

Hütter lachte laut auf. »Über diesen Luxus verfügen wir in Deutschland leider nicht. Ganz davon abgesehen, dass wir keine Atomwaffen haben.«

Fermi atmete tief ein. »Mansfield hat mir zugesichert, eine adäquate Wasserstoffbombe an Deutschland zu liefern, falls Sie sich zu diesem letzten Ausweg entschließen sollten.«

Weinheim verschluckte sich und hustete.

Ben erstarrte. Hatte der Mann tatsächlich vorgeschlagen, die Nanomaschinen mit einer Atomexplosion zu zerstören? Direkt am Rande einer Millionenmetropole? Im Herzen des bevölkerungsreichsten Bundeslandes?

Nein!

Unmöglich.

Kanzler Hütter wurde blass. »Das hat Mansfield gesagt?« Seine Stimme hatte einen hysterischen Unterton angenommen. »Und das ziehen Sie ernsthaft in Erwägung?«

Fermi verzog keine Miene. »Der US-Präsident hat mir ein Dossier zur Verfügung gestellt, das ich Ihnen im Anschluss an unsere Besprechung weiterleiten werde. Untersuchungen der Rand-Corporation gehen davon aus, dass auch das Zeitfenster für die Vernichtung von Nanomaschinen mittels einer Nuklearexplosion begrenzt ist. Haben sich die Mikroroboter erst mal in eine gewisse Tiefe vorgearbeitet, werden sie selbst von einer Kernwaffe nicht mehr erreicht. Da Sie Zeit zum Evakuieren brauchen, empfehle ich, dass Sie umgehend mit den Vorbereitungen beginnen.«

Hütters Hände fuhren an seine Schläfen. »Mein Gott! Sie schlagen diesen Irrsinnsplan wirklich vor? Sie wollen allen Ernstes, dass ich eine Wasserstoffbombe über Köln zur Explosion bringe?«

Bens Herz raste. Das war ungeheuerlich! Wenn man über dem Forschungszentrum eine Wasserstoffbombe zündete, blieb von Köln nichts mehr übrig. Auch Bonn und der benachbarte Großraum würden vollkommen zerstört werden. Halb Nordrhein-Westfalen und Rheinland-Pfalz machte man auf diese Weise für lange Zeit unbewohnbar. Das konnte doch nicht Fermis Ernst sein!

Der Kommissionspräsident starrte den Kanzler durchdringend an. »Ich vermag es Ihnen natürlich nicht zu befehlen. Ich möchte Ihnen nur raten, diesen Vorschlag eingehend zu bedenken. Die Zeit läuft ab, und wenn Sie nicht bald etwas tun, ist es zu spät. Dann wird die gesamte Erde durch die von Ihnen freigesetzte technologische Seuche zerstört werden, und alle Menschen werden sterben. Darum bitte ich Sie, nein, ich flehe Sie an, diese Möglichkeit ernsthaft zu erwägen.« Fermi lehnte sich in seinen Sessel zurück.

Weinheim war rot angelaufen. Er schnappte nach Luft.

Der Kanzler ballte die Hände zu Fäusten. »Das ist ... Sie können nicht von mir erwarten, dass ich ... dass ich ...« Er verstummte. Mit glasigem Blick schaute er durch Fermi hindurch.

Ben fühlte sich wie in einem schlechten Traum. Mussten sie tatsächlich eine solche Verzweiflungstat begehen, um die Erde zu retten? Es konnte doch nicht sein, dass sie schon so weit waren.

»Nein.« Der Kanzler richtete sich in seinem Sessel kerzengerade auf. »Das werde ich nicht tun. Der Bundestag lässt das niemals zu. Wenn ich einen solchen Vorschlag vor dem Parlament vorbringe, wird man mich noch am selben Tag durch ein Misstrauensvotum entmachten.«

»Es ist Ihre Sache, Herr Bundeskanzler, die geeigneten Maßnahmen einzusetzen, um diese Krise nachhaltig und möglichst bald zu lösen.«

»Nein.« Hütter blitze Fermi an. »Das werde ich nicht zulassen. Ich werde mich nicht an meinem Land und an meinem Volk versündigen.«

Fermi hatte keine Probleme, dem Blick des Kanzlers standzuhalten. »Sie versündigen sich an der Welt und an der Menschheit, wenn Sie es nicht tun!«

Hütter machte eine schneidende Handbewegung. »Nein, ich werde keine Wasserstoffbombe auf Köln abwerfen und das ist mein letztes Wort.«

Weinheim nickte.

Fermi verdrehte die Augen. Dann lehnte er sich wieder nach vorne. »Herr Bundeskanzler«, sagte er leise, als befürchte er, abgehört zu werden. »Ich verstehe Ihre Entscheidung, denn es ist ganz gewiss keine einfache.«

Fermi starrte den Kanzler stumm an. Er schien zu überlegen, ob er den nächsten Satz wirklich sagen wollte.

Ben bekam eine Gänsehaut.

Jetzt kommt es!

Fermi beugte sich noch ein kleines Stück weiter nach vorne. »Aber ich sage Ihnen ganz im Vertrauen, dass es Bestrebungen internationaler Mächte gibt, Ihnen diese Entscheidung abzunehmen, wenn Sie dazu nicht in der Lage sind.«

43

»Schlechte Nachrichten.« Andrew steckte das Handy in seine Tasche. »Ich fürchte, wir müssen das Evakuierungsgebiet nochmals erweitern.«

Hagen stöhnte. »Wo jetzt?«

»Zündorf.«

Hagen vergrub das Gesicht in den Händen und schüttelte langsam den Kopf.

Andrew fühlte sich miserabel. Sie hatten einige Ausbruchsstellen anscheinend nachhaltig sterilisiert, aber den ganzen Tag über wurden neue Funde gemeldet. Andere Stellen breiteten sich weiter aus, obwohl tonnenweise radioaktives Material darüber ausgeschüttet worden war.

Ein Hubschrauber flog mit ohrenbetäubendem Rattern über Andrews Kopf hinweg. Der Windstoß der Rotoren ließ Andrew taumeln. Beinahe wäre er gestürzt. Mit einem metallischen Klirren setzte die Maschine unsanft auf dem Vorfeld des Kölner Flughafens auf. Andrew rümpfte die Nase, denn es stank nach Kerosin und Abgasen.

Ein Tankwagen stand schon bereit, um die Treibstofftanks des Gefährts zu füllen. Fast zwei Dutzend Hubschrauber waren nun für sie im Einsatz. Der militärische Teil des Flughafens war zum Stützpunkt dieser schnell wachsenden Flotte geworden. Nicht nur Bundeswehrhubschrauber flogen radioaktives Material zu den Nanomaschinen, sondern sogar Rettungshubschrauber, die man von ihren eigentlichen Aufgaben abgezogen hatte. Andrew war mit Hagen hierhergefahren, um sich einen Überblick über die Aktivitäten zu verschaffen.

Ein Oberst der Flugbereitschaft in blauer Ausgehuniform stellte sich vor Hagen. Er hatte eine Zigarette in der Hand, obwohl das Rauchen hier laut Beschilderung eigentlich verboten war. »Ich möchte mich in aller Form beschweren.« Er zog an der Kippe und schnippte sie dann auf den Asphalt.

Hagen stöhnte. »Dann klären Sie uns mal auf über Ihre Sorgen.«

»Meine Piloten fliegen schon den ganzen Tag radioaktiven Müll in offenen Behältern umher. Manche haben die zulässige Dosisleistung überschritten. Dennoch machen sie freiwillig weiter, um die Scheiße unter Kontrolle zu bringen, die Sie fabriziert haben.« Er musterte Andrew aus zusammengekniffenen Augen.

Andrew wusste, worauf der Mann hinauswollte. »Sie warten immer noch auf die Strahlenschutzanzüge aus Jülich.« Die Soldaten hatten zwar ABC-Ausrüstung und trugen während der Einsätze Gasmasken, aber es hatten eigentlich schwere Strahlenschutzanzüge mit Bleifasern bereitgestellt werden sollen.

Der Oberst nickte. »Sie sind uns für heute Mittag versprochen worden. Dann sollten sie gegen sechzehn Uhr am Nachmittag da sein und jetzt erreiche ich meinen Ansprechpartner schon gar nicht mehr.«

»Ich werde mich darum kümmern.« Hagen hob die Hände, als ob er sich ergeben wolle. Seine Augen waren stark gerötet, als hätte er zwei Nächte hintereinander durchgesoffen. Andrew war überzeugt davon, dass er selber nicht viel besser aussah.

Der Oberst brummte missmutig. »Ich verstehe, dass es hier um alles oder nichts geht, aber ich werde meine Männer und Frauen nicht opfern, nur weil so ein Sesselfurzer seinen Arsch nicht hochkriegt. Entweder ist bis acht Uhr die nötige Ausrüstung da, oder ich ziehe meine Soldaten ab.«

»Ich werde mich darum kümmern«, wiederholte Hagen gequält, und der Oberst marschierte ohne ein weiteres Wort in Richtung des nahen Hangars davon.

Hagens Blick ging durch Andrew hindurch. »Ich glaube, wir verlieren langsam die Kontrolle.«

»Wir müssen weitermachen«, widersprach Andrew beschwörend. »Die Radioaktivität hilft.«

Hagen lachte ein verzweifeltes Lachen. »Den Eindruck habe ich langsam nicht mehr.«

»Doch«, beharrte Andrew. »Es haben sich durch Mutationen zwar Resistenzen gebildet, aber die Strahlung zerstört die Nanomaschinen, solange sie nur hoch genug ist. Wir müssen weitermachen.«

Was sollten sie auch sonst tun? Einen Alternativplan hatten sie nicht.

Hagen zuckte mit den Schultern und griff nach seinem Handy, während sie langsam auf ihr Einsatzauto zugingen. Er sprach mit einem seiner Assistenten in der Einsatzzentrale und wies ihn an, endlich die nötige Schutzausrüstung für die Helikopterpiloten zu beschaffen. Anscheinend gab es Probleme und am Ende brüllte Hagen Schimpfworte in sein Telefon.

Dann beendete er das Gespräch. »Verdammt!«

Vor einigen Tagen noch hatte Hagen ruhig und souverän die Dinge in die Hand genommen, aber in den letzten Stunden hatte er mehrmals seine Mitarbeiter angeschrien. Die fortdauernde Belastung und die sich immer weiter verschlechternde Lage zerrten an den Nerven.

»Alles in Ordnung?«, fragte Andrew.

»Nein«, antwortete Hagen. »In Porz wurde eine Gruppe Feuerwehrleute angegriffen, die bei den Evakuierungen helfen sollten. Zwei sind tot und einer wurde schwer verletzt zum Venusberg nach Bonn geflogen.«

Andrew verkrampfte die Hände ineinander.

So weit war es schon gekommen!

Hagens Blick konnte er nicht deuten. »Marina Bellhaus. Sie kannten die Kollegin, stimmts?«

Andrew verkrampfte sich. »Ja.«

»Sie ist unter den Toten.«

Andrew schloss die Augen und biss sich so fest auf die Lippen, dass Blut hervorschoss.

Nein!

Er sah Marinas lächelndes Gesicht vor sich. Vor ein paar Tagen hatte er sich noch auf ein Date mit ihr gefreut.

Nun war sie tot.

Er wollte Hagen fragen, was genau da passiert war, aber dann beschloss er, dass er die Einzelheiten nicht wissen wollte.

Er wischte sich die aufkommenden Tränen von der Wange. Zum Trauern würde noch Gelegenheit sein, aber zunächst mussten sie die Krise in den Griff bekommen.

»Was jetzt?«, wollte er tonlos wissen.

Hagen seufzte. »Zurück ins Forschungszentrum und die weiteren Evakuierungen planen.«

»Ich kann einfach nicht verstehen, wie die Nanomaschinen es bis nach Zündorf geschafft haben«, sagte Andrew. »Die nächste Ausbruchsstelle ist kilometerweit weg.«

»Vielleicht wieder eine Karre, die von Nanomaschinen befallen war. Haben wir ja alles schon gehabt. Wenn das so weitergeht, ist es nur eine Frage der Zeit, bis es die Scheißdinger auf die andere Rheinseite schaffen.«

Hagen startete den Wagen, widmete sich aber dann seinem Handy, das kurz piepte. Er tippte irgendetwas.

Draußen zogen zwei Soldaten einen Schlauch von dem Hubschrauber zurück, der daraufhin wieder abhob, um die nächste Ausbruchsstelle zu versorgen. Ein weiterer Hubschrauber, diesmal vom ADAC, setzte zur Landung an.

Andrew atmete tief ein. Obwohl sie die Nanomaschinen noch nicht hatten besiegen können, waren gewisse Durchbrüche vorzuweisen. Keine Ausbruchsstelle war bisher größer geworden als die siebzig Meter durchmessende in der Troisdorfer Fußgängerzone. Und auch solch große Infektionen hatten sie erfolgreich eingedämmt. Viele zeigten keine weitere Aktivität. Einige jedoch flammten immer wieder auf – egal, wie viel radioaktives Zeug sie darüber kippten. Was ihm am meisten Sorgen machte, war die Vielzahl an neuen Ausbruchsstellen. Sie kamen einfach nicht hinterher. Und wenn es in Stadtgebieten geschah, die noch gar nicht evakuiert waren, mussten sie diese erst räumen, bevor sie sich damit auseinandersetzen konnten. Das kostete sie jedes Mal wertvolle Stunden. »Wir sollten großflächiger evakuieren.«

Hagen stopfte sein Handy in die Tasche und setzte den Wagen in Bewegung. Langsam fuhren sie durch die Luftwaffenkaserne in Richtung Ausgang. Die Straßen waren weitgehend leer. Alles nicht für den Flugbetrieb notwendige Personal hatte man in andere Kasernen verlegt, da es im nahen Wahn zu Ausbruchsstellen gekommen war und die Eindämmungsmaßnahmen für erhöhte Radioaktivität auf dem Gelände gesorgt hatten.

»Wie großflächig?«, erkundigte sich Hagen nach langem Schweigen.

Sie brauchten endlich einen Sicherheitspuffer. Sie mussten es schaffen, wieder vor die Ereignisse zu kommen, statt ihnen nur hinterherzulaufen. »Alle Stadtteile bis hoch zur A4. Auch die linksrheinischen Gebiete von Rodenkirchen und Wesseling bis mindestens zur A555. Außerdem ganz Troisdorf, Siegburg und Sankt Augustin. Am besten auch Lohmar und Rösrath.«

Hagen schwieg. Es war ein riesiges Gebiet mit Hunderttausenden dort lebenden Menschen. Es würde lange dauern, es zu evakuieren, das wusste Andrew bereits.

Erst, als die Pforte des Forschungszentrums vor ihnen lag, wandte der Einsatzleiter den Kopf. »Das meinen Sie ernst, nicht wahr?« Resignation lag in seiner Stimme.

»Wir können die Ausbruchsstellen in evakuierten Stadtgebieten viel leichter eindämmen, da wir sie schneller finden und sofort in der Lage sind, Gegenmaßnahmen einzuleiten.«

Der Pförtner erkannte sie und öffnete die Schranke, ohne dass sie anhalten mussten.

»Wir haben erst heute die Zone vergrößert«, gab Hagen zu bedenken. »Ich weiß nicht, ob ich eine weitere Expansion durchsetzen kann.«

»Sie sind doch der Einsatzleiter!«

Hagen seufzte. »Ich kann nicht tun, was ich will. Das haben wir doch schon erlebt. Wenn es dem Ministerpräsidenten zu bunt wird, ersetzt er mich einfach.«

Andrew glaubte nicht, dass Morsleben Hagen wirklich absetzen würde. Damit hätte er sich indirekt in die Maßnahmen zur Eindämmung eingemischt und die Verantwortung übernehmen müssen, wenn das schiefging. Andrew glaubte eher, dass Hagen sich davor drückte, die halbe Stadt Köln zu räumen.

Hagen stellte den Wagen direkt vor dem Administrationsgebäude ab. »Gehen wir zu Rappe. Ich möchte seine Meinung hören. Wenn wir so ein großes Gebiet evakuieren wollen, dann werden wir seinen Einfluss in der Politik brauchen.«

Rappes Vorzimmer war verlassen, die Tür zum Büro stand offen. Der Leiter des Forschungszentrums sah auf und legte den Zeigefinger an die Lippen.

»... nicht, woher die Gerüchte gekommen sind«, sagte eine Nachrichtensprecherin im Radio mit emotionsloser Stimme. »Offenbar wurden sie in EU-Kreisen gestreut und von internationalen Medien aufgenommen. Vor wenigen Minuten äußerte sich Bundeskanzler Hütter dazu, der sich auf dem Rückweg von Brüssel nach Berlin befindet.«

Andrew runzelte die Stirn. Welche Gerüchte? Sein Blick traf sich mit Hagens. Der Einsatzleiter wirkte genauso ratlos.

»Ich kann Ihnen versichern, dass an diesen Gerüchten nichts Wahres dran ist.« Das war die Stimme des Kanzlers. »Wenn jemand auf europäischer oder transatlantischer Ebene eine solche Bemerkung gemacht hat, ist sie nur als geschmackloser Scherz aufzufassen.«

»Worum geht es?«, fragte Andrew.

Rappe seufzte und drehte das Radio leiser. »Irgendjemand hat behauptet, die Bundesregierung bereite sich darauf vor, die Nanomaschinen mit einer Atombombe zu zerstören.«

Hagen verzog das Gesicht. »Mit einer Atombombe? Das kann ja wirklich nur ein blöder Witz sein.«

Andrew fand es auch albern. Was für ein absurder Vorschlag.

Rappe kratzte sich am Kinn. »Es wurde weiterhin behauptet, die Amerikaner und die Russen würden die Dinge selbst in die Hand nehmen, wenn Deutschland die Krise nicht bald wirkungsvoll bekämpft.«

Hagen machte eine wegwerfende Handbewegung. »Weder Russland noch Amerika würden es wagen, eine Atomrakete auf Deutschland abzufeuern.«

Andrew glaubte das zwar auch nicht, aber wer konnte schon wissen, was in den Hinterzimmern der Politiker besprochen wurde?

»Ich bin mir da nicht so sicher.« Rappe schaute Andrew an. »Kennen Sie Leonard Fischer?«

Andrew bejahte. Der Mann arbeitete bei der Universität Köln

an meteorologischen Vorhersagemodellen. Die Simulationsabteilung des Forschungszentrums konsultierte ihn oft, da sich die mathematischen Grundlagen der verwendeten Modelle ähnelten. »Ist der nicht in Paris?«

»Ja«, bestätigte Rappe. »Er arbeitet momentan für einen Think-Tank der französischen Regierung. Er hat mich heute Morgen angerufen und von einer Besprechung erzählt, wonach Kollegen von ihm die Auswirkungen von nuklearen Explosionen auf Nanomaschinenausbrüche simulieren. Dieses Projekt wurde wohl mit aller Hast direkt aus dem Elysee-Palast angeordnet. Man wolle amerikanische Simulationsergebnisse verifizieren.«

Das hörte sich nicht gut an. Vielleicht war an diesen Informationen doch etwas dran.

»Ich habe mir zuerst nichts dabei gedacht«, sagte Rappe. »Aber wenn jetzt im Radio von solchen Gerüchten erzählt wird ...«

»Kam denn von unseren Kontaktleuten in der Politik etwas dazu?«, fragte Hagen.

»Ich habe eben noch mit Morsleben telefoniert. Er wusste von nichts.« Rappe zögerte. »Zumindest behauptet er das.«

»Würde das denn funktionieren?«, wandte sich Hagen plötzlich an Andrew.

Der stutzte. »Bitte was?«

»Könnte man die Ausbrüche mit einer Wasserstoffbombe stoppen?«

Andrew lachte laut auf. »Sicher. Die Radioaktivität und auch die Explosionshitze dürften ausreichen, jede Nanomaschine unschädlich zu machen. Allerdings würde man dabei Köln und Bonn dem Erdboden gleichmachen.«

Rappes Handy piepte einmal laut und der Leiter des Forschungszentrums beugte sich über den Bildschirm. »Ich kann mir nicht vorstellen, dass irgendjemand einen solchen Irrsinnsplan billigt.«

»Vielleicht sollte man die Idee im Hinterkopf behalten«, meinte Hagen. »Es wäre immerhin eine Alternative, wenn alle anderen Maßnahmen wirkungslos bleiben.«

»Ich dachte, wir kommen voran«, sagte Rappe. »Wozu müssen wir dann eine solche Alternative überhaupt auch nur erwägen?«

Andrew hob entschuldigend die Arme. »Wir haben Rückschläge. Zwar bekommen wir viele Infektionen in den Griff, aber nicht alle. Wir müssen großflächig evakuieren, damit wir schneller reagieren können.«

Hagen ging zum Fenster und lehnte die Stirn gegen die Scheibe. Es regnete wieder, und dicke Tropfen zerplatzten an der Scheibe. »Wenn am Ende ganz Köln durch unsere Maßnahmen radioaktiv verseucht ist, macht es auch keinen Unterschied mehr, ob wir eine Atombombe auf die Stadt abwerfen oder nicht.«

»Das stimmt allerdings«, bestätigte Rappe müde. Seine Wangen waren leicht gerötet, sein Blick glasig. Andrew gewann den Eindruck, dass Rappe den einen oder anderen Whisky zur Betäubung zu sich genommen hatte.

Andrews Herz krampfte sich zusammen. Wenn sie nicht bald Erfolg hatten, würde jemand diesen letzten Ausweg fordern.

Eine Atombombe auf Köln!

44

---

10. NOVEMBER

»Ich halte es für keine gute Idee.« Emma stand in der Haustür. Der Bürgersteig war leer, kein Auto war auf der Straße zu sehen. »Nach wie vor nicht.«

»Wir gehen einkaufen.« Tanja schob sich an Emma vorbei. »Nichts weiter.«

»Es ist dunkel«, gab Emma zu bedenken.

Tanja lachte. »Es ist noch nicht einmal neun Uhr!«

»Die Straße ist nicht mehr sicher.« Emma drückte Elenas Hand fester.

»Das bildest du dir ein.«

»Das haben sie sogar in den Nachrichten gesagt.«

Tanja war nicht überzeugt. »Die übertreiben mal wieder maßlos.«

»Ich halte es trotzdem für keine gute Idee.«

»Du kannst ja zu Hause bleiben, und ich besorge das Zeug alleine.«

»Du kannst das nicht alles schleppen«, widersprach Emma.

Sie hatten eine Entscheidung getroffen. Sie würden Köln gemeinsam verlassen. Morgen nach Tagesanbruch. Emma und Tanja wollten nicht mehr warten, bis auch Ehrenfeld von den Behörden evakuiert wurde. Zwei Tage waren vergangen, seit Hagen Porz hatte räumen lassen. Laut Presse hatte es zwar keine neuen Ausbruchsstellen gegeben, aber die Einsatzkräfte hatten zunehmend Probleme mit radioaktivem Material, das von den starken Herbstwinden nach Nordwesten getrieben wurde. Heute Morgen hatte der Nachrichtensprecher verkündet, dass auch Deutz evakuiert werden musste.

Unglücklicherweise hatte Tanjas Auto schlappgemacht. Es sprang nicht an, dafür leuchtete eine Warnleuchte. Weder beim ADAC noch in Tanjas Werkstatt war jemand ans Telefon gegangen, also würden sie den Wagen stehen lassen und einen Zug nach Süden nehmen.

An der Wohnungstür überlegte Emma kurz, ihre Tochter in Tanjas Wohnung zu lassen. Sie konnte ihr den Kinderkanal einschalten und würde spätestens in einer halben Stunde wieder da sein. Doch Emma entschied sich dagegen. Sie wollte ihre Tochter nicht alleine lassen.

Sie erreichten eine große Kreuzung, an der sich zwei mehrspurige Straßen schnitten. Einige größere Geschäfte, darunter Modeketten, die aber schon geschlossen hatten, waren um die Gabelung herum angeordnet. In den Eingängen saßen Gestalten, Flaschen in den Händen. Es war ein Bild, das man nun überall in Köln sah. Menschen aus evakuierten Gebieten überfluteten die restlichen Viertel der Großstadt, wussten nicht, wohin mit sich. Turnhallen, Schulen und Veranstaltungsräume der umliegenden Kreise und Städte waren längst bis zum Bersten gefüllt. Man hatte sich zunächst um die Unterbringung von Familien und Frauen gekümmert und alleinstehende Männer sich selbst überlassen. Tagsüber war das ein beunruhigendes Bild. Nachts war es angsteinflößend.

»Hey, Mädels. Wohin des Weges?«, fragte eine Gestalt vor dem Eingang eines Billigmodehauses, die Emma wegen des schwachen Lichts nicht genau erkennen konnte. Nur, dass der Mann Anstalten machte, aufzustehen.

Emma zupfte Tanja am Ärmel. »Lass uns verschwinden«, zischte sie.

Tanja pflichtete ihr bei, und nebeneinander gingen sie bei Rotlicht über die Straße. Das einzige Auto war ein Polizeiwagen in der Ferne, der mit Sirene und Blaulicht über eine Kreuzung jagte.

Emma konnte sich nicht erinnern, sich in ihrer Heimatstadt jemals so unsicher gefühlt zu haben.

Der Supermarkt war zwei Blocks entfernt, Emma konnte schon die roten Lichter des Logos ausmachen. Auf einer Brachfläche vor ihnen waren rund zwei Dutzend große Zelte zu einem improvisierten Flüchtlingslager aufgebaut. Am Straßenrand saßen einige Männer in dicken Jacken auf Klappstühlen. Sie unterhielten sich leise miteinander, und auch hier standen oder lagen eine Menge Flaschen auf dem Boden.

»Lass uns die Straßenseite wechseln.« Emma wartete die Antwort nicht ab und zog ihre Tochter mit sich.

Tanja lachte, aber es lag Unsicherheit darin. Sie folgte Emma.

Dennoch oder gerade deswegen war die Gruppe auf sie aufmerksam geworden. Zwei Männer mit Kapuzenpullis standen auf und kamen ihnen nach.

»Nicht stehen bleiben!« Emma ging, die Hand ihrer Tochter in der ihren, so schnell sie konnte, ohne laufen zu müssen. Sie hätten zu Hause bleiben und den Proviant erst morgen besorgen sollen.

Die beiden Männer machten einen Bogen und versperrten ihnen den Weg. »Geht ihr zum Supermarkt?«, fragte einer in akzentfreiem Deutsch. Der Sprecher war großgewachsen und trug eine schwarze Kunstlederjacke und schwere Stiefel. Der andere war mittelgroß, korpulent und in einem hässlichen Jogginganzug, dessen Flecken Emma trotz des schwachen Lichtes gut erkennen konnte. Der Geruch von Alkohol stach ihr in die Nase.

»Ja, wir müssen noch etwas einkaufen«, antwortete Tanja bemüht beiläufig.

»Wir sind hungrig und durstig und haben kein Geld mehr«, verkündete der korpulente Bursche. »Bringt ihr uns etwas mit?«

»Wir haben selber kaum noch Geld«, erwiderte Emma. Sie wollte um die Männer herumgehen, aber der Große stellte sich ihr in den Weg.

»Dann solltest du langsam lernen, zu teilen«, riet ihr der Korpulente.

»Vielleicht reicht es ja für ein paar Riegel und zwei Flaschen Wasser für euch«, antwortete Emma ausweichend. Sie wollte einfach nur weg.

»Ein Sixpack Bier und eine Flasche Wodka«, erklärte der Große in einem Ton, als sei er es gewohnt, anderen Menschen - oder zumindest Frauen - Befehle zu erteilen.

»Wir schauen mal, was sich machen lässt.« Tanja gelang es nicht, ihre Abscheu zu verbergen.

Der Große schüttelte den Kopf. »Nix mal schauen! Betrachte es als Wegegeld.«

Tanja schnappte nach Luft. »Wegegeld? Wir sind doch hier nicht im …«

»Sicher«, unterbrach Emma ihre Freundin. »Wir bringen euch die Sachen mit.«

»Gut«, meinte der Korpulente. »Wir werden hier warten.«

Sie gingen weiter. Immer wieder drehte Emma sich um. Die Männer kamen ihnen nicht weiter nach.

»Warum hast du mich unterbrochen?« Tanjas Stimme zitterte. »Ich hätte dem ganz schön die Meinung gegeigt.«

Emma schnaubte. »Ich lasse mich nicht auf einen Streit mit solch finsteren Typen ein, wenn ich meine Tochter dabeihabe.«

Sie hätten zu Hause bleiben sollen. Wieder ärgerte sich Emma, dass sie sich von ihrer Freundin hatte bequatschen lassen.

Endlich erreichten sie das Supermarktgelände. Ein Polizeiwagen fuhr in dem Moment mit heulenden Sirenen vom Parkplatz. Zwei Mitarbeiter eines privaten Sicherheitsdienstes standen vor der Tür. Elektroschocker baumelten an ihren Gürteln. Erst jetzt sah Emma, dass Risse in sämtlichen Scheiben des Supermarkts prangten.

»Was ist denn hier passiert?«, fragte Tanja.

Einer der Wachmänner, ein großer, bulliger Typ, entriegelte die Tür, damit die Frauen eintreten konnten. »Als es dunkel wurde, haben ein gutes Dutzend Arschlöcher versucht, den Laden zu plündern.«

»Dabei ist sowieso fast alles ausverkauft«, meinte der andere Wachmann, der penetrant nach Zigaretten stank.

Emma blickte durch die beschädigten Fensterscheiben. In der Tat waren die meisten Regale leer.

»Da.« Der Raucher streckte den Arm aus. »Kaum sind die Bullen weg, kommen die Ratten schon wieder aus ihren Löchern gekrochen.«

Emma sah in die Richtung, in die er zeigte. Vom Schulhof auf der anderen Straßenseite bewegten sich einige Gestalten ins

Licht der Straßenlaternen. Dort blieben sie stehen, warteten offenbar ab.

Emma fühlte sich immer unwohler. »Es wäre besser gewesen, den Supermarkt unter Polizeischutz zu stellen.«

Der große Wachmann lachte. »Die meisten Polizisten kontrollieren die Grenzen der evakuierten Stadtteile. In Deutz muss es zu massiven Plünderungen gekommen sein. In der Altstadt geht es wohl auch richtig ab, sagt ein Kollege. Habt ihr das von Hahnwald mitbekommen?«

Emma verneinte. Köln-Hahnwald war das Villenviertel von Köln. Natürlich war der Ortsteil auch evakuiert worden. »Was war denn in Hahnwald?«

»Irgendeine Gang ist dort durch die Villen gezogen. Haben einige reiche Leute massakriert, die trotz der Evakuierungen in ihren Häusern geblieben sind.«

Emma schluckte. Es wurde immer schlimmer.

Was passiert bloß in diesem Land?

»Ich werde hier nicht mehr lange meinen Arsch hinhalten«, sagte der Raucher. »Also geht besser rein und dann wieder nach Hause, so lange es noch möglich ist.«

Emma zog Elena mit sich in den Laden. Tanja holte einen Einkaufswagen. Als sie ihn durch die Gänge rollten, wurde klar, dass sie sich den Weg hätten sparen können.

»Hier ist ja gar nichts mehr«, empörte sich Tanja.

Die Freundin hatte recht. Die Regale mit Lebensmitteln waren restlos leergekauft. Bei dem Übriggebliebenen handelte es sich um Kram, den in der Krise niemand brauchte. Putzmittel, Sonnenmilch, Parfüm, Spielzeug.

»Wir können uns gleich wieder auf den Rückweg machen.« Tanja ließ den Einkaufswagen einfach stehen, verzichtete wohl auf ihren Euro. Schweigend begaben sie sich zur Kasse.

»Warum haben Sie überhaupt noch geöffnet?«, fragte Emma den Kassierer, offenbar der einzige Beschäftigte, der sich hier noch aufhielt. Ein Schildchen auf seiner roten Uniform informierte darüber, dass er der Filialleiter war und Michael hieß. Michael war ein junger Mann von höchstens fünfundzwanzig Jahren mit rötlichen Haaren.

»Ich mache hier gleich dicht«, verkündete Michael. »Ich habe nur auf Erlaubnis aus der Zentrale gewartet.«

»Kriegen Sie denn morgen früh wieder neue Ware?«, fragte Tanja.

Der Mann lachte. »Wohl kaum. Und wenn, habe ich niemanden mehr, der die Sachen in die Regale einräumen könnte. Sind ja alle abgehauen.«

»Meinen Sie Ihre Beschäftigten?«, fragte Tanja. »Wohin denn abgehauen?«

Michael lachte wieder. »Machen Sie Witze? Raus aus Köln. Wie jeder andere auch. Meine Freunde sind schon längst weg.«

»Wir wollen uns morgen auch auf den Weg machen«, sagte Emma.

»Wenn ich ein Auto hätte, würde ich nachts fahren«, sagte Michael. »Weil die A3, die A4 und die A555 gesperrt sind, bleibt nur die A1 und die war heute restlos verstopft. Auch die Bundesstraßen im Linksrheinischen sind dicht.«

»Wir haben kein Auto«, sagte Tanja. »Jedenfalls jetzt nicht mehr. Wir werden die Bahn nehmen.«

Michael lachte höhnisch. »Kannste auch vergessen. Da sämtliche Bahnlinien im Rechtsrheinischen gesperrt sind, fährt nach Süden nur noch die eine Linie über Bonn, und da sind die Züge total voll. Eben haben sie im Radio gebracht, dass irgendwelche Idioten bei Klettenberg mit einer Sperre versucht haben, einen Zug anzuhalten, um an Bord zu kommen. Der Regionalexpress ist entgleist. Im Moment ist die Strecke gesperrt und wird es wohl die ganze Nacht über bleiben. Im Fernseher haben sie Bilder von Flüchtlingstrecks aus Brühl gezeigt, die zu Fuß Richtung Süden wandern und Handkarren hinter sich herziehen.«

Emma und Tanja hatten die letzten Nachrichten nicht mehr gesehen. Sie hatten die Bilder kaum noch ertragen können. Wie musste das alles wohl auf Elena wirken?

»Haben sie noch mal was über die Bombe gesagt?«, wollte Tanja wissen.

»Nö, aber jeder zweite Kunde redet davon, dass wir besser alle abhauen, bevor uns die Amis eine Bombe auf den Kopf schmeißen. Denen würde ich es zutrauen, Köln ohne weitere Vorwarnung zu vernichten.«

Emma hatte sich anfänglich nicht viel um die Gerüchte gekümmert. Zu abwegig erschien ihr der Gedanke, dass eine befreundete Nation einfach eine Atombombe auf Deutschland abwarf. Aber nachdem die Bemühungen um eine Eindämmung der Nanomaschinen auf der Stelle traten, die Politiker im Fernsehen einen zunehmend resignierten Eindruck machten und internationale Wissenschaftler vor Horrorszenarios einer außer Kontrolle geratenen Nanomaschinenepidemie warnten, wollte Emma eine solche Verzweiflungstat nicht mehr ausschließen.

Ein Grund mehr, endlich aus Köln zu verschwinden.

Sie wünschten dem Verkäufer viel Glück und verließen den Supermarkt mit leeren Händen.

»Mädels, es wird Zeit, dass ihr nach Hause kommt«, verkündete der größere der beiden Wachmänner.

Emma sah sofort, warum. Immer mehr Gestalten sammelten sich unter den Straßenlaternen des nahen Schulhofes. Es würde nicht mehr lange dauern, bis sie einen erneuten Angriff auf den Supermarkt unternahmen.

»Aber es gibt doch gar nichts mehr zu plündern.« Tanja schüttelte den Kopf. »Der Laden ist so gut wie leer gekauft.«

»Das wissen die da drüben womöglich nicht.« Der andere Wachmann zog an einer Zigarette. »Vielleicht denken sie, das Lager ist noch voll.«

»Oder die haben es auf das Geld abgesehen«, vermutete Emma.

Elena zerrte an ihrer Hand. Die dunklen Gestalten in der Nähe machten ihr sicher Angst. Aber sie sagte nach wie vor nichts.

»Gehen wir.« Tanja trat auf den leeren Parkplatz.

Emma wollte ihr hinterhergehen, aber sie stutzte. »Moment. Was ist mit den Typen, die uns angemacht haben?« Sie hätte das Gesindel fast vergessen.

Tanja fuhr herum und wandte sich an die Wachleute. »Ein Stück die Straße runter haben uns ein paar Typen aufgelauert. Gut möglich, dass die da immer noch sind. Können Sie uns nicht ein Stück begleiten?«

»Nein«, antwortete der Raucher. »Wir ziehen auch gleich ab, aber wir müssen in die andere Richtung, weil da unser Auto steht.«

»Ist auch egal«, meinte Tanja. »Wir gehen einfach durch die Dammstraße zurück, dann müssen wir nicht mehr an den Gestalten vorbei.«

An der Kreuzung vor dem Supermarkt bogen sie in die andere Straße ein, die sie auf einem kleinen Umweg zurück zu Tanjas Wohnung bringen würde. Als Emma noch einmal zurückblickte, waren die Wachmänner bereits verschwunden.

»Tut mir leid«, meinte Tanja. »Wir hätten früher zum Supermarkt gehen sollen.«

Sie eilten an mehrstöckigen Wohnhäusern vorbei. Nur in wenigen Fenstern brannte Licht. Wenigstens lungerten hier in den Hauseingängen keine finsteren Typen herum.

Plötzlich zog Elena an Emmas Hand.

»Was ist denn?«

Emma sah, dass zwei Gestalten ihnen folgten. Sie mochten noch gut hundert Meter hinter ihnen sein, aber sie schlossen schnell auf. Einer der beiden war groß, der andere klein. Obwohl Emma nur Schemen erkennen konnte, war sie sich sicher, dass es sich um die beiden handelte, die sie vor dem Zeltcamp angequatscht hatten.

»Scheiße«, zischte Tanja. »Bloß weg.«

An der nächsten Kreuzung bogen sie rechts ab. Der Weg war stellenweise durch chaotisch abgestellte Autos blockiert. Emma ging mit ihrer Tochter an der Hand auf die Straße. Es gab ohnehin keinen Verkehr. Sie griff nach ihrem Handy und wählte die Notrufnummer der Polizei. Eine Bandansage verkündete ihr, dass alle Leitungen belegt waren. Emma steckte das Handy wieder weg. Die Polizei würde es ohnehin nicht rechtzeitig zu ihnen schaffen.

Die Straße war dunkel. Aus irgendeinem Grund funktionierten die Laternen nicht. Es war beinahe gespenstisch ruhig. Zügig setzten sie ihren Weg fort. Elena musste laufen, um mitzukommen. In der Ferne waren Schüsse zu hören.

Immer wieder schaute Emma sich um.

»Ich glaube, wir haben sie abgehängt«, sagte Tanja.

Sie näherten sich der nächsten Kreuzung. Von hier war es nur noch ein kleines Stück bis zu Tanjas Wohnung.

Emma blickte erneut zurück. Noch immer war von den Männern nichts zu sehen. Allmählich beruhigte sie sich. Sie hatten offenbar aufgegeben.

Dann tauchten die dunklen Typen plötzlich an der Ecke vor ihnen auf.

Emmas Herz setzte beinahe aus.

Wie waren die so schnell vor sie gekommen?

Emma stoppte, wollte wenden und zurücklaufen.

»Es ist zu spät!«, flüsterte Tanja.

Schon hatten die Männer sie erreicht.

Emma stellte sich vor ihre Tochter.

Der Große baute sich vor ihr auf.

Der andere ging um sie herum und versperrte ihnen den Weg zurück.

»Wollt ihr uns etwa verarschen?«, fragte der Große.

»Wir hatten eine Abmachung«, sagte der Kleine.

»Der Laden war leer«, erwiderte Tanja. »Es gab nichts mehr. Wir haben selber nichts bekommen.«

Der Große brummte missmutig.

»Wir haben ja nichts bei uns. Das seht ihr doch selber«, bekräftigte Emma.

»Gib mir dein Geld!«, wandte sich der Kleine an Tanja. Er streckte den Arm aus und fingerte an Tanjas Jacke herum.

»Nimm deine Drecksgriffel weg!«

Der Kleine zog tatsächlich die Hand weg.

Doch dann blitzte plötzlich etwas auf.

Emma erschrak.

Er hatte ein Messer.

»Du gibst mir jetzt sofort dein Geld, oder ich stech dich ab!«

»Tanja«, zischte Emma. »Gib es ihm!« Sie hatten diesen Typen nichts entgegenzusetzen. Sie zitterte, befürchtete, dass die Männer ihr oder Tanja etwas antun würden. Oder sogar ihrer Tochter!

Tanja holte ihre Geldbörse aus der Jacke. Der Kleine griff danach, doch Tanja zog ihre Hand weg. »Ich kann dir nicht alles geben. Das ist mein letztes Geld und aus den Automaten kommt nichts mehr!«

Der Große griff von hinten nach Tanjas Hand. Erschrocken stolperte Tanja nach vorne – in das Messer hinein. Sie schrie unterdrückt auf. Sofort knickten ihre Knie weg, und beinahe wäre sie gestürzt.

Wie in Zeitlupe drehte Tanja sich um. Irgendeine dicke Flüssigkeit tropfte vor ihr auf den Asphalt. Sie starrte Emma mit einem Ausdruck unendlicher Verwunderung an. Dann wurden ihre Augen glasig und sie sackte in sich zusammen.

Emma schrie. »Hilfe!«

Der Kleine griff sich Tanjas Geldbörse, und die beiden Männer rannten davon.

Tanja stöhnte und versuchte, sich hochzustemmen.

»Bleib liegen. Ich rufe einen Krankenwagen.« Emmas Finger

zitterten, während sie die Nummer auf ihrem Smartphone eingab. Doch wieder hörte sie nur die Bandansage, die Notrufzentralen seien überlastet.

»Es geht schon«, nuschelte Tanja. Langsam rappelte sie sich auf und stützte sich an einer Hauswand ab. »Lass uns nach Hause gehen.«

Hoffnung keimte in Emma auf. Sicher war Tanja nicht schwer verletzt. Sie ließ die Hand ihrer Tochter los, um ihre Freundin festzuhalten.

Tanja schwankte. Emma musste sie förmlich bis zum Haus schleppen.

Sie nahm den Schlüssel aus Tanjas Jackentasche und schloss die Tür auf. Ihre Freundin stöhnte, als Emma ihr die Treppe hinaufhalf.

Erst als sie wieder in der Wohnung waren, sah Emma, dass Tanjas Jacke sich dunkel gefärbt hatte.

Sie half Tanja, sie auszuziehen. Das Gesicht der Freundin war unglaublich blass.

»Ich muss mich setzen.« Tanja wankte ins Wohnzimmer und ließ sich in einen Sessel fallen. Emma griff nach dem Festnetztelefon und wählte erneut den Notruf. Doch es war umsonst. Arbeitete überhaupt noch jemand in dieser verdammten Zentrale?

Elena stand wie angewurzelt an der Eingangstür und starrte ins Wohnzimmer, wo Tanja im Sessel zusammengesunken war. Auf dem beigefarbenen Teppich hatte sich eine Blutlache gebildet, die von Sekunde zu Sekunde größer wurde.

Emma stürzte zu der Freundin und griff ihre Hand. Sie war eiskalt.

»Tanja! Tanja!«

Emma riss ihr das Hemd auf und schob das Unterhemd nach oben. Das Messer hatte eine tiefe Wunde hinterlassen, einige Zentimeter lang, an einer Stelle, wo Emma das Herz vermutet hätte. Blut sprudelte pulsierend aus dem Schnitt.

»Oh Gott!«, murmelte Emma.

Ich muss etwas tun! Und zwar schnell!

Sie griff nach einer Decke und drückte sie auf die Stelle. Im Nu färbte sie sich rot.

»Hast du einen Verbandskasten?«, rief Emma. »Irgendwas?«

Die Augen ihrer Freundin waren halb geöffnet. Speichel lief ihr aus dem Mund und rann am Kinn entlang.

»Tanja? Tanja!«

Emma griff an ihren Hals, um den Puls zu tasten.

Doch da war nichts mehr.

45

»Wir müssen einfach drüber reden!« Innenministerin Kamp schlug mit der Faust so heftig auf den Tisch, dass Ben zusammenzuckte.

Hütter betrachtete seine Ministerin aus zusammengekniffenen Augen. Alle Köpfe in der Kabinettssitzung waren dem Bundeskanzler zugewandt.

»Also schön.« Er machte einen tiefen Atemzug. »Reden wir darüber. Es gibt ja auch sehr viel darüber zu reden, wenn wir eine Wasserstoffbombe auf Köln abwerfen wollen. Wir machen uns damit zweifellos unheimlich beliebt, wenn wir das tun, um mikroskopisch kleine Roboter zu besiegen. Da wird sicher jeder vor Begeisterung ›Hurra‹ schreien.«

Ben saß mit Weinheim auf den Stühlen an der hinteren Wand. Die Stimmung hatte sich gegenüber seiner ersten Kabinettssitzung deutlich verdüstert. Aber das war kein Wunder. Jeden Tag trafen neue Hiobsbotschaften aus Köln ein. Andrew und Hagen bekamen die Krise einfach nicht in den Griff.

Der Kanzler erhob sich. »Ich bin absolut dagegen. Dazu gibt es nichts weiter zu sagen.«

»Herr Bundeskanzler.« Außenminister Blumfeld sprach mit ruhiger Stimme. »Ich bekomme mittlerweile deutliche Signale von den USA, Russland, Frankreich und sogar China, dass sie sich das nicht mehr lange anschauen.«

»Die sollen schauen, bis sie schwarz werden«, brüllte der Kanzler.

Ben starrte Hütter verblüfft an.

Hütters Pupillen waren stark geweitet, als habe er irgendwelche Drogen genommen. Bei ihren wenigen Begegnungen seit der Rückkehr aus Brüssel hatte der Kanzler nervös, müde und fahrig gewirkt.

Aber war das ein Wunder?

»Es ist niemandem damit gedient, wenn uns die Entscheidung aus der Hand genommen wird«, erklärte der Außenminister. »Wir verlieren dadurch jegliche Autorität.«

»Was kümmert mich unsere Autorität.« Hütter fuchtelte mit den Händen, und der neben ihm sitzende Finanzminister zog den Kopf ein. »Es geht hier um die Existenz einer Millionenstadt. Von den umliegenden Städten, die dabei mitverstrahlt werden, wollen wir gar nicht sprechen.«

»Wir opfern Köln und retten dadurch das Land«, erläuterte die Innenministerin. »Vielleicht sogar die ganze Welt.«

Ben schnaubte. Kamp stammte aus München, sie hatte also leicht reden.

»Wenn wir jetzt eine Entscheidung treffen, bleibt vielleicht noch Zeit für eine halbwegs geordnete Evakuierung«, meinte Kanzleramtsminister Gebhard.

Kamp lachte bitter. »Eine Evakuierung dieser Größenordnung wird ohnehin im Chaos enden. So etwas hatten wir noch nie.«

»Ihr seid von Sinnen.« Der Kanzler schlug sich gegen die Stirn. »Das überhaupt auch nur in Erwägung zu ziehen.«

»Was ist denn Ihre Alternative?« Umweltminister Kahl nahm seine Brille vom Tisch und starrte den Kanzler an.

»Die Einsatzkräfte müssen die Nanomaschinen mit herkömmlichen Mitteln in den Griff kriegen.«

»Mich würde interessieren, wie die Experten darüber denken.« Außenminister Blumfeld wandte sich an Ben.

»Passen Sie auf, was Sie sagen«, zischte Weinheim ihm zu. Ben wusste, dass der Mann ein entschiedener Gegner des Einsatzes der Wasserstoffbombe war.

Ben war unbehaglich zumute. Von dem, was er jetzt sagte, konnte gut und gerne abhängen, ob die Stadt Köln in wenigen Stunden oder Tagen im Glutball einer nuklearen Explosion verging.

Oder die Erde in den nächsten Monaten von wildgewordenen Nanomaschinen aufgefressen wurde.

Er stand auf und wägte seine Worte ab. »Das ist sehr schwer zu beantworten. Es könnte sein, dass es keinen anderen Ausweg gibt, aber ich bin mir nicht sicher, ob es jetzt schon so weit ist, eine solche Entscheidung zu treffen.«

»Bis wann muss diese Entscheidung denn getroffen werden?«, hakte Blumfeld nach.

Der Kanzler sah Ben giftig an.

Ben hob entschuldigend die Arme. »Das kann ich nicht beurteilen. Es gibt darüber widersprüchliche Studien.«

»Geben Sie eine Prognose ab«, forderte Kamp.

»Ein paar Tage vielleicht.« Das hatte Andrew jedenfalls so gesagt.

»Wie ist denn die aktuelle Lage in Köln?«, wollte der Umweltminister wissen.

»Es gibt nichts Neues zu berichten.« Das war leider die Wahrheit.

»Das Gebiet mit den kürzlich entstandenen Ausbrüchen wächst weiterhin?«, fragte der Kanzler.

Ben nickte. »Leider ja. Die meisten davon können allerdings schnell sterilisiert werden.«

»Indem wir weiterhin tonnenweise Atommüll darauf abladen«, verkündete der Umweltminister mit Grabesstimme.

»Ja, das ist schon schlimm genug«, erklärte Kanzler Hütter. »Auch ohne dass wir über Atombomben auf Köln reden. Ich will davon jetzt nichts weiter hören.« Hütter wandte sich an seinen Kanzleramtsminister. »Was gibt es sonst noch?«

»Die Presse hat sich auf uns eingeschossen. Die Sympathiewerte für unsere Partei befinden sich laut den neuesten Umfragen im freien Fall. Geering denkt darüber nach, seine Kandidatur aufzugeben.«

Ben verzog keine Miene. Für die aktuelle Krise konnte Geering nichts. Seine Politik würde sich von der Kanzler Hütters völlig unterscheiden. Aber die beiden gehörten derselben Partei an, und die Bürger rechneten mit ihrer Stimme nun einmal auch mit der Politik des aktuellen Kanzlers ab. Das konnte Ben aber angesichts dieser Krise völlig egal sein.

»Ist sein Problem.« Der Kanzler machte eine wegwerfende Handbewegung. »Weiter.«

»Aus der Opposition kommt wieder die Forderung, Sie sollen im Parlament die Vertrauensfrage stellen. Oder die ganze Regierung solle gleich zurücktreten.«

Hütter lachte. »Diese Idioten! In einem Monat sind Wahlen. Dann ist diese Regierung sowieso weg vom Fenster. Mit einem Rücktritt ist es auch nicht getan. Wer soll dann die Krise managen?«

Kanzleramtsminister Gebhard zuckte mit den Schultern.

Der Kanzler drehte sich Ben zu. »Wie ist denn das Bild der Regierung bei Ihren Kollegen?«

Ben schluckte. Die Antwort würde Hütter nicht gefallen. Er überlegte, ob er den Unwissenden spielen oder die Lage beschönigen sollte. Doch er war nach Berlin beordert worden, um die

Regierung zu beraten. Es half niemandem, wenn er log. »Verheerend.«

Hütter beugte sich in seinem Stuhl nach vorne. »Verheerend?«

Ben bejahte. »Die Kollegen vom Forschungszentrum und die Einsatzkräfte vor Ort sind der Meinung, dass die Regierung nicht genug tut.«

Der Kanzler brummte missmutig. »Wir haben Milliardenbeträge zur Verfügung gestellt. Was auch immer NRW an Finanzen braucht, überweisen wir am selben Tag noch nach Düsseldorf. Wir haben uns sehr weit aus dem Fenster gelehnt, indem wir landesweit einen Notstand ausgerufen haben. Was zum Teufel erwarten die sonst noch?«

»Viele Einsatzkräfte sagen, dass die Bundeswehr stärker unterstützen sollte. Zum Beispiel bei der Absicherung der Evakuierungszone und bei der Sicherung von Köln.«

»Ich weiß, dass die Sicherheitslage in der Stadt nicht gut ist«, meldete sich Kamp zu Wort. »Aber wir können die Bundeswehr nicht so ohne Weiteres für innenpolitische Angelegenheiten einsetzen. Die Bundeswehr ist keine Polizei. Außerdem steht es Morsleben frei, zusätzliche Polizisten aus anderen Bundesländern anzufordern. Aber er will die Dinge ja unbedingt intern lösen.«

Das wusste Ben natürlich. »Viele sind dennoch der Meinung, dass die Bundesregierung sich stärker an der Lösung der Probleme beteiligen sollte.«

Kamp schüttelte den Kopf. »Notlagen und Sicherheitsfragen liegen nun einmal im Kompetenzbereich der Länder. Wir haben ein Grundgesetz und können nicht einfach machen, was wir wollen.«

Es hätte doch sicher im Kompetenzbereich des Bundestages gelegen, dachte Ben, zur Eindämmung der Krise zeitweise Ausnahmen zu machen, aber offensichtlich hatte diese Regierung jegliche Motivation verloren.

Er stand unschlüssig vor seinem Stuhl.

Was soll ich noch sagen?

Er setzte sich wieder.

Es ist sowieso zwecklos.

46

»Da unten!« Der Pilot drehte eine enge Kurve. »Sehen Sie sich das an!«

Andrew beugte sich aus der offenen Luke des Helikopters und wäre beinahe mit Hagen zusammengestoßen, der ebenfalls zu der Öffnung gerückt war.

Andrew erkannte etwa hundert Meter unter sich ein Wohngebiet im Kölner Ortsteil Wahn. Es regnete immer noch sehr stark, und die Dächer der Einfamilien- und Reihenhäuser glänzten. Der Pilot ging noch enger in die Kurve und wenn Andrew nicht angeschnallt gewesen wäre, wäre er aus der offenen Tür in die Tiefe gestürzt.

Dann fiel sein Blick auf einen kreisrunden, golden schimmernden Teich, der einen Durchmesser von einigen Dutzend Metern hatte. Daneben gab es eine weitere Ausbruchsstelle, die kaum kleiner war. Beide wuchsen zusehends und würden sich in wenigen Minuten miteinander vereinigen. Eines der Häuser am Rand stürzte krachend in sich zusammen und Trümmerstücke ergossen sich in den See aus Nanomaschinen.

»Wie oft haben Sie die Stelle behandelt?«, fragte Andrew in das Mikrophon seines Schutzanzuges.

»Fünfmal haben wir radioaktives Material darüber ausgekippt.« Verzweiflung lag in der Stimme des Einsatzleiters. »Es hat die Ausbreitung immer nur kurzzeitig gestoppt. Die verdammten Nanomaschinen werden zunehmend resistenter gegen Radioaktivität.«

Ein zweiter Hubschrauber raste heran. Er flog unter ihrem hindurch und kam über der Ausbruchsstelle zum Stillstand. Aus einem darunter hängenden riesengroßen Eimer stürzte weiteres radioaktives Material in die Tiefe und bedeckte einen Teil des goldenen Sees.

Wir schaffen es nicht!

Seit einer halben Stunde flogen sie über die südöstlichen Stadtviertel Kölns und inspizierten die aktiven Ausbruchsstellen. Es waren inzwischen über zwei Dutzend. Und überall um sie herum befanden sich Hubschrauber im Einsatz. Das Rattern der Rotoren schmerzte in den Ohren. Die Luft roch nach Dieselabgasen. Die ganze Szene erinnerte Andrew an Filme über den Vietnamkrieg.

Sie näherten sich dem Flughafen, der schon lange gesperrt war und nur noch als Basis für den Kampf gegen die Nanomaschinen genutzt wurde. Andrew sah Dutzende Hubschrauber am Boden. Einige waren am Ende der inaktiven Startbahn 14 L abgestellt. Sie hatten schon so viel Radioaktivität abbekommen, dass sie nicht mehr benutzbar waren.

Andrew kontrollierte sein Dosimeter. Die zulässige Tageshöchstdosis war bei weitem überschritten. Aber der zuständige Strahlenschutzexperte hatte versichert, dass ihm eine Ausnahme nicht im Übermaß schaden würde. Außerdem nahmen die Helikopterpiloten jeden Tag eine noch höhere Dosis in Kauf. Nur wenige hatten sich geweigert, weitere Einsätze zu fliegen. Dennoch fragte sich Andrew, wann der befehlshabende General seine Drohung wahrmachen und die Soldaten abziehen würde.

»Fliegen Sie uns bitte zum Forschungszentrum«, sagte Hagen nach einer halben Ewigkeit.

Der Pilot antwortete nicht, ging aber auf Südkurs.

»Irgendwelche Vorschläge?«, erkundigte sich der Einsatzleiter.

Andrew hatte keine. Er war mit seinem Latein am Ende.

»Warum werden die Nanomaschinen plötzlich so resistent gegen radioaktive Strahlung?«

»Ich weiß es nicht. Aber vielleicht hat Paulsson inzwischen eine Antwort.«

Der Kollege untersuchte zu dieser Stunde eine Probe von zerstörten Nanomaschinen, die Hagen und Andrew gestern aus einer Ausbruchsstelle geborgen hatten.

Der Pilot landete auf dem Parkplatz vor dem Administrationsgebäude. Andrew schnallte sich ab und sprang aus dem Hubschrauber. Geduckt lief er mit Hagen in Richtung Gebäude. Hinter ihnen jaulten die Turbinen des Helikopters wieder auf.

Hagen löste den Helm des Anzugs und schob ihn zurück in den Nacken. Sein Gesicht war stark gerötet. Schweiß lief an seinen Wangen herunter. »Was ist denn da los?«

Andrew entledigte sich ebenfalls des Kopfteils. Jetzt erst sah er die schweren Laster vor dem Haupteingang. Männer und Frauen in weißen Anzügen und Gasmasken trugen Kisten aus dem Gebäude und verstauten sie in den Fahrzeugen. Ein großgewachsener Mann setzte eine Holzbox auf der Ladefläche des Lkw ab, entdeckte Andrew und Hagen dann offenbar und lief auf sie zu. »Wir müssen evakuieren«, schrie er.

Hagen machte eine fragende Geste.

»Wir haben versucht, Sie zu erreichen.«

Hagen griff in die Brusttasche seines Anzugs und holte sein Handy heraus. »Ich habe das Gerät über dem Lärm des Hubschraubers nicht gehört. Was ist denn?«

»Der Wind hat überraschend gedreht.« Der Mann deutete nach Westen. »Es hat radioaktives Material hierher geweht. Die Dosisleistung steigt rapide an.«

Andrew starrte auf sein Dosimeter. Der Mann hatte recht. Die Strahlung war bereits gefährlich erhöht. Er verspürte eine leichte Übelkeit und fragte sich, ob das schon die ersten Anzeichen der

Strahlenkrankheit waren. Wahrscheinlich jedoch bildete er es sich nur ein.

»Wo sollen wir hin?«, fragte der Mann.

Hagen zeigte nach Süden. »Am besten bringen wir das ganze Zeug nach Hangelar zum Gelände des Bundesgrenzschutzes. Da haben wir zumindest eine Landestelle für Hubschrauber.«

»Über kurz oder lang wird die Radioaktivität dort aber auch ansteigen.«

»Das ist mir klar.« Hagen winkte unwirsch ab. »Dann ziehen wir halt weiter nach Bonn zum BMVg.«

Andrew vermutete, dass damit das ehemalige Gelände des Verteidigungsministeriums gemeint war. Es befand sich von hier aus gesehen auf der anderen Seite von Bonn und war von den Ausbruchsstellen weit genug entfernt. Warum verlegten sie die Einsatzzentrale nicht gleich dorthin?

»Lassen Sie uns mit Rappe beraten.« Hagen deutete auf den Eingang. »Er müsste inzwischen mit dem Kanzleramt gesprochen haben.«

Andrew schüttelte den Kopf. »Ich möchte mit Paulsson reden. Vielleicht hat er inzwischen etwas Neues über die Nanomaschinen herausgefunden.«

Hagen rieb sich über das Kinn. »Einverstanden. Das interessiert mich auch. Ich komme mit.«

Sie gingen zu Hagens Wagen, der ein Stück weiter auf dem Parkplatz abgestellt war, und fuhren zum Nanotechniklabor. Noch immer prangte das riesige, von der Bombe hineingerissene Loch in der Seitenwand. Aber niemand führte hier mehr Reparaturarbeiten durch. Wenn die Radioaktivität immer weiter anstieg und das Forschungszentrum evakuiert werden musste, würde dies so bleiben. Andrew war überzeugt davon, dass hier niemals wieder Experimente durchgeführt werden würden, ob mit Nanotechnik oder ohne.

Der Gedanke versetzte Andrew inzwischen nicht einmal

mehr einen Stich. Nein, er wünschte sich, er hätte mit dieser gefährlichen Technologie nie etwas zu tun gehabt. Man hatte ihm damals an der Universität in Oxford eine Abschlussarbeit über die kontrollierte Kernfusion im nahen Forschungszentrum CCFE angeboten. Warum hatte er sie nicht angenommen? Nein, stattdessen hatte er sich für die Doktorarbeit über angewandte Nanotechnologie im deutschen Jülich bei Professor Rappe entschieden.

Er seufzte.

Es ist ja doch nicht zu ändern.

Aber irgendwie mussten sie aus diesem verdammten Schlamassel heraus.

Sie bogen in den Ostflügel ab, wo sich die alten Labors befanden, die bei dem Anschlag unbeschädigt geblieben waren. Dennoch schien das Gebäude verlassen. Leere Kisten und Papiere lagen vor den Türen.

Andrew klopfte an Paulssons Tür und ging hinein, ohne eine Antwort abzuwarten.

Das Labor war recht klein und wurde von Neonröhren in unangenehmes Licht getaucht.

»Augenblick!«

Gerd Paulsson saß mit dem Rücken zu ihnen an einem Computer. Neben ihm auf dem Tisch stand der silbern schimmernde Zylinder eines großen Elektronenmikroskops, das ein deutlich hörbares Summen von sich gab.

»Ich muss die Daten sichern.« Paulsson redete mit hektischer Stimme und tippte auf der Tastatur herum. »Wir sollen die Labors binnen einer Stunde räumen.«

»Ich weiß«, erwiderte Andrew bitter. Das würde alles noch schwerer machen.

Hagen holte sein Handy heraus und schrieb Nachrichten.

Endlich drehte sich Paulsson auf seinem Drehstuhl herum. Der Wissenschaftler trug ein blaues Hemd unter dem weißen

Kittel. Die Achseln des Mannes waren schweißgetränkt. Er rückte sich die Brille zurecht und rang sichtbar nach Worten. »Es ist wirklich interessant.«

Hagen steckte sein Mobiltelefon wieder in die Tasche. »Was ist interessant?«

»Der Weg, den die Nanomaschinen gefunden haben, mit Radioaktivität umzugehen.«

Andrew forderte den Wissenschaftler mit einer Geste zum Weiterreden auf. Er hatte keine Zeit, dem Kollegen alle Informationen einzeln aus der Nase zu ziehen.

»Also, zum einen hat sich die Struktur der Nanomaschinen verändert. Die Sollbruchstelle, die wir ehemals bei der Konstruktion der Ursprungsversion angelegt haben, ist verschwunden.« Paulsson drehte sich zu seinem Computer um und rief ein Bild auf: eine Schwarzweißaufnahme des Elektronenmikroskops. Sie war unscharf, ein Anzeichen, dass das Mikroskop am Rande seiner Kapazität arbeitete.

Andrew kannte das Bild der Nanomaschine. Sie ähnelte einer Bakterie mit einer komplizierten inneren Struktur, die aus unzähligen kleinen Fäden zu bestehen schien. Man sah deutlich die vielen antennenähnlichen Ausleger, die am Ende verdickt waren und Kinderlutschern ähnelten.

Paulsson zeigte auf eine Stelle, an der nichts mehr dem ursprünglichen Entwurf glich.

»Es ist unfassbar«, erklärte Andrew. »Völlig anders.«

Hagen verzog das Gesicht. »Was sieht man da?«

»Die Nanomaschinen machen in der Tat eine evolutionäre Entwicklung durch«, antwortete Paulsson. »Wir verstärken diese durch die Einbringung des radioaktiven Materials sogar. Strahlen schlagen Atome an eine neue Stelle und ändern die Eigenschaften der Mikroroboter. Manche erhalten dadurch einen evolutionären Vorteil, wie zum Beispiel eine erhöhte Widerstandskraft gegen die Vernichtung durch radioaktive Strahlung.«

Hagen rang die Hände. »Aber ich dachte, die Nanomaschinen konstruieren ihre Kopien per Bauplan. Und der kann sich doch nicht geändert haben.«

Andrew legte den Kopf schief. »Das ist eine Vereinfachung für die Presse. Nanomaschinen haben keinen internen Speicher, den man für digitale Baupläne nutzen könnte. Sie benutzen ihre Struktur, die regelmäßig abgetastet wird, als Speicher. Verändert sich diese, verändert sich der Bauplan.«

»Und nun kommen wir zum zweiten Punkt«, sagte Paulsson, was sich für Andrew wie eine Drohung anhörte. »Denn die Nanomaschinen legen ein erstaunliches Verhalten an den Tag.«

Andrew zuckte innerlich zusammen. »Was für ein Verhalten?«

»Wenn ein hochradioaktives Teilchen in die Masse eindringt, gruppieren sich sofort Nanomaschinen drum herum, die sich miteinander verbinden. Dadurch verkapseln sie sich und schirmen den restlichen Verbund von der Strahlung ab.«

Das hörte sich überhaupt nicht gut an. »Ist das ein Ergebnis der modifizierten Schwarmintelligenz oder einfach eine physikalische Reaktion auf die Einbringung radioaktiven Materials?«

»Das kann ich nicht sagen, Andrew«, erwiderte Paulsson.

Es machte letztlich keinen Unterschied. Es erklärte aber, warum das Auskippen des Atommülls über den Ausbruchsstellen nicht das gewünschte Ergebnis lieferte.

»Scheiße!« Hagen hatte das offenbar auch erkannt. »Was sollen wir denn jetzt machen?«

Andrew ging zum Fenster. Der Regen war nochmals stärker geworden und erlaubte nur einen verschwommenen Blick auf den Wald.

Es war so weit. Sie hatten den Punkt erreicht, an dem sie eine harte Entscheidung treffen mussten. Andrew hatte diesen Moment in den letzten Tagen gefürchtet.

Niemals, niemals in seinem Leben hätte er gedacht, dass seine Experimente ihn zu einem solchen Punkt bringen würden. Er sammelte sich, drehte sich um und sah Hagen direkt in die Augen. »Wir müssen die Wasserstoffbombe einsetzen.«

Paulsson verschluckte sich und hustete.

Hagen wurde bleich. »Niemals«, wisperte er.

»Es bleibt kein anderer Ausweg«, erwiderte Andrew. »Wir müssen zu Rappe und mit ihm gemeinsam den Bundeskanzler zum Einsatz der Wasserstoffbombe überreden.«

Hagen schüttelte vehement den Kopf. »Ich werde mich nicht an meinem Land versündigen und eine Atombombe auf Köln werfen.«

»Eine Wasserstoffbombe«, korrigierte Andrew.

»Was ist eigentlich der Unterschied?«, erkundigte sich Paulsson heiser.

»Eine Wasserstoffbombe nutzt eine Atombombe nur als Zünder und ist tausendfach stärker.«

Hagen schüttelte wieder den Kopf. »Niemals!« Er stürmte aus dem Raum.

Andrews Blick traf sich mit dem von Paulsson. »Ist das wirklich nötig?«, fragte der Wissenschaftler.

Andrew musste nicht lange nachdenken. »Ja.« Dann lief er Hagen hinterher.

Er holte ihn vor dem Haupteingang ein. »Hagen, warten Sie!«

Hagen spuckte auf den Boden. Er machte keine Anstalten, anzuhalten.

»Hagen! Es gibt keinen anderen Weg!«

Der Einsatzleiter hatte einen hochroten Kopf. »Ich soll eine Atombombe auf Köln abwerfen, um winzige Roboter zu stoppen? Sind Sie eigentlich restlos bescheuert?«

Andrew trat einen Schritt zurück und hob abwehrend die Hände. »Sie haben es doch selbst gesehen. Es wird nicht aufhören. Die Nanomaschinen werden sich weiter durch das Erdreich fressen. Wenn wir nicht schnellstens die Wasserstoffbombe einsetzen, bevor sie sich zu tief in die Erde gegraben haben, können wir sie nicht mehr stoppen. Sie fressen zuerst das Rheinland auf, dann Deutschland und dann in den nächsten Wochen und Monaten den ganzen Globus. Es ist das Ende der Erde. Das Ende der Menschheit. Wir opfern Köln und retten den Planeten.«

Hagen begann plötzlich zu lachen. Zuerst leise, dann immer lauter.

Andrew brauchte einen Moment, bis ihm aufging, was er gerade gesagt hatte. Sein schlimmster Albtraum war wahr geworden. Nein, es war noch nicht einmal ein Albtraum gewesen. Bevor sie das Experiment durchgeführt hatten, war er nicht in seinen kühnsten Phantasien davon ausgegangen, dass sie irgendwann in eine solche Lage geraten konnten. Es waren die Albträume der Antinanoaktivisten gewesen. Die Befürchtungen von Spinnern, die einfach keine Ahnung hatten. Die Schwachsinnsargumente von Technikfeinden und Ludditen. Doch er hatte sich getäuscht. *Alle* im Forschungszentrum hatten sich getäuscht.

Warum? Was war geschehen? Wie hatte es nur so weit kommen können? War er blind gewesen für diese Gefahren?

Andrew konnte es immer noch nicht begreifen.

Sie hatten doch Studien durchgeführt. Ernsthafte Risikoabschätzungen, die sogar von Gerichten und externen Experten nicht beanstandet worden waren.

Und trotzdem standen sie heute hier. Am Scheideweg. Sie mussten ein Urteil darüber fällen, ob sie eine Millionenstadt opfern wollten, um die Menschheit zu retten.

Unfassbar!

»Ich werde es nicht tun.« Hagens Augen waren nur noch Schlitze.

»Was ist denn Ihre Alternative?«

»Ich habe keine, aber *das* werde ich nicht tun!« Er hielt die Hände abwehrend vor sich. »Ich werde das dem Kanzler nicht empfehlen. Ich werde das Morsleben nicht empfehlen.«

»Es ist die einzige Chance! Wir müssen Köln opfern, um die Erde zu retten«, schrie Andrew. Er musste Hagen überzeugen.

Unbedingt!

»Sie haben leicht reden«, brüllte Hagen zurück. »Sie wissen überhaupt nicht, wovon Sie sprechen! Ist Ihnen die Stadt denn völlig egal?«

Das muss ich mir nicht vorwerfen lassen!

»Es ist mir nicht egal«, donnerte Andrew. »Aber Köln ist ohnehin verloren. Das halbe Gebiet haben wir schon radioaktiv verseucht. Die Menschen fliehen aus den übrigen Stadtteilen. Köln ist nicht die einzige Stadt in diesem Land. Und dieses Land ist nicht das einzige Land auf der Welt. Wenn wir die Nanomaschinen nicht bald besiegen, sind in Kürze alle Städte verloren. Düsseldorf, Aachen, Siegen, das Ruhrgebiet. Dann kommt Brüssel. Belgien, die Niederlande. Sind wir erst mal so weit, wird nichts und niemand mehr die Nanomaschinen stoppen. Die Bombe ist unsere einzige Chance. Und uns läuft die Zeit davon. Sie haben ja gesehen, wie stark die Ausbreitungsgeschwindigkeit bei einigen Stellen gestiegen ist. Denken Sie an die Menschen. Denken Sie an Ihre Familie!«

Hagen reckte den Kopf vor. »Das tue ich unentwegt! Meine Familie ist hier im Rheinland geboren und aufgewachsen. Sie lebt im Rheinland, hat hier ihr Zuhause! Und das wollen Sie in die Luft sprengen.«

Andrew widerstand dem Drang, zurückzuweichen. »Ihre Familie wird ohne das Rheinland leben können.« Er straffte sich. »Aber nicht ohne die Erde.«

Hagen öffnete den Mund und schloss ihn gleich wieder. Ohne ein weiteres Wort ging er zum Auto und stieg ein.

Andrew lief um den Wagen herum und sprang auf den Beifahrersitz. Er hatte die Tür noch nicht geschlossen, da gab Hagen schon Gas.

Er bog auf die breite Hauptstraße des Forschungszentrums

ein und stoppte plötzlich. Mit glasigem Blick schaute er aus der Windschutzscheibe.

»Hagen …«, sagte Andrew leise.

Es kam ihm wie Stunden vor, während der Einsatzleiter einfach nur nach vorne starrte.

»Hagen …«, wiederholte Andrew.

Dann schaltete Hagen den Motor aus und wandte wie in Zeitlupe den Kopf. Seine Lippen bebten. Tränen liefen über seine Wangen.

Andrew hielt den Atem an.

»Sie sind sich sicher, dass uns kein anderer Ausweg mehr bleibt?«, flüsterte Hagen.

»Ich bin mir sicher«, antwortete Andrew heiser.

Hagens Gesichtszüge verhärteten sich, und er wischte sich das Wasser aus dem Gesicht. »Dann werde ich Ihnen helfen, die anderen zu überzeugen.«

47

11. NOVEMBER

»Es tut mir leid, Tanja.« Emma legte ihre Hand auf die eiskalte Stirn der toten Freundin.

Dann stand sie auf und verließ das Wohnzimmer.

Als sie am Telefon im Flur vorbeikam, fragte sie sich, ob sie es nicht ein letztes Mal probieren sollte. Nein. Wenn sie bisher niemanden erreicht hatte, würde sie es nun auch nicht mehr tun.

Die ganze Nacht hindurch hatte sie den Notruf gewählt, ohne auch nur ein einziges Mal durchgekommen zu sein. Immer nur dieselbe Bandansage. Als wären auch schon alle Mitarbeiter der Notrufzentrale aus Köln geflohen. Sie hatte sich über das Internet die Telefonnummern nahegelegener Polizeiwachen besorgt, aber auch dort niemanden erreicht. Zuletzt war die Leitung tot gewesen. Ein Blick auf das Handy zeigte ihr, dass sie damit keinen Empfang mehr hatte. Den Grund kannte sie nicht.

Es würde ihr nichts anderes übrigbleiben, als ihre alte Freundin in ihrer Wohnung zurückzulassen.

Emma schaltete das Radio ein. Die Frühnachrichten liefen. In der Nacht hatte es weitere Evakuierungen im Osten und im Norden Kölns gegeben. Offenbar waren die Straßen im Süden der Stadt dicht, und der Sprecher rief die Menschen dazu auf, Geduld mitzubringen. Auch im Bahnverkehr rund um Köln kam es wohl wieder verstärkt zu Ausfällen.

Emma schaute nach draußen. Die Morgendämmerung hatte eingesetzt, und als hätte jemand einen Schalter umgelegt, war die Straße nun völlig verstopft. Gegenüber luden mehrere Menschen Koffer und Plastiktüten in Autos. Auch auf dem Gehweg sammelten sich immer mehr Leute, die mit schwerem Gepäck in Richtung Bahnhof gingen.

Die Flucht aus Köln hatte begonnen.

Emma kniete sich vor das Bett und weckte Elena auf. Dann machten sie sich im Badezimmer etwas frisch. Emma erschrak vor ihrem Spiegelbild. Die Frau dort hatte unglaublich dunkle Augenringe, eine weiße Gesichtsfarbe, und die Haare fielen ihr fettig in den Nacken. Es war, als blicke sie eine Unbekannte an.

Sie wandte sich ab, packte einige Klamotten von sich und Elena in einen Rollkoffer und Lebensmittel aus Tanjas kleiner Vorratskammer in einen großen Rucksack, den sie im Flur neben dem Schuhschrank gefunden hatte. Sie zog sich eine graue und Elena eine blendend rote Windjacke an.

Dann löschte sie das Licht und verließ mit Elena an der Hand die Wohnung. Den Schlüssel legte sie unter die Fußmatte. Vielleicht gelang es ihr doch noch, jemanden zu erreichen, der Tanjas Leiche abholen konnte.

Gerade kletterte die Sonne über die Dächer der gegenüberliegenden Häuser. Das Licht blendete Emma, und sie musste blinzeln.

Dabei stieß sie mit irgendjemandem zusammen.

Neben ihr ging ein Mann zu Boden. Der fluchte laut. Emma stolperte und fiel ebenfalls. Sie rappelte sich auf und wollte dem Mann helfen.

Der war sicher schon über achtzig. »Pass doch auf!« Dann griff er sich wieder den überdimensionalen Rollkoffer, der umgekippt war, und verschwand humpelnd in der Menge, die sich über den Bürgersteig schob.

Die Leute hatten offenbar dasselbe Ziel wie Emma: den Bahnhof Köln-Süd.

Es ging nur schleppend voran. Es waren einfach zu viele Menschen unterwegs, die mit ihrem ganzen Gepäck eine Menge Platz brauchten und sich nur langsam vorwärts bewegten. Auf der Straße ging gar nichts mehr. Die Autos standen Stoßstange an Stoßstange und ein Hupkonzert vereinigte sich mit dem wütenden Gebrüll einiger Fahrer zu ohrenbetäubendem Lärm.

Emma beschloss, einen Umweg zu nehmen. Sie bog in eine Seitenstraße ab, ging dann einen kaum bekannten Trampelpfad zwischen zwei Tennisplätzen, die direkt am Fuße des Fernsehturms Colonius angelegt waren, schlängelte sich zusammen mit Elena zwischen den stillstehenden Autos auf der Inneren Kanalstraße durch und durchquerte einen Park des Grüngürtels, hinter dem der Bahnhof lag.

Doch auch auf der Venloer Straße verstopften Menschen die Bürgersteige. Emma hatte Mühe, Elena an der Hand zu halten und drückte sie eng an sich. Von hinten schoben sich ihr immer mehr Leute in den Rücken. Emma bekam in Menschenmengen immer Beklemmungen. Das Gedränge hier war aber so schlimm, dass sie Panik aufkommen spürte.

Dann ging es gar nicht mehr vorwärts.

»Bewegt doch endlich euren Arsch!«, brüllte neben ihr ein großer, junger Mann in einem grauen Mantel, der nur einen kleinen Rucksack auf dem Rücken trug.

»Halt's Maul!«, kam die Antwort irgendwo aus der Menge.

Ein anderer Mann in einer schwarzen Lederjacke kletterte auf ein Auto und sprang unter dem Gefluche der Fahrzeugbesitzer über die Blechschlange in Richtung Bahnhof. Eine Frau in rotem Mantel wollte es ihm nachmachen, wurde jedoch von einem wütenden Fahrer von der Motorhaube geschubst. Sie fiel kopfüber auf den Asphalt und blieb reglos liegen.

Sind denn hier alle verrückt geworden?

Von vorne erklang eine Männerstimme, die aus einem Lautsprecher oder Megaphon kommen musste. »Gehen Sie nicht weiter zum Bahnhof. Die Strecke ist gesperrt. Es fahren keine Züge mehr. Ich wiederhole: Gehen Sie nicht weiter in Richtung Bahnhof.«

Hinter Emma schrie eine Frau auf. Ein Schlag traf sie im Rücken. Sie stolperte vorwärts, wäre beinahe hingefallen. Zeitgleich drängte die Menge weiter zum Bahnhof, als hätte es die Ankündigung gar nicht gegeben.

Emma stemmte sich mit beiden Füßen gegen die von hinten heranwogende Masse. Nur mit allergrößter Mühe schaffte sie es, nicht zu Boden geworfen zu werden. Endlich ließ der Druck etwas nach.

Dann erst bemerkte sie, dass Elena nicht mehr da war.

Emma schrie auf und drehte sich um. Eine Frau mit schwarzer Hornbrille trug einen Koffer über ihrem Kopf. Ein bulliger Typ hielt sich mit schmerzverzerrtem Gesicht den Arm. Von ihrer Tochter keine Spur.

»Elena!«

Die Menge musste das Mädchen nach vorne getrieben haben. Wenn ihre Tochter stürzte und unter den Menschen begraben war, würde sie sterben!

Ohne Rücksicht auf irgendjemanden bahnte sich Emma einen Weg in Richtung Bahnhof. Sie schob, schlug, drängelte die Leute beiseite.

»Elena!«

Ich habe sie verloren. Ich habe meine Tochter verloren.

In dieser Menschenmasse würde sie sie niemals finden.

»Elena!«

Beinahe wäre sie wieder gestolpert. Irgendetwas lag auf dem Boden. Etwas Weiches. Ein Wäschesack vielleicht. Sie konnte kaum den Blick senken.

Dann sah sie unter sich etwas Rotes.

Elena!

Emma schrie erneut. Sie stieß dem Mann vor sich in den Rücken und gewann doch nur ein paar Millimeter Bewegungsfreiheit.

Sie beugte sich vor und streckte die Hand aus. Beinahe wäre sie auf ihre Tochter gefallen.

Endlich gelang es ihr, den Kragen von Elenas Jacke zu greifen. Ihre Lungen brannten wie Feuer, und ihre Muskeln schmerzten, aber irgendwie schaffte sie es, ihre Tochter auf die Füße zu ziehen.

»Elena!«

Das Kind atmete schwer. Ihre Augen waren weit aufgerissen, aber ansonsten schien sie nicht verletzt zu sein. Fest drückte Emma ihre Tochter an sich.

Sie mussten aus dieser Menschenmenge heraus. Unbedingt!

Emma drehte sich herum, aber sie hatte keine Chance, sich einen Weg rückwärts aus der nachrückenden Masse heraus zu bahnen.

Mit aller Gewalt drängte sie sich seitwärts durch die Menschen. Ihre Tochter presste sie an sich. Eine Frau schrie auf, als Emma ihr auf die Füße trat. Für eine Entschuldigung war keine Zeit. Als sie die Häuserfront erreichte, drückte sie sich in den Hauseingang einer Werbeagentur.

Schüsse fielen. Leute schrien.

Emma zog am Türgriff, aber das Büro war natürlich geschlossen. Ihren Koffer hatte sie längst verloren. Wenn sie Glück hatte, gab es in dem Haus einen Hinterausgang. Sie hob einen Pflasterstein vom Boden auf, drückte ihre Tochter fest an sich und zerschlug mit dem Stein das Milchglas der Eingangstür. Das Klirren ging völlig im Geschrei der Leute unter.

Emma schlängelte sich an den noch im Rahmen hängenden Scherben vorbei in das Gebäude hinein und zog Elena mit sich. Sie ging an leeren Schreibtischen vorbei, auf denen Papiere und halb fertiggestellte Plakatentwürfe lagen.

Im hinteren Bereich war eine Teeküche, und in der Tat gab es hier einen zweiten Ausgang. Ein Schlüssel steckte von innen im Schloss. Hinter ihr drängten weitere Menschen von der Straße in das Gebäude.

Emma hatte keine Probleme, die Tür zu öffnen. Dann standen sie in einem Innenhof. Auf der anderen Seite war eine Durchfahrt zu einem Parkplatz, der an den Park des Inneren Grüngürtels grenzte.

Zusammen durchquerten sie die Anlage und ließen die Menschenmasse hinter sich zurück.

Was nun?

Einen guten Kilometer entfernt gab es noch den Bahnhof Ehrenfeld, aber zum einen führte diese Bahnlinie nicht nach Süden, sondern Richtung Aachen, und zum anderen war Emma überzeugt davon, dass der Andrang dort nicht geringer sein würde.

Sie fluchte laut.

Wären sie doch schon gestern oder besser vor einigen Tagen

aus der Stadt geflohen, als es noch problemlos möglich war! Was hatte sie überhaupt hier gehalten?

Es blieb ihnen keine andere Wahl, als zu Fuß nach Süden zu gehen.

Für Emma kein Problem, aber was war mit Elena? Die weiteste Wanderung, die sie und Claus mit dem Kind bisher unternommen hatten, war vor zwei Monaten gewesen, gerade mal eine Strecke von fünf Kilometern. Emma erinnerte sich jetzt noch an das permanente Gejammer.

Mama, ich hab keine Lust mehr! Ich bin müde!

Nein, zu Fuß zu gehen war keine Option. Emma entfernte sich über Seitenstraßen aus der Innenstadt. Aber auch in den anderen Stadtvierteln waren viele Menschen unterwegs. Einige zogen Handwagen hinter sich her, andere schoben mit Tüten vollgepackte Einkaufswagen.

Emma ging mit ihrer Tochter an einem verlassenen Fahrradgeschäft vorbei, als ein junger Mann eine Mülltonne in das Schaufenster des Ladens warf. Glassplitter regneten auf sie nieder. Emma beugte sich über ihre Tochter, um sie vor dem Glas zu schützen.

»Entschuldigung«, murmelte der Mann, zog ein Fahrrad nach draußen, setzte sich auf den Sattel und strampelte los.

Emma blickte sich um. Die Menschen setzten ihren Weg fort, als wäre nichts passiert. Der dreiste Einbruch interessierte niemanden.

Emmas Blick fiel auf ein Damenrad mit einem Kindersitz auf dem Gepäckträger. Elena war für den Sitz zwar ein wenig zu groß, aber es würde schon gehen.

Warum eigentlich nicht?

Was für eine Wahl hatte sie denn schon ...

Vorsichtig setzte Emma einen Fuß in den Laden, ihre Tochter an der Hand. Glassplitter knirschten unter ihren Schuhen. »Hallo? Ist jemand hier?«

Sie erhielt keine Antwort. Die Leute auf dem Bürgersteig beachteten sie gar nicht.

Sie überprüfte mit einem Griff den Luftdruck der Reifen, dann fiel ihr Blick auf eine rote, wasserdichte Fahrradtasche in einem Regal. Sie befestigte die Tasche am Gepäckträger und räumte ihre Habseligkeiten vom Rucksack um. Dann hob sie das Vehikel über die Glassplitter nach draußen auf den Bürgersteig. Sie setzte Elena, die das Ganze einfach mit sich geschehen ließ, auf den Kindersitz. Die Augen des Mädchens waren in eine weite, imaginäre Ferne gerichtet.

Auf Straße und Bürgersteig waren Emma zu viele Menschen unterwegs, also schob sie das Fahrrad einfach weiter. Hauptsache, Elena musste nicht mehr zu Fuß gehen. Nach zwei Blocks passierten sie ein großes Tor, das auf den großen Melatenfriedhof führte. Bis auf vereinzelte Leute, die das Gelände als Abkürzung nutzten, war der Friedhof leer.

Emma schwang sich auf das Rad und fuhr los. Neben einem kleinen Gebäude stand ein Leichenwagen, den Warnblinker eingeschaltet und den Kofferraum geöffnet. Ein Sarg ragte auf einer Schiene halb aus dem Wagen heraus. Der Deckel war verrutscht, aber Emma konnte nicht erkennen, ob ein Körper darin lag. Sie wollte auch nicht zu genau hinsehen.

Sie durchquerte das Gelände Richtung Südwesten und kam zunächst gut vorwärts. Dann brauchte sie fast eine halbe Stunde, um die Aachener Straße zu überqueren. Eine endlose Schlange an Fahrzeugen und Fußgängern schob sich quälend langsam nach Westen aus der Innenstadt heraus.

Gerade, als Emma endlich die gegenüberliegende Seite erreicht hatte, heulte hinter ihr ein Motor auf. Unwillkürlich machte Emma einen Satz vorwärts. Ein großer Jeep scherte auf den Bürgersteig aus, wo sie eben noch gestanden hatte, und gab Vollgas. Menschen, Einkaufswagen und Koffer flogen wie Spielzeug durch die Luft und blieben auf dem Asphalt liegen. Das Auto raste gegen die Wand eines Supermarktes, zerquetschte dabei einen alten Mann, der mit seinen Krücken keine Chance gehabt hatte, aus dem Weg zu humpeln.

Schüsse peitschten über die Kreuzung, und Emma schob das Fahrrad schnell in eine Seitenstraße. Sie konnte niemandem helfen. Sie musste an ihre Tochter denken. Die hatte das Spektakel nicht zur Kenntnis genommen, sich noch nicht einmal umgedreht.

Die Seitenstraße war leer genug, dass Emma wieder auf das Rad steigen konnte. Nach wenigen Minuten erreichte sie den Lindenthaler Tierpark, passierte einen verlassenen Spielplatz und ein Gehege mit Rehen, die uninteressiert weiter grasten. Am anderen Ende des Tiergartens gelangte sie in den Stadtwald am Äußeren Grüngürtel und bog wieder nach Süden ab. Hier waren nur wenige Menschen unterwegs. Die Flüchtenden schienen sich auf die überfüllten Straßen zu konzentrieren, obwohl sie durch die Parks deutlich schneller vorangekommen wären.

Auf einer Fußgängerbrücke überquerten sie die A4, die wie alle anderen Hauptstraßen völlig verstopft war. Auf beiden Fahrbahnen reihten sich die Autos in Richtung Westen aneinander, alle Verkehrsregeln ignorierend, und kamen doch nicht voran. Direkt unter der Brücke stieg eine kleine Frau in gelber Funktionskleidung aus ihrem Mercedes, holte eine Tasche aus dem Kofferraum und kletterte einfach über die Böschung auf das Feld, wo sie ihren Weg zu Fuß fortsetzte. Die auf dem Standstreifen abgestellten Fahrzeuge zeigten, dass sie nicht die Einzige war, die auf diesem Wege dem Stillstand zu entkommen versuchte.

Emma setzte ihre Fahrt nach Süden fort, hielt sich von Kölns größeren Trabantenstädten wie Efferen, Hürth und Kölnberg fern und bemühte sich, hauptsächlich auf asphaltierten Feldwegen zu fahren.

Schließlich gönnte sie sich auf einer kleinen Anhöhe eine Pause, gab Elena einen Schokoriegel, den diese ohne große Begeisterung kaute, und trank selber aus einer Wasserflasche. Sie drehte sich um. Weit hinter den Häusern von Hürth erkannte sie den Kölner Dom. Im Osten zog sich der Rhein wie ein langes, braunes Band durch die Landschaft. Auf der anderen Rheinseite stieg an mehreren Stellen Rauch auf, als ob dort Großbrände wüteten. Sehr viele Hubschrauber zogen dort ihre Bahnen am Himmel. Zu hören war hier jedoch nichts.

Emma stieg wieder auf das Rad und fuhr weiter. Wenn sie Glück hatte, schaffte sie es bis zum Abend nach Bonn. Vielleicht gab es von dort aus eine Möglichkeit, mit öffentlichen Verkehrsmitteln weiter nach Süden und in die Schweiz zu gelangen.

Immerhin waren Emma und Elena aus Köln entkommen.

48

Ben verließ neben Andrew das Büro des Bundeskanzlers. Als sie draußen waren, umarmte er seinen alten Freund. »Wie geht es dir?«

»Was für eine Frage.« Andrew lächelte schwach. »Es geht schon.«

Ben konnte sich vorstellen, dass Andrew Gewissensbisse plagten. »Du bist für die Katastrophe nicht verantwortlich.«

»Das ist wohl nicht die ganze Wahrheit«, entgegnete Andrew gequält.

»Wenn, dann haben wir alle Schuld daran. Du, ich, Rappe, jeder einzelne Mitarbeiter des Forschungszentrums. Daneben das Kanzleramt und die ganzen anderen Stellen, die beim Genehmigungsprozess involviert waren. Die Experimente durchzuführen, war eine Gemeinschaftsentscheidung.«

»Lass uns das Thema wechseln«, bat Andrew.

Gab es denn ein anderes Thema? »Hast du etwas von Emma gehört?«

Andrew schüttelte den Kopf. »Nichts. Ich habe aber auch nicht die Zeit gehabt, mich mit ihr in Verbindung zu setzen.«

Das war eigentlich klar gewesen. »Ich habe ihr vorgestern eine Nachricht geschickt, aber nie eine Antwort bekommen.«

»Sie ist sicher schon längst zurück in der Schweiz.«

»Ich hoffe, du hast recht«, meinte Ben.

Sein Blick fiel auf die geschlossene Tür von Hütters Büro. In den nächsten Minuten würde eine Resolution gefällt werden. Andrew, Hagen und Rappe hatten Hütter und einigen seiner Minister bei der morgendlichen Kabinettssitzung klar dargelegt, dass alle herkömmlichen Maßnahmen gegen die Nanomaschinen versagt hatten und aus ihrer Sicht keine Alternativen zur Bombe mehr existierten.

Der Kanzler war in seinem Büro zurückgeblieben, um seinen Beschluss alleine zu treffen.

Rappe hatte sich still in eine Ecke des ausladenden Vorraums zurückgezogen. Weinheim redete auf ihn ein, aber der Leiter des nunmehr verlassenen Forschungszentrums hörte gar nicht zu. Neben einer großen Topfpflanze stand Hagen und sprach gleichzeitig in zwei verschiedene Handys. Auf einigen Stühlen saßen mehrere Minister und tuschelten leise miteinander, während sie auf die Entscheidung des Bundeskanzlers warteten.

»Was wird Hütter tun?«, fragte Andrew.

Ben wusste es nicht. »Wir werden es erleben. Wie sieht es denn bei euch aus? Irgendwelche Fortschritte?«

Irgendetwas, das du uns noch nicht im Büro des Kanzlers erzählt hast? Irgendetwas Positives?

Andrew verneinte. »Das Forschungszentrum ist nun geräumt. Wir haben die wichtigsten Geräte in das Forschungszentrum nach Karlsruhe gebracht. Einige Wissenschaftler suchen dort weiter nach Schwachstellen bei den Nanomaschinen.«

Was auch immer sie finden mochten: Für Köln kam es zu spät.

Minuten vergingen. Sie kamen Ben wie Stunden vor.

Schließlich öffnete der Kanzler die Tür. Ben sah ihm mit pochendem Herzen entgegen.

»Ich habe noch einige Fragen«, erklärte Hütter leise. »Herr Gerber, Herr Collum, Herr Biskup und Herr Hagen, bitte.«

Bens Blick traf sich mit dem Andrews. Der Kollege zuckte nur mit den Schultern. Eigentlich hatten sie alles besprochen, was es zu besprechen gab.

Ein Sicherheitsbeamter schloss die Tür hinter ihnen. Hütter ging zu der Sitzecke und wies sie per Handzeichen an, Platz zu nehmen.

»Was möchten Sie wissen, Herr Bundeskanzler?«, fragte Michael Biskup. Ben hatte den Nuklearphysiker aus dem Forschungszentrum Jülich am Morgen vor der Kabinettssitzung kennengelernt. Der kleine, asketisch wirkende Mann mit der randlosen, kreisrunden Brille war Sachverständiger für Nuklearwaffen und beriet wohl regelmäßig die Bundesregierungen bei entsprechenden Fragestellungen. Bei einem Kaffee hatte der Mann erzählt, wie er früher im Auftrag der IAEO Atomanlagen im Iran und in Nordkorea inspiziert hatte.

»Ich möchte noch einmal die Auswirkungen der Bombe im Detail aufgeführt bekommen.«

Ben rutschte auf seinem Stuhl hin und her. Das hatte Biskup doch am Morgen in der Kabinettssitzung schon bis ins letzte grausame Detail getan. Vielleicht hatte Hütter nicht zugehört oder es einfach nicht wahrhaben wollen.

Biskup rückte seine Brille zurecht. »Wie gesagt, stellt uns Russland seine stärkste Kernwaffe zur Verfügung. Es ist eine Variante der Bombe AN602, besser bekannt unter dem bezeichnenden Namen ›Zaren-Bombe‹, die eine Testzündung im Jahre 1961 hatte. Der Unterschied ist, dass es sich bei der uns überlassenen Waffe um eine nicht heruntergeregelte Version handelt. Somit verdoppelt sich die Explosionswirkung gegenüber der getesteten Bombe. Es wird bei weitem die stärkste Atomexplosion, die jemals stattgefunden hat.«

»Brauchen wir denn wirklich eine solch große Explosion?«, fragte Ben.

»Leider ja«, antwortete Andrew. »Wir müssen sichergehen, dass wir wirklich alle Nanomaschinen zerstören.«

Der Kanzler wischte sich den Schweiß von der Stirn. »Ich kann es immer noch nicht fassen.« Er wandte sich wieder an Biskup. »Fahren Sie fort.«

»Die Bombe wird auf der Erdoberfläche zur Explosion gebracht«, erklärte Biskup. »Das konzentriert die Energie auf einen kleineren Bereich und vermindert ein wenig die Reichweite der Schockwelle und der thermischen Strahlung. Der Radius des nuklearen Feuerballs beträgt etwa acht Kilometer. Das umfasst zum Glück alle Bereiche mit Ausbrüchen. Es ...«

»Innerhalb dieses Radius können wir davon ausgehen, dass alle Nanomaschinen vernichtet werden«, unterbrach ihn Andrew.

Biskup stimmte ihm zu und sprach weiter. »Die Explosion wird leider eine große Überdruckwelle hervorrufen. Auf einer Fläche zwischen Leverkusen im Norden, Bad Godesberg im Süden, Kerpen im Westen und Ruppichteroth im Osten werden die meisten Gebäude zerstört werden. Leichte bis mittlere Schäden an Häusern sind zwischen Duisburg im Norden, Koblenz im Süden, Aachen im Westen und Siegen im Osten zu erwarten. Innerhalb dieses Radius werden sich die Menschen in Kellern oder Bunkern in Sicherheit bringen müssen, da durch die thermische Strahlung erhebliche Verbrennungen zu erwarten sind.«

Hütters Gesichtsfarbe wechselte von Rot zu Weiß. »Welche Ausmaße hat das Gebiet, das auf Dauer unbewohnbar sein wird?«

»Wir sind in der Lage, mit viel Arbeit einen großen Bereich zu dekontaminieren. Es ist vorstellbar, dass in zehn bis zwanzig Jahren die Innenstädte von Köln und Bonn wieder besiedelt werden können, nachdem die radioaktiven Trümmer beiseitegeschafft wurden. Ein etwa fünfzehn Kilometer umfassender Bereich im Zentrum der Explosion zwischen den beiden Städten wird auf Dauer abgeriegelt werden müssen.«

Ben schüttelte den Kopf. »Was für ein Irrsinn!«

»Wir werden bis morgen Abend nicht alle Menschen evakuieren können«, verkündete Hagen nüchtern. Ben hatte den Mann im Gegensatz zu Andrew nicht wirklich kennenlernen können. Entweder machte ihm die Zerstörung Kölns nicht viel aus, oder der Mann war ein verdammt guter Schauspieler.

»Wie viele Menschen werden sterben?«, fragte der Kanzler.

Biskup holte tief Luft. »Das ist sehr schwer zu beantworten. Würden wir von einem solchen Angriff überrascht, wäre mit etwa anderthalb Millionen Toten und ebenso vielen Schwerverletzten zu rechnen, aber große Teile der Stadt Köln sind ja bereits evakuiert. Wenn wir umgehend eine Entscheidung treffen, kann die Räumung von Bonn beginnen.«

Hagen lachte laut auf. »Wir werden es niemals schaffen, Bonn bis morgen zu evakuieren. Wir reden hier außerdem von zahlreichen Mittelstädten im Einzugsgebiet von Köln und Bonn, die ebenfalls geräumt werden müssen. Wesseling, Brühl, Siegburg, Hennef, Sankt Augustin, Bergisch Gladbach. Das sind Hunderttausende Menschen. Viele werden sich gar nicht aus ihren Häusern vertreiben lassen wollen und sich in ihren Kellern verkriechen.«

»Warum müssen wir überhaupt für morgen planen?«, wollte der Kanzler wissen.

»Wegen des Wetters«, erklärte Biskup. »Es ist bis morgen Abend ideal. Starke Winde werden den Fallout nach Norden wehen, wo er sich über der Nordsee abregnen kann. Danach wechselt das Wetter auf eine schwache Brise Richtung Südost mit hoher Niederschlagsneigung. Wenn wir dann die Bombe zünden, würden wir halb Deutschland und Österreich verseuchen.«

»Länger können wir auch nicht mehr warten«, erklärte Andrew. »Die Nanomaschinen breiten sich sonst zu stark aus, um sie mit einer Wasserstoffbombe noch zu stoppen.«

Der Kanzler deutete auf Andrew, als wolle er ihn mit seinem Finger erstechen. »Das ist alles nur Ihre Schuld!«

Andrew sackte auf seinem Stuhl zusammen.

Ben wollte seinen Freund verteidigen, aber Hagen war schneller. Der Einsatzleiter deutete auf Hütter. »Sie stecken genauso mit drin, Herr Bundeskanzler.«

Hütter warf ihm einen giftigen Blick zu, dann starrte er auf den Teppichboden zu seinen Füßen. »Es gibt keinen anderen Ausweg mehr?«, krächzte er schließlich. »Keine andere Idee, die wir noch probieren könnten?«

Niemand antwortete.

Was sollte der Kanzler schon tun.

Er konnte länger zaudern, aber dann würde ihm die Entscheidung abgenommen werden. Außenminister Blumfeld hatte sehr nüchtern dargelegt, dass die Amerikaner und die Russen nicht mehr länger warten würden. Und die hatten inzwischen nicht nur den UN-Sicherheitsrat auf ihre Seite gezogen, sondern auch die Mehrheit der UN-Generalversammlung. Anscheinend wurde in diesem Moment eine Resolution des Sicherheitsrates vorbereitet, und sobald diese vorlag, hieß es, solle eine Atombombe auf den Weg gebracht werden. Niemand wollte dieses Gerücht dementieren.

Verteidigungsminister Martin hatte daraufhin allen Ernstes vorgeschlagen, Amerika und den anderen Staaten des Sicherheitsrates den Krieg zu erklären. Hütter hatte ihn des Raumes verwiesen.

Der Kanzler konnte sich eigentlich nur noch aussuchen, ob er die Kontrolle über die weiteren Vorgänge behalten wollte oder nicht.

Hütter erhob sich und ging zu dem Tisch neben der großen

Fensterfront, auf dem einige Flaschen mit Hochprozentigem standen. Als Ben das letzte Mal hier gewesen war, hatte es dort noch keine Alkoholika gegeben.

Hütter goss sich eine großzügige Portion in ein Glas und führte es mit zitternden Händen zum Mund.

Während der Kanzler lange Zeit auf die im Nebel nur verschwommen erkennbare Silhouette Berlins starrte, leerte er das Glas in kleinen Schlucken. Niemand im Raum wagte, zu sprechen.

Niemals in der Geschichte der Bundesrepublik hatte ein Kanzler einen solch weitreichenden Entschluss treffen müssen. Ben hätte nicht mit ihm tauschen wollen. Hütter hätte die Drecksarbeit den anderen Ländern überlassen können. Er hätte versuchen können, seine Hände in Unschuld zu waschen und die Verantwortung für die Toten den Amerikanern und den Russen in die Schuhe zu schieben.

Doch Ben war sich sicher, dass das nicht funktionieren würde. Das wäre vielleicht ein Ausweg für Hütter gewesen, wenn er sich in der Vergangenheit vehement gegen die Nanotechnik positioniert hätte. Aber so steckte er zu tief drin, und er wusste das. Er trug die Verantwortung. Die politische und zu einem Teil auch die persönliche.

Es ging darum, im Angesicht der Katastrophe Größe zu zeigen und einen Weg zu finden, der die Nanomaschinen endgültig stoppte. Auch wenn dafür ein hoher Preis bezahlt werden musste.

Das war dem Kanzler klar. Garantiert!

Schließlich drehte sich Hütter um. Er starrte die anderen im Raum aus glasigen Augen an.

»Bitte?«, wandte sich Biskup an ihn.

Hütter stellte das Glas auf den Tisch und trat einen Schritt auf sie zu.

»Tun Sie es!«, sagte er. »Zünden Sie die Bombe, und vernichten Sie die verdammten Nanomaschinen.«

49

12. NOVEMBER

»Sie können hier nicht durch.« Der Polizist baute sich breitbeinig vor ihr auf. »Die Stadt Bonn ist abgesperrt.«

Emma stieg vom Fahrrad ab und schob es ein Stück vor, bis sie direkt vor der Absperrung stand. Sie gähnte laut, konnte es nicht verhindern.

Emma und Elena hatten ein paar Kilometer nördlich in einem Schuppen übernachtet, der mitten auf einem Feld stand. Während Elena schnell eingeschlafen war, hatte Emma fast die ganze Nacht lang wach gelegen. Es war die zweite in Folge ohne Schlaf. Doch ihr Körper schüttete offenbar pausenlos Adrenalin aus, und so spürte sie den Schlafmangel kaum, auch wenn sie immer wieder gähnen musste.

Als es hell geworden war, hatten sie sich nach einem Frühstück, das aus zwei Müsliriegeln bestand, wieder auf den Weg in den Nieselregen gemacht. Das erste Ziel des heutigen Tages war Bonn.

»Wo soll ich denn sonst hin?«

Der Polizist zeigte auf eine Querstraße. »Da geht es Richtung Euskirchen. Bis zum Abend sollten Sie die Stadt erreicht haben. Dort wird man Ihnen einen Platz in einem Bunker oder Keller zuweisen.«

Emma schüttelte den Kopf. »Wieso Bunker?«

»Wegen der Explosion!«

»Was für eine Explosion?«

»Sagen Sie nicht, Sie hätten es nicht gehört!«

»Was gehört?«

Der Polizist stöhnte. »Heute Abend um achtzehn Uhr wird

eine Wasserstoffbombe gezündet, um diese Nanomaschinen zu vernichten.«

Emma schüttelte sich. *Also doch!*

Gestern war es noch ein Gerücht gewesen. Und nun war innerhalb von einer Nacht aus dem Gerücht die neue Realität geworden. »Um sechs Uhr?«

Der Polizist wirkte fahrig und nervös. »Heute Abend, ja. Sie sollten bis dahin mindestens Euskirchen erreicht haben.«

Euskirchen lag westlich von Bonn. Am Rande der Eifel. Dort wurde das Gelände schwieriger. Sie würde mit dem Fahrrad nicht gut vorwärtskommen. Schon gar nicht mit dem Gepäck und ihrer Tochter auf dem Kindersitz. »Ich muss aber nach Süden. Und der schnellste Weg führt durch Bonn.« Sie hatte es sich auf der Karte genau angeschaut. Sie hatte geplant, durch Tannenbusch zu fahren, dann durch Auerberg und dort zu dem Radweg, der immer am Rhein entlangführte.

Der Polizist verneinte. »Aus Bonn geht es nur noch hinaus. Nicht mehr hinein.«

»Aber …«

Der Polizist wandte sich ab und ging zu seinem Kollegen hinüber, um ein Stück abseits eine weitere Barrikade aufzubauen.

Emma seufzte und drehte sich zu Elena um. »Alles in Ordnung, wir werden einen anderen Weg finden.«

Elena nickte schwach.

Emma holte die Karte aus der Tasche und klappte sie auf. Am besten würde es sein, Bonn zu meiden. Es gab östlich ein großes Waldgebiet. Sie konnte über die Waldwege die Stadt umfahren, dann den Kottenforst südlich durchqueren und bei Godesberg wieder auf den Rhein stoßen. Aber das war ein riesiger Umweg. Aus zehn Kilometern würden so locker dreißig und mehr werden. Außerdem war zwar der Radweg am Rhein asphaltiert, die Wege durch die Wälder aber sicher nicht.

Emma hatte die Hoffnung gehabt, heute Abend das fünfzig

Kilometer entfernte Koblenz zu erreichen. Die konnte sie jetzt begraben. Aber was sollte sie sonst tun? Auf jeden Fall musste sie bis zur Explosion so weit von Köln wegkommen, wie es nur ging. Sie hatte noch acht Stunden und der Countdown lief.

Emma stieg wieder auf ihr Rad, wendete es und fuhr den Weg zurück, den sie gekommen war. An der nächsten Kreuzung hielt sie an und schaute erneut auf die Karte. Beim Blick nach hinten stellte sie fest, dass das Polizeiauto schon verschwunden war.

Emma presste grimmig die Lippen zusammen.

Scheiß drauf!

Sie wendete wieder, fuhr erneut zu der Absperrung und an ihr vorbei. Nach einer Weile erreichte sie ein Industriegebiet. Lagerhallen und Produktionsstätten lagen verlassen am Wegesrand. Dann fuhr sie durch das erste Wohngebiet von Bonn.

Emma blickte sich um. Es war geisterhaft still, kein Mensch zu sehen.

Seltsam!

War Bonn so schnell evakuiert worden? Die ehemalige Bundeshauptstadt hatte über eine Viertelmillion Einwohner. Sie konnte doch nicht bereits vollständig geräumt worden sein. Andererseits befand sich auf der anderen Rheinseite schon das von den Nanomaschinen bedrohte Gebiet. Vielleicht hatten viele Menschen diese Ortsteile in weiser Voraussicht vorzeitig verlassen.

Über eine Brücke überquerte sie die A555, die von Köln direkt nach Bonn führte. Die Straße war leer, offenbar schon lange abgesperrt. Hier und da standen verlassene Fahrzeuge auf dem Standstreifen. In einem guten Kilometer Entfernung Richtung Stadtzentrum sah Emma mitten auf der Autobahn einen Mann in einem langen, grauen Mantel, der einen vollgestopften Einkaufswagen vor sich her schob.

Durch eine breite Allee fuhr sie weiter in Richtung Stadtzentrum. Wenn es überall so leer war, konnte sie auf die Radwege verzichten und einfach die Innenstadt durchfahren.

Schließlich erreichte sie den Bertha-Von-Suttner-Platz, bog in die Fußgängerzone in Richtung Marktplatz ab – und war plötzlich von zahlreichen Menschen umringt.

Aber es war wohl nur eine Frage der Zeit gewesen, bis sie auf andere Flüchtlinge stieß.

Eine Gruppe junger Männer warf gerade das Schaufenster eines Outdoorhändlers ein und kletterte über die Glasscherben in das Innere. Ein Stück weiter die Straße hinunter luden vermummte Gestalten Geräte aus einem Elektronikgeschäft in einen weißen Transporter mit hässlichen Rostflecken, dessen Nummernschilder abgeschraubt waren.

Das waren keine Flüchtlinge, die aus der Stadt hinauswollten. Es waren Plünderer.

Durch ein anderes Schaufenster konnte Emma einen Mann sehen, der sich an der Kasse eines kleinen Modegeschäftes für Übergewichtige zu schaffen machte.

»Komm, bloß weg hier!« Obwohl sich keine der Gestalten um sie kümmerte, wollte Emma so schnell wie möglich aus der Innenstadt raus. Sie bog in eine Gasse ein, in der Hoffnung, dass diese zum Rhein führte. Stattdessen stand sie plötzlich in einem kleinen Innenhof, der von hässlichen, graffitiverzierten Mauern umgeben war.

Emma wendete das Rad und wollte wieder zurückfahren, aber nun kamen ihr drei Männer in grünen Parkas entgegen. Sie trugen Skimasken, nur Mund und Augen waren zu sehen.

»Was willst du denn hier?«, fragte einer von ihnen, der Größte, in akzentfreiem Deutsch.

»Hab mich verfahren«, murmelte Emma und trat in die Pedale.

»Das glaube ich allerdings auch«, meinte ein kleiner, dicker Typ, der einen schwarzen Rucksack lässig um seine Schulter trug. Im Augenwinkel sah Emma eine schnelle Bewegung.

Die Faust des Mannes traf sie an der Brust. Sie schrie auf, ging zusammen mit dem Fahrrad zu Boden. Mit dem Helm stieß sie gegen die Hauswand.

»Elena!«

Noch bevor Emma sich umdrehen und nach ihrer Tochter sehen konnte, war der Dicke über ihr und packte sie am Kragen. »Ich will die Alte knallen!« Er sagte es nicht zu ihr, sondern zu seinen Kameraden.

»Hab auch Bock«, kommentierte der Große und stieß eine Hintertür auf. »Hier rein!«

»Nein!«, brüllte Emma.

»Lasst euch Zeit. Ich pass auf die Kleine auf!« Der Dritte, der bisher geschwiegen hatte, schnallte Elena vom Kindersitz ab und zog sie am Kragen auf die Füße. »Ich bring sie da rüber.« Er zeigte auf eine kahle Betontreppe, die nach unten in einen Keller führte.

»Nein!« Emma schlug nach dem Mann über ihr. »Lasst sie in Ruhe. Sie ist doch noch ein Kind.«

Der Dicke und der Große zogen Emma mit sich. Mit den Füßen verkeilte sie sich im Eingang. »Nein!«

Der Große schlug Emma ins Gesicht. Sterne tanzten vor ihren Augen und sie schmeckte Blut.

Der Dicke lachte hämisch und riss am Reißverschluss ihrer Jacke.

Emma schrie erneut auf, als sie eine Hand im Inneren ihrer Hose spürte, die sich ihrem Schritt näherte.

»Halt's Maul!« Der Große schlug ihr erneut ins Gesicht.

»Hör auf, die ist sonst gleich weg vom Fenster«, mahnte der andere.

»Ja und?«

»Ich will sie dabei schreien hören.«

Einer der beiden zog Emmas Hose herab. Sie war wie erstarrt, konnte sich weder wehren oder noch sprechen.

Elena!

Der Gedanke an ihre Tochter verlieh ihr wieder etwas Kraft.

Noch einmal versuchte sie, sich aus dem Griff der Männer zu winden, aber die waren einfach zu stark.

»Verpisst euch, ihr miesen Penner!«, sagte in diesem Moment eine Frauenstimme.

Die Hände waren plötzlich weg. Emma blinzelte. Im Schatten einer Tür war eine Bewegung.

»Wer ist da?«, rief der Dicke.

Eine ältere Frau mit grauen Haaren trat aus dem Schatten. Sie hielt eine Pistole in der Hand.

Der Große stürzte sich auf die Frau. Die machte blitzschnell einen Schritt zurück und schoss. Der Große ging zu Boden und blieb regungslos liegen. In der Hand des Dicken blitzte ein Messer auf. Die Frau schoss erneut. Der Dicke fiel auf seinen Kumpel. Blut lief aus seinem offenen Mund. Der Mann zuckte noch zweimal, dann war auch er tot.

Die Unbekannte beugte sich über Emma und half ihr auf. »Sind Sie in Ordnung?«

Wieder tanzten Sterne vor Emmas Augen.

Elena!

Sie riss der Frau die Pistole aus der Hand, stürmte nach draußen und die gegenüberliegende Kellertreppe hinunter.

Emma trat die Tür auf. Der Angreifer saß auf einem rostigen Klappstuhl. Er hatte Elena auf seinen Schoß genommen. Emmas Tochter schaute ihn reglos mit weit aufgerissenen Augen an, während er über ihr Haar strich.

Was, zum Teufel …?

Der Mann setzte Elena ab und stand auf.

Emma zielte mit der Waffe auf seine Brust.

Er hob langsam die Arme und kam auf Emma zu. »Immer mit der Ruhe. Es ist alles …« Dann sprang er.

Emma krümmte den Zeigefinger am Abzug. Es knallte und der Mann stöhnte unterdrückt auf. Sein Sweatshirt färbte sich rasend schnell rot.

Emma hörte Schritte hinter sich und wirbelte herum. Doch es war nur die Frau, die sie gerettet hatte.

Der Mann war in der Zwischenzeit zu Boden gegangen und rührte sich nicht mehr.

Emma gab der Frau ihre Waffe zurück und nahm ihre Tochter in den Arm. »Es ist alles gut!« Sie streichelte über Elenas Wange.

Zusammen gingen sie aus dem Keller.

Emma begann zu zittern.

Ich habe gerade einen Menschen erschossen!

Sie hatte in den letzten Tagen gestohlen, war in Häuser eingebrochen und nun hatte sie einen Menschen umgebracht.

Nein, sie fühlte sich nicht schuldig. Sie war durch die Umstände dazu gezwungen worden, das Leben ihrer Tochter zu schützen.

Das Leben meiner Tochter.

Nur das zählte noch.

Sie wandte sich der Fremden zu, während sie Elena an sich drückte. »Danke.« Das Mädchen sagte keinen Ton.

»Ich bin Frauke Behringer.« Die Grauhaarige steckte die Pistole in ihre Jackentasche und streckte die Hand aus.

Emma ergriff sie. »Emma Hartmann. Das ist meine Tochter Elena. Was tun Sie hier?«

»Ich wohne hier.« Die Frau lächelte. »Kommt mit. Wir sollten nicht draußen bleiben.« Sie hatte in die vertrauliche Anrede gewechselt, was Emma in Anbetracht ihrer Situation als durchaus passend empfand.

Sie schoben das Fahrrad in einen kleinen Lagerraum, den Frauke abschloss. Dann gingen sie durch ein schmales Treppenhaus nach oben bis in die Wohnung der Retterin, einem größeren Raum mit Wohnküche und einem kleinen Balkon, der einen Blick in den Innenhof erlaubte. Zwei Türen führten wohl zu Bade- und Schlafzimmer. Ein kleiner Tisch mit zwei Stühlen stand in der Mitte, an einer Wand gab es noch eine blaue, verschlissene Couch und gegenüber einen kleinen Fernseher. Ein paar Bilder in hellen Holzrahmen an der Wand zeigten Landschaftsaufnahmen.

»Nehmt Platz.«

Emma setzte sich an den Tisch und hob Elena auf ihren Schoß. Frauke holte eine Flasche Wasser aus dem Kühlschrank neben der kleinen Küchenzeile und einige Gläser aus einem Schrank. Dann setzte sie sich ebenfalls an den Tisch.

»Warum bist du nicht schon längst verschwunden?«, fragte Emma.

»Ich habe auf meinen Freund gewartet. Er wollte mich hier abholen und dann wollten wir zusammen fortgehen.« Frauke klang resigniert. »Aber er hat sich wohl verspätet.«

»Wann wollte er dich denn abholen?«

»Um acht.«

Emma blickte auf ihre Armbanduhr. Es war inzwischen später Vormittag.

»Ich habe versucht, ihn anzurufen«, erklärte Frauke. »Aber mein Handy geht nicht mehr.«

»Ich habe auch keinen Empfang. Entweder ist das Netz überlastet oder außer Betrieb.« Emma zeigte auf den Fernseher. »Hast du etwas Neues gehört?«

»Nein«, erwiderte Frauke. »Ich habe schon seit gestern Abend keinen Strom mehr. Vielleicht ist die Sicherung wieder rausgesprungen. Uwe wird sie reparieren, wenn er kommt.«

»Unter Umständen hat er es nicht mehr nach Bonn hineingeschafft. Die Polizei hat die Stadtgrenzen abgeriegelt«, meinte Emma.

Frauke schüttelte den Kopf. »Er wohnt hier in Bonn. Nicht weit weg im Regierungsviertel.«

»Du solltest hier nicht länger bleiben«, erklärte Emma. »Wir müssen aus der Stadt raus.«

»Ich weiß.«

»Komm doch mit uns mit. Wir fahren nach Süden Richtung Koblenz«, sagte Emma. »Wir müssen dir nur ein Fahrrad beschaffen.«

Zu dritt würde man sie vielleicht auch nicht so leicht überfallen. Zumal Frauke die Pistole hatte. Woher auch immer.

»Ich habe ein Rad«, erwiderte Frauke. »Es steht unten im Lagerraum. Wir können bei Uwe vorbeischauen. Möglicherweise braucht er Hilfe.«

Emma wusste, dass das ehemalige Regierungsviertel im Süden der Stadt war, also lag es auf dem Weg. »Das machen wir.«

Frauke packte einige Sachen in einen großen Rucksack. Leider hatte sie keine Fahrradtasche. Die alte Frau zog sich eine braune Funktionsjacke an, dann gingen sie nach unten. Frauke holte ein grünes Fahrrad, das schon bessere Tage gesehen hatte, aus einem kahlen Lagerraum, in dem Wäsche zum Trocknen aufgehängt war. Es war zu wenig Luft im Reifen, und Emma befüllte ihn mit ihrer Luftpumpe.

Immer noch waren Plünderer unterwegs. Hatte man Bonn wirklich schon aufgegeben? Oder brauchte man die Polizei bei der Ordnung der Flüchtlingsströme außerhalb der Stadt? Auf der anderen Seite blieb sowieso nichts mehr von Bonn übrig, wenn am Abend die Bombe gezündet wurde.

Sie fuhren eine Straße direkt am Rheinufer entlang, bis sie die Villa Hammerschmidt passierten, die früher einmal der Sitz des Bundespräsidenten gewesen war. Hinter dem ehemaligen Bundeskanzleramt bogen sie in eine schmale Gasse ein.

Über ihnen ragte der »Lange Eugen« auf. Zur Zeit der Bonner Republik war das ehemalige Abgeordnetenhaus das einzige Hochhaus Bonns gewesen. Heute war es Sitz der Vereinten Nationen. Dahinter standen einige mehrgeschossige Wohnhäuser. Eines davon war niedergebrannt und teilweise eingestürzt. Betonteile und Trümmer lagen bis auf die Straße. Auch einige parkende Autos waren abgebrannt.

Frauke hielt vor dem zerstörten Gebäude an.

Emma kam neben ihr zum Stehen. »Was ist?«

»Hier wohnt Uwe.« Sie zeigte auf eines der schwarzen Wracks auf dem Parkstreifen. »Er war zu Hause. Da steht sein Auto. Er nimmt immer das Auto.«

Die umliegenden Häuser waren ebenfalls beschädigt. Viele Fenster waren eingeschlagen. Haustüren standen offen. Womöglich war auch hier geplündert worden.

»Vielleicht hat er fliehen können«, sagte Emma leise. »Vielleicht treffen wir ihn, wenn wir weiterfahren.«

Frauke wirkte gefasst, aber Tränen rannen an ihren Wangen herab. »Wenn er das Haus verlassen hätte, wäre er zu mir gekommen.«

Emma berührte die Frau sanft an der Schulter. »Bitte gib die Hoffnung nicht auf. Vielleicht wurde das Viertel von der Polizei evakuiert.«

Frauke starrte lange auf das zerstörte Wohnhaus. »Er ist tot«, erklärte sie plötzlich.

Emma bekam eine Gänsehaut. »Das kannst du nicht wissen.«

Frauke erwiderte emotionslos Emma Blick. »Ich weiß es.«

Dann schwang sie sich ohne ein weiteres Wort auf ihr Rad.

Emma biss die Zähne zusammen und folgte ihr. Nach einigen Minuten bogen sie auf die B9 ein, die direkt nach Süden führte. Hier stießen sie erstmals wieder auf Menschen. Zunächst nur wenige, wurden es Richtung Bad Godesberg immer mehr. Zu Fuß stapften sie nach Süden. Ein paar Familien zogen Handwagen hinter sich her oder hatten schwere Rucksäcke geschultert. Die meisten jedoch gingen alleine. Alle hatten sie dieselben resignierten Gesichter. Es waren die Gesichter von Menschen, die gezwungen waren, ihre Heimat zu verlassen.

Für immer.

50

»Ich bitte Sie um vierundzwanzig Stunden.« Der Kanzler hatte die Hände wie zum Gebet gefaltet, als er in die Kamera sprach. »Das ist alles. Vierundzwanzig Stunden! Das muss doch wohl möglich sein.«

Ben hockte auf seinem Stuhl an der rückwärtigen Wand des Besprechungsraumes und beugte sich zu Weinheim hinüber. »Meinen Sie, die anderen gehen darauf ein?«

»Schwer zu sagen«, erwiderte der Beamte.

Neben dem Kanzler saßen an dem ovalen Holztisch noch Innenministerin Kamp, die regelmäßig flüsternd auf den Kanzler einredete, und Außenminister Blumfeld, der merkwürdig abwesend schien.

Vor dem Tisch stand eine kleine Kamera auf einem Stativ, und darüber hing an der holzvertäfelten Wand ein überdimensionaler Bildschirm. Ein Mosaik zeigte ein gutes Dutzend Gesichter.

Ben kannte alle diese Köpfe. Es waren die Staatsoberhäupter der mächtigsten Länder der Welt. Ganz oben links starrte der grauhaarige US-Präsident Mansfield in die Kamera. Direkt daneben unterhielt sich der russische Staatspräsident Arkadi Solowjow, der noch jünger erschien als sein wirkliches Alter von gerade mal fünfundvierzig Jahren, mit seinem Dolmetscher.

Eine der Gesichtskacheln vergrößerte sich, bis sie ein Viertel des Bildschirms einnahm. EU-Kommissionspräsident Fermi sagte: »Ich denke, dass wir keine weitere Verzögerung in Kauf nehmen sollten.« Diesmal sprach der Mann Englisch und ein Dolmetscher musste den Satz erst für Kanzler Hütter übersetzen.

»Sieht schlecht aus«, murmelte Weinheim.

Ben hielt den Atem an. Viele Menschenleben hingen von diesem Gespräch ab. Kanzler Hütter hatte die Konferenz kurzfristig durchgesetzt, nachdem klar geworden war: Das Köln-Bonner Umland konnte nicht rechtzeitig evakuiert werden. Ben hielt es für ein Wunder, dass die Führer der anderen Nationen, die diese Koalition gegen Deutschland gebildet hatten, überhaupt noch zu einem Gespräch bereit waren.

Kanzler Hütter beugte sich in Richtung Kamera. »Ich bitte Sie! Es sind noch immer Flüchtlingstrecks in unmittelbarer Nähe des Explosionsortes unterwegs.«

»Der Großteil der Menschen wird wenigstens einen zusätzlichen Tag brauchen, bis er die Sicherheitszone erreicht«, erklärte Innenministerin Kamp.

Ben hatte von Weinheim gehört, dass es noch mindestens hunderttausend Menschen im Explosionsgebiet gab.

Der russische Ministerpräsident meldete sich zu Wort. »Hätten Sie mal rechtzeitig mit den Evakuierungen begonnen«, übersetzte der Dolmetscher.

»Einen weiteren Tag sollten wir unseren deutschen Freunden im Interesse vieler Menschenleben schon zugestehen«, meinte Lefevre, der französische Staatspräsident.

»Ich bin dagegen«, erklärte der britische Premierminister. »Wir sollten das Risiko nicht eingehen.«

Jetzt redeten mehrere Staatsoberhäupter gleichzeitig. Schließlich unterbrach Fermi die Diskussion. »Wir werden uns intern darüber abstimmen, ob Ihnen eine weitere Frist gewährt werden kann.«

»Was heißt hier intern?«, erkundigte sich der Kanzler.

»Ich meine unter Ausschluss von Deutschland.«

»Unter Ausschluss von ...?« Hütter verschluckte sich. »Es geht hier um unser Land, verdammt nochmal.«

»Nein.« Fermis Tonfall war eisig. »Es geht inzwischen um alle Länder auf unserem Planeten.«

»Aber ...«

Der Bildschirm wurde dunkel. Der EU-Kommissionspräsident hatte das Kanzleramt aus der Sitzung ausgeschlossen.

Hütter sprang auf. »Verdammte Scheiße! Was erlaubt sich dieses blöde Arsch…«

Die Innenministerin stand auf und redete leise auf den Kanzler ein. Der beruhigte sich allmählich wieder und setzte sich zurück auf seinen Platz.

Ben hatte Verständnis für Hütter. Die anderen Regierungschefs hatten ihn abgekanzelt wie einen Schuljungen. Ihn von dem Gespräch ausgeschlossen, während sie über seine Versetzung berieten. Ben hätte es selber nicht für möglich gehalten, dass die anderen Länder Deutschland derart übergehen würden. Aber er konnte auch deren Position nachvollziehen. Im Moment war Deutschland das einzige Land, das von den Nanomaschinen bedroht wurde.

Selbstverschuldet, wohlgemerkt.

Aber die anderen Staatsoberhäupter hatten in erster Linie die Verantwortung für ihre eigenen Länder, die nun ebenfalls von der Katastrophe bedroht wurden.

Der Außenminister sah Ben direkt an. »Herr Gerber, haben Sie nicht noch Argumente, die wir für unsere Sache vorbringen können?«

»Wir haben unsere Studien bereits heute Mittag nach Brüssel weitergeleitet. Andrew Collum hat berechnet, dass uns noch mindestens achtundvierzig Stunden bleiben, bis sich die Nanomaschinen in eine solche Tiefe vorgearbeitet haben, dass wir sie mit der Strahlung und der Hitze der Wasserstoffbombenexplosion nicht mehr erreichen können.«

Innenministerin Kamp rang frustriert die Hände. »Dann verstehe ich nicht, warum die sich so schwer damit tun, uns noch einen weiteren Tag für die Evakuierungen einzuräumen.«

Ben seufzte. »Die meisten anderen Länder haben eigene Berechnungen angestellt. Vor allem die amerikanische Studie rechnet mit sehr konservativen Parametern und kommt darum auf eine kürzere verbleibende Zeitspanne.«

»Scheiße!« Der Kanzler stand wieder auf, ging zu einem Tisch an der Seite des Raumes und griff sich eine kleine Plastikflasche mit Mineralwasser.

Weinheim räusperte sich. »Was ist, wenn die uns keine weitere Frist einräumen? Können wir die Evakuierungen nicht beschleunigen?«

Kamp schnaubte. »Im Grunde genommen handelt es sich nicht um Evakuierungen. Im Inneren des Explosionsgebietes herrscht Panik, und die Leute fliehen völlig ungeordnet. Wir haben Polizeikräfte aus der ganzen Republik zusammengezogen und trotzdem reicht es nicht, das Ganze geordnet ablaufen zu lassen.«

»Wir hätten weitere Kräfte der Bundeswehr hinzuziehen sollen«, sagte Außenminister Blumfeld.

Kamp machte eine wegwerfende Geste. »Es sind aus dem Großraum Köln-Bonn nunmehr dreieinhalb Millionen Menschen auf der Flucht in alle Himmelsrichtungen. Da wären ein paar Kompanien der Bundeswehr auch nur noch ein Tropfen auf dem heißen Stein gewesen.«

»Verdammt!« Der Bundeskanzler warf die leere Flasche in einen Papierkorb. »Was ist denn mit den ganzen Planungen in den Schubladen? Wir haben doch schon immer Evakuierungen in Betracht gezogen, falls es mal in einem Atomkraftwerk zu einer Havarie kommt. Warum haben wir die nicht einfach angewandt?«

Kamp seufzte. »Die sind inzwischen veraltet und wertlos. Wir verfügen gar nicht mehr über die Befehlsketten und Alarmierungssysteme. Ist doch alles nach dem Ende des Kalten Krieges und dem beschlossenen Atomausstieg abgebaut worden.«

Ben nickte resigniert. Die Bilder in den Nachrichten waren verstörend gewesen. Überall hatte es Plünderungen gegeben.

Vereinzelt sogar Kämpfe einzelner oder größerer Gruppen. Ben hatte Bilder gesehen, die von einem Hubschrauber über Köln-Chorweiler stammten. Tote Menschen lagen mitten auf einer Kreuzung, während andere auf der Flucht einfach über sie hinweg trampelten.

Danach hatte er mehrmals erfolglos versucht, Emma zu erreichen. Er wollte glauben, dass die Freundin schon in der Schweiz war. Aber er hätte sich gerne vergewissert. Er hoffte inständig, dass sie nicht noch irgendwo in der Nähe von Köln feststeckte.

»Ich verstehe es trotzdem nicht«, meinte der Kanzler. »Wie konnte die Evakuierung nur so dermaßen schieflaufen?«

Kamp stöhnte. »Ich habe es doch schon gesagt. Die Planungen sind völlig veraltet. Sie sind außerdem darauf ausgerichtet, dass die fliehende Bevölkerung sich zivil und geordnet verhält. Auch aus Köln gibt es Fluchtrouten und Sammelstellen außerhalb der Stadt. Polizei und sonstige Einsatzkräfte hätten diese Routen dann überwacht und die Menschen geleitet.«

Ben schüttelte den Kopf. »Dass sich über eine Million Menschen nicht so ohne weiteres von ein paar Verkehrspolizisten leiten lassen würden, hätte doch wohl klar sein dürfen«, sagte er zu Weinheim. »Da hat man wohl wirklich etwas zu optimistisch geplant.«

Der Beamte nickte nur.

»Die Polizei hatte angesichts der Menschenmassen keine Chance«, erklärte Kamp. »Darum haben wir uns auf Absperrungen konzentriert, die wir aber nicht alle überwachen können. Wir haben die Einsatzkräfte dann außerhalb der Explosionszone zusammengezogen, um dort eine halbwegs geordnete Verteilung zu gewährleisten.«

»Wie wollen Sie denn überhaupt die vielen Menschen verteilen?«, fragte Ben. Er hatte Bilder aus Euskirchen gesehen. Die Stadt war von Flüchtlingen aus dem nahen Köln und aus Bonn regelrecht überrannt worden. Auch dort kam es wohl schon zu

Plünderungen, weil die Leute nichts mehr zu essen hatten. Außerdem lag dieser Teil der Eifel immer noch innerhalb des Radius der Explosion, in dem mit ernstzunehmenden Schäden zu rechnen war.

Kamp zuckte mit den Schultern. »Das wird sich dann zeigen, zunächst müssen wir so viele Menschen wie möglich von Ground Zero wegbringen. Wie wir die Leute in Deutschland verteilen, sehen wir danach.«

Es war das reine Chaos. Ben mochte sich gar nicht vorstellen, wie es war, innerhalb eines solchen Flüchtlingstrecks nach Süden oder Westen zu ziehen.

Dann erhellte sich der Bildschirm, und die Regierungschefs der mächtigsten Länder der Welt blickten wieder auf sie hinab.

Fermis Kachel vergrößerte sich. »Wir haben über Ihr Anliegen gesprochen, Herr Bundeskanzler. Wir sind bereit, im Interesse von Menschenleben eine zusätzliche Frist von zwölf Stunden einzuräumen, um möglichst viele Flüchtlinge in Sicherheit zu bringen.«

Hütter sprang auf. »Zwölf Stunden werden nicht reichen. Unser Zivilschutz hat deutlich gesagt, dass wir mindestens vierundzwanzig Stunden ...«

Fermi unterbrach ihn. »Ich muss Sie enttäuschen. Zwölf Stunden sind das Äußerste, was Ihnen noch zugestanden werden kann, ohne dass wir Gefahr laufen, die Nanomaschinen sich zu weit ausbreiten zu lassen.«

»Und was ist mit den übrigen Menschen in Köln und Bonn?«, fragte Blumfeld.

»Sie müssen geopfert werden, um das Überleben der Menschheit zu sichern.«

»Was wäre denn, wenn wir Zeit schinden?«, flüsterte Ben in Richtung Weinheim.

Der winkte ab. »Die werden nicht zögern, uns eine Atomrakete hierherzuschicken, wenn wir die Bombe nicht selber zünden.«

Weinheim zögerte. »Ich muss sagen, mir wäre es lieber gewesen, wenn man heute Abend noch gezündet hätte. Besser kein Risiko eingehen.«

Er hatte seine Meinung über die Wasserstoffbombe offenbar geändert. »Aber die Menschen ...«, murmelte Ben.

Weinheim schnitt ihm mit einer Handbewegung das Wort ab. »Ich werde mich nicht dafür entschuldigen, dass mir meine eigenen Kinder wichtiger sind als die von anderen.«

Ben verstand. Natürlich. Der Beamte hatte eine eigene Familie. Wenn sie die Bombe zu spät zündeten, dann waren auch sie verloren.

Ben fragte sich: Welches Risiko waren sie bereit, einzugehen, um die Menschen zu retten, die sich immer noch im Großraum Köln-Bonn aufhielten? Er selber hatte keine Familie. Nur Freunde, von denen sich viele wohl gerade in den Flüchtlingsmengen befanden.

»Können wir nicht wenigstens achtzehn Stunden sagen?«, fragte Hütter mit jämmerlicher Stimme.

Fermi blieb kühl. »Morgen nach Tagesanbruch um acht Uhr detoniert die Bombe. Sonst werden Sie die Konsequenzen zu tragen haben.«

51

Eine Zeitlang kamen Emma, Elena und Frauke gut vorwärts. Doch weiter im Süden stießen sie wieder auf mehr Menschen. Dazu kam, dass das Gelände immer bergiger wurde. Hinter Oberwinter zog sich ein steiler Aufstieg direkt neben der Bundesstraße am Rheinufer in die Höhe. Straße, Radweg und Eisenbahnlinie teilten sich nur einen schmalen Wegstreifen, der den

Massen kaum genug Platz bot. Sie mussten absteigen und die Räder schieben.

Weil es auf der Straße zu eng wurde, wichen viele schon auf die Eisenbahngleise aus. Immerhin war der Zugverkehr eingestellt. Nur selten fuhr ein Passagierschiff über den Rhein stromaufwärts. Es handelte sich meist um kleine Linienschiffe der KD, die bis zum Bersten gefüllt waren.

Alle versuchten, sich so weit wie möglich von Köln zu entfernen. Wenn die Regierung die Explosion der Bombe nicht noch um einen Tag verschoben hätte, dann wären sie nun geliefert gewesen. Ihnen blieben jetzt noch zwölf Stunden. Jedenfalls hatten sie das in Fraukes batteriebetriebenem Radio gehört.

»Es geht ja kaum noch vorwärts.« Frauke schob ihr Rad neben Emma.

Emma nickte. »Es sind einfach zu viele Menschen unterwegs.«

»Aber dass hier so gar nichts mehr geht, ist seltsam.«

Dann erkannten sie das Problem. Die Bundesstraße führte ein Stück über eine Brücke, die sich über die Eisenbahnlinie wölbte. Doch diese Brücke war offenbar beschädigt und mit hohen Gittern abgesperrt. Über eine Abfahrt mussten sie von der Bundesstraße herunter und einen kleineren Weg durch eine Ortschaft am Ausgang des Unkelbachtals nehmen.

Das war aber noch nicht das größte Problem. Eine Schlange von Autos kam aus der Straße, die das Unkelbachtal hinabführte. Die Fahrer wollten wohl auf die Bundesstraße und hatten offenbar noch nicht begriffen, dass dort kein Platz für Fahrzeuge mehr war.

Mehrere Menschen schrien auf die Leute in den Wagen ein. Ein Mann schlug gegen eine Fensterscheibe, hinter der Emma große Kinderaugen erkannte. Die Autos brachten die Menge völlig zum Stillstand, während von hinten immer mehr Menschen nachrückten.

Einige Leute hatten sich offenbar zusammengetan und gingen

nun gegen einen der Wagen vor. Sie hoben den Kombi von einer Seite aus an, bis er kippte und auf dem Autodach zum Liegen kam.

»Verdammte Scheiße!«, fluchte ein großgewachsener Typ mit einem riesigen Rucksack hinter Emma.

Das Auto lag quer zur Fahrbahn und blockierte die Straße nun völlig. In dem Wagen waren mehrere Personen eingesperrt. Anscheinend eine Familie. Ein junger Mann wollte aus dem Fenster des Fahrersitzes ins Freie robben. Eine vorbeidrängende Frau trat ihm ins Gesicht.

Emma war entsetzt. Die Menschen wurden allmählich zu Tieren.

»Hier geht es nicht mehr weiter«, ächzte Frauke.

»Da tritt Benzin aus!«, schrie irgendjemand. Schon war das auf dem Dach liegende Auto in Flammen gehüllt. Menschen schrien durcheinander und versuchten, von dem brennenden Wrack fortzukommen. Schüsse peitschten durch die Luft und Emma hörte ein Pfeifen direkt neben ihrem Ohr.

Wir müssen hier weg!

Der Fahrer des hinter dem Wrack stehenden Autos gab Vollgas und es ruckte nach vorne, wobei es einige Menschen unter sich begrub. Es rumpelte über die Eisenbahngleise und den Radweg, überfuhr weitere Leute und schoss direkt in den Rhein. Der Fahrer versuchte, aus dem Fenster zu klettern, verschwand aber mitsamt seinem Auto in den Fluten.

Menschen drückten von allen Seiten gegen Emma. Immer mehr Leute schrien auf und gerieten in Panik. Einige sprangen freiwillig in den Fluss.

»Da rüber!«, schrie Frauke und zeigte auf die Anhöhe. Ein kleiner Weg führte dort steil in den Wald hinauf.

Mit Gewalt schob Emma ihr Rad durch die Menschenmenge, drückte einen älteren Mann zur Seite. Es ging um das Leben ihrer Tochter. Alles andere war ihr egal. Endlich erreichte sie die Einmündung des Waldweges. »Wo führt der hin?«

»Egal«, antwortete Frauke. »Hauptsache, weg von der Straße.«

Einige andere waren auf dieselbe Idee gekommen, aber die meisten ignorierten den Weg. Nach einigen Minuten waren Emma, Elena und Frauke dem Chaos entkommen.

»Was für ein Horror!«, stöhnte Frauke.

Hin und wieder hörte Emma hinter sich noch Schüsse.

Sie war froh, das enge Rheintal und die Menge hinter sich gelassen zu haben. Doch sie hatten nun einen weiteren Umweg vor sich.

Emma fragte sich, wie weit sie es in zwölf Stunden noch schaffen würden.

52

13. NOVEMBER

Das Kreischen der Turbinen war ohrenbetäubend. Andrew blickte nach oben, konnte die Maschine aber nicht sehen. Seine Ohren schmerzten trotz des Helmes seines Strahlenschutzanzuges. Dann tauchte das Flugzeug unter die tiefhängende, graue Wolkendecke und setzte nur wenige Sekunden später auf der Landebahn 14 L des Kölner Flughafens auf.

Hagen wühlte neben Andrew in seinem Rucksack herum. Mit ihnen auf dem Vorfeld standen Major März von der Luftwaffe und eine Gruppe seiner Soldaten, alle in olivgrüne Schutzanzüge mit Gasmasken gekleidet.

Es dauerte ein wenig, bis die Antonow An-225, das größte Frachtflugzeug der Welt, das Vorfeld des militärischen Flughafenteils erreicht hatte.

Endlich schalteten die Piloten die sechs Triebwerke aus.

»Meine Güte, macht das Ding einen Lärm«, sagte Andrew.

»Darum haben wir die Maschine niemals nachts landen und starten lassen, wenn sie in Köln zu Besuch war«, kommentierte März trocken.

Eine Luke im hinteren Teil öffnete sich, und einige Luftwaffensoldaten rollten eine Gangway heran. Russische Soldaten in grünen Strahlenschutzanzügen verließen das Flugzeug und salutierten vor ihren deutschen Kameraden.

»Kommen Sie!«, forderte März Hagen und Andrew auf.

Der Major hielt auf den ersten Russen zu, der ihm entgegenkam und der offenbar kein Soldat war, da er über keine Rangabzeichen am Schutzanzug verfügte. Er trug eine schwarze Aktentasche in der Hand.

»Major Dietrich März von der Luftwaffe.« Der Soldat salutierte. »Sprechen Sie Deutsch?«

»Ja«, antwortete der Mann hinter dem undurchsichtigen Visier. »Ich bin Anton Krikalev. Vom russischen Außenministerium. Ich habe die Papiere.«

»Was für Papiere?«

»Die Übergabepapiere. Ohne Unterschrift kann ich Ihnen die Wasserstoffbombe nicht überlassen.«

Andrew schüttelte den Kopf. Es war eine absurde Situation. Russland brachte Deutschland eine Wasserstoffbombe mit der Forderung, eine eigene Millionenstadt in die Luft zu sprengen, und bestand dennoch auf der Signatur irgendwelcher Papiere.

Der Mann stellte die Aktentasche auf den Boden und holte eine Kladde heraus. »Ich habe hier eine Quittung, die den Wert der Bombe auf sechsundachtzig Millionen Euro festlegt.«

»Sollen wir die Bombe etwa auch noch bezahlen?«, brauste März auf.

»Nicht direkt, nein. Den genauen Ablauf können die Regierungen in späteren Gesprächen klären.« Er wühlte in weiteren

Papieren. »Dann haben wir hier eine Zusicherung, die Sie unterschreiben müssen, dass Sie die Bombe nicht mehr aus Deutschland ausführen. Daneben noch eine Freigabe für den Import nuklearen Materials und eine Haftungsausschlusserklärung, falls die Wirkung der Bombe größer ist als die zugesicherten hundert Megatonnen.«

»Ich bin eigentlich nicht befugt, so etwas zu unterschreiben«, erklärte März.

»Dann kann ich Ihnen die Bombe nicht überlassen.«

Hagen trat nach vorne. »Geben Sie schon her!« Er nahm die Kladde und einen Kugelschreiber aus der Brusttasche seines Anzugs und unterschrieb. Andrew bezweifelte, dass Hagen die russische Schrift überhaupt lesen konnte.

»Sehr gut!« Der Russe winkte einem Soldaten, der in der Luke des Flugzeuges stand.

Ein lauter Knall ertönte, als habe jemand mit einem schweren Hammer gegen die Hülle des Flugzeuges geschlagen. Die Nase der Antonow schwenkte mit einem unangenehmen Kreischen nach oben.

Einige Soldaten klappten eine Rampe nach unten, dann fuhr ein schwerer, olivgrüner Sattelschlepper aus dem Flugzeug heraus. Auf der Ladefläche war ein grob eiförmiges, silbern glänzendes Ding mit schwarzen, dicken Tauen befestigt.

»Ist das die Bombe?«, fragte Andrew.

»In der Tat«, erwiderte der Beamte des russischen Außenministeriums. »Das ist das AN602-Nukleargerät.«

Der Bundeswehrmajor musterte das Objekt. »Ich dachte immer, es wäre nur ein einziges Exemplar gebaut worden.«

»Es war das Ziel der Sowjetunion, dass Sie genau das denken. Einige Exemplare haben fünfzig Jahre lang sicher in Arzamas-16 überdauert.«

»Arzamas-16?«, mischte sich Andrew ein. »Was ist das?«

»Nicht wichtig«, meinte der Russe.

Er rief einen der Soldaten herbei.

Der Mann, der vor Major März salutierte, war sehr klein.

»Das ist Hauptmann Sergei Tyurin. Er ist Spezialist der Strategischen Raketentruppen. Er wird in Ihrem Auftrag das Nukleargerät bedienen.«

»Es ist mir Vergnügen«, entgegnete Tyurin in gebrochenem Deutsch.

Das war also der Mann, der inmitten Deutschlands die Wasserstoffbombe zünden sollte. Ein Jammer, dass der Helm des Schutzanzuges undurchsichtig war. Andrew hätte gerne sein Gesicht gesehen.

»Wie geht es jetzt weiter?«, wollte Hagen wissen.

»Ich werde mit den anderen Soldaten zurück nach Omsk fliegen«, erklärte Krikalev. »Hauptmann Tyurin wird das Nukleargerät zu einem Ort Ihrer Wahl bringen und dort aktivieren.«

Der russische Beamte gab Andrew, Hagen und März zum Abschied die Hand, dann nahm er seine Aktentasche und zog sich in das riesige Flugzeug zurück. Die Nase klappte wieder nach unten und die Piloten fuhren die Triebwerke hoch. Die Maschine rollte zur Startbahn und war wenige Augenblicke später wieder in den grauen Regenwolken verschwunden. Nur das Kreischen der Triebwerke war noch lange zu hören.

Dann standen sie alleine auf dem Vorfeld des Flughafens. Andrew, Hagen, März, dieser russische Atomwaffenspezialist und eine Handvoll Soldaten. Vor ihnen auf dem Laster die größte Atombombe, die jemals gebaut worden war.

Andrew schauderte. Konnte das Ding irgendwie aus Versehen losgehen, während er danebenstand?

Er würde es noch nicht einmal merken.

»Haben Sie Bodennullpunkt gewählt?«, fragte Tyurin.

Andrew bejahte. »Einige Kilometer entfernt. Genau in der Mitte zwischen den Ausbruchsstellen.«

»Ist die Stelle gut mit Schlepper zu erreichen?«

»Ja«, sagte Hagen. »Es führt eine Bundesstraße dorthin.«

März deutete auf den Sattelschlepper. »Ich schlage vor, Hagen und Collum fahren mit Tyurin mit. Ich und meine Soldaten übernehmen den Begleitschutz.«

Andrew und der Einsatzleiter stiegen hinter dem Russen in das Führerhaus. Andrew saß in der Mitte. Er hatte einen guten Überblick über die Straße.

Tyurin startete den Motor und folgte März, der mit einem Geländewagen der Bundeswehr vorausfuhr.

»Sie haben ziemlich Scheiß gemacht«, meinte Tyurin.

Andrew wandte den Kopf. »Bitte?«

»Nanomaschinen. Dumm gelungen, wie?«

Andrew antwortete nicht und sah aus dem Fenster.

Sie verließen die Luftwaffenkaserne und durchquerten Wahn. Über die Autobahn wäre es schneller gegangen, aber weiter südlich hatte es einen Ausbruch von Nanomaschinen gegeben, und als Folge war eine Brücke eingestürzt. Stattdessen bogen sie auf die B8 ab und fuhren Richtung Spich.

Andrew wusste, dass überall um sie herum neue Ausbruchsstellen existierten. Seit die Entscheidung gefallen war, die Bombe zu benutzen, hatten sie sich keine Mühe mehr mit der Bekämpfung gegeben. In einer Stunde würde die Gefahr gebannt sein.

Zu einem schrecklichen Preis.

Andrew fühlte sich elend, wenn er daran dachte. Egal, was Ben zu ihm sagen mochte, er hatte ohne Zweifel eine Mitschuld an dem, was heute geschah.

»Wo lang?«, fragte Tyurin.

»Einfach weiter geradeaus dem Geländewagen hinterher.« Hagen klang resigniert.

Schließlich erreichten sie die Stadt Troisdorf. Vor dem Bahnhof stoppte März.

»Wir sind da?«, wollte der Russe wissen.

»Wir sind da«, bestätigte Hagen und stieg aus. Andrew folgte ihm.

Tyurin öffnete eine Klappe an der Seite der Bombe. Darunter befand sich eine Konsole. Der Russe führte einen Schlüssel ein und einige Digitalanzeigen leuchteten auf.

»Ein Zeitzünder?«, erkundigte sich Andrew.

»Ja, Zeitzünder. Welche Zeit? Wir fahren mit Geländewagen? Wir werden lange brauchen bis Sicherheitsentfernung.«

März trat zu ihnen. »Nein. Ich habe einen Hubschrauber angefordert. Er wird in wenigen Minuten hier sein. Wir fliegen zu einer vorgeschobenen Beobachtungsposition am Rande des Westerwalds. Etwa fünfunddreißig Kilometer entfernt. Wird das reichen?«

»Bunker?«, fragte der Russe.

»Ja, wir haben einen Bunker als Beobachtungsstelle angelegt«, erwiderte der Major.

»Gut. Wie lange Zeit?«

»Halbe Stunde sollte reichen«, antwortete März. »Aktivieren Sie, sobald die Hubschrauber gelandet sind.«

»Wenn aktiviert, kann nicht mehr gestoppt werden«, informierte ihn Tyurin.

März nickte nur.

Andrew fühlte sich unwohl dabei. Eine halbe Stunde war nicht gerade viel. Wenn der Hubschrauber nicht kam, dann waren sie geliefert.

Wenig später näherte sich das Knattern von Rotoren, kurz darauf landete ein Hubschrauber im typisch grünen Tarnanstrich des Bundeswehrheeres ein paar Dutzend Meter neben ihnen. Die Soldaten ließen die Geländewagen zurück und rannten zu dem mit laufenden Motoren wartenden Helikopter.

»Legen Sie los, Hauptmann Tyurin«, forderte März den Mann auf.

»Bei uns sagt man Kapitan«, murmelte der Russe und hantierte an der Konsole herum. Immer mehr Lichter leuchteten auf, dann erschienen Zahlen auf einem Display und eine Lampe warnte in sattem Rot.

Tyurin richtete sich auf. »Aktiviert.«

Hintereinander liefen sie mit geduckten Köpfen zum Hubschrauber. Der Wind der Rotoren wehte Andrew Blätter ins Gesicht. Er sah auf seine Uhr. Um Punkt acht würde die Bombe explodieren.

März blieb neben der Luke des Passagierbereichs stehen und winkte die anderen hinein.

Andrew setzte sich direkt an die Luke, griff sich eines der Headsets und schnallte sich an. Hagen nahm neben ihm Platz.

März ließ die Tür offen und setzte sich Andrew gegenüber. Der Soldat kontrollierte, dass die Zivilisten ordentlich angeschnallt waren und gab dem Piloten ein Zeichen.

Die Turbinen jaulten auf und sie erhoben sich in die Luft.

»Wir haben genug Zeit.« Hagen deutete auf seine Armbanduhr. »Fliegen Sie noch eine Runde über die Evakuierungszone, damit wir uns ein aktuelles Bild machen können.«

März gab die Bitte weiter. In niedriger Höhe zogen sie eine Schleife über Troisdorf, Spich und Köln-Wahn.

Andrew hielt sich an einem Griff fest und starrte aus der offenen Luke. Überall breiteten sich die goldenen Flächen der Nanomaschinen aus. Die meisten waren nicht größer als Tümpel, andere hatten bereits den Durchmesser kleiner Baggerseen erreicht. Der gewaltigste befand sich auf einem Golfplatz bei dem kleinen Ort Libur und war sicher schon über hundert Meter im Durchmesser.

»Wie groß wird der Krater sein, den die Bombe reißt, Tyurin?«, fragte Andrew den Russen.

»Krater hat Durchmesser von einem Kilometer und Tiefe fünfhundert Meter«, klang die Stimme des Mannes aus Andrews Ohrhörer. »Alles darin verdampft.«

Auch Nanomaschinen in größerer Entfernung würden von der radioaktiven Strahlung und der Gluthitze des Feuerballs zerstört werden, der nach Andrews Berechnungen einen Durchmesser von sechzehn Kilometern hatte. Damit waren sie auf der sicheren Seite. In einer Stunde war die Gefahr gebannt.

»Mein Gott.« März blickte ebenfalls aus dem Fenster und schüttelte den Kopf. »Ich hätte nicht gedacht, dass es inzwischen so viele Stellen gibt.«

Andrew ging es genauso. Er hatte einen Kloß im Hals.

Sie erreichten Köln-Porz, wo der Hubschrauber in einer weiten Schleife wendete. In der Nähe sah Andrew den Rhein und dahinter die Innenstadt von Köln mit dem Dom.

Köln war eine der ältesten Städte Deutschlands. Ein kulturelles Erbe von unendlichem Wert und die Heimat von über einer Million Menschen. In einer halben Stunde würde sie nur noch eine radioaktive Wüste sein.

Andrew fragte sich, ob der Kölner Dom eine Chance hatte, der Explosion standzuhalten. Das Wahrzeichen der Stadt hatte die Weltkriege überlebt und befand sich am Rande des von der Explosion verursachten Feuerballs. Wenn er den heutigen Tag überstand – in welcher Form auch immer – würde er auf ewig ein Zeichen der Hoffnung für die Zukunft sein.

»Eine Viertelstunde noch«, meldete Hagen. »Fliegen Sie jetzt zum Beobachtungsposten.«

Der Hubschrauber beendete seine Schleife und änderte die Richtung nach Südosten zum Westerwald.

Andrew sah das Siebengebirge und die Häuser der Stadt Bonn am Horizont. Wie viele Menschen waren zurzeit dort? Nie im Leben hatten alle evakuiert werden können. Allein, dass sich einige sicher geweigert hatten, ihre Häuser zu verlassen.

»Da unten!« Der Russe zeigte aus der Luke. »Kinder!«

Andrew gefror. Unmöglich! Er folgte Tyurins ausgestrecktem Finger mit dem Blick und sah zwei Kinder, die auf einer Kreuzung in der Mitte des Stadtzentrums von Siegburg standen und zu ihnen hinaufschauten.

»März!«, schrie Andrew.

»Ich sehe sie«, entgegnete der Major trocken.

»Siegburg liegt noch mitten in der zentralen Explosionszone. Die werden auf keinen Fall überleben.«

»Die Zeit wird knapp.« März verzerrte das Gesicht. »Scheiße, was soll's! Landen Sie direkt neben den Kindern.«

Vierzehn Minuten.

Der Pilot ging so schnell tiefer, dass die Zelle des Hubschraubers vibrierte. Andrew würgte.

Im letzten Moment zog der Pilot die Nase wieder nach oben. Die Turbine jaulte laut auf.

Als die Kufen des Hubschraubers aufsetzten, liefen die Kinder davon.

»Nein!« Andrew schnallte sich ab und sprang aus der Luke.

»Warten Sie!« März folgte ihm.

Die Kinder, ein Mädchen und ein Junge, rannten in Richtung eines verlassenen Supermarkts.

Andrews Lungen brannten wie Feuer. Sein Visier beschlug und er riss sich die Gasmaske vom Gesicht.

Erst kurz vor dem Eingang holte er sie ein. Er packte beide an den Kapuzen ihrer blauen Regenjacken und drehte sie zu sich um. Das Mädchen war etwas größer als der Junge. Es versuchte, sich aus Andrews Griff zu winden. Beide waren höchstens im Grundschulalter.

Andrew ging in die Knie. »Ihr müsst mit mir kommen. Wir müssen ganz schnell weg.«

»Wir sollen aber hier draußen auf Mama warten«, sagte das Mädchen. »Wir sollen nicht weggehen, hat sie gesagt.«

»Wo ist eure Mutter?« März hatte sich ebenfalls die Gasmaske abgenommen. Ein weiterer Soldat kam hinzu.

Der Junge zeigte zu dem Supermarkt. Die automatischen Eingangstüren standen offen. »Sie wollte uns was zu essen holen, bevor wir weitergehen.«

Weitergehen?

Andrew fragte sich, wie es dazu hatte kommen können. Entweder, die Mutter der Kinder hatte das mit der Bombe nicht mitbekommen oder dachte, dass sie schon weit genug vom Bodennullpunkt entfernt waren.

»Wir haben keine Zeit.« März griff sich den Jungen. Der begann zu schreien.

Der andere Soldat klemmte sich das Mädchen unter den Arm und lief zum Hubschrauber.

»Mama!«, rief das Mädchen.

»Ich schaue nach der Mutter!« Andrew rannte Richtung Supermarkt.

»Sie haben drei Minuten«, brüllte März. »Dann werden wir starten. Ob mit oder ohne Sie!«

Andrew erreichte die Eingangstür. Das Glas war zerschlagen. Scherben lagen auf dem Boden. Dahinter war es dunkel.

»Hallo?«, rief er in den Supermarkt hinein, der recht groß zu sein schien. Eine stillstehende Rolltreppe führte in ein oberes Stockwerk.

Andrew ging zur Rolltreppe. »Hallo?«

Er inspizierte noch einige Gänge, in denen kaum mehr etwas Brauchbares stand, dann blickte er auf seine Uhr. Die drei Minuten waren fast vorbei.

Es hatte keinen Sinn!

Resigniert lief er zurück zum Hubschrauber, sprang hinein und schnallte sich an.

»Wo ist Mama?«, schluchzte der Junge, der auf dem Schoß eines Soldaten saß.

»Tut mir leid«, murmelte Andrew so leise, dass es die Kinder sicher nicht hören konnten.

»Los! Los!«, forderte März den Piloten auf.

Der Helikopter schoss nach oben.

»Wir haben keine zehn Minuten mehr«, sagte März. »Das wird verdammt knapp.«

Der Pilot wendete die Maschine.

»Mama!«, schrie das Mädchen plötzlich.

Tatsächlich!

Unter ihnen rannte eine Frau in einem langen, grünen Mantel aus einem Café neben dem Supermarkt auf die Kreuzung. Sie winkte mit beiden Armen.

»Landen Sie!«, schrie Andrew.

März' Augen hatten sich in blaues Eis verwandelt. Seine Miene glich der einer Statue. »Das würde uns weitere drei Minuten kosten. Die haben wir nicht. Weiter!«

Oh mein Gott!

Sie konnten die Frau doch nicht einfach so hier dem sicheren Tod überlassen! »Aber ...« Andrew verstummte, als der Hubschrauber beschleunigte.

Die Kinder schauten aus der offenen Luke zu ihrer Mutter zurück. Die Frau unter ihnen wurde schnell kleiner. Das Letzte, was Andrew von ihr sah, war, dass sie in die Knie ging und die Hände bittend in die Höhe hielt. Dann war sie aus seinem Blickfeld verschwunden.

Die Kinder weinten. Ihre Mutter würde in wenigen Minuten nur noch ein Häuflein Asche sein, aber das wussten sie natürlich nicht.

Andrew steckte sich die Faust in den Mund und biss zu, um den Schmerz im Inneren zu überdecken.

53

»Noch fünfzehn Minuten«, schrie Emma atemlos über ihre Schulter.

Obwohl sie schon mit hoher Geschwindigkeit bergab fuhr, trat sie noch fester in die Pedale. Neben ihr reihten sich die Autos dicht an dicht. Auch auf dem Standstreifen der A573 blockierten Fahrzeuge immer wieder den Weg, aber zum Glück war immer genug Platz, um auszuweichen. Das permanente Gehupe war ohrenbetäubend.

»Wo sollen wir denn hin?«, rief Frauke von hinten.

»So tief ins Tal wie möglich. Dann schirmen die Berge uns zumindest teilweise gegen die Druckwelle ab.«

Emma musste abbremsen, weil ein Pick-up mit eingeschaltetem Warnblinker und offenen Türen auf dem Standstreifen parkte. Immer mehr Menschen verließen ihre Fahrzeuge, sprangen über die Leitplanken und liefen über die Felder in Richtung Ahrtal. Einer von ihnen sprang direkt vor Emmas Rad.

Sie schrie auf, riss den Lenker herum und wäre beinahe gestürzt. Im letzten Moment gelang es ihr, das Gefährt zu stabilisieren.

Die ganze Nacht hindurch waren sie unterwegs gewesen und dabei nur sehr schleppend vorangekommen. In einem Wirrwarr aus kleinen Ortschaften hatten sie sich in der Dunkelheit verfahren und dabei weitere zwei Stunden verloren.

Ein Schild kündigte das nahe Ende der Autobahn an. Geradeaus führte der Weg über die B266 Richtung Rhein, oder sie konnten die Abfahrt zum Stadtzentrum von Bad Neuenahr nehmen. Vielleicht fanden sie in der Ortschaft einen schützenden Keller.

Das nächste Schild wies den Weg zu einem nahen Museum.

Natürlich! »Mir nach!«

Emma fuhr über eine Rampe von der Autobahn, die stromaufwärts in das Ahrtal führte.

»In den Ort geht es aber dort entlang«, brüllte Frauke.

»Wir fahren nicht in den Ort«, rief Emma. »Wir fahren zum Bunker.«

»Welcher Bunker?«

»Im Ahrtal gibt es den ehemaligen Atombunker der Bonner Republik.«

Vor Emma öffnete sich die Tür eines Autos und zwang sie zu einem heftigen Schlenker. Das Fahrrad schwankte und beinahe wäre sie erneut gestürzt.

»Wir müssen von der Straße runter«, rief Frauke.

Sie hatte recht.

»Wir können die Wirtschaftswege der Weinberge benutzen.« Emma bremste, ließ Elena absteigen und hob das Rad über die Leitplanke.

Frauke hatte Mühe damit, und Emma musste ihr helfen. Auch Elena bugsierte sie über die scharfe Kante. Nebeneinander schoben sie die Fahrräder einen steilen Weg hinauf.

»Wir werden es nicht rechtzeitig schaffen«, keuchte Frauke.

Emma blickte auf ihre Uhr. Noch zehn Minuten. Bis zum Bunker konnte es höchstens noch ein Kilometer sein.

Sie schnappte nach Luft. Auch in den Weinbergen waren Leute. Sie kamen aus höheren Lagen und rannten zum Fluss.

Endlich erreichten sie einen asphaltierten Weg. Emma half Elena auf den Kindersitz, dann schwang sie sich auf das Rad und trat in die Pedale.

Die Wolken rissen auf, und die Sonne strahlte auf Bad Neuenahr herunter. Die Stadt, in den letzten Jahren nach den schweren Überschwemmungen von 2021 neu aufgebaut, schmiegte sich an das gewundene Flussbett der Ahr, die so schmal war, dass man sie aus mehreren hundert Metern Entfernung bestenfalls erahnen konnte. Menschen strömten in die Häuser der Innenstadt. Niemand wollte während der Explosion im Freien sein.

Emma schwitzte, während sie mit aller Kraft beschleunigte und Kurve um Kurve durch die Weinberge fuhr.

Wo ist denn nur dieser verdammte Bunker?

Frauke atmete laut pfeifend. Ihr Kopf war rot angelaufen. Sie würde dieses Tempo nicht mehr lange durchhalten.

Endlich sah Emma vor sich den Regierungsbunker. Sie bremste, kam schlitternd zum Stehen.

Verdammt!

Sie waren nicht die Einzigen, die auf die Idee gekommen waren, sich dort zu verschanzen. Der Parkplatz war mit Autos überfüllt. Auch auf der Zufahrtsstraße standen Fahrzeuge. Sowohl vom Tal als auch aus den höher gelegenen Ortschaften liefen Menschen auf die zum Museum umfunktionierte Höhle zu.

Der ehemalige Eisenbahntunnel war durch einen Betonblock verschlossen. Der Zugang führte offenbar nur durch das kleine Museumsgebäude, und davor stauten sich Menschen.

Keine fünf Minuten mehr.

»Wir müssen die Räder zurücklassen!« Emma nahm ihre Tochter vom Kindersitz und hängte sich die Fahrradtasche um die Schulter.

»Verdammt! Warum geht das da nicht vorwärts!«, brüllte ein jüngerer Mann mit einem riesigen Rucksack auf dem Rücken.

Frauke hakte sich bei Emma unter. Das war auch nötig, damit sie sich im Gedränge nicht verloren.

Noch drei Minuten.

Ground Zero war von Köln mehr als dreißig Kilometer entfernt. Sie mussten nicht tief in den Tunnel hineingehen, um hinreichenden Schutz vor der Druckwelle zu finden, aber im Freien durften sie keinesfalls sein. Die thermische Strahlung würde sie verbrennen.

Doch das Gedränge war mittlerweile so dicht geworden, dass sich nichts mehr bewegte.

»Wir schaffen es nicht!«, schrie Frauke.

Emmas Blick fiel auf ein kleines Gebäude neben dem Betonklotz. An der Tür prangte eine Beschriftung in weißen Lettern.

›Notausgang immer freihalten.‹

Es war eine Chance. Sie drängte seitwärts durch die Menge und zog Frauke mit sich. Ein älterer Mann fluchte laut, als Emma ihm auf den Fuß trat.

Dann hatte sie die Tür erreicht. Sie zog an der Klinke.

Verschlossen.

Emmas Mut sank.

Sie war sich sicher, dass die Tür in den Eingangsbereich des Bunkers führte. Sie hätte platzen mögen vor Zorn und Frustration. Es konnte doch nicht sein, dass sie es bis hierhergeschafft hatten und nun an einer verdammten Tür scheiterten!

Sie ballte die Hände zu Fäusten und schlug gegen die Stahltür. »Macht auf! Lasst uns rein!«

»Was soll denn der Blödsinn?« Eine kleine dicke Frau hinter Emma hielt sich die Ohren zu.

»Macht auf!« Sie schlug so fest zu, dass es schmerzte.

Plötzlich ertönte ein lautes Knirschen, als habe jemand einen verrosteten Riegel zurückgeschoben, und die Tür öffnete sich. Ein Jugendlicher mit verpickeltem Gesicht blickte Emma aus weit aufgerissenen Augen an.

Die Menge reagierte sofort und schob Emma, Frauke und Elena in den nunmehr geöffneten Eingang. Sie hatten keine andere Wahl, als mit der Masse in den Berg hineinzuströmen.

Der Weg führte durch einen Vorraum mit noch mehr Menschen und durch ein riesengroßes Tor in einen langen Gang hinein. Überall lagen zerbrochene Exponate des Museums herum. Emma stolperte über eine zu Boden gefallene Schautafel.

Dann ging es nicht mehr weiter. Eine Sirene jaulte auf und vor ihnen schloss sich ein weiteres großes Metalltor. Eine junge Frau konnte gerade noch zurückspringen, bevor sie zerquetscht wurde.

Es war acht Uhr.

Emma schaute zurück. Sie waren gerade mal hundert Meter tief in den Berg gelangt. Es musste reichen.

»Schließt die Tür«, schrie irgendjemand.

Doch die Luke am Eingang des Stollens blieb offen. Vielleicht war sie verklemmt.

Dann fiel ein unfassbar helles Licht in den Tunnel.

Die Bombe!

Emma blinzelte und schloss die Augen dann ganz.

Das Licht durchdrang einfach ihre Augenlider. Instinktiv hielt sie ihre Hand vor Elenas Gesicht.

Draußen schrien Menschen, die es nicht mehr in den Bunker hineingeschafft hatten.

Die Druckwelle! Es würde dauern, bis sie den weiten Weg von Köln bis hierher zurückgelegt hatte. Aber sie würde kommen.

»Alle auf den Boden legen«, schrie Emma.

Ein Mann neben ihr schaute sie verwirrt an.

»Die Druckwelle kommt gleich«, rief Emma. »Alle auf den Boden legen!«

Nur zögerlich reagierten die Leute auf ihre Aufforderung. Es war zu wenig Platz im Gang, die Menschen legten sich teilweise übereinander.

Emma bedeckte Elena mit ihrem Körper.

Dann wartete sie.

Sie konnte nicht anders, als im Geiste mitzuzählen. Sie kam bis neunzig, dann bebte die Erde. Ja, es war wie ein Erdbeben. Ein sehr starkes Erdbeben.

Menschen um sie herum schrien wieder auf.

Ein Knall. Als wäre ein Blitz direkt neben ihr eingeschlagen und hätte ihr seinen Donner ins Ohr gedrückt. In Panik hielt Emma sich die Hände an den Kopf.

Die Erde bebte erneut und die Glühbirnen an der Decke zerbarsten.

Es wurde dunkel.

54

Andrew schloss instinktiv die Augen, als die Bildschirme plötzlich weiß wurden. Er musste sich zwingen, sie wieder zu öffnen.

Ein Monitor nach dem anderen wurde dunkel. Nur einer zeigte einen riesigen Feuerball, der sich immer weiter ausdehnte und langsam nach oben stieg.

»Das war es dann wohl mit Köln und Bonn«, murmelte Biskup.

Niemand antwortete ihm.

Plötzlich knallte es laut und der Boden bebte. Fast wäre Andrew von den Füßen gerissen worden.

Ein junger Soldat schrie auf.

Der Boden bebte erneut und Risse entstanden in der Wand des Bunkers.

Dann kehrte wieder Ruhe ein.

Nur die Kinder, die nunmehr Waisen waren, weinten laut. Eine junge Soldatin nahm sich ihrer an und tröstete die beiden.

Andrews Kehle wurde eng, als er die riesige Pilzwolke beobachtete, deren Spitze immer weiter nach oben stieg. Sie musste fast bis in den Weltraum reichen.

Andrew fühlte Feuchtigkeit auf seinen Wangen. Er hatte nicht mitbekommen, dass er zu weinen begonnen hatte.

Sein Puls raste, und er fühlte sich im Inneren dieses dunklen Bunkers immer elender. Er brauchte Luft.

»Können wir endlich raus?«, keuchte er.

Biskup verneinte. »Es ist noch zu früh.«

Andrew ging rückwärts, bis er die Wand im Rücken spürte. Er knetete die Unterlippe mit den Zähnen, bis es blutete.

Er konnte nicht sagen, wie viel Zeit vergangen war, als Biskup sich endlich von den Monitoren zu ihnen allen umdrehte. »Wie die Meteorologen es vorausgesagt haben, ist eine bodennahe Kaltfront aufgezogen. Es hat sich eine Inversionswetterlage gebildet. Der Wind in den oberen Luftschichten weht die radioaktive Wolke nun in Richtung Nordsee, ohne dass Aerosole zum Boden fallen und die Umwelt kontaminieren. Die Radioaktivität wird sich über dem Ozean abregnen.« Der Nuklearspezialist wirkte ruhig, aber das war ganz sicher nur Fassade.

»Können wir dann endlich raus?«, wiederholte Andrew.

Biskup nickte. »Ja. Es müsste jetzt sicher sein.«

Andrew überprüfte seinen Strahlenschutzanzug und ging zu der schweren Stahltür. Er zog an dem Riegel, aber der wollte sich nicht lösen. »Geht nicht.«

Ein Soldat trat mit einem Werkzeugkasten zu ihm. »Wird sich verkantet haben. Augenblick.«

Andrew trat zur Seite, während sich der Soldat an der Tür zu schaffen machte.

Tyurin tippte ihm auf die Schulter. »Das war ganz schöne Knall, was?« Der Russe grinste.

Andrew war nicht nach Grinsen zumute. Er wollte gar nicht wissen, wie viele Menschen bei der Explosion ums Leben gekommen waren. Die Zeit war viel zu knapp gewesen. Trotz der zusätzlichen zwölf Stunden, die sie hatten herausschlagen können.

Mit einem grässlichen Knirschen wuchtete der Soldat endlich die Stahltür auf, und Andrew kletterte an der Seite von Hagen und Biskup nach oben.

Was er dort sah, ließ ihm das Blut in den Adern gefrieren.

Es war, als wäre er durch ein Dimensionsportal direkt in die Hölle geraten. Der Himmel war rötlich verfärbt. Blitze zuckten in den dunklen Wolken.

Wo vor einer Stunde noch grüne Wiesen die umliegenden Hügel des Westerwaldes geziert hatten, war nun alles schwarz. Der Boden sah aus, als hätte ihn jemand mit einem Flammenwerfer bearbeitet. Die Bäume waren verkohlt. Ebenso die Blätter und Nadeln, die nun in einem stetigen Strom zu Boden fielen. Und so war es überall. Egal, wohin Andrew sich wandte.

Kircheib, an dessen Ortsausgang die Soldaten in aller Eile den Bunker gebaut hatten, war nicht mehr da. Nur noch einige rauchende Ruinen ragten aus dem Boden. Der Asphalt der Straßen hatte sich schwarz verfärbt. Autowracks lagen umgekippt zwischen den Trümmern und brannten teilweise.

Lediglich eine Ortschaft weiter unten im Tal war halbwegs intakt geblieben, weil die umliegenden Hügelketten sie vor der Druckwelle teilweise abgeschirmt hatten. Dennoch waren die Häuser alle verkohlt. Ein Holzschuppen auf einer Wiese brannte lichterloh.

Hagen schrie auf. »Er steht noch!«

»Bitte?«, fragte Andrew.

»Der Dom. Er steht noch.«

Andrew drehte sich in Richtung Köln. Der Atompilz war inzwischen weggeweht worden, aber dichter Rauch lag über der Stadt, und Andrew konnte nicht wirklich etwas erkennen.

»Hier.« Hagen reichte ihm sein Fernglas.

Andrew setzte es an die Augen.

Tatsächlich!

Er erkannte die Silhouette des Kölner Doms, die sich schwach vor einem Vorhang aus Rauch abzeichnete. Alles andere war verschwunden. »Wir müssen dorthin«, stammelte Andrew. »Wir müssen herausfinden, ob wir die Nanomaschinen besiegt haben.«

»Ich fordere einen Hubschrauber an«, sagte Major März. »Aber können wir überhaupt jetzt schon zum Explosionsort vordringen?«

Biskup trat neben ihn. »In Strahlenschutzanzügen sollte es kein Problem sein, solange wir uns dort nur kurz aufhalten.«

»In Ordnung.« März ging wieder in den Bunker hinein.

»Was haben wir nur angerichtet.« Hagen klang weinerlich. »Wir sind fünfundzwanzig Kilometer vom Explosionsort entfernt und hier ist ja wirklich alles zerstört.«

»Hoffen wir nur, dass sich das Opfer auch gelohnt hat«, murmelte Andrew.

55

Fast eine Stunde lang harrten Emma, Elena und Frauke im Bunker aus, dann arbeiteten sie sich mit den anderen zusammen langsam nach draußen vor. Teile des Museumsdaches waren eingestürzt und mussten erst zur Seite geräumt werden. Ein älterer Mann war von einem aus der Wand gebrochenen Stück Beton erschlagen worden. Eine Frau legte ihm eine Jacke über das Gesicht.

Als sie sich endlich dem Eingang näherten, stieg Emma ein Geruch nach verbranntem Fleisch in die Nase. Sie würgte.

Die Nähe des Berges hatte die Leute draußen vor den schlimmsten Folgen der Explosion abgeschirmt, aber durch die Strahlungshitze des Feuerballs gab es viele Verbrennungen.

Eine Frau lag auf dem Boden und stöhnte. Ihre Haut war so rot wie ein Feuerlöscher. Andere Leute sahen aus, als hätten sie den ganzen Tag ohne Schutz in der prallen Sonne gesessen. Ein Mann, der am ganzen Körper zitterte, hatte überall weiße Blasen im Gesicht, die nacheinander aufplatzten und eine milchige Flüssigkeit freigaben, die ihm die Wangen hinunterlief. Ein kleines Mädchen trug eine gelbe Regenjacke aus Plastik, die stellenweise mit der Haut zu einer schwarzen Kruste zusammengeschmolzen war. Das Kind schien keine Schmerzen zu haben, aber die würden zweifellos kommen.

Hinter sich hörte Emma einen Schrei, und sie drehte sich um. Etwas Brennendes kam durch die Weinberge auf sie zu. Emmas Herz hatte einen Aussetzer, als sie erkannte, dass es ein Mensch war, der wie eine lebende Fackel auf das Bunkermuseum zulief. Direkt vor ihr stürzte die Gestalt zu Boden.

Frauke zog ihre Jacke aus und schlug auf die Flammen ein. Doch das Feuer wollte einfach nicht ausgehen. Endlich kam jemand mit einem Feuerlöscher und entleerte ihn auf den am Boden Liegenden.

Die Gestalt streckte röchelnd die Hand nach Emma aus. Das Gesicht war pechschwarz, die Augenhöhlen leer. Emma konnte nicht sagen, ob es ein Mann oder eine Frau, ein alter oder ein junger Mensch war.

Oh mein Gott!

Die Gestalt am Boden machte noch einige Atemzüge und starb dann vor Emmas Füßen.

Emma drehte sich zu Elena um. Die hatte sich abgewandt und das Gesicht mit den Händen verdeckt.

Emma nahm sie in den Arm, spürte Tränenflüssigkeit auf ihren Wangen.

Diese Bilder würden noch mehr Narben auf der Kinderseele hinterlassen.

Weitere Leute kamen aus dem Bunkermuseum und kümmerten sich um die Verletzten.

Ein junger Mann drückte Emma plötzlich einen Verbandskasten in die Hand. »Hier!«

Emma starrte das rote Ding an wie eine tote Ratte. Sie hatte zuletzt vor ihrer Führerscheinprüfung einen Erste-Hilfe-Lehrgang gemacht und konnte sich eigentlich an gar nichts erinnern.

Doch dann stand eine junge Frau mit schulterlangen blonden

Haaren vor ihr. »Können Sie mir helfen?« Sie hatte eine hässliche Platzwunde an der Stirn.

»Sicher.« Emma vergewisserte sich, dass Elena an ihrer Seite war, bevor sie den Verbandskasten aufklappte. Sie holte einen Verband heraus und wickelte ihn der Frau um den Kopf. Mit einer Klammer fixierte sie den weißen Stoff. Es schien zu halten.

»Danke«, krächzte die Frau und ging davon.

Überall um Emma herum lagen Menschen mit Wunden oder Verbrennungen auf dem Boden.

Emma und Frauke halfen noch einigen Verletzten, darunter einem Mann, dem ein Glassplitter im Oberschenkel steckte.

»Gott, wie schrecklich.« Frauke hielt sich die Hand vor den Mund. »Was machen wir denn jetzt?«

Emma bahnte sich mit ihrer Tochter einen Weg durch die Menschen. Frauke folgte ihr.

»Wir sollten weitergehen«, meinte Emma. »Weiter nach Süden. Am besten nach Koblenz. Vielleicht gibt es dort noch eine funktionierende Infrastruktur.«

Frauke nickte.

Emma hielt nach ihren Fahrrädern Ausschau, konnte sie aber nicht finden. Sie würden erst einmal zu Fuß weitergehen müssen.

Als sie um eine Kurve bogen, öffnete sich vor ihnen der Blick ins Tal.

»Oh mein Gott!«, stöhnte Frauke.

Bad Neuenahr und Ahrweiler brannten. Ein riesiger Flammenteppich umgab die zusammengewachsenen Ortschaften. Emma meinte, die Hitze der brennenden Stadt im Gesicht spüren zu können. Schwarzer Rauch stieg in einer riesigen Säule in den Himmel. Die Druckwelle war über das Ahrtal hinweggefegt und hatte die Häuser verschont. Aber die Wärmestrahlung hatte den Ort in Brand gesetzt.

Was nach der verheerenden Flut vor einigen Jahren mühsam wieder instand gesetzt worden war, war nun ein Opfer der Flammen geworden. Emma erinnerte sich an die ganzen Menschen, die vorhin in die Häuser geströmt waren und dort in den Kellern nun elendig verbrannten.

Sie dachte daran, dass sie und Elena deren Schicksal teilen würden, wenn sie nicht auf die Idee mit dem Regierungsbunker gekommen wäre.

»Was machen wir denn jetzt?«, fragte Frauke.

Emma atmete tief ein. Sie hätten den Ort durchqueren müssen, um weiter nach Süden zu kommen. Aber es gab keine Chance, durch diese Flammenwand zu gelangen. »Wir gehen nach Osten in Richtung Rhein. Vielleicht finden wir dort irgendwo eine Möglichkeit, über die Ahr zu kommen.«

Bis Koblenz waren es etwas mehr als dreißig Kilometer. Für Emma wäre das normalerweise ein guter Tagesmarsch und bis heute Abend zu schaffen gewesen.

Aber sie war sich sicher, dass sie deutlich länger für die Strecke brauchen würden.

56

Was haben wir nur getan?

Ben starrte schweigend auf den Bildschirm. So, wie er es den ganzen Tag getan hatte, seit die Bombe bei Köln explodiert war. Er hatte sich in sein Büro zurückgezogen und mit niemandem geredet. Danach war ihm einfach nicht zumute.

Stattdessen verfolgte er das Geschehen über den Fernseher.

Der Atompilz über dem Rheinland. Die Flüchtlingsströme, die sich in allen vier Himmelsrichtungen aus der betroffenen Region ergossen. Die Trümmerlandschaft, die er auf den ersten Bildern aus Hubschraubern zu sehen bekam.

Wie sie befürchtet hatten, waren nicht alle Menschen aus den gefährdeten Städten entkommen. Viele waren auf der Flucht getötet worden. Ein Wissenschaftler sagte im Interview, er rechne mit mehreren zehntausend Toten. Und noch mehr Verletzten.

Auf dem Bildschirm wurde gerade eine Gruppe Menschen mit verbundenen Augen gezeigt, die in einem großen weißen Zelt standen und auf eine Behandlung warteten. Offenbar gab es auch in größerer Entfernung von Köln viele Leute, die erblindet waren, weil sie - trotz aller Warnungen - die Explosion beobachtet hatten.

In den Städten Aachen, Koblenz, Siegen und im Ruhrgebiet trafen immer mehr Flüchtlinge ein, und niemand wusste, wo diese Menschenmassen untergebracht werden sollten.

Wieder und wieder brachten die Sondersendungen auf allen Kanälen die schrecklichen Bilder, bis Ben es nicht mehr aushielt und den Fernseher ausschaltete.

Er stützte den Kopf auf seine Arme und weinte.

Wie konnte es nur so weit kommen? Wieso haben wir so derart versagt?

Das Telefon klingelte.

Ben wischte sich die Tränen aus dem Gesicht und nahm den Hörer ab.

»Sie sind da. Gut.« Die Stimme des Kanzlers war emotionslos. »Kommen Sie in mein Büro.«

»Sicher, Herr Bundeskanzler.«

Die Gegenseite legte auf.

Ben war etwas verwundert, dass der Kanzler ihn selber zu einem Gespräch eingeladen hatte anstelle seiner Sekretärin.

Ben verließ sein Büro und ging zu Weinheim. Dessen Tür war geschlossen. Ben klopfte und öffnete vorsichtig.

Der Beamte saß in sich zusammengesunken vor seinem Schreibtisch und starrte auf einen kleinen Fernseher. Sein Gesicht war völlig verquollen. »Was?«

»Kommen Sie auch mit?«

»Wohin?«

»Ich bin zu einer Besprechung mit dem Kanzler eingeladen«, erklärte Ben.

»Glaube ich nicht«, sagte Weinheim grob. »Alle Termine für heute wurden abgesagt.«

Das konnte Ben nicht nachvollziehen. Sicher gab es nach den Ereignissen am Morgen in Köln mehr als genug zu tun.

»Der Kanzler hat sich in sein Büro zurückgezogen«, fuhr Weinheim fort. »Er will niemanden sehen.«

Ben hob verständnislos die Arme. »Aber er hat mich gerade selber angerufen und mich in sein Büro gebeten.«

Weinheim sah Ben einen Moment lang an und entgegnete schließlich: »Dann gehen Sie mal. Ein offizieller Termin ist das jedenfalls nicht.«

Ben überließ Weinheim wieder seinem Fernseher.

Die Gänge des Kanzleramts waren gespenstisch leer. So gut wie alle Bürotüren waren geschlossen. Die Menschen standen unter Schock. Es würde überall in Deutschland so sein.

Wahrscheinlich war es besser, wenn er sich über den Stand der Dinge in Köln informierte, bevor er zu Hütter ging. Ben holte sein Handy aus der Tasche seines Jacketts und tippte Andrews Nummer. Doch der Freund war nicht erreichbar.

Ben seufzte und wählte Rappe an. Er wusste, dass der Mann gestern noch mit einem Hubschrauber nach Karlsruhe geflogen war, um dort im Forschungszentrum KIT ein Büro zu beziehen.

Der Leiter des nunmehr vernichteten Forschungszentrums für Nanotechnologie war sofort am Apparat. »Herr Gerber, gut, dass Sie anrufen. Haben Sie mit dem Kanzler gesprochen?«

»Ich bin gerade auf dem Weg zu ihm.«

»Ich verstehe. Ich kann Ihnen leider nichts Neues mitteilen.«

»Haben Sie Andrew erreicht?«

»Doktor Collum ist mit einem Hubschrauber nach Köln unterwegs, um die Lage zu evaluieren.«

»Ich habe gerade mit ihm telefonieren wollen. Vielleicht hat er sein Handy ausgeschaltet.«

Rappe lachte trocken. »Ich glaube nicht, dass es in der Umgebung von Köln auch nur noch einen einzigen funktionierenden Mobilfunkmast gibt.«

Natürlich. Darauf hätte Ben selber kommen können.

»Ich habe mit ihm über das Funkgerät des Hubschraubers gesprochen«, verriet ihm Rappe. »Sie mussten abdrehen und landen. Die Radioaktivität bei Ground Zero ist zu hoch. Sie wollen es in ein bis zwei Stunden noch einmal probieren.«

Ben wunderte sich darüber. »Wird sich denn die Lage in zwei Stunden so sehr ändern?«

Rappe schnaubte. »Radioaktivität nimmt exponentiell ab. Die kurzlebigen Isotope zerfallen sehr schnell. So unmittelbar nach der Explosion kann eine Stunde einen Faktor von zehn ausmachen.«

Ben zuckte mit den Schultern. Von Atomphysik hatte er nicht die geringste Ahnung, da er sich im Studium für ein anderes Wahlfach entschieden hatte. »Also ist noch nicht mit Sicherheit zu sagen, dass die Nanomaschinen besiegt sind.«

Rappe schnaubte erneut. »Nichts kann diese gewaltige Explosion überstehen. Die Nanomaschinen sind Geschichte. Ebenso wie unsere Forschung. In Deutschland wird niemals wieder irgendjemand Nanotechnologie entwickeln. Wir sind nun alle arbeitslos.«

War das alles, woran Rappe dachte? Ben wurde zornig. Tausende Menschen waren heute Morgen gestorben. Noch mehr hatten für immer ihre Heimat verloren. Und Rappe interessierte sich nach wie vor nur für seine Karriere?

Ben lag schon ein heftiger Kommentar auf der Zunge, doch Rappe legte einfach auf.

Ben schüttelte den Kopf und setzte seinen Weg fort.

»Was wollen Sie?«, fragte Hütters Sekretärin, die mit einer Kollegin gemeinsam auf einen Fernseher starrte. Das Bild zeigte Menschen mit schweren Verbrennungen auf einer improvisierten Krankenstation in einer Sporthalle.

»Ich soll zu Kanzler Hütter kommen.«

»Davon weiß ich nichts. Gehen Sie!« Die Frau wandte sich wieder dem Fernseher zu.

»Er hat mich eben angerufen.«

Die Sekretärin schaute erneut hoch. »Was? Er selbst?«

Ben bejahte.

Die Frau ging zur Tür, die in das Büro des Kanzlers führte und klopfte leise, bevor sie sie öffnete. »Hier ist Herr Gerber. Er sagt … Ja. Ja, in Ordnung.«

Die Sekretärin machte Ben Platz.

Der Kanzler war gerade dabei, die Tür zum Balkon zu öffnen. In seiner Hand trug er ein Glas Whisky. Jedenfalls sah die goldene Flüssigkeit nach Whisky aus. Das Gesicht des Kanzlers war stark gerötet. Hütter winkte Ben zu sich. »Wollen Sie ein Glas?«

»Nein, danke«, antwortete Ben. Er folgte dem Kanzler auf den Balkon.

Hütter stellte das Glas auf einem kleinen Tisch ab und fingerte aus der Jackentasche seines blauen Hemdes eine Schachtel Zigaretten. »Auch eine?«

Ben war erstaunt. »Ich wusste gar nicht, dass Sie rauchen.«

Der Kanzler lachte heiser. »Ich habe eigentlich vor über zwanzig Jahren damit aufgehört, als ich meine Frau kennengelernt habe. Sie hasst Zigarettenrauch.«

Hütter hatte es immer verstanden, seine Privatsphäre zu schützen. Von ihm hatte es nie Hochglanzfotos in Illustrierten von gemeinsamen Familienurlauben gegeben, wie es andere Kanzler im Interesse der Öffentlichkeitsarbeit geduldet oder sogar forciert hatten. Fotos seiner Frau fand man quasi gar nicht.

Jedenfalls konnte sich Ben nicht erinnern, jemals eines gesehen zu haben. Ob sie Kinder hatten, wusste Ben nicht. »Lebt Ihre Frau auch in Berlin?«

Der brummte leise. »Meine Frau hasst Berlin. Sie kommt aus einem kleinen Ort in Bayern direkt am Rande der Alpen, und sie hat es sich nie vorstellen können, in eine derart chaotische Stadt wie Berlin zu ziehen.«

»Dann besuchen Sie sie sicher oft am Wochenende.«

Der Kanzler zog an der Zigarette, hustete kurz und blies eine dichte Rauchwolke über die Brüstung, wo sie sofort vom eiskalten Wind fortgeweht wurde. »Früher habe ich das. Aber wir leben seit zwei Jahren getrennt.«

Ben war peinlich berührt. »Das wusste ich nicht.«

»Niemand weiß das«, gab Hütter leise zurück. »Und das ist auch gut so. Es geht keinen etwas an.«

Eine Frage lag Ben auf der Zunge. Sie war nicht angemessen, und das war ihm auch klar, aber er stellte sie trotzdem. »Haben Sie Kinder?«

Der Kanzler musterte Ben scharf, entspannte sich dann und zog erneut an seiner Zigarette. »Nein, wir haben keine Kinder. Es klappte nicht. Warum auch immer. Inzwischen glaube ich, dass das der Grund für die Entfremdung zwischen mir und Alexandra ist. Jedenfalls mehr noch als meine politische Karriere.«

Ben ging langsam an die Brüstung. Erst jetzt sah er, dass sich eine Menschenmenge vor dem Zaun des Kanzleramts gebildet hatte. »Eine unangemeldete Demonstration?«

Hütters Gesichtsausdruck war gleichgültig. »Wohl eher ein Flashmob. Aber wer will es ihnen verdenken.«

Er schnippte den Rest der Zigarette vom Balkon und nahm sein Glas. »Kommen Sie. Wir gehen wieder hinein. Es ist einfach zu kalt hier draußen.«

Der Kanzler verschloss hinter Ben die Balkontür. Er setzte sich auf einen Sessel, Ben ließ sich auf der Couch nieder.

»Warum haben Sie mich gerufen?«, fragte Ben.

Der Kanzler lächelte ihn schwach an. »Ich wollte mich ein wenig unterhalten.«

»Warum ausgerechnet mit mir?«

Hütter nahm einen Schluck aus seinem Whiskyglas. »Sie kennen sich mit der Materie aus und sind keiner meiner Beamten. Außerdem sind Sie jung und mich interessiert Ihre Meinung.«

Mochte natürlich sein, dass Hütter einfach mal mit jemandem reden wollte, der nicht seinem Regierungsapparat angehörte. Dennoch fand Ben es befremdlich, dass der Kanzler lieber Smalltalk hielt, statt sich um sein Land zu kümmern, das heute einen der dunkelsten Tage in seiner Geschichte erlebte.

»Ist Ihre Familie denn sicher?«

Ben nickte. »Meine Familie besteht eigentlich nur aus meiner Mutter. Sie wohnt in einem Pflegeheim im Ruhrgebiet. Ich habe gestern mit ihr telefoniert. Ihr geht es gut.« Er zögerte. »Ich habe dennoch viele Freunde in Köln und Umgebung. Von etlichen habe ich seit Tagen nichts gehört, und ich weiß nicht, ob alle in Sicherheit sind.«

»Ich sehe den Vorwurf in Ihren Augen«, meinte der Kanzler. »Sie fragen sich, warum wir nicht noch länger haben warten können.«

Ben schüttelte den Kopf. Ihm war klar, dass sie nicht unbegrenzt Zeit zur Verfügung gehabt hatten. Das war gar nicht der Punkt. »Ich frage mich vielmehr, warum man die betroffenen Gebiete nicht viel früher evakuiert hat. Man hätte die Bombe als letzten Ausweg weit eher in Erwägung ziehen müssen.«

Hütter presste die Lippen aufeinander und sah aus dem Fenster. »Ja, das war ein Fehler«, erklärte er schließlich. »Ein großer Teil der Schuld liegt bei mir. Ich habe es zu lange nicht wahrhaben wollen, dass der Ausbruch nicht mehr unter Kontrolle war. Dabei haben Sie mich über den Ernst der Lage informiert.«

Ben wusste nicht, was er darauf erwidern sollte, und ein unangenehmes Schweigen entstand.

Der Kanzler stürzte seinen Whisky mit einem Schluck herunter. »Ich werde die Verantwortung dafür übernehmen. Sobald bestätigt ist, dass die Nanomaschinen definitiv vernichtet sind, werde ich umgehend von meinem Amt zurücktreten.«

Damit hatte Ben nicht gerechnet. »Ja, aber wer soll denn dann …?«

Hütter winkte ab. »Dafür haben wir eine Vizekanzlerin. Aufgrund der kurz bevorstehenden Wahlen sollte es diesbezüglich keine Probleme geben.«

Ben runzelte die Stirn. Inge Kamp als Kanzlerin? Das konnte er sich beim besten Willen nicht vorstellen. Dennoch nötigte ihm Hütters Entscheidung Respekt ab. Es war keine Selbstverständlichkeit, dass Politiker so freimütig ihre Verantwortung einräumten. Aber der Schaden war ganz sicher auch einfach zu groß.

Der Kanzler stand auf und ging zu dem kleinen Tisch mit den Getränken, um sich noch einen Whisky nachzuschenken. Ben hoffte nur, dass sich Hütter jetzt nicht in seinem Beisein volllaufen lassen wollte.

Hütter setzte sich wieder und schwenkte das breite Glas in seinen Händen. »Wissen Sie, was das Tragische ist? Wir wollten etwas Gutes tun. Ich wollte meinem Land einen Dienst erweisen, als ich mich für die Nanotechnik eingesetzt habe. Rappe und die anderen haben uns das Paradies auf Erden versprochen, wenn es uns gelingt, diese Technologie zu meistern. Von den Gefahren hat niemals jemand laut gesprochen.«

»Es gab viele Warnungen vor den Gefahren der Technologie«, widersprach Ben.

Hütter lachte verzweifelt. »Ja, aber wer hat denn gewarnt? Das waren doch nur die Ökos und die Technologiefeinde.«

Doch auch die hatten Wissenschaftler und Ingenieure auf ihrer Seite gehabt.

Ben hatte selber immer alle Warnungen ignoriert, ja, über die Weltuntergangspropheten gelacht. Jetzt fühlte er sich schuldig.

Er hatte ebenso einen Anteil an dem Unglück wie alle anderen, die in irgendeiner Art und Weise in das Projekt involviert gewesen waren.

»Rappe und Ihre Forscher«, fuhr der Kanzler fort. »Sie haben uns immer wieder versichert, dass die Gefahr sich unkontrolliert ausbreitender Nanomaschinen reine Panikmache ist und jeder Grundlage entbehrt. Sie haben gelacht und die Gegner als Idioten bezeichnet.«

Ben wusste, dass der Kanzler recht hatte. Andrew hatte stets betont, dass nichts passieren konnte. Dass die Vorsichtsmaßnahmen so ausgeklügelt waren, dass sie sich keine Sorgen zu machen brauchten.

Doch das war nur Wunschdenken gewesen. Er selbst hatte sich von der Utopie blenden lassen, die eine Welt mit fortgeschrittener Nanotechnik ihnen bringen würde. Eine Scheinutopie.

Und nun war der Schaden angerichtet.

»Vielleicht hat das Ganze aber auch sein Gutes«, sagte der Kanzler.

»Was meinen Sie?«

Hütter nestelte wieder nach den Zigaretten. »Der Vorfall hat uns und allen anderen Ländern gezeigt, was außer Kontrolle geratene Nanotechnologie anrichten kann. Es wird zu einer Ächtung kommen und auch die Chinesen und die Russen werden ihre Forschung daran stoppen.«

»Sind Sie sich da so sicher?«

Hütter bejahte. »Die Weltöffentlichkeit wird darauf bestehen. Die Ächtung wird umfassend sein. Wenn irgendein Land in der Zukunft weiter an der Nanotechnologie forschen will, dann wird es das auf dem Mond oder dem Mars machen müssen. Ich glaube, dass man generell über neue Technologien ab sofort anders denken wird und dass Kritiker in Zukunft eher ernst genommen werden. Man denkt ja schon wieder über einen neuen Teilchenbeschleuniger nach, und da haben wir auch schon Stimmen gehört, das sei gefährlich, weil man da vielleicht ein Schwarzes Loch schaffen kann, das die Erde gefährdet. Gestern noch hat man darüber gelacht. Nach diesem Tag wird man das nicht mehr.«

Vielleicht hatten sie heute Köln und Bonn geopfert, aber dadurch der Erde in der Zukunft das Überleben gesichert. Vielleicht würde die Menschheit aus dieser Katastrophe tatsächlich einmal etwas gelernt haben. Doch war das wirklich so?

Ben war immer alles andere als technologiefeindlich gewesen, aber möglicherweise musste die Menschheit endlich erkennen, dass sie sich nun an der Schwelle zu einer Zeit befand, wo die Errungenschaften neuartiger Technologien das Potenzial hatten, die Erde zu vernichten.

Ein Artikel fiel ihm plötzlich ein, den er vor langer Zeit in einem Wissenschaftsmagazin gelesen hatte. »Der große Filter.«

»Bitte?«

»Ist Ihnen das Fermi-Paradoxon ein Begriff?« Ben war sich nicht sicher, ob der Kanzler das jetzt hören wollte.

»Hat das etwas mit dem Kommissionspräsidenten der EU zu tun?«, fragte der Kanzler mit wenig Interesse.

Ben schüttelte den Kopf. »Nein, mit dem Physiker Enrico Fermi. Seit über fünfzig Jahren horcht man nun mit Radioteleskopen in den Weltraum hinaus. Inzwischen hat man so viele Planeten um andere Sterne gefunden, die auf günstigen Umlaufbahnen liegen, dass sich eigentlich überall in der Galaxis Leben bilden könnte. Unsere Sonne ist jung, also sollte es überall um uns herum von außerirdischen Intelligenzen wimmeln, stattdessen hat man niemals Signale empfangen. Besucht haben uns die Außerirdischen auch noch nie.«

»Sagen Sie das besser nicht Erich von Däniken. Der glaubt nämlich, außerirdische Wesen hätten die Pyramiden gebaut.« Hütter lachte leise.

»Jedenfalls nennt man diesen Widerspruch das Fermi-Paradoxon. Und es existieren jede Menge Thesen, warum es scheinbar keine Außerirdischen gibt.«

»Vielleicht sind sie einfach zu weit weg«, vermutete Hütter.

Ben schüttelte den Kopf. »Selbst wenn keine überlichtschnelle Raumfahrt möglich sein sollte, hätte eine Zivilisation in wenigen Millionen Jahren die ganze Milchstraße besiedeln können. Viele Sternsysteme sind Milliarden Jahre älter als unser Sonnensystem, also könnten die Außerirdischen längst hier sein. Die gängigste These lautet, dass die Menschen tatsächlich die einzige intelligente Spezies sind, die es in der Milchstraße gibt.«

»Und was ist das nun für ein Filter, von dem Sie gesprochen haben?«

»Eine These besagt, dass die technologische Entwicklung bei allen Völkern gleich verläuft. Man muss zuerst das Raketentriebwerk entwickeln, bevor man ein Raumschiff bauen kann.«

»Das ergibt Sinn.« Hütter schien sich ein wenig zu entspannen. Ben wusste nicht, ob das eine Folge seines Themenwechsels oder einfach nur des Alkohols war.

»Dann gibt es eine andere These, dass eine dieser zwangsläufigen Entwicklungen unweigerlich zum Untergang einer Spezies führt. Das bezeichnet man als ›großen Filter‹. Die Menschheit hätte sich zum Beispiel mit einem umfassenden Atomkrieg auslöschen können.«

»Hat sie aber nicht«, stellte Hütter fest.

»Darum vermuten einige Wissenschaftler, dass der große Filter eine Zukunftstechnologie ist.«

»Ich verstehe«, meinte Hütter. »Wie die Nanotechnik. Die hätte es beinahe geschafft, uns den Garaus zu machen, wenn wir heute nicht die Bombe gezündet hätten.«

»Es wäre möglich, dass der Filter nach wie vor in der Zukunft liegt. Unser Bild von der Physik ist immer noch unvollständig. Es könnte sein, dass alle Spezies im Laufe ihrer Evolution einen Teilchenbeschleuniger in Betrieb setzen, der unbekannte physikalische Prozesse auslöst und den Heimatplaneten zerstört.«

»Sie meinen, durch ein Schwarzes Loch?«

Ben nickte. »Oder einen anderen Vorgang, den wir noch nicht kennen.«

Der Kanzler blickte wieder nachdenklich aus dem Fenster. »Vielleicht ist dieser Filter eine Künstliche Intelligenz. Davor wird ja auch regelmäßig gewarnt. Ich verstehe auf jeden Fall, was Sie mir sagen wollen.« Er nippte an seinem Whisky und stellte das Glas zurück auf den Tisch. »Wir sollten bei fortgeschrittenen Technologien lieber vorsichtig sein. Das haben uns die letzten Tage ja auch deutlich gezeigt.«

Wieder entstand ein unangenehmes Schweigen. Ben wäre am liebsten gegangen, aber es war am Kanzler, ihren Plausch zu beenden.

»Was würde ich darum geben, die Zeit zurückdrehen zu können«, flüsterte Hütter. »Was würde ich darum geben, das Experiment absagen und alles ungeschehen machen zu können. Ich würde meine rechte Hand dafür geben. Und die linke noch dazu.«

Ben empfand Mitleid mit dem Mann. Sie hatten alle die Gefahr unterschätzt. Aber Kanzler Hütter trug die politische Verantwortung. Sein Name würde für immer mit dieser Katastrophe verbunden sein, und es gab nichts, was er dagegen unternehmen konnte.

»Was werden Sie machen?«, fragte Ben. »Ich meine, nach Ihrem Rücktritt. Was werden Sie tun?«

Hütter starrte ihn ausdruckslos an. »Ich habe keine Ahnung«, antwortete er schließlich. »Meine Vorgänger haben danach ein mehr oder weniger öffentliches Leben geführt. Haben Vorträge gehalten und Bücher geschrieben. Mir wird das verwehrt bleiben. Meine Vorträge wird niemand hören, meine Bücher niemand lesen wollen. Ich werde für den Rest meines Lebens ein

Paria sein. Es wäre wohl am besten, wenn ich mich für immer zurückziehe.«

Ben schluckte. Der Kanzler hatte recht. Er hatte von der Geschichte kein mildes Urteil zu erwarten.

Hütter schwenkte sein Whiskyglas in der Hand und machte eine trübselige Miene. »Vielleicht sollte ich mich einfach erschießen«, flüsterte er.

»Das meinen Sie nicht ernst!«, fuhr Ben auf. Das aus dem Mund des Kanzlers!

Hütter betrachtete einen imaginären Punkt an der Decke. Schließlich lächelte er. »Vergessen Sie es. War nur ein blöder Spaß.«

57

»Ja, ist besser jetzt.« Biskup hantierte weiter an dem schweren Strahlenmessgerät, das im Inneren des Hubschraubers installiert war. »Die Gammastrahlungswerte sind hinreichend weit gesunken, dass wir bis zum Bodennullpunkt vordringen können.« Seine Stimme klang abgehackt aus Andrews Kopfhörer. Irgendetwas musste mit Biskups Gerät nicht in Ordnung sein.

Andrew atmete auf. Endlich war es ihnen möglich, bis zum Zentrum der Bombenexplosion zu gelangen. Und dann würden sie herausfinden, ob sie die Nanomaschinen endgültig besiegt hatten.

Major März wandte sich an den Piloten des Hubschraubers. »Fliegen Sie in einer weiten Schleife zu Ground Zero. Für den Fall, dass die Strahlung doch noch einmal sprunghaft ansteigt.«

»Lassen Sie sich dabei aber bitte nicht zu viel Zeit«, kommentierte Hagen trocken. »In einer Stunde wird es dunkel. Warum hat es überhaupt so lange gedauert? Sie haben doch gesagt, wir könnten schon eine Stunde nach der Explosion wieder zum Bodennullpunkt.«

»Ja, ja«, schnappte Biskup genervt. »Das ist hier alles keine exakte Wissenschaft. Womöglich hat die Bombe einen tieferen Krater gerissen als gedacht und dabei mehr Material aktiviert. Es kommt auf die Beschaffenheit des Untergrunds an.«

Andrew schaute aus der offenen Luke des Helikopters. Sie flogen gerade über Sankt Augustin und näherten sich Bonn, wie Andrew am nahen Band des Rheins erkennen konnte. Von der ehemaligen Bundeshauptstadt war nichts mehr da.

Das ganze Stadtgebiet war völlig eingeebnet. Es existierten nicht einmal mehr Ruinen. Der Boden war schwarz, schimmerte aber seltsam, als habe jemand winzige Glasstückchen verteilt. Nur weiter südlich, jenseits von Bad Godesberg, konnte Andrew noch die Umrisse von mehr oder weniger stark beschädigten Gebäuden ausmachen. Rauch stieg von dort auf.

»Meine Güte«, murmelte Hagen.

Der Pilot ging auf Nordkurs. Von den Rheinbrücken der ehemaligen Hauptstadt war nichts geblieben. Nicht einmal Fundamente. Als hätte es sie nie gegeben.

Wenn sich hier heute Morgen noch Menschen aufgehalten hatten, waren sie nun tot. Daran bestand nicht der geringste Zweifel.

»Erschütternd.« Major März klang mitgenommen. »Man mag sich nur mal vorstellen, es wäre im Kalten Krieg zu einem atomaren Schlagabtausch zwischen USA und UdSSR gekommen. Dann würden weite Teile von Deutschland nun so aussehen.«

Andrew war in den Achtzigern in Liverpool aufgewachsen. Er erinnerte sich, dass es in der Schule immer wieder Übungen gegeben hatte, was im Falle eines Atomschlags aus dem Ostblock zu tun sei. Der Lehrer hatte in die Hände geklatscht, und Andrew und die anderen Kinder hatten schnell unter ihre Tische tauchen müssen, das Gesicht auf den Boden und die Arme über den Kopf gelegt.

Er hätte beinahe gelacht. Wäre seine Heimatstadt mit einer Wasserstoffbombe angegriffen worden, hätte ihm die Deckung unter dem Tisch nicht das Geringste genützt. Er wäre zusammen mit dem Pult, seinen Mitschülern, dem Lehrer und der ganzen Schule im selben Moment verdampft. Auf der Welt gab es nach wie vor Tausende Atomwaffen an der Spitze von Raketen in unterirdischen Bunkern oder Atom-U-Booten. Binnen weniger Minuten konnten sie aktiviert und abgeschossen werden, falls es einem skrupellosen Staatsoberhaupt danach war oder ein tragisches Versehen zu einer Kette unglücklicher Umstände führte. Andrew hatte das stets verdrängt. Sich gesagt, dass der Kalte Krieg ja seit langem vorbei war. Aber das war eine Illusion. Die Gefahr bestand unverändert.

Sie flogen über das eingeebnete Gelände zwischen Bonn und Köln. Überall dasselbe Bild. Die Städte und Dörfer waren verschwunden. Bornheim, Niederkassel, Wesseling, Brühl.

Nur der Rhein zog weiter auf seiner gewohnten Bahn durch das verheerte Gebiet. Allerdings sah das Wasser seltsam aus, mit einem merkwürdigen Rotstich. Klumpiges Zeug schwamm darin. Als hätte jemand hektoliterweise Schlachtabfälle hineingeschüttet.

Dann näherten sie sich Köln.

Von Süden her überquerten sie die A4, die sich als pechschwarzes Band bis zum Rhein zog. Die Hitze der Bombe hatte den Asphalt in Glas verwandelt.

Der Boden war in den südlichen Stadtvierteln nicht mehr völlig eingeebnet. Zum ersten Mal erkannte Andrew Trümmer. Aber die Umrisse von Häusern ließen sich nach wie vor nicht einmal erahnen. Es waren einfach nur Schuttberge, die sich auf einer gigantischen Fläche ausbreiteten. Auch die Rheinbrücken waren verschwunden.

Marienburg, Raderberg, Bayenthal, die Südstadt. Ein endloses Meer an rauchenden Ruinen.

»Mein Gott«, murmelte Biskup. »Er steht tatsächlich noch.«

Andrew ballte unwillkürlich die Hände zu Fäusten, als der Kölner Dom unter ihm auftauchte. Die Kirche erhob sich wie ein riesiges Mahnmal aus dem Meer von Trümmern. Türme und Kirchenschiff waren zwar beschädigt und Teile des Daches eingestürzt, aber immerhin standen sie aufrecht, was bei dem sie umgebenden Chaos ein halbes Wunder war. Dennoch sah das Gebäude seltsam aus. Die Kreuze und Ornamente waren verschwunden, die Oberfläche wirkte wie geschmolzenes und wieder erstarrtes Glas.

»Der Zweite Weltkrieg hat den Dom nicht zu Fall gebracht«, stammelte Hagen. »Und die Wasserstoffbombe hat es auch nicht geschafft. Wenn das nicht ein Symbol der Hoffnung ist, was dann?«

Andrew lief eine Träne über die Wange. Es mochte Jahrzehnte dauern, bis die Radioaktivität abgeklungen war und man die Trümmer beiseitegeräumt hatte, aber irgendwann würde man die Stadt wieder neu aufbauen.

Irgendwann würden wieder frohe und jecke Kölner ihren Straßenkarneval feiern und nach oben auf ihren Dom blicken, der von einer Zeit zeugte, als die Menschen sich selbst und ihren Planeten mit absoluter Verantwortungslosigkeit behandelt hatten. Vielleicht hatten die Menschen dieser Zukunft dann etwas dazugelernt.

In den östlichen Stadtvierteln bot sich ein anderes Bild. Sie lagen näher am Bodennullpunkt der Explosion. Holz, Ziegel, Beton ... es war einfach alles verdampft.

Dann näherten sie sich dem Zentrum. Die Stadtviertel Troisdorfs waren verschwunden, und die Bäume der angrenzenden Wahner Heide. Er blickte sich um, versuchte, Anzeichen des Forschungszentrums zu finden, in dem alles seinen Anfang genommen hatte. Aber das war genauso weg wie der Flughafen. Alles hier hatte sich inmitten des Infernos aus sonnenheißem Plasma befunden. Nichts war mehr da. Der Boden strahlte eine Hitze aus, die Andrew selbst durch den dicken Strahlenschutzanzug spürte.

Biskups Gerät piepte laut. »Wir haben das Maximum an Strahlung erreicht«, rief er. »Länger als eine Viertelstunde sollten wir uns hier nicht aufhalten.«

Andrew konnte nicht sagen, wo genau sie sich befanden. Die Landschaft, über die sie flogen, hatte nichts mehr mit der von gestern gemein.

Dann erreichten sie den Explosionskrater. Er hatte einen Durchmesser von knapp drei Kilometern und umfasste ungefähr das Zentrum der ehemaligen Stadt Troisdorf. Die Luft darüber flimmerte. Andrew hörte ein lautes Knacken und Knistern, das von überall zugleich zu kommen schien. Ihm stellten sich die Nackenhaare auf.

»Das Infrarot ist nutzlos«, meldete Hagen. »Der Boden ist einfach zu heiß. Ich kann nicht sagen, ob es hier noch Aktivität von Nanomaschinen gibt.«

Die Nanomaschinen!

Beim Anblick der nuklearen Apokalypse, über die sie in den letzten Minuten geflogen waren, hatte Andrew den eigentlichen Grund ihres Hierseins völlig vergessen.

Aber er war sich absolut sicher, dass das Inferno die Nanomaschinen vernichtet hatte. Nichts konnte hier überlebt haben, egal, ob Bakterien, Viren oder künstlich geschaffene Nanoroboter.

»Fliegen Sie in niedriger Höhe am Rand des Kraters entlang«, sagte Andrew zu dem Piloten.

Der drückte den Steuerknüppel nach vorne. In langsamem Tempo ging es über den schwarzen Boden.

»Da ist nichts«, verkündete Major März. »Das verglaste Zeug

ist metertief. Die Nanomaschinen können das nicht überlebt haben.«

»Das denke ich auch«, bestätigte Andrew. »Wir haben es überstanden.«

Sie flogen eine Weile über den ehemaligen Stadtteilen von Porz und Eil, wo sich am Morgen noch die Nanomaschinen ausgebreitet hatten. Überall war der Boden schwarz verbrannt. Keine Spur von goldenen Pfützen.

Biskup seufzte. »Es wird langsam Zeit.«

Hagen wandte sich Andrew zu. »Was meinen Sie?«

Andrew räusperte sich. »Ich denke, wir haben es überstanden. Wir haben die Nanomaschinen vernichtet.«

Der Major nickte und drehte sich wieder zu seinem Piloten um. »Fliegen Sie zurück zum Stützpunkt. Wir sind hier fertig.«

»Jetzt können wir alle wieder ruhig schlafen.« Biskup klappte den Deckel seines Strahlenmessinstruments zu.

Andrew sah durch die Luke hinaus in die albtraumhafte schwarze, vernarbte Landschaft. Er empfand wieder das Gleiche wie beim Verlassen des Bunkers: So stellte er sich die Hölle vor.

Sie hatten es geschafft. Endlich. Sie hatten die Nanomaschinen gestoppt. Sie würden sich nicht über den Globus ausbreiten und den Planeten auffressen.

Dennoch war Andrew nicht nach Jubeln zumute.

Sie hatten einen hohen Preis bezahlt. Einen sehr hohen.

Es würde lange dauern, bis er wieder ruhig schlafen konnte.

58

14. NOVEMBER

»Danke!« Emma nahm ihr Handy von dem jungen Mann entgegen. »Vielen Dank!«

Der Mann zwinkerte Elena zu, die wieder abwesend schien. »Das war eine Selbstverständlichkeit. Sie haben so viel mitgemacht. Jeder sollte die Flüchtlinge unterstützen, so gut es eben geht.«

Der Mann strich sich über die Schürze und verschwand hinter der Essensausgabe des Biergartens, den man kurzerhand in ein Versorgungszentrum für die vielen Flüchtlinge rund um das Deutsche Eck in Koblenz aufgebaut hatte.

Fast eine Stunde hatte Emma heute Morgen in der Schlange gestanden, um für sich und Elena ein Frühstück zu bekommen. Der freundliche Mann hatte sich dann bereiterklärt, ihr Handy an eine Steckdose anzuschließen, denn der Akku war schon seit ihrem Aufbruch aus Bonn leer gewesen.

Langsam ging sie durch die Menschenmenge zum Kaiser-Wilhelm-Denkmal, das über das Deutsche Eck wachte, wo die Mosel in den Rhein floss. Früher war das hier ein beliebtes Ausflugsziel gewesen. Viele Menschen standen oder saßen um das Denkmal herum. Etliche wirkten apathisch. Auf den Grünflächen rings um den Platz waren Zelte aufgestellt. Große, kleine, rote, grüne, blaue. Die Stadt Koblenz hatte gerade mal etwas über hunderttausend Einwohner. Emma ging fest davon aus, dass die Anzahl der Flüchtlinge höher war.

Flüchtlinge!

Bis vor einer Woche hatte sich die Bezeichnung für sie immer auf Menschen aus Syrien oder Afghanistan bezogen. Doch nun war sie selber ein Flüchtling. Millionen Deutsche waren nun Vertriebene im eigenen Land.

Wie lautete das Wort?

Binnenflüchtling.

Eine große Zahl Koblenzer Bürger hatte sich ein Bein ausgerissen, um den aus der Köln-Bonner Region Geflüchteten zu helfen. Viele hatten wildfremde Leute bei sich zu Hause aufgenommen oder Kleider, Zelte und Lebensmittel gespendet. Elena konnte die vielen Kuscheltiere schon gar nicht mehr in ihrem Rucksack verstauen, die ihr freundliche Koblenzer in die Hand gedrückt hatten.

Emma setzte den schweren Rucksack ab und hockte sich auf eine der Stufen des Denkmals. Sie holte ihre Wasserflasche heraus und reichte sie an Elena weiter, die sich neben sie setzte und mit gierigen Schlucken trank.

»Scheiß-Penner! Seht endlich zu, dass ihr weiterkommt!«, fluchte ein älterer Mann mit ungepflegtem Bart und einer zerbeulten Windjacke, der an ihr vorbeiging. Er betrachtete sie grimmig und war bald darauf in der Menge verschwunden. Emma drückte Elena an sich und seufzte. Natürlich war nicht jeder Koblenzer von den Ankömmlingen begeistert. Die Stadt mit ihren Geschäften, Arztpraxen und Banken platzte aus allen Nähten, und leider hatten sich manche aus dem Explosionsgebiet Geflohene auch danebenbenommen. Immer wieder hörte man von Einbrüchen, Überfällen und vereinzelt von Vergewaltigungen.

Emma hatte in der letzten Nacht kaum geschlafen und nur darauf gewartet, dass sich jemand am Reißverschluss ihres Zeltes zu schaffen machte. Frauke hatte ihre Pistole bis zum Morgen nicht aus der Hand gelegt.

Emma zog ihr Handy aus der Tasche und seufzte. Sie hatte nicht mehr mit ihrer Mutter gesprochen, seit sie aus Köln fortgegangen war. Sie würde ganz sicher vor Sorge vergehen. Sollte sie sich lieber einen ruhigeren Platz suchen zum Telefonieren?

Nein, sie bezweifelte, dass es irgendwo in der Stadt einen Ort gab, an dem sich weniger Menschen aufhielten.

Nach dem ersten Klingeln war ihre Mutter am Apparat. »Emma? Bist du es?«

»Ja, Mama. Mir geht es gut.«

Ihre Mutter seufzte laut. »Wir haben uns solche Sorgen gemacht. Die Nachrichten aus Deutschland sind schrecklich.«

Das konnte sich Emma gut vorstellen.

»Du warst weit genug von der Explosion weg, ja?«, fragte ihre Mutter.

»Ja, Mama. Mach dir keine Sorgen, es geht uns gut. Wir sind jetzt in Koblenz.«

»In Koblenz?«, fragte ihre Mutter gedehnt. »Wir haben Bilder aus der Stadt gesehen. Die ganzen Flüchtlinge. Das ist ja schrecklich.«

»Die meisten Menschen, die von Köln und Bonn aus nach Süden gegangen sind, sind irgendwie in Koblenz gelandet. Aber der Staat hat hier recht schnell für Ordnung gesorgt. Wir werden auch ganz gut mit Lebensmitteln versorgt, und ab morgen fahren von hier aus Sonderzüge nach Süden.«

»Wo schläfst du denn?«

»Wir haben ein Zelt zugewiesen bekommen.«

»Ein Zelt?«, fragte ihre Mutter empört. »Das ist ja schrecklich. Kannst du denn nicht in ein Hotel gehen? Ich würde dir auch das Geld dafür wiedergeben.«

Emma lachte bitter auf. »Alle Hotels sind zu improvisierten Flüchtlingsheimen umfunktioniert worden. Die liegen da zu fünf oder mehr Leuten in einem Doppelzimmer. Ich ziehe das Zelt vor.«

»Am besten setzt du dich heute noch in einen Zug. Vielleicht schaffst du es bis zum Abend in die Schweiz.«

»Das geht nicht«, seufzte Emma. »Die Züge nach Süden sind schon überfüllt, wenn sie in den Bahnhof einfahren. Es sind einfach zu viele Leute, die mit der Bahn weiterwollen. Elena und ich haben ein Ticket bekommen, aber der uns zugewiesene Zug fährt erst übermorgen.«

Ihre Mutter stieß einen spitzen Schrei aus. »Übermorgen erst?«

»Leider ja.«

»Und wenn du dir ein Auto leihst? Ich würde dir das Geld dafür zurückzahlen.«

Emma lachte wieder. »Es gibt in Koblenz nicht einen freien Mietwagen mehr. Es werden hier schon Autos geklaut, die am Straßenrand stehen. Ich wollte per Anhalter weiterreisen, aber nach einigen brutalen Überfällen wurde Trampen verboten.«

»Das ist ja schrecklich.«

»Wir werden hier also noch zwei Nächte ausharren und fahren übermorgen los. Mit etwas Glück sehen wir uns dann übermorgen Abend!«

»Na schön. Pass auf dich auf.«

»Mach ich«, gab Emma zurück. »Wie geht es Papa? Wie verkraftet er die Sache?«

»Weißt du, er kriegt es eigentlich gar nicht mehr richtig mit. Er sieht zwar mit mir zusammen die Nachrichten, aber ich glaube, er versteht es gar nicht so recht.«

Emma schluckte. Die Demenz ihres Vaters musste schneller voranschreiten, als sie vermutet hatte. »In Ordnung, Mama. Ich melde mich.«

Sie steckte das Handy wieder weg.

»Entschuldigung!«

Emma blickte auf. Ein schlaksiger Mann Mitte dreißig, der auffällige Geheimratsecken hatte und ziemlich verlottert aussah, stand vor ihr.

»Dürfte ich mal telefonieren?«

Emma stand auf und nahm Elena an die Hand.

»Ich habe gesehen, dass Sie telefoniert haben. Ich habe seit zwei Tagen nicht mehr mit meiner Frau gesprochen. Ich möchte ihr nur sagen, dass es mir gut geht.«

Am liebsten hätte sie dem Mann geholfen. Aber sie wusste nicht, ob seine Geschichte stimmte, und sie hatte auch schon davon gehört, dass viele, die »nur ihre Familie anrufen« wollten, wegrannten, sobald sie ein Handy in der Hand hatten. Mobiltelefone gehörten in dieser Krise zum wichtigsten Gut der Geflüchteten.

»Es tut mir leid.« Emma ging Richtung Süden davon. »Ich kann Ihnen nicht helfen. In der Sammelstelle am Görresplatz gibt es öffentliche Telefone.«

»Blöde Schlampe!«, fluchte der Mann und ging davon.

Emma setzte ihren Weg am Konrad-Adenauer-Ufer entlang fort. Der Rhein führte trotz der Regenfälle in jüngster Zeit nur wenig Wasser. Er floss träge in die entgegengesetzte Richtung.

Nach wenigen Minuten erreichten Emma und ihre Tochter das Kurfürstliche Schloss. Der Prachtbau war ehemals die Residenz des Erzbischofs und Kurfürsten von Trier gewesen. Nun gehörte es der Bundesrepublik, und in seinem Inneren waren mehrere Bundesbehörden wie die Bundesanstalt für Immobilienaufgaben untergebracht. Einen Trakt hatte man für Flüchtlinge freigemacht, und der riesige Schlossgarten war nun die vorübergehende Heimat Zehntausender Menschen, die von Hilfsorganisationen in weißen, standardisierten Zelten untergebracht worden waren.

Das Lager ähnelte frappierend den riesigen Zeltstädten, die Emma von den Nachrichten aus Beirut oder dem Libanon kannte. Nie hätte sie damit gerechnet, einmal selber so leben zu müssen, und sei es auch nur vorübergehend. Überall wimmelte es von Menschen, die vor oder neben den Zelten saßen, standen oder zwischen ihnen umhergingen. Alle hatten denselben resignierten Blick, den Emma sicher auch sehen würde, wenn sie im Waschzelt in den Spiegel schaute.

Sie hatte Mühe, sich in den endlosen Zeltreihen zurechtzufinden, aber schließlich erreichte sie ihre eigene Behausung, die in schwarzen, mit einer Schablone aufgetragenen Lettern mit dem Code »F-51a« beschriftet war.

Sie fanden Frauke vor dem Eingang sitzend. Die Gefährtin weinte.

Emma setzte sich neben sie und legte ihr die Hand auf die Schulter. »Was ist denn passiert?«

»Ich war beim Roten Kreuz. Sie haben dort eine Anlaufstelle für Vermisste. Ich hatte mich ja gestern schon in Andernach eintragen lassen.«

Vermutlich hatte sie dort wieder nach ihrem Freund gefragt.

»Es gibt von Uwe keine Spur.« Frauke schluchzte laut. »Er ist sicher in seinem Haus gestorben.«

59

»Gut, fangen wir an.« Kanzler Hütter setzte sich an den Kabinettstisch und breitete einige Blätter mit handschriftlichen Notizen vor sich aus.

Ben hielt sich die Hand vor den Mund und gähnte. Er hatte in der letzten Nacht nicht viel geschlafen. Zu lange hatte er vor dem Fernseher gesessen und eine Nachrichtensendung nach der anderen geschaut. Die Bilder von den zerstörten Städten, die Verletzten und die endlosen Schlangen von Heimatlosen hatten sich in sein Gedächtnis gebrannt. Mehrmals hatte er gemeint, Emma oder ihre Tochter in der Menge zu sehen. Er hatte die Bilder immer noch vor Augen gehabt, als er in den frühen Morgenstunden endlich im Bett lag.

Immerhin waren die Nanomaschinen nun besiegt. Andrew hatte bei der Pressekonferenz am späten Abend neben Hagen und Ministerpräsident Morsleben gestanden.

Ben wandte den Kopf und sein Blick traf sich mit dem von Weinheim. Der Beamte hatte tiefe Ringe unter den Augen.

»Wer will anfangen?«, fragte Hütter. »Frau Kamp vielleicht?«

Der Kanzler sah entspannter aus als gestern. Entweder hatten ihm die Whiskys gutgetan oder es war einfach eine Last von ihm abgefallen, als er die Nachricht von der gebannten Gefahr bekommen hatte.

Innenministerin Kamp räusperte sich. »Die Lage in NRW und Rheinland-Pfalz ist angespannt, aber unter Kontrolle. Vor allem Aachen, Koblenz, Siegen und Gummersbach haben große Probleme mit Flüchtlingen aus der Köln-Bonner Region. Im Ruhrgebiet ist die Lage weniger dramatisch, da sich dort die geflohenen Menschen einfach auf mehr Städte verteilen. Es sind aber Helfer und Material auf den Weg gebracht worden, so dass alle Leute versorgt werden können und auch ein Dach über dem Kopf haben. Selbst, wenn es nur ein Zelt ist. Zum Glück sind die Temperaturen für Ende November ungewöhnlich warm.«

»Wie sieht die weitere Planung aus?« Hütter beugte sich zu seiner Innenministerin. »Was tun wir, um die Lage zu bessern?«

»Die Lage wird sich in den nächsten Tagen deutlich entspannen. Wir rechnen damit, dass viele Menschen zu anderen Zielen weiterreisen. Von Koblenz und Aachen aus fahren zurzeit nur Sonderzüge. Schon heute sollte die Zahl der Flüchtlinge in der Stadt spürbar abnehmen. Für die Menschen, die gar nicht wissen, wohin sie gehen sollen, haben wir einen Verteilungsmechanismus ausgearbeitet, der sich eng an die Erfahrungen mit der Flüchtlingskrise aus 2015 anlehnt. In zwei Wochen sollte jeder Heimatlose eine neue Bleibe gefunden haben.«

Ben war klar, was das hieß. Auch wenn seine Freunde und Bekannten es alle erfolgreich aus den zerstörten Städten geschafft haben sollten, dann fingen für viele die Probleme nun erst richtig an.

Der Kanzler legte die Stirn in Falten. »In Turnhallen, Schulen und Flüchtlingsunterkünften? Das sind dann aber wohl bestenfalls temporäre Bleiben.«

Kamp nickte. »Wir rechnen damit, dass wir durch die Vertriebenen nun einen Bedarf an zwei bis drei Millionen zusätzlichen Wohnungen haben.«

Ben stöhnte unterdrückt.

»Was?«, fragte Weinheim.

»Wir hatten ja vor der Krise schon einen akuten Mangel an Wohnraum«, flüsterte Ben. »Wo sollen denn da in absehbarer Zeit drei Millionen neue Wohnungen herkommen?«

Der Beamte zuckte mit den Schultern.

»Es wartet eine ganz schöne Menge Arbeit auf uns und die nächste Regierung«, sagte Hütter. »Ich schätze, wir werden nicht drumherum kommen, die Bauvorschriften aufzuweichen und in vielen Städten unbürokratisch neue Wohnviertel aus dem Boden zu stampfen.«

Ben ahnte, wohin das führen würde. Es blieb den Stadtplanern nur die Möglichkeit, Plattenbauten und Wohnsilos zu errichten. Auf ästhetische Gesichtspunkte würde man zuletzt schauen. Aber natürlich hatte man zuerst die Menschen unterzubringen.

»Arbeiten Sie einen Gesetzesentwurf aus«, verkündete Hütter. »Am besten so schnell wie möglich. Ich möchte einen Entwurf noch vor der Wahl in den Bundestag einbringen.«

Ben fragte sich, was aus dem Vorsatz des Kanzlers geworden war, im Falle eines Sieges gegen die Nanomaschinen den Rücktritt einzureichen. Anscheinend hatte Hütter wieder einmal seine Meinung geändert.

Kamp schüttelte den Kopf. »Dafür haben wir im Moment nicht die Kapazitäten.« Sie schaute den Kanzler grimmig an. »Ich darf daran erinnern, dass wir auf Ihren Wunsch hin das Personal des Ministeriums reduziert haben.«

Hütter machte eine wegwerfende Handbewegung. »Bürokratieabbau und Kostensenkungen waren ein Wahlversprechen. Sie haben diese Entscheidung mitgetragen, als Sie die Koalitionsvereinbarungen unterschrieben haben. Vergeben Sie den Auftrag halt extern.«

»Ich halte das für keine gute Idee«, mischte sich Gebhard ein. Der füllige Kanzleramtsminister beugte sich nach vorne, um nach der Kaffeekanne zu greifen.

»Und wieso, bitte?«, fragte Hütter.

»Seit dem Lorenz-Skandal sollten wir uns mit der Vergabe der Erstellung von Gesetzesentwürfen an auswärtige Juristen eher zurückhalten. Das wird uns garantiert wieder Ärger mit der Opposition einbringen.«

Ben stöhnte leise. Er hatte die Ereignisse letztes Jahr nicht so genau verfolgt, aber er wusste, dass manche Gesetzesentwürfe nicht von den zuständigen Politikern gemacht, sondern von beauftragten Anwaltskanzleien erarbeitet wurden. Die Kanzlei Lorenz&Partner hatte sich wohl die Arbeit erspart und direkt den Gesetzesentwurf einer Lobbygruppe mehrerer Lebensmittelkonzerne von deren Homepage kopiert und dafür einige Millionen Euro Steuergelder abgerechnet.

Es verwirrte Ben, wie hier diskutiert wurde. Vor zwei Tagen waren große Teile Nordrhein-Westfalens durch die Wasserstoffbombe verwüstet worden, und in der Kabinettssitzung heute wurde – als wenn nichts geschehen wäre – über parteipolitisches Kleinklein diskutiert.

»Ist mir egal«, schnappte der Kanzler. »Machen Sie es trotzdem. Weiter jetzt! Haben Sie noch etwas für mich, Frau Kamp?«

Die Innenministerin bejahte. »Mehr als in die Sitzung passt.«

Der Kanzler verdrehte die Augen. »Beschränken Sie sich auf das Wesentliche.«

Kamp seufzte. »Wir haben große Probleme mit der Infrastruktur. Köln war ein Verkehrsknotenpunkt, und nun sind natürlich die meisten Autobahnen und Bahnlinien zerstört. Ich schätze, dass etwa die Hälfte der Transportkapazitäten zwischen Nord- und Süddeutschland weggebrochen sind. Die Staus auf der A45 und der A7 sind mittlerweile Hunderte Kilometer lang. Auf den Güterbahnhöfen stauen sich die Container, weil auch die Eisenbahnlinien überlastet sind.«

»Das kann ich bestätigen«, meldete sich der Wirtschaftsminister zu Wort. »Viele Firmen mussten die Produktion einstellen, da es zu massiven Lieferengpässen gekommen ist. Als Folge verteuern sich bereits jetzt die Produkte in den Läden. Das dürfte die Inflation weiter anheizen.«

»An der Lage wird sich in der nächsten Zeit wohl kaum etwas ändern«, erklärte Hütter trocken.

»Wir hoffen, zumindest die A61 bald wieder freigeben zu können«, sagte Kamp.

»Ist auch nur ein Tropfen auf den heißen Stein«, meinte Gebhard.

»Jeder Fortschritt ist gut«, widersprach Hütter. »Behandeln Sie das mit äußerster Priorität. Es wird uns auch in der Öffentlichkeit gut aussehen lassen, wenn wir bald um Köln herum nach und nach die Infrastruktur wieder in Gang setzen.«

Ben staunte. Hütter hatte ganz offenbar die Krise für sich abgehakt. Jetzt ging es nur noch darum, wie er seinen Nachruf retten konnte. Aber wie Hütter gestern in seiner whiskyseligen Stimmung schon selber festgestellt hatte, gab es daran nichts mehr zu retten. Der Verdrängungsmechanismus des Kanzlers hatte offenbar schon eingesetzt.

Das ist doch alles nur Bullshit!

Er spürte Wut in sich aufsteigen und erhob sich.

»Nicht!«, warnte Weinheim.

Ben war es egal, wenn er durch seine Einmischung Unmut hervorrief. Sollten sie ihn doch rausschmeißen! »Wie gehen wir eigentlich mit dem radioaktiv verseuchten Gebiet um? Viele Geflüchtete werden versuchen, zurück in ihre Heimat zu gelangen, um herauszufinden, ob ihre Häuser noch intakt sind, und um ihr Eigentum zu retten.«

Gebhard starrte Ben giftig an.

»Guter Punkt«, bestätigte Hütter. »Was sagen Sie dazu, Frau Kamp?«

Die schüttelte vehement den Kopf. »Dafür habe ich keine Leute zur Verfügung. Es handelt sich immerhin um ein Areal von Tausenden Quadratkilometern. Das kann ich nicht alles absichern. Ich brauche alle Einsatzkräfte in den Städten mit der größten Flüchtlingsdichte.«

»Ich habe dazu einen Vorschlag«, meldete sich Verteidigungsminister Martin zu Wort.

Der Kanzler hob abwehrend die Hände. »Ich möchte die Bundeswehr nur sehr ungern im Landesinneren einsetzen, Gerd.«

Martin lächelte. »Das ist eigentlich gar kein großes Problem. Wir erklären das radioaktiv verseuchte Gebiet einfach zu einer militärischen Sperrzone. Immerhin ist dort ja eine Bombe explodiert. Und für den Schutz von militärischen Einrichtungen ist die Bundeswehr zuständig. So können wir die Zugänge schützen und bewegen uns im rechtskonformen Raum.«

Der Kanzler wiegte unsicher den Kopf. »Ich weiß nicht.« Doch dann schien er sich entschieden zu haben. »Na schön. Machen Sie es so. Sonst noch was?«

Ben setzte sich wieder.

»Hören Sie doch auf, sich einzumischen«, zischte Weinheim.

Ben ignorierte ihn.

»Was ist mit Hilfen?«, fragte Kahl, der Minister für Naturschutz.

»Was meinen Sie?«, fragte Hütter.

»Viele Menschen, die geflohen sind, haben alles verloren. Ihre Häuser, ihre Jobs … sollten wir da nicht langsam über Hilfsgelder nachdenken?«

Hütter fuhr sich durch die Haare. »Kann man das nicht auf die Versicherungen abwälzen?«

Innenministerin Kamp lachte laut auf. »Wir reden hier über Schäden in Billionenhöhe. Wenn wir die den Versicherungen auftragen, was juristisch sowieso nicht möglich ist, dann würden die alle am selben Tag noch Konkurs anmelden müssen.«

»Es hat bereits Ankündigungen gegeben, dass zahlreiche Leute gegen den Staat klagen wollen.« Die Justizministerin rückte ihre randlose Brille zurecht. »Egal, wie wir es drehen und wenden, die Hauptverantwortung trägt der Staat. Nicht nur haben wir den Einsatz der Bombe genehmigt, auch befindet sich das Forschungszentrum, das ursächlich die verhängnisvollen Experimente gestartet hat, zu hundert Prozent im Besitz des Staates.«

Hütter wandte sich zu seinem Kanzleramtsminister um. »Hast du mal die Abschätzung gemacht, um die ich dich gebeten habe?«

Gebhardt verzog das Gesicht. »Ja, aber ich weise gleich darauf hin, dass das nur eine sehr grobe Beurteilung ist. Der reale Wert kann um das Doppelte oder Dreifache höher liegen. Es kommt darauf an, was die Gerichte später als Grundlage nehmen.«

»Also? Wie hoch ist der Schaden?«

Gebhardt zögerte kurz. »Schätzungsweise drei Billionen Euro.«

Ben hielt den Atem an. Es war eine Summe, die man sich kaum noch vorstellen konnte.

Drei Billionen!

Das waren dreitausend Milliarden.

Oder drei Millionen Millionen. Vernichtet in einem Augenblick.

Und dennoch ...

Was war das gegen die zahlreichen Menschen, die gestorben waren?

»Na, da können wir ja die Schuldenquote glatt verdoppeln.« Die Stimme des Kanzlers troff vor Sarkasmus.

»Vielleicht gelingt es uns, einen Großteil von der EU zu beschaffen«, schlug Außenminister Blumfeld vor. »Wir haben

Südeuropa in der Finanzkrise unterstützt und schließlich einer gemeinsamen Schuldenunion zugestimmt. Das könnte sich nun als Vorteil erweisen.«

Hütter lachte auf. »Das wäre in der Tat eine Ironie, wenn wir nun den Alpha-Fonds zur Stabilisierung unseres Haushalts nutzen, obwohl wir immer die hartnäckigsten Gegner dieses Instruments waren.«

»Es wäre nicht mehr als fair«, meinte Blumfeld. »Schließlich hat sich auch Fermi dafür ausgesprochen, die Bombe zu zünden. Dafür sollte er auch einen Teil der Kosten übernehmen.«

»Vielleicht war es ein Fehler, die Bombe selber zu zünden«, überlegte Hütter laut. »Wenn wir gewartet hätten, bis die anderen aus eigenen Stücken die Bombe geworfen hätten, wäre es vielleicht möglich gewesen, zumindest einen Teil der Kosten auf die USA abzuwälzen.«

Ben sprang auf und ging zur Tür. Er konnte nicht länger in diesem Raum sein.

»Herr Gerber, wo wollen Sie hin?«, fragte der Kanzler.

Ben rang um Beherrschung. »Da draußen sind zig Menschen gestorben und verletzt. Millionen sind heimatlos. Und Sie sitzen nur hier rum und überlegen, wie Sie die Schuld und die Kosten auf andere abwälzen können.«

Er knallte die Tür hinter sich zu.

Eine Bedienstete des Kanzleramts, die gerade einen Wagen mit Getränken durch den Gang rollte, zuckte zusammen.

Ben stapfte den Korridor hinab.

»Verdammt nochmal!«, hörte er Weinheims Stimme hinter sich.

Ben blieb stehen.

»Das können Sie nicht machen!« Der Beamte setzte ihm den Zeigefinger auf die Brust. »Das ist die gewählte Regierung unseres Landes. Die können Sie nicht einfach so zusammenscheißen!«

»Wenn ich mich recht erinnere, wird in Deutschland der Bundestag gewählt«, entgegnete Ben mit eisiger Stimme. »Auf die Regierungsbildung hat der Bürger keinen Einfluss. Das machen die Parteien unter sich aus, was dann dazu führt, dass am Ende doch wieder nur Idioten am Kabinettstisch sitzen.«

»Klugscheißer!«, fauchte Weinheim. »Sie sind genauso schuld an der aktuellen Situation wie alle anderen.«

Ben musste sich zusammenreißen, dass er Weinheim nicht etwas an den Kopf schleuderte, was er später bedauerte. Vielleicht war er zu weit gegangen.

»Jedenfalls kann ich Ihnen versprechen, dass das heute Ihre letzte Kabinettssitzung war«, sagte Weinheim trocken.

»Nichts dagegen!«

»Und auch Ihr letzter Tag im Kanzleramt«, schob Weinheim hinterher. »Am besten gehen Sie gleich in Ihr Büro und holen Ihre Sachen. Morgen will ich Sie hier nicht mehr sehen.«

Ben schnaubte und stapfte davon.

»Und mein Angebot, Ihnen hier eine Stelle zu verschaffen, können Sie vergessen«, rief ihm Weinheim nach.

Ben drehte sich um. »Bevor ich hier anfange, schneide ich mir eher die Kehle durch.«

60

15. NOVEMBER

Andrew wandte den Blick ab, als sie über die Trümmerwüste flogen, in die sich Köln verwandelt hatte. Er konnte den Anblick nicht länger ertragen.

»Was werden Sie tun?«, fragte Hagen, der neben ihm saß.

»Was meinen Sie?«

»Wenn die Sache hier vorbei ist«, erläuterte Hagen. »Wo werden Sie dann arbeiten?«

Gute Frage!

In den nächsten Wochen und Monaten gab es noch genug zu tun. Er würde nach Karlsruhe gehen, wo Rappe seine ehemalige Kernmannschaft um sich versammelt hatte. Das Desaster musste nachbearbeitet werden. Es wurden schon erste Untersuchungsausschüsse einberufen, und man sprach davon, dass es Klagen geben würde. Wohl auch gegen Einzelpersonen, die mit dem Experiment betraut gewesen waren. Was das anging, hatte Hagen recht behalten. Rappe würde sich zweifellos verantworten müssen, und Andrew war sich sicher, dass auch auf ihn eine Anklage wegen Fahrlässigkeit zukam. Er schätzte jedoch, dass er nicht verurteilt werden würde. Was konnte man ihm denn vorwerfen? Er hatte sich an alle Regeln gehalten und nichts getan, das nicht von anderen offiziellen Stellen abgesegnet worden war.

Dennoch würden die Bevölkerung und die Medien einen Sündenbock verlangen. Die ersten Zeitungen hatten sich bereits auf Rappe eingeschossen und wenn man bedachte, wie sehr er vor dem Experiment die Öffentlichkeit gesucht hatte, war das kein Wunder.

»Wir werden sehen«, sagte Andrew.

»Wir sind bald da.« Michael Biskup zeigte aus der Luke.

»Gehen Sie hier runter«, befahl Major März.

Immerhin hatte die Strahlung in den letzten vierundzwanzig Stunden weiter abgenommen. Dennoch würden Menschen, die in diesem Bereich arbeiteten, noch für eine lange Zeit Strahlenschutzanzüge benötigen.

Der Pilot setzte den Helikopter am Rande des Kraters ab. Den Motor ließ er laufen. Aber sie wollten sich hier sowieso nur wenige Minuten aufhalten.

Biskup stieg mit seinen Messgeräten aus. Andrew und Hagen

folgten ihm, und Andrew aktivierte sein Funkgerät. Im Lautsprecher seines Helmes knackte es.

Der Nuklearwissenschaftler stellte seine Tasche ab und holte Probenbehälter und eine kleine Schaufel heraus. Er kratzte an dem schwarzen Boden herum und schaufelte eine kleine Menge des geschmolzenen Materials in das Gefäß. Andrew zog die Stativbeine des Bodenradars aus ihrer Halterung. Dann entfernte er sich ein Stück vom Helikopter.

»Was machen Sie da?« März stellte sich neben ihn.

Andrew klappte den kleinen Monitor aus. »Das Bodenradar wird uns Informationen über den Untergrund liefern. Es zeigt uns, bis in welche Tiefe die Bombe den Untergrund sterilisiert hat, und vielleicht finden wir auch die Überreste von Nanomaschinen, denn genau hier befand sich bis vor der Explosion eine Ausbruchsstelle.«

Der Major ging zu Biskup, der einen weiteren Behälter mit Proben füllte.

Andrew aktivierte das Gerät, und der Monitor füllte sich mit feinen Linien. Er drehte an einem Knopf, und verschwommene Farbflächen entstanden. Er konnte das geschmolzene Gestein deutlich erkennen. Darunter zeigte sich der typische Untergrund dieser Gegend, aber er war durch die Neutronenstrahlung der Explosion sterilisiert. Bisher konnte Andrew keine Bereiche mit toten Nanomaschinen erkennen.

Hagen tippte ihm auf die Schulter. »Und?«

»Nichts«, antwortete Andrew. »Stattdessen ist da eine metallische Schicht im Boden. Ich vermute, die Explosionshitze hat die Nanomaschinen zusammengeschmolzen. Da macht es keinen Zweck, den Bohrer anzusetzen.« Er seufzte. Er hätte gerne einige tote Nanomaschinen geborgen, um sie im neuen Labor in Karlsruhe zu untersuchen. Aber das war sinnlos.

Plötzlich bebte der Boden. Andrew wäre beinahe über das Bodenradar gestürzt. »Verdammt!«

»Was war denn das?«, fragte März.

»Ein Erdbeben«, flüsterte Hagen. »Vielleicht eine Spätfolge der Explosion.«

Das war denkbar. Im Rheinland gab es geologische Verwerfungen. Die Bombe hatte hier sicher für gewisse Verschiebungen gesorgt, die sich nun als Nachbeben äußerten.

»Ist nur seltsam, dass die erst jetzt einsetzen«, grübelte Biskup. »Gestern hatten wir überhaupt nichts auf dem Seismometer.«

Andrew wartete noch einen Moment, aber alles blieb ruhig. Er packte das Bodenradar wieder zusammen, um es an einer anderen Stelle von neuem anzusetzen.

Hagen und März folgten ihm. Die beiden hatten nichts zu tun. Hagen wollte sich wohl einfach nur ein Bild machen, ihm war es um den Hubschrauberflug über das zerstörte Gelände gegangen. Aber warum Major März sich grundlos erneut einer Strahlendosis aussetzte, war Andrew schleierhaft. Vielleicht tat sich der Soldat gerne hervor.

Andrews GPS zeigte ihm an, dass er sich nun über einer anderen ehemaligen Ausbruchsstelle befand, und er aktivierte den Schalter.

Wieder bebte der Boden. Beinahe wäre das Gerät umgekippt, wenn Andrew es nicht festgehalten hätte.

»Ein Erdbeben kommt selten allein«, kommentierte Biskup trocken.

»Gefällt mir nicht«, sagte Major März. »Wir sollten uns hier nicht mehr zu lange aufhalten.«

Andrew machte sich keine Sorgen. Die Strahlungswerte waren dank des Schutzanzuges im grünen Bereich, und das Beben war schon wieder vorbei.

Auch hier zeigte sein Bildschirm eine meterdicke Schicht aus zusammengeschmolzenem Metall. Sie befand sich direkt unter seinen Füßen. Er musste sich damit abfinden, dass von den Nanomaschinen nichts mehr übrig geblieben war, was er untersuchen konnte. Gut, letztlich war das ja auch das Ziel der Bombe gewesen, die zum Glück ganze Arbeit geleistet hatte.

Der Boden vibrierte wieder.

Andrew sah verständnislos auf den Bildschirm. »Seltsam.«

»Was ist los?«, fragte Hagen.

Andrew zeigte auf die Linien. »Das Beben hat seinen Ursprung direkt unter unseren Füßen. In wenigen Metern Tiefe. Ich sehe, wie sich die Linien der Gesteinsschichten bewegen.«

»Ist das so ungewöhnlich?«

»Ich bin kein Geologe«, antwortete Andrew. »Aber ich weiß, dass Erdbeben normalerweise ihren Ursprung in größerer Tiefe haben.«

»Wie tief reicht das Ding?«, wollte Hagen wissen.

»Etwa fünfzehn Meter«, erwiderte Andrew. Er nahm einen Stift, um einige Zahlen der Messung auf sein Klemmbrett zu schreiben.

»Und was ist das?« März hatte sich ebenfalls hinter das Gerät gestellt.

Andrew wandte sich zum Monitor. Von unten schob sich eine rote Fläche langsam über den Bildschirm. Wie Tentakel, die zur Oberfläche griffen.

Andrew hatte keine Ahnung, was er da sah. Das Erdbeben musste das Radargerät beschädigt haben.

Plötzlich schrie Biskup auf.

Andrew sah ihn fragend an.

»Was zum …?«, begann März.

Der Nukleartechniker kniete in einer goldenen Pfütze, die rasend schnell größer wurde. Völlig lautlos verwandelte sich Biskup in eine goldene Statue, die wie Wachs zerfloss.

»Nanomaschinen!«, schrie Hagen.

Panik stieg in Andrew auf. *Oh nein! Nicht wieder!*

»Wir müssen zum Hubschrauber!« Hagen lief los.

März folgte ihm. Andrew ließ sein Klemmbrett fallen und rannte hinter den beiden her. Überall um ihn herum bildeten sich goldene Flecken auf dem Boden, die sich rasant ausbreiteten.

Einer davon direkt unter dem Hubschrauber.

Andrew hörte den Piloten durch den Lautsprecher aufschreien. Die Turbine jaulte los und der Helikopter schoss in die Höhe.

Doch es war schon zu spät. Die Kufen lösten sich auf und tropften auf den schwarzen Boden. Schon hatten die Nanomaschinen die Kabine erreicht. Dem Piloten blieb noch Zeit für einen letzten Schrei, dann stürzten die Reste der Maschine zu Boden. Binnen weniger Augenblicke wurden sie von den Nanomaschinen zersetzt.

Wir sind verloren!

»Lauft!«, schrie März. Er änderte die Richtung, dorthin, wo es noch keine Flecken auf dem Boden gab.

Doch rings um sie herum bildeten sich immer neue goldene Pfützen.

Andrew lief so schnell, wie er es mit dem Strahlenschutzanzug vermochte. Er atmete hektisch durch den Mund, und sofort beschlug das Visier des Helmes.

Direkt vor seinen Füßen löste sich der Boden auf und Andrew sprang. Er wagte nicht, nach unten zu schauen.

März zog ein Satellitentelefon aus seiner Tasche und drückte eine Schnellwahlnummer. »Wir brauchen einen Hubschrauber, der uns abholt. Sofort!«

Ächzend liefen sie weiter. Sie schafften es einfach nicht, Abstand zwischen sich und die Nanomaschinen zu bringen.

Andrew keuchte. Dieses Tempo würde er nicht lange durchhalten können. Seine Beine wurden bereits schwer. Wenn er einen Krampf bekam, war es vorbei.

Doch dann hörte er das klopfende Geräusch sich schnell nähernder Hubschrauberrotoren. Schon schälten sich die Umrisse des Fluggerätes aus den tiefliegenden Wolken. Es war eine olivgrüne Bundeswehrmaschine. Sie musste am Rande des Explosionsgebietes Patrouille geflogen sein.

»Landen Sie auf keinen Fall!«, brüllte März ins Telefon. »Wir müssen in den Hubschrauber springen.«

»Passen Sie auf«, rief Hagen, der direkt hinter März lief.

März trat in eine Senke und stolperte. Er fiel hin und blieb auf dem Bauch liegen.

Andrew stoppte, um ihm aufzuhelfen.

Doch die Nanomaschinen hatten den Major schon erreicht. Er wollte aufstehen, aber er hatte keine Beine mehr, und dann verschmolz der Mann mit der goldenen Flüssigkeit.

Andrew rannte wieder los. Der Hubschrauber flog eine enge Kurve und hielt sich anschließend einen Meter über dem Boden neben ihnen.

Hände streckten sich Andrew entgegen. Er ergriff sie, und zwei Soldaten ohne Schutzanzüge zogen ihn ins Innere. Andrew stolperte und stieß sich den Kopf an einer Kiste. Es tat höllisch weh, aber er wandte sich trotzdem sofort um.

Die Soldaten wollten nach Hagen greifen, da erfasste eine Windbö den Hubschrauber und drückte ihn nach oben. Andrew konnte nur noch sehen, wie der Einsatzleiter stolperte.

»Hagen!«, schrie Andrew, sprang auf und beugte sich aus der Luke. Ein Soldat packte ihn an der Taille.

Draußen war nichts mehr zu sehen. Hagen musste schon von den Nanomaschinen zersetzt worden sein.

Andrews Kehle schnürte sich zusammen.

Er ist tot! Wir haben ihn verloren!

In seinem Helmlautsprecher ertönte ein Stöhnen. Das konnte nur von Hagen sein!

»Wo ist er?«, brüllte Andrew.

»Ich sehe ihn«, rief einer der Soldaten. »Er hängt an der Kufe!«

Andrew beugte sich noch ein Stück weiter nach vorne. Tatsächlich!

Die beiden Soldaten gingen in die Knie und zogen Hagen in die Kabine hinein. Schwer atmend blieb der Mann auf dem Boden liegen.

Andrew langte nach einem Griff und wollte erneut aus der Luke schauen.

»Passen Sie auf!« Einer der beiden Soldaten hielt ihn wieder an der Taille fest.

Der See am Rande des Explosionskraters war sicher schon mehrere hundert Meter groß.

Hagens Kopf tauchte neben Andrews auf. »Wie kann das sein?«, keuchte er.

Eigentlich gar nicht!

»Sie müssen unter der Oberfläche überdauert haben«, murmelte Andrew.

»Aber wie?« Hagen rang die Hände.

Andrew antwortete nicht.

»Wieso dehnen sie sich so schnell aus?«, fragte einer der Soldaten. »Der See wächst mit mindestens zehn Kilometern pro Stunde.«

Der Hubschrauber flog noch einmal eine Schleife.

»Es muss sich um eine neue Mutation handeln«, ächzte Andrew. »Die Radioaktivität hat abermals die Struktur der überlebenden Nanomaschinen geändert.«

»Und was machen wir jetzt?«, wollte Hagen wissen. »Noch eine Bombe?«

»Wenn die erste schon nicht geholfen hat, dann wird es auch keine zweite tun.«

Andrew schloss die Augen. Im Geiste sah er sich in einen bodenlosen Abgrund stürzen. Sie waren gescheitert. Endgültig.

»Es gibt nichts mehr, was wir tun können.«

61

»Ist es hier?« Frauke hatte Mühe, in dem dichten Gedränge des Koblenzer Hauptbahnhofs an Emmas und Elenas Seite zu bleiben.

Emma betrachtete das Papier in ihrer Hand. »Nein, ein Gleis weiter.« Sie hatte Elena dicht an sich gedrückt, während sie sich Meter für Meter vorwärts kämpfte.

Der Bahnhof platzte aus allen Nähten. Sie ging davon aus, dass es nicht nur Menschen mit einem gültigen Ticket waren, sondern auch andere, die darauf hofften, irgendwie in einen Zug zu gelangen.

»Hier ist es. Gleis 4.« Emma bahnte sich einen Weg die Treppe hinauf, was nicht einfach war. Überall saßen Leute, und sie musste aufpassen, dass sie nicht über die Vielzahl an abgestellten Gepäckstücken stolperte.

Elena stieß einen grünen Koffer um.

»Pass doch auf!«, brummte ein älterer Mann in einer fleckigen Jacke, der auf der Treppe saß.

Schließlich erreichten sie den Bahnsteig. Ein Intercity wartete dort bereits auf den Gleisen. »IC 333«, sagte Emma. »Das ist unserer.«

Schon standen sie wieder in einer Schlange, die zu einer offenen Waggontür führte.

»Lasst uns weiter nach vorne gehen«, empfahl Frauke. »Hier ist ja viel zu viel los.«

Eine junge Frau in einer schwarzen Lederjacke drehte sich zu ihr um. »Hab ich schon versucht. Dies ist die einzige offene Tür.«

»Wieso das denn?«, wollte Frauke wissen.

Die Frau in der Lederjacke zuckte mit den Schultern und wandte sich wieder um.

»Vielleicht wird das Ticket schon beim Einsteigen kontrolliert«, überlegte Frauke.

Es ging nur sehr schleppend vorwärts. Hinter ihnen reihten sich immer mehr Menschen ein und das Gedränge nahm sogar noch zu.

Eine großgewachsene Frau drängelte sich an Emma und dann an der Frau mit Lederjacke vorbei, die laut fluchte.

Es dauerte sicher eine halbe Stunde, bis sie endlich einsteigen konnten. Ein Bahnangestellter, der zwei Bundespolizisten mit Schnellfeuerpistolen an seiner Seite hatte, kontrollierte die Tickets und die Ausweise und ließ sie passieren.

Sie stiegen in den Intercity. Die Sitze waren alle belegt, und Menschen standen im Gang, Koffer neben ihren Füßen.

»Lasst uns ganz nach vorne gehen, vielleicht gibt es da noch Sitzplätze«, meinte Frauke.

Emma bahnte sich einen Weg durch die Waggons. Die Gänge waren teilweise durch Gepäck versperrt. Obwohl es draußen kühl war, herrschte im Zug eine unangenehme Wärme. Es roch nach Schweiß und Urin.

Schließlich erreichten sie das vordere Ende des Zuges direkt hinter dem Führerstand, aber auch hier gab es keine freien Sitzplätze. Sie mussten die anderthalb Stunden bis Mannheim wohl stehend verbringen.

Dazu kam, dass ständig weitere Menschen einstiegen und sie immer dichter zusammenrücken mussten.

Wann fährt das verdammte Ding denn endlich los?

Emma wischte sich mit dem Ärmel den Schweiß von der Stirn und beugte sich zur Seite, um aus dem Fenster zu schauen.

Irgendetwas ging da draußen vor sich. Die Menge wogte und drückte gegen den Zug. Schreie drangen gedämpft durch die Scheibe.

»Was brüllen die da?«, fragte eine ältere Frau mit adretten, schwarzen Locken, die einen Sitzplatz ergattert hatte.

Ein Mann mit einer hässlichen Narbe auf der Wange schlug von außen mit der flachen Hand gegen das Fenster.

»Irgendetwas muss passiert sein«, vermutete Frauke.

Ein junger Mann in einem Anzugjackett, das unter der Schulter gerissen war, drängelte sich nach vorne.

»Es geht hier nicht weiter«, informierte ihn Emma.

»Scheiße«, gab der Mann zurück.

»Sind Sie gerade in den Zug gestiegen?«, wollte Emma wissen. »Was ist denn da draußen los?«

»Irgendjemand sagt, dass in Köln neue Nanomaschinen aufgetaucht sind, die sich rasend schnell ausbreiten. Die Leute wollen alle in den Zug.«

Emma fröstelte. Neue Nanomaschinen? Das konnte nicht sein.

Sie zog ihr Smartphone aus der Tasche, um in die Nachrichtenseiten zu schauen, aber sie hatte wieder einmal keinen Empfang.

Wenn das wirklich wahr ist, sind wir verloren!

Ein lautes Piepen kündete vom Schließen der Türen.

Fäuste trommelten gegen die Fenster.

Dann setzte sich der Zug in Bewegung. Draußen schrien Menschen, die gegen den Zug gedrückt worden waren und nun ins Gleisbett stürzten.

Sah der verdammte Lokführer das nicht?

Emma schlug gegen die Tür des Führerstandes.

»Halten Sie an! Die Leute fallen auf die Gleise!«, brüllte sie.

»Nicht anhalten!«, schrie die ältere Frau auf einem Sitzplatz. »Bloß weg hier!«

Emma schlug erneut gegen die verschlossene Türe, aber der Lokführer ignorierte sie.

Emma drückte Elena an sich, damit sie diese Szenen nicht mitansehen musste.

Dann hatte der Zug das Gebäude verlassen. Auf den Straßen drängten immer mehr Menschen in Richtung Bahnhof.

Konnte es wirklich sein? Konnten wirklich Nanomaschinen

diese Explosion überlebt haben? Oder war es nur ein Gerücht, das jemand gestreut hatte, um in den Zug steigen zu dürfen?

Die Bahn ratterte immer schneller nach Süden. Schon bald hatte er die Stadtgrenze von Koblenz erreicht und fuhr auf den Gleisen zwischen Bundesstraße und Rhein stromaufwärts. Auf der B9 waren keine Autos. Offenbar hatte man sie für Fußgänger freigegeben, die in einem endlosen Treck mit ihren Habseligkeiten nach Süden pilgerten.

Immerhin hatten sie es aus Koblenz hinausgeschafft. Das Gedränge war unangenehm, aber die anderthalb Stunden bis nach Mannheim würden sie schon überstehen. Dort hatten sie eine halbe Stunde später einen Anschlusszug nach Basel. Wenn alles gut ging, würde sie dann noch einmal in Zürich umsteigen und heute Abend bei ihren Eltern in St. Gallen sein.

Niemand redete. Als hätte es jemand verboten. Nur das Rattern des Zuges schallte durch das Abteil. Der Intercity folgte zügig den Windungen des Rheins und passierte die Ortschaften, die zwischen Fluss und die steilen Hänge gequetscht waren.

Der Himmel war blau, die Sonne schickte ihre Strahlen über die Anhöhen und blendete Emma, wenn sie aus dem Fenster nach Osten schaute.

Ohne anzuhalten, durchquerte der Zug die Ortschaften Spay, Boppard, Bad Salzig und Fellen. Bei St. Goar konnte Emma den markanten Felsen der Loreley erkennen. Sie wollte gerade Elena darauf aufmerksam machen.

Es quietschte, Emma verlor den Halt und knallte gegen die Tür des Führerstands. Notbremsung!

Ächzend stützte sie sich ab. Über die Schulter des Lokführers hatte sie einen guten Blick auf die Schienen, die gerade eine scharfe Kurve beschrieben.

Vor ihnen befand sich ein Bahnübergang. Mehrere Männer rollten dort ein schwarzes SUV auf die Gleise.

Was machen diese Idioten denn da?

Schließlich stand das Fahrzeug mitten auf den Schienen. Die Bremsen des Zuges kreischten so laut, dass es Emma in den Ohren schmerzte.

Wir schaffen es nicht!

Sie spannte sich an, wartete auf den Aufprall.

Schon krachte es und Emma wurde zu Boden geworfen. Frauke stürzte über sie hinweg gegen die Tür.

Überall schrien die Menschen auf. Die Lichter flackerten und gingen dann aus.

Dann stand der Zug still, aber der Boden war nicht mehr gerade, sondern neigte sich zur Seite.

Stöhnend richtete sich Emma auf und beugte sich zu ihrer Tochter hinab. Elena starrte ihre Mutter mit glasigen Augen an, war aber scheinbar unverletzt.

Neben Emma rappelte sich Frauke auf. Blut lief über ihr Gesicht, sie hatte eine Platzwunde an der Stirn.

Dann öffnete der Lokführer die Tür. Der Mann hatte eine tiefe Wunde an der Hand, die aussah, als müsste sie genäht werden.

»Die Fahrt ist dann hier vorbei«, sagte er grimmig. »Der Zug ist entgleist.«

62

Ben nahm die letzten Bücher aus dem Regal und packte sie in einen Karton. Zum Glück hatte er nicht zu viel Zeug in seinem Büro im Kanzleramt angesammelt. In einer Viertelstunde würde er hier fertig sein.

Er fuhr den Laptop hoch, den man ihm zur Verfügung gestellt hatte, und sicherte einige Dateien auf einem Stick.

Plötzlich knallte die Tür auf.

Es war Weinheim. »Kommen Sie mit!«

Ben starrte den Mann verständnislos an. Er hatte eigentlich nicht damit gerechnet, den Beamten noch einmal zu sehen. »Was denn? Wohin denn?«

»Zum Kanzler.«

»Zum Kanzler?«, fragte Ben dümmlich.

»Zum Kanzler«, wiederholte Weinheim. »Wir haben eine Telekonferenz.«

Ben hob hilflos die Arme. »Ja, aber …«

»Es sind wieder Nanomaschinen in Köln aufgetaucht.«

Ben wurde heiß und kalt. »Nein!«

»Kommen Sie schon!« Weinheim drehte sich um.

Ben lief hinterher. Das war unmöglich. Weinheim musste sich irren. Die Nanomaschinen waren zerstört. Vernichtet! Woher sollten jetzt plötzlich neue auftauchen?

Hütter erwartete sie in einem der kleineren Konferenzräume mit einem großen Bildschirm an der Stirnseite. Er sah Ben direkt in die Augen. »Setzen Sie sich.«

Ben zögerte. Er dachte an seinen Ausbruch gestern, den er ein wenig bedauerte. Er hatte zwar gesagt, was er dachte, aber er hätte einen anderen Ton einschlagen können. »Hören Sie, es tut mir leid, wenn ich …«

Der Kanzler machte eine wegwerfende Handbewegung. »Vergessen Sie es. Dafür haben wir keine Zeit.«

Kanzleramtsminister Gebhard kam schnaufend in den Raum. »Ist es wirklich wahr?«

»Leider ja«, antwortete der Kanzler

Dann erhellte sich der Bildschirm, der in zwei Quadrate aufgeteilt wurde. Rappe saß links vor einer weißen Wand, Andrew und Frank Hagen rechts vor einer großen Karte. Sein Freund war bleich, und er hatte einen seltsamen Ausdruck in den Augen.

»Reden Sie, Hagen!«, forderte der Kanzler.

Der Einsatzleiter sah verzweifelt aus. Immer wieder zuckten

seine Augenlider, und seine Haut hatte einen grauen Farbton angenommen.

»Die Nanomaschinen müssen tiefer in den Boden eingedrungen sein, als wir gedacht haben«, sagte Hagen. »Sie sind jetzt rund um den Explosionskrater nahezu gleichzeitig an die Oberfläche gebrochen.«

Es war also wahr.

Ben hatte das Gefühl, den Boden unter den Füßen zu verlieren.

Sie hatten mit der Bombe zu lange gewartet. Jetzt waren sie erledigt. Es gab keine Gegenwehr mehr.

»Sie sagten am Telefon, die Nanomaschinen breiten sich explosionsartig aus. Was meinen Sie damit?«, fragte Weinheim.

»Das war nur der erste Eindruck«, antwortete Andrew. »Eben weil sie überall zur selben Zeit an die Oberfläche gelangt sind. Aber ja, die Ausbreitungsgeschwindigkeit hat sich deutlich erhöht. Sie beträgt nun fünfundsiebzig Meter pro Stunde. Das befallene Gebiet wächst also um über drei Kilometer pro Tag. Ich gehe davon aus, dass sich diese Geschwindigkeit noch steigern wird.«

Hütter schnappte nach Luft.

»Was können wir dagegen tun?«, fragte Gebhard. »Noch eine Bombe abwerfen?«

Rappe schüttelte den Kopf. »Das wäre sinnlos. Die erste Bombe hat ja auch schon nicht geholfen.«

»Ja, aber was schlagen Sie vor, Professor Rappe?«, fragte Hütter.

»Ich habe keine Vorschläge mehr.« Rappes Stimme klang völlig emotionslos.

»Das kann nicht sein«, erklärte Hütter. »Es muss etwas geben, das wir noch tun können. Irgendwas! Egal, was!«

Ben wusste es. Die Bombe war der letzte Ausweg gewesen. Es hatte nicht geklappt. Jetzt war es vorbei. Dieses Feuer würde nicht mehr zu löschen sein.

Er dachte an Emma. An seine Freunde, die alle in Köln gewohnt hatten. Alles war umsonst gewesen.

»Es tut mir leid«, sagte Andrew tonlos. »Die Ausbreitung kann nicht mehr gestoppt werden.«

Der Kanzler schwieg lange. Schließlich stemmte er sich hoch, sackte aber gleich wieder in seinen Sessel. »Wie wird es weitergehen?«

Andrew gab ein Geräusch von sich, das wie ein Seufzen klang. »Das von Nanomaschinen zerfressene Gebiet dehnt sich - wie gesagt - mit einer Geschwindigkeit von etwas über drei Kilometern pro Tag aus. In jede Richtung wohlgemerkt. In zehn Tagen werden sie das von der Explosion zerstörte Gebiet umfasst haben. In zwanzig Tagen erreichen die Nanomaschinen das Ruhrgebiet. In einem Monat sind Koblenz, Aachen, Duisburg und Essen weg. So wird es immer weitergehen. In zwei Monaten haben die Nanomaschinen Frankfurt erreicht. Dann sind sie auch bis nach Belgien und in die Niederlande vorgedrungen. In einem Jahr wird mit Rügen das letzte Stück Deutschland von ihnen aufgefressen worden sein.«

»Am Ende lösen sie den ganzen Planeten auf«, stellte Kanzler Hütter fest.

»Ich fürchte, ja«, stöhnte Andrew. »Am Ende ist die Erde aus dem Weltall gesehen nur noch ein goldener Ball, der bis auf den heißen Erdkern komplett aus Nanomaschinen besteht.«

»Wie lange?«, fragte Weinheim mit belegter Stimme. »Wie lange, bis sie die Erde komplett bedeckt haben?«

»Bei der jetzigen Ausbreitungsgeschwindigkeit würde das noch etwa zwanzig Jahre dauern. Aber ich bin sicher, dass sich das Tempo durch zukünftige Mutationen nochmals erhöhen wird. Ich gehe davon aus, dass die Oberfläche in zwei Jahren aufgefressen ist.«

Ben schloss die Augen. Es hatte etwas von Krebs. Die Nanomaschinen waren wie ein Geschwür, das sich die Erde eingefangen hatte. Die Menschen hatten diese Krankheit überhaupt erst erfunden. Und es gab kein Heilmittel.

»Wir müssen etwas dagegen tun können«, krächzte der Kanzler. »Wir müssen einfach.«

»Es bleibt leider nur die Flucht«, entgegnete Andrew.

Der Kanzler beugte sich nach vorne, seine Augen verengten sich. »Flucht? Flucht wohin? Was meinen Sie damit?«

»Vielleicht gelingt es den Amerikanern und den Russen, eine Basis auf dem Mond oder auf dem Mars aufzubauen und eine größere Gruppe Astronauten dorthin zu schicken, um eine autarke Kolonie zu gründen. Dann könnte die Menschheit als Spezies überleben.«

Der Kanzler stand auf. »So eine Scheiße will ich hier nicht hören!« Er schlug mit der Faust gegen die Wand, dass es knirschte.

Ben bemerkte jetzt erst, dass er zitterte. Gestern noch hatte er geglaubt, dass die Gefahr gebannt sei. Dass sie die Nanomaschinen besiegt hätten. Dass sie alle eine Zukunft hatten.

Aber sie hatten keine Zukunft. Ben nicht und Deutschland nicht. Niemand hatte mehr eine Zukunft. Es war die völlige Vernichtung. Am Ende würde nichts mehr übrig bleiben. Weder von den Menschen noch von dem, was die Menschheit jemals geschaffen hatte.

Nur ein paar Astronauten hatten vielleicht eine Chance. Sie würden auf dem Mond in einer kahlen Kolonie auf den grauen, staubigen Felsen bis ans Ende aller Tage ihr Dasein fristen.

Es klopfte, und Innenministerin Kamp steckte ihren Kopf herein. »Haben Sie es schon gesehen?«

»Was gesehen?«, schnappte Hütter. »Die Nanomaschinen? Was glauben Sie, worum es gerade geht?«

»Nein, was im Land los ist.« Die Innenministerin trat in den Raum und schloss die Tür hinter sich. »Schalten Sie die Nachrichten ein!«

Gebhard nahm die Fernbedienung und drückte einen Knopf. Die Köpfe von Rappe, Andrew und Hagen verkleinerten sich auf Daumennagelgröße und machten einer Sondersendung Platz.

Zu sehen waren endlose Schlangen von Autos und Fußgängern.

»... es, als hätte das erneute Auftauchen der Nanomaschinen eine landesweite Flucht in Gang gesetzt«, kommentierte ein Nachrichtensprecher. »Vor allem in Nordrhein-Westfalen und Rheinland-Pfalz verlassen die Menschen ihre Wohnungen und Häuser und machen sich auf den Weg, um so viel Abstand wie möglich zwischen sich und die Nanomaschinen zu bringen.«

»Oh mein Gott!«, stöhnte der Kanzler.

Das Bild wechselte. Autos standen hupend vor einer Tankstelle. In einem Supermarkt plünderten Leute die Regale. »Überall haben Menschen ihre Arbeit niedergelegt. In Wuppertal ist ein Brand außer Kontrolle geraten, weil keine Feuerwehrleute zur Verfügung standen. In einem Altenheim in Duisburg sind alle Pfleger nach Hause gegangen, um mit ihren Familien nach Norden zu fliehen. An vielen Tankstellen ist jetzt schon das Benzin ausgegangen.«

Ben fasste sich an den Kopf. Es hatte begonnen. Die Leute hatten begriffen. Es blieb nur die Flucht. Aber diese Flucht würde niemandem das Überleben sichern. Es ging nur noch darum, das Unvermeidliche so lange wie möglich aufzuschieben.

Das war ein Ausblick auf die Zukunft der Menschen dieses Planeten. Sie würden - ohne Rücksicht auf andere - vor den Nanomaschinen davonlaufen, solange es irgendwie ging. Zunächst aus dem Rheinland, dann aus Deutschland, letztlich sogar aus Europa. Wer es sich leisten konnte, flog nach Australien oder Neuseeland. Das waren die Landmassen, die als Letztes von den Nanomaschinen erreicht werden würden. Dort würden zuletzt immer mehr Menschen auf einem immer kleiner werdenden Raum zusammenrücken und darauf warten, dass die Nanomaschinen sie erreichten.

Grauenhaft! Einfach grauenhaft!

Auf dem Monitor wurden Bilder von einer Autobahn gezeigt,

auf der Wracks brannten. Menschen liefen durcheinander und sprangen über die Leitplanken. »Die ohnehin schon überfüllten Autobahnen sind binnen einer Stunde unbenutzbar geworden. Es liegen Berichte vor, wonach Familien aus geländetüchtigen Fahrzeugen gezerrt wurden.«

»Alles bricht zusammen«, murmelte der Kanzler.

»Auf zahlreichen Bahnlinien in NRW und Rheinland-Pfalz musste der Verkehr eingestellt werden. Südlich von Bonn kenterte eine Fähre auf dem Rhein, mindestens zwanzig Menschen ertranken, darunter mehrere Kinder.«

Es wurden Bilder einer Überwachungskamera am Anleger gezeigt. Eine Menschenmenge stürmte die Fähre über den Rhein. Das Gefährt neigte sich und kippte. Menschen stürzten ins Wasser und wurden dann von Autos erschlagen, die von der Fähre rutschten.

»Was können wir tun, um wieder Ordnung in das Land zu bringen?«, fragte der Kanzler.

»Die Polizeieinheiten von Bund und Ländern stehen diesem Chaos machtlos gegenüber.« Die Innenministerin holte tief Luft. »Wir müssen die Bundeswehr einsetzen. Eventuell sind drastische Maßnahmen erforderlich, um die Ordnung zu sichern.«

Ben bekam eine Gänsehaut. »Was meinen Sie mit drastischen Maßnahmen?«

Kamp antwortete, blickte dabei aber Kanzler Hütter an. »Es nutzt nichts, nun das Militär zu engagieren, wenn die Soldaten keine Mittel haben, großflächige Plünderungen aufzuhalten.«

Hütter verzog das Gesicht. »Sollen die Soldaten etwa in die Menge schießen?«

Kamp zögerte. »Nicht in die Menge, aber notfalls ist Waffengewalt angebracht. Wenn wir nicht schnell reagieren, verlieren wir die Kontrolle über das Land.«

»Ich verstehe«, sagte der Kanzleramtsminister. »Sie wollen den Verteidigungsfall ausrufen.« Er schüttelte sich.

»Es würde uns weitreichende und schnelle Maßnahmen erlauben«, erklärte die Innenministerin. »Wir bekommen die erweiterte Gesetzgebungskompetenz, auch über die Kompetenzen der Länder hinweg. Es vereinfacht ebenso den Einsatz der Bundeswehr im Inneren.«

Verteidigungsfall? »Aber wir sind doch nicht im Krieg!«

Weinheim hob die Augenbrauen. »Man könnte die sich durchs Land fressenden Nanomaschinen durchaus als ›fremde Macht‹ sehen, die es mit Waffengewalt zu bekämpfen gilt. Wir haben sie ja auch immerhin schon mit einer Atombombe angegriffen. Dieses Stadium lässt sich in der Tat als Krieg gegen die Nanomaschinen bezeichnen.«

Ben stand auf. »Es gibt keinen Krieg gegen die Nanomaschinen. Der Krieg ist vorbei. Wir haben ihn verloren.«

»Halten Sie den Mund«, kommandierte Kamp. »Sie haben hier sowieso nichts zu entscheiden.«

»Hütter hat mich geholt, damit ich meine Empfehlungen ausspreche«, entgegnete Ben kühl. »Also werden Sie sich meine Meinung anhören müssen. Wenn Sie darauf keinen Wert legen, dann können Sie mich gerne nach Hause schicken.«

Die Innenministerin wandte sich wieder an den Kanzler. »Es geht darum, die Kontrolle im Land zu behalten. Wenn wir nicht schnell auf die neue Lage reagieren, dann haben wir in Deutschland Anarchie. Der Verteidigungsfall ist in meinen Augen der einzige Weg.«

Hütter drehte sich zu seinem Kanzleramtsminister um. »Können wir das überhaupt? Wer entscheidet das?«

Gebhard seufzte. »Die Feststellung des Verteidigungsfalles obliegt dem Bundestag. Es ist allerdings erforderlich, dass der Bundesrat dem zustimmt. Wir müssen den Antrag stellen.«

Der Kanzler stöhnte. »Alleine das würde ja wieder Ewigkeiten dauern.«

»Es ist auch alles andere als einfach«, sagte Kamp. »Der Bundestag muss das mit zwei Dritteln der abgegebenen Stimmen absegnen.«

Hütter winkte ab. »Vergessen Sie es. Das klappt nie.«

Gebhard klappte seinen Laptop auf und seine Blicke flogen über den Bildschirm. »Es gibt einen Trick, wie wir dieses Verfahren umgehen können.«

»Schießen Sie los!«, forderte ihn der Kanzler auf.

»Der Gemeinsame Ausschuss. Er könnte mit einfacher Mehrheit den Verteidigungsfall feststellen und den Bundestag übergehen.«

Ben drehte sich zu Weinheim um. »Was ist der Gemeinsame Ausschuss?«

Weinheim beugte sich zu ihm. »So etwas wie ein Notparlament. Er setzt sich aus Spitzenpolitikern aller Parteien zusammen, die im Bundestag vertreten sind. Er wurde eingerichtet, um die Politik beschlussfähig zu halten, falls die Bundesrepublik angegriffen und der Bundestag ausgeschaltet wird.«

»Würde das funktionieren?«, fragte der Kanzler.

Kamp wiegte den Kopf. »Die Chancen stehen gut. Die Mitglieder des Ausschusses aus den Oppositionsparteien sind alle Realos. Wir könnten den Bundespräsidenten auf unsere Seite holen. Der stellt den Verteidigungsfall fest, da ja ein Angriff durch die Nanomaschinen in diesem Moment im Gange ist und der Bundestag diese Woche nicht tagt. So übergehen wir den regulären Weg und lassen vom Gemeinsamen Ausschuss die Beschlussunfähigkeit des Bundestages feststellen.«

»Dazu brauchen wir aber die Stimmen von den radikalen und populistischen Parteimitgliedern im Ausschuss«, gab Weinheim zu bedenken. Seine Stimme verriet, dass er dieses Vorgehen nicht guthieß.

»Dann ist das halt so«, sagte Hütter.

»Das geht so einfach?« Ben war erstaunt. »Das ist ja wie ein Staatsstreich«, flüsterte er Weinheim zu.

»Darum wurde dieses Gesetz seinerzeit auch scharf kritisiert«, antwortete der Beamte leise.

»In Ordnung«, sagte Hütter schließlich. »Ich sehe auch keine andere Möglichkeit, Recht und Ordnung zu bewahren.«

Ben runzelte die Stirn. Der Kanzler wollte das ›Recht‹ bewahren, indem er die geltenden demokratischen Prinzipien außer Kraft setzte? Das hörte sich nicht richtig an. Überhaupt nicht! »Sie sollten das nicht tun!«, verkündete er laut.

Kamp und Hütter schauten kurz auf und ignorierten ihn dann.

Ben wurde klar, dass er bei dieser Diskussion nichts zu melden hatte.

»Tun Sie es!« Der Kanzler wandte sich zu Gebhard um. »Bearbeiten Sie die Mitglieder des Gemeinsamen Ausschusses. Bringen Sie sie auf Linie. Ziehen Sie notfalls den Bundespräsidenten hinzu. Er ist garantiert auf unserer Seite, und auf ihn werden sie hören.«

»Ich kümmere mich darum.«

»Ich weise darauf hin, dass der Bundestag zusammentreten und diese Entscheidung widerrufen kann«, gab Weinheim zu bedenken.

»Wir lassen die Regierungsgebäude einfach sperren«, sagte Kamp. »Wegen Terrorgefahr. Ein Bundestag, der nicht zusammentritt, kann auch nichts entscheiden. Solange der Gemeinsame Ausschuss auf Linie bleibt, können die anderen machen, was sie wollen.«

»Wir sollten Martin hinzuziehen«, meinte Hütter.

Gebhard schüttelte den Kopf. »Der Verteidigungsminister ist in Madrid. Wenn der Verteidigungsfall heute Mittag vom Bundespräsidenten ausgerufen wird, geht die Kommandogewalt des Militärs ohnehin auf dich über.«

Hütter wandte sich wieder an Kamp. »Okay. Stellen Sie Einsatzpläne für die Bundeswehr im Inneren zusammen. Ist mir egal, wie viel Gewalt Sie anwenden müssen. Hauptsache, wir bekommen die Lage wieder unter Kontrolle.«

Kamp nickte und verließ den Raum.

Ben sank in seinem Sessel zusammen. An diesem Tag war nicht nur die Hoffnung gestorben, sondern auch die Demokratie.

63

22. NOVEMBER

Es klopfte an der Tür.

»Herein.« Andrew nahm den Blick vom Computermonitor und wandte sich um.

»Hallo, Herr Collum!« Hagen lächelte schwach.

»Lange nicht gesehen.« Einerseits war Andrew froh, mit dem Kollegen einige Dinge besprechen zu können, andererseits hätte er sich im Moment lieber auf seine Arbeit konzentriert.

»Ja, über eine Woche nicht.«

Andrew seufzte. »Kaffee?«

»Kann einen gebrauchen«, meinte Hagen.

Andrew stand auf und ging in die Ecke des Labors, wo eine kleine Kapselkaffeemaschine stand. Er machte Hagen und sich selbst eine Tasse, ließ sich wieder am Computer nieder und wies auf einen Bürostuhl am Nachbartisch.

Hagen setzte sich und nippte vorsichtig an dem heißen Getränk. »Und wie ist Karlsruhe so?«

Andrew lachte auf. »Seit ich hier bin, habe ich es nicht ein einziges Mal in die Innenstadt geschafft.«

Was sollte er auch dort? Die Stadt war von Flüchtlingen aus dem Norden überflutet. Große Teile des Waldgebietes zwischen dem Forschungszentrum Karlsruhe, wo Rappe ihm ein neues Labor verschafft hatte, und der Innenstadt hatte man gerodet, um Platz für ein riesiges Zeltlager zu schaffen. Im Radio war berichtet worden, dass es Stunde um Stunde anwuchs und inzwischen über eine halbe Million Leute beherbergte.

Andrew zeigte auf einen Schlafsack, der auf dem Schrank lag. »Ich mache eigentlich nichts anderes, als zu arbeiten. Wenn ich doch mal ein paar Stunden Schlaf brauche, lege ich mich unter meinen Schreibtisch.«

Hagen grinste schief. »Was soll ich sagen, ich schlafe da, wo es gerade geht. Meist in einem Hubschrauber zwischen zwei Einsatzstellen.«

»War ja nett vom Bundeskanzler, Sie zum bundesweiten Einsatzleiter zu ernennen.«

»Du ...«

Andrew stutzte. »Bitte?«

»Wir haben jetzt so viel Scheiße zusammen erlebt, da könnten wir uns langsam duzen.«

Andrew lächelte. Ja, das war in der Tat längst überfällig, auch wenn sie seit dem neuesten Ausbruch nicht mehr regelmäßig zusammenarbeiteten. »Einverstanden.«

Sie stießen mit den Kaffeetassen an.

»Jedenfalls zeigt mir der neue Job, dass wir den alten wohl gar nicht mal so schlecht gemacht haben«, meinte Frank.

Andrew verzog das Gesicht. »Es ist uns nicht gelungen, die Nanomaschinen zu besiegen.«

Frank nickte. »Das ist wohl wahr.«

Schweigend tranken sie von ihrem Kaffee.

»Wo warst du in den letzten Tagen?«, fragte Andrew.

»Hier und da«, antwortete Frank. »Heute Morgen noch in Berlin, wo ich vor diesem Gemeinsamen Ausschuss aussagen musste.«

»Wie ist die Lage in der Hauptstadt?«

»Gespenstisch«, sagte Frank. »Überall rennen Soldaten rum. Einige nehmen sich ganz schön was raus und schikanieren die Bevölkerung. Es hat schon seinen Zweck gehabt, warum die Bundeswehr niemals für Sicherheitsaufgaben im Inneren herangezogen wurde.«

»Immerhin ist die Lage wieder etwas unter Kontrolle«, meinte Andrew.

Frank winkte ab. »Es gibt immer noch überall Plünderungen. Auch die Soldaten können nicht überall gleichzeitig sein. In Thüringen sollen die Truppen selbst Geschäfte ausgeräumt haben. Wenn du mich fragst, steht die Ordnung nur auf einem sehr brüchigen Fundament. Zumal die Flüchtlingsbewegungen weitergehen. Selbst in Städten, die von den Nanomaschinen noch lange nicht bedroht werden, brechen die Menschen auf. Solltest mal sehen, was an den Flughäfen los ist. Viele versuchen jetzt schon, Deutschland und Europa ganz zu verlassen.«

Andrew runzelte die Stirn. »Ich dachte, Flugtickets gibt es nur noch mit einer Sondererlaubnis.«

Frank lachte auf. »Schieb einem Beamten einen Schein über die Theke, und du kriegst den Wisch. Seit die Regierung den Bundestag außer Kraft gesetzt hat, grassiert hier die Korruption wie in einer Bananenrepublik.«

Andrew knirschte mit den Zähnen. Das konnte er bestätigen. Als er neulich versucht hatte, einen Berechtigungsschein für ein Auto zu bekommen, entgegnete ihm der Beamte am Schalter unverblümt, dass das lediglich gegen eine »Stempelgebühr« von tausend Euro möglich sei. Am Sonntag hatte er auf dem Weg ins Forschungszentrum einen Checkpoint der Bundeswehr nur passieren dürfen, nachdem er eine Tafel Schokolade abgedrückt hatte, die von den Männern beim Durchwühlen seines Rucksacks entdeckt worden war.

Das Land ging im Rekordtempo vor die Hunde.

»Wie geht es denn bei dir voran?«, fragte Frank schließlich.

Andrew seufzte. »Schleppend. Uns fehlt der Großteil der Infrastruktur aus dem Forschungszentrum in Köln. Auch die Simulationsprogramme laufen auf dem Großrechner hier nicht stabil.«

Hagen schaute sich in Andrews Labor um. »Ist in meinen Augen ein Wunder, dass ihr hier überhaupt so schnell eine neue Nanoproduktionswerkstatt eingerichtet habt.«

Andrew zuckte mit den Schultern. Sein Labor hier diente nur der Forschung und der Konstruktion. Die Nanoproduktionsanlage war noch in einer Nachbarhalle im Entstehen begriffen. »Sie soll morgen in Betrieb gehen. Es war eine gute Entscheidung, den Großteil unserer Geräte vor der Explosion nach Karlsruhe zu bringen. Das Schwierigste war die Konstruktion eines neuen Containmentgefäßes. Die Arbeiter haben seit einer Woche Tag und Nacht gearbeitet, um es zu fertigen.«

»Wird es denn funktionieren?«

»Das werden wir morgen, spätestens übermorgen dann erfahren.«

»Und die Anti-Nanos?«

Andrew musste schmunzeln. Frank hatte diesen Namen bei einer Besprechung vor einigen Tagen zum ersten Mal benutzt. Seitdem nutzten ihn alle. Andrew war zu dem Schluss gekommen, dass ein Gegenmittel gegen die außer Kontrolle geratene Ausbreitung nun nur noch andere, fortgeschrittenere Nanomaschinen sein konnten.

Diese Weiterentwicklung jetzt und hier zu improvisieren, war aber fast schon aussichtslos. Es war ein Strohhalm. Nichts weiter.

»Andrew?«, hakte Frank nach.

»Entschuldigung, ich war in Gedanken.« Er zeigte auf den Bildschirm, wo die komplexe Struktur von Atomen und Molekülen angezeigt wurde. »Das ist unser aktuelles Konzept.«

»Wie funktioniert es?« Frank rückte näher.

Andrew seufzte. »Im Grunde ist es nichts weiter als eine Variante der beim ersten Experiment genutzten Nanomaschinen.

Der einzige Unterschied ist, dass sie sich schneller vermehren. Sie müssten theoretisch die anderen Nanomaschinen zersetzen, da die Strukturerkennung für diese außer Kraft gesetzt wurde.«

»Und sie reproduzieren sich auch?«, fragte Frank.

Andrew bejahte. »Sonst könnten wir ja nicht genug von ihnen herstellen.«

Frank hob die Arme. »Aber wie verhindern wir, dass diese neuen dann statt der alten die Erde auffressen?«

Andrew lächelte schwach. »Wir haben eine Idee aus der Zellbiologie aufgegriffen und die Nanomaschinen mit Telomeren ausgestattet.«

Frank lehnte sich in seinem Stuhl zurück. »Telomeren?«

»Zellen können damit ihre Alterung kontrollieren. Bei den neuen Nanomaschinen gibt es nun eine Molekülkette, die mit jeder Kopie um eine Atomlänge schrumpft. Ist die Molekülkette nach einer entsprechenden Anzahl von Generationen abgebaut, gibt es keine weitere Reproduktion, und das Wachstum kommt zum Erliegen, sobald die feindlichen Nanomaschinen vernichtet sind.«

»Das habt ihr alles in einer Woche improvisiert?«, fragte Frank anerkennend.

Andrew nickte.

Frank musterte ihn nachdenklich.

Dann versteifte sich der Kollege plötzlich. »Hättet ihr das so doch schon bei den ersten Nanomaschinen umgesetzt«, sagte er ungewohnt kühl.

Andrew presste die Lippen zusammen.

Ja, hätten wir das doch nur …

»Wann?«, fragte Hagen. »Wann werden wir einen ersten Versuch starten können?«

Andrew wandte den Blick wieder zum Bildschirm. Die Struktur stand, und auch die Entwürfe für die Verfahren waren fast fertig. »Übermorgen.«

»Wie hoch sind die Chancen, dass es klappt?«, erkundigte sich Frank.

Andrew zögerte. Er konnte es nicht sagen. Sie wussten einfach zu wenig über die Nanomaschinen und wie sehr die dauernden Mutationen ihre ursprüngliche Struktur verändert hatten. Trotz ihrer Experimente stocherten sie bei dem Wissen über diese Technologie immer noch an der Oberfläche. »Ich habe keine Ahnung.«

Frank trank den Rest seines Kaffees und stellte die leere Tasse auf Andrews Schreibtisch. »Ich muss wieder los.«

Er stand auf und ging zur Tür. Er öffnete sie und drehte sich noch einmal um. Seine Augenlider zuckten müde. »Vielleicht hilft ja beten.«

64

Emma stand vor der zugewucherten Böschung, Elena an der Hand. »Wir müssen da hoch und sehen, ob wir auf die Autobahn kommen.« Sie bog einige tropfende Äste beiseite und trat mit den Schuhen die Brennnesseln platt, damit ihre Tochter nicht gestochen wurde. Nach wenigen Sekunden war Emma klitschnass, auch wenn der heftige Regen nachgelassen hatte und es nur noch nieselte. Die Temperatur lag nur wenige Grade über dem Nullpunkt, und Emma hatte schon die ganze Zeit eine Gänsehaut. Hoffentlich fror Elena nicht zu sehr.

Sie ging noch einen Schritt weiter, und dann sah sie direkt vor sich den Standstreifen der A60. Hauptsächlich fuhren hier Lkw, aber auch viele Kleintransporter. Es stank nach Öl und Benzin.

Vor ihnen war ein Maschendrahtzaun. Aber damit hatte Emma gerechnet. Sie griff in ihre Jacke und holte eine kleine Zange heraus. Das Werkzeug stammte aus einer stillgelegten Werkstatt, in die Emma auf der Suche nach brauchbaren Materialien eingebrochen war.

Die Zange war klein und unhandlich und es dauerte mehrere Minuten, bis Emma ein Loch in das Hindernis geschnitten hatte.

Sie klatschte in die Hände. Sie hatten es geschafft. Es würde ihr Weg nach Süden sein.

Hoffentlich!

Nur wenige Autos fuhren auf der Autobahn. Aber das war auch kein Wunder, da die Bundeswehr an allen Auffahrten Checkpoints eingerichtet hatte. Nur wer eine Erlaubnis hatte, durfte auf die Autobahn. Auch auf den anderen Straßen war nicht viel Verkehr. Überall gab es Checkpoints, und Benzin bekam nur noch, wer eine Berechtigungskarte hatte. Und die erhielt man nur mit gutem Grund, zum Beispiel, weil man Handwerker war, einer staatlichen Einrichtung angehörte oder anderweitig ›systemrelevanter Arbeit‹ nachging.

Das war noch nicht alles. Selbst zu Fuß durfte man seinen ›Sektor‹ nur gegen Erlaubnis verlassen. Wer keine hatte, wurde an einem der zahlreichen Checkpoints wieder zurückgeschickt.

Darum saßen Emma, Elena und Frauke nun seit fast einer Woche in Mainz fest. Ein Hauptmann der Bundeswehr hatte sie einem riesigen Zeltlager im Westen der Stadt auf einem Parkplatz der MEWA Arena zugewiesen, wo sie sich ein winzig kleines Zelt teilten.

Seit einer Woche suchten sie nun nach einem Weg aus der Stadt heraus, aber alle Zufahrtsstraßen waren von Checkpoints versperrt, offene Felder wurden mit Hubschraubern oder von Aussichtspunkten aus überwacht.

Die Autobahn war vielleicht ihr Weg in die Freiheit. Sie würden Frauke holen, ihre Rucksäcke schnappen und einen Wagen anhalten, der sie mit nach Süden nahm. Denn auf der Autobahn selber gab es keine Checkpoints. Die Ausweise wurden an den

Auf- und Abfahrten überprüft und wer einmal auf der Autobahn war, hatte freie Fahrt.

Emma fragte sich, ob sie aus der Deckung treten und einfach einen Wagen heranwinken sollte. Irgendjemand würde schon anhalten. Aber es wäre Frauke gegenüber gemein. Und sie brauchten ihr Gepäck mit den Schlafsäcken und dem Proviant.

»Wir gehen zurück«, sagte Emma zu ihrer Tochter, die neben einem Dornenbusch kniete und den Autos hinterher sah.

Ein Jeep der Bundeswehr kam mit quietschenden Reifen auf dem Standstreifen zum Stehen. Ein Hubschrauber knatterte von der anderen Seite der Autobahn heran und zog über ihnen einen engen Kreis.

»Sie haben uns entdeckt!«, stöhnte Emma.

Aber wie, zum Teufel?

Zwei Soldaten sprangen aus dem Jeep und zogen im Laufen Pistolen aus ihren Halftern. »Stehen bleiben!«

Es war zwecklos.

Emma hob die Hände und ging mit Elena auf den Standstreifen.

»Ihren Ausweis!«, forderte der größere der beiden Soldaten. Ein Obergefreiter. Die Rangabzeichen der Bundeswehr kannte Emma inzwischen schon auswendig.

Sie seufzte und gab dem Mann ihren Ausweis und den ihrer Tochter.

»Sie haben auf der Autobahn nichts zu suchen«, verkündete der andere Soldat. Emma verstand ihn kaum über das Geknatter des Hubschraubers hinweg.

»Was tun Sie hier?«, wollte der Große wissen.

»Wir haben uns verlaufen«, erwiderte Emma wenig überzeugend.

»Erzählen Sie keinen Quatsch!« Der Soldat gab Emma die Ausweise zurück. »Gehen Sie zurück. Ich habe Ihren Namen notiert. Wenn wir Sie noch einmal dabei erwischen, dass Sie Ihren zugeordneten Sektor ohne Genehmigung verlassen wollen, werden Sie interniert.«

Emma hob hilflos die Schultern und kroch mit Elena wieder die Böschung hinunter. Die beiden Soldaten blieben stehen und blickten ihr nach. Es hatte keinen Zweck, mit ihnen zu diskutieren. Schlimmstenfalls schickten sie sie tatsächlich in das Internierungslager, in das die Arena verwandelt worden war. Nach allem, was man hörte, mussten die Zustände darin sehr schlimm sein.

Über einen Feldweg ging Emma zurück in Richtung Stadtzentrum. In einem knappen Kilometer Entfernung sah sie das Stadion und die Zeltstadt daneben. Wie nur hatten die Soldaten sie so schnell entdeckt? Zufall? Hatte sie einfach nur Pech gehabt?

Ihr Handy klingelte, und Emma erschrak.

Es war ungewöhnlich, dass sie überhaupt einmal ein Netz hatte.

Emma schüttelte sich. War ihr Mobiltelefon schuld gewesen? Nutzte die Bundeswehr vielleicht die Handysignale, um Menschen zu orten, die sich der Autobahn oder der Sektorengrenze näherten? Denkbar wäre es. Sie hätte das verdammte Ding ausmachen sollen!

Emma holte das Gerät aus ihrer Jackentasche. Es war Frauke. »Ja?«

»Emma? Wo bist du?«, fragte die alte Frau.

»Auf dem Rückweg von der Autobahn. Es hat nicht geklappt.«

»War zu erwarten«, gab Frauke zurück. »Ich hatte mehr Glück. Ich habe eine Möglichkeit entdeckt, wie wir Mainz verlassen können.«

Emmas Herz machte einen Sprung. »Wirklich? Wie? Die Brücke?«

»Nein, die Brücken sind auch mit Checkpoints gesichert. Aber ich habe ein Schiff gefunden.«

»Ein Schiff?« Hatte Frauke etwa doch noch Berechtigungsscheine für eine der Fähren ergattert?

»Ja, ein Kohlefrachter. Er legt heute Abend ab und fährt den Rhein hinauf nach Basel. Der Kapitän sagt, er kann uns an Bord bringen.«

Emma wusste, dass die Frachtschiffe auch engmaschig kontrolliert wurden. Dass die Bundespolizei mit Spürhunden an Bord ging, um nach blinden Passagieren zu suchen.

»Er sagt, er kann uns Besatzungsscheine beschaffen«, ergänzte Frauke, als habe sie Emmas Gedanken erraten.

Das war sicher nicht einfach. Der Kapitän würde dafür einen Haufen Geld haben wollen. Und viel hatten sie nicht mehr. »Bist du sicher, dass wir genug haben, um ihn zu bezahlen?«

»Er will kein Geld«, sagte Frauke.

Gab es etwa doch noch großmütige Menschen? Die letzten Tage mit ihren ganzen Erlebnissen im Lager hatten Emma nicht gerade ermutigt, an das Gute im Menschen zu glauben.

»Bring bitte mein Gepäck mit und hol noch Proviant. Komm dann so schnell wie möglich zum Zollhafen. Das Schiff heißt ›Loreley‹ und liegt am südlichen Ende des Hafens. Ich bleibe an Bord. Ich muss noch etwas mit dem Kapitän ... besprechen.«

Die Pause am Satzende ließ Emma stutzen. Vielleicht war die Frage der Bezahlung noch nicht ganz klar. Vielleicht stand der Kapitän neben Frauke und sie wollte nicht offen reden.

»In Ordnung.«

Emma beendete das Gespräch. Hauptsache, sie kamen endlich aus dieser verdammten Stadt hinaus.

Das Flüchtlingslager bestand aus endlosen Reihen weißer Zelte. Auf vielen prangte das Symbol des Roten Kreuzes. Überall patrouillierten Soldaten und passten auf, dass sich niemand danebenbenahm. Sie benahmen sich allerdings selber oft daneben. Manche durchwühlten Zelte nach Dingen, die sie brauchen konnten. So hatte Emma ihren kleinen Campingkocher verloren. Schlimmer waren die Gerüchte über Soldaten, die nachts betrunken in Zelte kamen, um Frauen zu vergewaltigen. Seit sie das gehört hatte, bekam Emma kaum noch ein Auge zu. Sie lag nachts wach, schreckte bei jedem Geräusch hoch.

In ihrem Zelt schulterte Emma ihren schweren Trekkingrucksack und nahm keuchend auch den von Frauke. Elena hatte ihren eigenen Rucksack, der allerdings klein und leicht war. Darin waren nur eine Wasserflasche, einige Müsliriegel und eine Plüschgiraffe, die die Kleine bei ihrem Marsch durch Bingen von einer älteren Frau geschenkt bekommen hatte.

Vor dem Versorgungszelt hatte sich eine lange Schlange gebildet. Das war hier praktisch immer so. Es existierten zu viele Menschen und zu wenige Versorgungsstellen im Lager. Essen gab es auch oft nicht genug.

Es dauerte fast eine Stunde, bis Emma an der Reihe war. Die ganze Zeit über hielt Elena stumm die Hand ihrer Mutter und rückte geduldig mit ihr in der Schlange vor.

In der Ausgabe stand eine korpulente Frau mittleren Alters, die Emma lustlos durch eine schwarze Hornbrille hindurch anblickte. Die Frau trug eine Felduniform der Bundeswehr, hatte aber keine Rangabzeichen an den Schultern, musste also eine Zivilangestellte sein. Oder einer der vielen Menschen, die aus fadenscheinigen Gründen zwangsverpflichtet worden waren.

»Hand!«, sagte die Frau nüchtern.

Emma hob ihre rechte Hand, auf der die verblichenen Stempel der letzten Tage zu sehen waren. Rot, blau, grün und noch ein Schimmer orange. »Welche Farbe ist denn heute dran?«

Die Frau antwortete nicht, setzte einen Stempel auf ein schwarzes Stempelkissen und markierte Emmas Rechte: zu sehen war ein schwarzer Kreis mit einem undefinierbaren Etwas darin. Dann drückte sie Emma das Proviantpaket in die Hand. Dasselbe Spiel wiederholte sie bei Elena. Anschließend scheuchten zwei Soldaten sie aus dem Versorgungszelt, um anderen Flüchtlingen Platz zu machen.

Emma suchte sich eine etwas ruhigere Ecke, bevor sie die Rationen öffnete. In einem wasserdichten Beutel war Reis. In einem anderen eine Sauce. Beides konnte sowohl warm als auch kalt gegessen werden. Etwas abgepacktes Brot fand sich in einer anderen Tüte. Emma räumte das Zeug aus den Boxen und verteilte es auf die Rucksäcke.

Am Ausgang des Lagers herrschte ein ständiges Kommen und Gehen. Soldaten beäugten die Menschen misstrauisch, und Emma fragte sich, ob die Bundeswehr die Flüchtlingscamps irgendwann absperren lassen würde.

Emma ging durch die Seitenstraßen des Universitätscampus Richtung Innenstadt. Die Gebäude der Hochschule waren alle geschlossen. Gelehrt oder geforscht wurde ohnehin nicht mehr. Stattdessen lungerten Menschen aus dem nahen Flüchtlingscamp zwischen den Komplexen herum. Wahrscheinlich wollten sie der Enge zumindest tagsüber entfliehen. Auf einem Parkplatz hatte sich eine größere Gruppe Männer versammelt, die laut miteinander diskutierte und am Vormittag schon eine Wodkaflasche kreisen ließ. Der Nieselregen hielt sie offenbar nicht davon ab, einige hatten Kapuzen über den Kopf gezogen. Emma sah zu, dass sie gebührenden Abstand hielt.

Schließlich erreichte sie über den Friedhof die Innenstadt. Auch am Bahnhof standen extrem viele Menschen herum oder saßen auf dem Bürgersteig. Emma verstand es nicht. Seit Tagen fuhren keine Züge mehr. Überall in Rheinland-Pfalz hatten Menschen die Gleise blockiert. Oftmals als Protest gegen die Maßnahme der Regierung. Die Bundeswehr war damit gescheitert, die Strecken offen zu halten. Bahnverkehr gab es in Grenzen nur noch in den östlichen Bundesländern und auf einigen Nebenstrecken in Bayern und Baden-Württemberg.

Emma passierte eine Gruppe, die um ein kleines, batteriebetriebenes Radio herumstand. Ein Nachrichtensprecher war gerade so durch das Rauschen des Senders hindurch zu verstehen. »... erneut Ausschreitungen gegeben. Die Bundeswehr konnte nicht verhindern, dass Menschengruppen in das Reichstagsgebäude gelangten und dort Büros verwüsteten. Andere versuchten, das Bundeskanzleramt zu stürmen, was aber von den Sicherheitskräften verhindert werden konnte. Als aus der Gruppe heraus Schüsse in Richtung Kanzleramt abgegeben wurden, schossen einige Bundeswehrsoldaten in die Menge. Die Anzahl der Toten wird auf mindestens …«

Emma wollte nicht stehen bleiben. Die Nachrichten in der Welt interessierten sie nicht mehr. Sie hatten für sie und ihre Tochter keine Bedeutung. Was sie für ihre weitere Flucht wissen musste, erfuhr sie von den anderen Menschen der Flüchtlingscamps.

Sie kamen an ausgebrannten Geschäften und geplünderten Supermärkten vorbei. Unrat lag in den Straßen, und Glasscherben wirkten wie ein transparenter Teppich. Gelegentlich umrundete Emma umgestürzte Autowracks. Überall schlichen Menschen umher, stiegen durch zerstörte Schaufenster in aufgegebene Geschäfte, wohl in der Hoffnung, doch noch etwas Brauchbares zu ergattern.

Bald waren sie schon seit über einer Stunde unterwegs. Elena ließ den Fußmarsch stumm über sich ergehen. Noch immer brachte sie kein Wort über ihre Lippen.

Endlich erreichten sie den Rhein am Adenauer-Ufer. Auch hier saßen Menschen herum, hier und da in kleinen Gruppen, aber die meisten für sich alleine. Starrten auf den Rhein oder nuckelten an Flaschen. Rechts urinierte ein Mann gegen einen Baum, wobei er die Hose bis zu den Knien heruntergezogen hatte.

Emma wandte den Blick ab und folgte dem Rheinufer stromabwärts, passierte einige sehr neu aussehende Bürogebäude, deren Fenster alle zerschmettert waren, und erreichte eine Fußgängerbrücke, die zum Industriehafen führte.

Hier gab es einen Checkpoint: ein Jeep neben einem weißen Partypavillon, unter dem ein Tisch stand. Schon kam ein Soldat auf sie zu. »Ausweis!«

Emma bemühte sich, ruhig zu wirken. »Ist schon gut. Wir gehen wieder.«

Der Soldat hielt sie am Arm fest. »Ich will trotzdem Ihren Ausweis sehen. Ich habe Anweisung, jeden zu überprüfen, der sich der Brücke nähert.«

Emma seufzte und reichte dem Mann ihre Papiere. Der nahm ein Funkgerät aus einer Gürteltasche und gab jemanden am anderen Ende des Kanals ihren Namen durch.

»Steht auf der Liste«, plärrte es zu Emmas Überraschung aus dem Gerät.

Emma nahm wieder ihre Papiere entgegen und ging erleichtert an den Soldaten vorbei. Offenbar hatte der Kapitän der ›Loreley‹ sie tatsächlich auf die Besatzungsliste gesetzt. Die Soldaten starrten ihnen misstrauisch hinterher, als sie über die Brücke gingen.

Schon sah sie das Schiff. Ein schwarzer Frachter lag tief im Wasser und verbarg seine Ladung unter einer blauen Plane.

Frauke tauchte aus einer Luke auf und trat auf die mobile Brücke, die das Schiff mit dem Ufer verband. Der Gesichtsausdruck ihrer Gefährtin war verbittert. Sie winkte Emma und Elena herbei.

»Alles in Ordnung?«, fragte Emma.

»Ja, sicher.« Resignation hatte sich in ihre Stimme gemischt, und Emma runzelte die Stirn. Freute sich Frauke etwa nicht, dass sie endlich einen Weg aus der Stadt gefunden hatten?

Frauke nahm Emma ihren Rucksack ab. »Ich bringe euch zum Kapitän.«

Über eine enge Treppe erreichten sie das Führerhaus des Schiffes. Ein älterer Mann mit ungeordneten Haaren, einem grauen Bart und riesigem Bierbauch stand dort an einen Kartentisch gelehnt.

»Das ist Kapitän Olm«, stellte Frauke den Mann vor.

Emma lächelte, als sie Olm die Hand hinstreckte. »Ich bin Emma Hartmann. Ich danke Ihnen außerordentlich, dass Sie uns nach Süden mitnehmen.«

Der Kapitän musterte sie von oben bis unten, bevor er schließlich ihre Hand ergriff. »Keine Ursache. Willkommen an Bord.« Er roch nach kaltem Zigarettenrauch mit einer leichten Alkoholnote.

»Wo können wir unsere Sachen hinbringen?«, erkundigte sich Emma.

»Sie können sich eine Kabine teilen«, antwortete Olm. »Frau Behringer kennt sie bereits.«

»Kommt mit«, sagte Frauke mit merkwürdig resigniertem Tonfall.

Hintereinander kletterten sie die enge Treppe wieder hinunter, gingen über das Deck und in eine andere Luke hinein. Weitere Besatzungsmitglieder sahen sie nicht.

»Ist denn sonst keiner an Bord?«, wollte Emma wissen.

»Es gibt noch zwei weitere Leute hier. Keine Ahnung, wo die sind.«

Schließlich standen sie in einer engen Kabine mit zwei Kojen. Emma musste sich eine davon mit Elena teilen. Es würde schon irgendwie gehen.

»Hast du Proviant mitgebracht?« Frauke setzte ihren Rucksack auf einer Koje ab, deren Bettwäsche im Gegensatz zu der anderen zerwühlt war.

Emma nickte. »Natürlich nur für uns, aber wir können es gerne teilen.«

»Das wäre nett«, meinte Frauke. »Ich habe zwar noch einige Vorräte im Rucksack, aber es wird nicht für die gesamte Fahrt reichen. Leider hat der Kapitän nicht einmal genug Vorräte für sich und seine Crew, darum hat er mir klar gesagt, dass wir unsere eigenen Lebensmittel mitbringen müssen.«

»Wo hast du den denn aufgegabelt?«

Frauke seufzte. »Eigentlich hat er mich aufgegabelt. Hat mich direkt am Rheinufer angesprochen, ob er mir eine Fahrt nach Süden anbieten kann.«

»Dann ist der Mann sympathischer, als er aussieht«, meinte Emma. »Vor allem, da er keine Bezahlung will.«

Frauke schüttelte den Kopf. »Das stimmt nicht ganz. Er möchte in der Tat bezahlt werden.«

Emma runzelte die Stirn. »Aber du hast doch gesagt, dass ...«

»... dass er kein Geld will. Ja, das habe ich gesagt. Er will etwas anderes. Aber keine Sorge, ich übernehme das für uns.«

Emma verstand nicht. Ein Verdacht keimte in ihr auf, den sie nicht wahrhaben wollte. »Ja, aber was verlangt er denn dann?«

Frauke setzte sich auf das zerwühlte Bett und lächelte schmerzlich. »Er steht offenbar auf ältere Frauen.«

65

»Sie waren noch nie in Paris, oder?«, fragte Kanzler Hütter.

Ben starrte zum Fenster der Limousine hinaus auf den Gare Montparnasse. Es war immer noch früh am Vormittag, und zahllose Pendler strömten aus dem Bahnhofsgebäude. Viele Menschen gingen nur über den Vorplatz und verschwanden im Wolkenkratzer des Tour Montparnasse, der nur einige Dutzend Meter vom Bahnhof entfernt war.

Das zweihundert Meter hohe Hochhaus glich einem dunkelgrauen Kasten, der sich senkrecht in den Himmel zog.

Ben hatte eine Doku über dieses umstrittene Gebäude gesehen, das ein prominenter Baukritiker seinerzeit als größte europäische städtebauliche Dummheit bezeichnet hatte.

Ben fand, dass das Hochhaus so übel gar nicht aussah, und wenn er als Tourist hier vorbeigekommen wäre, hätte er sich sicher den Skygarden im obersten Stockwerk angeschaut.

Aber er war nicht als Tourist hier, sondern begleitete den Kanzler zu einem Gespräch mit dem französischen Staatspräsidenten.

Erst jetzt ging Ben auf, dass der Kanzler ihn angesprochen hatte. »Was?«

»Sie waren noch nie in Paris«, wiederholte Hütter. »Sonst würden Sie Ihre Nase nicht so am Fenster plattdrücken.«

»Das stimmt«, bestätigte Ben.

»Eigentlich eine Schande, wenn man bedenkt, dass Paris mit dem Thalys von Köln gerade mal drei Stunden entfernt ist und die Tickets oft spottgünstig zu haben sind ... Waren.«

Woher wusste der Kanzler denn so etwas? »Jedenfalls bin ich schon einige Male auf dem Weg in den Urlaub über Paris geflogen. Aus dem Flugzeug kann man den Eiffelturm gut erkennen.«

Hütter stöhnte. »Das ist wohl kaum dasselbe, wie neben ihm zu stehen und den Kopf in den Nacken zu legen, um die beeindruckende Stahlkonstruktion zu bewundern. Und dabei die Atmosphäre des Champ de Mars aufzunehmen. Dann mit den Fahrstühlen nach oben zu fahren und an der Bar ganz oben ein Glas Champagner zu trinken.«

»Was soll ich dazu sagen?«

Der Kanzler blickte auf seine Uhr. »Wir sind ja noch früh dran.« Er klopfte an die Glasscheibe, die sie vom Fahrer trennte. »Bringen Sie uns bitte zum Champ de Mars.«

»Wir fahren zum Eiffelturm?«, wunderte sich Ben.

»Sie sollen ihn ja zumindest einmal von unten sehen«, antwortete Hütter. »Zum Glück sind wir nicht als offizielle Staatsgäste hier, sonst würden wir in einer Kolonne fahren. Die könnte ich nicht mal so eben um einen Umweg bitten.«

Der Fahrer bog an einer Kreuzung ab, und schon bald kam das Wahrzeichen der Stadt in Sicht.

Sie fuhren eine breite Allee entlang. Draußen gingen die Bürger der Stadt in Läden oder verließen mit Tüten in der Hand die Bistros, als hätten sie noch nie etwas von Nanomaschinen gehört.

Aber Ben wusste, dass der Eindruck täuschte. Die Menschen in Frankreich waren zutiefst beunruhigt und wussten, dass die Nanomaschinen an der Grenze nicht haltmachten. Französische Wissenschaftler hatten errechnet, dass es noch vier Monate dauern würde, bis die »Todeszone« - so nannten sie die von Nanomaschinen befallene Fläche - Frankreich nördlich von Metz erreichte.

Die Limousine bog rechts ab und sie durchquerten auf einer breiten Straße den Champ de Mars. Der Eiffelturm erhob sich auf der linken Seite. Menschen standen in einer langen Schlange vor einer der Säulen, warteten wohl darauf, im Fahrstuhl nach oben fahren zu können.

Erfreuen konnte sich Ben an dem Anblick nicht. Seine Gedanken kehrten sofort wieder zu den außer Kontrolle geratenen Nanomaschinen zurück, die irgendwann auch Paris und den Eiffelturm erreichen würden. Zuerst würde sich eine goldene Schicht bilden, die an der Struktur emporwuchs und dann würde das Wahrzeichen schmelzen wie Wachs in der Sonne.

»Stopp!«, rief der Kanzler, und Ben wurde in den Gurt geworfen.

Was war denn los?

»Au Mann!«, sagte Hütter.

Dann sah Ben es auch.

Auf der rechten Seite setzte sich die Grünfläche noch mehrere hundert Meter weit fort. Sie war von weißen Zelten bedeckt.

»Ist das etwa ...?« Ben verstummte. Er wusste, was es war.

»Das ist eines der Flüchtlingslager«, sagte Hütter. »Der eigentliche Grund für den Umweg. Ich wollte es mit eigenen Augen sehen.«

Ben schluckte. Es mussten Tausende von Zelten sein. Das ganze Gelände war von einem Stacheldrahtzaun umgeben. Der Eingang war wahrscheinlich irgendwo auf der anderen Seite.

»Ich hätte nicht gedacht, dass es so viele sind.« Hütter nahm seine Brille ab und starrte aus dem Fenster.

Auf dem Gelände lebten Flüchtlinge aus Deutschland, die mit dem TGV hierhergekommen waren. In den Nachrichten hatte man gesagt, dass die Anzahl der Menschen immer weiter zunahm.

Ben fröstelte. So viele Leute hatten schon ihr Zuhause verloren. Und das war erst der Anfang.

»Fahren Sie weiter«, forderte der Kanzler den Fahrer mit niedergeschlagener Stimme auf.

Die Limousine setzte ihren Weg fort und bald darauf kamen sie über die Seine und erreichten den Elysee-Palast. Ben fiel auf, dass sie nicht das Hauptportal nahmen, wie man es sonst in den Nachrichten immer sah, wenn der Bundeskanzler zu Besuch in der Hauptstadt war. Stattdessen hielt der Wagen einfach an der Straße. Der BKA-Beamte auf dem Beifahrersitz stieg aus und öffnete Hütter die Tür.

Ben rutschte über die Rückbank und stieg durch dieselbe Tür aus. Sie gingen ein Stück über den Bürgersteig und erreichten kurz darauf ein unscheinbares Portal, das in einen der seitlichen Flügel des französischen Regierungssitzes führte.

Dort empfing sie ein Mann in schwarzem Anzug, der wahrscheinlich ein Sicherheitsmitarbeiter des Palastes war, und führte sie einen langen Gang hinab. Der Boden bestand aus hellem Marmor. An den Seiten hingen große Gemälde von Schlachten aus ruhmreichen französischen Zeiten. Vielleicht aus der Zeit vor der Revolution. In regelmäßigen Abständen passierten sie kunstvoll verzierte Türen aus dunklem Holz.

»Monsieur Lefèvre empfängt Sie in seiner privaten Residenz«, informierte sie der Franzose in gebrochenem Deutsch.

Der Kanzler wirkte überrascht. »Wir hatten zwar abgemacht, dass es kein offizielles Treffen sein soll, aber in den Privaträumen ...?«

Schließlich traten sie in einen großen Raum mit hohen Fenstern, die halb von schweren Vorhängen verdeckt waren. Die Möbel sahen antik und wertvoll aus. In einer Sitzecke mit einer Couch und einigen Stühlen um einen dunklen Holztisch herum saß der französische Staatspräsident, der sich nun schwerfällig erhob.

Francois Lefèvre war klein von Statur. Graue, kurze Haare standen in alle Richtungen ab. Der dicke Bauch war Ausdruck seiner allseits bekannten Leidenschaft für guten Wein und gutes Essen. Die randlose Brille wollte nicht so recht zu dem Gesicht passen.

Er schaute ernst drein, als er ihnen entgegentrat. Die beiden Regierungschefs gaben sich die Hand.

»Danke, dass Sie gekommen sind«, sagte Lefèvre kühl in gutem Deutsch. »Wir haben einiges zu besprechen.«

»Sicher. Das hier ist Ben Gerber. Mein wissenschaftlicher Berater.« Lefèvre machte keine Anstalten, die Hand auszustrecken, sondern beließ es bei einem Nicken.

Präsident und Kanzler setzten sich auf die Stühle, Ben auf die Couch. Ein Bediensteter in einer altertümlichen Uniform brachte ihnen Kaffee auf einem goldenen Tablett.

Lefèvre wartete, bis der Mann die Türen des Raumes hinter sich geschlossen hatte. Dann beugte er sich vor. »In was für eine *merde* haben Sie uns da reingezogen?«

Die Mundwinkel des Kanzlers zuckten. »Ich denke nicht, dass wir hier mit gegenseitigen Schuldzuweisungen weiterkommen.«

Ben war sich sicher, dass Hütter ursprünglich etwas anderes hatte entgegnen wollen.

Lefèvre lief rot an. »Sie haben uns alle dem Untergang geweiht!«

Hütters Kiefermuskulatur trat hervor. Er schwieg.

Zu Beginn seiner Kanzlerschaft waren die beiden ganz gut ausgekommen, hieß es. Nach einem ersten Gespräch hatten sie vollmundig auf der Pressekonferenz einen ganzen Haufen gemeinsamer Projekte angekündigt, um Europa wirtschaftlich wieder auf die Beine zu bringen. Passiert war dann jedoch nichts. Genauso zuverlässig, wie der französische Präsident alle paar Wochen mit einem neuen Vorschlag um die Ecke kam, wurde dieser von der deutschen Seite ignoriert. Höhepunkt war dann ein Austausch auf einem Wirtschaftsforum vor einem Jahr gewesen, wo sich die beiden vor laufenden Kameras gegenseitig Ignoranz und Naivität vorgeworfen hatten, erinnerte sich Ben. Und nun saß er hier zwischen diesen Streithähnen. Er hätte gut darauf verzichten können.

Allmählich kehrte die normale Farbe in Lefèvres Gesicht zurück. »Was gedenken Sie zu tun, um die Katastrophe noch aufzuhalten?«

»Herr Gerber«, leitete der Kanzler die Frage an Ben weiter.

Ben räusperte sich. »Die fähigsten Wissenschaftler unseres Landes haben sich in das Forschungszentrum Karlsruhe zurückgezogen, um nach Lösungen zu suchen. Es existieren mehrere Konzepte. Schon in einigen Tagen wird es einen ersten Test geben, die außer Kontrolle geratenen Nanomaschinen mit Neukonstruktionen zu bekämpfen.«

»Ich habe davon gehört«, gab der Präsident zurück. »Sie haben ein Problem mit Nanomaschinen und nun lautet Ihre einzige Antwort: noch mehr Nanomaschinen? Wer sagt Ihnen, dass Sie dadurch nicht eine neue Kettenreaktion schaffen?«

Ben räusperte sich. »Unsere Wissenschaftler sind relativ sicher, dass sie dagegen eine Schutzvorkehrung gefunden haben.«

Lefèvre lachte laut auf. »Eine Schutzvorkehrung!« Er lachte wieder. »Das hat beim ersten Experiment ja auch nicht sonderlich gut funktioniert. Was haben Sie sonst noch?«

Ben hob entschuldigend die Hände. »Ansonsten haben wir noch keine alternative Bekämpfungsmethode, die anwendungsreif ist.«

Lefèvre lehnte sich in seinem Sessel zurück. »Das ist nicht sonderlich viel. Wie hoch schätzen Sie den Erfolg ein, dass der Versuch übermorgen glückt?«

Ben zögerte. »Nicht sehr hoch«, gab er schließlich zu. »Wir sind uns aber sicher, dass die Testserie schließlich zum Erfolg führt. Wir haben noch Zeit.«

Lefèvre lachte wieder. »Zeit? Ich denke nicht. Laut meinen Informationen bewegt sich die Todeszone mit etwa zwei Kilometern pro Tag vorwärts. Für mich ist das ziemlich schnell. Wenn ich bedenke, dass Frankreich keine hundertfünfzig Kilometer von Köln entfernt ist, dann beunruhigt mich das zutiefst. Und falls Sie erst eine Lösung finden, wenn halb Europa von den Dingern zerfressen ist, ist das etwas spät.«

»Wir sind überzeugt, dass wir die Nanomaschinen viel früher stoppen können«, mischte sich Hütter ein.

Für Ben klang das etwas zu optimistisch.

»Ich will hoffen, dass Sie recht behalten«, meinte Lefèvre. »Kommen wir zum nächsten Punkt. Ich habe Sie auch hierhergebeten, um Ihnen persönlich mitzuteilen, dass wir morgen unsere Grenzen zu Deutschland schließen werden.«

Ben blickte den Präsidenten bestürzt an.

Der Kanzler riss den Mund auf. »Wie bitte?«

»Wir haben bisher schätzungsweise drei Millionen Flüchtlinge aus Deutschland aufgenommen. Unsere Kapazitäten sind nicht grenzenlos.«

Klar. Viele deutsche Bürger wollten nicht nur vor den Nanomaschinen fliehen, sondern auch vor den Zuständen in der Bundesrepublik.

»Es sind ja auch nicht nur Deutsche«, ergänzte Lefèvre. »Auch aus den Niederlanden, Belgien und Luxemburg kommen immer mehr Menschen zu uns. Es regt sich bereits ein sehr großer Unmut in der französischen Bevölkerung, und ich kann das nicht länger ignorieren.«

»Wir tun doch schon unser Möglichstes, die Anzahl an Flüchtlingen aus Deutschland heraus zu begrenzen«, wandte der Kanzler ein.

Lefèvre lächelte schwach. »Ja, ich weiß. Checkpoints. Die halten offenbar zu wenige davon ab, weiterzuziehen.«

Ben wusste das auch. Er hatte bei einem Lagebericht gestern

erfahren, dass Flüchtlingstrecks mehrere Checkpoints einfach überrannt hatten. Die Bundeswehr verfügte auch nicht über endlos viele Soldaten.

»Sie wollen also wirklich die Grenzen schließen.« Der Kanzler stutzte. »Doch etwa nicht komplett?«

Lefèvre nickte. »Komplett. Niemand kommt mehr durch. Keine Menschen, keine Fahrzeuge. Außerdem wird der Luftverkehr für aus Deutschland kommende Flugzeuge gesperrt.«

»Das kann nicht Ihr Ernst sein«, empörte sich Hütter. »Wir sind auf die Lkw-Transporte angewiesen. Unsere Transportketten sind sowieso schon stark beeinträchtigt. Eine Grenzschließung könnte dafür sorgen, dass wir nicht mehr in der Lage sind, die Versorgung mit Lebensmitteln sicherzustellen.«

Der Präsident hob abwehrend die Arme. »Es tut mir leid. Ich kann in dieser Hinsicht nichts mehr für Sie tun.« Er beugte sich wieder nach vorne. »Und offen gesagt, will ich das auch gar nicht. Sie haben die *merde* in Gang gesetzt, und jetzt müssen Sie auch sehen, dass Sie mit den Konsequenzen leben.«

66

---

24. NOVEMBER

»Wo wollen wir den Versuch starten?« Frank Hagen beugte sich ein Stück aus dem Hubschrauber heraus. »Da unten ist ein großer Park. Wäre das nicht eine geeignete Fläche?«

Andrew reckte den Kopf. »Das sind die Rheinauen«, sagte er. Ein großes Freizeitgelände im Süden von Bonn direkt am Rhein. Andrew war hin und wieder mal hier gewesen und hatte Konzerte besucht. Er erkannte den Auensee, wo in besseren Zeiten

Familien sonntags mit Tretbooten gefahren waren, bevor sie sich im Biergarten ein gegrilltes Würstchen holten.

Am Ende des Tages würde der See nicht mehr existieren. Die Nanomaschinen hatten sich, von Norden aus kommend, bis zu den Rheinauen vorgearbeitet. Der Bismarckturm und der Posttower existierten schon nicht mehr. Stattdessen war da nur noch eine sich stetig vergrößernde, im Licht der aufgehenden Sonne golden schimmernde Fläche, die sich im Norden fast bis zum Horizont erstreckte. Die Nanomaschinen hatten gerade die Autobahnbrücke der A562 erreicht und fraßen sich den ersten Stützpfeiler hinauf. Es knirschte, und mit lautem Getöse stürzte die Brücke in den Rhein.

Den bemerkenswertesten Anblick bot der Fluss selber. Das Wasser wogte in die Masse aus Nanomaschinen und verschwand einfach darin, als gäbe es unter der goldenen Oberfläche ein riesiges Loch in die Unterwelt. Auf der anderen Seite der Todeszone kam kein Wasser mehr an. Warum auch immer. Das Bett des Niederrheins war völlig ausgetrocknet.

»Andrew?«, machte Frank auf sich aufmerksam.

Andrew seufzte. »Ja, warum nicht. Am besten landen wir dort neben dem Biergarten.«

»Ich habe es gehört«, sagte der Pilot und brachte die Maschine in einer langgezogenen Kurve Richtung Boden.

Andrew nahm die schwarze Kiste und sprang hinter Hagen aus dem Helikopter. Links waren immer noch die Tische und Bänke des ehemaligen Lokals aufgebaut. Rechts führte eine steile Böschung hinunter auf eine Wiese, an deren Rand ein Spielplatz lag. Ein verlassener Eiswagen stand daneben.

»Wo machen wir es?«, wollte Hagen wissen.

Andrew sah sich um. Im Grunde machte es keinen Unterschied. »Vielleicht da hinten auf der Wiese.«

Schweigend kletterten sie die Böschung hinab in Richtung Auensee.

Die Luft war von lautem Zischen erfüllt. Außerdem hörte Andrew regelmäßig ein unangenehmes Knacken. Er kannte das Geräusch schon von früheren Expeditionen an den Rand der Todeszone. Es waren Bäume, deren Stämme von den Nanomaschinen zersetzt wurden. Für Andrew hörte es sich wie Todesschreie der Pflanzen an.

Einige Dutzend Meter vom Hubschrauber entfernt blieben sie stehen. Andrew stellte die Kunststoffkiste vor sich auf den Boden und öffnete eine Blende. Dahinter befand sich ein roter Knopf, der nur darauf wartete, gedrückt zu werden.

»Soll ich?«, fragte Andrew. Er hatte Angst. Er vertraute seinen Fähigkeiten nicht mehr und war alles andere als überzeugt davon, dass dieses Experiment gelingen würde.

»Ja«, ermunterte ihn Frank. »Finden wir es heraus.«

Andrew straffte sich. In der Box befand sich ein Lithiumbehälter mit Nanomaschinen. Oder, besser gesagt, Anti-Nanos. Es war seine neue Schöpfung, die heute Nacht im Synthesizer des Forschungszentrums Karlsruhe das Licht der Welt erblickt hatte. Wenn alles gut ging, war es das Heilmittel gegen den Ausbruch. Die neuen Nanos würden die alten zerstören und sich dann selber deaktivieren.

Andrew fühlte sich unbehaglich. Es war alles so schnell gegangen, und die neue Struktur hatte nicht alle Simulationen erfolgreich bestanden.

Was soll's ...

Er drückte den roten Knopf und trat schnell einen Schritt zurück.

Es knackte laut und schon wenige Sekunden später war die schwarze Kiste mit silbernem Reif benetzt. Dann zerschmolz sie und die neuen Nanomaschinen breiteten sich über den Boden der Rheinaue aus.

Andrew hatte ein mulmiges Gefühl. Was war, wenn sich die neuen Nanomaschinen nicht deaktivierten? Dann hatten sie es mit einer Variante zu tun, die noch schneller expandierte. Ihre Ausbreitungsgeschwindigkeit betrug zwei Meter pro Minute und war somit etwas höher als die des ursprünglichen Ausbruchs.

»Ich bin mal gespannt …«, murmelte Frank ohne großen Optimismus. Auch er kannte die Simulationsergebnisse des Großrechners in Karlsruhe.

Sie schauten noch einen Moment zu, wie die silberne Fläche immer größer wurde. Die Anti-Nanos hatten eine etwas andere Struktur, die sich in der unterschiedlichen Farbe widerspiegelte.

Am Rande des Auensees stürzte krachend ein Baum ins Wasser. Plötzlich stieg Dampf auf.

»Die Todeszone kommt«, verkündete Frank. »Wir sollten zum Hubschrauber zurückgehen.«

Schweigend gingen sie zur Maschine und stiegen ein. Mit einem Ruck brachte der Pilot den Helikopter in die Luft.

»Kreisen Sie über dem Gelände«, befahl Andrew dem Mann. Er ließ die Anti-Nanos nicht aus den Augen. Nach wenigen Minuten hatte die neue Ausbruchsstelle schon einen Durchmesser von zwanzig Metern erreicht. Die Ränder zerfransten ein wenig, während sie sich weiter durch die Rheinauen bewegte.

Dann war die Todeszone heran. Eine riesige goldene Fläche, die sich langsam, aber stetig auf den silbernen Kreis zuschob.

Wenn alles gut ging, würde die neue, silberne Fläche aus Anti-Nanos sich in die goldene hineinfressen. Das würde zeigen, dass die Idee erfolgreich war. Anschließend würden sie überall am Rande der Todeszone die neuen Nanomaschinen aussetzen und zusehen, wie der ursprüngliche Ausbruch gestoppt wurde.

Andrew bemerkte, dass seine Hände zitterten, und er ballte die Fäuste fest zusammen.

Die Flächen berührten sich.

Der silberne Kreis wuchs tatsächlich in die goldene Fläche hinein.

»Ja, es funktioniert!«, schrie Andrew und riss die Faust nach oben.

Frank antwortete nicht. Der Einsatzleiter starrte mit weit aufgerissenen Augen durch die Luke.

Die neuen Nanomaschinen drückten sich weiter in die Masse der alten hinein.

Andrew lachte. Sie hatten endlich etwas in der Hand.

Doch dann verlangsamte sich ganz plötzlich die Ausbreitung der silbernen Masse.

Andrew stockte der Atem.

Nein, bitte nicht!

Die Masse ihrer Anti-Nanos schrumpfte wieder. Die silberne Schicht veränderte langsam ihre Farbe und wurde nach und nach golden.

»Es haut nicht hin«, flüsterte Frank.

Andrew schlug mit der Hand gegen die Metallhülle des Hubschraubers. Der Kamerad hatte recht.

Schließlich war unter ihnen nur noch die goldene Masse der ursprünglichen Nanomaschinen. Die alten Mikroroboter hatten die neuen unschädlich gemacht. Warum auch immer. Wie auch immer.

»Wir werden es mit einer anderen Entwicklung noch einmal probieren«, sagte Frank.

Andrew antwortete nicht. Er wusste nicht, was er bei der Konstruktion neuer Nanomaschinen noch ändern sollte. Sicher, er konnte sie schneller machen, aber wie das Experiment eben gezeigt hatte, war Schnelligkeit kein Garant für einen Erfolg. Es waren einfach zu viele Nanomaschinen, gegen die seine Neukonstruktionen kämpfen mussten. Viel zu viele.

Aber er würde weiterarbeiten und es noch einmal probieren. Was blieb ihm auch anderes übrig? »Fliegen wir zurück nach Karlsruhe«, sagte er müde.

»Der Treibstoff reicht nicht«, schaltete sich der Pilot in das Gespräch ein. »Wir haben Anweisung, zur NATO-Airbase in Geilenkirchen zu fliegen und dort aufzutanken.«

Geilenkirchen lag im Norden. »Das ist die falsche Richtung.« Andrew wollte sich so schnell wie möglich wieder an die Arbeit machen.

»So lautet nun einmal der Befehl.«

Sie flogen am Rande der Todeszone entlang nach Norden. Wenige Minuten später erreichten sie Brühl. Die Nanomaschinen fraßen sich gerade durch das ehemalige Gelände des Schlosses, von dem nach der Explosion der Wasserstoffbombe allerdings nur noch die Fundamente erkennbar waren.

Andrew wandte immer wieder den Blick ab. Er wollte das Grauen dort draußen nicht sehen, für das er mitverantwortlich war. Er hätte schreien mögen.

Dann erreichten sie Köln. Auch hier schob sich die goldene Fläche langsam, aber unaufhörlich durch die nur noch aus Trümmern bestehenden Stadtviertel.

»Sehen Sie mal«, machte der Pilot ihn und Frank aufmerksam. »Die Nanomaschinen haben gerade den Fuß des Kölner Doms erreicht.«

Andrew konnte die Kathedrale von seinem Platz aus nicht erkennen.

»Fliegen Sie eine Schleife«, sagte Frank tonlos.

Wenige Augenblicke später kam der Kölner Dom in Sicht. Der Pilot hatte recht. Das Monument stand direkt am Rand der Todeszone. Schon zog sich goldener Raureif die Flanken des Gebäudes hinauf.

Andrew wandte den Blick ab.

Nein. Ich werde die Augen nicht davor verschließen! Ich werde mir ansehen, was ich angerichtet habe.

Er zwang sich, wieder aus der Luke zu schauen.

Die Konturen des Kölner Doms zerflossen und liefen wie schmelzendes Wachs nach unten. Plötzlich kippte einer der beiden Türme zur Seite. Als leistete er tapfer Widerstand, kam er in einem unmöglich erscheinenden Winkel zum Stehen. Dann brandete ein ohrenbetäubendes Krachen auf und der gesamte Turm stürzte wie bei einer Hochhaussprengung ein.

Andrew griff sich an den Kopf. Der Dom hatte Weltkriege und sogar die Explosion der Wasserstoffbombe überstanden.

Und nun wird er durch meine eigene Schöpfung zerstört.

Der zweite Turm stürzte und riss das Kirchenschiff mit sich. Andrew schloss die Augen.

»Fliegen Sie weiter«, hörte er Frank mit bitterer Stimme sagen.

Morgen um diese Zeit würden von der gesamten Innenstadt nicht einmal mehr Trümmer übrig sein. Andrew wandte sich ab, damit Frank seine Tränen nicht sehen konnte.

67

»Darf ich?«, fragte Frauke.

Emma zuckte zusammen. Sie war ganz in Gedanken versunken gewesen. »Natürlich.«

Frauke setzte sich neben sie auf die Bank unterhalb des Führerhauses des Frachters. Gemeinsam schauten sie nach Westen, wo sich die Sonne bereit machte, hinter den Horizont zu sinken. Es war kühl, und Emma zog sich den Kragen hoch.

»Wo ist Elena?«, erkundigte sich Frauke.

»Sie ist in der Kabine und hört ein Hörspiel«, antwortete Emma. Es war wirklich ein Luxus, unbeschränkt Strom zum Aufladen des Handys zur Verfügung zu haben.

»Hast du etwa Empfang?«, wollte Frauke wissen.

Emma verneinte. Seit sie heute Morgen den Punkt südlich von Karlsruhe erreicht hatten, ab dem der Rhein die Grenze zwischen Deutschland und Frankreich darstellte, hatten sie keinen Empfang mehr. Der Kapitän hatte vermutet, dass die Franzosen Störsender einsetzten, aber warum sollten sie das tun?

Auf der französischen Seite des Rheinufers waren nur Bäume zu sehen. Vom Schiff aus wirkte alles so absurd friedlich. Es war ein Leichtes, die Augen zu schließen, sich auf das gleichmäßige Stampfen des Antriebs zu konzentrieren und sich vorzustellen, dass sie einfach nur eine gemütliche Flusskreuzfahrt machten und bald wieder nach Hause zu Claus zurückkehren würden.

Wenn alles gut ging, erreichten sie in zwei Tagen Basel. Dann wäre sie bald in ihrer alten Heimat. Emma war sich sicher, dass sie auf dem Landweg mit den ganzen Checkpoints und Flüchtlingslagern niemals so schnell vorangekommen wäre.

Aber es war Frauke, die den Preis dafür zu zahlen hatte.

»Wir geht es dir?«, fragte Emma.

»Es geht schon.«

Emma seufzte. »Ich habe ein schlechtes Gewissen.«

»Das musst du nicht. Ich bin das gewöhnt, gewissermaßen.«

Emma stutzte. »Hast du etwa einmal als …« Sie stoppte, wusste nicht, wie sie ihre Frage in die richtigen Worte verpacken sollte.

Frauke lachte. »Nein, ich habe nie als Prostituierte gearbeitet.« Sie wurde ernst. »Ich war nur einmal mit dem falschen Mann verheiratet.«

Emma wollte nicht nachfragen. Es ging sie ja auch nichts an.

Doch Frauke hatte offenbar das Bedürfnis, ihre Geschichte zu erzählen. »Ich komme aus einem kleinen Dorf in Franken. Meine Eltern haben mich mit dem Sohn eines Geschäftspartners meines Vaters verkuppelt. Ich dachte, es wäre für alle das Beste, wenn ich mich darauf einlasse. Was wusste ich denn schon?« Sie verzog das Gesicht. »Ehe ich mich versah, war ich mit Ron verheiratet und erst da wurde mir klar, dass ich für ihn nichts empfand. Es hat mich schon beim ersten Mal angewidert, als wir nebeneinanderlagen. Er hatte nicht oft das Bedürfnis. Leider vor allem dann, wenn er im Anschluss an seinen Männerabend nach Bier und Zigaretten stinkend heimkam. Ich habe mich daran gewöhnt. Habe es zwanzig Jahre lang ertragen, bis mein Sohn aus dem Haus war.«

Emma schauderte. Sie wäre niemals in der Lage gewesen, ihr Leben so zu verbringen. Mit einem Mann, den sie kaum ertrug. »Du hast so lange mit der Scheidung gewartet?«

Frauke lachte wieder. »Ich hätte wahrscheinlich noch länger gewartet. Er hat mich für eine andere verlassen.«

Was für eine Ironie.

Frauke winkte ab. »Jedenfalls ist das hier mit dem Kapitän nichts anderes als das, was ich fast mein ganzes Leben lang gemacht habe.«

Emma wusste nicht, was sie dazu sagen sollte. »Hast du guten Kontakt zu deinem Sohn?«

Frauke schüttelte den Kopf. »Er lebt jetzt in Kolumbien. Hat dort ein Mädchen kennengelernt. Was auch immer er da macht. Ich setze mich nicht in ein Flugzeug, und er hat kein Geld, die alte Heimat zu besuchen. Wir telefonieren alle paar Monate mal miteinander. Aber ist schon in Ordnung.«

Was für eine traurige Geschichte.

»Ich habe vor einem Jahr Uwe kennengelernt«, fuhr Frauke fort. »Bei einer Gruppenreise an die Nordsee. Er war der erste Mann, in den ich mich wirklich verliebt habe. Und nun ist er tot.«

Frauke begann zu schluchzen. Emma nahm sie in den Arm.

Schweigend saßen sie nebeneinander und sahen dem Sonnenuntergang zu.

Dann näherte sich der Frachter einer Schleuse. Flutlichter tauchten die ganze Anlage in grelles Licht.

Als sie hineinfuhren, erkannte Emma, dass es auf den Wegen vor französischen Soldaten nur so wimmelte. »Was ist denn hier los?«

Tom, einer der Helfer des Kapitäns, stakste mit einem großen Tau an ihnen vorbei, und Emma wiederholte die Frage.

Tom zuckte mit den Schultern. »Die Franzosen haben die Grenze dichtgemacht. Jetzt kontrollieren sie, dass ja niemand die Schleuse nutzt, um über den Rhein zu gelangen.«

Emma stand auf und ging an die Reling. »Ich dachte, die Franzosen hätten die Grenzen schon vor einigen Tagen geschlossen.«

»Ja«, sagte Tom. »Aber erst jetzt kontrollieren sie so richtig.«

Zwei Grenzbeamte in dunklen Uniformen betraten das Schiff. Sie gingen in das Führerhaus, kamen kurz darauf wieder heraus und bauten sich vor Emma und Frauke auf. »Papiere«, forderte der Größere der beiden.

»Sind in der Kabine.« Frauke stand auf.

Die Männer begleiteten Emma und Frauke, um sich die Ausweise anzusehen.

Die Soldaten beäugten Elena misstrauisch, die auf dem Bett saß, doch dann wandten sie sich schließlich zum Gehen.

Emma und Frauke folgten den Männern auf das Deck und sahen zu, wie sie das Schiff wieder verließen. Anschließend machte das Gefährt an der Schleusenwand fest. Der Vorgang dauerte nur ein paar Minuten, dann waren sie heraus aus der Schleusenanlage.

Nur wenige Dutzend Meter hinter der Schleuse drehte das Schiff erneut bei und machte an einer Kaimauer fest.

»Was ist denn los?«, fragte Emma.

»Wir bleiben über Nacht hier«, antwortete Tom. »Ab achtzehn Uhr gilt ein Nachtfahrverbot.«

Das war neu. »Selbst mit Sondererlaubnis?«

»Selbst mit Sondererlaubnis.«

Es wurde langsam kühl, darum gingen sie zurück in ihre Kabine, wo sie sich ein Abendessen aus ihren kalten und spärlichen Vorräten bereiteten. Frauke zauberte aus ihrem Rucksack einen Schokoriegel hervor, den Elena schweigend aß.

Frauke seufzte. »Der Kapitän will sicher bald seine ›Bezahlung‹ haben. Ich geh dann mal meine Pflicht erfüllen.«

»Es ist schade, dass wir nicht mehr Geld haben«, sagte Emma. »Dann müsstest du dir das nicht antun.«

Frauke grinste. »Komm mal her.«

Emma runzelte die Stirn.

Ihre Kameradin reichte ihr die Funktionsjacke. »Fühl mal unter den Achseln.«

Emma betastete schweres Futter. »Ich verstehe nicht.«

»Weiter unten.«

Emmas Finger stießen auf etwas Dickes. Es fühlte sich an wie …

»Geldbündel?«, flüsterte sie.

Frauke bejahte. »Fünfzigtausend Euro.«

Emmas Augen weiteten sich. »Aber woher …«

»Meine Ersparnisse«, erklärte Frauke. »Ich habe rechtzeitig mein Tagesgeldkonto geplündert, bevor die Banken dichtgemacht haben.«

Emma hatte weder ein Tagesgeldkonto noch ein Depot. Viel Geld hatte sie eh nie gehabt.

»Aber hast du das dem Kapitän angeboten?«

Frauke lächelte gequält. »Er hat mir klargemacht, dass er an Geld nicht interessiert ist.«

Man konnte wohl nicht alles mit Geld kaufen.

»Wenn mir etwas passiert, dann nimm es an dich, okay?«, sagte Frauke.

Emma nickte nur.

Frauke zwinkerte ihr zu und verließ die Kabine.

Emma setzte sich auf die Koje neben ihre Tochter und nahm sie in den Arm. Noch zwei Tage, dann würden sie endlich die Schweiz erreichen.

Plötzlich öffnete sich die Tür und Frauke kam zurück. Ihr Gesichtsausdruck war betrübt. »Kann ich dich kurz draußen sprechen?«

Emma wusste gleich, dass irgendetwas nicht in Ordnung war. Sie biss die Zähne zusammen und folgte Frauke auf den Korridor. »Was ist los?«

Frauke atmete tief ein. »Der Kapitän.« Sie atmete wieder aus. »Er will, dass *du* ihn heute Abend besuchst.«

Emma bekam eine Gänsehaut.

Alles, nur bitte das nicht!

Sie stellte sich die speckigen Hände des Mannes vor, wie sie ihr über den Körper fuhren, und sie schauderte erneut.

Frauke hob abwehrend die Arme. »Es tut mir leid, ich habe alles versucht, ihn davon abzubringen.«

»Ich kann das nicht!«, stieß Emma hervor.

»Ich weiß«, erwiderte Frauke. »Ich will dich auch gar nicht dazu überreden. Aber wir werden das Schiff dann verlassen müssen. Und es ist immer noch ein sehr weiter Weg bis Basel.«

»Ich kann es nicht«, wiederholte Emma.

Nur – was wurde dann aus Elena? Sie wollte, dass sie endlich in Sicherheit war. Sie wusste gar nicht, wie weit sie über den Landweg Richtung Süden kommen würden.

»Können wir ihn nicht irgendwie anders dazu bringen, uns weiter nach Basel mitzunehmen?«, fragte Emma verzweifelt.

Frauke verneinte. »Ich habe alles versucht, habe ihm mein gesamtes Restgeld angeboten. Er sagt, er habe selber genug Geld.«

»Wird er es wirklich fertigbringen, uns von Bord zu schmeißen?«

»Ich gehe davon aus«, antwortete Frauke. »Er wird im nächsten Flüchtlingslager wohl kaum Probleme haben, andere ›Crewmitglieder‹ zu finden.«

Emmas Magen krampfte. Sie hatte noch niemals mit einem Mann geschlafen, für den sie nichts empfunden hatte. Selbst auf den One-Night-Stand, den sie als junge Studentin auf dem deutsch-italienischen Austausch gehabt hatte, hatte sie sich nur eingelassen, weil sie sich Hals über Kopf in Silvio verliebt hatte.

Nein! Es geht nicht!

Aber Elena ...

Sie konnte es doch einfach hinter sich bringen. Ein Mal! Und mit etwas Glück waren sie vielleicht morgen Abend schon in Basel und würden den verdammten Kahn verlassen.

Frauke war an den letzten Abenden immer eine Stunde fort gewesen, bevor sie frisch geduscht wieder in ihre Kabine gekommen war.

Eine Stunde!

Die Stunde würde vorbeigehen. Und sie konnte sicher sein, dass sie spätestens übermorgen die Schweiz erreichten.

Emma biss sich fest auf die Lippe. »Ich mach's.«

»Bist du sicher? Ich will dich auf keinen Fall drängen.«

Emma schüttelte den Kopf. »Ich mach's.«

Frauke tätschelte ihr die Schulter. »Ich bleibe bei Elena«, flüsterte sie.

Emma ging in die Kabine zurück und kniete sich vor ihre Tochter, die auf der Koje saß und mit ihrer Plüschgiraffe spielte. »Ich muss für eine Stunde weg. Etwas mit dem Kapitän besprechen. Frauke bleibt bei dir, ja? Du kannst auch gerne noch ein Hörspiel hören.«

Elena nickte und umarmte ihre Mutter spontan. Als wüsste sie, dass Emma nun für sie etwas äußerst Unangenehmes tun musste.

Emma drückte ihre Tochter fest an sich und spürte Tränen auf Elenas Wange. Es war das erste Mal seit ihrer Flucht, dass sie überhaupt eine Emotion zeigte.

Emma unterdrückte ein Schluchzen, stand auf und verließ die Kabine. Wie betäubt ging sie den Korridor hinunter. Sie war sich immer noch nicht sicher, ob sie es tun konnte.

Für Elena ...

Dann stand sie vor der Kapitänskajüte. Sie klopfte und öffnete die Tür.

Die Kabine war etwas größer als ihre eigene. Links an der

Wand befand sich ein Bett, rechts saß Olm an einem kleinen Tisch. Darauf standen zwei Gläser Rotwein. Der Kapitän hatte ein weißes Hemd angezogen, das etwas weiter geschnitten war als seine Kapitänsuniform, aber seinen riesigen Bauch nicht wirklich verdecken konnte.

Olm erhob sich. »Willkommen in meiner Kabine«, sagte er leise. »Ich freue mich, dass Sie meiner Einladung gefolgt sind.«

Emma wusste nicht, was sie darauf erwidern sollte, und stand wie festgefroren im Raum.

Olm zeigte auf den Stuhl. »Setzen Sie sich. Trinken wir doch erst mal ein Glas Wein.«

Immerhin war er höflich. Emma ging zum Stuhl und setzte sich. Der Geruch von billigem Duschgel stach ihr in der Nase. Immerhin hatte der Mann sich frisch gemacht.

»Fühlen Sie sich wohl an Bord des Schiffes?«, wollte Olm wissen.

»Ja, sehr«, erwiderte Emma.

Olm grinste. »Sie sind nicht besonders gesprächig, oder?«

Emma zuckte mit den Schultern. »Ich bin eher introvertiert.«

Der Kapitän lachte. »Dann passen wir gut zusammen. Ich bin extrovertiert. So kann ich gerne das Reden übernehmen.«

Emma zuckte wieder mit den Schultern. Sie konnte sich immer noch nicht vorstellen, mit Olm gleich in dieses Bett da zu gehen.

»Man sagt mir nach, dass ich ein Casanova bin«, verriet Olm ihr. »Meine Freunde in Hamburg wussten ganz genau, dass ich ein Mädchen in jedem Hafen am Rhein hatte.«

Das ist, wenn überhaupt, sicher schon lange her.

»Ich weiß, was Sie denken«, meinte Olm mit einem seltsamen Lächeln. »Meine jungen Jahre sind vorbei und das permanente Rumgesitze auf der Brücke hat meinem Körper nicht gerade gutgetan. Aber ich kann Ihnen versichern, dass ich durchaus noch in der Lage bin, meinen Mann zu stehen.«

Emma blickte durch ihn hindurch. Es bedurfte ihrer ganzen

Willenskraft, hier auf diesem Stuhl sitzen zu bleiben, statt aufzuspringen und aus dem Raum zu laufen.

»Probieren Sie den Wein!« Olm hob das Glas.

Mit zitternden Händen griff Emma nach ihrem und führte es zum Mund. Sie trank einen ordentlichen Schluck.

»Und?«, fragte Olm.

Am liebsten hätte Emma das Gesicht verzogen. Der Wein war billigster Supermarktfusel. Eine nachgesüßte Plörre, die man am besten gleich nach der Ernte entsorgt hätte. »Ist okay.«

Olm lachte herzhaft. »Ich sehe, dass er Ihnen nicht schmeckt. Aber das ist in Ordnung. Ich kenne mich mit Wein nicht aus, trinke am liebsten nach Feierabend zwei, drei Bier.«

Emma schwieg.

Olm beugte sich zu ihr hinüber. »Schließlich sind wir nicht hier, um uns über Weine zu unterhalten, nicht wahr?«

Emma konnte seinen süßlichen Atem riechen. Ihr Herzschlag beschleunigte sich.

Olm stand auf und ging zu seinem Bett. Er setzte sich auf die Kante und patschte mit seiner flachen Hand auf die Decke. »Komm her«, sagte er, als dulde er keinen Widerspruch.

Wie in Trance stand Emma auf und ging zum Bett. Sie zögerte kurz und setzte sich dann neben den Kapitän.

»Ich weiß nicht ...«, begann sie und verstummte.

»Doch, du weißt«, erwiderte Olm. »Sonst wärst du nicht hier.« Er rückte dicht an sie heran. Wie in Zeitlupe hob er seine linke Hand, löste zwei Knöpfe und schob sie unter ihr Hemd.

Emma schloss die Augen.

»Nein«, sagte Olm. »Ich möchte, dass du mich anschaust!«

Emma fixierte einen Punkt auf der Stirn des Mannes.

Die Hand fand zielstrebig ihren BH, den sie unsanft nach oben schob. Die Hand war warm und feucht.

Emma biss die Zähne zusammen und ließ es über sich ergehen.

Für Elena!

»Du wirst es genießen«, säuselte Olm. »Ich kann es dir richtig besorgen.«

Dann beugte er sich nach vorne. Sie spürte seinen Mund auf dem ihren und seine Zunge, die sich einen Weg durch ihre Lippen zu bahnen versuchte.

Sie biss zu.

Olm schrie gedämpft und zuckte zurück. Er riss die Hand aus ihrem Hemd und zu seinem Mund und sprang auf. Blut floss über seine Finger.

»Blöde Kuh, biste wahnsinnig?«, nuschelte er.

Emma stand auf und hob abwehrend die Hände. »Es tut mir leid. Ich kann das nicht tun.«

Olm stöhnte, stolperte zu einem Schrank und holte ein Taschentuch heraus.

Emma ging langsam zur Tür.

»Du blöde Kuh!«, jammerte der Kapitän und presste sich den Stoff an die Lippen. »Was hast du gemacht?« Er stöhnte wieder und fixierte Emma giftig. »Los, raus aus meiner Kabine. Packt eure Sachen und verpisst euch!«

»Bitte!«, sagte Emma. »Ich kann etwas anderes tun. Ich kann putzen oder kochen. Bitte lassen Sie uns ...«

Olm zeigte zur Tür, während er sich mit der Rechten immer noch das Taschentuch an den Mund hielt.

Emma biss die Zähne zusammen und verließ die Kabine. Sie hatte es versaut. Jetzt mussten sie die Konsequenzen tragen.

Sie ging zu ihrer Kabine und öffnete die Tür. Frauke las Elena gerade aus einem Buch vor und hob den Kopf. Ihr Blick ließ vermuten, dass sie genau wusste, was geschehen war.

»Ich konnte es nicht«, flüsterte Emma.

Frauke nickte langsam. »Ist in Ordnung.«

Sie stand auf und begann, ihre Sachen zu packen.

Tom wartete draußen auf sie, als sie mit ihren Rucksäcken die Kabine verließen. »Ich soll euch vom Schiff bringen.«

Der Mann führte sie zur Reling und ließ eine kleine Treppe vom Schiff hinab. Sofort kam ein französischer Grenzbeamter über die in helles Flutlicht getauchte Kaimauer herangelaufen.

»Niemand verlässt das Schiff!«, sagte er in akzentfreiem Deutsch.

»Sie gehören von nun an nicht mehr zur Crew«, schrie der Kapitän aus einem geöffneten Fenster der Brücke. »Sie haben sich danebenbenommen, und ich habe ihre Crewpapiere zurückgezogen.«

Der Beamte seufzte. »Na, dann kommen Sie mal.« Auf einer Mauer standen zwei weitere Wachposten und beobachteten das Geschehen.

»Wohin bringen Sie uns?«, fragte Frauke.

»Zur deutschen Seite der Grenze.«

Vermutlich befanden sie sich hier auf der Kaimauer im Niemandsland zwischen den Ländern.

»Können Sie uns nicht nach Frankreich hineinlassen?«, fragte Emma.

Der Mann verneinte und ging weiter. »Die Grenzen sind geschlossen. Niemand kommt von Deutschland nach Frankreich hinein. Es sei denn, Sie haben einen französischen Pass.«

»Den haben wir nicht«, sagte Frauke.

»Dann kann ich nichts für Sie tun.«

Es war zum Verzweifeln. Sie waren so weit gekommen. Hatten es von Köln bis hierher geschafft. Und jetzt strandeten sie an der französischen Grenze.

Der Mann führte sie zur Schleusenanlage und über eine Brücke zu einem Tor, hinter dem deutsche Bundeswehrsoldaten standen.

Ein verdrießlich dreinschauender Hauptmann öffnete das Gatter und nach einem kurzen Austausch mit seinem Kollegen führte er sie zu einem geschlossenen Jeep. »Steigen Sie auf.«

»Wohin bringen Sie uns?« Emma kletterte neben Elena auf die Rückbank.

»Na, wohin denn schon?«, sagte der Fahrer, ein junger Soldat, der kaum älter als Anfang zwanzig sein konnte. »Zum nächsten Flüchtlingslager.«

»Und wo ist das?«, wollte Frauke wissen.

»Nur ein paar Kilometer«, antwortete der Mann. »Südlich von Freistett auf einer Sportanlage. Da werden Sie dann interniert.«

Emma schrie auf. »Interniert?«

Der Hauptmann flüsterte dem Fahrer etwas durchs geöffnete Fenster zu. Der verriegelte mit einem Knopfdruck die Türen. Dann startete er den Motor und fuhr los.

»Ja, interniert«, wiederholte er. »Sorry, aber es sind einfach zu viele Flüchtlinge hier am Rhein, die auf die andere Seite wollen. General Müller wurde verpflichtet, Leute ohne festen Wohnsitz vorläufig zu internieren, damit nicht noch mehr versuchen, auf die andere Seite zu kommen.«

Verdammt!

Damit waren ihre Chancen dahin, Basel und die Schweiz zu erreichen. Was hatte Emma bloß angerichtet. Hätte sie es doch einfach über sich ergehen lassen. Jetzt waren sie hier auf halber Strecke gestrandet.

Sie fuhren über eine Hauptstraße und durch ein Industriegebiet nach Osten.

Dann bog der Soldat auf einen kleinen Waldweg ab. Das war niemals der Weg zu diesem Flüchtlingslager. »Was tun Sie da?«, fragte Emma.

Der Soldat hielt den Jeep an und entriegelte die Tür. »Steigen Sie aus!«

»Bringen Sie uns etwa nicht zum Lager?« Emma schwante Böses. Wollte der Soldat sie direkt hier erschießen? Oder waren sie auf den nächsten Vergewaltiger gestoßen?

Der Soldat stieg aus und öffnete Emmas Tür. »Kommen Sie schon«, sagte er mit freundlicher Stimme.

Langsam stieg Emma aus, wobei sie Elena fest an der Hand hielt.

Der Soldat zeigte zwischen die Bäume. »Wenn Sie diesen Weg etwa einen Kilometer entlanggehen, kommen Sie zu einem Camp.«

»Camp?«, wiederholte Frauke verblüfft.

Der Soldat grinste. »Natürlich illegal. Dort treffen Sie auf andere Menschen, die über den Rhein wollen. Sie können sich ihnen anschließen und sind mit etwas Glück in einigen Tagen in Frankreich.«

»Wieso tun Sie das?«, fragte Emma.

»Weil es richtig ist.«

Emma schluckte. Ihr gegenüber stand wohl einer der wenigen Männer, die von der Krise noch nicht in Menschenfeinde verwandelt worden waren. »Danke.«

»Nichts zu danken.« Ohne weitere Worte stieg er wieder in seinen Jeep und fuhr davon.

Emma verspürte eine schwache Hoffnung. Die Menschheit hatte sich doch noch nicht komplett in Bosheit verwandelt.

68

26. NOVEMBER

Es dauerte lange, bis endlich jemand an das Telefon ging.

»Ehrlich.«

Ben atmete auf. Beate Ehrlich war die Leiterin des kleinen Bochumer Pflegeheims, in dem seine Mutter untergebracht war. Sie war eine kleine, rundliche, zupackende Frau, die in ihrem Job, sich um alte und hilfsbedürftige Menschen zu kümmern, voll aufging.

Ben stieß die Tür seines Büros im Kanzleramt mit dem Fuß

zu. Er hoffte, etwas Zeit für das Telefonat zu haben. Auf dem Programm stand für heute nichts mehr, aber das hatte nichts zu bedeuten. Wenn er in den letzten Tagen zu einer Sitzung gerufen worden war, dann meistens sehr kurzfristig. »Hier ist Ben Gerber.«

»Ben!«, sagte die Frau. »Ich habe lange nichts mehr von Ihnen gehört.«

»Ich habe meistens zu viel zu tun. Ich hatte in den letzten Tagen mehrere Male angerufen, aber nie jemanden ans Telefon bekommen.« Er war davon ausgegangen, dass es seiner Mutter gut ging, und bisher hatte er sich dahingehend auch auf Frau Ehrlich völlig verlassen können.

»Es ist momentan sehr schwer«, entgegnete Frau Ehrlich. »Die meisten Pfleger sind gegangen. Ich muss fast alles alleine mit meiner Tochter machen. Zum Glück sind auch einige unserer Bewohner abgeholt worden, so dass wir nicht mehr so viel Arbeit haben.«

»Wie geht es meiner Mama?«, fragte Ben.

»Es geht ihr gut, keine Sorge.«

»Was bekommt sie denn so mit?«

»Nicht viel«, antwortete Frau Ehrlich. »Sie sieht zwar die Nachrichten, aber sie versteht sie nicht.«

Das war kein Wunder. Nachdem sie vor zwei Jahren bei einem Sturz auf dem Gehsteig eine schwere Kopfverletzung erlitten hatte, fiel es ihr schwer, neue Sachverhalte zu begreifen. Ihr Kurzzeitgedächtnis funktionierte auch nicht mehr richtig.

Aber sie nahm ganz sicher die Stimmung in den Nachrichten auf und spürte, dass schlimme Dinge in Deutschland geschahen. »Es wäre besser, sie würde die Nachrichten nicht mehr sehen.«

»Sie besteht aber darauf«, erwiderte Frau Ehrlich.

»Sagen Sie ihr doch, der Fernseher wäre kaputt«, schlug Ben vor.

Frau Ehrlich wechselte das Thema. »Kommen Sie bald wieder zu Besuch? Ihre Mutter würde sich sehr freuen.«

In der Tat hoffte Ben, bald freigestellt zu werden. Irgendwann musste der Bundeskanzler einsehen, dass es kein Gegenmittel gegen die Nanomaschinen mehr gab und er damit für Ben keine Verwendung mehr hatte. »Ich werde Mama bald besuchen kommen. Kann ich sie sprechen?«

Frau Ehrlich seufzte. »Im Moment schläft sie.«

Ben hatte extra am frühen Nachmittag angerufen, in der Hoffnung, sie vor ihrem Schläfchen zu erreichen. »Ist schon gut, lassen Sie sie.«

»Ben, ich habe gehört, dass es Planungen für eine Evakuierung gibt. Ich weiß nicht, wo wir mit Ihrer Mutter dann hinsollen.«

Ben verstand. Die Nanomaschinen hatten nun das Stadtgebiet von Köln aufgelöst. Dort gab es nur noch einen goldenen See mit einem Durchmesser von fünfzig Kilometern, der von Tag zu Tag größer wurde. Leverkusen war als Nächstes dran, wobei die Wasserstoffbombe von der Stadt fast nichts übrig gelassen hatte. Düsseldorf hatte die Explosion weitgehend unbeschadet überstanden, würde aber in einer Woche von den Nanomaschinen erreicht werden, und die Menschen flohen bereits vor der Todeszone nach Norden. Der Rest des Ruhrgebietes war in den folgenden zwei Wochen dran, und dann würde schließlich auch das Pflegeheim geräumt werden müssen.

Aber wo sollten die ganzen Millionen Menschen hin? Darauf hatte auch die Regierung bisher keine Antwort gefunden.

»Ich weiß«, sagte Ben tonlos. »Wenn es so weit ist, werde ich Mama abholen.«

Wie auch immer er das machen sollte.

Er hörte neben sich ein Geräusch. Weinheim stand in der Tür. Er trug einen schweren, grauen Mantel über seinem schwarzen Anzug. »Ich muss Schluss machen.« Ben legte auf.

Weinheim hob die Hände. »Ich wollte Sie nicht stören.«

»Ist schon gut.« Ben lehnte sich in seinem Bürosessel nach hinten. »Ich wusste eh nicht mehr, was ich noch sagen sollte.«

»Was Neues aus Karlsruhe?«, fragte Weinheim.

»Nein, das war ein privates Gespräch«, erwiderte Ben. Und es war ihm egal, wenn Weinheim ihn jetzt tadelte, dass er sein Diensttelefon für private Zwecke nutzte.

Doch der hatte daran wohl kein Interesse. »Gehen wir ein Stück spazieren?«

Ben runzelte die Stirn. *Spazieren?*

Aber warum nicht? Ein wenig Frischluft war sicher kein Fehler.

Ben ging allerdings davon aus, dass Weinheim etwas auf dem Herzen hatte. Er schnappte sich seinen Mantel, und sie gingen zu einem Nebenausgang des Kanzleramts.

Draußen war es trüb und neblig. Nieselregen benetzte Bens Haut, und er war froh, dass er heute Morgen den schweren Mantel mitgenommen hatte.

Langsam wanderten sie über den Platz der Republik in Richtung Tiergarten. Die Straßen waren leer. Man hatte das gesamte Regierungsviertel nach den gewalttätigen Protesten letzte Woche großräumig abgesperrt. Soldaten kontrollierten an Checkpoints und mittels Drohnen, dass niemand sich dem Kanzleramt und dem Reichstagsgebäude nähern konnte, der dort nichts zu suchen hatte.

Ben fror. »Es geht in Richtung Winter«, meinte er. In früheren Jahren war zu diesem Zeitpunkt schon an vielen Stellen die Weihnachtsbeleuchtung angeschaltet gewesen, aber danach war im Moment niemandem zumute.

»Ja, schade, dass die Nanomaschinen nicht durch Frost kaputtgehen«, entgegnete Weinheim.

»Ist alles in Ordnung?«

Weinheim grinste schief. »Ich werde Sie heute noch verlassen.«

Ben wandte überrascht den Kopf. »Wie bitte?«

»Sie haben schon richtig gehört«, erwiderte Weinheim trocken. »Ich habe mein Amt niedergelegt und das so auch dem Kanzler mitgeteilt.«

»Kann man das als Beamter denn einfach so?«

Weinheim lachte leise. »Ist mir egal.«

»Aber warum?«

Weinheim drehte sich im Kreis um die eigene Achse und breitete die Arme aus. »Warum, fragen Sie? Schauen Sie sich doch einmal um! Es geht zu Ende. Nicht heute, nicht morgen, aber es geht zu Ende. Ich möchte die letzten Wochen und Monate mit meiner Familie verbringen und nicht im Kanzleramt.«

Das war es also. Weinheim hatte aufgegeben. Er sah auch keine Chance mehr, doch noch mit den Nanomaschinen fertigzuwerden.

»Denken Sie denn nicht, dass die Wissenschaftler in Karlsruhe doch noch ein Gegenmittel finden?«

Weinheim schüttelte den Kopf. »Die letzten Experimente waren nicht erfolgreich. Ich glaube auch nicht, dass das, woran die Amerikaner gerade arbeiten, eine Lösung des Problems darstellt.«

Sie hatten es in einer der letzten Sitzungen besprochen. Auch im amerikanischen Nanolabor in Nevada wurde an einer neuen Sorte von Anti-Nanos gearbeitet. Ben war nicht in der Lage, aus den verfügbaren Informationen abzuschätzen, ob das einen Erfolg bringen konnte.

»Ich gehe zu meiner Familie nach Rügen«, verkündete Weinheim. »Wir haben dort ein Ferienhaus, und die öffentliche Ordnung funktioniert noch halbwegs. Wir werden einige schöne Wochen miteinander verbringen, bevor wir die Sache dann beenden.«

Bens Kehle schnürte sich zu. Er hatte in den Nachrichten immer häufiger von Menschen und Familien gehört, die nicht bis zuletzt warten wollten. Die Zahl der Suizide war vor allem im Ruhrgebiet in die Höhe geschnellt. Manche Leute fuhren sogar an den Rand der Todeszone und stürzten sich freiwillig in den goldenen See. Im Webauftritt eines großen, deutschen Boulevardblattes waren Bilder davon zu sehen gewesen. Eine Frau hatte dabei sogar ihr Baby im Arm gehalten. Für Ben war eine solche Tat völlig unverständlich. Für ihn war das Leben immer das Wichtigste gewesen. Und davon zählte jede einzelne Minute.

»Wie wollen Sie dorthin kommen?«, fragte er. »Ich meine, nach Rügen. Die Checkpoints sind doch ...«

Weinheim hob die Hand. »Ich fliege mit einer Regierungsmaschine. So viel Dankbarkeit hat der Kanzler mir erwiesen. Sie müssen sich selber überlegen, wie Sie den Rest Ihrer Zeit verbringen wollen.«

»Ich bin noch nicht so weit, die Hoffnung fahren zu lassen«, erklärte Ben.

Weinheim zuckte mit den Schultern. »Das ist Ihre Entscheidung. Aber denken Sie immer daran, dass Sie ein freier Mensch und nicht verpflichtet sind, dem Kanzler bis zum letzten Moment die Treue zu halten.«

Ben lachte leise. »Ich sehe mich nicht in der Verpflichtung dem Kanzler gegenüber.«

»Ach?« Weinheim wandte den Kopf. »Wem dann?«

»Meinen Freunden und meiner Familie«, erwiderte Ben. »Ich bin hier und kann vielleicht noch etwas bewegen. Die meisten anderen Menschen, die ich kenne, können das nicht.«

Weinheim lächelte schwach. »Das letzte Mal, dass wir wirklich etwas bewegt haben, war, als wir dieses gottverdammte Experiment einschalteten. Alles danach war nur, viel zu kleine Pflaster auf eine immer größer werdende Wunde zu kleben.«

»Spüren Sie etwa Bedauern?«, fragte Ben. Das wollte nicht so recht zu dem oftmals zynischen Beamten passen.

»Sie etwa nicht?«

Ben schwieg. Es war eine blöde Frage gewesen. Natürlich hätte er alles getan, um die Katastrophe ungeschehen zu machen, wenn er die Möglichkeit dazu gehabt hätte.

»Es ist sehr lobenswert, dass Sie noch bleiben wollen«, fuhr

Weinheim fort. »Ich teile es dem Kanzler mit, und er wird sich bei Bedarf direkt mit Ihnen in Verbindung setzen.«

»Werden Sie nicht ersetzt? Bekomme ich nicht einen anderen Ansprechpartner?«

Weinheim schüttelte den Kopf. »Haben Sie sich in den letzten Tagen im Kanzleramt mal umgesehen? Es ist doch jetzt schon kaum noch einer da. Und es werden immer weniger werden, je näher uns die Nanomaschinen auf den Pelz rücken. Das ist einer der anderen Gründe, warum ich jetzt zu meiner Familie will. Das, was wir hier haben, kann man kaum mehr Regierung nennen. Es hauen immer mehr Leute ab. Wer Geld hat, geht ins Ausland. Bald haben wir Anarchie. Dann hört keiner mehr auf Hütter, der sich mit seiner Notstandsverfassung zu einem kleinen Diktator aufgeschwungen hat.«

Ben hörte schweigend zu. Er wusste, dass Weinheim recht hatte.

»Oder das Militär übernimmt das Kommando über dieses Land – beziehungsweise über das, was davon übrig ist. Die Bundeswehr ist die einzige Organisation, die noch die Macht hat, die öffentliche Ordnung aufrechtzuerhalten.«

Ben verstand es immer noch nicht, wie die Ordnung im Land so schnell hatte zerfallen können. »Unser ganzer Polizeiapparat.«

Weinheim lachte. »Personell viel zu schwach aufgestellt. War ohnehin auf eine solche Situation niemals vorbereitet.«

»Meinen Sie wirklich, dass aus Deutschland bald eine Militärdiktatur werden könnte?«

»Vielleicht ja, vielleicht nein«, meinte Weinheim. »Ich glaube aber nicht, dass General Marks untätig dabei zusehen wird, wie sich im Land Anarchie breitmacht.«

»Wer?«

»Christian Marks ist der Generalinspekteur der Bundeswehr. Sozusagen der oberste Chef aller Soldaten.«

Ben runzelte die Stirn. »Ich dachte, das sei der Verteidigungsminister.«

Weinheim winkte ab. »Der hat nichts mehr zu melden. Seit der Verteidigungsfall ausgerufen wurde, ist Kanzler Hütter der oberste Befehlshabende der Bundeswehr. General Marks ist sozusagen der ranghöchste Soldat. Das sollten Sie inzwischen gelernt haben.«

Ben seufzte. Er kannte sich nicht mit allen Details aus. Zumal sich in dem aktuellen Chaos die Befehlsstrukturen ohnehin laufend änderten. »Ich habe diesen Marks nie kennengelernt.«

Weinheim legte den Kopf schief. »Nein, bei *den* Besprechungen waren Sie nie anwesend. Das könnte sich aber in der nächsten Zeit ändern. Wenn Sie dabeibleiben, werden Sie ihn sicher noch kennenlernen. Das Militär spielt eine immer bedeutendere Rolle. Der General drängt sich förmlich in den Vordergrund und will bei allen wichtigen Fragen miteinbezogen werden, auch wenn sie sein Ressort nicht betreffen.«

»Was hätten Sie denn anders gemacht?«

Weinheim schnaubte. »Man hätte den Bundestag nie auflösen sollen. Ich bin zum Kanzleramt gegangen, weil ich an unsere Demokratie glaube und weil ich diese Demokratie unterstützen wollte. Meiner Meinung nach ist sie das Wichtigste, das dieses Land hat. Alle Macht geht vom Volke aus, und der Bundestag ist die Vertretung der Deutschen in der Politik. Die Befugnisse der Regierung sind vom Bundestag und somit vom Volke nur verliehen. Indem Hütter dieses Schlupfloch in den Notstandsgesetzen ausgenutzt und den Bundestag außer Kraft gesetzt hat, hat er auch die Demokratie in diesem Lande außer Kraft gesetzt.«

»Aber dieser Gemeinsame Ausschuss wird doch aus Mitgliedern des Bundestages gebildet, oder etwa nicht?«

Weinheim schnaubte. »Und des Bundesrates, ja. Aber niemand von denen wurde durch ein Direktmandat vom Volk berufen. Die Zusammensetzung hat eher etwas mit Parteipolitik zu tun als mit der Ausübung des Volkswillens. Außerdem hat es hier auf Druck des Kanzlers auch schon Umstrukturierungen gegeben.«

»Wundert mich, dass der Kanzler dazu in der Lage war. Ich meine, bei seiner Beliebtheit …«

»Na ja, in Krisenzeiten gelten andere Regeln«, meinte Weinheim. »Die Mitglieder des Ausschusses haben Angst, der Bekämpfung der Nanomaschinen im Wege zu stehen und nachher dafür zur Rechenschaft gezogen zu werden. Darum kuschen sie lieber und delegieren ihre eigene Verantwortung an die Regierung. Mit Demokratie hat das am Ende nicht mehr viel zu tun.«

»Kann dieser Gemeinsame Ausschuss eigentlich das Grundgesetz ändern?« Wenn es so wäre, waren diese Notstandsgesetze wirklich ein Freifahrtschein für potenzielle Diktatoren. Ben hatte immer geglaubt, dass nach dem Zweiten Weltkrieg Mechanismen aufgebaut worden waren, so etwas für alle Zeiten zu verhindern.

»Nein, das nicht«, antwortete Weinheim. »Das Grundgesetz kann dieser Ausschuss weder ändern noch außer Kraft setzen.«

Da war etwas in der Stimme des Beamten. »Aber?«, hakte Ben nach.

»Aber Grundrechte können sich berühren und gegenseitig ausschließen. Denken Sie an die Corona-Krise. Da standen sich Grundrechte wie Gesundheit und Bewegungsfreiheit oder Versammlungsfreiheit unversöhnlich gegenüber. In einer solchen Situation sind wir jetzt wieder. Nur viel extremer. Die Bewegungsfreiheit der Bevölkerung muss sich dem Kampf gegen die Nanomaschinen unterordnen. Eine Regierung kann diese Priorisierung der Grundrechte geschickt für ihre Agenda nutzen, wenn es ihr um Machtsicherung geht.«

»Aber wir haben ja *wirklich* eine existenzielle Krise«, erklärte Ben. »Wenn wir die Nanomaschinen nicht vernichten, wird kein Mensch überleben.«

Weinheim schnaubte wieder. »Ja, aber welchen Preis sind wir bereit, dafür zu zahlen? Die Wasserstoffbombe auf Köln war schon ein gigantischer Rechtsbruch. Wir haben eine Abwägung zwischen Gütern und Menschenleben auf der einen und dem Kampf gegen die Nanomaschinen auf der anderen getroffen, die uns als Regierung eigentlich nicht zusteht. Außerdem denke ich, dass wir unser Pulver nunmehr verschossen haben. Es gibt kein Heilmittel gegen diese Katastrophe. Wir sollten uns lieber Gedanken machen, wie wir unsere letzten Tage nutzen wollen. Nicht nur als Individuen, sondern auch als Volk, als Land. Und da hat unsere Regierung sich in meinen Augen für den falschen Weg entschieden. Meiner Meinung nach heiligt der Zweck nicht die Mittel.«

Ben war nie klar gewesen, dass Weinheim eine solch klare moralische Linie hatte. Er hatte es hinter seiner Fassade aus Zynismus wohl immer gut versteckt. »Haben Sie das dem Bundeskanzler gesagt?«

»Ja, ich wollte nicht gehen, ohne ihm meine Meinung mitzuteilen«, erwiderte Weinheim.

»Und was hat er geantwortet?«

Weinheim lächelte. »Nichts. Aber was soll er darauf schon antworten?« Er wandte sich um. »Kommen Sie, es wird Zeit für den Rückweg.«

Schweigend gingen sie wieder zum Bundeskanzleramt. Ein Soldat kontrollierte ihre Ausweise. Ben rief einen Fahrstuhl, doch Weinheim machte keinerlei Anstalten, in die Kabine zu steigen.

»Ich habe noch verschiedene Dinge zu erledigen und muss mich mit einigen Leuten unterhalten.« Er streckte die Hand aus. »Wir haben uns einige Male in die Haare gekriegt, nicht wahr?«

Ben nickte und ergriff die Hand.

Weinheim hielt sie einen Moment lang fest. »Sie sind ein guter Mann. Sie besitzen Kompetenz und Mut. Das fehlt hier oft. Ich wünsche Ihnen alles Gute.«

69

»Emma? Frauke?«

Emma schlief schon fast, als sie Pauls Stimme hörte. Sie erschrak und wurde schlagartig wach. »Ja«, murmelte sie. »Was ist denn?«

Frauke richtete sich stöhnend auf. Elena, die in ihrem Schlafsack zwischen ihnen lag, ließ sich von der plötzlichen Unruhe nicht stören.

Emma öffnete den Reißverschluss des Zeltes und streckte den Kopf heraus. Es war tatsächlich Paul, der dort hockte. Der Leiter des provisorischen Lagers war groß, hatte mittellange blonde Haare, die in der Kälte zum großen Teil von einer schwarzen Mütze verdeckt waren, und strahlte eine Autorität aus, die man ihm mit seinen gerade mal fünfundzwanzig Jahren niemals zugetraut hätte. Es war die ruhige, auf Erfahrung beruhende Autorität eines Mannes, der einfach wusste, was er tat. »Wir haben eine Besprechung. Es wäre besser, wenn ihr dabei seid.«

»Worum geht es denn?« Frauke gähnte.

»Die Flucht nach Frankreich. Wir werden schon heute Nacht gehen. Ihr könnt dabei sein. Wenn ihr wollt.«

»Heute Nacht?«, wiederholte Emma. Sie hatte angenommen, es gäbe keinen Termin, da noch nicht alle Vorbereitungen abgeschlossen waren.

»Heute Nacht!« Paul erhob sich. »Wir treffen uns am Bauwagen. In zehn Minuten.« Dann verschwand er in der Dunkelheit zwischen den Zelten.

Emma schob die Müdigkeit mit Gewalt beiseite und zog sich an.

Letzte Nacht hatten sie das Camp erreicht. Es waren sicher hundert Menschen hier, die über den Rhein nach Frankreich wollten. Paul hatte Emma, Elena und Frauke freundlich aufgenommen und ihnen ein Zelt verschafft. Am Tag hatte er sie über ihre Reise ausgequetscht, hatte wohl zunächst den Verdacht gehabt, sie könnten von der Polizei oder den Soldaten geschickte Spione sein, aber die Anwesenheit von Elena hatte geholfen, ihn schnell vom Gegenteil zu überzeugen.

Danach hatte Paul sich entspannt. Aber er war mit Informationen sehr zurückhaltend gewesen. Immerhin hatten sie sich satt essen können. Das Camp war reichlich mit Nahrungsmitteln ausgestattet. Woher die auch immer kommen mochten.

»Was machen wir mit Elena?«, fragte Frauke.

»Wir lassen sie schlafen«, erwiderte Emma. »Sie hat hier nichts zu befürchten.«

Der Halbmond tauchte das Camp in ein silbernes, geisterhaftes Licht. Taschenlampen, Feuer oder anderes Licht waren im Camp streng verboten. Der Rhein mit der Grenze war nicht weit weg, und Paul wollte keine Aufmerksamkeit auf sie ziehen.

Die meisten anderen Bewohner des Camps hatten sich schon am Bauwagen eingefunden. Einige von ihnen hatte Emma am Tag kennengelernt. Es war ein buntes Sammelsurium an Menschen aus ganz Deutschland.

Da war Herrmann, ein älterer Lehrer aus Hamburg, der vorhatte, zu seiner Tochter zu gehen, die in Nordspanien lebte. Tim, ein ehemaliger Polizist aus Trier, der einfach nur aus dem Land verschwinden wollte. Familie Stockinger aus Siegen, der es darum ging, ihre acht- und neunjährigen Töchter in Sicherheit zu bringen. Irgendwie waren sie alle in den letzten Tagen in diesem Wald bei diesem Camp gelandet, das von Tag zu Tag größer wurde.

Paul kletterte auf das Dach des Bauwagens. Im fahlen Licht war von ihm nur die Silhouette zu sehen.

»Liebe Freunde, wir haben in den letzten Tagen hart gearbeitet, und nun ist der Moment gekommen. Diese Nacht werden wir über die Grenze gehen.« Paul sprach nicht sehr laut und die

Menschen rückten dichter zusammen, um ihn verstehen zu können.

»Ich weiß, dass wir eigentlich erst nächste Nacht gehen wollten, aber es soll morgen regnen, so dass der Rhein dann sicher mehr Wasser führen wird. Jetzt sind die Bedingungen einfach ideal. Zumal es sich in den frühen Morgenstunden bewölken wird und die Dunkelheit uns guten Schutz bietet. Um drei Uhr brechen wir auf, schnappen uns die Flöße, und wenn alles gut geht, sind wir bei Sonnenaufgang schon weit im Inneren von Frankreich.«

Paul zögerte einen Moment. »Ich habe ein Gerücht gehört. Ich weiß nicht, ob es stimmt. Aber anscheinend haben sich Franzosen aus Straßburg und Umgebung zu einer informellen Miliz zusammengetan. Viele wollen keine deutschen Flüchtlinge mehr. Sie fangen Leute, die über die Grenze wollen, und übergeben sie den Grenzbeamten. Im besten Fall. Ich habe gehört, dass sie auch schon Menschen einfach in den Rhein geschmissen haben. Also seht euch vor.«

Das kann ja heiter werden.

Aber Emma wollte optimistisch sein. Es musste klappen. Auf der anderen Seite angekommen, würden sie sich aufteilen und jeder seiner Wege ziehen. So viel hatte Emma gestern schon erfahren. Sie, Elena und Frauke würden von dort aus nach Süden und in die Schweiz gehen. Die Gefährtin sollte sie nach St. Gallen begleiten. Ihre Eltern würden sie schon eine Zeitlang unterbringen.

»Geht jetzt zurück in die Zelte und schlaft noch ein paar Stunden«, fuhr Paul fort. »Ich werde euch um zwei Uhr wecken.«

»Und wir bekommen auch ein Floß?«, fragte Emma.

»Wir haben einige überzählige, falls es beim Transport zum Rhein zu Verlusten kommt. Es wird schon reichen.«

»Nehmen wir den Proviant mit?«, fragte ein Mann neben Frauke mit heller Stimme.

»Wir haben den Proviant bereits auf die Flöße aufgeteilt. Es bekommt jeder denselben Anteil.«

Paul und seine beiden Kumpels hatten offenbar an alles gedacht. Emma musste sich darauf verlassen, dass sie nichts vergessen hatten. Und sie musste darauf vertrauen, dass sie von den französischen Grenzbeamten nicht bemerkt wurden.

Emma drehte sich um und machte einen Schritt in Richtung ihres Zeltes. Dann hörte sie plötzlich ein helles Sirren. »Was ist das?«

»Eine Drohne!«, zischte ein älterer Mann. »Das ist eine Drohne.«

Zu sehen war nichts, aber das Sirren wurde lauter. Dann war es unmittelbar über ihnen.

Emma atmete schneller. *Wo ist das verdammte Ding?*

Dann entfernte sich das Geräusch wieder.

»War das eine deutsche oder eine französische Drohne?«, fragte eine ältere Frau.

»Sie ist in Richtung Westen verschwunden.« Paul klang verdrießlich. »Es war garantiert eine französische Drohne.«

»Meint ihr, die haben uns gesehen?«, fragte Frauke zutiefst beunruhigt.

Irgendjemand schnaubte. »Die würden so ein Ding nicht bei Nacht starten lassen, wenn es nicht mit Infrarotkameras ausgestattet wäre.«

»Ich fürchte, Henck hat recht«, meinte Paul. »Wir müssen sofort los, bevor sie weitere Grenztruppen zusammenziehen können.«

»Aber der Mond scheint noch so hell«, gab jemand anderes zu bedenken.

»Darauf können wir jetzt keine Rücksicht nehmen«, erklärte Paul. »Holt eure Sachen!«

Scheiße!

Es war einfach zum Heulen.

Kann denn nicht einmal etwas auf Anhieb klappen?

Emma lief mit Frauke zurück zum Zelt. Sie weckten Elena und packten ihren Kram zusammen.

Emma nahm ihre Tochter an die Hand. »Wir müssen jetzt über den Fluss, mein Schatz. Wenn wir erst in Frankreich sind, wird alles besser.«

Sie hoffte es jedenfalls. Aus dem Radio wussten sie, dass es in Frankreich noch eine funktionierende Infrastruktur gab. Wenn sie weit genug ins Landesinnere vordringen konnten, würden sie nicht mehr befürchten müssen, abgeschoben zu werden. Sie würden einfach in den Flüchtlingsmassen untertauchen, die es schon vor der Grenzschließung nach Frankreich geschafft hatten. Ihr erstes Ziel war Hagenau. Wenn alles gut ging, würden sie morgen früh schon in einem Zug nach Basel sitzen und von dort nach Zürich fahren. Morgen Abend schon konnte Emma bei ihren Eltern sein.

Sie folgten den anderen in lockerer Formation nach Westen, tiefer in den Wald hinein. Sie mussten durch einen Bewässerungskanal waten. Ihre Stiefel waren nicht hoch genug, und im Nu waren ihre Füße nass. Bei den tiefen Temperaturen fror sie sofort. Elena musste es ähnlich gehen, trotzdem lief sie tapfer weiter.

Im Wald war es finster, aber sie konnte das Schnaufen ihrer Mitstreiter hören. Immer wieder knackte es, wenn jemand auf einen Zweig oder Ast trat. Plötzlich blieb Emma mit ihrem Fuß irgendwo hängen, und beinahe wäre sie zu Boden gestürzt. Es war einfach zu dunkel.

Dann erreichten sie eine kleine Lichtung. Im Mondlicht erkannte Emma die Flöße, darauf Holzpaddel und Schwimmwesten.

»Drei Leute pro Floß«, hörte Emma Pauls Stimme von vorne. »Passt bitte beim Rudern auf, nicht zu viel Lärm zu machen.« Ihr Führer hörte sich zuversichtlich an, was Emma ein wenig die Angst nahm.

Emma sah zu, wie Menschen die Flöße aufnahmen und in Richtung des Flusses trugen. Sie stellte sich mit Frauke zusammen an ein weiteres. Es gab keine Schwimmwesten für Kinder, und Emma hatte Mühe, Elena die zu große fest anzulegen. Ächzend hoben sie das Holzfloß an. Die Dinger waren schwerer, als sie aussahen. Elena ergriff ebenfalls eine Ecke.

Der Waldrand war nah, sie überquerten eine kleine Straße und trugen das Floß eine Böschung hinunter. Noch einmal mussten sie durch einen Graben waten, dann waren sie endlich am Ufer.

Der Rhein war hier nicht mehr so groß und eindrucksvoll wie in Köln oder Bonn, aber es waren sicherlich zweihundert oder dreihundert Meter bis zur anderen Seite. Zum Glück floss er an dieser Stelle außerordentlich langsam. Das Wasser schimmerte silbern im Mondlicht, an der Oberfläche war kaum Bewegung auszumachen. Es würde ihnen bei der Überquerung helfen.

Schon trieben die ersten Flöße im Wasser. Es mussten zwanzig oder dreißig sein. Die Leute ergriffen die Ruder, und sie bewegten sich wie in Zeitlupe auf das gegenüberliegende Ufer zu.

»Auf geht's.« Frauke watete in den Rhein. Als das Floß im Wasser lag, kletterte sie vorsichtig hinauf und griff sich das Paddel.

Emma schnappte sich das zweite Paddel.

Sie befanden sich auf einem der letzten Flöße, die sich von der deutschen Seite aus auf den Weg machten. Die ersten hatten schon die Mitte des Flusses erreicht.

Emma konnte das Ufer auf der französischen Seite gut erkennen. Es sah völlig friedlich aus. Keine Grenzbeamten, die mit Flutstrahlern auf sie warteten. Vielleicht hatte die Drohne sie unter den Baumkronen gar nicht entdeckt.

Die Strömung hielt sich in Grenzen und trug sie auf dem Weg vielleicht einige Dutzend Meter weiter nach Norden. Langsam, aber stetig näherten sie sich der anderen Seite. Als Emma sich umsah, war das deutsche Ufer schon weiter entfernt als das französische. Streng genommen waren sie nun in Frankreich, und sie konnte sich ein Grinsen nicht verkneifen.

»Gleich sind wir da«, sagte sie zu Elena, die sich an den Rand des Floßes klammerte. »Es wird alles gut.«

Die ersten Flöße erreichten das Ufer. Die Menschen blieben aber noch an Bord. Paul hatte ihnen eingebläut, dass sie besser gemeinsam über den Damm in den Wald gingen.

Plötzlich schrammte das Floß über Steine. Sie hatten das Ufer erreicht.

»Geschafft!«, flüsterte Frauke.

Die beiden Frauen gaben sich die Hand.

Emma sprang ins Wasser und hielt das Floß fest, während Elena von Bord kletterte. Frauke half ihr.

Eine kleine Gruppe schlich vorsichtig auf den Wald zu. Von der Silhouette her konnte es Paul sein, der den Trupp anführte. Am Waldrand blieben sie plötzlich stehen. Hatte Paul etwa etwas gesehen?

Emma hörte ein Knacken und Rascheln. War das der Wind?

Aber es war beinahe windstill.

»Warte«, sagte Frauke. »Irgendetwas stimmt da nicht.«

Paul ging alleine langsam vorwärts.

Jetzt war wieder alles ruhig.

»Lass uns auch gehen«, flüsterte Emma. Sie wollte so schnell wie möglich vom Fluss und von der Grenze weg.

»Zurück! Alle zurück!«, schrie Paul auf.

Es blitzte zwischen den Bäumen, und ein Knall hallte über das Ufer. Paul ging zu Boden und blieb regungslos liegen.

Emma wagte nicht zu atmen. Wer hatte da geschossen?

Lichtkegel wie von Dutzenden Taschenlampen fuhren aus dem Wald und über das Ufer und die Menschen.

»Sie haben uns erwischt!«, zischte Frauke.

Dann brach die Hölle los. Mündungsblitze flammten überall im Wald auf. Es wurde so viel geschossen, dass es sich anhörte wie Maschinengewehrfeuer. Überall um Emma herum fielen menschliche Schatten in den kalten Matsch. Emma beugte sich über ihre Tochter.

»Zurück zum Floß!«, schrie Frauke.

Emma lief. Sie versuchte, Elena mit ihrem Körper zu schützen.

Kugeln sausten rechts und links an ihren Ohren vorbei.

Lieber Gott, schütze Elena! Wenn schon nicht mich, dann meine Tochter!

Wer noch nicht getroffen war, drängte zu den Flößen.

Emma sprang ins Wasser, hob Elena auf das Floß und drückte ihren Kopf nach unten auf das Holz. Zeitgleich mit Frauke kletterte sie hinauf und stieß sich vom Ufer ab.

Die Schüsse wollten einfach nicht aufhören. Manche Kugeln flogen so dicht über sie hinweg, dass Emma den Luftzug spüren konnte.

Frauke schrie auf.

»Was ist?«, fragte Emma.

»Mein Bein! Ich glaube, ich bin getroffen!«

Bein war nicht so schlimm! »Wir können es später verbinden. Erst müssen wir hier weg«, brüllte Emma.

Sie ruderte, so schnell sie konnte. Auch Frauke tauchte stöhnend das Paddel ins Wasser.

Sie kamen nur quälend langsam vom französischen Ufer weg. Schon bald hatte Emma keine Kraft mehr in den Armen. Ihre Lungen brannten wie Feuer.

Auch als sie die Hälfte der Strecke erreicht hatten, knallten noch Schüsse. Immer wieder hörte Emma Kugeln dicht über ihren Kopf hinweg fliegen. Sie schaute sich um. Nur wenige Flöße hatten es zurück in den Rhein geschafft.

Als die Schüsse endlich aufhörten, hatten sie das Ufer der deutschen Seite schon fast erreicht.

Waren das wirklich Grenzbeamte gewesen? Diese Miliz? Emma hatte nicht einen der Angreifer erkennen können.

Mit letzter Kraft paddelte sie an die Böschung, sprang stöhnend ins Wasser und half Elena ans Ufer. »Lauf unter die Bäume. Warte da auf mich.«

Emma packte Frauke um die Taille und half ihr zum Waldrand hinauf. Die Gefährtin atmete schwer. Zuletzt wuchtete Emma die Rucksäcke an Land.

Frauke lag am Boden, wo sie sie zurückgelassen hatte. »Mir ist ganz kalt«, flüsterte sie.

Emma zog sie einige Meter in den Wald hinein, dann erst traute sie sich, die Taschenlampe einzuschalten.

Oh mein Gott!

Fraukes Stoffhose hatte sich blutrot gefärbt. Eine deutlich sichtbare Blutspur zog sich vom Ufer hierher. Das konnte nicht nur eine Fleischwunde sein. »Wir müssen dir die Hose ausziehen.«

»Was müssen wir?« Frauke lallte, als sei sie betrunken.

Emma löste der Gefährtin den Gürtel und zog ihr die Hose herunter.

Blut sprudelte aus der Innenseite des Oberschenkels wie aus einem kleinen Springbrunnen. Die Kugel musste eine wichtige Arterie zerrissen haben.

Emma zwang sich zur Ruhe. Sie öffnete ihren Rucksack und wühlte darin herum, bis sie endlich den kleinen Verbandskasten fand. Sie hatte keine Ahnung, wie sie die Blutung stoppen sollte. Ihr letzter Erste-Hilfe-Lehrgang war schon Ewigkeiten her. Sie nahm einfach einen Verband und wickelte ihn um den Oberschenkel. Er färbte sich im Nu blutrot.

Das reicht nicht!

»So geht das nicht«, sagte eine Männerstimme hinter ihr.

Emma zuckte zusammen und drehte Kopf und Taschenlampe. Der Mann war mittleren Alters, hatte aber schon völlig graue, kurze Haare. Er trug eine schwarze Hornbrille und sprach mit heller Stimme. Sie hatte ihn gestern im Camp gesehen. Wenn sie sich recht erinnerte, war sein Name Stefan.

Er kniete sich neben sie und löste den Verband wieder. »Wir müssen Druck auf die Wunde ausüben.« Er holte eine Schachtel Zigaretten aus seiner Jacke und legte sie auf die Wunde. Dann öffnete er eine neue Verbandspackung. Er zog ihn ganz fest.

Das wird helfen!

Das tat es nicht. Die dunklen Flecken auf dem Waldboden wurden immer größer.

»Ich will nicht sterben«, flüsterte Frauke und weinte. »Ich will nicht sterben.« Sie sagte es immer und immer wieder.

»Es funktioniert nicht!« Emma war verzweifelt. Es musste doch irgendetwas geben, um Frauke zu helfen.

»Scheiße«, sagte Stefan. »Ich habe keine Ahnung, was ich noch machen soll. Ein Arzt würde die Arterie abklemmen, aber ich weiß nicht, wie das geht.«

Er löste den Verband, legte einen neuen an und zog ihn noch einmal fester. Emma griff nach Fraukes Hand. »Klappt es?«

»Nein«, sagte Stefan. »Die Blutung hört einfach nicht auf!«

»Ich will nicht sterben«, sagte Frauke. Tränen liefen an ihrem Gesicht hinunter.

Emma sprang auf. Sie wollte um Hilfe rufen. Irgendjemand. Vielleicht war unter den anderen Geflüchteten ein Arzt. Doch dann bekam sie Angst, dass die Gestalten auf der anderen Seite erneut auf sie schießen würden, und sie wollte Elena nicht gefährden.

Frauke stöhnte leise.

Emma ging wieder in die Knie und griff nach ihrer Hand.

»Wir können nichts tun«, sagte Stefan. Er hatte aufgehört, an dem Verband zu hantieren.

Frauke stöhnte noch einmal und verstummte dann.

Emma weinte, während sie hilflos zusah, wie Frauke starb.

70

8. DEZEMBER

»Wir sind so weit«, schallte Andrews Stimme leicht verrauscht aus dem auf den Lautsprecher geschalteten Telefon des europäischen Ministerpräsidenten. »Colonel Armstrong ist bereit, die Anti-Nanos auf die Reise zu schicken.«

Ben lehnte sich zurück und ballte die Fäuste. In wenigen Minuten würden sie wissen, ob es eine Rettung gab. Oder ob die Menschheit verloren war.

Mit ihm hatten sich noch Hütter und Innenministerin Kamp in der Sitzecke von Fermis Büro in Brüssel niedergelassen - und natürlich Fermi selbst. Der Kommissionspräsident hockte mit verkniffenem Gesicht auf seinem Sessel. Seine Hand verkrampfte sich um ein Wasserglas.

Der Bundeskanzler hatte ein hochrotes Gesicht, und seine Mundwinkel zuckten immer wieder, als habe er im Stress der letzten Wochen einen seltsamen Tick entwickelt. Inge Kamp saß scheinbar ungerührt auf ihrem Stuhl, aber ihre Hände zitterten.

Endlich beugte sich der Kanzler nach vorne, um in das Mikrophon zu sprechen. »Tun Sie es!«

»Verstanden«, bestätigte Andrew.

Bens Freund flog in diesem Moment mit einem Hubschrauber über dem Mittelpunkt der Todeszone, die in den letzten Wochen auf einen Durchmesser von über hundert Kilometer gewachsen war. In den letzten Tagen hatten die Nanomaschinen Düsseldorf und Wuppertal aufgefressen. In den nächsten beiden würden Koblenz, Aachen und Siegen an der Reihe sein - wenn nicht heute ein Wunder geschah.

Und alle hofften auf dieses Wunder. Vor zwei Tagen hatte

der amerikanische Botschafter in Berlin um einen Termin bei Kanzler Hütter gebeten und verkündet, dass Wissenschaftler des KANL, des amerikanischen Labors für Nanotechnik, ein Gegenmittel entwickelt hätten. Wie von Andrew waren von den Amerikanern Nanomaschinen modifiziert worden. Im Labor hatten ihre Anti-Nanos deutliche Erfolge errungen und die gegnerischen Nanomaschinen zerstört, bevor sie sich selber deaktiviert hatten. Angeblich waren die entwickelten Stämme deutlich aggressiver als Andrews, der in den letzten Tagen keine weiteren Fortschritte mehr erreicht hatte.

Diese amerikanischen Anti-Nanos waren nun die letzte Chance, die fortschreitende Katastrophe noch aufzuhalten.

Ben starrte das Telefon an, als könnte er dem Apparat hypnotisch befehlen, die erlösende Erfolgsmeldung zu verkünden.

»Warum dauert das so lange?« Kamp schaute Ben an.

»Die neuen Nanomaschinen sind hochaggressiv.« Ben war von Andrew heute Morgen über die Details informiert worden. »Sie vermehren sich deutlich schneller als alle Nanomaschinen, die wir bisher konstruiert haben. Einmal freigesetzt, breiten sie sich mit einer Geschwindigkeit von zwei Kilometern pro Minute aus. Obwohl die maximale Ausbreitung auf hundertfünfzig Kilometer begrenzt wurde, müssen die Kollegen äußerste Vorsicht walten lassen. Die Nanomaschinen werden in einem dreifachen Sicherheitsbehälter transportiert. Es dauert ein paar Minuten, die Mechanismen zu entfernen.«

Die rasende Ausbreitungsgeschwindigkeit der amerikanischen Schöpfung war gleichzeitig die Eigenschaft, die sie denen der Todeszone überlegen machen würde. Hoffentlich.

»Wir sind so weit«, meldete Andrew. »Colonel Armstrong wirft den Behälter in diesem Augenblick hinaus.«

Bens ungeschnittene Fingernägel bohrten sich in seine Handflächen, aber er spürte es kaum.

Knapp über der Oberfläche würde der Behälter explodieren

und die Anti-Nanos freisetzen. Dann sollte es rasend schnell gehen.

»Der Behälter ist explodiert«, berichtete Andrew. »Es hat sich eine riesige, silberne Staubwolke gebildet, die langsam zu Boden sinkt. In diesem Moment findet der erste Kontakt zwischen den unterschiedlichen Nanomaschinenstämmen statt.«

Bitte! Bitte!

Fermi rückte näher an das Telefon heran.

Lange Sekunden vergingen.

»Was ist denn jetzt?«, wollte Kamp wissen.

»Pst!«, machte der Kanzler.

Warum zum Teufel meldete sich Andrew nicht?

»Dr. Collum?«, fragte der Kanzler schließlich in das Mikro.

Ben hörte Andrew laut atmen. »Es tut mir leid«, erwiderte der Kollege schließlich.

Ben schloss die Augen.

»Es hat nicht funktioniert.« Andrews Stimme war nur noch ein Winseln.

Oh Gott!

Fermi stand auf und ging zum Fenster. Mit dem Rücken zu ihnen starrte er in den nebelverhangenen Brüsseler Winter.

Kamp wandte den Kopf ab und schluchzte leise.

»Scheiße!«, flüsterte der Kanzler. »Was ist denn schiefgelaufen? Dr. Collum? Colonel Armstrong?«

Niemand antwortete. Es war egal. Es spielte keine Rolle. Der Kampf war endgültig verloren. Die Amerikaner hatten schon angekündigt, dass diese Entwicklung sich nicht weiter verbessern ließe, und auch Andrew hatte zugegeben, dass ihm die Ideen ausgegangen waren.

Es dauerte lange, aber dann drehte sich Fermi wieder um. Er starrte den Bundeskanzler an. »Es ist vielleicht besser, wenn Sie nun gehen.«

Wie in Trance stand Hütter auf und wankte Richtung Tür.

Kamp und Ben folgten ihm zum Wagen, der in der Tiefgarage auf sie wartete. Die schwarze Limousine fuhr sie zum Flughafen. Inge Kamp stieg wortlos in ihren Jet, der sie zum bayrischen Ministerpräsidenten nach München bringen sollte, während Ben dem Bundeskanzler in die Bombardier Global folgte, zurück nach Berlin.

Wenige Minuten später war die Maschine mit Westkurs in der Luft.

»Das war dann wohl meine letzte Auslandsreise«, sagte der Kanzler mit bitterer Stimme. »Wir haben die Welt dem Untergang geweiht. Noch diese Woche wird die Todeszone Belgien und die Niederlande erreichen.« Er lachte ein verzweifeltes Lachen. »Und wir haben das angerichtet.«

Schweigend sah Ben aus dem Fenster. Sie hatten die niedrige Wolkendecke durchstoßen, und die Sonne schien ihm direkt ins Gesicht. Körperlich war die Wärme angenehm, doch Trost vermochte sie ihm nicht zu spenden.

Der Kanzler holte sich aus einer kleinen Bordbar ein Glas Whisky.

Auf einem Bildschirm an der Wand war zu sehen, dass sie die Grenze des deutschen Luftraums passierten. Plötzlich flog die Maschine eine Kurve.

»Was ist denn los?«, rief Kanzler Hütter in Richtung Cockpit, dessen Tür offen stand.

»Wir müssen nach Norden ausweichen, um nicht über die Todeszone zu fliegen.«

Der Kanzler nickte und sah wieder nach draußen. Doch dann drehte er sich erneut um. »Nein. Ich will es sehen. Fliegen Sie über die Todeszone. Ich will sie mit eigenen Augen sehen.«

Der Pilot drehte sich auf seinem Sitz herum. Er trug eine dunkle Sonnenbrille, so dass man seine Augen nicht erkennen konnte. »Das ist keine gute Idee. Falls wir einen Triebwerksausfall haben, würden wir in den Nanomaschinen niedergehen.«

»Ist mir egal.« Hütter schlug mit der flachen Hand auf den Tisch. »Ich will sie sehen!«

Der Pilot seufzte und änderte nach Rücksprache mit einem Fluglotsen abermals die Richtung. Ben war sich nicht sicher, dass er das seinerseits tatsächlich sehen wollte.

Unter ihnen riss die Wolkendecke auf, und Ben entdeckte Aachen. Sie waren tief genug, um das Stadtzentrum mit dem Dom und dem Rathausplatz gut erkennen zu können. Obwohl die Stadt in spätestens zwei Tagen von den Nanomaschinen vernichtet werden würde, liefen immer noch Menschen in den Straßen umher.

Bens Hals wurde eng. Die Niederlande und Belgien hatten ihre Grenzen geschlossen und schreckten nicht vor Gewalt zurück, um weitere Deutsche daran zu hindern, auf ihr Staatsgebiet zu gelangen. Es blieb für die Flucht nur ein kleiner Korridor zwischen der niederländischen Grenze und der Todeszone, die von Osten heranrückte. Und dieser Korridor wurde von Stunde zu Stunde enger.

Aber sie hatten es in anderen Städten erlebt: Viele wollten ihre Heimat nicht verlassen. Sie wollten kein Leben auf der Flucht verbringen und akzeptierten das Unvermeidliche. Einige begingen Selbstmord. Andere nahmen starke Schlafmittel und legten sich in ihr Bett, um dort die Nanomaschinen zu erwarten.

Dann erreichte die Maschine die Todeszone. Es sah aus, als würden sie die Küste zu einem Meer überfliegen, das aus flüssigem Gold bestand. Das andere Ufer war selbst aus dieser Höhe nicht zu erkennen.

»Es ist schön.« Der Kanzler schwenkte sein Whiskyglas in der Hand. »Auf eine bizarre Art und Weise ist es schön.«

Hütter hatte recht. Dieses goldene Meer hatte etwas Warmes, Beruhigendes an sich. Ben musste sich immer wieder ins Gedächtnis rufen, dass dort unten Nanomaschinen damit beschäftigt waren, ihren Planeten aufzufressen.

»Wir sind jetzt über Köln«, meldete der Pilot. »Oder zumindest da, wo Köln früher einmal gewesen ist.«

Von Horizont zu Horizont war nur eine goldene Fläche zu sehen. Nichts sonst. Kein Rhein, kein Dom, keine Stadt, keine Pflanzen, keine Menschen, nichts.

Wenn die Nanomaschinen schließlich ihr Werk vollendet hatten, dann würde die ganze Oberfläche der Erde so aussehen. Ganz zum Schluss war Neuseeland dran. Vielleicht würde dann auch jemand in einem Flugzeug sitzen, aus dem Fenster schauen, mit einem Whisky in der Hand, und dabei zusehen, wie das letzte Stück Land in dem goldenen Meer versank.

71

»Na, was habe ich gesagt?« Stefan grinste. »Wir haben es geschafft.«

Emma holte tief Luft.

Es war ein atemberaubender Anblick. Sie standen auf einer Anhöhe östlich von Tuttlingen und blickten auf den Bodensee, der sich, noch etwa zehn Kilometer entfernt, vor ihnen im goldenen Licht des anbrechenden Tages erstreckte.

Sie hatten es tatsächlich geschafft. In den letzten anderthalb Wochen hatten sie den Schwarzwald durchquert. Bis auf eine dreißig Kilometer lange Etappe auf einem Traktor waren sie zu Fuß gegangen. Emma drückte ihre Tochter an sich. Ohne zu klagen, hatte sie die langen Tagesmärsche mitgemacht. Sie hatten in Scheunen übernachtet oder im Zelt. An Lebensmittel waren sie durch Betteln oder Klauen gelangt.

Der ursprüngliche Plan war gewesen, am Rhein entlang nach Süden zu gehen, nach Basel. Aber Stefan hatte sie zu diesem Weg überredet. Die Grenze nach Frankreich war zu stark überwacht, es gab einfach zu viele Checkpoints. In Stefans kleinem Transistorradio hatten sie gehört, dass die Schweizer Grenzen im Süden bei Basel und bei Schaffhausen ebenfalls streng kontrolliert wurden.

Stefan hatte vorgeschlagen, sich zum nördlichen Bodenseeufer durchzuschlagen. Er kannte Leute, die sie mit einem Boot an das andere Ufer bringen würden. Von dort konnte sie in weniger als einer Stunde bei ihren Eltern in St. Gallen sein.

»Und wohin jetzt?«, fragte Emma. Bis zum Ufer war es noch ein gutes Stück. Fast ein Tagesmarsch mit Elena.

Stefan zeigte auf den See. »Wir gehen nach Süden. Um Stockach herum und direkt nach Radolfzell. Dort versuche ich, meinen Kumpel zu finden. Wenn alles glatt läuft, kann er uns noch in der Nacht über den Untersee nach Ermatingen oder Berlingen bringen.«

»Wie weit ist es bis Radolfzell?«, wollte Emma wissen.

Stefan holte die Karte aus seiner Tasche. »Etwa dreißig Kilometer.«

Emma hob abwehrend die Hände. »Das ist zu viel für Elena.«

Stefan runzelte die Stirn. »Ich würde heute Abend gerne da sein. Zur Not werde ich sie tragen.«

Emma wollte selber endlich nach Hause. Aber sie durfte ihrer Tochter nicht mehr zumuten, als gut für sie war. »Lass uns einfach mal sehen, wie weit wir kommen, okay?«

Stefan verzog das Gesicht, nickte aber dann. »In Ordnung.« Er nahm seinen Rucksack wieder auf und lief los.

Emma hatte zuerst Bedenken gehabt, den Weg gemeinsam mit einem fremden Mann fortzusetzen, aber Stefan hatte das Herz am rechten Fleck. Er hatte ihren Erzählungen über Frauke und Tanja zugehört und sie getröstet, wenn sie danach weinte.

Quälend langsam näherten sie sich der Stadt Stockach. Stefan bog auf einen Weg ab, der einen steilen Hügel hinauf in einen Wald führte.

»Müssen wir wirklich da hoch?«, fragte Emma.

»Ja«, antwortete Stefan. »Die Alternative wäre mitten durch die Stadt, und das würde ich nur ungern machen.«

Resigniert folgte ihm Emma mit Elena an der Hand. Es war in der Tat besser, Siedlungen zu vermeiden. Man wusste nie, was dort auf einen wartete. In Haslach im Kinzigtal hatten Dorfbewohner sogar auf sie geschossen! Warum auch immer.

Der Aufstieg war mühsam, aber schließlich erreichten sie die Kuppe der Anhöhe, die erneut einen phantastischen Blick auf den Bodensee erlaubte.

Gerade als sie aus dem Wald auf offene Felder traten, kamen ihnen zwei Männer mit geschulterten Gewehren entgegen.

Emma musste den Impuls, in den Wald zurückzulaufen, unterdrücken. Es war zu spät dazu.

Einer der Männer war mittelgroß, der andere auffallend klein. Als die beiden sie bemerkten, nahmen sie die Waffen von den Schultern, ihre Mienen waren alles andere als freundlich. Sie trugen grüne Hosen in Tarnmustern und dazu passende Parkas, die aus Restbeständen der Bundeswehr stammen mochten. Soldaten waren das aber nicht. Sie trugen keine Rangabzeichen. Hatte sich am Bodensee etwa eine Miliz gegründet?

Emma spürte, wie sich ihr Herzschlag beschleunigte.

»Lass mich reden«, zischte Stefan.

»Hallo zusammen«, sagte er laut im Vorbeigehen.

Einer der beiden stellte sich ihm in den Weg. »Wohin des Weges?«

Emma schob sich vor ihre Tochter.

»Wir sind auf dem Weg nach Radolfzell«, antwortete Stefan. »Ich möchte zu einem Freund von mir.«

»Beschwerliche Anreise für einen kleinen Besuch bei Freunden«, meinte der Kleinere mit sarkastischem Unterton. »Und dann anschließend? Ein Besuch in der Schweiz?«

»Wir haben mit dem Gedanken gespielt.«

Der größere, der eine rote Knollennase hatte, schüttelte den Kopf. »Die Schweiz lässt niemanden mehr rein. Die Hoffnung braucht ihr euch gar nicht zu machen.«

»Ich bin Schweizerin«, entgegnete Emma. »Und meine Tochter hat auch die schweizerische Staatsbürgerschaft.«

Der Kleinere lachte. »Was für ein Pech. Auf dem Landweg wird nämlich gar keiner mehr in die Schweiz gelassen.«

»Und auf dem Seeweg?« Emma verspürte Wut in sich.

Der Kleine winkte ab. »Es gibt keinen Seeweg mehr. Ihr hättet euch das Ganze also sparen können.«

»Und was sollen wir jetzt machen?«, fragte Emma. »Etwa zurückgehen?«

Der Kleine lachte wieder. »Nee, wir wissen doch, wie das läuft. Ihr wartet ab, bis wir außer Sichtweite sind, dann dreht ihr um und geht trotzdem zum See.«

»Selbst wenn?«, brauste Emma auf. »Wer will uns das verbieten?«

Stefan berührte sie besänftigend an der Schulter.

Knollennase machte einen Schritt nach vorne, bis er direkt vor ihr stand. »Wir alle. Wir haben nämlich genug von euch. Ihr habt hier am Bodensee schon genug Schaden angerichtet. Ihr träumt davon, in die Schweiz zu kommen, und wenn ihr merkt, dass das nicht geht, benehmt ihr euch daneben. Wir wollen keine Plünderungen mehr von euch blödem Pack. Es reicht, was ihr in Überlingen angerichtet habt.«

»Was war denn in Überlingen?«

»Ein Aufstand«, antwortete der Kleine. »Fast fünfzig brave Bürger sind dabei ums Leben gekommen. Und darum haben wir jetzt genug von euch.«

»Also?«, fragte Emma. »Was nun?«

»Wir begleiten euch zum nächsten Checkpoint. Die Bundeswehr wird sich um euch kümmern und wir streichen die Prämie ein.«

»Was für eine Prämie?«, wollte Stefan wissen.

Knollennase grinste. »Für jede gefangene Ratte kriegen wir zwanzig Euro.«

Emma dachte an Fraukes Pistole, die in der Innentasche ihrer Jacke steckte.

Nein, ich werde nicht meine Tochter durch eine Schießerei gefährden.

Sie hatte ohnehin nur noch eine Patrone.

Emma konnte natürlich versuchen, den Kerlen Fraukes Geld anzubieten, aber sie hatte eher den Eindruck, dass die Männer ihr die Scheine einfach abnehmen und sie dennoch an die Bundeswehr ausliefern würden. Und sie brauchten das Geld womöglich später für die Überfahrt in die Schweiz, um die Grenzbeamten zu bestechen.

Die Männer brachten sie einen Wirtschaftsweg in Richtung Stockach hinab.

»Ihr könnt von Glück sagen, dass wir euch erwischt haben und nicht der alte Robert«, grinste Knollennase.

»Der hat nämlich genug Kohle. Der hätte euch gleich um die Ecke gebracht und im Wald verscharrt«, ergänzte der andere.

Sie hatten keine Wahl. Die beiden Männer führten sie zu einem Checkpoint am Ortseingang von Stockach. Sicher zehn Soldaten standen dort neben einer Schranke.

Ein Hauptmann kontrollierte ihre Personalien und rief einen anderen Uniformierten herbei. »Schnapp dir Uli und dann fahrt ihr die beiden ins Lager.«

»Was für ein Lager?«, fragte Stefan.

Der Hauptmann grinste gehässig. »*Das* Lager!«

72

9. DEZEMBER

»Sie wollten mich sprechen, Herr Bundeskanzler?« Ben blieb in der Tür stehen.

Hütter saß am Schreibtisch und las eine Zeitung. Er schaute nicht auf.

»Herr Bundeskanzler?«, wiederholte Ben.

Hütter blinzelte. »Ah, Entschuldigung. Kommen Sie herein, Gerber.«

»Etwas Neues?«

Hütter lächelte schwach. »Nein. Ich wollte es ein letztes Mal genießen.« Er zeigte auf den Stuhl vor seinem Schreibtisch, und Ben nahm Platz.

»Was genießen?«

»Die Zeitung. Meine FAZ.« Er lachte leise. »Ich lese die Frankfurter Allgemeine Zeitung seit meiner Jugend. Sie hat mich dazu gebracht, mich für Politik zu interessieren.«

Ben hatte nie eine Zeitung abonniert, nur eine Zeitlang Spiegel Online plus, aber er war selten dazu gekommen, mehr als ein oder zwei Artikel in der Woche zu lesen, und so hatte er das Abo nach einigen Monaten wieder gekündigt.

»Wieso ein letztes Mal?«

»Haben Sie es nicht mitbekommen? Die FAZ wird eingestellt. Das ist das letzte Exemplar. Es ist ein Wunder, dass die Zeitung in diesem Chaos der letzten Wochen überhaupt noch ihren Weg nach Berlin gefunden hat.«

Natürlich! Frankfurt am Main war als eine der nächsten Großstädte von der Todeszone bedroht. Redaktion und Leserschaft befanden sich wahrscheinlich längst auf der Flucht.

Der Kanzler faltete die Zeitung zusammen und legte sie in ein Regal an der Wand hinter ihm. »Mit dieser Zeitung geht ein weiteres Stück von Deutschland zugrunde. Erinnern Sie sich an ›Die unendliche Geschichte‹?«

»War das nicht ein Fantasyfilm von Roland Emmerich?«

Hütter lachte. »Nein, der war von Wolfgang Petersen. Nach einem Roman von Michael Ende.«

Sowohl Film als auch Buch waren vor Bens Zeit erschienen. Möglich, dass er den Film irgendwann einmal gestreamt hatte, aber er konnte sich beim besten Willen nicht daran erinnern.

»Jedenfalls gab es dort ein Land namens ›Phantasien‹, in dem sich das sogenannte ›Nichts‹ ausbreitete. Die Ländereien mitsamt den Fabelwesen verschwanden einfach.«

»Was blieb dann übrig? Eine Wüste?«

Der Kanzler schüttelte den Kopf. »Nein. Viel unheimlicher. Die Länder hinterließen noch nicht einmal eine Lücke. Alle Menschen darin waren weg, und es konnte sich auch niemand mehr daran erinnern, dass es Land und Leute jemals gegeben hat.«

»Na ja, das von den Nanomaschinen verwüstete Land ist ja immer noch da. Es besteht halt nur dann aus einem Meer von Nanomaschinen.«

Der Kanzler griff nach einem Glas Wasser, das vor ihm auf dem Schreibtisch stand. »Es kommt diesem fiktiven ›Nichts‹ aber sehr nahe. Wenn ein Erdbeben oder ein Krieg stattgefunden hat, bleiben noch Trümmer, in denen es unzählige Hinweise und Erinnerungen an die früheren Gebäude und die Menschen gibt. Bei den Nanomaschinen ist das nicht so.«

Hütter nahm einen Schluck und hustete. »Wenn Deutschland in einigen Monaten weg ist, ist bis auf die Menschen wirklich alles verschwunden. Die Orte und Städte mitsamt allen kulturellen Errungenschaften und Erinnerungen. Keine Kirchen, keine Denkmäler, keine Bücher, keine Computer.«

»Aber es wird immer noch Menschen geben, die sich an dieses Land erinnern, wie es früher einmal war.«

Hütter nickte langsam. »Ja. Das deutsche Volk wird in eine Diaspora gehen und sich über die Welt verteilen. Im Gegensatz zu anderen vertriebenen Völkern ohne jede Chance, jemals wieder in die Heimat zurückzugehen.«

Aber auch das war nur eine Momentaufnahme, dachte Ben mit einem Schaudern. »Und wir wissen ja: Die Nanomaschinen werden an den Grenzen Deutschlands nicht haltmachen.«

Das hatten sie auch nicht getan. Mit Raeren hatte die Todeszone gestern Abend Belgien erreicht und mit Kerkrade in der Nacht die Niederlande. Mit Maastricht und Liège würden in einigen Tagen die ersten Großstädte im Ausland dran sein. In beiden Ländern hatte nun ebenfalls eine Massenflucht nach Süden eingesetzt.

Der Kanzler schwenkte das Wasserglas, als wäre kostbarer Whisky darin. »Und was ist in der Zukunft? Wenn die Nanomaschinen auch den letzten Fleck auf der Erde erreicht haben? Dann werden keine Leute mehr da sein. Alles wird ausgelöscht sein, sogar die Erinnerungen. Es wird so sein, als habe die Erde, die Menschheit niemals existiert. Millionen Jahre Evolution. Tausende Jahre kulturelle Entwicklung. Einfach ausgelöscht.«

»Die Amerikaner planen eine Kolonie auf dem Mars. Der Kongress hat Hunderte Milliarden Dollar freigegeben. Wenn es klappt, werden Menschen übrig bleiben. Die Erinnerung wird nicht ganz verlöschen.« Vielleicht ging der Plan auf. Mit den neuen, in der Entwicklung befindlichen Raumschiffen konnten Hunderte, möglicherweise sogar Tausende Menschen zum Mars geschafft werden. Sie würden den Planeten zu ihrer neuen Heimat machen.

Es wäre eine unfreundliche, eine feindliche Heimat. Wegen der kosmischen Strahlung würden die Menschen unter der Oberfläche leben müssen. Die Kinder der neuen Welt würden aus den

Helmen ihrer Raumanzüge in den Himmel blicken und neben der Sonne einen goldenen Stern sehen, der in der Vergangenheit einmal eine blaue Farbe gehabt hatte und ein Paradies voller Leben gewesen war. Sie würden ihre Vorfahren verfluchen, dass sie den kommenden Generationen dieses Paradies genommen und sie auf einen kargen, unfruchtbaren Planeten verdammt hatten. Für alle Zeit würde die Erde ein Mahnmal für den Egoismus und die Hybris einer überheblichen und selbstgerechten Generation sein.

Ben straffte sich. Sich jetzt in Selbsthass zu suhlen, brachte auch nichts. »Was kann ich für Sie tun, Herr Bundeskanzler?«

Hütter stellte das Glas beiseite und faltete seine Hände wie zum Gebet. »Ich wollte mich noch einmal bei Ihnen für Ihre Hilfe bedanken.«

Ben hob die Augenbrauen. »Soll das heißen, dass Sie mich nicht mehr brauchen?«

»Sagen wir eher, dass ich Ihnen die Gelegenheit geben möchte, Ihre letzten Tage nach Ihren Vorstellungen zu verbringen.«

Meine letzten Tage …

Ben hatte es immer verdrängt. Die Arbeit hatte ihm das Gefühl gegeben, dass sie doch noch etwas gegen die Nanomaschinen tun konnten. Aber der Kanzler hatte recht. Es waren Andrews Worte gewesen: Sie hatten ihr Pulver verschossen.

»Was werden Sie tun?«, flüsterte Ben. »Was wird die Regierung tun?«

Hütter verzog das Gesicht. »Nichts mehr. Die Regierung hat sowieso nichts mehr zu melden. Die Verwaltung des Nachlasses wurde nunmehr von der Bundeswehr übernommen. General Marks wird dafür sorgen, dass noch ein letzter Rest von Ordnung im Land übrig bleibt. Er wird es tun, bis mit Rügen in ein paar Monaten der letzte Rest von Deutschland verschwunden ist.«

»Und Sie?«

Hütter schnaubte resigniert. »Ich werde weiter mit ausländischen Regierungen darüber verhandeln, dass sie Deutsche als Flüchtlinge aufnehmen.«

Ben hatte das in den letzten Tagen verfolgt, aber dabei war bislang wenig Positives herausgekommen. Die europäischen Länder waren mit sich selber beschäftigt, und auch auf anderen Kontinenten gab es nur wenig Bereitschaft, Millionen Deutsche aufzunehmen, auf die bald darauf weitere Millionen Europäer folgen würden. »Hat das denn noch Sinn?«

Der Kanzler bejahte. »Wir müssen es auf jeden Fall weiterhin versuchen. Kanada hat signalisiert, vielleicht hunderttausend Deutsche zu akzeptieren. Südafrika hat ebenfalls angeboten, einige tausend Menschen ins Land zu lassen.«

Einige tausend?

Bei über achtzig Millionen Staatsbürgern war das nicht mehr als ein Tropfen auf den heißen Stein. Aber selbst wenn es ein großes Umsiedlungsprogramm gab, wie sollte man die ganzen Menschen mit ihrem Hab und Gut auf einen anderen Kontinent bringen? Es war völlig illusorisch.

Ben beschloss, das Thema zu wechseln. »Haben Sie eigentlich noch mal etwas von Weinheim gehört?«

Hütter sah auf. »Weinheim? Hat es Ihnen noch keiner erzählt?«

»Was erzählt?«

»Weinheim ist tot.«

Eine Gänsehaut zog sich über Bens Rücken. »Tot? Ja, aber ...«

»Sie haben ihn in seinem Auto gefunden. In der geschlossenen Garage. Mit laufendem Motor. Seine Familie saß mit im Auto.«

Bens Kehle war wie zugeschnürt. Er hätte nicht gedacht, dass Weinheim das schon so bald tun würde.

Eine ganze Weile saß er einfach nur da. Er spürte Tränen auf seinen Wangen und wunderte sich, wie nahe ihm der Tod des Beamten ging.

»Wo möchten Sie hin?«, erkundigte sich der Kanzler plötzlich.

Ben hatte mit so einer Frage nicht gerechnet. »Bitte?«

»Es ist nicht einfach, in Deutschland noch irgendwohin zu kommen. Ich biete Ihnen an, Sie an einen Ort Ihrer Wahl bringen zu lassen. Also, wo möchten Sie hin?«

Der Kanzler hatte recht. Die Reisefreiheit im Land war praktisch außer Kraft gesetzt. Nur Menschen aus unmittelbar bedrohten Gebieten bekamen eine Sondererlaubnis der Bundeswehr, ihre Landstriche zu verlassen. Natürlich war das ein sinnloses Unterfangen. Der Bundeswehr gelang es nur selten, die zahllosen Flüchtlingstrecks aufzuhalten und zu kontrollieren.

Aber wohin sollte er? Natürlich konnte er zu seiner Mutter nach Münster gehen, wohin die wenigen übrigen Bewohner des Pflegeheims in Sicherheit gebracht worden waren. Es wäre vielleicht das Beste. Er konnte dort ihre Hand halten und sich bis zum Ende um sie kümmern.

Dann fiel ihm endlich ein, dass er eine Aufgabe hatte. Er gehörte ja gar nicht dem Bundeskanzleramt an. Offiziell war er immer noch Angestellter des Forschungszentrums für Nanotechnologie, obwohl es das schon lange nicht mehr gab. Aber die Rumpfmannschaft existierte ja weiterhin.

Dort konnte er sich am ehesten nützlich machen.

»Bringen Sie mich bitte nach Karlsruhe«, sagte Ben.

73

»Bereit?«, fragte Andrew.

»Bereit«, verkündete Franka an ihrem Kontrollpult.

»Bereit«, antwortete Horst, der die Messwerte am Bildschirm im Auge behielt.

Andrew ging zum Fenster, das einen Blick auf den Nano-Synthesizer im Labor erlaubte, fast eine exakte Kopie der Anlage, die sie in Köln errichtet hatten. Zum Glück hatte man viele Komponenten hierherschaffen können, bevor das Forschungszentrum ein Opfer der Radioaktivität, anschließend der Wasserstoffbombe und letztlich der Nanomaschinen geworden war.

Einige Arbeiter liefen um die zylindrischen Reaktoren herum. Harald und Mike waren mit dabei, wurden aber von einigen Technikern des KIT unterstützt.

Es war bemerkenswert, dass sie das hier in wenigen Wochen aus dem Boden gestampft hatten. Doch wie es schien, war alles für die Katz gewesen.

Andrew ging zu seinem eigenen Kontrollpult zurück und studierte ein letztes Mal die Werte. Alle waren im grünen Bereich.

Er wollte gerade den Befehl zur Aktivierung des Synthesizers geben, als sich die Tür des Kontrollraums öffnete.

»Ben!« Andrew lief zu seinem Freund und umarmte ihn. »Schön, dich zu sehen. Hat der Kanzler dich tatsächlich gehen lassen?«

Sie hatten sich seit zwei Wochen nicht mehr gesehen. Sein Kumpel sah müde aus, abgekämpft.

Ben lächelte schwach.

»Sieht ganz so aus.« Er räusperte sich. »Ihr versucht weiterhin, Anti-Nanos zu züchten?«

»Was sollen wir schon sonst tun?«, wollte Andrew wissen.

»Du hörst dich nicht sehr zuversichtlich an.«

»Gut erkannt«, antwortete Andrew. »Wir haben schon alles versucht. Jetzt ändern wir einfach beliebig die Konfiguration und schauen, was passiert. Aber im Grunde stochern wir im Dunkeln. Wir haben keine Ahnung, warum keines unserer Exemplare es mit der Beta-Variante aufnehmen kann.«

Ben runzelte die Stirn. »Beta-Variante? Das erinnert mich jetzt an etwas ganz anderes.«

»Wir wussten nicht, wie wir es sonst nennen sollten«, meinte

Andrew entschuldigend. »Die Alpha-Variante sind die ursprünglich freigesetzten Nanomaschinen, und die nach der Explosion mutierte Variante nennen wir halt jetzt Beta.«

»Habt ihr keine Computersimulationen durchgeführt? Ist keine Optimierung mittels künstlicher Intelligenz möglich?«

Andrew verneinte. »Wir haben es zwar probiert, aber die Ergebnisse der Deep-Learning-Simulationen konvergieren nicht.«

»Und was heißt das?«

»Es bedeutet, dass laut der Computersimulationen keine Lösung möglich ist.«

Ben verzog das Gesicht.

Andrew hob beschwichtigend die Hände. »Das kann aber auch an dem Simulationsverfahren liegen. Wir haben dann die künstliche Intelligenz um ein Permutationsverfahren ergänzt.«

»Und das bedeutet?«, hakte Ben nach.

Andrew schnaufte. »Wir nehmen das beste Nanomaschinenmodell, das wir haben, und ändern die Konfiguration, ohne die Leistungsfähigkeit zu beeinflussen.«

»Tut mir leid, ich verstehe es immer noch nicht.«

»Stell dir ein Auto mit Heckmotor vor.«

»Okay.«

»Jetzt bauen wir den Motor vorne ein. Die Abmessungen, Leistung und Höchstgeschwindigkeit ändern sich nicht, aber der Wagen liegt besser auf der Straße. Das probieren wir nun einfach mit den Nanomaschinen und hoffen, dass irgendeine Konfiguration einen Vorteil gegenüber der Beta-Variante hat.«

Ben stöhnte. »Wir haben in den letzten Jahren so viel über Nanomaschinen herausgefunden. Wir kennen die Molekülstruktur bis auf das letzte Atom. Und wir kriegen nicht mehr auf die Kette, als Anti-Nanos nach dem Zufallsprinzip herzustellen?«

Diese Tatsache nervte Andrew ja selbst. Er versuchte gar nicht erst, die Gereiztheit aus seiner Stimme fernzuhalten. »Über die Dynamik von großen Mengen an Nanomaschinen wissen wir noch gar nichts. Aus dem Aufbau eines Wassermoleküls kannst du auch nicht die gesamte Fluiddynamik herleiten.«

Horst winkte. »Chef, wir müssen jetzt, bevor die Temperaturen in den Reaktoren wieder absinken.«

Andrew nickte ihm zu. »Ja, ja. Legt ruhig los.«

»Okay«, sagte Horst. »Ich öffne die Vorventile und die Hauptventile. Komponenten strömen in den Synthesizer.«

»Temperaturen und Drücke sind im Normbereich«, kommentierte Franka.

»Die Temperatur im Hauptreaktor steigt an«, verkündete Horst. »Die Synthese beginnt.«

Andrew betrachtete die Kurven auf seinem Bildschirm. Es sah alles gut aus. Nanomaschinen wurden von modifizierten Proteinen aus ihren Einzelkomponenten zusammengebaut und vervielfältigten sich in der Nährlösung.

»Die Masse beträgt ein Kilo«, meldete Franka. »Synthese abgeschlossen.«

»Und jetzt?« Ben trat neben Andrew an das Kontrollpult.

Andrew grinste schwach. »Jetzt beginnen die Hahnenkämpfe.«

»Die was?«

»Öffne Ventil drei«, sagte Andrew zu Franka, dann drehte er sich zu Ben um. »Jetzt kippen wir Betas in den Reaktor und lassen die Nanomaschinen miteinander kämpfen.«

»Es geht los«, sagte Horst.

Andrew blickte auf die steil ansteigende Temperaturkurve. Er zeigte auf die Linie. »Eine Sorte Nanomaschinen zersetzt gerade die andere.«

Ben rückte ganz nahe an den Bildschirm heran. »Woher wissen wir, welche gewinnt?«

»Wir müssen abwarten«, antwortete Andrew. »Wenn nur noch eine Variante übrig bleibt, können wir sie mit einem Laserspektrometer identifizieren.«

»Die Temperatur fällt wieder«, rief Franka.

In der Tat. Die Temperaturkurve sank schnell und bildete dann eine gerade Linie.

»Ich schätze, wir haben einen Gewinner.« Andrew spürte, dass seine Stimme zitterte. »Franka, aktiviere das Spektrometer.«

Er griff an die Schalttafel und ein weiterer Bildschirm erwachte zum Leben. Er zeigte nur eine flache Linie. »Was ist denn jetzt?«

»Moment«, sagte Franka. »Die Blende öffnet sich noch.«

Aus der Linie erhob sich ein feiner Balken, neben dem eine Zahl eingeblendet wurde. Andrew kannte den Wert und wusste genau, was er bedeutete. »575 Nanometer. Die Beta-Variante hat gewonnen.« Er schlug mit der Hand auf die Konsole. Ein leerer Pappbecher plumpste zu Boden. Warum funktionierte es einfach nicht? Was machten sie nur falsch? »Ich verstehe es einfach nicht. Keine Variante, die wir erschaffen, zeigt auch nur den leisesten Erfolg.«

»Evolution?«, fragte Ben.

»Was meinst du?«

Ben zuckte mit den Schultern. »Liegt es daran, dass die Betas das Ergebnis zahlloser Mutationen sind?«

Andrew nickte. »Es wäre möglich. Wir haben so viel radioaktives Material über ihnen ausgekippt, dass die natürliche Auslese unheimlich hart gewesen sein muss. Und von der Wasserstoffbombe sprechen wir noch gar nicht. Sie haben durch die natürliche Selektion einen Vorteil, den wir mit unserem rudimentären Wissen niemals aufholen können.« Er seufzte und drehte sich zu Franka um. »Kümmert ihr euch bitte um die Sterilisation des Synthesizers?«

»Natürlich, Andrew«, erwiderte sie.

Er wandte sich an Ben. »Komm mit!«

Ben folgte ihm zur Tür. »Wohin denn?«

»Ich brauche jetzt dringend etwas zu trinken.«

»Nichts dagegen«, meinte Ben. »Hast du etwas von Emma gehört?«

»Nichts!«, sagte Andrew bitter.

Sein Büro am Ende des schmalen Korridors war winzig und hatte nur ein kleines Fenster, das lediglich den Blick auf eine Mauer freigab. Zielstrebig ging Andrew zu dem kleinen Kühlschrank und holte sich eine Dose Bier heraus. »Auch eine?«

»Warum nicht.« Ben nahm eine Dose entgegen und setzte sich auf den kleinen Hocker unter dem an der Wand festgemachten Whiteboard.

Andrew ließ den Verschluss seiner Dose zischen und nahm tiefe Züge von dem Bier.

»Was wird Rappe sagen, wenn du während der Arbeit trinkst?«, fragte Ben.

Andrew lachte laut auf. »Als ob das in diesen Zeiten noch irgendwen interessiert. Rappe hat selber genug zu tun. Ist nicht so einfach, hier alles zu bekommen, was man braucht, wenn um einen herum die Welt den Bach runtergeht.«

»Ich dachte, ihr habt Priorität«, meinte Ben.

»Klar, bloß bekommt man keine wissenschaftlichen Instrumente mehr, wenn die Hersteller nicht mehr existieren. Wir haben noch Quellen im Ausland, aber die Unterstützung von dort wird mit jedem Tag geringer, an dem die Todeszone sich weiter ausdehnt.«

Nicht, dass das sonderlich viel am Ergebnis änderte. »Selbst, wenn wir alles zur Verfügung hätten, sind wir am Ende angelangt. Unsere Arbeiten werden zu nichts führen. Im Grunde genommen betreiben wir nur noch Beschäftigungstherapie, bis die Nanomaschinen in einigen Wochen Karlsruhe erreichen und wir das Forschungszentrum verlassen müssen.«

Ben trank einen großen Schluck aus seiner Bierdose. »Vielleicht versuchen wir einmal, das Problem von der anderen Seite aus zu betrachten.«

Andrew lachte. »Von der anderen Seite?« Er hatte eigentlich keine Lust auf philosophische Grundsatzdiskussionen.

Ben nickte. »Ja, von der anderen Seite. Was wäre nötig, um die Ausbreitung der Nanomaschinen zu stoppen?«

Andrew stöhnte. Sie hatten das schon so oft durchgekaut. Natürlich hatte Ben, der gerade erst aus Berlin zurückgekehrt war, keine Ahnung. »Nanomaschinen, die stärker sind als Variante Beta. Und genau damit sind wir bislang gescheitert.«

»Gibt es denn - abseits davon - noch eine andere Möglichkeit, die Todeszone aufzuhalten? Eine Barriere vielleicht?«

Der Gedanke war naheliegend. Aber auch den hatte Andrew schon zerpflückt. »Sicher könnten wir eine riesige Mauer aus Lithiumelementen um die Todeszone herum errichten, aber da sich die Nanomaschinen auch unter der Erde ausbreiten, wäre das völlig sinnlos. Egal, wie tief wir die Mauer in den Boden graben, die Nanomaschinen fressen sich noch tiefer durch das Gestein.«

Ben machte ein nachdenkliches Gesicht. »Wissen wir, wie tief?«

»Sie können sich nicht durch den Erdkern fressen, dazu sind die Temperaturen dort zu heiß«, erwiderte Andrew. »Die Nanomaschinen sind bis etwa siebenhundert Grad funktionsfähig, wie wir hier in Experimenten herausgefunden haben. In welcher Tiefe der Erdmantel diese Temperatur erreicht? Ich habe keine Ahnung. Vielleicht sind es ein paar hundert Kilometer. Und so tief können wir keine Mauer bauen.«

Ben nahm einen weiteren Schluck. »Also keine Barriere.«

»Keine Barriere«, bestätigte Andrew. »Glaub es mir: Nanomaschinen sind in unserer Lage das einzige Gegenmittel gegen die Nanomaschinen.«

»Radioaktivität hat aber auch geholfen«, gab Ben zu bedenken.

»Nur bei kleinen Ausbrüchen«, sagte Andrew. »Als wir auf einmal eine Vielzahl an Stellen hatten, haben wir mit unseren begrenzten Mitteln nicht mehr mit der nötigen Dosis und Dauer bestrahlen können. Das hat uns das Genick gebrochen. Sind die Ausbrüche dann zu groß, schadet Radioaktivität mehr, als dass sie nützt.«

»Wegen der Mutationen?«

»Wegen der Mutationen«, bestätigte Andrew.

»Was bräuchten wir, um doch noch wirkungsvolle Anti-Nanos herzustellen, die gegen Beta helfen?«

Andrew hob die Augenbrauen. »Rein hypothetisch?«

»Rein hypothetisch.«

Andrew dachte einen Moment nach. »Eine Nanotechnologie, die der unseren weit voraus ist.«

»Einige Jahre?«, fragte Ben. »Könnten die Amerikaner, die mehr Zeit haben als wir, noch etwas entwickeln?«

Guter Punkt. »Vielleicht. Die haben gute Wissenschaftler und weniger Druck, da es Jahre dauern wird, bis die Nanomaschinen bis nach Amerika gelangen. Trotzdem glaube ich nicht, dass sie Erfolg haben werden.«

»Warum nicht?«

»Wegen der Evolution«, erwiderte Andrew. »Bis dahin wird die halbe Erdoberfläche von Nanomaschinen bedeckt sein. Sie werden weiter mutieren und wahrscheinlich Resistenzen gegen die Anti-Nanos entwickeln. Es sind dann einfach zu viele.«

»Also?«, fragte Ben.

»Also bräuchten wir eine Nanotechnik, die der unseren um Jahrhunderte voraus ist. So dass kein Zweifel besteht, dass die Anti-Nanos den Betas deutlich überlegen sind. Uns fehlt immer noch das grundlegende Verständnis der Ausbreitungsdynamik und der damit verbundenen Selektionsprozesse. Das werden wir auch nicht entwickelt haben, bis die Todeszone die gesamte Erde umfasst.«

»Okay. Was noch?«

»Was meinst du mit ›was noch‹?«

»Es muss noch eine Möglichkeit geben. Irgendeine.«

Ben meinte es ernst. Andrew sah es an seinen Augen. Er lachte. »Es gibt sonst nichts.« Er trank die Bierdose leer und knallte sie auf den Schreibtisch. »Vielleicht können wir Radioteleskope in den Himmel richten und ein kosmisches Hilfesignal senden. Vielleicht tauchen hier ein paar Außerirdische auf und nehmen uns mit.«

Ben sah missmutig drein. »Es besteht kein Grund, sarkastisch zu werden. Wenn das unsere letzte Hoffnung ist, dann sollten wir vielleicht wirklich einen Hilferuf in den Himmel schicken.«

Andrew winkte ab. »Die Funksignale würden sich mit Lichtgeschwindigkeit bewegen. Bis zum nächsten Stern brauchen sie schon über vier Jahre. Falls es da draußen irgendwo Außerirdische gibt, die unsere Signale empfangen könnten, dann wären wir längst weg vom Fenster, wenn sie unsere Botschaft hören.«

Nein, das war keine Lösung. Es war einfach nur ein absurder Gedanke. »Lass uns wieder ernsthaft werden.«

Ben hob die Hände. »Dann müssen wir ganz ernsthaft zugeben, dass wir am Arsch sind.«

»Dann ist das wohl so.«

Ein unangenehmes Schweigen durchdrang den Raum.

»Hast du etwas von Emma gehört?«, fragte Ben plötzlich.

Andrew blickte auf. »Nein«, sagte er knapp. Er hatte ein schlechtes Gewissen, dass er noch nicht einmal versucht hatte, die Freundin zu erreichen. »Ich habe keine Ahnung, ob sie es bis in die Schweiz geschafft hat.«

Ben presste die Lippen zusammen. »Ich habe versucht, sie mit dem Handy zu erreichen, aber es geht niemand ran.«

»Hast du die Nummer ihrer Eltern?«, fragte Andrew.

Ben schüttelte den Kopf. »Nein. Ich würde darauf wetten, dass sie es nicht bis zu ihnen geschafft hat und nun in einem der zahllosen Flüchtlingslager feststeckt.«

»Hätte Rappe sie nicht rausgeschmissen, wäre sie sicher nun hier bei uns.« Andrew spürte Wut über seinen Chef aufsteigen.

Es konnte ja schon sein, dass diese Nanoben ein exotisches Forschungsobjekt waren, aber es war kein Grund gewesen, Emma einfach zu feuern. Zumal sie sich ja aus ihren selber eingeworbenen Drittmitteln finanzierte. »Arschloch!«, zischte er.

»Na ja, man muss Rappe schon ein bisschen verstehen. Das Kanzleramt hat genau gewusst, welche Forschungsprojekte bei uns untergebracht waren und diese Theorien über außerirdische Nanomaschinen ...« Ben verstummte.

Andrew gefror. Er hatte nicht mehr an diese Theorie gedacht, aber Ben hatte recht. Emma hatte bei einem Abendessen davon gesprochen.

Er setzte sich an seinen Computer und rief eine Datei mit Einrichtungsgegenständen auf, die von Köln nach Karlsruhe verschifft worden waren.

»Was machst du da?«

Andrew zeigte auf den Bildschirm. »Das sind Emmas Instrumente. Sie sind hier irgendwo im Lager. Schau dir mal das hier an.« Er öffnete einen Link, und ein Kasten auf einem großen Ständer tauchte auf dem Bildschirm auf. Eine Beschreibung wurde am unteren Bildschirmrand eingeblendet.

Ben rückte nach vorne und las. »Experiment sieben dient der Überprüfung von Hypothese C im Fortschrittsbericht, wonach Nanoben außerirdische Nanomaschinen darstellen.«

Ben biss sich auf die Lippe und sah Andrew durchdringend an. »Was ist, wenn da etwas dran ist?«

Andrew wollte lachen ... aber er konnte nicht. Emma war von ihrer Forschung sehr überzeugt gewesen. Was war, wenn es sich bei den Nanoben *wirklich* um außerirdische Nanomaschinen handelte? Fortgeschrittene, den Betas überlegene Nanomaschinen?

Absurd!

Und wenn doch? Wäre es möglich, sie zu kontrollieren? Sie dazu zu bringen, gegen die Betas zu kämpfen? Aber wie?

»Ich weiß, es ist ein Strohhalm«, sagte Ben. »Eine entfernte Hoffnung.«

Andrew nickte. »Ein Strohhalm. Mehr nicht.«

Ben trank seine Bierdose leer. »Sind wir so weit, nach einem letzten Strohhalm zu greifen?«

Andrew schnaubte. Sie waren schon seit langem so weit, nach einem Strohhalm zu greifen, um sich aus der Scheiße zu ziehen.

»Was können wir tun?«, fragte Ben.

»*Wir* können gar nichts tun.« Andrew stand auf. »Emma war die Spezialistin für Nanoben. Ich habe keine Ahnung, wie das Ding funktioniert.«

»Wohin gehst du?«

»Zu Rappe.«

Rappe hatte sein Büro in einem anderen Flügel. Es dauerte einige Minuten, aber dann standen sie vor der Tür ihres Institutsleiters, der kein eigenes Institut mehr hatte.

Andrew machte sich nicht die Mühe, anzuklopfen, sondern ging einfach hinein. Eine Sekretärin hatte Rappe in Karlsruhe nicht, und so saß der Mann nun selber an seinem Computer.

Er blickte auf. »Was? Oh, Herr Gerber, Sie sind wieder da. Gibt es etwas Wichtiges?«

»Wir müssen mit Ihnen sprechen«, sagte Ben.

Rappe zeigte auf zwei Stühle, die vor seinem Schreibtisch standen, aber sie blieben beide stehen. Das Gespräch würde nicht einfach werden.

Rappe sah schlecht aus. Aber das war bei ihm schon die ganze letzte Zeit der Fall.

»Wir haben eine Idee«, informierte ihn Andrew. Er tauschte einen kurzen Blick mit Ben aus. Der nickte leicht.

Rappe nahm seine Lesebrille ab und legte sie vor sich auf den Tisch. »Schießen Sie los.«

»Wir brauchen Anti-Nanos«, erklärte Andrew.

Rappe musterte ihn kühl. »Das ist ja nun weiß Gott nichts Neues.«

Andrew suchte nach Worten. »Was wäre, wenn es bereits Anti-Nanos gibt? Ich meine, überall auf der Erde?«

Rappe schnaubte ungeduldig. »Kommen Sie zum Punkt!«

»Erinnern Sie sich an Emmas Forschung?« Natürlich würde er das.

»Frau Hartmann? Mit ihren lächerlichen Nanoben? Was ist damit?«

Andrew seufzte. »Sie erinnern sich sicher auch an einige der esoterischen Deutungsversuche der damit verbundenen Fragen.« Er formulierte das bewusst als Feststellung.

Rappe verzog gequält das Gesicht. »Da gab es ja so einige. Ich habe mich bemüht, den Unsinn zu vergessen.«

»Was wäre, wenn es kein Unsinn ist?«

Rappe sah ihn scharf an. »Was meinen Sie damit?«

»Was ist, wenn es sich bei Emmas Nanoben tatsächlich um außerirdische Nanomaschinen handelt?«

Rappes Mundwinkel zuckten. Andrew rechnete damit, jeden Moment aus dem Büro geworfen zu werden. Stattdessen musterte ihn der Institutsleiter nur stumm.

Ben trat einen Schritt auf den Schreibtisch zu. »Wenn auch nur die geringste, die allergeringste Chance besteht, dass diese Theorie zutrifft, sollten wir sie angesichts unserer momentanen Lage nicht besser überprüfen?«

Rappe stand auf. Irgendein Ausdruck lag in seinem Gesicht, den Andrew nicht zu interpretieren vermochte. War es Traurigkeit? Resignation?

Rappe wandte sich um und starrte aus dem Fenster. Draußen wirbelten Schneeflocken herum und bedeckten die große Eiche an der Straße mit einer weißen Schicht.

Das Schweigen dehnte sich.

Andrew suchte Bens Blick.

»Herr Rappe?«, fragte Ben.

Er hatte sie nicht gleich aus seinem Büro geworfen, das war schon einmal ein gutes Zeichen. Oder?

Schließlich drehte Rappe sich um. »Wo ist Frau Hartmann? Haben Sie Kontakt zu ihr?«

Ben schüttelte den Kopf.

Andrew holte sein Handy aus der Tasche. Er würde sie nicht erreichen. Seit Wochen war ihr Handy tot. Das würde es jetzt auch wieder sein. Dennoch wählte er die abgespeicherte Nummer seiner Kollegin. Es tutete einmal, dann hörte er eine Ansage, dass der Anschluss nicht erreichbar sei. »Nichts. Die meisten Gegenden in Deutschland haben nicht mehr den Luxus einer funktionierenden Mobilfunkverbindung. Ich glaube nicht, dass sie es bis in die Schweiz geschafft hat.«

Rappe stöhnte. »Finden Sie raus, wo sie ist, und holen Sie sie her. Ich glaube zwar nicht, dass an dieser absurden Theorie etwas dran ist, aber man greift ja inzwischen zu jedem Rettungsring.« Er machte einen Schritt auf Ben zu. »Nehmen Sie Kontakt mit dem Bundeskanzleramt auf. Die haben in Berlin mehr Möglichkeiten als wir. Sie sollen Frau Hartmann ausfindig machen und hierher nach Karlsruhe bringen.«

Ben nickte, nahm sein Handy und verließ das Zimmer.

Rappe wandte sich an Andrew. »Sie haben zwar nichts gesagt, aber ich gehe mal davon aus, dass auch der heutige Test ein Fehlschlag war.«

»Leider ja.«

»Wenn es uns gelingt, Frau Hartmann zu finden, dann wird sie ein Labor benötigen. Schauen Sie in der Datenbank nach, mit welchen Geräten sie ihre Experimente in Köln gemacht hat. Beschaffen Sie das Zeug und richten Sie ein kleines Labor ein.«

Rappe drehte sich um und blickte erneut aus dem Fenster.

Der Schneeschauer war stärker geworden, und man konnte die anderen Gebäude des KIT kaum noch erkennen.

»Ich habe von den Ideen von Frau Hartmann nie etwas gehalten«, sagte Rappe. »Doch ich hoffe inständig, dass ein Wunder eintritt und die esoterischen Spinner recht haben.«

74

Einige nannten es einfach nur *das Lager*. Andere nannten es ›die Hölle von Friedrichshafen‹.

Emma hätte nie gedacht, dass in Deutschland so etwas möglich war.

Sie watete mit ihrer Tochter durch den eiskalten Matsch, vorbei an Zehntausenden, Hunderttausenden Zelten. In regelmäßigen Abständen mussten sie kleine Gräben überspringen oder auf schmalen Holzbalken darüber balancieren. Die Bäche führten Fäkalien zur völlig überlasteten Kanalisation. Der Gestank war auch bei Temperaturen von knapp über null Grad bestialisch.

Das Flüchtlingslager war eigentlich gar nicht so groß. Zwei Quadratkilometer, hatte der Typ vom Roten Kreuz gesagt, von dem ihnen ein Zelt zugewiesen worden war. Wie viele Menschen hier hausten, konnte niemand sagen. Es war fast ein Spiel, die genaue Zahl zu schätzen. Emma hatte zwischen zweihunderttausend bis zu einer Million schon alles gehört.

Das Lager war nördlich der Stadt Friedrichshafen eingerichtet worden, nachdem immer mehr Menschen im Bodenseeraum gestrandet waren. Die Leute wollten, wie Emma, nach Österreich oder in die Schweiz, aber da die Grenzen geschlossen waren, war hier Endstation. Nach mehreren, teilweise gewaltsamen Plünderungen hatte die Bundeswehr das Camp aufgebaut, das täglich wuchs. Es war von hohen Stacheldrahtzäunen umgeben.

Der Weg führte nur hinein. Hinaus ging es ausschließlich mit Sondergenehmigung.

Es fehlte an allem: an Zelten, an Wasser, an Nahrung, an Heizungen, an Decken, an Kleidung, an Menschlichkeit.

Emma schob sich durch die Menge nach vorne. Ein Mann stieß sie brutal zur Seite und schob sich an ihr vorbei. Sie beklagte sich schon gar nicht mehr. Hier galt das Recht des Stärkeren.

Die Ausgabestelle für Nahrung war nur noch einige Dutzend Meter entfernt. Doch dann kam die Ansage über den großen Lautsprecher: »Die Nahrungsmittel sind für heute erschöpft. Kommen Sie morgen wieder.«

Einige Menschen schrien voller Zorn auf. Manche ignorierten die Worte und setzten ihren Weg einfach fort.

Auch Emma wurde wütend.

Verdammt!

Ihr Magen knurrte. Elena hatte seit Ewigkeiten nichts Vernünftiges mehr gegessen. Sie packte ihre Tochter an der Hand und ging mit ihr weiter nach vorne.

Doch Soldaten schossen an der Ausgabestelle in die Luft, und die Menge zerstreute sich. Jemandem, dem es gelungen war, sich doch noch ein Nahrungspaket zu sichern, ein schlanker, junger Mann mit randloser Brille, wurde von einem breitschultrigen Gorilla niedergeschlagen.

Es hat keinen Sinn!

Enttäuscht wandte Emma sich um.

Sie hatten auch kein Wasser bekommen, aber die Lösung war einfach gewesen: Stefan hatte die Zeltplane benutzt, um Regenwasser zu sammeln.

Emma stapfte durch den knöcheltiefen Matsch. Ihre Füße waren so kalt, dass sie fast schon kein Gefühl mehr darin hatte.

Elena zitterte. Aber das war kein Wunder. Ihre Haare waren so klitschnass wie ihre Klamotten. Einen trockenen Ort, an dem man sich aufwärmen konnte, gab es nicht.

Aus vielen Zelten, an denen Emma und Elena vorbeigingen, hörten sie Menschen husten und niesen. Oder röcheln.

Emma wollte einen alten Mann überholen, der wie in Zeitlupe vorwärts wankte. Als sie neben ihm war, kippte er um und landete mit dem Gesicht im Matsch. Emma kniete sich hin und drehte den Mann um, aber sie sah an seinen geöffneten Augen, dass der Alte tot war.

Emma ließ ihn auf dem Rücken liegen und stand wieder auf. Es war nicht der erste Tote, den sie hier sah.

Mit Elena an der Hand setzte sie ihren Weg fort, bis sie endlich ihr Zelt erreichte. Davor stand Stefan und unterhielt sich mit einem anderen Mann, der eher klein von Statur war und der beim Reden auffällig den Kopf schief legte. Er trug an seiner Jacke einen gelben Aufnäher, der ihn als örtliche Hilfskraft der Bundeswehr auswies. Der Mann konnte also das Lager verlassen.

Stefan sah sie und lächelte. »Komm schnell her.«

Emma stellte sich zu den beiden.

»Das ist Robert Hansel«, stellte Stefan den Mann vor.

Sein Gegenüber nickte ihr zu. »Guten Tag.«

Eigentlich wirkte Hansel ganz normal, aber in seinen Augen lag ein seltsamer Ausdruck. Etwas Unheimliches.

»Hansel sagt, er kann uns in die Schweiz bringen«, meinte Stefan. »Er hat ein Boot.«

Emma war skeptisch. »Ist das so?«

»In der Tat«, antwortete der Mann. »Es liegt am Ufer bereit für neue Kunden.«

Der Mann war also ein Schlepper. »Wie viel?«, fragte Emma.

»Zehntausend pro Kunde. Dreißigtausend also«, erwiderte der Mann, ohne mit der Wimper zu zucken.

Emma schrie unterdrückt auf. »Dreißigtausend? Für eine Bootsfahrt? Das ist nicht Ihr Ernst!«

Es war genau der Betrag, der von Fraukes Geld noch übrig war.

Hansel grinste. »Der Euro hat seit Beginn der Krise stark an Wert verloren. Außerdem habe ich Nebenkosten.«

»Was für Nebenkosten denn?«

Der Schlepper lachte leise. »Nun ja, zunächst muss ich Ihnen gefälschte Ausweise beschaffen, damit Sie das Lager verlassen können. Dann muss ich die Wasserschutzpolizei bestechen, damit wir auf der Überfahrt nicht kontrolliert werden, und die Schweizer Beamten wollen auch ihren Teil am Geschäft abhaben. Für mich bleibt am Ende so wenig übrig, dass Sie mich ruhig als Wohltäter bezeichnen können.«

Beinahe hätte Emma laut losgelacht. Der Typ handelte wohl kaum aus altruistischen Motiven und machte ganz sicher ein Bombengeschäft mit jeder Überfahrt. Sie verachtete diesen Mann, der sich an der Not der Menschen bereicherte. Aber wenn sie in die Schweiz wollte, dann hatte sie wohl keine andere Wahl. »Wie soll das denn ablaufen?«

Hansel kratzte sich am Kopf. »Sie geben mir einen Vorschuss von zehntausend, dann treffen wir uns heute Abend an Tor sieben. Bis dahin habe ich die Genehmigungen für Sie. Anschließend gehen wir zum Ufer, steigen in mein Boot, und eine Stunde später sind Sie in Romanshorn.«

Von Romanshorn war es weniger als eine Stunde mit dem Zug nach St. Gallen. Sie konnte heute Nacht noch zu Hause sein.

Dennoch. »Ich gebe Ihnen nicht einfach mal so zehntausend Euro!«

Der Mann gähnte theatralisch. »Kein Problem. Ich habe noch andere potenzielle Kunden.« Er wandte sich zum Gehen.

»Emma!«, sagte Stefan leise, aber drängend.

Hansel blieb stehen und wandte den Kopf halb in ihre Richtung. »Letzte Chance.«

Was war, wenn der Mann das Geld nahm und einfach verschwand? Mit Kunden, die er um ihren Vorschuss betrog, ließ sich schließlich auch ein gutes Geschäft machen.

Andererseits konnte er sich dann im Lager nicht mehr blicken lassen, denn trotz der Größe konnte man sich hier gut über den Weg laufen.

Emma hätte Hansel am liebsten davongejagt, aber sie sah ein, dass sie keine andere Chance hatte. »Also gut!«

Der Mann streckte die Hand aus. »Dann dürfte ich nun um den Vorschuss bitten.«

Emma presste die Lippen zusammen, ging in die Knie, krabbelte in ihr Zelt und verschloss es hinter sich. Sie zupfte eine Naht an ihrem Parka auf und holte die Scheine aus dem Futter. Dann kroch sie wieder nach draußen und gab Hansel das Geldbündel. »Wann treffen wir uns am Eingang sieben?«

»Um acht. Eigentlich mache ich so etwas lieber am ganz frühen Morgen, aber heute haben wir besondere Umstände.«

Emma runzelte die Stirn. »Was für Umstände?«

Der Mann lachte leise. »Ein Haufen Leute hat die Schnauze voll vom Lager. Im östlichen Bereich ist für zehn Uhr ein Ausbruch geplant. Wir sollten besser vorher verschwunden sein.«

75

»Da kommt er«, sagte Andrew.

Jetzt hörte auch Ben das Röhren der Motoren in der Dunkelheit. Zu sehen war nichts, keine Positionslichter und kein Hubschrauber, aber die Wolken hingen tief am nächtlichen Himmel. Nieselregen benetzte Bens Gesicht. Er fror. Zwar hatte er sich seinen dicken Mantel angezogen, aber der hatte gegen die kalte, feuchte Luft keine Chance.

»Meinst du, sie haben sie wirklich gefunden?«, fragte Andrew.

Ben zuckte mit den Schultern. »Der Kanzler war kurz angebunden und meinte nur, dass ein Hubschrauber für uns unterwegs sei.«

»Ich bin mir nicht sicher, ob ich mitfliegen soll«, meinte Andrew. »Ich glaube, ich bin hier viel nützlicher.«

»Das liegt bei dir«, entgegnete Ben.

»Okay«, meinte Andrew. »Dann bleibe ich und helfe mit, Emmas Geräte in mein Labor zu integrieren.«

»Gut«, sagte Ben. Das mochte in der Tat vernünftiger sein.

Dann tauchte der Bundeswehrhubschrauber über ihnen aus der Wolkendecke auf und landete auf dem Parkplatz. Ben ging auf ihn zu.

»Viel Glück«, rief Andrew ihm hinterher.

Ben hob kurz die Hand zum Gruß.

Die hintere Schiebetür öffnete sich, und ein Mann in einer grünen Tarnfleckuniform winkte ihn heran. »Steigen Sie ein!« Er musste brüllen, um sich über den Lärm hinweg verständlich zu machen.

Ben kletterte in die Maschine und ließ sich einen Kopfhörer mit eingebautem Mikro geben.

»Mein Name ist Hennicke. Rolf Hennicke«, stellte sich der Uniformierte vor. Er war großgewachsen, mittleren Alters und hatte eine hässliche Narbe auf der rechten Wange. Seine Uniform trug keine Rangabzeichen.

»Ben Gerber.«

»Ich weiß, wer Sie sind«, meinte Hennicke. »Ich arbeite beim MAD und wurde beauftragt, die Suche nach Doktor Hartmann zu leiten.«

»MAD? Ist das der Militärische Abschirmdienst?« Ben runzelte die Stirn. Seit wann war der denn in die Krise involviert?

Der Mann nickte. »Ganz genau.« Er zog die Tür des Hubschraubers zu und wartete, bis Ben sich angeschnallt hatte. Dann gab er dem Piloten ein Signal, und der Hubschrauber schoss mit einem Satz in die Luft.

»Haben Sie Emma gefunden?«

»Ja.« Hennicke nickte. »Wir konnten die Bewegungsdaten ihres Handys zurückverfolgen. Jedenfalls bis zum südlichen Schwarzwald.«

»Schwarzwald?«, wiederholte Ben ungläubig. Er hatte damit gerechnet, dass sie irgendwo auf der Hälfte des Weges gestrandet war.

»Nein«, sagte Hennicke. »Wir haben mit ihren Eltern gesprochen und die hatten den letzten Aufenthaltsort mit Freudenstadt im Schwarzwald angegeben, was sich mit den Aufzeichnungen der Mobilfunkdaten deckt. Dann haben wir in den Aufnahmedaten eines Flüchtlingslagers im Bodenseekreis eine Person mit diesem Namen gefunden. Mit etwas Glück ist sie das.«

»Am Bodensee?« Ben konnte es nicht fassen. War Emma etwa durch halb Deutschland zu Fuß gelatscht? Mit einem kleinen Kind? Ungeheuerlich! Er hatte ein extrem schlechtes Gewissen, dass er sich nicht schon vorher mehr um seine Freundin bemüht hatte.

»Bei Friedrichshafen, um genau zu sein. Wir fliegen direkt dorthin. Entschuldigen Sie mich jetzt. Ich versuche, das Lager zu kontaktieren.«

Ben starrte aus dem Fenster. Graue Nebelschwaden waberten am Helikopter vorbei. Auch hier drin war es kalt, und Ben zog seinen Mantel fester zu.

Es dauerte etwas mehr als eine halbe Stunde, bis sie wieder aus der Wolkendecke tauchten.

Unter sich sah Ben Lichter. Friedrichshafen? Nein. Da waren nur Zelte, Bahnen um Bahnen weißen Stoffs, die im Licht von Feuern und Fackeln fahl schimmerten. Es mussten Millionen sein! Zwischen den Zelten standen, gingen, kauerten Unmengen an Menschen auf engstem Raum. Ben schluckte. Er hatte das Flüchtlingslager in Paris gesehen. Aber das war nichts gegen *das* hier!

Der Hubschrauber flog eine enge Kurve und landete außerhalb des Lagers auf einer ebenen Fläche.

Ben stieg aus und betrachtete das schwere Tor aus Holz und Stacheldraht, das in das Lager führte. Soldaten sicherten es mit schweren Waffen. Neben dem Eingang hatte man sogar ein Maschinengewehrnest aufgebaut, als würde man jeden Moment mit einem Überfall rechnen. Der Anblick erinnerte Ben an Bilder von Kriegsgefangenenlagern aus dem Zweiten Weltkrieg.

Ein Stück abseits stand eine ganze Armada von Dieselgeneratoren, die laut vor sich hin tuckerten. Schwere, schwarze Leitungen führten von ihnen weg über eine Kabelbrücke ins Lager.

Ben schüttelte sich, als Hennicke ihn an den Soldaten vorbei durch das Tor führte. Der Nieselregen hatte aufgehört, aber die Luft war trotzdem kühl. Ebenso wie der Boden, dessen feuchte Kälte er durch seine Stiefel hindurch spüren konnte.

Ein flaches Gebäude, das offenbar so eine Art Administration darstellen sollte, stand neben dem Tor. Eine junge Frau in Uniform winkte neben dem Eingang. Sie hob militärisch die Hand an die Stirn. »Hauptfeldwebel Maine.«

»Haben Sie Frau Hartmann gefunden?«, wollte Hennicke wissen.

»Wir wollten auf Sie warten. Es hat einen Ausbruch im östlichen Bereich des Lagers gegeben. Daher wurde die Sicherheitsstufe erhöht und wir können uns nur unter Geleitschutz bewegen.«

»Dann holen Sie mal Ihre Leute«, kommandierte Hennicke schroff. »Die Sache hat Dringlichkeit.«

»Zu Befehl.« Die Frau winkte eine Gruppe Soldaten mit automatischen Gewehren heran.

Sie gingen durch endlose Reihen an Zelten. Nach wenigen Minuten im eiskalten Schlamm hatte Ben kein Gefühl mehr in seinen Füßen und stolperte mehr, als zu gehen.

Überall standen Leute herum und starrten sie grimmig an. Einige waren in Decken gehüllt, andere trugen nur dünne Jacken und froren sichtbar. Hin und wieder sah Ben zwischen den Zelten reglose Gestalten liegen. Überall hörte er Menschen husten und niesen. Es roch nach Urin und Exkrementen. Dazwischen waberte immer wieder ein süßlicher Geruch in seine Nase.

Das war kein Lager, sondern eine Hölle. Er konnte sich kaum vorstellen, dass Emma und ihre niedliche Tochter an diesem Ort vor sich hin vegetierten. Seine Schuldgefühle verstärkten sich noch.

Gleich hole ich dich hier heraus!

Nach Minuten, die Ben wie Stunden vorkamen, standen sie schließlich vor einem Zelt.

»Emma?« Er stürzte nach vorne und zog den Reißverschluss nach oben.

Das Zelt war leer.

»Nichts«, stellte Maine fest.

»Verdammt«, fluchte Hennicke.

Ben war nicht verwundert. Die Zelte waren kaum isoliert und hatten keine Heizung. Sie boten keinen Schutz vor der Kälte und waren bestenfalls dazu geeignet, ihre Bewohner nachts erfrieren zu lassen. Es schien ihm naheliegend, dass die Menschen lieber neben ihren Zelten standen. Viele wankten, als müssten sie gegen die Müdigkeit ankämpfen.

»Emma?«, rief Ben.

»Das hat doch keinen Sinn«, meinte Hennicke. »Womöglich ist sie bei dem Ausbruch mit abgehauen.« Der Mann vom MAD fluchte laut. »Dann finden wir sie nie!«

»Ich weiß, wo sie ist«, erklärte eine alte Frau, die auf einem Stück Pappe vor einem der Nachbarzelte saß.

Ben schob einen der Soldaten beiseite und ging neben ihr in die Knie. Die Frau musste schon über achtzig sein. Sie trug ein schwarzes Kopftuch und hatte tiefe Falten im Gesicht. Sie zitterte sichtbar.

»Können Sie mir helfen?«, fragte Ben sanft. »Was wissen Sie?«

»Geben Sie mir eine Decke, dann sag ich, wo sie ist.«

»Holen Sie eine!«, befahl Hennicke der Maine. Die wandte sich um und ging davon, nur um bei ihrer Rückkehr wenige Sekunden später eine Decke in der Hand zu halten. Ben konnte sich nicht vorstellen, wie die Soldatin so schnell daran gelangt war, und wollte es auch gar nicht wissen. Er nahm sie und legte sie der alten Frau um die Schulter. »Wo ist Emma?«

»Die ist gegangen«, erwiderte die Frau knapp.

»Ja, aber wohin?«

»In die Schweiz.«

Ben ächzte. »Wie? Und woher wollen Sie das wissen?«

»Hansel. Er war heute Nachmittag hier.«

»Wer?«, fragte Hennicke.

»Hansel. Seinen Vornamen kenne ich nicht. Aber jeder weiß, dass er Leute in die Schweiz bringt.« Ihr Lachen endete in einem Hustenanfall. »Natürlich nur, wenn man einen Haufen Geld hat.«

Ben nickte. Selbstverständlich wollte Emma aus diesem Lager verschwinden und zu ihren Eltern in die Schweiz. Wenn sie es bis hierher an den Bodensee geschafft hatte, würde sie sich auch von den Zäunen dieses Lagers nicht aufhalten lassen.

»Danke«, sagte Ben mit schlechtem Gewissen, da er für die Frau nichts tun konnte.

Langsam gingen sie durch den kalten Matsch zurück in Richtung Ausgang.

Der MAD-Mann wandte sich an Maine. »Sagt Ihnen der Name etwas?«

Die verneinte. »Aber wir wissen, dass es hier Schlepper und Schleuser gibt. Bei einem Lager dieser Größe wird sich das nie verhindern lassen. Letzte Woche haben wir einen Tunnel entdeckt, durch den mindestens zweihundert Leute nach draußen geflohen sind.«

Hennicke rümpfte die Nase. »Schlechte Leistung!«

Maine starrte ihn giftig an. »Wie gesagt, man kann das bei einem Lager dieser Größe nicht gänzlich unterbinden. Das sollten Sie vom MAD eigentlich wissen.«

Hennicke schnaubte. »Natürlich wissen wir das. Und wir wissen auch, dass nicht wenige Soldaten die Insassen und deren Helfer tatkräftig dabei unterstützen.«

Die Soldatin blieb stehen. »Ich verrate Ihnen mal was: Viele Kameraden empfinden es als ein großes Unrecht, was hier geschieht. Ich auch! Wir halten Bürger dieses Landes widerrechtlich in einem Konzentrationslager fest.«

Hennicke lief rot an. »Unrecht? Der Ausnahmezustand wurde rechtskräftig beschlossen, und die Lager dienen der Sicherheit der Flüchtlinge und der Bevölkerung. Sie haben ja selber mitbekommen, was in Überlingen, Kenzingen und Bad Säckingen geschehen ist.«

Ben wusste, dass diese Städte geplündert worden waren, weil die Flüchtlinge Hunger hatten und frustriert waren, dass man sie nicht über die Grenze ließ. Aber das war kein Grund, solch unmenschliche Lager wie das hier anzulegen!

Hauptfeldwebel Maine hatte offenbar keine Lust, mit dem Geheimdienstmann weiter darüber zu diskutieren. »Kommen Sie mit. Wir gehen zur Administration und schauen, ob wir etwas über diesen Hansel haben.«

Plötzlich stellte sich ein junger Mann der Gruppe in den Weg. »Bitte geben Sie uns etwas zu essen. Meine Kinder haben Hung…«

Ein Soldat stieß ihm den Kolben seines Gewehrs in den Brustkorb. Der Mann kippte rückwärts in den Matsch und stöhnte. Der Soldat holte mit dem Stiefel aus.

»Obergefreiter Dunst!«, schrie Maine.

»Das war Notwehr«, erwiderte der Soldat mit Abscheu in der Stimme.

»Das habe ich anders gesehen«, sagte Maine. »Unterlassen Sie das in Zukunft!«

»Zu Befehl«, meinte der Soldat mit einem Tonfall, der das Gegenteil ausdrückte.

»Können wir jetzt bitte weitergehen?«, drängte Hennicke.

Es war Ben recht. Er wollte nur noch raus aus dieser Hölle.

Sie setzten ihren Weg fort und erreichten endlich das flache Gebäude am Eingang.

»Warten Sie hier draußen«, forderte die Soldatin sie auf. »Ich gehe hinein und checke die Computer.«

Hennicke seufzte, griff in die Brusttasche und holte eine Schachtel Zigaretten heraus. »Auch eine?«

Ben schüttelte den Kopf. Er konnte nur hoffen, das Maine irgendeinen Hinweis auf den Aufenthaltsort dieses Hansel hatte. Sie mussten Emma schnell finden. Wer konnte schon sagen, was dieser finstere Typ ausheckte.

Als Hennicke seine Zigarette aufgeraucht und in den Matsch geworfen hatte, trat Maine wieder aus der Tür des Gebäudes.

»Und?«, fragte Ben.

»Wir haben keine Akte über Hansel. Er muss mit einem gefälschten Ausweis auf das Gelände gekommen sein. Sein Name findet sich allerdings in gut zwei Dutzend Dateien entkommener Personen, wenn man eine entsprechende Suchanfrage durchführt. Und man entdeckt ihn vor allem in Zeugenaussagen von Zeltnachbarn der Geflüchteten.«

»Also in der Tat ein Schlepper«, meinte Ben.

»Es gibt dabei eine Besonderheit.« Die Soldatin machte ein sehr besorgtes Gesicht.

»Und die wäre?«, fragte Ben.

»Wir haben viele Einträge von geflohenen Personen, und gut die Hälfte bis ein Drittel erscheint später in den Datenbanken von Lagern in der Schweiz, mit denen wir ein Abkommen für den Datenabgleich haben.«

»Und?« Ben ahnte, was jetzt kommen würde.

»Kein einziger der Namen in Zusammenhang mit diesem Hansel taucht jemals wieder auf. Es gibt keinerlei Hinweise darauf, dass es auch nur einer seiner Kunden in die Schweiz geschafft hat.«

76

Zuerst hörte Emma nur Sirenen.

Dann leuchtete es blau hinter der Hügelkuppe.

»Verstecken!«, rief Hansel.

Emma zog ihre Tochter mit sich hinter eine Hecke.

Eine ganze Armada an olivgrünen Militärfahrzeugen raste an ihnen vorbei.

Emma wartete, bis die Wagen vorbei waren, und kroch dann wieder aus dem Gebüsch. Elena tastete nach ihrer Hand.

»Was war denn das?«, fragte Emma.

»Anscheinend hat der Ausbruch begonnen.« Hansel lachte gehässig. »Das sind Kräfte von dem Militärstützpunkt in Markdorf, darunter auch viele Patrouillenfahrzeuge. Das Chaos wird dafür sorgen, dass wir nicht behelligt werden.«

»Und wohin gehen wir?«, fragte Stefan.

Hansel zeigte auf die andere Seite der Straße. Dahinter war freies Feld, das in eine dunkle Masse überging, die nur ein Wald sein konnte. »Nach Fischbach ans Ufer. Da liegt mein Boot.«

»Wie lange brauchen wir für die Strecke?«, erkundigte sich Emma.

Hansel blickte mit zusammengekniffenen Augen auf das Kind herab. »Kann die Kleine mithalten?«

»Das kann sie«, antwortete Emma ärgerlich. Wenn dieses Arschloch gewusst hätte, was für Gewaltmärsche Elena in den letzten Wochen überstanden hatte!

»Gut. Dann eine halbe Stunde.«

Hansel führte sie in den Wald. Der Himmel war bedeckt und seine Taschenlampe stellte die einzige Lichtquelle dar. Emma und Stefan hatten zwar eigene, aber ihr Führer hatte ihnen verboten, sie anzuschalten. »Nur ich weiß, in welche Richtung man leuchten sollte und in welche nicht«, hatte er gesagt.

Emma hatte fast nicht damit gerechnet, aber Hansel wartete tatsächlich zum vereinbarten Zeitpunkt am Eingang des Lagers auf sie. Er gab jedem von ihnen einen Ausweis, der von den Männern am Tor kontrolliert wurde. Eine der Wachen schüttelte bei der Prüfung von Elenas Ausweis den Kopf. Nachdem Hansel ihm irgendetwas in die Tasche steckte, durften sie dennoch passieren.

Sie durchquerten eine kleine Senke und erreichten schließlich eine Siedlung, die einer der ufernahen Stadtteile von Friedrichshafen sein musste. Reihenhäuser und schmucke Einfamilienhäuser wechselten sich ab. Sie durchquerten den Ort über Nebenstraßen und Fußgängerwege, die Hansel offenbar sorgfältig ausgewählt hatte.

Zügig passierten sie eine größere Straße. Aber sie hätten sich Zeit lassen können. Menschen waren nicht zu sehen. Auch keine Fahrzeuge, bis auf ein paar wenige, die in Parkbuchten herumstanden. Auf der Straße befanden sich Unmengen von Unrat. Volle Müllsäcke lagen, teilweise in riesigen Haufen, in den Einfahrten und vor den Häusern. Süßlicher Fäulnisgeruch lag in der Luft.

»Leben hier keine Menschen mehr?«, flüsterte Stefan.

Hansel lachte wieder dieses unangenehme Lachen. »Doch, es sind immer noch viele hiergeblieben, und jetzt kommen sie nicht mehr weg. Oder wollen nicht weg. Nachts ist Ausgangssperre. Nicht, dass es tagsüber noch einen Grund gäbe, das Haus zu verlassen.«

»Aber es ist so dunkel«, sagte Emma.

Hansel machte eine wegwerfende Handbewegung. »Der Strom ist rationiert und wird ab achtzehn Uhr ausgeschaltet.«

Nacheinander passierten sie zwei Kirchen, wovon eine niedergebrannt war, und dann einen Bahnübergang. Auf dem einzelnen Gleis der Eisenbahnlinie lag ein umgekippter, weißer Transporter.

Ihr Führer brachte sie über eine Bundesstraße voller ausgebrannter Pkw und Lkw, und an einem Freibad vorbei, auf dessen Parkplatz und der Liegefläche verlassene Zelte aufgebaut waren. Offenbar hatte es einmal als Flüchtlingslager gedient.

Dann arbeiteten sie sich durch das Gebüsch zwischen hohen Bäumen hindurch. Schließlich knirschten Kieselsteine unter Emmas Schuhen. Sie hörte das Geräusch von Wasser.

Sie hatten das Ufer des Bodensees erreicht.

Zu ihrer Rechten erkannte Emma die Silhouette eines kleinen Häuschens, vor dem Tische und Stühle standen und das wohl einst einmal ein gemütlicher Biergarten gewesen war.

Emma trat ans Ufer. Es roch nach Algen und ein leises Plätschern war zu hören, als die kaum vorhandene Brandung über die Steine spülte. Am anderen Ende des Ufers sah sie die Lichter der Schweiz. Dort war der Strom noch nicht ausgefallen und die Uferlinie deutlich sichtbar. Romanshorn! Und ein Stück weiter lag ihr Zuhause.

»Wo ist das Boot?«, fragte Stefan.

»Augenblick.« Hansel verschwand zwischen den Bäumen.

Sie warteten nur kurz, dann kam Hansel wieder zum Ufer. Er zog ein Boot hinter sich her, das mit einem metallischen Schleifen über die Steine schrammte. Es war klein und hatte einen nach oben geklappten Außenbordmotor.

Es sah nicht sonderlich zuverlässig aus. Bei stärkerem Wind war es sicher lebensgefährlich, damit auf den See zu gehen.

»Nicht Ihr Ernst«, meinte Stefan. »Das ist ja eine Nussschale.«

Hansel schnaubte. »Diese Nussschale trotzt dem Bodensee schon seit fast zwanzig Jahren.«

Emma hörte ein leises Brummen, das schnell lauter wurde.

Hansel schaltete die Taschenlampe aus.

»Was ist das?« Emma duckte sich. Auf dem Bodensee waren rote, blaue und weiße Lichter.

»Das ist die Wasserpolizei.« Hansel schien nicht beeindruckt, seine Stimme klang ruhig. »Keine Sorge. Die ignorieren uns.«

»Und woher wollen Sie das wissen?«, zischte Stefan.

»Weil ich sie bezahlt habe.« Lachen. »Wenn sie vorbei sind, haben wir für eine Stunde freie Fahrt.«

Dann war das Schiff wieder verschwunden, und Hansel zog das Boot ins Wasser. »Einsteigen, bitte.«

»Schwimmwesten?«, fragte Emma.

Lachen. »So einen Luxus haben wir hier nicht.«

»Was ist, wenn das Boot kentert?« Das konnte man garantiert nicht ausschließen, so klein, wie das Ding war. »Meine Tochter kann nicht schwimmen.«

Hansel winkte ab. »Macht nichts. Die Wassertemperatur ist nur knapp über null. Wenn wir kentern, werden wir ohnehin erfrieren. Aber keine Sorge, ich bin damit noch nie gekentert. Weder im Sommer noch im Winter.«

Widerwillig stieg Emma in das Boot. Der Boden war nass und rutschig.

Sie setzte sich auf eine kleine Bank, zog Elena zu sich heran und nahm sie fest in den Arm. Die Kleine zitterte. Stefan stieg ein, und Emma rutschte ein Stück zur Seite. Mit den Füßen stieß sie an irgendeinen Gegenstand, der unter einer grünen Plane zu ihrer Rechten verborgen lag.

Hansel schob das Boot ins Wasser, sprang selber hinein und setzte sich neben den Motor, den er nach unten klappte. Dabei schwankte der Kahn und Emma hielt sich krampfhaft am Rand fest.

»Festhalten, es geht los.« Hansel startete den Motor mit einem Knopfdruck. Nur langsam zuckelten sie auf den See hinaus.

Dennoch fröstelte Emma in dem eiskalten Fahrtwind und

drückte ihre Tochter eng an sich. Sie entfernten sich zögerlich vom Ufer und fuhren den Lichtern am anderen Ende des Sees entgegen, die zumindest scheinbar nicht näherkamen.

»Wie weit ist es?«, fragte Stefan.

»Etwas mehr als zehn Kilometer.«

»Und ab wann sind wir in der Schweiz?«

»Kann man nie so genau sagen. Die Grenzen zwischen den drei Ländern im Bodensee wurden nicht exakt definiert. Wir werden es merken, wenn ein Boot des Schweizer Grenzschutzes auftaucht.«

»Und was tun wir, wenn es wirklich auftaucht?«, wollte Emma wissen.

»Ich würde mir keine Sorgen machen.« Hansel lachte.

Irgendetwas in seiner Stimme machte Emma misstrauisch. Sie fühlte es. Der Typ war nicht ehrlich zu ihnen.

Aber sie saßen immerhin in seinem Boot und fuhren in Richtung Schweiz. Der See war ruhig, und der Kahn schien trotz seines fragwürdigen Zustands durchzuhalten.

Erst jetzt fiel Emma der orangefarbene Lichtschein zu ihrer Linken auf. Sie konnte die Quelle nicht genau erkennen, da das Ufer im Nebel verschwand. Aber es sah aus, als würde dort irgendwo ein riesiges Lagerfeuer brennen. Es erhellte die Wolkendecke und tauchte den Himmel in blutrotes Licht. »Was ist das?«

Das Leuchten wurde heller.

»In der Richtung liegt Friedrichshafen«, erklärte Hansel. »Der Ausbruch war offenbar erfolgreich. Die Menschen haben wohl ein bisschen gezündelt, nachdem sie feststellen konnten, dass es dort keine Schiffe in die Schweiz mehr gibt.«

Friedrichshafen! Das war es. Die Stadt stand in Flammen.

Irgendetwas kitzelte Emma an der Nase und sie wischte sich durch das Gesicht. Sie erkannte schwarze Flecken auf der in rotes Licht getauchten Hand.

Asche!

Sie rieselte im Licht des Feuers wie schwarzer Schnee ins Boot und auf die Wasseroberfläche.

Es war gespenstisch still, während sie die Wand aus Feuer hinter dem Dunst betrachtete. Wie viele Menschen verbrannten in diesem Augenblick in ihren Häusern? Emma schauderte. Jeden Tag starb die Zivilisation ein kleines Stück mehr.

Selbst in der Schweiz sind wir nicht sicher.

Die Erkenntnis traf sie mit einem Schlag. Die Nanomaschinen würden vor dem Ufer des Sees und vor der Grenze nicht haltmachen. Sie würden nur eine kurze Verschnaufpause von ein paar Wochen haben. Dann musste sie mit Elena und auch ihren Eltern weiterziehen. Ein Leben auf ewiger Flucht vor den Nanomaschinen. Im ständigen Wettstreit mit allen anderen Überlebenden um ein immer kleiner werdendes Fleckchen Erde. Die Menschen würden schließlich gegeneinander kämpfen, bis irgendwann der letzte übrig war. Und der würde am Ende auch noch sterben. Dann war Game over.

Sie drückte ihre Tochter fest an sich.

Was für ein Leben!

Sie riss sich zusammen. Sie musste von Tag zu Tag denken. Anders ging es nicht, wenn sie nicht gleich aufgeben wollte. Jeder Tag war es wert, gelebt zu werden, selbst wenn es in einer aus den Fugen geratenen und dem Untergang geweihten Welt war. Sie dachte an ihren Mann, und das gab ihr plötzlich Kraft. Claus hätte auch nicht aufgegeben!

Emma bekam einen Krampf im rechten Bein und streckte es aus. Dabei stieß sie wieder mit dem Ding unter der Plastikplane zusammen.

Was ist denn da?

Sie hob die Abdeckung mit dem Fuß an. Im rötlichen Licht sah sie schwere Pflanzkübel aus Beton. Drei Stück. Daneben lagen silbern schimmernde Metallketten.

Was wollte dieser Hansel mit den Pflanzkübeln im Boot? War das Ballast, um es stabiler zu halten?

Plötzlich wurde der Motor leiser und erstarb dann ganz. Sie trieben noch ein Stück durch das Wasser und hielten dann an.

»Was ist denn?«, fragte Stefan.

Emma drehte sich auf der Bank um.

Hansel starrte sie mit einem seltsamen Ausdruck in den Augen an. Der rötliche Widerschein des Feuers verlieh seinem Gesicht etwas Diabolisches. Seine rechte Hand versteckte er hinter seinem Rücken. »Wir haben jetzt die Hälfte des Weges zurückgelegt. Ich darf also schon einmal um den Restbetrag bitten.«

Emma schaute zum Schweizer Ufer hinüber. Es war eine Lüge! Die Lichter waren nicht ein Stück nähergekommen. »Sie bekommen das Geld, sobald wir die Schweiz erreicht haben.« Sie legte alle Autorität in ihre Stimme, die ihr zur Verfügung stand.

Ihr Blick fiel wieder auf die Plastikplane mit den Pflanzkübeln darunter.

Panik machte sich in Emma breit.

Er hat nicht vor, uns in die Schweiz zu bringen.

Das hatte er nie gehabt.

Als hätte er ihre Gedanken erraten, schoss seine Hand nach vorne. Er hielt eine Pistole. »Ich fürchte, ich muss drauf bestehen.«

»Gib ihm schon das Geld«, zischte Stefan.

Emma war wie erstarrt.

Wie viele Menschen ruhten wohl schon auf dem Grund des Bodensees, mit Schusswunden in Kopf oder Brust, angekettet an Blumenkübel?

Sie hatte Fraukes Pistole dabei, aber die steckte in der Innentasche ihrer bis zum Kragen geschlossenen Allwetterjacke. Sie würde sie niemals rechtzeitig ziehen können.

Emma fühlte die Anspannung im ganzen Körper. Die nächsten Sekunden entschieden darüber, ob sie lebte oder starb. Und Elena auch.

Langsam näherten sich ihre Hände dem Reißverschluss der Jacke. »Ich habe das Geld in der Innentasche.«

»Dann raus damit.« Hansel richtete den Lauf seiner Waffe auf sie. »Wenn ich das Geld habe, fahren wir weiter.«

Von wegen!

Emma suchte Stefans Blick. Ihr Gefährte musste den Mann ablenken. Wenigstens für ein paar Sekunden. Aber er schaute nur auf die Pistole in Hansels Händen, schien sich an die Hoffnung zu klammern, dass der Schlepper die Fahrt fortsetzen würde, wenn er nur sein Geld hatte.

»Sie bringen uns nicht in die Schweiz«, sagte sie mit eisiger Stimme.

»So?« Der Mann schaute sie mit einem schwachen Lächeln an.

Emma wich dem Blick nicht aus. »Sobald Sie das Geld haben, werden Sie uns erschießen.«

Hansel lachte. »Ich liebe den Ausdruck in den Augen meiner Kunden, wenn sie die Wahrheit herausfinden.«

Er stritt es noch nicht einmal ab. Es war unglaublich, wie kaltblütig dieser Mann war.

Emmas Hand hatte die Pistole in der Innentasche erreicht. Mit dem Daumen betätigte sie den Sicherungshebel.

Stefan drehte sich langsam um. »Sie verdammter …« Dann sprang er auf Hansel zu.

Der richtete seine Hand auf Stefan und schoss.

Emma riss die Waffe aus der Jacke, als Hansel seine eigene Pistole wieder zu ihr drehte. Mit der anderen Hand drückte sie Elena nach unten.

Hansel zuckte sichtbar zusammen, drückte dennoch ab.

Die Patrone flog dicht an Emmas Ohr vorbei. Sie konnte den Luftzug spüren.

Dann schoss Emma.

Hansel wurde nach hinten gegen den Motor geschleudert.

Ein roter Fleck entstand auf seiner Stirn. Seine Pistole fiel mit einem Poltern in das Boot. Dann sackte der Mann zusammen.

Emma drückte noch einmal ab, aber nur noch ein metallisches Klicken ertönte.

»Stefan!«

Der Gefährte war nach hinten gesackt und blickte sie aus leblosen Augen an. Er war tot.

»Nein!«, schrie Emma. »Nicht wieder!«

Sie sah nicht nur Stefan. Sie sah auch Tanja. Sie sah Frauke. Die Freunde waren nicht durch die Nanomaschinen gestorben. Sie waren gestorben, weil gewissenlose Menschen sie aus Egoismus, Boshaftigkeit oder Profitgier getötet hatten. Emma begann zu weinen.

Elena rappelte sich auf. Sie umarmte ihre Mutter und weinte mit ihr.

Emma konnte nicht sagen, wie lange sie nur so dagesessen und geweint hatte, als sie plötzlich eiskaltes Wasser an ihren Füßen spürte.

Eine der Kugeln musste den Rumpf durchschlagen haben. Der ganze Fußraum war schon vollgelaufen. Es würde nicht mehr lange dauern, bis der Kahn sank.

Emma stand auf, und das Boot schwankte heftig. Sie watete zum Außenbordmotor, packte Hansels Leiche und wuchtete ihn ächzend über Bord, damit sie leichter wurden.

In die Schweiz würden sie niemals kommen. Und wieder war ihre Flucht gescheitert. So schnell, wie das Boot sich mit Wasser füllte, schafften sie es höchstens im letzten Moment bis zurück zum deutschen Ufer.

Emma drückte den Startknopf. Doch nichts geschah. Sie drückte den Knopf wieder. Und wieder, ohne Ergebnis.

Nein, sie hatte nichts vergessen, nichts falsch gemacht. Emma beugte sich über den Motor und sah ein großes Loch, aus dem schwarze Flüssigkeit hinauslief. Ihre Kugel war durch Hansel hindurchgeflogen und hatte den Motor zerstört.

Sie drückte den Knopf zwar noch einmal, aber es war sinnlos. Das Ding würde keinen Mucks mehr machen.

Emma rutschte zurück zu Elena und nahm sie in den Arm.

Das Wasser stieg weiter.

Es war vorbei.

Das deutsche Ufer war mindestens einen Kilometer entfernt. In dem eisigen Wasser würden sie niemals dorthin gelangen.

Emma hielt Ausschau nach dem Boot der Küstenwache. Aber auf dem See war nicht ein einziges Schiff zu erkennen.

Es war vorbei. Endgültig.

Emma schluchzte und drückte Elenas Kopf an ihre Schulter. Nun waren sie so weit gekommen. Und nun würden sie sterben, das Ziel schon in Sicht.

Es ist so unfair!

Sie hatte alles gegeben, war in den letzten Tagen und Wochen über sich hinausgewachsen. Sie hatte Dinge getan, die sie niemals für möglich gehalten hätte, um ihr Leben und vor allem das ihrer Tochter zu retten.

Aber nun war es zu Ende.

Sie würden erfrieren. Im eiskalten Wasser.

Emma hatte gelesen, dass das ein grausamer Tod war.

Ihre Beine fühlten sich an, als steche jemand Millionen eiskalter Nadeln hinein. Und der Schmerz kroch immer weiter an ihr herauf.

Ihr Blick fiel auf Hansels Pistole. Da waren sicher noch Patronen drin. Die Waffe war zwar nass, musste aber funktionieren.

Damit würde es viel schneller gehen. Zweimal auf den Abzug drücken und es hätte ein Ende.

Das war besser als ein langer Todeskampf in eisiger Kälte.

Emma beugte sich vor, griff nach der Waffe und betrachtete sie.

Konnte sie das? Ihre eigene Tochter erschießen und dann sich selbst?

Sie hatte es nie verstanden, wenn sie in der Zeitung oder in einem Online-Magazin davon las, wie Mütter mit ihren Kindern freiwillig in den Tod gingen. Sie hatte sich nie eine Situation vorstellen können, in der man sich selber umbrachte und die eigenen Kinder mitnahm.

Bis jetzt.

Emma blickte sich ein letztes Mal um. Sie erkannte das Ufer im Schein der brennenden Stadt Friedrichshafen. Noch immer rieselte Asche auf das Boot. In die klamme Luft mischte sich ein stetiger Geruch nach verbranntem Plastik, der penetrant in die Nase stach.

Dort die Hitze, hier die Kälte.

Elena wimmerte leise.

»Es ist gut«, wisperte Emma und wiegte die Waffe in ihrer Hand. Mit dem Daumen wollte sie den Sicherungshebel umlegen, aber die Pistole war natürlich bereits entsichert.

Gleich würde das Wasser über den Rand des Bootes laufen. Dann begann der Todeskampf in der eisigen Kälte.

Emma hob die Pistole. Ihre Hand näherte sich dem Kopf ihrer Tochter.

Emma schloss die Augen.

Bitte, Elena, vergib mir. Ich habe alles versucht.

Dann hörte sie irgendetwas. Ein leises Klopfen, wie ein Herzschlag.

Das Geräusch wurde lauter, und Emma öffnete die Augen.

Die Oberfläche des Bodensees reflektierte gleißendes Licht. Aus Westen bewegte sich in Ufernähe ein Helikopter heran. Die Maschine befand sich im Tiefflug, dicht über dem Wasser. Sie hatte den Suchscheinwerfer aktiviert.

Emma schrie. »Hier! Hierher!«

Sie kam sich lächerlich vor, denn natürlich konnte sie in dem

Hubschrauber niemand hören. Dennoch schrie sie weiter und winkte, immer noch mit der Pistole in der Hand.

Der Helikopter flog dicht am Ufer entlang. Er würde sie verfehlen, dazu war sie zu weit draußen.

Wie konnte sie sich bemerkbar machen?

Da! Hansels Taschenlampe!

Die lag unbrauchbar im Wasser. Aber sie hatte in ihrer Jackentasche eine eigene.

Sie zog sie heraus und drückte den Schalter. Doch das verdammte Ding leuchtete nicht, musste ebenfalls zu viel Wasser abbekommen haben.

Im Zorn warf sie die Taschenlampe über Bord.

Die Pistole!

Vielleicht würde der Pilot das Mündungsfeuer der Waffe sehen.

Sie hob Hansels Waffe, achtete darauf, dass sie über den Hubschrauber hinweg schoss. Dann drückte sie ab.

Der Knall ging fast im Lärm des Helikopters unter. Aber Funken stoben aus der Mündung der Waffe.

Sie schoss erneut.

Und noch mal. Und noch mal. Dann klickte es nur noch.

Der Hubschrauber flog weiter der brennenden Stadt entgegen, verfehlte sie sicher um mehrere hundert Meter.

Emma hätte schreien mögen.

Nun hatte sie keine Waffe mehr. Sie würden jämmerlich erfrieren.

Da änderte der Hubschrauber die Richtung. Er flog auf sie zu, blendete sie mit den Suchscheinwerfern.

Er hat mich gesehen! Bei Gott, er hat mich gesehen!

Die Maschine kam genau über ihnen zum Stillstand. Die Rotoren wirbelten eiskaltes Wasser auf, das Emma ins Gesicht stach.

In der offenen Luke erkannte Emma zwei behelmte Köpfe, die auf sie hinabsahen.

Ein drittes Gesicht erschien zwischen den beiden.

Ihr Herz setzte aus.

Ben!

77

13. DEZEMBER

»Wird es funktionieren?« Andrew beäugte skeptisch die zylindrische Apparatur, die über dem Reaktorgefäß montiert war.

Außerirdische Nanomaschinen.

Es klang einfach zu lächerlich. Und dennoch war es ihre letzte Hoffnung.

»Ich weiß nicht.« Emma hob die Hände. »Es ist ein Experiment. Nichts weiter.«

Andrews Kollegin hatte tiefe Ringe unter den Augen. Sie wirkte ausgemergelt, und ihre Stimme war dünn. Aber dennoch stapfte sie so energiegeladen wie früher zwischen den Apparaturen im Labor umher. Entweder sie hatte sich erstaunlich schnell von den Strapazen ihrer Flucht durch halb Deutschland erholt, oder sie war einfach nur eine gute Schauspielerin.

Andrews Respekt war jedenfalls grenzenlos gewachsen. Er wusste nicht, ob er selber eine solche Tortur durchgestanden hätte, dazu noch mit einem Kind, für das er die Verantwortung trug.

Emmas Tochter saß auf einem Stuhl in der Nähe der Eingangstür und kuschelte mit einer Stoffgiraffe. Eigentlich hatten Kinder im Labor nichts verloren, aber Elena wich ihrer Mutter nicht von der Seite und niemand wagte, etwas dagegen zu sagen. Warum auch? »Also sind wir fertig?«

»Ja, wir können loslegen«, antwortete Emma. Sie winkte ihre Tochter zu sich, und hintereinander erklommen sie die Metallstufen zum Kontrollraum.

Andrew zog die Feuerschutztür hinter sich zu. Die breiten Fenster erlaubten einen guten Blick auf die Anlagen, wobei sich die interessanten Vorgänge natürlich im Inneren der Gefäße abspielten.

Franka und Horst saßen wie immer an ihren Konsolen. »Wir sind bereit«, verkündete die junge Ingenieurin.

Andrew nickte. »Prima, aber wir sollen noch auf Rappe warten. Er wollte bei dem Experiment dabei sein.«

»Und wo bleibt er?«, fragte Horst mit kaum verhohlenem Abscheu in der Stimme.

Wie als Antwort auf seine Frage öffnete sich die rückwärtige Tür des Kontrollzentrums, und der Chef trat ein. Er trug einen grauen Anzug mit weißem Hemd und schwarzer Krawatte, hielt ein großes Blatt Papier in den Händen und sah alles andere als glücklich aus. Aber wann tat er das noch?

»Alles in Ordnung, Herr Rappe?«, fragte Andrew.

Der verzog den Mund, als sei das sowieso nicht von Belang. »Ich komme gerade aus der virtuellen Lagebesprechung mit Kanzleramt und Generalstab. Die Nanomaschinen haben sich über Nacht abermals ausgebreitet.«

Nicht, dass das nicht zu erwarten gewesen wäre. »Welche Stadt hat es diesmal erwischt?«

»Limburg und Malmedy in Belgien«, antwortete Rappe. »Im Norden schreitet die Todeszone etwas langsamer voran, aber mit den nordöstlichen Stadtvierteln von Dortmund und Unna werden heute wohl die letzten Reste des Ruhrgebietes von den Nanomaschinen aufgefressen werden.«

Rappe trat an Andrews Tisch und legte das Papier ab.

Andrew erkannte eine Satellitenaufnahme Mitteldeutschlands. Auch Emma trat an den Tisch.

»Fällt Ihnen daran irgendetwas auf?«, fragte Rappe.

Der Großteil lag unter einer dichten Wolkendecke, die sich aber in der Nähe der Todeszone auflöste. Diese war ungefähr kreisförmig und auch das Loch in den Wolken hatte in etwa diese Form.

»Die Wolken sehen komisch aus«, meinte Andrew.

Rappe nickte. »Die Nanomaschinen strahlen Hitze aus. Über der Todeszone steigt darum die Luft auf und bildet ein stabiles Hoch. Der Luftdruck am Boden liegt bei sagenhaften 1055 Hektopascal. Das ist weit mehr als das Azorenhoch. Dadurch werden alle Wolken fortgestoßen, da die Luft auch sehr trocken ist. Die Nanomaschinen beeinflussen jetzt schon die globalen Wettersysteme und heizen die Atmosphäre auf.«

»Und dabei hat die Todeszone gerade mal einen Durchmesser von etwas über hundert Kilometern«, murmelte Andrew.

Rappe nickte erneut. »Meteorologen von EUMETSAT haben eine Simulation laufen lassen. Wenn das so weitergeht, steigt die Temperatur in der Atmosphäre rapide an. Die Ozeane werden verdampfen, noch bevor die Todeszone die Hälfte des Planeten umfasst.«

Um Himmels willen!

An eine solche Konsequenz hatte Andrew noch gar nicht gedacht. Er hatte nicht geglaubt, dass er sich noch schuldiger hätte fühlen können, doch die Erkenntnis seiner Verantwortung für dieses neuerliche Unheil durch seine Schöpfungen war tatsächlich ein weiterer Tiefpunkt.

Rappe wandte sich an Emma, die ausdruckslos seinen Blick erwiderte. »Sie wissen, was ich von Ihren Forschungen gehalten habe. Und doch liegt es nun an Ihnen. Wenn Sie und Ihre Nanoben uns nicht retten können, dann kann es niemand mehr.«

Emmas Augen verengten sich zu Schlitzen. »Herr Rappe, ich mache Sie erneut darauf aufmerksam, dass das nicht *meine* Nanoben sind. Niemand weiß, was diese Strukturen darstellen.

Wie Sie vor einigen Wochen noch sehr richtig bemerkten, ist die Theorie, dass Nanoben außerirdische Nanomaschinen sind, genau das: eine Theorie. Und - wie Sie ebenfalls völlig richtig darstellten - eine sehr umstrittene Theorie. Ich habe nie gesagt, dass ich die Schlussfolgerung des amerikanischen Kollegen teile. Ich wollte durch meine Arbeit lediglich etwas Licht ins Dunkel bringen, und in der Tat war es mein Ziel, diese doch sehr esoterischen Theorien experimentell zu widerlegen.«

Rappe verzog das Gesicht zu einem gequälten Grinsen. »Es ist eine Ironie, nicht wahr?«

Emma seufzte und wandte sich an Andrew. »Fangen wir an?«

Andrew nickte. »Nun gut.« Er trat an Frankas Konsole und sah auf einen der Bildschirme. »Schalte das Bild auf die Anzeigetafel.«

Ein großer Monitor neben den Glasfenstern erhellte sich und zeigte ein Bild aus dem Reaktorbehälter. Darin lag ein Stein.

»Können Sie mir bitte noch einmal erklären, was genau Sie vorhaben?« Rappe war bei den Vorbesprechungen nicht mit dabei gewesen. Natürlich war er dazu mal wieder viel zu beschäftigt gewesen.

Emma seufzte erneut. »Das ist ein Stein aus einer Bohrprobe, die ursprünglich aus Westaustralien stammt. Er wurde aus einer Tiefe von etwa vier Kilometern geborgen, wo man Ende der Neunziger des letzten Jahrhunderts zuerst auf Nanoben stieß.«

»Was genau macht diese Nanoben eigentlich aus?«, fragte Rappe.

»Es sind fadenförmige Strukturen, die extrem klein sind. Nur ein Zehntel der Größe anderer bekannter Lebensformen. Sogar kleiner als viele Viren. Sie wachsen und können sich teilen, also reproduzieren.«

»Könnte es sich dabei nicht um ein simples Kristallwachstum handeln?«, fragte Rappe.

Emma schüttelte den Kopf. »Das haben die Forscher zunächst

auch gedacht, aber bei genaueren Untersuchungen hat man eine Morphologie gefunden, die eher der von Pilzen ähnelt. Man hat dann nach DNA gesucht, aber die Tests fielen unspezifisch aus. Also muss es einen bislang unbekannten Reproduktionsmechanismus geben, dem nichts gleicht, was es sonst auf der Erde gibt.«

»Vielleicht einfach nur exotische Zellen?«, überlegte Andrew.

»Nein«, erwiderte Emma. »Nanoben sind zu klein, um die typischen Bestandteile einer Zelle zu beinhalten, also DNA, Ribosomen und so weiter. Wie ich sagte, gleichen sie keiner Lebensform, die es sonst auf der Erde gibt.«

»Daher kommt die Idee, dass es sich um außerirdische Nanomaschinen handelt«, sagte Franka.

»Das und die Tatsache, dass man Nanoben auf Meteoriten gefunden hat, die aus dem Weltraum auf die Erde gekommen sind.«

»Das ist nicht Ihr Ernst.« Rappe klang verblüfft.

Emma funkelte ihn an. »Hätten Sie sich die Mühe gemacht, meine Papiere in Ruhe durchzulesen, wäre Ihnen das alles schon längst bekannt.«

Rappe zog die Schultern zusammen. »Wie dem auch sei. Was haben Sie nun vor? Was soll Ihr Experiment beweisen?«

Emma zog die Augenbrauen hoch. »Wenn Nanoben tatsächlich Nanomaschinen sind, egal, wo sie herkommen, dann muss es eine Möglichkeit geben, sie zu steuern. Mit ihnen zu kommunizieren und sie zu kontrollieren.«

»Und wie soll das ablaufen?«

»So wie wir mit unseren technischen Geräten auch kommunizieren: über elektrische Impulse.« Emma musterte ihn geringschätzig. »Wir werden die Nanoben auf der Probe im Reaktorgefäß intensiven elektromagnetischen Wellen aussetzen.«

»Und was versprechen Sie sich davon?«, fragte Rappe.

Emma grinste sarkastisch. »Eine Reaktion. Was denn sonst.«

Rappe verzog das Gesicht.

Andrew gab Franka ein Zeichen. »Leg los.«

Franka legte einen Schalter um. Im selben Moment wurde eine Sonde ausgefahren und kam dicht über der Probe zum Stehen. Die Sonde war nichts anderes als eine starke Antenne.

»Aktivieren!«, befahl Emma.

»Aktiviert«, meldete Horst. »Die Frequenz liegt bei zwei Gigahertz.«

»Wie wollen Sie wissen, welche Frequenz Sie brauchen und wann eine Reaktion erfolgt?«, erkundigte sich Rappe.

Emma zeigte auf den Bildschirm. »Die Frequenzen gehen wir einfach langsam durch, und wenn wir eine Antwort kriegen, wissen wir, dass wir etwas erreicht haben.«

»Eine Antwort von außerirdischen Nanomaschinen ...« Rappe schüttelte den Kopf.

Emma trat neben Andrew, der immer noch hinter Frankas Konsole stand. Er wandte den Kopf. »Glaubst du, dass wir damit etwas erreichen?«

»Nein«, sagte Emma knapp.

Andrew war klar, was das hieß. Dann war es das gewesen.

»Soll ich den Frequenzlauf starten?«, fragte Franka.

Andrew nickte. »Ja.«

»Okay. Ich steigere nun die Frequenz.«

»Warum beginnen wir bei zwei Gigahertz?«, wollte Rappe wissen.

»Weil kleinere Strukturen eher auf kleine Wellenlängen reagieren.« Emmas Stimme klang gereizt. »Wenn Sie mich fragen, hat die Suche bei Wellenlängen über zehn Zentimetern keinen Sinn. Die Nanomaschinen könnten sie nicht detektieren.«

»Frequenz nun bei einem Terahertz.«

Andrew konnte sich nicht vorstellen, dass es eine Antwort von den kleinen Strukturen auf diesem unscheinbaren Stein im Reaktor geben würde. Wie sollte die aussehen? Und was war, wenn sie keine Antwort erhielten? Das stellte auch nicht unbedingt einen Beweis dafür dar, dass die Nanoben *keine* Nanomaschinen waren. Zum Teufel, sie wussten überhaupt nichts über diese Strukturen! Tatsächlich wussten sie noch weniger darüber als über ihre eigenen Nanomaschinen, die gerade in der Mitte Deutschlands Amok liefen.

»Fünf Petahertz. Wir durchlaufen soeben den Bereich des sichtbaren Lichts.«

Da war garantiert keine Reaktion zu erwarten. Andrew blickte auf einen Monitor auf Frankas Konsole. Eine scharfe Kurve, die langsam nach links wanderte, zeigte die abgegebenen Signale, ein anderes Diagramm die Reaktion des Empfängers. Doch man sah nur eine flache Linie.

Andrew war sich sicher: Bei diesem Experiment würde niemals etwas Sinnvolles herauskommen.

Außerirdische Nanomaschinen. Was für ein Schwachsinn.

Es war die nackte Verzweiflung, die sie zu diesen Versuchen getrieben hatte.

»Hundert Exahertz.«

Damit waren sie schon im Bereich harter UV-Strahlung. Bald würde die Röntgenröhre einspringen, da die Apparatur niedrigere Wellenlängen nicht senden konnte. Aber Röntgenstrahlung zerstörte Nanomaschinen, also ergab eine weitere Suche in diesem Spektrum keinen Sinn. Andrew hob die Hand. »Also gut, stoppen wir das …«

Er verstummte. Eine senkrechte Linie war auf dem rechten Diagramm aufgetaucht und sofort wieder verschwunden.

»Was war das?«, fragte er.

»Eine Antwort!« Emma fuhr mit zitterndem Finger über den Bildschirm.

»Das war sicher nur eine Resonanz.« Rappes Stimme klang düster.

»Ich fahre die Frequenz wieder zurück«, verkündete Franka.

»Aber ganz langsam«, forderte Emma sie auf.

Behutsam drehte die Ingenieurin das Rad.

Da war sie wieder, die Linie!

»Der Frequenzbereich ist noch enger als von unserem ausgehenden Signal.« Erstaunen mischte sich in Horsts Stimme.

Andrew starrte die Linie an. Die war keinesfalls natürlichen Ursprungs. Irgendetwas geschah in dieser Gesteinsprobe.

Franka machte eine ungläubige Miene. »Die Signalstärke ist höher als die von dem Ausgangssignal.«

»Die Temperatur im Reaktor steigt!«, sagte Horst.

»Schaltet auf das Infrarot«, forderte Andrew.

Das Bild des Steins färbte sich zunächst gelb, dann orange. In dieser Farbe blieb er.

»Auf jeden Fall geschehen dort energetische Prozesse«, erklärte Emma. »Es ist genau das, was man erwarten würde, wenn es sich um aktivierte Nanomaschinen handelt.« Sie lachte. »Ich hätte es selbst nicht für möglich gehalten.«

Außerirdische Nanomaschinen! Was für ein Schwachsinn.

Oder doch nicht?

»Die Temperatur steigt nicht weiter an«, meldete Horst.

»Dann kann es sich nicht um Nanomaschinen handeln«, meinte Rappe mit bitterer Stimme. »Sonst würden sie sich exponentiell vermehren.«

Andrews Puls hatte sich beschleunigt. Er konzentrierte sich. »Es sei denn, dass die Schwarmintelligenz dieser Nanomaschinen den Ausbreitungsprozess kontrolliert.«

»Und was jetzt?«, wollte Rappe wissen. »Das Signal scheint unmoduliert zu sein. Vielleicht haben wir sie nun aktiviert, aber wie soll man sie kontrollieren?«

Das war in der Tat eine gute Frage. Sie hatten einen Anfang gemacht. Nicht mehr. Es würde monatelange oder jahrelange Forschung erfordern, die Geheimnisse der Kommunikation mit diesen fremden Nanomaschinen zu erlernen. Und immer mussten sie aufpassen, dass ihnen nicht auch noch diese außerirdischen Dinger außer Kontrolle gerieten.

»Vielleicht braucht man das gar nicht«, murmelte Emma.

»Bitte?«, fragte Andrew.

»Vielleicht vervielfältigen sie sich nach Aktivierung nur zu einem gewissen Maße, um in eine Art Stand-by-Modus zu kommen. Vielleicht sind ihnen rudimentäre Verteidigungsmechanismen von Grund auf einprogrammiert worden.«

War das möglich? Konnte das wirklich sein?

»Lass unsere Nanomaschinen in das Gefäß«, sagte Emma.

»Bist du sicher?«, erkundigte sich Andrew. Die Biester würden den Stein und die fremden Nanomaschinen in Sekunden zersetzen.

»Tu es!«, befahl Emma.

Franka drehte sich fragend um.

»Okay«, bestätigte Andrew.

Franka legte einen Schalter um. In diesem Moment öffnete sich ein Ventil, und mehrere Gramm Nanomaschinen der Beta-Variante strömten in das Reaktorgefäß.

Horst keuchte laut. »Die Temperatur steigt sprunghaft an.«

Natürlich tut sie das. Unsere Nanomaschinen zerfressen gerade den verdammten Stein und senden dabei Hitze aus.

Wie zu erwarten, strahlte der Stein auf dem Infrarotmonitor in rotem, dann in weißem, blendendem Licht.

Aber er zerfloss nicht!

Stattdessen ging die Temperatur wieder zurück.

»Was zum ...?« Rappe verstummte.

Alle starrten auf den Monitor. Der Stein veränderte seine Farbe zu einem leicht rötlichen Farbton, in dem er dann blieb.

»Ich werde verrückt ...«, stöhnte Franka.

Andrew presste die Hände gegen die Schläfen.

Ich glaube es ja nicht!

»Die Nanoben haben unsere Nanomaschinen zerstört«, flüsterte Emma.

78

18. DEZEMBER

»Wie weit sind wir?« Emma trat von einem Bein auf das andere.

»Der Bohrer steckt fest«, rief einer der Techniker. »Wir müssen neu ansetzen.«

Direkt neben dem nachgebauten Amphitheater ragte das Gestänge des Bohrturms in die Höhe. Ein Stück weiter stand das Hauptgebäude des Museums, das man über den antiken Überresten einer römischen Therme gebaut hatte. Der größte Teil des Außengeländes bestand aus vom nächtlichen Regen klitschnassem Rasen. Immerhin schien jetzt die Sonne, die im eisigen Wind aber nicht viel Wärme brachte.

Emma atmete tief ein.

Hier, auf dem großen Außengelände des Römermuseums der niederrheinischen Stadt Xanten, deren Zentrum mit dem wunderschönen Marktplatz und dem beeindruckenden Dom in diesem Moment von den Nanomaschinen zerfressen wurde, sollte die entscheidende Schlacht dieses Krieges gegen den mikroskopisch kleinen, aber bislang übermächtigen Feind geschlagen werden.

Emma hatte vor einigen Jahren das Museum mit Claus besichtigt und danach eine romantische Nacht auf einem Bauernhof im Heu mit ihm verbracht. Die ganze nächste Woche hatte Emma der Rücken weh getan, und sie hatten daraufhin beschlossen, für zukünftige Übernachtungen doch lieber ein gemütliches Hotel zu buchen.

Aber das spielte hier und heute keine Rolle. Emma war nervös. Die ersten Tests mit den Nanoben waren vielversprechend gewesen. Das sagte jedoch nichts darüber aus, was in der freien

Umwelt geschehen würde. Und sie konnten sich nach wie vor nicht sicher sein, dass sie mit den Nanoben nicht noch eine viel größere Gefahr in Gang setzten.

Trotzdem hatten sie sich dafür entschieden.

Frank Hagen stand neben der Bohrvorrichtung. Er leitete die Arbeiten zwar nicht, hatte aber die Aufsicht. Emma hatte noch keine Gelegenheit gehabt, den Mann kennenzulernen. Aber es beruhigte sie, dass Andrew ihm vertraute. »Was ist denn jetzt? Wir haben nicht mehr viel Zeit.«

Das stimmte allerdings. Die Nanomaschinen würden das Gelände in weniger als einer Stunde erreichen. Vielleicht hätten sie sich doch einen etwas weiter von der Todeszone entfernten Ort aussuchen sollen. Dann wäre die zeitliche Reserve für auftretende Probleme größer gewesen.

»Okay, jetzt geht es weiter«, schrie ein anderer Techniker.

Emma drehte sich immer wieder um, suchte unwillkürlich nach Elena. Doch die war hier und heute nicht mit dabei. Sie musste sich erst noch daran gewöhnen.

Das Mädchen war gestern in ihrer Begleitung mit einem Bundeswehrhubschrauber nach St. Gallen gebracht worden. Die Schweizer Regierung hatte tatsächlich eine Sondererlaubnis für den Flug gegeben. Das Wiedersehen mit den Eltern war nur sehr kurz gewesen, dann hatte Emma wieder nach Deutschland zurückkehren müssen, um die Vorbereitungen für den heutigen Tag zu treffen.

»Tausendzweihundert Meter«, rief der Techniker und lachte.

Andrew klatschte in die Hände. »Jetzt muss aber noch der Bohrkopf raus, bevor wir die Sonde versenken können.«

»Nicht nötig«, meinte Hagen. »Wir haben eine Ringbohrkrone benutzt. Wir können die Sonde direkt durch das Gestänge hinablassen.«

»Immerhin«, murmelte Andrew, griff sich den Koffer, der neben Emma stand, und ging zum Bohrloch.

Emma nahm den zweiten Koffer mit der Elektronik. Zwei weitere Techniker trugen den Generator heran.

Andrew ließ die Sonde an einem langen Kabel in das Bohrloch hinab. Trotz der Kälte schwitzte er. »Das Ding ist ganz schön schwer.«

»Wir hätten doch besser die Trommel benutzt«, meinte Emma. »Es sind über tausend Meter Kabel.«

»Dazu wäre mehr Zeit erforderlich gewesen«, ächzte Andrew.

Es dauerte fast eine halbe Stunde, bis sie die Sonde installiert und an die Elektronik angeschlossen hatten. Emma führte die letzten Funktionstests durch. Eine LED nach der anderen wechselte die Farbe von Rot zu Grün.

Andrew hakte die entsprechenden Punkte auf seiner Checkliste ab. »Bist du dir denn sicher, dass in dieser Tiefe auch Nanoben sind?«

Emma nickte. »Nanoben sind praktisch überall vorhanden. Auch in höheren Gesteinsschichten. Aber in dieser Tiefe ist das Vorkommen am höchsten. Zumindest hier im deutschen Untergrund.«

Alle hofften, dass die Nanoben wie im Laborreaktor gegen die Nanomaschinen kämpfen würden. Aber Emma war nicht bereit, Wetten darauf abzuschließen. Die Masse an Nanomaschinen, die in diesem Moment über Xanten und Deutschland hinwegrollte, war gigantisch.

»Die Todeszone hat den Außenzaun des Museums erreicht«, schrie Frank Hagen. »Wir müssen hier weg!«

Schon liefen Männer und Frauen zu den bereitstehenden Hubschraubern.

»Komm!« Andrew zupfte an Emmas Arm. »Wir können wirklich nicht mehr lange hierbleiben.«

»Moment!« Emma wollte unbedingt sicherstellen, dass das Signal der Antennen in der Sonde auch auf der richtigen Frequenz sendete. Die Kurven auf dem Laptop sahen immerhin gut aus.

Sie schaltete auf den Sekundärkreis und überprüfte auch hier die Zahlen.

»Emma!«, rief Andrew.

Von Süden her wogte ein lautes Rauschen über das Gelände. Als führe ein schwerer Sturm in die Baumkronen. Aber Emma wusste, dass es die Nanomaschinen waren.

»Emma!«

Sie überflog ein letztes Mal die Daten auf dem Bildschirm. Mehr konnte sie nicht tun. Dann stand sie auf.

Die meisten Hubschrauber waren schon in der Luft. Nur noch einer wartete mit laufenden Motoren auf dem Rasen. Hagen sprang gerade hinein und winkte ihnen zu.

Andrew und Emma rannten zu ihm und kletterten hinein. Der Pilot wartete nicht einmal, bis seine Passagiere angeschnallt waren, sondern brachte die Maschine mit einem Satz in die Höhe.

Das Gelände des Römermuseums und das Bohrgerüst blieben unter ihnen zurück.

Jetzt waren sie hoch genug, dass Emma die Nanomaschinen erkennen konnte.

Die Todeszone rückte von Süden heran. Bis zum fernen Horizont erstreckte sich eine riesige goldene Fläche. Es war das erste Mal, dass Emma sie aus dieser Perspektive sah, da sie von Nordwesten aus hierhergeflogen waren.

Mein Gott!

Sie erschrak. Alleine schon die Farbe erinnerte sie an den schrecklichen Tag, als Claus gestorben war.

Der Pilot steuerte die Maschine einige hundert Meter nach Norden, damit sie das gesamte Gelände des Römermuseums aus der geöffneten Luke überblicken konnten.

Der Parkplatz und das Haus am Eingang waren bereits Geschichte. Schon fraß sich die goldene Masse an das Amphitheater und das Bohrgerüst heran.

»Was wird geschehen?«, fragte Andrew. »Ich meine, wenn es klappt? Was wird geschehen?«

Emma hob und senkte die Schultern. »Ich habe keine Ahnung.«

Wahrscheinlich gar nichts.

Die Antenne im Bohrloch sendete die ganze Zeit auf der Frequenz, die im Labor zum Erfolg geführt hatte. Wenn es so lief wie geplant, sollten die Nanoben nun aktiviert sein und die heranrückenden Nanomaschinen bekämpfen.

Sollten!

Aber noch passierte nichts.

Nun war die Todeszone heran, fraß sich in das Amphitheater, dessen Wände einstürzten und in der goldenen Masse verschwanden. Auch das Bohrgerüst verwandelte sich in goldenes Wachs, das in der Sonne zerfloss. Von der Vorrichtung war nach wenigen Sekunden schon nichts mehr zu sehen.

»Scheiße!« Andrew hatte geflüstert, aber in Emmas Kopfhörer hörte es sich wie Donnergrollen an.

Es hat nicht funktioniert.

Warum nicht? Waren es zu wenige Nanoben, die in den tiefen Gesteinsschichten des niederrheinischen Flachlands ruhten? War die Reichweite des Signals zu kurz gewesen? Oder war der Sender ausgefallen, bevor die Nanomaschinen heran waren?

Emma massierte ihre Schläfen. Es war ihre letzte Chance gewesen. Alle ihre Hoffnungen hatten auf den vermeintlich außerirdischen Nanomaschinen geruht. Obwohl es im Labor wider Erwarten funktioniert hatte, waren sie in der Praxis gescheitert.

Sicher, sie konnten in den nächsten Tagen weitere Versuche starten, aber Emma war sich sicher, dass sich am Endergebnis nichts ändern würde.

Elena hatte keine Zukunft.

Immer weiter fraß sich die Todeszone durch das weitläufige Museumsgelände. Nach weiteren Sekunden stand nur noch das große Hauptgebäude. Gleich würden die Nanomaschinen es erreichen und zum Einsturz bringen. Emma wollte es gar nicht mitansehen.

»Lass uns nach Karlsruhe zurückfliegen«, sagte sie zu Andrew, die Stimme nur ein Krächzen.

Der starrte weiter aus der geöffneten Luke nach unten. »Warte! Irgendwas geschieht da.«

Emma wandte den Kopf.

Zuerst konnte sie nichts erkennen.

Aber doch!

Die goldene Masse war langsamer geworden.

Aber nur um das Gebäude des Museums herum. Die anderen Nanomaschinen breiteten sich mit der gewohnten Geschwindigkeit weiter aus.

In der Front der Todeszone bildete sich eine Beule, in deren Zentrum das Museumsgebäude stand.

»Es funktioniert«, stammelte Emma wie in Trance.

»Zumindest zum Teil«, antwortete Andrew.

Dabei war der Bohrturm mit der Antennenvorrichtung längst weg. Aber erst, nachdem die Nanoben davon aktiviert worden waren.

Natürlich!

Dort fand ein Kampf statt. Nanoben gegen Nanomaschinen.

Immerhin hatten die Nanoben die Front verlangsamen können. Und nicht nur das. Im Bereich des Museumsgeländes war die Ausbreitung tatsächlich gestoppt.

Nun verlangsamten sich die Nanomaschinen auch in größerer Entfernung.

»Fliegen Sie eine Schleife.« Hagen klang aufgeregt.

Emma starrte aus der offenen Luke und betrachtete die breite Front der Todeszone, die immer langsamer wurde. Im ausgetrockneten Flussbett des Rheins stoppten die Nanomaschinen ebenso wie bei den vorgelagerten Seen.

Überall hatten die verdammten Biester aufgehört, sich zu vervielfältigen.

»Ich trau dem Braten nicht«, sagte Andrew. »Was geht unter der Oberfläche vor? Wir können es nicht wissen.«

Emma war sich sicher. »Das Signal kommt aus großer Tiefe. Wenn die Nanomaschinen hier oben gestoppt haben, dann unter der Erde ganz sicher.«

Es waren ihre Nanoben! Ihre Nanoben kämpften nun für das Überleben der Menschheit.

Schließlich erreichte der Hubschrauber wieder das Museumsgelände.

»Andrew? Emma?« Bens Stimme drang aus dem Kopfhörer.

Emma drückte die Sprechtaste ihres Funkgerätes. »Wir sind hier. Ich hätte nicht damit gerechnet, aber die Nanomaschinen rings um Xanten werden langsamer und stoppen.«

Ben lachte. »Nicht nur in Xanten. Wir sind in Kontakt mit einem AWACS über der Todeszone. Die Offiziere bestätigen, dass sich die Nanomaschinen überall verlangsamen.«

»Sag das noch einmal!«, rief Andrew.

»Es stimmt. Die Aktivität der Nanomaschinen verringert sich, selbst im Zentrum der Todeszone. Die Temperatur geht zurück. Man sieht es ganz deutlich auf den Infrarotaufnahmen.«

Emma würgte ihre Tränen herunter. Sie warf ihre Arme um Andrew und drückte ihren Kopf an seine Schulter.

»Elena wird leben!«

79

17. JANUAR

»Wir haben hier drei Menschen, die in der Krise Mut bewiesen haben. Sich selbst gegenüber, aber auch für ihre Gesellschaft und ihr Land. Ihrer Entschlusskraft verdanken wir es, dass diese schreckliche Krise ein glückliches Ende gefunden hat.«

Glücklich?

Ben schüttelte angesichts der Worte von Bundespräsident von Hassloch den Kopf.

Die Zahl der Toten konnte nach dem Stoppen der Nanomaschinen nur geschätzt werden. Vorsichtige Prognosen schwankten zwischen fünfzigtausend und fünfhunderttausend. Die wenigsten davon waren durch die Nanomaschinen selber ums Leben gekommen. Die meisten hatten durch die Wasserstoffbombe den Tod gefunden, viele waren auf der Flucht gestorben oder Opfer durch Plünderungen oder Morde geworden.

Einen Monat war es nun her. Viele Menschen waren nach Hause zurückgekehrt, aber Millionen waren heimatlos, und noch immer gab es Zeltstädte in jeder Stadt. Die Lage besserte sich nur langsam. Immerhin war letzte Woche ein großes Programm der EU in Kraft getreten, das Deutschland beim Wiederaufbau unterstützen sollte.

Und doch standen Ben, Andrew und Emma im Büro des Bundeskanzlers und sollten vom Präsidenten das Bundesverdienstkreuz verliehen bekommen. Und nicht nur das einfache, sondern das Große Verdienstkreuz mit Stern.

Der Präsident räusperte sich. »Und darum ist es mir eine Freude, diese Bürger hier und heute für ihre Verdienste zu ehren.«

Der Bundeskanzler und das halbe Kabinett, darunter Innenministerin Kamp, Kanzleramtsminister Gebhard und Außenminister Blumfeld, hatten sich an der Seite aufgestellt und klatschten, als von Hassloch nach vorne trat und Emma die Medaille um den Hals hängte.

Die kleine Elena stand neben Rappe und klatschte mit. Im Hintergrund lehnte Frank Hagen an einer Wand. Er wurde heute nicht geehrt, aber Ben war sich sicher, dass das zu einem späteren Zeitpunkt noch geschehen würde.

Ben starrte den Präsidenten an, der Emma die Hand schüttelte. Für ihn war der Mann eine Enttäuschung. Während der ganzen Krise hatte man von ihm nicht ein einziges Wort gehört. Nicht einmal, als Kanzler Hütter mit seinen Verordnungen den Bundestag ausgeschaltet hatte.

Immerhin war die Macht nun wieder an die vom Volk gewählten Repräsentanten zurückgegeben worden. Vor einer Woche hatten die Wahlen stattgefunden, und wie erwartet war die Partei des Bundeskanzlers abgewählt worden. Kleinere Parteien hatten stark zugelegt, und alle Kommentatoren gingen davon aus, dass nun schwierige Koalitionsverhandlungen folgen würden.

Der Präsident trat zu Andrew und hängte auch ihm die Medaille um den Hals, bevor er ihm die Hand schüttelte.

Dann stellte sich der großgewachsene Mann vor Ben auf.

»Augenblick!«, unterbrach Hütter. »Das würde ich gerne übernehmen.«

Von Hassloch übergab dem Kanzler das Bundesverdienstkreuz in seinem mit Samt überzogenen Kistchen.

Ben schmunzelte. Er hatte sich mehr als einmal mit dem Bundeskanzler angelegt, aber der war offenbar nicht nachtragend.

Hütter legte ihm die Medaille an ihrem Band um den Hals. Das Ding war schwerer, als es aussah. Warum bekam er überhaupt eins? Emma – das war klar. Sie hatte die Idee mit den Nanoben gehabt und sie zusammen mit Andrew umgesetzt. Ergo war es auch logisch, dass der Ingenieur geehrt wurde. Aber Ben?

Er hielt nicht viel von dieser Ehrung, hatte mit dem Gedanken gespielt, sie abzulehnen. Aber wer wusste, wofür es einmal gut sein würde. Hauptsache, die Nanomaschinen waren besiegt. Das war das Wichtige.

»Gut gemacht.« Hütter schüttelte ihm die Hand.

Der Kanzler sah entspannt aus. Vielleicht, weil heute sein letzter Tag im Amt war. Nach massiven Anfeindungen hatte er sich entschlossen, das Zepter bis zur Vereidigung der neuen Regierung an Vizekanzlerin Kamp zu übergeben.

Wieder klatschte an der Seite des Raumes die Spitze der deutschen Politik, und Ben strich sich den schlecht sitzenden Anzug glatt.

»Ich darf nun alle Anwesenden zu einem kleinen Umtrunk einladen.« Gebhard zeigte auf die offene Tür des Kanzlerbüros, und nach und nach schlenderten die Anwesenden nach draußen.

Hintereinander traten Ben, Emma und Andrew in den großen Bereich vor dem Kanzlerbüro, wo Stehtische und an der Wand ein kleines Buffet aufgebaut waren. Eine Hilfskraft drückte Ben und Emma Sektgläser in die Hand.

»Na, dann Prost«, meinte die Kollegin.

»Prost!« Ben stieß mit ihr an. Die Medaille passte gut zu dem cremefarbenen Kostüm, das sie gestern noch schnell in einem kleinen Laden in Berlin gekauft hatte.

»Wer hätte das vor zwei Monaten noch gedacht?« Andrew gesellte sich mit seinem eigenen Sektglas in der Hand zu ihnen.

»Allerdings«, erwiderte Ben. »Wenn die Nanoben nicht gewesen wären, stünden die Nanomaschinen nun vor Paris.«

»Außerirdische Nanomaschinen«, sagte Andrew. »Ich kann es immer noch nicht richtig glauben.«

»Habt ihr denn inzwischen etwas Neues über die Nanoben herausgefunden?«, wollte Ben wissen.

»Nicht wirklich«, antwortete Emma. Sie arbeitete nun zusammen mit Andrew am neugegründeten Institut für Nanobenforschung in Karlsruhe.

Rappe führte das Institut, aber die Forderungen nach einem Wechsel an der Spitze waren so laut, dass der ehemalige Leiter des Kölner Forschungszentrums Mitte Januar die Führung freiwillig abgeben würde.

»Wir hatten ja auch noch keine Zeit«, sagte Andrew. »Es gab so viel anderes zu tun. Aber bald werden wir mit den Arbeiten beginnen. Wir müssen herausfinden, wo die Nanoben herkommen und was ihr Zweck ist.«

Ben nickte. »Sicher, die Nanoben haben uns gerettet, aber ganz wohl fühle ich mich dabei nicht, dass offenbar außerirdische Nanomaschinen überall auf der Erde ruhen und nur darauf warten, aktiviert zu werden.«

»Ich glaube nicht, dass wir von ihnen irgendetwas zu befürchten haben«, meinte Emma.

»Woher willst du das wissen?«, fragte Andrew. »Wer kann ausschließen, dass plötzlich ein Funkspruch von ihrer Heimatwelt kommt und die Dinger daraufhin die Erde in ihre Bestandteile zersetzen?«

Das war nur eine der vielen Spekulationen über die Nanoben. Erst gestern hatte Ben eine neue in einem populärwissenschaftlichen Magazin gelesen: »Es wäre die ultimative Waffe. Außerirdische verteilen die Nanomaschinen auf jedem Planeten der Milchstraße und warten nur darauf, dass sich eine junge Zivilisation unbeliebt macht. Dann schicken sie eine Funksendung und schon ist die Bedrohung Geschichte.«

Er lachte. »Nanomaschinen in der ganzen Galaxis verteilen. Das wäre ein immenser Aufwand.«

Andrew schüttelte den Kopf. »Überhaupt nicht. Das könnten wir ja fast schon leisten. Man installiert einfach einen Teilchenbeschleuniger im Orbit und schießt die Nanomaschinen in einem ständigen Strom in die Galaxis. Wie aus einer Schrotflinte. Langfristig würde jedes Sonnensystem in der Milchstraße mit Nanomaschinen kontaminiert.«

»Mir gefällt die Schutzhypothese besser«, erklärte Emma. »Danach haben die Außerirdischen die Nanoben als Schutz gegen feindliche Nanomaschinen in der Galaxis verteilt.«

Ben winkte ab. »Wer kann das schon sagen?«

»Wir werden es herausfinden.« Andrew klang sehr überzeugt. »Mit dem neuen Institut werden wir es herausfinden.«

»Ihr werdet aber nicht wieder Nanomaschinen herstellen, oder?«, wollte Ben wissen.

»Nein, das Moratorium ist rechtskräftig«, erwiderte Andrew. »Ich habe gehört, dass es eine weltweite Ächtung von Nanotechnologie geben wird. Wir werden uns auf die Untersuchung der Nanoben und theoretische Studien beschränken.«

Das war auch besser so!

»Meinen Glückwunsch.« Rappe trat zu ihnen. Sein Gesicht war verkniffen. Das war es den ganzen Morgen über schon gewesen. Als würde er ihnen die Ehrung nicht gönnen. Oder als sei er beleidigt darüber, dass er nicht mit ihnen zusammen das Bundesverdienstkreuz erhalten hatte. Ein Sektglas hielt er jedenfalls nicht in der Hand.

»Danke«, sagte Emma knapp.

Ben nickte.

Rappe öffnete den Mund, schloss ihn aber wieder. Dann drehte er sich um und ging in Richtung Fahrstuhl davon.

Elena kam zu ihnen und zupfte am Kostüm ihrer Mutter. »Mama, darf ich ein paar von den Fleischbällchen haben?«

Emma drückte ihre Tochter an sich. »Natürlich, mein Schatz. So viele, wie du willst.«

Elena löste sich aus der Umarmung und rannte in Richtung Buffet davon.

»Sie hat wirklich tolle Fortschritte gemacht«, sagte Ben.

Emma strahlte. »Ja, die Behandlung bei Doktor Goldstein tut ihr richtig gut. Aber es wird dauern, bis sie die Ereignisse der letzten Wochen und Monate überwunden hat.«

»Das trifft wohl auf uns alle zu«, meinte Andrew bitter.

Ben schüttelte den Kopf. Was er und Andrew mitgemacht hatten, war wohl kaum mit den traumatischen Erlebnissen zu vergleichen, die Emma und ihre Tochter auf ihrer langen Flucht durch Deutschland erlitten hatten.

Und so ging es vielen Menschen, besonders Frauen und Kindern. In den Wochen der sich ausbreitenden Nanomaschinen hatten die Leute einen Blick darauf werfen können, wie ein Land aussah, in dem Recht und Ordnung zusammenbrachen. Dieser Blick war zutiefst verstörend gewesen. Die Aufarbeitung würde lange dauern.

»Was wirst du tun?«, fragte Emma. »Hast du inzwischen eine Entscheidung getroffen?«

Ben lächelte. »Das habe ich in der Tat.« Er würde die von Rappe angebotene Stelle nicht annehmen. Mit der Wissenschaft war er fertig. Er strebte eine politische Laufbahn an. Er wollte ein zweites Studium in Politikwissenschaften beginnen. Er war in eine neu gegründete, kleinere Partei eingetreten. Es gab so viel zu tun. Er und seine Parteifreunde strebten Änderungen des politischen Systems an, die dem Bürger größere Mitspracherechte in Form von direkter Demokratie erlaubten.

Emma öffnete den Mund, um etwas zu sagen, als Kanzler Hütter zu ihnen trat. »Ich beglückwünsche Sie zu Ihrem Erfolg.«

Ben lächelte schwach. »Ich denke, es ist ein Erfolg für die gesamte Menschheit.« Er betrachtete das glänzende Ding, das vor seiner Brust baumelte. »Eigentlich sollte diese Medaille an alle verliehen werden, die in der Krise Anstand und Menschlichkeit bewahrt haben.«

Hütter winkte ab. »Machen Sie sich nicht kleiner, als Sie sind. Sie haben die Auszeichnung völlig zu Recht bekommen.«

Ben erwiderte nichts darauf. Er hatte nie viel vom Bundesverdienstkreuz gehalten. Er erinnerte sich dunkel an einen Artikel, den er vor Jahren in einem politischen Magazin gelesen hatte. Demnach war eine gewisse Anzahl der Auszeichnungen für Mitglieder des Bundestages vorbehalten, mit denen sie sich unabhängig von irgendwelchen Verdiensten gegenseitig ehren konnten. Wo blieb da die Aussagekraft dieser Ehrung?

»Jedenfalls steht Ihnen dreien die Zukunft weit offen.« Der Kanzler lächelte.

Ja, eine Zukunft hatten sie nun. Aber das galt für alle Menschen. Bis auf den Kanzler. Der wurde sowohl von Politik als auch von der Gesellschaft mit allen Mitteln angegangen. Egal, welche Regierungskoalition als Nächste an die Macht kam, es gab auf jeden Fall eine Untersuchungskommission, in deren Fadenkreuz ganz sicher Hütter mit seiner Unterstützung der Nanotechnologie stand. Darüber hinaus nahm die Anzahl der Zivilklagen von Tag zu Tag zu. Einige Kommentatoren hatten schon böse gewitzelt, dass der scheidende Kanzler wohl den Rest seines Lebens vor Gericht verbringen würde.

Hütter streckte Ben die Hand entgegen. »Ich möchte mich noch einmal bei Ihnen für die Hilfe bedanken.«

Ben ergriff sie.

»Bitte entschuldigen Sie mich jetzt. Ich habe in meinem Büro noch etwas zu erledigen.« Der Kanzler drehte sich um.

Ben sah ihm nachdenklich hinterher, bis er in seinem Büro verschwunden war und die Tür hinter sich geschlossen hatte. Für den Ärger, den der Mann noch vor sich hatte, erschien er ihm ein wenig zu entspannt.

»Was machen wir?«, fragte Emma. »Gehen wir heute Abend noch etwas essen?«

»Hat denn überhaupt schon wieder etwas auf?«, fragte Andrew. Die Wirtschaft, darunter die Gastronomie, kam nach der Krise nur langsam wieder auf die Füße. Und es wurde alles noch teurer, als es das in der Wirtschaftsflaute vorher schon gewesen war.

»Irgendwas wird sich wohl finden lassen«, meinte Emma.

»Das Lindeman's hat geöffnet«, erklärte Ben, der in den letzten beiden Wochen zweimal dort gegessen hatte. »Die haben gute Burger und auch mexikanisches Essen.«

Emma klatschte in die Hände. »Dann wäre das beschlossen. Beenden wir die Krise also so, wie sie am Vorabend des Experiments begonnen hat: mit einem leckeren Essen.«

Ben lachte. »Das ist doch mal eine gute …«

Plötzlich knallte es laut. Und dann polterte es, als sei ein schweres Möbelstück umgefallen.

»Was war das?«, fragte Ben.

Das Geräusch war aus dem Büro des Kanzlers gekommen.

Schon rannten zwei Sicherheitsleute zur Tür.

Im Vorraum war es still geworden. Alle Anwesenden wandten sich in Richtung Kanzlerbüro.

Die Sicherheitsbeamten rissen die Tür auf und stürmten hinein.

Rauch lag in der Luft des Zimmers, und ein unangenehmer Geruch wie nach Feuerwerkskörpern stach Ben in die Nase.

Er machte einen Schritt auf die Tür zu, doch dann stoppte er.

Erinnerungen an ein Gespräch mit dem Kanzler während der Krise drängten sich wieder in sein Bewusstsein.

Ben musste nicht in den Raum blicken.

Er wusste, was er sehen würde.

NACHWORT DES AUTORS

Die Handlung dieses Textes ist natürlich erfunden, aber dennoch beruht das im Roman geschilderte Szenario auf Überlegungen, Studien und Warnungen ernstzunehmender Wissenschaftler.

Sich selbst replizierende Maschinen wurden erstmals durch den Mathematiker John von Neumann 1948 beschrieben. Der breiten Öffentlichkeit wurden diese Überlegungen 1955 durch einen Artikel in der Zeitschrift Scientific American bekannt.

Der amerikanische Ingenieur K. Eric Drexler prägte dann in seiner Doktorarbeit den Begriff der molekularen Assembler, womit sich selbst replizierende Maschinen in den Bereich der Nanotechnik transformiert wurden.

In seinem Buch »Engines of Creation: The coming Era of Nanotechnology« von 1986 diskutiert Drexler die Chancen und Gefahren der Technologie und warnt erstmals vor außer Kontrolle geratenen Nanomaschinen. Der Ingenieur selber hält es in seinem vielbeachteten Buch für unausweichlich, dass eine solche Technologie in naher Zukunft entwickelt wird.

Andere Wissenschaftler, darunter Nobelpreisträger Richard Smalley, halten die Realisierung von sich selbst replizierenden Nanomaschinen für unmöglich. Seit über dreißig Jahren tobt unter Fachleuten ein erbitterter Streit, ob das in diesem Roman beschriebene Szenario eintreten kann oder nicht.

Mich persönlich erinnert diese Diskussion an die ersten Überlegungen über eine nukleare Kettenreaktion vor etwa hundert Jahren. H. G. Wells schrieb 1914 den Roman »The World Set Free«, über atomare Waffen, was von Wissenschaftlern schnell als Unsinn abgetan wurde. Die Entdeckung der Kernspaltung 1938 zeigte dann aber, dass nukleare Kettenreaktionen möglich sind, und schon sieben Jahre später explodierte die erste Atombombe in der Wüste von New Mexiko.

Im Bereich der Nanotechnologie steckt die Forschung noch in den Kinderschuhen, und niemand kann sagen, welche Fortschritte hier in den nächsten Jahren und Jahrzehnten noch gemacht werden. Über sechzig Länder unterhalten Einrichtungen zur Forschung und Entwicklung in diesem Bereich. Die Hauptgeldgeber sind die Länder USA, Japan und Deutschland. Bereits im Jahre 2012 wurden fast zwanzig Milliarden Dollar in unterschiedliche Programme gesteckt.

Sich selbst replizierende Nanomaschinen werden solange unmöglich bleiben, bis jemand das Gegenteil beweist.

Ich selbst hoffe, dass dies niemals eintritt.

Phillip P. Peterson
Eitorf, den 22. 2. 2022

Andreas Brandhorst
Das Bitcoin-Komplott
Thriller

Der große Crash – wer kann ihm entkommen? Die Weltwirtschaft schlittert in die Krise. Eine Gruppe Investoren rund um den Finanzmagnaten Francis Forsythe attackiert die angeschlagenen Notenbanken, um Bitcoin als neue Leitwährung durchzusetzen. Doch die alten Mächte wehren sich mit allen Mitteln. Eine entscheidende Rolle für den Ausgang des Konflikts kommt Satoshi Nakamoto zu, dem Erfinder der Digitalwährung, dessen Identität noch immer ein Geheimnis ist. Als der Journalist, Buchautor und Privatanleger Martin Freeman ihm durch einen Zufall auf die Spur kommt, hat das unvorhergesehene Konsequenzen. Und Martin Freeman gerät in größte Gefahr.

608 Seiten, Klappenbroschur

Phillip P. Peterson
Universum
Roman

Eine gefahrvolle Reise bis ans Ende des Universums … und darüber hinaus: Im 22. Jahrhundert hat sich die Menschheit über die Grenzen unseres Sonnensystems hinaus ausgebreitet. Dank neuer Antriebe ist überlichtschnelles Reisen zur Normalität geworden, und es gibt Kolonien in den entlegensten Ecken der Galaxie. Das Reisen zwischen den Sternen ist sehr sicher – nur ganz selten geht etwas schief, und ein Schiff verschwindet spurlos im Hyperraum … Die Challenger unter Kommandantin Christine Dillinger ist ein solches Schiff. Doch wie sich herausstellt, verschwindet es nicht einfach. Stattdessen erwartet Christine und ihre Crew ein Abenteuer, das jede Vorstellungskraft übersteigt.

448 Seiten, Klappenbroschur

Weitere Informationen finden Sie auf
www.fischerverlage.de

AZ 596-70086/1